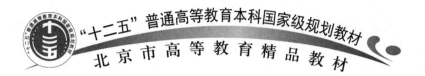

"十二五"普通高等教育本科国家级规划教材

北京市高等教育精品教材

冶金传输原理

（第2版）

吴 铿 编著

北 京

冶金工业出版社

2024

内 容 提 要

本书共分四篇，分别为动量传输、热量传输、质量传输、传输现象的类比和耦合。从传输现象出发，系统介绍了动量传输、热量传输和质量传输的基本概念、基本规律和基本方法。介绍了传输现象在冶金工程中的应用，以及化学反应的传质理论与化学动力学之间的关系。基于三种传输现象的类似性，探讨了冶金传输原理的课程体系。针对传输过程的非平衡态线性不可逆特点，讨论了传输过程中的耦合概念。各章提要精练地概括了学习重点，章后总结了应掌握的内容，思考题和习题具有代表性；书末附有常用数据表、索引和习题参考答案。

本书可作为冶金工程和材料加工工程等专业的本科生教材，也可作为有关人员学习传输原理的参考书。

图书在版编目（CIP）数据

冶金传输原理/吴铿编著．—2 版．—北京：冶金工业出版社，2016.8
（2024.8 重印）

"十二五"普通高等教育本科国家级规划教材

ISBN 978-7-5024-7134-7

Ⅰ.①冶… Ⅱ.①吴… Ⅲ.①冶金过程—传输—高等学校—教材
Ⅳ.①TF01

中国版本图书馆 CIP 数据核字（2016）第 010663 号

冶金传输原理 （第 2 版）

出版发行	冶金工业出版社	电　话	（010）64027926
地　址	北京市东城区嵩祝院北巷 39 号	邮　编	100009
网　址	www. mip1953. com	电子信箱	service@ mip1953. com

责任编辑　刘小峰　曾　媛　美术编辑　吕欣童　版式设计　孙跃红
责任校对　王永欣　孙跃红　责任印制　禹　蕊
三河市双峰印刷装订有限公司印刷
2011 年 12 月第 1 版，2016 年 8 月第 2 版，2024 年 8 月第 8 次印刷
787mm×1092mm 1/16；25.25 印张；615 千字；386 页
定价 49.00 元

投稿电话　（010）64027932　投稿信箱　tougao@cnmip. com. cn
营销中心电话　（010）64044283
冶金工业出版社天猫旗舰店　yjgycbs. tmall. com
（本书如有印装质量问题，本社营销中心负责退换）

第 2 版前言

本书自 2011 年出版以来，得到了国内有关专家们和冶金院校的支持和肯定，2014 年获批北京市高等教育精品教材，2015 年入选"十二五"普通高等教育本科国家级规划教材。

当前正值我国全面深化改革之际，这对高等院校加强基础教育、培养高素质人才提出了更高的要求。因此，《冶金传输原理（第 2 版）》是根据当前教育发展对课程教学新的要求进行修改的。

为了进一步完善第 1 版中冶金传输原理体系的特色，本次修订中增加了由微元体导出静压力微分方程一章和由微元体导出分子扩散微分方程一节。形成了在动量、热量和质量传输过程中不考虑流动的静压力微分方程、导热微分方程和分子扩散微分方程，在第 2 版增加了类比性和结构的完整性。

国内外新的相关教科书中，将热量传输的另外一种基本方式定义为热对流，实际中流体流过与其温度不同的物体表面时的热量传输过程定义为对流换热。依据上述观点，本书在第 2 版中将质量传输中的另一种方式定义为质对流，而在实际中流体流过与其质量不同的物体的质量传输过程定义为对流传质。分别给出了由微元体导出的对流换热和对流传质的微分方程，并讨论了与导热微分和分子扩散微分方程的关系。

对流换热和对流传质与动量传输的湍流边界层包含层流底层是相类似的，从实质上展示了传热边界层和传质边界层的物理意义，强调了冶金传输原理的结构和体系中边界层相关理论作为冶金传输原理中一条重要主线的意义，凸显了冶金传输原理在流体力学、传热学和传质学的基础上已经发展为一门较为完善的独立学科。

为了进一步增加质量传输的内容和为下一步学习奠定必要的基础，在质量传输中增加了非稳态半无限大物体，分别在表面浓度和表面质量为常数的边界条件下，确定扩散偶法和几何面源法的分子扩散质量传输方程。

考虑到在冶金及环保过程中烟囱应用的普遍性，第 2 版补充了有关烟囱参数计算的内容。此外，在第 1 版的 2.2 节中选择控制体的例题中，参照国内外大部分教科书的做法，考虑管壁与流体之间的作用力来选择控制体，虽然结果与控制体的选择无关，但采用该种方法因涉及较多的力学知识，学生理解有相当的难度，而通常情况下也不会采用这种方法选择控制体的。从实用出发，本次修订删减了这部分不尽合理的选择控制体例题的内容。

另外，为了增强学生应用基本的原理分析和计算的能力，第 2 版在附录中增加了习题的参考答案。其宗旨是使学生能够系统地学习基础理论，力求强化和提高学生的理论基础和运用基础理论分析和解决问题的能力，为进一步的学习奠定良好的基础。

在完成第 2 版修订工作期间，作者所在课题组的研究生在教材修改、例题计算和习题答案的核定等工作中付出了大量辛勤劳动；并协助在北京科技大学工程师学院冶 E13 和 E14 两届的"冶金传输原理"课程中进行了"概念-问题-探究"教学模式的构建与应用的实践，对完成第 2 版的修订提供了有力的支持，作者在此表示深切谢意。

本书的修订，得到了北京科技大学教务处的悉心关怀和指导，兄弟院校在原书使用过程中也曾提出了不少有益的意见和修改建议，北京科技大学冶金与生态工程学院对本书的修订给予了热情的支持和帮助。北京科技大学工程师学院对冶金传输原理课堂的教学改革和为本书的修改提供了强有力的支持。在此向他们表示深切的谢意。

修订稿由北京科技大学曲英教授再次审阅，提出了许多宝贵的修改意见，作者表示衷心的感谢。

南京理工大学材料学院吴锵教授对本书进行了全面的审校，东北大学冶金学院翟玉春教授与作者就冶金传输原理的体系和结构进行了深入的讨论，并与作者对热力学参数在冶金传输原理中的表示方法进行了系统和深入的讨论，作者非常感谢他们对本书的修订提出的宝贵意见。

限于作者水平，书中难免存在不足和谬误之处，恳请读者和专家们指正。

吴 铿
于北京科技大学

第1版前言

上世纪70年代以来，很多发达国家都将传输原理列为理工科大学的必修课程，国内也于80年代将其作为本科生的必修课。国内的冶金院校先后出版了多部冶金传输原理教材，对该课程的发展起到了非常重要的作用。随着科学技术的发展，工程专业的基础学科不断扩大，传输原理已在原有流体力学、传热学、传质学的基础上发展成为一门独立的学科，其中由 J. R. Welty 等编写的《动量、热量和质量传递原理》已经出版了第4版，它标志着传输原理课程体系已经基本成熟。

对于冶金学科而言，经典的平衡热力学主要研究平衡体系，并用来研究非平衡体系的变化方向和限度问题，平衡热力学理论已经非常成熟。近平衡热力学研究近平衡体系，重点是不可逆过程中力学量之间的线性关系。传输现象涉及近平衡态的线性不可逆过程，而线性非平衡态热力学理论已经成熟，如传输原理中的动量、热量和质量传输理论，但不同力学量之间的耦合关系是目前非平衡态热力学的研究热点，也是传输原理发展的方向。

为了适应学科发展和教学过程的新要求，笔者在北京科技大学张先棹主编的《冶金传输原理》的基础上，重点参考了《动量、热量和质量传递原理》的结构、体系和内容，同时吸收国内著名的流体力学、传热学和传质学教材的相关内容，编写了这部面向冶金工程专业本科生的冶金传输原理新教材。

本教材第一篇为动量传输，共8章。首先介绍了动量传输的基本原理和基本方程，并将其应用于解决一系列具体问题，然后较为详细地讨论了边界层理论，最后对相似原理作了简要介绍。第二篇为热量传输，共7章。在介绍传热基本概念的基础上，讨论了导热方程，以及稳态和非稳态传热，然后推导了对流换热微分方程，并较为详细地讨论了热边界层的相关理论和对流换热的经验关联式，最后从热辐射的基本定律和辐射换热计算两方面介绍辐射传热。第三篇为质量传输，共6章。在保持传输原理经典体系的前提下，对分子扩散传质和对流流动传质进行了较为详细的介绍，讨论了质量边界层的相关理论和对流传质的经验关联式，对相际传质也进行了介绍。第四篇为传输现象的类比和耦合，共 2 章。将传输原理分成 4 篇是本书在结构上的一种新的探索。通过三种传输现象的类比，有助于学生深入认识动量、热量和质量传输现象。该篇首先探讨了传输原理的体系和结构，力图使学生更好地掌握传输原理的整体框架。然后对传输现象的线性耦合作用进行简单介绍，以开拓学生的视野，培养学生对艰深理论问题的兴趣，以利于创新能力的培养。

本教材参考了一些著作和文献，在此对相关著作和文献的作者表示感谢。

曲英教授和吴懋林教授对本书的初稿提出了宝贵的意见。曲英教授特别提供了多年收集的质量传输数据，并对教材中传输现象耦合等内容给予了充分的肯定，编者对他们表示衷心的感谢。

编者与李士琦教授、刘应书教授、宋波教授和成国光教授就冶金传输原理的相关问题进行了有益的讨论。特别是李士琦教授，提出了一些颇具哲理的关于课程结构的看法。这些讨论和看法对提升教材水平大有裨益，编者表示深深的谢意。

非常感谢北京科技大学教务处和冶金与生态工程学院对本教材的大力支持。

编者所在课题组的研究生和本科生为教材编写付出了大量辛勤的劳动，在此一并表示感谢。

限于编者的水平，不足之处在所难免，恳请读者批评指正。

吴　铿

于北京科技大学

目　　录

第一篇　动量传输

第二篇　热量传输

第三篇　质量传输

第四篇　传输现象的类比和耦合

第一篇

动 量 传 输

流体的动量传递包含流体的运动，以及产生运动的力。根据牛顿第二定律，体系的受力等于其动量的时间变化率。除重力之外，作用在流体上的压力和剪应力，均可认为是微观（分子）动量传递所致。因此，本篇既可以称为流体力学，也可以称作动量传输。

流体力学是一门古老而富有活力的学科。流体力学的演变过程大体分为四个阶段：

（1）静力学。这一阶段以两千多年前阿基米得（Archimedes）和帕斯卡（Pascal）分别关于浮力和静水压力的研究为代表。至今还流传着阿基米得利用浮力原理确定皇冠含金量的佳话。

（2）理想流体力学。从 17 世纪开始，一些卓越的数学家从不计流体的黏性、压缩性和表面张力的纯数学角度研究流体的运动，构建了流体力学学科的雏形——理想流体力学。这一阶段以伯努利（Bernoulli）、欧拉（Euler）和拉格朗日（Lagrange）的工作为主要代表。但由于忽略黏性，导致了流体绕过物体流动但阻力为零的错误结论。

（3）流体动力学。这一阶段研究的特征是理论与试验的结合。18 世纪的突出成就是纳维（Navier）、哈根（Hagen）、泊肃叶（Poiseuille）、斯托克斯（Stokes）等人创立的黏性流体力学。进入 19 世纪，在理论研究遇到困难的情况下，开始主要依赖试验，由雷诺（Reynolds）、弗劳德（Froude）、瑞利（Rayliegh）等人创立了相似理论，奠定了试验流体力学的基础。自 20 世纪初普朗特（Prandtl）创立的边界层理论，以及湍流理论的出现，流体力学进入了与工程实际相结合的蓬勃发展时期，因此普朗特和冯·卡门（von Karman）也成为近代流体力学的奠基人。我国著名的力学家周培源、钱学森和郭永怀等也在近代流体力学的发展中做出过重要贡献。

（4）计算流体力学。20 世纪中叶，计算机的出现为流体力学的求解提供了强有力的手段。计算机、计算数学在流体力学中的应用催生了流体力学的新分支——计算流体力学（简称 CFD），它的崛起给流体力学这一古老的学科注入了新的生命力。计算流体力学历史虽然不长，但其解决实际工程问题的能力，以及迄今所取得的巨大成果，使它越来越受到关注。目前，已有众多的求解工程问题的 CFD 商用软件，较流行的有 CFX、PHOENICS、FLOW-3D 等。

流体力学发展至今，不断派生出新的学科分支，但从研究手段上可划分为理论流体力学、实验流体力学和计算流体力学。这三大分支构成了流体力学的完整体系。

很多冶金过程与动量传输现象有着密切的关系。例如，氧气顶吹转炉炼钢过程涉及：超声速射流的获得，氧气射流与熔池的相互作用，气泡的成核和长大，气泡搅动下的循环流动等；再如，高炉、烧结的气—固两相流动，真空脱气，吹氩搅拌的气—液两相流动，废钢熔化，脱氧剂与合金液的液—固两相流动，渣—钢间传质的液—液两相流动等，都与动量传输有关。

从所研究问题的特点出发，可将流体力学问题分为两大类：

第一类是研究系统内流动参数间的整体关系。例如，管道中流体流量与压差的关系，钢包中钢水流出所需的时间等。这类问题只要根据质量和能量守恒就可以解决。

第二类是研究系统内部的"微细结构"。例如，研究某一流场中的速度分布，研究湍流能量的耗散模型等。显然，这类问题要复杂得多，需要求解非线性偏微分方程。

本篇首先介绍动量传输的基本概念，在此基础上建立质量、动量和能量的积分方程，以及动量传输的微分方程；然后介绍管道内流体流动、边界层流动、可压缩气体流动和射流及两相流的初步概念，其中，边界层理论是将微分方程应用到实际流体的基础，管道内流体和可压缩气体的流动是基本方程在具体条件下的应用；最后介绍相似原理及模型实验研究方法。

基本概念是全书的基础，对于连续介质模型、与流体黏性有关的概念和建立积分方程的控制体方法等，必须深入理解并灵活运用。动量微分方程和边界层理论是本书的重点和难点，而边界层理论更是动量传输的核心，它也是后续的热量传输和质量传输的基础。教学中应该适当简化数学推导，但应强化物理意义的认识，使学生充分理解和掌握边界层理论的思想方法。管道内流体和可压缩气体流动的相关知识可以应用于冶金过程。考虑到冶金专业本科生的教学要求，本篇仅对射流和气液两相流进行了简单介绍。学生应该重视相似原理和模型实验研究的方法，因为相似原理是传输原理中解决问题的一个重要方法。

1 传输原理中流体的基本概念

本章提要： 本章主要介绍传输原理中流体的基本概念，如流体的分类与连续介质、流体的密度与重度、流体的黏性与压缩性、作用在流体上的力、系统与控制体、单位与量纲等。

连续介质模型是流体数学分析的基础。微观而言，流体的物理量在空间上是不连续的；宏观而言，流体的物理量却表现出稳定性和连续性。欧拉首先提出了连续介质模型，即把流体看成是在一定范围内密实分布的连续介质；几何上讲就是将达到稳定平均值的最小体积看成无限小的几何点。这样就能将描述流体流动的参数看作是坐标和时间的连续可微函数，从而使微积分理论得以在流体力学中应用。

研究实际流体的运动规律要考虑黏性。流体的黏性是流体在相对运动时表现出的抵抗剪切变形的能力。当流体的流层之间存在相对位移，由于流体的黏性作用，速度不同的流层之间的黏性力大小与速度梯度和接触面积成正比，即牛顿黏性定律。动力黏性系数（简称黏度 μ）与运动黏性系数（简称运动黏度 ν），是具有不同意义的物理量。

流体的分类有很多种方法，如牛顿流体与非牛顿流体、均质流体与非均质流体、可压缩流体与不可压缩流体、黏性流体与非黏性流体（理想流体）等。本章还介绍了质量力与表面力的概念，其中作用在长方体微团表面上的 9 个应力分量（法应力和切应力），可以表示为对称的应力张量。

最后，介绍了系统和控制体的概念以及单位与量纲的定义。在量纲中特别要注意：一切物理量都可以用基本量的组合来构成，同时一个正确的物理方程中，各个项之间必须满足量纲和谐原理。

流体和固体的物理性质有很多不同：流体具有易流动性、可压缩性和黏性。其中，黏性是流体的重要物理性质。流体的上述性质是其内部大量分子微观运动特性的宏观表现。人们通常把流体看作连续介质。本章主要叙述流体及其物理性质，在此基础上介绍动量传输的基本概念。

1.1 流体及连续介质模型

自然界的物质一般以气态、液态或固态的形式存在，三态中气体和液体统称流体。相对于固体而言，流体是易于流动的。它和固体的主要区别在于其分子间的内聚力较小、稳定性较差，所以在微小切应力的作用下即可发生连续变形，这就是易流动性。

液体和气体的区别是，液体可以在相当大的压力下几乎不改变体积，故通常称液体为不可压缩流体。气体则具有很大的可压缩性,如果对气体施加压力,则其体积很容易缩小;反之,气体膨胀。故通常称气体为可压缩流体。但是,流体的可压缩与否不是绝对的,如泵站突然断电以及水电站中因载荷变化而关小阀门以控制管道流量时,会发生水击现象,此时必须考虑水的压缩性;当气体的流速小于该气体在当前的温度和压力的声速的 0.3 倍时,可认为它是不可压缩流体。

连续介质模型假设是流体数学分析的基础。众所周知,流体由分子组成,分子之间有间隙,每个分子不停地做无规则的热运动。因此,就微观而言,流体的物理量无论在空间上还是时间上都是不连续的;但就宏观而言,用仪器测到的或用肉眼观察到的流体的物理量却表现出稳定性和连续性。可见,宏观测到的流体物理量是大量分子表现出的统计平均值。为了证实这一观点,需要分析前人的平均密度试验。

如图 1-1 中(a)所示,在流体中任取一微元体积 ΔV,设其质量为 Δm,则平均密度为 $\Delta m/\Delta V$。图 1-1 中(b)为平均密度随体积变化的实测结果示意图。

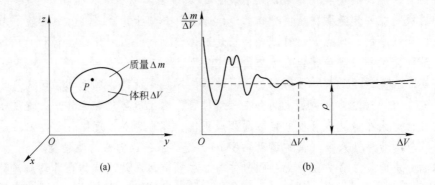

图 1-1   流体质点

由图可见,在体积 ΔV 由小到大(直到体积 ΔV^*)的变化过程中,平均密度逐渐趋于某一确定值 ρ,这说明体积 ΔV 内包含足够多的分子,大量分子的统计平均保证了密度的稳定性。当体积 ΔV 小于 ΔV^* 时,平均密度出现振荡现象,这与分子尺度的物质结构有密切关系。

由此可见,ΔV^* 是能给出稳定平均值的最小体积。将 ΔV^* 内所有流体分子组成的集团称为流体质点。它是宏观流体力学研究流体的最小空间尺度。

连续介质模型在物理上讲就是不考虑流体的分子结构,把流体看成在一定范围内均匀、密实而连续分布的介质,或者说流体是由连续分布的流体质点所组成;数学上讲就是将 ΔV^* 看成无限小的几何点。

在连续介质模型下,任意空间点 $P(x, y, z)$ 上的物理量就是指位于该点的流体质点的物理量,如该点的密度定义为:

$$\rho = \lim_{\Delta V \to \Delta V^*} \frac{\Delta m}{\Delta V} \simeq \lim_{\Delta V \to 0} \frac{\Delta m}{\Delta V} \tag{1-1}$$

而且 $\rho = \rho(x, y, z, t)$ 是时间和空间上的连续可微函数,这样就可以运用微积分理论来解决流体力学问题。

那么,ΔV^* 究竟有多大,是否可以看成是无限小的几何点呢?以空气为例,在 0℃、

101.325kPa 条件下，1cm³ 空气中含有 2.69×10^{19} 个分子，以此推算，边长 10^{-3}mm 的立方体内含有 2.69×10^7 个分子。这样庞大数量的分子数足以使物理量达到稳定值，而这个立方体的体积却只有 10^{-9}mm³。在通常情况下，如此小的体积完全可以视为无限小的几何点。

从微观角度来看，流体和其他物体一样，也是由大量分子组成的。这些分子总是不停地、杂乱无章地运动着，分子之间存在着间隙。因此，流体实际上并非连续充满空间。如果从分子运动入手来研究流体流动的规律，显然将十分困难，甚至难以进行。而流体力学研究在外力（如重力、压力、摩擦力等）作用下流体平衡或运动的规律，所研究的是大量分子的平均行为。另外，流体力学所研究的实际工程尺寸要比分子间距大得多。因此，在流体力学的研究中，将实际由分子组成的结构用一种假想的流体模型——流体微元来代替。流体微元由足够数量的分子组成，连续充满它所占据的空间，彼此间无任何间隙。这就是 1775 年由欧拉（Euler）首先提出的连续介质模型。这样，就不再去研究流体分子的运动，而是研究模型化了的连续流体介质。研究对象的转变，使描述流体流动的一系列参数，如压强、速度、加速度、密度等，在绝大多数情况下可以看成是连续分布的，从而可以把它们看做是空间坐标和时间的连续可微函数，这就使微积分理论得以在流体力学中应用。流体力学研究的飞速发展与引入连续介质模型是密切相关的，从所建立的流体力学基本理论与实际工程应用结果来看，引入连续介质模型是完全正确的。

连续介质模型具有相对性。它的适用条件是流体分子的平均自由行程 l 远小于所研究问题的特征尺度 L（如机翼绕流中机翼的弦长、圆球绕流中圆球的半径等），即：

$$l/L \ll 1 \qquad\qquad (1-2)$$

通常情况下连续介质模型假设都能得到满足，但个别情况例外。如航天器在外层空间中运动时，那里的气体十分稀薄，分子运动的平均自由行程达几米，与航天器的尺度同量级，这时航天器周围的气体就不满足连续介质模型。

1.2　流体的密度和重度

在均质流体中取体积为 ΔV 的流体，其中包含 Δm 的质量，则该均质流的密度 $\rho = \Delta m / \Delta V$。对非均质流体，可应用极限的方法定义 ρ，即点密度：

$$\rho = \lim_{\Delta V \to 0} \frac{\Delta m}{\Delta V} \qquad\qquad (1-3)$$

在 SI 制（国际单位制）中，密度单位为 kg/m³。

式（1-3）显然是点密度的数学定义。从物理角度理解，在连续介质内对某一点取极限时，应该既把该点取得极小，又包含足够的分子，即宏观上足够小而微观上足够大，使其既不失连续介质的数学特性，又具有确定的物理值（这里是密度），所取的这个点就是前面介绍的流体质点。流体力学中其他物理量的处理思路也是如此。

比容 v 是单位质量流体所占有的体积，所以比容与密度有如下关系：$v = 1/\rho$，其单位为 m³/kg。

对于液体，密度随温度略有变化，而它对压强很不敏感，因此在通常情况下，可近似认为

液体的密度是常数。对于气体,其密度受温度和压强的影响都很大。对于理想气体,状态方程为:

$$pV = nRT \qquad (1-4)$$

液体的相对密度是指该液体的密度与 1.01325×10^5 Pa、4℃水的密度 $(1000 \mathrm{kg/m^3})$ 之比。气体的相对密度是指该气体的密度与 1.01325×10^5 Pa、0℃的空气或氢气的密度之比。相对密度量纲为1。

在 CGS 制(工程单位制)中经常用到重度 γ:

$$\gamma = \rho g \qquad (1-5)$$

式中, g 为重力加速度; γ 的单位为 $\mathrm{N/m^3}$。

1.3　流体的压缩性

当作用在流体上的压强增加时,流体的体积将减少,这就是流体的压缩性。可用体积压缩系数 β_p 来表示流体的压缩性:

$$\beta_p = -\frac{1}{V}\frac{\mathrm{d}V}{\mathrm{d}p} \qquad (1-6)$$

它表示温度不变时,增加单位压强造成的体积相对变化率。式中 β_p 的单位为 $1/\mathrm{Pa}$。 β_p 的倒数称为体积弹性模量 E_V:

$$E_V = \frac{1}{\beta_p} = -V\frac{\mathrm{d}p}{\mathrm{d}V} \qquad (1-7)$$

式中, E_V 的单位为 Pa。

液体的体积压缩系数一般都很小,因此,液体的压缩性通常忽略不计。

对于气体来说,它的体积弹性模量是随气体状态而变化的。例如,在理想气体的等温过程中, pV 为常数,微分后得:

$$p\mathrm{d}V + V\mathrm{d}p = 0 \quad 或 \quad \frac{\mathrm{d}V}{V} = -\frac{\mathrm{d}p}{p} \qquad (1-8)$$

将式(1-8)代入式(1-7)得:

$$E_V = \frac{p}{\mathrm{d}p}\mathrm{d}p = p \qquad (1-9)$$

因此,等温过程中理想气体的体积弹性模量等于压强,故 E_V 是变化的。当理想气体绝热可逆压缩时, pV^k 为常数,微分后得 $pkV^{k-1}\mathrm{d}V + V^k\mathrm{d}p = 0$,因此:

$$\frac{\mathrm{d}V}{V} = -\frac{\mathrm{d}p}{kp} \qquad (1-10)$$

将式(1-10)代入式(1-7)得:

$$E_V = \frac{kp}{\mathrm{d}p}\mathrm{d}p = kp \qquad (1-11)$$

式中, k 为绝热指数。根据物理化学知识, $k = c_p/c_V$,即理想气体质量定压热容与质量定容热容之比。

[**例题 1-1**] 已知：$1.01325 \times 10^5 \mathrm{Pa}$、20℃时，水的弹性模量为 $2.18 \times 10^9 \mathrm{Pa}$。求常温和常压下，将水的体积缩小0.5%所需增加的压强。

解：依题意 $-\Delta V/V = 0.005$，由式（1-7）得：

$$\Delta p = -\frac{\Delta V}{V} E_V = 0.005 \times 2.18 \times 10^9 = 10.9 \times 10^6 \mathrm{Pa}$$

由于一个大气压为 $1.01325 \times 10^5 \mathrm{Pa}$，所以 $\Delta p = 10.9 \times 10^6 / (1.01325 \times 10^5) = 107.6$ 个大气压。因此，在常温和常压下，将水的体积缩小0.5%需要施加107.6个大气压。

1.4　流体的黏性

流体的黏性是流体在相对运动时表现出的抵抗剪切变形的能力。首先来观察流体以较低的速度流过水平放置的壁面的情况（见图1-2）。

此时流体做定常流动（即流速等物理量不随时间变化）。由于黏性作用，直接接触壁面处的流体附着在壁面上，此处速度为零，称为无滑移边界条件。稍离开壁面流体就有流动，流动速度 v_x 随垂直距离增加而逐渐增大。在流体中取一面积为 A、厚度为 $\mathrm{d}y$ 的流体层（其方位是水平的，即平行于 xOz 面），其下层速度为 v_x，上层速度为 $v_x + \mathrm{d}v_x$。由于上下层流速不同，使这块流体发生形变，从而产生内摩擦力 F。

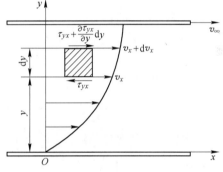

图1-2　黏性流体流动的剪切变形

根据牛顿理论：

$$F \propto A \frac{\mathrm{d}v_x}{\mathrm{d}y} \quad \text{或} \quad F = \mu A \frac{\mathrm{d}v_x}{\mathrm{d}y} \tag{1-12}$$

单位面积上的内摩擦力（即内摩擦应力）τ 为：

$$\tau = \frac{F}{A} = \mu \frac{\mathrm{d}v_x}{\mathrm{d}y} \tag{1-13}$$

式中，μ 称为动力黏性系数，简称黏度，它的单位为 $\mathrm{Pa \cdot s}$。CGS制常采用另一种单位，泊，用 P 表示，$1\mathrm{P} = 0.1\mathrm{Pa \cdot s}$；$\mathrm{d}v_x / \mathrm{d}y$ 称为速度梯度，它表示水平的 x 方向上的速度相对于垂直的 y 方向的变化。由于速度是位移相对于时间的导数，所以 $\mathrm{d}v_x / \mathrm{d}y$ 也可以理解为 x 方向上的位移在 y 方向的变化的时间导数。换言之，$\mathrm{d}v_x / \mathrm{d}y$ 等于 xOy 平面内夹角的（时间）变化率。

式（1-13）称为牛顿内摩擦定律。显然，流体的黏度 μ 愈大，流动的阻力也愈大。为了克服这种内摩擦力所造成的阻力，必须供给一定的能量，这就是流体运动时必然会造成能量损失的原因。

在CGS制中常用运动黏性系数（运动黏度）ν，其定义是：

$$\nu = \frac{\mu}{\rho} \tag{1-14}$$

式中，ν 的单位为 $\mathrm{m^2/s}$。工程上多用斯托克斯 St 为单位，$1\mathrm{St} = 10^{-4} \mathrm{m^2/s}$。

黏度 μ 与流体的种类有关。例如，在同一温度下，油的 μ 值比水大，而水又比空气大得多。所以 μ 是流体的物性参数。无论液体还是气体，μ 的数值与温度有密切的关系，而与压强的关系不大。

一般来说，液体的黏度 μ 和运动黏度 ν 随温度的升高而减小，而气体则随温度的升高而增大。

水的运动黏度 ν 与温度 t 的经验式如下：

$$\nu = \frac{0.0178}{1 + 0.0337t + 0.000221t^2} \qquad (1-15)$$

式中，ν 的单位为 cm^2/s；t 的单位为℃。

气体的黏性系数 μ 与热力学温度 T 的关系如下：

$$\mu = \mu_0 \frac{1 + \dfrac{C}{273}}{1 + \dfrac{C}{T}} \sqrt{\frac{T}{273}} \qquad (1-16)$$

式中，μ_0 为0℃时的动力黏度，$Pa \cdot s$；C 为常数；T 为热力学温度，K。几种气体的 C 值见表1-1。

表1-1　几种气体的 C 值

气体种类	空气	氢	氧	氮	蒸汽	二氧化碳	一氧化碳
C 值	122	83	110	102	961	260	100

液体、气体的黏度与温度的关系可以用分子动力学解释。在液体中，分子间距小，分子互相作用较强，阻碍了液体流层间的相对滑动，因而产生内摩擦力，即表现为黏性。当液体温度升高时，分子间距加大，引力减弱，因而黏性减小；在气体中，分子间距比液体大得多，引力很弱，分子运动的自由行程大，分子间相互掺混，速度快的分子可以进入低速流层中，速度慢的分子可以进入高速流层中，相邻流层间进行分子动量交换，从而阻止了流层间相对滑动，呈现出黏性。而气体分子间的引力作用微乎其微，故可忽略不计。当气体温度升高时，内能增加，分子运动加剧，动量交换也更加激烈，所以黏性增大。在冶金过程中，熔融金属的黏度更有价值。为了对铁水黏度有所了解，见表1-2。

表1-2　铁水在各种温度下的黏度

温度/℃	1550	1600	1700	1800	1850
黏度/$Pa \cdot s$	6.7×10^{-3}	6.1×10^{-3}	5.6×10^{-3}	5.3×10^{-3}	5.2×10^{-3}

研究表明，气体、熔融金属和熔渣的黏度可随组分的变化而显著变化，而且与组分的关系通常不遵循线性迭加法则。关于熔融金属黏度的计算，以及冶金中多元渣系黏度的计算，可参考有关文献。

1.5　牛顿流体和理想流体

服从牛顿内摩擦定律的流体称为牛顿流体。自然界中大部分流体如水、空气、一般气体和各种油类都属于牛顿流体，但有些流体就不服从式（1-13），如重油、泥浆、胶态溶液、高分子溶液等，这类流体称为非牛顿流体。图1-3为牛顿流体与部分非牛顿流体的剪切应力-

剪切速率关系图。本书涉及的都是牛顿流体。有关水、空气及其他常见流体的物理性质见附录1、2、3。

存在于自然界中的实际流体都具有一定的黏性，即黏性流体。为了使问题简化，在某些情况下可不考虑流体的黏性，这种流体称为无黏性流体。无黏性流体是一种假设的理想流体。研究理想流体的意义在于，从它入手可以建立、推导流体运动的基本规律，然后再把黏性因素考虑进去，从而使实际问题得到解决。

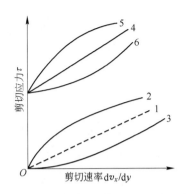

图 1-3　流体的剪切应力和剪切速率的关系
1—牛顿流体；2—假塑性流体；3—膨胀性流体；
4—宾汉姆流体；5—塑性假塑性流体；
6—塑性膨胀性流体

[例题 1-2]　两块无穷大的平行平板（一块可动与另一块不动）间充满某种液体，两板间的距离为 0.5mm，可动平板以 0.25m/s 的速度运动，如图 1-4 所示。为了维持这一速度，需在可动平板上施加 2Pa 的切应力。求此液体的黏度。

解：由式（1-13）可知：

$$\mu = \frac{\tau_{yx}}{\frac{\mathrm{d}v_x}{\mathrm{d}y}} = \frac{2}{\frac{0.25 - 0}{0.0005}} = 0.004 \mathrm{Pa \cdot s}$$

[例题 1-3]　设有黏度 $\mu = 0.05 \mathrm{Pa \cdot s}$ 的流体沿壁面流动，其速度分布为抛物线形，在 $y = 60\mathrm{mm}$ 处 $v_{x\max} = 1.08\mathrm{m/s}$，如图 1-5 所示。求 $y = 0\mathrm{mm}$、$20\mathrm{mm}$、$40\mathrm{mm}$、$60\mathrm{mm}$ 处的切应力 τ。

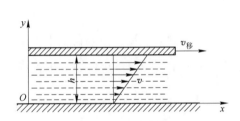

图 1-4　两平板间流体速度分布示意图

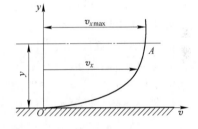

图 1-5　抛物线形速度分布

解：根据已知边界条件，即：$y = 0\mathrm{mm}$ 处，$v_x = 0\mathrm{m/s}$；$y = 60\mathrm{mm}$ 处，$v_{x\max} = 1.08\mathrm{m/s}$。由此得出抛物线方程为：

$$v_x = 1.08 - 300 \times (0.06 - y)^2 \tag{a}$$

$$\frac{\mathrm{d}v_x}{\mathrm{d}y} = 600 \times (0.06 - y) \tag{b}$$

$$\tau = \mu \frac{\mathrm{d}v_x}{\mathrm{d}y} = 0.05 \times 600 \times (0.06 - y) \tag{c}$$

将 $y = 0$、0.02、0.04、0.06 分别代入（a）、（b）、（c），即可求出各点的相关值，结果见表 1-3。

表 1-3　例题 1-3 的计算结果

y/m	0	0.02	0.04	0.06
$v_x/\mathrm{m \cdot s^{-1}}$	0	0.6	0.96	1.08
$(\mathrm{d}v_x/\mathrm{d}y)/\mathrm{s^{-1}}$	36	24	12	0
τ/Pa	1.8	1.2	0.6	0

1.6　黏性动量流密度（通量）

由前面的牛顿内摩擦定律看出，黏性切应力的单位为 Pa。由于 Pa = N/m^2 = kg · (m/s^2)/m^2 = kg · (m/s)/(m^2 · s)，而 kg · (m/s) 就是动量，所以黏性切应力也可以看成单位时间通过单位面积的动量，称为动量流密度，这恰恰反映了动量传输的观点。考察存在速度差的相邻流体层，速度较快的流层中的分子会有一部分进入较慢流层中，与较慢层中的分子互相碰撞而使其加速；同样，较慢层的分子进入较快层中，使其减速（这里慢与快是指层与层的速度，而不是指分子本身做不规则运动的速度）。这种层与层之间分子的动量交换，使得在负速度梯度的方向上产生动量传输。从宏观上看，较快层流体受到较慢层流体的向后拖曳力，而较慢层流体受到较快层流体的向前带动力，它们大小相等、方向相反，分别作用在两层的表面上，这就是两层界面上产生的黏性力。

对于不可压缩流体，如考虑动量传输与流体动量的方向不同，牛顿内摩擦定律可写为：

$$\tau_{yx} = - \nu \frac{\mathrm{d}(\rho v_x)}{\mathrm{d}y} \tag{1 - 17}$$

式中，τ_{yx} 为内摩擦应力，又称为剪切应力；ν 为运动黏度，又称动量的扩散系数；$\mathrm{d}(\rho v_x)/\mathrm{d}y$ 为单位体积流体在 y 方向上的动量浓度梯度，单位为 kg/(s · m^3)，其具体物理意义的数学表述是 [kg · (m/s)/m^3]/m；式中负号说明，动量是从高速到低速的方向传输的，这和后面将讨论的热量传输情形类似。

需要指出的是：

（1）黏性动量传输的方向与流体动量的方向一般是不相同的。如上面的讨论中流体的动量方向为 x，而动量传输的方向则为 y，式（1 - 17）中 τ_{yx} 的物理意义是：前一个下角标是指动量传输方向，后一个下角标是指动量方向。

（2）黏性动量传输的方向与动量浓度梯度的方向相反，所以式（1 - 17）中是负号。而式（1 - 13）表示的黏性力与速度梯度的关系中仅是量值之间的关系。

1.7　作用在流体上的质量力和表面力

作用在流体上的力按其物理成因可分为惯性力、重力、黏性力、压力和电磁力等，而从作用方式上可分为质量力、表面力和表面张力。表面张力的概念物理化学已经学过，下面介绍质量力和表面力。

在流体中任取一分离体，设其体积为 V，边界面为 S，如图 1 - 6 所示。外界作用在分离体内物质上的力称为质量力，或说外界作用在分离体内流体质点上的力称为质量力，也称体积力。重力、惯性力等均为质量力。周围流体或物体作用在分离体边界面上的力称

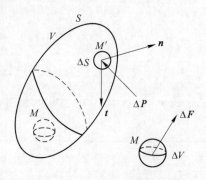

图 1 - 6　质量力和表面力

为表面力。压力就是一种表面力。下面给出这两种力的数学表示并讨论有关性质。

1.7.1　质量力

流体是连续分布的，质量力常用单位质量流体的质量力来表示，见图1-6。在分离体内任取一微元体积 ΔV，设其质量为 Δm，承受的质量力为 $\Delta \boldsymbol{F}$，$M(x, y, z)$ 为 ΔV 内的一点，则 ΔV 收缩到 M 的极限时的质量力，称为 M 点处流体的单位质量力，记为 $\boldsymbol{f}(x, y, z)$：

$$\boldsymbol{f}(x,y,z) = \lim_{\Delta m \to 0} \frac{\Delta \boldsymbol{F}}{\Delta m} = \frac{1}{\rho} \lim_{\Delta V \to 0} \frac{\Delta \boldsymbol{F}}{\Delta V} = \frac{\mathrm{d}\boldsymbol{F}}{\rho \mathrm{d}V} \qquad (1-18)$$

根据牛顿第二定律 $\boldsymbol{F} = m\boldsymbol{a}$，单位质量力 $\boldsymbol{f} = \boldsymbol{a}$。在重力场中，单位质量力就是重力加速度，即 $\boldsymbol{f} = \boldsymbol{g}$。若 $\boldsymbol{f}$ 在直角坐标系的分量为 f_x，f_y，f_z，则：$\boldsymbol{f} = f_x\boldsymbol{i} + f_y\boldsymbol{j} + f_z\boldsymbol{k}$，作用在控制体 V 上的质量力为：

$$\boldsymbol{F} = \iiint\limits_V \rho \boldsymbol{f}(x,y,z,t)\,\mathrm{d}V \qquad (1-19)$$

1.7.2　表面力

表面力通常用应力来表示，如图1-6所示。M' 为边界面 S 上的任意一点，在 M' 点邻域内取一微元面积 ΔS，$\boldsymbol{n}$ 为 ΔS 的外法线向量。设作用在 ΔS 上的表面力为 $\Delta \boldsymbol{P}$，则 ΔS 收缩至点 M' 时的表面力，称为 M' 点的应力 $\boldsymbol{P}_n$：

$$\boldsymbol{P}_n = \lim_{\Delta S \to 0} \frac{\Delta \boldsymbol{P}}{\Delta S} = \frac{\mathrm{d}\boldsymbol{P}}{\mathrm{d}S} \qquad (1-20)$$

作用在边界面 S 上表面力的合力 $\boldsymbol{P}$ 为：

$$\boldsymbol{P} = \iint\limits_S \boldsymbol{P}_n \mathrm{d}S \qquad (1-21)$$

在黏性流体中，由于剪切应力的存在，一般情况下应力 $\boldsymbol{P}_n$ 与 ΔS 在 M' 点的法向量 $\boldsymbol{n}$ 的方向并不一致。将应力 $\boldsymbol{P}_n$ 沿法线方向 $\boldsymbol{n}$ 和切线方向 $\boldsymbol{t}$ 投影（这三个矢量在同一平面中），分别得法向应力 σ_{nn} 和剪切应力 τ：

$$\sigma_{nn} = \boldsymbol{P}_n \cdot \boldsymbol{n}, \tau = \boldsymbol{P}_n \cdot \boldsymbol{t} \quad (1-22)$$

需要指出的是，静止流体内部不存在剪切应力，而法向应力与方向无关，故法向应力是标量。通常情况下，黏性流体内部一点处的应力是一个二阶张量，应力场是一个张量场。

图1-7所示为正方体的流体微团，图上表示出作用该流体微团表面上的九个应力分量，根据习惯，双下标的含义是：第一个下标表示应力作用面的法线方向，而第二个下标表示应力的方向。σ_{xx}、σ_{yy}、σ_{zz} 表示法向应力，而 τ_{xy}、τ_{xz}、τ_{yx}、τ_{yz}、τ_{zx}、τ_{zy} 表示切应力。九个

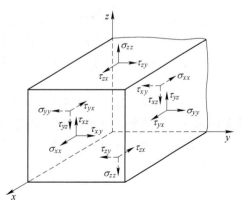

图1-7　作用在流体微元体上的应力

应力分量可以表示为应力张量,且为对称张量,即:$\tau_{xy} = \tau_{yx}$,$\tau_{yz} = \tau_{zy}$,$\tau_{zx} = \tau_{xz}$。

1.8　系统及控制体

对于科学研究而言,研究对象的确定至关重要。在通常情况下,人们都是选择特定的物质集团作为研究对象,把它作为关注的焦点,称为系统(或体系),而将该物质集团以外的东西视为环境。例如,在图1-8所示的问题中,将活塞内的气体选为研究对象是最为方便的。

但是,流体力学有其自身的特殊性,即物质集团总是不停地流动着。此时再沿用上面的方法在很多情况下并不方便,因此,人们改变思路,将研究对象从固定的物质集团转移到固定的空间区域,研究该空间区域内物理参数的变化。例如,当人们关心一段弯管的受力时,往往并不在意弯管内到底是哪些具体的物质在流过,而是关心弯管区域流体的流速、压力等物理参数。

因此在流体力学中,多采用控制体的概念,它表示人们关心的某一固定的空间区域。以图1-9的喷管装置为例,喷管内的流体随时都在变化,因此,简便的分析方法是选择以虚线为界的区域作为控制体。需要说明的是,由于牛顿第二定律、热力学定律等多建立在前面所说的系统概念的基础上,因此,在流体力学中使用这些定律时,往往需要将它们从系统变换到控制体。

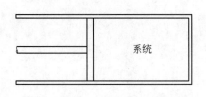

图1-8　一个容易确定的系统

图1-9　喷管流动的控制体

1.9　单位与量纲

关于单位与量纲的定义在物理学中已讲过,这里着重强调以下几个方面:

(1)在国际单位制SI中有7个基本单位,本书常用的有4个,即长度单位米(m),质量单位千克(kg),时间单位秒(s),热力学温度单位开尔文(K)。本书将采用SI单位制。

(2)一切物理量都可以用基本量的组合来表示,例如,速度的单位为m/s,力的单位为$kg \cdot m/s^2$。而表示一物理量组合的式子称为量纲或因次。例如,在SI单位制中,用L、M、t分别表示长度、质量和时间这三个基本量的量纲,而速度和力的量纲分别为:[速度]$= [Lt^{-1}]$,[力]$= [MLt^{-2}]$。

(3)一个正确的物理方程,其各项量纲必须一致,即量纲和谐原理。应用这一原理可以对一些复杂的物理方程进行分析,这就是量纲分析方法,将在后面介绍。

(4)常见物理量的SI单位和工程单位及它们的量纲,如表1-4所示。

表 1-4　常见物理量的单位与量纲

物理量	CGS 单位	SI 单位	SI 单位量纲	工程单位	工程单位量纲
长度	cm	m	L	m	L
质量	g	kg	M	$kgf \cdot s^2/m$	$FL^{-1}t^2$
时间	s	s	t	s	t
速度	cm/s	m/s	Lt^{-1}	m/s	Lt^{-1}
加速度	cm/s^2	m/s^2	Lt^{-2}	m/s^2	Lt^{-2}
角速度	rad/s	rad/s	t^{-1}	rad/s	t^{-1}
密度	g/cm^3	kg/m^3	ML^{-3}	$kgf \cdot s^2/m^4$	Ft^2L^{-4}
力	$dyn,(g \cdot cm/s^2)$	$N,(kg \cdot m/s^2)$	MLt^{-2}	kgf	F
压强、切应力	$dyn/cm^2,(g/(cm \cdot s))$	$Pa,(N/m^2)$	$ML^{-1}t^{-2}$	kgf/m^2	FL^{-2}
功、能	$erg,(dyn \cdot cm)$	$J,(N \cdot m)$	ML^2t^{-2}	$kgf \cdot m$	FL
功率	$g \cdot cm^2 \cdot s^3$	$W,(J/s)$	ML^2t^{-3}	$kgf \cdot m/s$	FLt^{-1}
动量	$g \cdot cm/s$	$kg \cdot m/s$	MLt^{-1}	$kgf \cdot s$	Ft
弹性模量	dyn/cm^2	Pa	$ML^{-1}t^{-2}$	kgf/m^2	FL^{-2}
黏度	$P,(g/(cm \cdot s))$	$Pa \cdot s$	$ML^{-1}t^{-1}$	$kgf \cdot s/m^2$	FtL^{-2}
运动黏度	$St,(cm^2/s)$	m^2/s	L^2t^{-1}	m^2/s	L^2t^{-1}
表面张力	dyn/cm	N/m	Mt^{-2}	kgf/m	FL^{-1}
热导率	$g \cdot cm^2/(cm \cdot s^3 \cdot ℃)$	$W/(m \cdot K)$	$MLt^{-3}T^{-1}$	$kgf \cdot m/(m \cdot s \cdot ℃)$	$Ft^{-1}T^{-1}$
传热系数	$g \cdot cm^2/(cm^2 \cdot s^3 \cdot ℃)$	$W/(m^2 \cdot K)$	$Mt^{-3}T^{-1}$	$kgf \cdot m/(m^2 \cdot s \cdot ℃)$	$FL^{-1}t^{-1}T^{-1}$
重度	$g/(cm^2 \cdot s^2)$	N/m^3	$ML^{-2}t^{-2}$	kgf/m^3	FL^{-3}

1.10　小　结

作为动量传输的基础，本章介绍了一些基本的流体力学概念，包括：流体的定义，连续介质模型，流体的流动性、黏性与压缩性等；给出了流体主要物理性质的定义；阐明了流体的分类：牛顿流体与非牛顿流体，均质流体与非均质流体，不可压缩流体与可压缩流体，黏性流体与理想流体。并指出，连续介质模型下的物理量定义有别于通常的情况。

特别是在直角坐标系中，给出了层状流层之间的剪应力，以及它与黏度、速度梯度之间的关系，介绍了黏性的物理意义，以及单位和量纲的重要性。这些对以后的学习非常重要。

思　考　题

1-1　指出一个自然界中的流体力学现象并简单分析，同时简述流体力学的发展过程。

1-2　如何理解连续介质模型？说明连续介质模型对使用微分方程等数学工具的意义。

1-3　什么是系统和控制体？举例说明。

1-4　什么是流体的黏性？写出牛顿黏性的表达式，给出动力黏性系数和运动黏性系数的单位。

1-5　什么是理想流体和牛顿流体？

1-6　简述温度对气体和液体黏度的影响及其机理。

1-7　简述作用在流体上的力的分类及其特点，以及法应力和切应力的概念。

1-8　给出黏性动量流密度和黏性切应力的定义和单位。

1-9　常用的量纲和单位是什么？

习 题

1-1 按连续介质的概念,流体质点是指:

(a) 流体的分子;(b) 流体内的固体颗粒;(c) 几何的点;(d) 几何尺寸同流动空间相比是极小量,又含有大量分子的微元体。

1-2 作用于流体的质量力包括:

(a) 压力;(b) 摩擦阻力;(c) 重力;(d) 表面张力。

1-3 质量力的国际单位是:

(a) N;(b) m/s;(c) N/kg;(d) m/s^2。

1-4 与牛顿内摩擦定律直接有关的因素是:

(a) 切应力和压强;(b) 切应力和剪切变形速度;(c) 切应力和剪切变形;(d) 切应力和流速。

1-5 水的动力黏度随温度的升高而:

(a) 增大;(b) 减小;(c) 不变;(d) 不定。

1-6 流体运动黏度 ν 的国际单位是:

(a) m^2/s;(b) Pa;(c) kg/m;(d) N·s/m^2。

1-7 理想流体的特征是:

(a) 黏度是常数;(b) 不可压缩;(c) 无黏性;(d) 符合 $pV = nRT$。

1-8 当水的压强增加 1.01325×10^5 Pa 时,水的密度增加:

(a) 1/20000;(b) 1/10000;(c) 1/4000;(d) 1/2000。

1-9 从力学角度分析,一般流体和固体的区别在于流体是:

(a) 能承受拉力,平衡时不能承受切应力;(b) 不能承受拉力,平衡时能承受切应力;(c) 不能承受拉力,平衡时不能承受切应力;(d) 能承受拉力,平衡时也能承受切应力。

1-10 下列流体属于牛顿流体的是:

(a) 汽油;(b) 纸浆;(c) 血液;(d) 沥青。

1-11 15℃时空气和水的运动黏度分别为 $\nu_{空气} = 15.2 \times 10^{-6}$ m^2/s,$\nu_水 = 1.146 \times 10^{-6}$ m^2/s,这说明了:

(a) 空气比水的黏度大;(b) 空气比水的黏度小;(c) 空气与水的黏度接近;(d) 不能直接比较。

1-12 液体的黏性主要来自液体的:

(a) 分子热运动;(b) 分子间内聚力;(c) 易变形性;(d) 抗拒变形的能力。

1-13 圆柱容器中的某种可压缩流体,当压强为 1MPa 时体积为 1000cm^3,若将压强升高到 2MPa 时体积为 995cm^3,试求它的体积压缩系数 β_p。

1-14 如图 1-10 所示油缸活塞尺寸为 $d = 12$cm,$l = 14$cm,间隙 $\delta = 0.02$cm,所充油的黏度 $\mu = 0.65 \times 10^{-1}$Pa·s。试求当活塞以速度 $v = 0.5$m/s 运动时所需拉力 F 为多少?

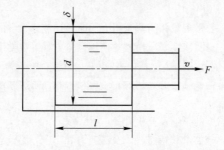

图 1-10 习题 1-14 图

2 控制体法（积分方程）

本章提要： 本章通过控制体的积分法，由质量守恒定律，得到了流体流动的质量守恒积分形式；由动量守恒定律，得到了流体流动的动量守恒积分式；由能量守恒定律，得到了流体流动的能量守恒积分式，并将能量守恒积分式应用到重力作用下的流体平衡过程。对于稳态、无热量传递、无轴功和内能变化的静止流体，由能量守恒积分式可以得到重力作用下的流体平衡基本方程，其适用对象是连续均质平衡流体。

本章中的质量是用质量流密度（$\rho \cdot v$）或 $\rho(v \cdot n)$ 来表示，其物理意义为单位时间内流过单位横截面积的质量。

2.1 质量守恒积分式

本节将介绍控制体质量守恒定律的积分关系式，它适用于常见的流动状态。就控制体而言，质量守恒定律为：

$$\begin{bmatrix} 流出控制体 \\ 的质量速率 \end{bmatrix} - \begin{bmatrix} 流入控制体 \\ 的质量速率 \end{bmatrix} + \begin{bmatrix} 控制体内质 \\ 量的积聚率 \end{bmatrix} = 0$$

图 2 - 1 为流场内的一个控制体。从控制体表面的面积微元 dA 上流出的质量速率 = (ρv) $(dA\cos\theta)$。这里，θ 是速度矢量 v 与 dA 的单位外法线矢量 n 之间的夹角。由矢量代数可知：

$$\rho dA(v \cdot n) = \rho dA |v||n|\cos\theta = \rho v dA\cos\theta \tag{2-1}$$

利用式（2-1），可求出通过面积微元 dA 的质量速率。乘积 ρv 为质量通量，其物理意义为单位时间内流过单位横截面积的质量。

如果将这个量对整个控制表面积分，则得到：

$$\iint\limits_{A} \rho(v \cdot n) dA \tag{2-2}$$

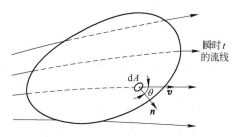

图 2 - 1 通过控制体的流动示意图

它是通过控制体表面向外的净质量流量，或者说，是从控制体流出的净质量速率。如果 $\theta > 90°$，则乘积 $v \cdot n = |v||n|\cos\theta$ 是负的，表示在这一微面积上是通过表面向里流入控制体。由此，对整个控制体，如果积分值是正的，则质量净流出；反之，质量净流入；如果积分值是零，那么控制体内的质量不随时间变化。

控制体内的质量积聚率可以表示为：

$$\frac{\partial}{\partial t}\iiint_V \rho \mathrm{d}V \tag{2-3}$$

将式（2-2）和式（2-3）代入质量守恒定律表达式，可以得到积分表达式：

$$\iint_A \rho(v \cdot n)\mathrm{d}A + \frac{\partial}{\partial t}\iiint_V \rho \mathrm{d}V = 0 \tag{2-4}$$

2.2　质量守恒积分式的应用

式（2-4）是最一般的质量守恒积分式。下面介绍应用中常遇到的情况。如果流动是稳定的,那么质量积聚率$\frac{\partial}{\partial t}\iiint_V \rho \mathrm{d}V$为零。根据稳态流动的定义,流场中的参数是不随时间变化的,它们对时间的偏导数是零。对于该情况式（2-4）变为：

$$\iint_A \rho(v \cdot n)\mathrm{d}A = 0 \tag{2-5}$$

另一个重要情况是,控制体内的流体是不可压缩的,所以密度ρ是常数。此时式（2-5）变为：

$$\iint_A (v \cdot n)\mathrm{d}A = 0 \tag{2-6}$$

[**例题 2-1**]　对于图2-2中的控制体,质量的流入和流出是稳定的,而且是一维的,这是因为质量只是在①、②两个位置穿过控制体表面。因此,可将式（2-6）写成：

$$\iint_A \rho(v \cdot n)\mathrm{d}A = \iint_{A_1} \rho(v \cdot n)\mathrm{d}A + \iint_{A_2} \rho(v \cdot n)\mathrm{d}A = 0 \tag{a}$$

无论是在位置①还是在位置②,速度矢量与法向矢量都是共线的,所以乘积$v \cdot n$的绝对值等于速度值。对于位置②,这两个矢量同向,所以乘积是正的；而对于位置①,该乘积是负的。用标量来表示,对式（a）积分可得：

$$\rho_1 v_1 A_1 = \rho_2 v_2 A_2 \tag{b}$$

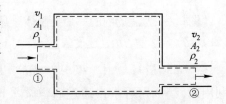

图 2-2　流入和流出控制体的稳态一维流动

注意,求解时没有考虑流体在控制体内部的流动情况,而这正是控制体方法的长处。控制体内部的定常流动状况可从其表面流动状态予以分析。图2-2的盒状控制体是出于简化的目的而划定的。至于其内部的实际体系,可能是简单的,也可能是复杂的。解例题2-1时,假设在截面①和截面②上的流动速度都是恒定的。该情况在物理上可以是近似的,但是一般情况下,其横截面上的速度是不同的。

[**例题 2-2**]　设在圆管中流动的是不可压缩流体,如图2-3所示。速度分布满足以下抛物线关系：

$$v = v_{\max}\left[1 - \left(\frac{r}{R}\right)^2\right]$$

式中,$v_{\max}$为圆管中心（即$r=0$）处的速度,也就是最大速度；R为圆管半径。该速度

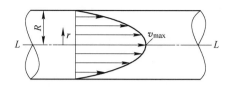

图2-3　圆形管道中的抛物线速度分布

分布公式既可以由实验得出，也可以根据后面的层流理论推导出来，因为此时的流动为层流状态。

工程中平均速度是很重要的概念，接下来介绍求平均速度的方法。在任意一个具有速度分布的截面上，平均质量流量 $(\rho v)_m$ 为：

$$(\rho v)_m A = \iint\limits_A \rho v \mathrm{d}A$$

对于不可压缩流体，密度是常数。圆管内的平均速度 v_m 为：

$$v_m = \frac{1}{A}\iint v\mathrm{d}A = \frac{1}{\pi R^2}\int_0^{2\pi}\int_0^R v_{max}\left[1 - \left(\frac{r}{R}\right)^2\right]r\mathrm{d}r\mathrm{d}\theta = \frac{v_{max}}{2}$$

2.3　动量守恒积分式

图2-1所示的任意控制体中，通过 $\mathrm{d}A$ 的质量速率为 $\rho(v \cdot \boldsymbol{n})\mathrm{d}A$，它再乘以 v 便可得出通过 $\mathrm{d}A$ 的动量速率：

$$v\rho(v \cdot \boldsymbol{n})\mathrm{d}A \tag{2-7}$$

因此，通过控制体容积表面的动量速率为：

$$\iint\limits_A v\rho(v \cdot \boldsymbol{n})\mathrm{d}A \tag{2-8}$$

式（2-8）表示了从控制体内流出的动量速率与流入之差。同样，控制体内的动量积聚速率可表示为：

$$\frac{\partial}{\partial t}\iiint\limits_V v\rho\mathrm{d}V \tag{2-9}$$

根据动量守恒定律：

$$\begin{bmatrix}作用在控制\\体上的合力\end{bmatrix} = \begin{bmatrix}流出控制体\\的动量通量\end{bmatrix} - \begin{bmatrix}流入控制体\\的动量通量\end{bmatrix} + \begin{bmatrix}在控制体内积\\聚的动量通量\end{bmatrix}$$

可以给出下式：

$$\Sigma\boldsymbol{F} = \iint\limits_A v\rho(v \cdot \boldsymbol{n})\mathrm{d}A + \frac{\partial}{\partial t}\iiint\limits_V v\rho\mathrm{d}V \tag{2-10}$$

应该指出，式（2-10）右侧与大学物理中学过的动量概念有些不同，它是由于物质流入（流出）控制体而引发的动量，建立守恒关系的对象是控制体；而在大学物理中，对象是质量不变的固体，外力作用于这一固体会导致其速度变化，进而引起动量变化。

2.4　动量守恒积分式的应用

式（2-10）是应用于任意控制体的积分动量守恒方程。在直角坐标系中，该式可写成三个标量方程：

$$\Sigma F_x = \iint\limits_A v_x\rho(v \cdot \boldsymbol{n})\mathrm{d}A + \frac{\partial}{\partial t}\iiint\limits_V v_x\rho\mathrm{d}V \tag{2-11a}$$

$$\Sigma F_y = \iint\limits_A v_y\rho(v \cdot \boldsymbol{n})\mathrm{d}A + \frac{\partial}{\partial t}\iiint\limits_V v_y\rho\mathrm{d}V \tag{2-11b}$$

$$\Sigma F_z = \iint_A v_z \rho (v \cdot \boldsymbol{n}) \mathrm{d}A + \frac{\partial}{\partial t} \iiint_V v_z \rho \mathrm{d}V \qquad (2-11\mathrm{c})$$

应用式（2-10）时，首先要确定能够最简洁求解问题的控制体。然而，如何具体确定控制体却无章可循。此时经验就显得很重要了。

[例题 2-3] 当流体在一个收缩弯曲管内（管面积为 A）做定常流动（从①流到②，流速分别为 v_1 和 v_2）时，求它对弯管产生的作用力。图 2-4 中给出了弯管及分析所用的参数。

解： 确定控制体，在截面①和截面②处，用垂直平面将管道切开，即得到了如图 2-5 所示的控制体。

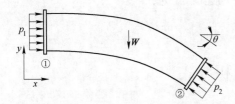
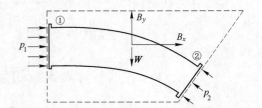

图 2-4 收缩弯管内的流动　　　　　图 2-5 包括流体和管道的控制体

对于该控制体，在 x 及 y 方向上的动量方程为：

$$B_x + p_1 A_1 - p_2 A_2 \cos\theta = (v_2 \cos\theta)(\rho_2 v_2 A_2) + v_1(-v_1 \rho_1 A_1)$$

$$B_y + p_2 A_2 \sin\theta - W = (-v_2 \sin\theta)(\rho_2 v_2 A_2)$$

式中，分量 B_x 和 B_y 是在图 2-5 中的截面①、②上被切掉的那部分管道作用在控制体上的力。其中，截面①和截面②上的压力是表压，因为作用在所有表面上的大气压都互相抵消了。

如果选流体作为控制体，需要分析作用在流体上的 p_w 和 τ_w 等力，使问题变得很复杂，得到的结果与选择弯管作为控制体（图 2-5）的结果完全一致。而选择弯管作为控制体时，管壁和流体之间的作用力相互抵消，计算可以简化。因此，选择合理的控制体，对简化分析是至关重要的。

2.5 能量守恒积分式

由热力学第一定律可知：

$$\Delta E = Q - W \qquad (2-12)$$

式中，Q 为流体所吸收的热；W 为流体对环境所作的功；E 为流体各种能量之和。其单位为 J。

如果体系的状态改变-微量时，式（2-12）可以写成：

$$\mathrm{d}E = \delta Q - \delta W \qquad (2-13)$$

式中，$\mathrm{d}E$ 为微小过程能量的增量，是能量的全微分；δQ 和 δW 分别为过程中体系与环境交换的微量热和微量功，由于它们都不是状态函数，它们都不是全微分。

在 Δt 时间间隔内，存在一个变化过程的体系，式（2-13）可写为：

$$\frac{\mathrm{d}E}{\mathrm{d}t} = \frac{\delta Q}{\mathrm{d}t} - \frac{\delta W}{\mathrm{d}t} \qquad (2-14)$$

由于在冶金传输原理中研究的是随时间变化物理量，因此，式（2-14）的物理意义是随时间变化的能量守恒定律，各项的单位为 W。

对于任意控制体，如图 2-1 所示，由于有流体流动，所以就有能量的输入、输出和累积。将能量守恒定律用于控制体，其文字表达式为：

$$\begin{bmatrix}环境传给\\控制体的\\热流量\end{bmatrix} - \begin{bmatrix}控制体对\\环境做功\\的速率\end{bmatrix} = \begin{bmatrix}流出控制\\体的能量\\流量\end{bmatrix} - \begin{bmatrix}流入控制\\体的能量\\流量\end{bmatrix} + \begin{bmatrix}控制体内\\能量的积\\聚率\end{bmatrix}$$

由前述可知，流体通过微元面积 dA 的质量速率为 $\rho(v \cdot \boldsymbol{n})dA$，因此通过 dA 的能量速率为：

$$e\rho(v \cdot \boldsymbol{n})dA \tag{2-15}$$

式中，e 为单位质量流体所具有的能量，它包括三个部分：流体处于热状态所具有的内能、流体运动具有的动能和流体在重力场中具有的位能。这三部分能量的表达式如下：

$$e = u + \frac{v^2}{2} + gz \tag{2-16}$$

式中，u 为内能；$v^2/2$ 为动能；gz 为位能。各项的单位为 J/kg。

因此从控制体内净流出的能量速率为：

$$\iint_A e\rho(v \cdot \boldsymbol{n})dA \tag{2-17}$$

同样，控制体内的能量积聚速率为：

$$\frac{\partial}{\partial t}\iiint_V e\rho dV \tag{2-18}$$

单位时间内控制体内能量的变化：

$$\frac{dE}{dt} = \iint_A e\rho(v \cdot \boldsymbol{n})dA + \frac{\partial}{\partial t}\iiint_V e\rho dV \tag{2-19}$$

将式（2-19）代入式（2-14）：

$$\frac{\delta Q}{dt} - \frac{\delta W}{dt} = \iint_A e\rho(v \cdot \boldsymbol{n})dA + \frac{\partial}{\partial t}\iiint_V e\rho dV \tag{2-20}$$

式（2-20）为应用于任意控制体的积分能量守恒方程。

在式（2-20）中，W 通常分为两部分，轴功和流动功，即：

$$\frac{\delta W}{dt} = \frac{\delta W_s}{dt} + \iint_A p(v \cdot \boldsymbol{n})dA \tag{2-21}$$

式中，$\delta W_s/dt$ 为轴功率，即机械设备对流体所作的功率，其值可正可负：泵对流体作功，$\delta W_s/dt$ 为负；高速流体使涡轮机的轴旋转，则 $\delta W_s/dt$ 为正。最后一项为单位时间通过控制体的流体的净流动功（忽略黏性产生的功）。

将式（2-16）和式（2-21）代入式（2-20）可得：

$$\iint_A \left(u + \frac{v^2}{2} + gz + \frac{p}{\rho}\right)\rho(v \cdot \boldsymbol{n})dA + \frac{\partial}{\partial t}\iiint_V e\rho dV = \frac{\delta Q}{dt} - \frac{\delta W_s}{dt} \tag{2-22}$$

2.6　能量积分式的应用

在流体流动过程中，经常用到机械能守恒。在式（2-22）中，机械能是指动能、位能、机械功以及焓项中的流动功。由于这些能和功可以互相转化，故称机械能，其转化需遵循热力学第二定律。

如图2-6所示的控制体，其为稳定流动，且无摩擦。

对于上述的特定条件，式（2-22）就变为：

$$\frac{\delta Q}{\mathrm{d}t} - \frac{\delta W_s}{\mathrm{d}t} = \iint_A \left(u + \frac{v^2}{2} + gz + \frac{p}{\rho} \right) \rho(v \cdot \boldsymbol{n}) \mathrm{d}A \qquad (2-23)$$

上式面积分中，乘积 $\rho(v \cdot \boldsymbol{n}) \mathrm{d}A$ 是质量流量，且有一个能够表示质量是流入还是流出控制体的符号，其正负由 $(v \cdot \boldsymbol{n})$ 的符号而定。式中与质量流量相乘的因子 $u + \frac{v^2}{2} + gz + \frac{p}{\rho}$，表示流入或流出控制体，单位质量流体具有的能量类别。

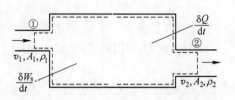

图 2-6　通过边界只有一维流动的控制体

总比能包括动能、势能和内能，因此，由于质量在截面①流进控制体，在截面②离开控制体，所以表面积分为：

$$\iint_A \left(u + \frac{v^2}{2} + gz + \frac{p}{\rho} \right) \rho(v \cdot \boldsymbol{n}) \mathrm{d}A = \left(u_2 + \frac{v_2^2}{2} + gz_2 + \frac{p_2}{\rho_2} \right) (\rho_2 v_2 A_2) -$$
$$\left(u_1 + \frac{v_1^2}{2} + gz_1 + \frac{p_1}{\rho_1} \right) (\rho_1 v_1 A_1) \qquad (2-24)$$

于是，能量表达式为：

$$\frac{\delta Q}{\mathrm{d}t} - \frac{\delta W_s}{\mathrm{d}t} = \left(u_2 + \frac{v_2^2}{2} + gz_2 + \frac{p_2}{\rho_2} \right) (\rho_2 v_2 A_2) - \left(u_1 + \frac{v_1^2}{2} + gz_1 + \frac{p_1}{\rho_1} \right) (\rho_1 v_1 A_1)$$
$$(2-25)$$

根据质量平衡可以写成：

$$\rho_1 v_1 A_1 = \rho_2 v_2 A_2 = G_m \qquad (2-26)$$

式中，G_m 为质量流率，kg/s。

将式（2-25）除 G_m，可得：

$$\delta q - \delta w_s = \left(u_2 + \frac{v_2^2}{2} + gz_2 + \frac{p_2}{\rho} \right) - \left(u_1 + \frac{v_1^2}{2} + gz_1 + \frac{p_1}{\rho} \right) \qquad (2-27)$$

式中，δq 和 δw_s 分别为热量流量和轴功流量，J/kg。

由能量守恒定律，上式可写成下面的形式，即：

$$\delta q - \delta w_s = \mathrm{d}\left(u + \frac{v^2}{2} + gz + \frac{p}{\rho} \right) = \mathrm{d}e + \mathrm{d}\left(\frac{p}{\rho} \right) \qquad (2-28)$$

式中，$\mathrm{d}\left(\dfrac{p}{\rho} \right)$ 为流动功流量，J/kg。

如果将轴功和流动功两项合并为功，式（2-28）可以表示为：

$$\delta q - \delta w = \mathrm{d}e \qquad (2-29)$$

将式（2-16）代入式（2-29）可得：

$$\delta q - \delta w = \mathrm{d}u + \mathrm{d}\left(\frac{v^2}{2} \right) + \mathrm{d}(gz) \qquad (2-30)$$

将内能和流动能之和 $\left(u + \dfrac{p}{\rho} \right)$，用焓 i 来代替。定义焓 i 就是这两个量的和，即 $i \equiv u + \dfrac{p}{\rho}$，其单位为 J/kg。式（2-28）也可以表示为：

$$\delta q - \delta w_s = \mathrm{d}\left(i + \frac{v^2}{2} + gz \right) \qquad (2-31)$$

2.7 小 结

本章通过控制体法讨论了流体流动中的质量守恒、动量守恒、能量守恒三个定律。

采用控制体法导出的质量守恒积分式是普遍适用的。对于控制体，动量守恒关系可以改写成适用于控制体的形式。需要注意的是，动量定理公式只适用于惯性系。

根据能量守恒定律，导出了适用于控制体的能量守恒积分关系式，它是控制体法分析流动问题的基本公式之一。

思 考 题

2-1 质量速率的表达式和物理意义是什么？

2-2 质量、动量和能量平衡的积分方程表达式各是什么？

2-3 质量流量 $\rho(v \cdot n)\mathrm{d}A$ 的物理意义是什么？正负号如何确定？

习 题

2-1 变水位孔口出流，图2-7所示为一圆柱形贮水箱，直径为 $d=1\mathrm{m}$；底部有一孔口，直径为 $d_1=0.1\mathrm{m}$。设在孔口未打开前水深为 $h_0=1\mathrm{m}$，打开后孔口出流速度为 $\sqrt{2gh}$，$h(t)$ 为任意时刻的水深，试求从孔口打开至水流尽所需时间 t。

2-2 气体在一扩张管道中流动（见图2-8），管道喉口直径为 $d_1=2.74\mathrm{cm}$，气流速度为 $v_1=244\mathrm{m/s}$，压强 $p_1=734\mathrm{kPa}$，温度 $T_1=320\mathrm{K}$；管道出口直径为 $d_2=3.75\mathrm{cm}$，压强 $p_2=954\mathrm{kPa}$，温度 $T_2=345\mathrm{K}$，试求出口速度 v_2。

2-3 图2-9为一连有多个管道的水箱，管道1、2为进水管，3、4为出水管。$d_1=2.5\mathrm{cm}$，$d_2=5\mathrm{cm}$，$d_3=3.75\mathrm{cm}$，$d_4=10\mathrm{cm}$，若管1、2、3的流速均为15m/s，试求通过管4的流量和流速。

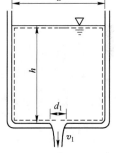

图2-7 习题2-1图

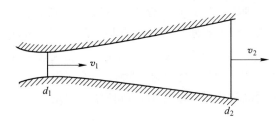

图2-8 习题2-2图

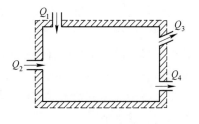

图2-9 习题2-3图

③ 流体静力学

本章提要： 流体静力学研究流体处于静止状态时的规律及其在工程中的应用。所研究的流体是不可压缩的均匀连续介质，而所说的静止流体指质点之间没有相对运动的流体。本章着重讨论静止流体的平衡规律。

$F - \dfrac{1}{\rho}\nabla p = 0$ 是描述流体静力学基本平衡方程式，又称欧拉平衡方程。它反映静止（平衡）流体中压强的变化率与单位质量力之间的关系，表示单位质量力在某一方向的分力与压强沿该方向的递增率相平衡，质量力作用的方向就是压强递增的方向。

$gz + p/\rho = C$ 为重力作用下的流体平衡方程，其中，第一项 gz 表示单位质量液体的位能（又称比位能）；第二项 p/ρ 表示单位质量液体的压力能（又称比压力能）。位能与压力能可以相互转化，但其和保持不变。其能量意义是：对静止的不可压缩均匀流体，尽管各点的位压能和静压能各不相同，但任意一点位压能和静压能之和必然相同。位压能高时，其静压能就低，反之相反。

$z + \dfrac{p}{\rho g} = C$ 中各项是长度单位，它表示为单位质量流体的压强水头。其几何意义是：对静止的不可压缩均匀流体，当只受重力作用时，各点的位压头和静压头各不相同，但两者之和必然相等。

流体静力学知识对于工程实践有很重要的意义，也是后续学习不可或缺的基础。

在推导静力学平衡方程时要用到高等数学知识，因此要掌握 $\dfrac{\Delta y}{\Delta x}$，$\dfrac{\mathrm{d}y}{\mathrm{d}x}$，$\dfrac{\partial y}{\partial x}$ 等的数学意义以及它们之间的内在关系。

流体静力学主要研究流体处于静止状态时各种物理量的变化规律。可以说，宇宙中没有完全静止的物体，本章所指的静止流体，是指流体宏观质点之间没有相对的运动。因此流体处于静止的状态可以有两种情况：一种情况是相对于地球来讲没有相对的运动，例如地面上静止不动的海洋、湖泊、水池等中的水，称它们是处于静止状态，或称为绝对静止。第二种情况，就是流体质点间与容器壁之间没有相对运动，但是流体整体对地球有相对的运动，这种情况流体是处于相对静止状态。

在工程技术领域，主要是研究在重力场的作用下，静止流体内部的压力分布。流体处于的静止是相对静止，即流体质点相对于某一运动坐标系静止。例如高炉除尘旋风分离器离心机内的流体运动，如将参考坐标系选在容器上，由于流体质点与容器接触面没有相对运动，故可视其对容器处于相对静止状态。

由于处于静止状态的流体，黏性将不再起作用，所以可按理想流体平衡时的规律对其进行研究求解。流体静力学原理应用很广，如冶金、化工设备和管路中作用力的计算、流体压力的测定、容器液位的计算等。

3.1 流体静力学平衡微分方程

流体的受力情况常采用"微元体"分析法来分析。即假定从整个流体中取出一个微小的流体体积，然后分析微元体的受力、平衡和运动，得出基本的规律，再应用到整个流体中去。

从静止流体中取出一个流体微元平行六面体，该微元体的边长分别为 dx，dy 和 dz，并且分别平行于 x，y 和 z 轴，如图 3-1 所示对作用于该微元体的外力进行分析。如微元体中心 M 点的坐标为 (x, y, z)，压强为 p_0，可以认为 p_1 和 p_2 分别为作用在左面 $abcd$ 和右面 $a'b'c'd'$ 面上的平均压强。在这两个面上的法向力分别为 $p_1 = \left(p_0 - \frac{1}{2}\frac{\partial p}{\partial x}dx\right)dydz$ 和 $p_2 = \left(p_0 + \frac{1}{2}\frac{\partial p}{\partial x}dx\right)dydz$。

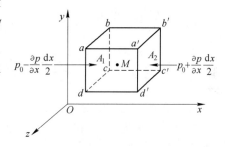

图 3-1　微元六面体沿 x 方向上的表面力

作用在 x 轴上静压力之差 $(p_1 - p_2)$ 为：

$$-\frac{\partial p}{\partial x}dxdydz \qquad (3-1)$$

假设作用在该微元体上的单位质量的质量力在各坐标方向的投影分别为 X，Y，Z，流体的密度为 ρ，流体的体积为 $dV = dxdydz$。则 $dm = \rho dxdydz$。因此沿 x 轴的质量力为：

$$Xdm = X\rho dV = X\rho dxdydz \qquad (3-2)$$

流体平衡的充分和必要条件是各坐标方向所有力投影的总和等于零。沿 x 轴可得下式：

$$X\rho dxdydz - \frac{\partial p}{\partial x}dxdydz = 0 \qquad (3-3)$$

对式 (3-3) 除 $dxdydz$ 可得：

$$X\rho - \frac{\partial p}{\partial x} = 0 \qquad (3-4a)$$

同样可以分别求出沿 y 轴和 z 轴方向的平衡条件为：

$$Y\rho - \frac{\partial p}{\partial y} = 0 \qquad (3-4b)$$

$$Z\rho - \frac{\partial p}{\partial z} = 0 \qquad (3-4c)$$

将式 (3-4) 各项联立得式 (3-5)：

$$\begin{cases} X - \frac{1}{\rho}\frac{\partial p}{\partial x} = 0 \\ Y - \frac{1}{\rho}\frac{\partial p}{\partial y} = 0 \\ Z - \frac{1}{\rho}\frac{\partial p}{\partial z} = 0 \end{cases} \qquad (3-5)$$

用矢量的形式表示为：

$$\boldsymbol{F} - \frac{1}{\rho}\nabla p = 0 \tag{3-6}$$

其中，哈密顿算子 $\nabla = \frac{\partial}{\partial x}\boldsymbol{i} + \frac{\partial}{\partial y}\boldsymbol{j} + \frac{\partial}{\partial z}\boldsymbol{k}$。

式（3-6）即为流体静力学平衡微分方程式，又称为欧拉平衡方程。它表明了处于平衡状态的流体中压强的变化率与单位质量力之间的关系，单位质量力在某一轴向的分力与压强沿该轴向的递增率相平衡，符号相同。这说明，质量力作用的方向就是压强递增的方向。

式（3-5）中各项依次分别乘以 dx，dy 和 dz，并相加得：

$$Xdx + Ydy + Zdz = \frac{1}{\rho}\left(\frac{\partial p}{\partial x}dx + \frac{\partial p}{\partial y}dy + \frac{\partial p}{\partial z}dz\right) = \frac{1}{\rho}dp \tag{3-7}$$

式中，$dp = \frac{\partial p}{\partial x}dx + \frac{\partial p}{\partial y}dy + \frac{\partial p}{\partial z}dz$，为静压强 p 的全微分。

3.2 流体静力学基本方程

流体静力学主要研究质量力为重力作用下的流体平衡规律。在重力场内，单位质量力的三个分量分别为 0，0 和 $-g$。如在重力的作用下单位质量下落了 dz，则单位质量力所做的功为 $g \cdot dz$，即单位质量的势能减少了 $g \cdot dz$。

由于质量力只有重力，将此条件代入流体静力学微分方程式（3-7）得：

$$dp = -\rho g dz \tag{3-8}$$

因为流体是不可压缩的，即 ρ 为常数，将式（3-8）积分得：

$$gz_1 + \frac{p_1}{\rho} = gz_2 + \frac{p_2}{\rho} = C \tag{3-9}$$

式（3-9）为重力作用下流体平衡方程，式中各项的单位均为 J/kg，其中，第一项 gz 表示单位质量液体的位能（又称比位能），第二项 p/ρ 表示单位质量液体的压力能（又称比压力能）。因此，静止液体中任一点的位能与压力能之和是一常数。位能与压力能可以相互转化，但其和保持不变。

能量意义是：在静止的不可压缩的均匀流体中，对所有点来说，尽管位压能和静压能各不相同，但任意一点的位压能和静压能之和均相同。位压能高时，其静压能就低，反之，位压能低时，其静压能就高，两种能量之间可相互转换。

式（3-9）可以写成下式：

$$z_1 + \frac{p_1}{\rho g} = z_2 + \frac{p_2}{\rho g} = C \tag{3-10}$$

单位重量的流体所具有的能量也可以用液柱高度来表示，并称为水头，式（3-10）中 z 具有长度单位，z 是流体质点离基准面的高度，所以 z 的几何意义为单位重量流体的位置高度或位置水头。式（3-10）中 $p/\rho g$ 也是长度单位，它表示为单位重量流体的压强水头。位置水头和压强水头之和称为静水头或测压管水头。所以，式（3-10）也表示在重力作用下静止流体中各点的静水头相等，其测压管水头线为水平线。式（3-10）的几何意义是：在静止的不可压缩的均匀流体中，对只受重力作用的各点来说，尽管位压头和静压头各不相同，但两者之和均相等。

图 3-2 所示为一开口容器，其中盛有密度为 ρ 的静止均匀液体。液体所受的质量力只有重力。取容器的底平面作为 xy 平面，z 轴垂直向上。因为液体是不可压缩的，所以 ρ 为常数。

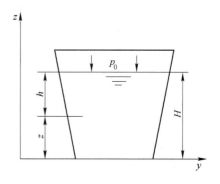

图 3-2　静止液体内的压强分布

将上述条件代入式 (3-9) 中可以得到：

$$p = p_0 + \rho g(H-z) = p_0 + \rho g h \qquad (3-11\text{a})$$

式 (3-11a) 是重力作用下静止液体内部压强的表达式。由该式可见：

(1) 静止流体中任意点压强等于液面压强 p_0 与从该点到流体自由表面的单位面积上的液柱重量 $\rho g h$ 之和。p 由两部分组成：一部分是自由表面上的压强 p_0；另一部分是深度为 h、密度为 ρ 的流体所产生的压强 $\rho g h$。这说明静止流体中任意一点都受到自由表面压强 p_0 的相同作用，自由表面压强 p_0 的任何变化，都会引起流体中所有流体质点压强的同样变化。

(2) 由于 p_0 和 ρ 都是常数，所以静止液体内部的压强随深度 h 按直线关系变化。从流体静力学基本方程式可以看出，压强是流体深度 h 的一次函数。液体中深度相同的各点压强也相同，因此等压面是一个水平面。

(3) 压强相等的点所组成的面称为等压面。在同种、连续的静止流体中，等压面是水平面。容器中静止的液体与气体分界面（自由表面）上各点受到的气体压强相同，质量力也只有重力，其方向垂直向下，所以自由表面是等压面，也是水平面。两种密度不同互不混合的液体在同一容器中处于静止状态时，一般是密度大的在下，密度小的在上，两种液体之间形成分界面。这种分界面既是水平面又是等压面。

应当指出的是，上述水静力学基本方程是在同种液体处于静止、连续的条件下推导出来的。因此，液体静压强分布规律只适用于静止、同种、连续液体。如不能同时满足这三个条件，就不能应用上述规律。

3.3　流体压强的度量基准

压强的计量基准有两种，绝对压强和相对压强：

(1) 绝对压强。以完全没有气体存在的绝对真空为零点算起的压强，称为绝对压强，以 p 表示。液面的绝对压强为 p_0，则流体密度为 ρ，深度为 h 的点流体绝对压强为：

$$p = p_0 + \rho g h \qquad (3-11\text{b})$$

当问题涉及流体本身的性质时，如采用气体状态方程进行计算，必须采用绝对压强。

(2) 相对压强。以当地大气压 p_a 为零点算起的压强，称为相对压强，它是以大气压为基准计量的压强，以 p_M 表示，即：

$$p_\text{M} = p - p_\text{a} = \rho g h \qquad (3-12)$$

某一点的绝对压强只能是正值，不可能出现负值。但是，相对压强可能为正值也可能为负值。这取决于流体中某点处的绝对压强是大于还是小于当地大气压强。当相对压强为正值时，可用压力表测量，常称该压强为表压强或表压（即压力表读数）。当相对压强为负值时，称该压强为负压或称该点具有真空。负压的绝对值称为真空（即真空表读数），以 p_v 表示。即当 $p_e < 0$ 时：

$$p_v = -(p - p_a) = p_a - p \qquad (3-13)$$

若以液柱高度来表示就称为真空度，即：

$$h_v = \frac{p_v}{\rho g} = \frac{p_a - p}{\rho g} \qquad (3-14)$$

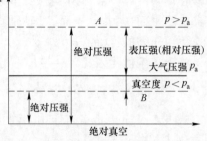

以上几种压强的基准以及它们之间的关系如图 3-3 所示。

图 3-3　绝对压强、大气压强、相对压强的相互关系

物理学、工程热力学的基本定律中的压力通常是真实压力，应采用绝对压强，而用以测量压强的仪表多是与大气相通的，或是处于大气环境中的，因此实际测量的是绝对压强与大气压强之差，这点在使用时要加以注意。

3.4　流体静力学基本方程的应用

通过下面的例题可以看到，在常用的测量压强设备中如何应用流体静力学基本方程的。

[**例题 3-1**]　图 3-4 表示一气压计，一根上端封闭并抽成真空的垂直管与容器相连，容器中装有密度 $\rho = 13600 \text{kg/m}^3$ 的水银，水银表面上为标准大气压 p_a，求水银柱上升的高度 h。

解：取等压面 $A—A$，$p = p_A$，由式（3-11a）可知：

$$p_A = p_a = \rho g h + 0$$

所以 $h = \dfrac{p_a}{\rho g} = \dfrac{1.01325 \times 10^5}{13600 \times 9.81} = 0.76 \text{m}$。如果大气压发生变化，则水银柱高度也相应地变化，这就是气压计的原理。

[**例题 3-2**]　图 3-5 是一个测压装置，如果容器 A 中水面上的表压力 $p_M = 2.45 \times$

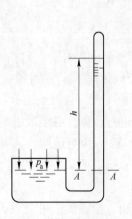

图 3-4　气压计

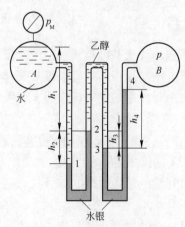

图 3-5　复式测压计示意图

$10^4 Pa$，$h_1 = 500mm$，$h_2 = 200mm$，$h_3 = 100mm$，$h_4 = 300mm$，水的密度 $\rho_1 = 1000kg/m^3$，乙醇的密度 $\rho_2 = 800kg/m^3$，水银的密度 $\rho_3 = 13600kg/m^3$，试求 B 容器中空气的压力 p。

解： 取 1—1，2—2，3—3 三个等压面。

1 点的表压力为：$p_1 = p_M + \rho_1 g(h_1 + h_2)$

2 点的表压力为：$p_2 = p_M + \rho_1 g(h_1 + h_2) - \rho_3 g h_2$

3 点的表压力为：$p_3 = p_M + \rho_1 g(h_1 + h_2) - \rho_3 g h_2 + \rho_2 g h_3$

4 点的表压力为：$p_4 = p_M + \rho_1 g(h_1 + h_2) - \rho_3 g h_2 + \rho_2 g h_3 - \rho_3 g h_4 = 2.45 \times 10^4 + 1000 \times 9.81 \times (0.5 + 0.2) + 800 \times 9.81 \times 0.1 - 13600 \times 9.81 \times (0.2 + 0.3) = -34849 Pa$

由于空气的密度很小，所以 p_4 可表示容器 B 中的表压力，其值为负说明容器 B 处于负压状态。

例题 3-2 实际上提示了一种分析压强关系的简便途径，即从已知压强点出发，沿着测压路径，用等压作为衔接，向下加压，向上减压，加减量均为其测压管段中的 $\rho g \Delta h$，到达某位置，就得到某点的压强。用这样的简便计算途径，可以省去建立等压关系的步骤。

[例题 3-3] 设有一炉膛内充满静止的热气体，炉气温度 $T_1 = 1627℃$，炉气在标准状态下的密度 $\rho_{10} = 1.3kg/m^3$，炉外大气温度 $T_2 = 27℃$，密度 $\rho_{20} = 1.293kg/m^3$。当炉门口中心平面上内外压力相等时，求中心以上 $H = 1.5m$ 水平面上的炉气表压（图 3-6）。

解： 炉内气体密度为：

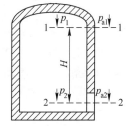

$$\rho_1 = \frac{\rho_{10}}{1 + \beta T_1} = \frac{1.3}{1 + \frac{1627}{273}} = 0.187 kg/m^3$$

空气密度为：　$\rho_2 = \frac{\rho_{20}}{1 + \beta T_2} = \frac{1.293}{1 + \frac{27}{273}} = 1.177 kg/m^3$

图 3-6　炉膛内充满静止的热气体示意图

由题意知，图 3-6 中 2—2 面内外绝对压力相等，则次面表压力为零，即 $p_{a2} = p_2$。

所以炉内 1—1 面上的表压为：

$p_1 = (p_2 - \rho_1 g H) - (p_{a2} - \rho_2 g H) = (\rho_2 - \rho_1) g H = (1.177 - 0.187) \times 9.81 \times 1.5$
$= 14.57 Pa$

3.5　小　结

重力作用下流体平衡基本方程的适用条件是连续均质平衡流体。对于分装在互不连通的两个容器内的流体（不满足连续性条件），以及虽装在同一容器内，但密度不同（不满足均质流体条件）的流体，是不能应用式（3-11b）的：

$$p = p_0 + \rho g h \tag{3-11b}$$

式（3-11b）表示均质流体在重力作用下压强的分布规律，是流体静压强基本公式，是流体静力学计算中最常用的公式。对此公式进一步分析可知：

（1）在重力作用下的均质流体内部的压强随深度 h 按线性关系变化。其斜率大小由重度决定。

（2）重力作用下的流体中任一点的压强由 p_0 和 $\rho g h$ 这两部分组成，p_0 称为流体自由表面上的静压强，$\rho g h$ 称为剩余压强。

以压力为中心，阐述了静止流体中应力的特性、压强的分布规律以及作用面上总压力的分析与计算方法：

（1）静止的流体只能承受压应力——压强，静止流体内部任一点的压强各向等值，可表示为空间坐标的连续函数。

（2）压强相等的点所组成的面称为等压面。在质量力仅为重力作用的条件下，同种、连续、静止的液体中，等压面是水平面。

（3）压强因计算基数不同在工程中有三种表达方式：

绝对压强——以绝对真空为零点表示的压强；

相对压强——以当地大气压为零点表示的压强；

真空度——当绝对压强低于当地大气压时，大气压高出绝对压强的部分称为真空度。

思 考 题

3-1　重力作用下流体平衡微分方程是如何建立的？

3-2　给出重力作用下流体平衡方程的物理意义和几何意义。

3-3　什么是等压面？等压面有什么特征？等压面与单位质量力有什么关系？

3-4　什么情况下的等压面为水平面？相对平衡液体的等压面是否为水平面，为什么？

3-5　给出表压力、绝对压力、大气压、真空度的关系。

习　　题

3-1　静止液体中存在：

（a）压应力；（b）压应力和拉应力；（c）压应力和切应力；（d）压应力、拉应力和切应力。

3-2　相对压强的起点是：

（a）绝对真空；（b）1个标准大气压；（c）当地大气压；（d）液面压强。

3-3　某点的真空度为 65000Pa，当地大气压为 0.1MPa，该点的绝对压强为：

（a）65000Pa；（b）35000Pa；（c）165000Pa。

3-4　绝对压强 p_{abs} 与相对压强 p、真空度 p_v、当地大气压 p_a 之间的关系是：

（a）$p_{abs}=p+p_v$；（b）$p=p_{abs}+p_a$；（c）$p_v=p_a-p_{abs}$。

3-5　一直径为 $d=0.4m$ 的圆柱形容器（见图 3-7），$h_1=0.3m$，$h_2=0.5m$，盖上荷重 $F=5788N$，油的密度为 $800kg/m^3$，求测压计中汞柱高 h 为多少？

3-6　一敞口圆柱形容器（见图 3-8），直径 $D=0.4m$，上部为油，下部为水。

（1）若测压管中读数为 $h_1=0.2m$，$h_2=1.2m$，$h_3=1.4m$，求油的密度；

（2）若油的密度为 $840kg/m^3$，$h_1=0.5m$，$h_2=1.6m$，求容器中

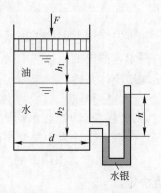

图 3-7　习题 3-5 图

水和油的体积。

3-7　图3-9为一圆筒形储槽，直径为0.8m。槽内原盛有2m深的
水。在无水源补充的情况下打开底阀门放水。测得水流出的
质量流率 v_2（kg/s）与水深 z（m）的关系为：$v_2 = 0.274z^{1/2}$。
试问经过多少时间以后，水位下降至1m？

3-8　如图3-10所示，一个锅炉烟囱，燃烧时烟气将在烟囱中自
由流动排出。已知烟囱高 $h = 30$m，烟囱内烟气的平均温度为
$T = 27$℃，烟气的密度 $\rho_s = (1.27 - 0.00275T)$ kg/m³，当时空
气的密度 $\rho_a = 1.29$kg/m³。试确定引起烟气自由流动的压差。

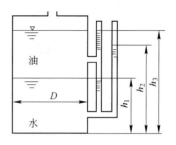

图3-8　习题3-6图

3-9　某炉气温度为1650℃，炉气在标准状态下的密度 $\rho_0 = 1.3$kg/m³，炉外大气温度为30℃，试求当距
炉门坎1.8m处，炉膛压强为12Pa（表压）时，炉门坎是冒烟，还是吹冷风？

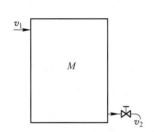

图3-9　习题3-7图

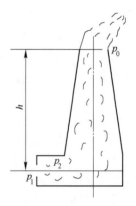

图3-10　习题3-8图

④ 描述流体运动的方法

本章提要：黏性流体的质点在运动中会出现两种不同的状态，一是所有质点作定向有规则的运动，即各质点完全沿着管轴方向直线运动，质点之间因此互不掺混、互不干扰，这种流动状态称为层状流动（层流）；另一种是作无规则、不定向的混杂运动，即质点不仅沿着管轴方向直线运动，还伴有横向扰动，质点之间彼此混杂，流线杂乱无章，这种流动状态称为湍流（也称紊流）。由临界雷诺数的大小可区分流体的流动状态。雷诺数有着鲜明的物理意义，它表示流动中惯性力与黏性力之比。雷诺数越大，流体黏性的作用越小。雷诺数趋近于无穷的极限情况就是理想流体，因为此时黏性力可以忽略，即黏度等于零。

研究流体运动的方法分为拉格朗日法和欧拉法，前者从分析流体各个质点的运动着手，通过跟踪各流体质点来研究整个流体的运动；后者从分析流体所占据的空间中各固定点处的流体运动着手，即通过观察站的方法来研究流体在整个空间里的运动。本章还介绍了这两种方法之间的相互转换。

在动量传输中的理论研究和实际问题中都采用欧拉法，进而引入欧拉法质点导数的概念。质点导数算子的表达式为 $\frac{\mathrm{D}}{\mathrm{D}t} = \frac{\partial}{\partial t} + v \cdot \nabla$，它由两部分组成：$\frac{\partial}{\partial t}$ 称为局部导数算子，简称局部导数，表示在一固定空间点，由于时间的变化而引起物理量的变化。若物理量 $\boldsymbol{B}$ 不随时间而变，则 $\frac{\partial \boldsymbol{B}}{\partial t} = 0$，而不是 $\frac{\mathrm{D}\boldsymbol{B}}{\mathrm{D}t} = 0$；$(v \cdot \nabla)$ 称为位变导数算子或迁移导数算子，简称位变导数或迁移导数，表示在同一时刻，由于空间位置的变化而引起的物理量变化。若物理量 $\boldsymbol{B}$ 在空间上均匀分布，则 $(v \cdot \nabla)\boldsymbol{B} = 0$。后者是动量传输（流体力学）中形成的新概念。

最后，讨论了流体运动的基本概念：流线与流线方程、迹线与迹线方程等。在流线的基础上，引出流管、流束、流量等概念。

4.1　雷诺试验和卡门涡街

为了对流体的运动有一个感性认识，下面观察两种典型的流动。

4.1.1　雷诺试验

早在 1883 年，英国物理学家雷诺（Reynolds）就对圆管内的黏性流体运动进行了试验，装置如图 4-1 所示。水流从水箱中流出，进入水平放置的玻璃圆管。可以用小口径滴管从上游注入红墨水来观察管内水流的流动状态。

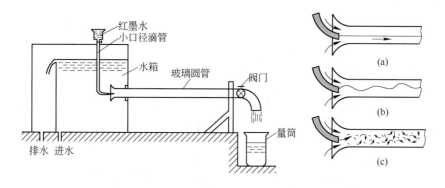

图4-1　雷诺试验装置和试验结果

管流速度很慢时，红墨水沿着轴线平稳流动，成为一条直线，如图4-1（a）所示。这时红墨水的形状表明，管中水流是沿管轴一层层平稳流动的，这种流动状态称为层流。随着水流速度的逐渐加大，红墨水所形成的细线开始波动，如图4-1（b）所示。这种波动表明管中水流已不稳定，水流不仅有沿管轴方向的分速度，而且还在垂直于轴的平面内产生分速度，水流从层流状态开始过渡到另一种流动状态。当水流速度超过某一数值后，红墨水很快与水流混杂在一起，如图4-1（c）所示。这时流体各部分之间相互混合，除了沿管轴的速度外，还产生沿各个方向的不规则脉动速度，这种流动状态称为湍流，亦称紊流。

雷诺试验表明：黏性流体存在两种不同的流动状态，即层流和湍流。雷诺用各种不同管径的圆管重复了上述试验，结果发现由层流到湍流的转变并不是唯一地取决于管内的流速，而是与由管内平均流速 v_m、圆管直径 d、流体密度 ρ、流体黏度 μ 等4个物理量组成的量纲为1的特征数有关，如下式：

$$Re = \frac{v_m \rho d}{\mu} = \frac{v_m d}{\nu} \tag{4-1}$$

为纪念雷诺的这一发现，这个特征数称为雷诺数，用 Re 表示。由层流转变成湍流时的 Re 称为临界 Re，一般用 Re_{cr} 来表示。雷诺从试验得出 $Re_{cr} \approx 2300$，工程中通常取2000。必须指出，Re_{cr} 并不是一个确定的常数，它还受圆管入口处水流的扰动大小等因素的影响。扰动大，Re_{cr} 就低；反之，Re_{cr} 就高。雷诺以后的大量试验表明，Re_{cr} 可以在很大的范围内变动，它是否存在上限，现在还不清楚。但 Re_{cr} 的下限确实存在，其值与雷诺的试验值2300大致相符。Re 低于这一下限，扰动随时间延长而衰减，流动处于层流状态；Re 高于这一下限，层流是不稳定的，稍有扰动就立即变成湍流。

由层流至湍流的转变是可逆的，就是说如果圆管内的流动开始是湍流，当逐步降低流速时，可以在某一 Re 值时使湍流转变为层流状态。

Re 有着鲜明的物理意义，它表示流体运动中惯性力与黏性力之比。Re 愈大，流体黏性的作用愈小。$Re \to \infty$ 的极限情况就是理想流体，因为此时黏性力可以忽略，即黏度等于零。

4.1.2   卡门涡街

在方形水槽中，水沿着水槽水平流动。此时将一圆柱体垂直放入水槽中，在圆柱体的上游徐徐撒上漂浮物，可以观察到水的流动图形。从水平面上方观察发现，在水流流速很慢时，将出现两个黏附在圆柱体后面的对称的漩涡。当水流速度增大到某一数值后，在圆柱体后面形成两列交错排列、旋转方向相反的周期性漩涡，如图 4 - 2 所示，称为卡门涡街。电线在风中发声、潜艇的通气管在水中抖颤并发出噪声，都是由于卡门涡街的存在而引起的。

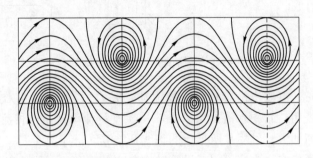

图 4 - 2   卡门涡街示意图

通过以上试验现象，对流体的运动状态有了一定的感性认识，下面将借助拉格朗日方法和欧拉方法对流体的运动作进一步的研究。

4.2   描述流体运动的两种方法

描述流体的运动有两种方法：拉格朗日（Lagrange）法和欧拉（Euler）法。

4.2.1   拉格朗日法

拉格朗日法着眼于流体质点，它的基本思想是：跟踪每个流体质点的运动全过程，记录它们在运动过程中的各物理量及其变化。拉格朗日法是离散质点运动描述方法在流体力学中的延续。

由于流体质点是连续分布的，肉眼无法区分，因此要研究某个确定的流体质点的运动，就必须有一个表征该质点的办法，以使它和其他的质点区分开来。通常以某流体质点在初始时刻 $t=t_0$ 的空间坐标 (a, b, c) 作为它自身的标志。a，b，c 取不同值表示不同的流体质点。将初始时刻坐标 a，b，c 和时间变量 t 称为拉格朗日变量，则流体质点的位移 r、温度 T、压力 p 等物理量是拉格朗日变量的函数：

$$r=r(a,b,c,t), \quad T=T(a,b,c,t), \quad p=p(a,b,c,t) \tag{4-2}$$

流体质点的位移函数 $r=r(a,b,c,t)$ 描绘的就是质点的轨迹。因此，流体质点的速度是位移对时间的导数，加速度是速度对时间的导数，它们分别为：

$$v=\left(\frac{\partial r}{\partial t}\right)_{a,b,c}=v(a,b,c,t) \tag{4-3}$$

$$a = \left(\frac{\partial v}{\partial t}\right)_{a,b,c} = a(a,b,c,t) \qquad (4-4)$$

因为拉格朗日坐标 a，b，c 对指定的流体质点是常量，与时间无关，因此，上述位移和速度对时间的导数是偏导数而不是全导数。在式（4-2）中，a，b，c 取不同的值，表示不同流体质点的物理量随时间的变化。

拉格朗日法侧重于对流体质点细节的描述，如各流体质点在运动过程中所走的路径，以及运动过程中各物理量是如何变化的等。但多数情况下人们更关心的是流体中固定空间点上的物理量。这时拉格朗日法就不方便了。

4.2.2　欧拉法

欧拉法着眼于空间点，又称空间点法。它的基本思想是：考察空间每一点上物理量及其变化。空间坐标 (x, y, z) 和时间变量 t 称为欧拉变数，欧拉法中的物理量是欧拉变数的函数：

$$v = v(x,y,z,t), \quad \rho = \rho(x,y,z,t), \quad p = p(x,y,z,t) \qquad (4-5)$$

被流体占据的空间称为流场。可见，欧拉法是一种场的方法，方程式（4-5）分别表示流场的速度分布、密度分布和压力分布，称为速度场、密度场和压力场。因此，欧拉法中可以借助场论知识研究流动问题。

流体质点和空间点是既有区别又有联系的两个概念。流体质点是大量分子构成的流体团，而空间点是没有尺度的集合点。空间某点上的物理量就是指占据该空间的流体质点的物理量，空间点上物理量对时间的变化率就是占据该空间的流体质点的物理量对时间的变化率。

对比两种方法可知：

（1）拉格朗日法的着眼点是，如果知道了每一个质点随时间的变化规律，整个流动状况也就清楚了。在拉格朗日法中，矢径函数 r 的定义域不是场，因为它不是空间坐标的函数，而是质点标号的函数。

（2）欧拉法的着眼点是，如果每一处空间位置的流体运动状态都是确定的，则整个流动也就清楚了。

4.2.3　两种方法的应用

拉格朗日法是质点动力学方法的扩展，物理概念清晰。尽管其对流体运动描述得比较全面，从理论上讲，可以求出每个运动流体质点的轨迹，但是，由于流体质点的运动轨迹，除较简单的射流运动、波浪运动等以外，一般是极其复杂的，应用这种方法分析流体运动，在数学上将会遇到很多困难。从实际上讲，往往只要求了解流体空间上各运动要素的数值及其变化规律，而在实用上无需了解质点运动的全过程。因此，除少数情况（如研究波浪运动、台风运动、流体震荡、重力流等）外，在流体力学中大都不采用这种方法。

欧拉法研究的是流场中每一固定空间点上的流动参数的分布及随时间的变化规律。欧拉法研究一般给不出流体个别质点的运动踪迹，看不出每个流体质点的过去和未来。然而，欧拉法给出了某瞬时整个流场的运动参数分布，因而可以用连续函数理论对流场进行有效的理论分析和计算。实际上，在大多数的工程实际问题中，通常并不需要知道每个流体质点自始至终的运动过程，而只需要知道流体质点在通过空间任意固定点时运动要素随时间的变化状况，以及某一时刻流场中各空间固定点上流体质点的运动要素，然后就可以用数学方法对整个流场进行求解计算。

由于用拉格朗日法移动测试仪器来跟踪测量每个流体质点的运动要素，实际上是很难实现的，而用欧拉法将测试点固定在流场中一些指定的空间点上则很容易做到。因此，在大多数流体力学理论研究和工程实际问题的研究中，都采用欧拉法。

4.3 质 点 导 数

流体质点的物理量对时间的变化率称为该物理量的质点导数。

对于拉格朗日法，任一流体质点 (a, b, c) 所具有的物理量 $\boldsymbol{B}(a, b, c, t)$ 的质点导数，就等于该物理量对时间的偏导数 $\dfrac{\partial \boldsymbol{B}}{\partial t}$，当 $\boldsymbol{B} = v$ 时，为质点的加速度，即：

$$\frac{\partial v(a, b, c, t)}{\partial t} = \boldsymbol{a}(a, b, c, t) \tag{4-6}$$

对欧拉法而言，一个确定的空间点，在不同时刻被不同的流体质点所占据，故不能简单地将质点导数理解为物理量对时间的偏导数，下面推导欧拉法中质点导数的表达式。

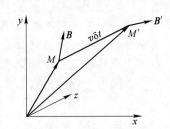

图 4-3 空间点在 M—M' 运动示意图

在图 4-3 中，设 t 时刻位于空间点 $M(x, y, z)$ 上流体质点的速度为 $v = v_x \boldsymbol{i} + v_y \boldsymbol{j} + v_z \boldsymbol{k}$，具有物理量 $\boldsymbol{B}(x, y, z, t)$。经 Δt 时间，该质点运动了 $v\Delta t$，到达 $M'(x + v_x\Delta t, y + v_y\Delta t, z + v_z\Delta t)$ 点，物理量变为 $\boldsymbol{B}(x + v_x\Delta t, y + v_y\Delta t, z + v_z\Delta t, t + \Delta t)$。根据质点导数的定义，物理量 $\boldsymbol{B}$ 的质点导数为：

$$\frac{\mathrm{D}\boldsymbol{B}}{\mathrm{D}t} = \lim_{\Delta t \to 0} \frac{\boldsymbol{B}(x + v_x\Delta t, y + v_y\Delta t, z + v_z\Delta t, t + \Delta t) - \boldsymbol{B}(x, y, z, t)}{\Delta t} \tag{4-7}$$

利用泰勒（Taylor）级数对物理量 $\boldsymbol{B}$ 展开如下：

$$\boldsymbol{B}(x + v_x\Delta t, y + v_y\Delta t, z + v_z\Delta t, t + \Delta t) = \boldsymbol{B}(x, y, z, t) + \frac{\partial \boldsymbol{B}}{\partial t}\Delta t + \frac{\partial \boldsymbol{B}}{\partial x}v_x\Delta t + \frac{\partial \boldsymbol{B}}{\partial y}v_y\Delta t + \frac{\partial \boldsymbol{B}}{\partial z}v_z\Delta t + O(\Delta t^2)$$

将上式代入式（4-7）右端，并略去高阶项可得：

$$\frac{\mathrm{D}\boldsymbol{B}}{\mathrm{D}t} = \frac{\partial \boldsymbol{B}}{\partial t} + v_x\frac{\partial \boldsymbol{B}}{\partial x} + v_y\frac{\partial \boldsymbol{B}}{\partial y} + v_z\frac{\partial \boldsymbol{B}}{\partial z} \quad \text{或} \quad \frac{\mathrm{D}\boldsymbol{B}}{\mathrm{D}t} = \frac{\partial \boldsymbol{B}}{\partial t} + (v \cdot \nabla)\boldsymbol{B} \tag{4-8}$$

其中哈密顿算子 $\nabla = \dfrac{\partial}{\partial x}\boldsymbol{i} + \dfrac{\partial}{\partial y}\boldsymbol{j} + \dfrac{\partial}{\partial z}\boldsymbol{k}$，式（4-8）就是用欧拉法表示的物理量 $\boldsymbol{B}$ 的质点导数（也称为随体导数）。需要指出，式（4-8）中的括号不能省略，括号保证了其中的两个矢量

率先相乘，然后再作用于矢量 $\boldsymbol{B}$。同时，括号内两项的前后顺序不能颠倒，否则就会变成下式：

$$(\nabla \cdot v)\boldsymbol{B} = \frac{\partial v_x}{\partial x}\boldsymbol{B} + \frac{\partial v_y}{\partial y}\boldsymbol{B} + \frac{\partial v_z}{\partial z}\boldsymbol{B}$$

显然，上式表达了与式（4-8）不同的含义。$\dfrac{\mathrm{D}}{\mathrm{D}t}$ 称为质点导数算子：

$$\frac{\mathrm{D}}{\mathrm{D}t} = \frac{\partial}{\partial t} + v \cdot \nabla \tag{4-9}$$

由式（4-9）可见，欧拉法的质点导数由两部分组成：

（1）$\dfrac{\partial}{\partial t}$ 称为局部导数算子，简称局部导数，表示在一固定空间点，由于时间的变化而引起物理量的变化。若物理量 $\boldsymbol{B}$ 不随时间而变，则 $\dfrac{\partial \boldsymbol{B}}{\partial t} = 0$，而不是 $\dfrac{\mathrm{D}\boldsymbol{B}}{\mathrm{D}t} = 0$，这一点必须牢记。

（2）$(v \cdot \nabla)$ 称为迁移导数算子或位变导数算子，简称迁移导数或位变导数，表示在同一时刻，由于空间位置的变化而引起物理量的变化。若物理量 $\boldsymbol{B}$ 在空间上均匀分布，则 $(v \cdot \nabla)\boldsymbol{B} = 0$。

在以上推导中，$\boldsymbol{B}$ 为任意物理量。当 $\boldsymbol{B} = v$ 时，$\dfrac{\mathrm{D}v}{\mathrm{D}t}$ 为欧拉法的质点加速度，即：

$$\boldsymbol{a} = \frac{\mathrm{D}v}{\mathrm{D}t} = \frac{\partial v}{\partial t} + (v \cdot \nabla)v \tag{4-10}$$

式中，$\boldsymbol{a}$ 为质点全加速度，又称为质点导数或随体导数；$\dfrac{\partial v}{\partial t}$ 为加速度；$(v \cdot \nabla)v$ 为位变加速度或迁移加速度。

下面对迁移加速度的概念做进一步的说明。展开 $(v \cdot \nabla)v$ 并考察其 x 分量，则它变为：

$$v_x \frac{\partial v_x}{\partial x} + v_y \frac{\partial v_x}{\partial y} + v_z \frac{\partial v_x}{\partial z}$$

也就是说，位变加速度的 x 分量由三个部分组成。第一部分 $v_x \dfrac{\partial v_x}{\partial x}$ 中的 $\dfrac{\partial v_x}{\partial x}$，表示沿 x 轴单位长度的速度变化，而 v_x 表示单位时间内沿 x 轴运动的距离，所以 $v_x \dfrac{\partial v_x}{\partial x}$ 就是速度相对于时间的变化。这里的关键在于，对于给定的空间点 (x, y, z)，v_x、v_y、v_z 都是已知的，因为欧拉法要求从如下的已知函数开始研究：

$$v_x = v_x(x, y, z, t)$$
$$v_y = v_y(x, y, z, t)$$
$$v_z = v_z(x, y, z, t)$$

由于 v_x 也能随 y、z 变化，所以 $v_y \dfrac{\partial v_x}{\partial y}$ 与 $v_z \dfrac{\partial v_x}{\partial z}$ 也对 x 方向的加速度产生贡献，故 x 方向的加速度由三项构成。

这里有一个重要的概念需要特别注意。在经典力学中，如果质点的速度分量均与时间无关，即 $\dfrac{\partial v_x}{\partial t} = \dfrac{\partial v_y}{\partial t} = \dfrac{\partial v_z}{\partial t} = 0$ 成立，则该质点的加速度必然为零。但在流体力学中，情况有了重大变化，从上面的 $v_x = v_x(x, y, z)$ 等对时间的全微分不为零看出，流体力学中有了新的加速度概念，称为位置变化造成的加速度，简称位变加速度，而 $\dfrac{\partial v_x}{\partial t}$ 等不为零时对应的加速度称为时变加速度。不难看出，位变加速度是专属于流体力学的新概念。

类似的，当 $\boldsymbol{B} = \rho$ 时，密度 ρ 的质点导数为：

$$\frac{\mathrm{D}\rho}{\mathrm{D}t} = \frac{\partial \rho}{\partial t} + (v \cdot \nabla)\rho \qquad (4-11)$$

4.4　拉格朗日法和欧拉法的转换

拉格朗日法着眼于流体质点，将运动参数看作为随体坐标和时间的函数；欧拉法着眼于空间点，将运动参数看作为空间坐标和时间的函数，两者是由不同的着眼点来表达流体的运动，它们之间可以相互转换。下面以速度为例给出 $\boldsymbol{r} = \boldsymbol{r}(a, b, c, t) \longleftrightarrow v = v(x, y, z, t)$ 的转换。

4.4.1　拉格朗日法转换到欧拉法

拉格朗日法表示的质点位移方程式（4-5）在直角坐标系中为：

$$x = x(a,b,c,t), \quad y = y(a,b,c,t), \quad z = z(a,b,c,t) \qquad (4-12)$$

作为拉格朗日法的基本出发点，式（4-12）中的函数必须是已知的，否则就相当于前提条件没有给定，进一步的研究也就无法进行。由于 $t = t_0$ 时，$x = a$，$y = b$，$z = c$，因此，式（4-12）表示在 t_0 以后任意时刻质点 (a, b, c) 的位置 (x, y, z)，与该质点初始位置 (a, b, c) 具有一一对应的函数关系，因此，式（4-12）必存在下面的反函数：

$$a = a(x,y,z,t), \quad b = b(x,y,z,t), \quad c = c(x,y,z,t) \qquad (4-13)$$

显然，拉格朗日法侧重流体质点，重点考察同一质点 (a, b, c) 在不同时刻 t 的空间位置、速度、加速度等；而欧拉法侧重空间位置，重点考察同一空间位置 (x, y, z) 上的物质在不同时刻 t 时，其速度、加速度、温度、压力等物理量。

将式（4-13）代入式（4-3），就得到了用欧拉法表示的速度分布：

$$v_x = v_x(x,y,z,t), \quad v_y = v_y(x,y,z,t), \quad v_z = v_z(x,y,z,t) \qquad (4-14)$$

需要强调的是，作为欧拉法的基本出发点，式（4-5）中的速度场（也就是式（4-14））必须是已知的，这就像式（4-12）对于拉格朗日法必须是已知的一样。

4.4.2 欧拉法转换到拉格朗日法

由欧拉变数表示的速度场公式,即式(4-14)可得:

$$\frac{\partial x}{\partial t} = v_x(x,y,z,t), \quad \frac{\partial y}{\partial t} = v_y(x,y,z,t), \quad \frac{\partial z}{\partial t} = v_z(x,y,z,t) \quad (4-15)$$

积分得通解:

$$x = x(t,C_1,C_2,C_3), \quad y = y(t,C_1,C_2,C_3), \quad z = z(t,C_1,C_2,C_3) \quad (4-16)$$

其中积分常数 C_1,C_2,C_3 由初始条件确定。若 $t=t_0$ 时,$x=a$,$y=b$,$z=c$,则:

$$a = a(t_0,C_1,C_2,C_3), \quad b = b(t_0,C_1,C_2,C_3), \quad c = c(t_0,C_1,C_2,C_3) \quad (4-17)$$

由式(4-17)可得 $C_1 = C_1(t_0,a,b,c)$,$C_2 = C_2(t_0,a,b,c)$,$C_3 = C_3(t_0,a,b,c)$,将它们代入式(4-16),即得拉格朗日变数表示的位移方程式(4-12),再将其代入式(4-14),即得拉格朗日变数表示的速度分布。

[**例题4-1**] 已知拉格朗日变数下的速度表达式为 $v_x = (a+1)e^t - 1$,$v_y = (b+1)e^t - 1$,$t=0$时 $x=a$,$y=b$。试求:(1)$t=2$ 时该质点的位置;(2)$a=1$,$b=2$ 时流体质点的运动规律;(3)拉格朗日变数表示的质点加速度;(4)欧拉法表示的速度和加速度。

解:(1)由式(4-3)得:

$$\frac{\partial x}{\partial t} = v_x = (a+1)e^t - 1, \quad \frac{\partial y}{\partial t} = v_y = (b+1)e^t - 1 \quad (a)$$

积分得轨迹方程:

$$x = (a+1)e^t - t + C_1, \quad y = (b+1)e^t - t + C_2 \quad (b)$$

将已知的初始条件 $t=0$ 时 $x=a$,$y=b$ 代入式(b),得到 $C_1 = C_2 = -1$,则轨迹方程式(b)成为:

$$x = (a+1)e^t - t - 1, \quad y = (b+1)e^t - t - 1 \quad (c)$$

代入 $t=2$ 得该流体质点的位置:

$$x = (a+1)e^2 - 3, \quad y = (b+1)e^2 - 3$$

(2)将 $a=1$,$b=2$ 代入式(c),得质点(1,2)的运动轨迹方程:

$$x = 2e^t - t - 1, \quad y = 3e^t - t - 1$$

(3)对已知的速度分布求偏导,得加速度:

$$a_x = \frac{\partial v_x}{\partial t} = (a+1)e^t, \quad a_y = \frac{\partial v_y}{\partial t} = (b+1)e^t \quad (d)$$

(4)将轨迹方程式(c)的逆函数:

$$a = (x+t+1)e^{-t} - 1, \quad b = (y+t+1)e^{-t} - 1 \quad (e)$$

代入已知的拉格朗日速度表达式,即将式(e)代入式(a),得欧拉变数下的速度分布:

$$v_x = x + t, \quad v_y = y + t \tag{f}$$

再将式（e）代入式（d），得欧拉变数下的加速度：

$$a_x = x + t + 1, \quad a_y = y + t + 1 \tag{g}$$

欧拉法表示的加速度也可以利用式（d）和式（c）直接求解。

4.5　流体运动的基本概念

4.5.1　定常流动和非定常流动

流体在运动过程中，若物理量不随时间而变，则称为定常流动，否则称为非定常流动。

在定常流动中，物理量 B 仅是空间坐标的函数：

$$B = B(x, y, z) \tag{4-18}$$

它的局部导数等于零，即 $\dfrac{\partial B}{\partial t} = 0$。

流动是否定常与所选取的参考坐标有关。例如，船在平静的湖面上做等速直线航行时，站在船上的观察者（坐标系取在船上）看到船体周围的流动是定常的。而站在岸上（坐标系取在大地上）的观察者看到船体周围的流动却是非定常的。

4.5.2　均匀流动和非均匀流动

流体在运动过程中，若物理量均不随空间而变，则称为均匀流动或均匀场，否则称为非均匀流动或非均匀场。在均匀流动中，物理量只是时间的函数：

$$B = B(t) \tag{4-19}$$

它的迁移导数 $(v \cdot \nabla)B = 0$。

4.5.3　平面流和轴对称流

一般的流体流动都属于三维空间流动。平面流和轴对称流是两种特殊的三维流动。

如果能在流场中做出相互平行的平面族，使得每个流体质点都只在一个平面内运动，并且所有这些平面上对应点的流动情况相同，这样，只要知道平面族中任意一个平面上的流动情况，就可以知道整个流场的情况。这种流动称为平面流动或二维平面流动。

在直圆管内部，过中轴线可以做无数个平面，称为子午面。如果处在某一子午面上的流体质点只能在该面内部流动，即它永远不会流到其他子午面上，且不同子午面上对应点的流动情况完全相同，这样的流动称为轴对称流动。

4.5.4　迹线

流体质点的运动轨迹称为迹线。

拉格朗日法中位移函数如式（4-2）所示。给定拉格朗日变量 a，b，c 就得到该质点的轨迹：

$$\boldsymbol{r} = x(a,b,c,t)\boldsymbol{i} + y(a,b,c,t)\boldsymbol{j} + z(a,b,c,t)\boldsymbol{k} \tag{4-20}$$

欧拉法中质点迹线需由速度场积分求出。若给定欧拉速度场 $v(x, y, z, t)$，流体质点经过 $\mathrm{d}t$ 时间移动了 $\mathrm{d}\boldsymbol{r}$ 距离，则该质点的迹线微分方程为：

$$\mathrm{d}\boldsymbol{r} = v\mathrm{d}t \tag{4-21}$$

直角坐标系中：

$$\frac{\mathrm{d}x}{v_x(x,y,z,t)} = \frac{\mathrm{d}y}{v_y(x,y,z,t)} = \frac{\mathrm{d}z}{v_z(x,y,z,t)} = \mathrm{d}t \tag{4-22}$$

其中 (x, y, z) 表示质点坐标，它是时间的函数。式（4-22）是由三个一阶微分方程构成的方程组，给定 $t = t_0$ 时质点的坐标 (a, b, c)，积分式（4-22）即得该质点的迹线方程。

需要提醒的是，质点、迹线是拉格朗日法才有的概念，因此上面的解题思路是，先求出欧拉法中的空间位置的表达式，然后再通过转换，变为拉格朗日法的表达式。

4.5.5　流线

流线是速度场的矢量线。在任意时刻 t，它上面每一点处曲线的切向量 $\mathrm{d}\boldsymbol{r} = \mathrm{d}x\boldsymbol{i} + \mathrm{d}y\boldsymbol{j} + \mathrm{d}z\boldsymbol{k}$ 都与该点的速度向量 $v(x, y, z, t)$ 相切。

根据流线的定义：

$$\mathrm{d}\boldsymbol{r} \times v = 0 \tag{4-23}$$

式（4-23）表示 $\mathrm{d}\boldsymbol{r}$ 与 v 平行，因此在直角坐标系中：

$$\frac{\mathrm{d}x}{v_x(x,y,z,t)} = \frac{\mathrm{d}y}{v_y(x,y,z,t)} = \frac{\mathrm{d}z}{v_z(x,y,z,t)} = t \tag{4-24}$$

其中，时间为参数，积分时做常数处理，表示 t 时刻的流线。式（4-24）是由两个一阶常微分方程构成的方程组，积分得流场的流线谱，积分常数取不同的值表示不同的流线。因此，式（4-24）与式（4-22）有着本质的差别，因为式（4-22）是三个微分方程构成的方程组，且其中的 t 是变量。根据这一概念，流线与迹线通常是不同的。

流线具有如下性质：

（1）对于非定常流场，不同时刻通过同一空间点的流线一般不重合；对于定常流场，任何时刻通过同一空间点的流线都是重合的；

（2）同一时刻，过空间一点只有一条流线，这是因为该时刻流场中一点处的速度只有一个。换句话说，流线不能相交；

（3）流线直观地描绘了流场的速度分布，流线的走向反映了流速的方向，流线的密集程度反映了流速的大小。

迹线和流线都是用来描述流场几何特性的，它们最基本的差别是：迹线是同一流体质点在不同时刻的位移曲线，与拉格朗日观点相对应；而流线是同一时刻、不同流体质点速度向量的包络线，与欧拉观点相对应。在定常流动中，流线与迹线重合。

[例题 4-2] 已知流场的速度分布为 $v_x = 1 - y$，$v_y = t$，试求：（1）$t = 1$ 时过 (0，0) 点的流线；（2）$t = 0$ 时位于 (0，0) 点的流体质点的迹线。

解：（1）由表示流线的微分方程式（4-24）得：

$$\frac{\mathrm{d}x}{1-y} = \frac{\mathrm{d}y}{t}$$

即

$$t\mathrm{d}x = (1-y)\mathrm{d}y \qquad\qquad (\text{a})$$

将时间变量 t 作为常参数，积分式（a）得：

$$tx = y - y^2/2 + C_1 \qquad\qquad (\text{b})$$

其中，C_1 是积分常数，C_1 取不同值表示流场中不同的流线。依题意，将 $t = 1$，$x = y = 0$ 代入式（b），可确定常数 $C_1 = 0$，得 $t = 1$ 时过点 (0，0) 的流线方程为：

$$y^2 - 2y + 2x = 0$$

（2）由式（4-22）得轨迹的微分方程：

$$\mathrm{d}x = (1-y)\mathrm{d}t, \quad \mathrm{d}y = t\mathrm{d}t \qquad\qquad (\text{c})$$

由 $\mathrm{d}y = t\mathrm{d}t$ 得 $y = t^2/2 + C_2$，将其代入 $\mathrm{d}x = (1-y)\mathrm{d}t$ 中，积分得：

$$x = t - t^3/6 - C_2 t + C_3 \qquad\qquad (\text{d})$$

式中，C_2 和 C_3 为积分常数，取不同值时对应于不同的流体质点迹线。

由初始条件 $t = 0$，$(x,y) = (a,b) = (0,0)$ 得 $C_2 = C_3 = 0$。因此，$t = 0$ 时位于 (0，0) 点的质点的迹线参数方程为：

$$x = t(1 - t^2/6), \quad y = t^2/2 \qquad\qquad (\text{e})$$

也可以消去式（e）中的时间变量 t，得到该质点的迹线方程：

$$x^2 = 2y(1 - y/3)^2$$

4.5.6　流管

在流场内取任意封闭曲线 l，如图 4-4 所示，通过曲线 l 上每一点连续地作流线，则流线族构成一个管状表面，称为流管。

因为流管是由流线作成的，所以流管上各点的流速都与其相切，流管中的流体不可能穿过流管侧面流到流管外，而流管外的流体也不可能穿过流管侧面流到流管内，流体只能从流管的一端流入，而从另一端流出。工程上使用的各种固体管壁就类似流管。

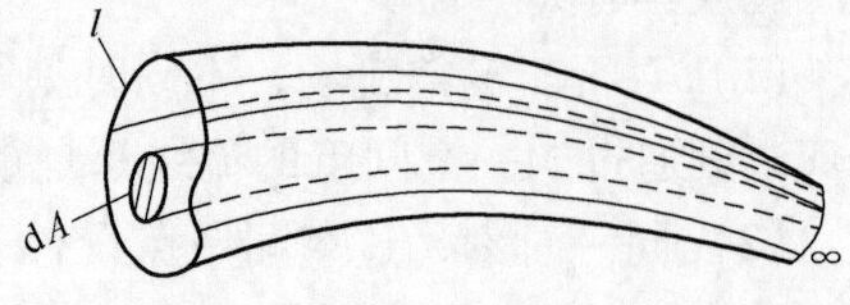

图 4-4　流管

4.5.7　流束

在流管内取一微小曲面 $\mathrm{d}A$，如图 4-4 所示。通过 $\mathrm{d}A$ 边界上的每一点作流线，这族流线称为流束。

如果曲面 dA 与流束中每一根流线都正交，则 dA 称为有效断面或有效流通截面。由于 dA 很小，在 dA 这个流通截面上的流动参数的差别可以忽略不计，这种流束称为微小流束。

4.5.8 流量（体积流率）❶

通过微小流束的流体数量称为流量（体积流率）。流量（体积流率）可按下式计算：

$$dG_V = vdA \qquad (4-25)$$

式中，v 为通过微小流束流通截面的速度，m/s；A 为面积，m^2；G_V 为流量（体积流率），m^3/s。

一个流管是由许多流束组成的，这些流束的流动参数并不相同，所以通过流管的流量（体积流率）为：

$$G_V = \iint_A vdA \qquad (4-26)$$

在工程计算中，实际的管道可以看成是一个流管，其流量按式（4-26）计算。为了计算方便，往往引入流通截面平均速度的概念，其定义为：

$$v_m = \frac{\iint_A vdA}{A} = \frac{G_V}{A} \qquad (4-27)$$

于是有：

$$G_V = v_m A \qquad (4-28)$$

4.6 小 结

本章讨论了流体流动中的两种状态，进而给出了判断流体状态的雷诺数。这是本课程最先涉及的重要特征数。讨论了描述流体流动的欧拉法和拉格朗日法，及对应的迹线和流线等概念，要区分两种描述方法的差别和对应的物理意义。这是研究流体运动的基本观点和基本方法。

拉格朗日法以个别质点为对象，将每个质点的运动情况汇总起来，以此描述整个流动；欧拉法以流动空间点为对象，将每一时刻各空间点上质点的运动情况汇总起来，以此描述整个流动。在流体力学的研究中，广泛采用欧拉法。本课程的论述均为欧拉法。

引入了一些基本概念：流线与流线方程，迹线与迹线方程等。在流线的基础上，引申出流管、流束、流量（体积流率）等概念。

---

❶ 在流体力学中，单位时间流出（流入）的体积通常称为流量。由量纲可见，流量也可称为体积流率，本书用 G_V 表示。这样一来，G_V 与质量流量 G_m 和摩尔流量 G_{mol} 对应起来。

思 考 题

4-1　雷诺数与哪些因素有关？为什么可以用雷诺数判别水流流态，如何判别？

4-2　"只要雷诺数相等，流体流动的状态就相同"的说法是否准确？

4-3　为什么不宜用临界雷诺数 Re_{cr} 作为判别水流流动状态的标准？

4-4　简述欧拉法和拉格朗日法。什么是迹线、流线、流场、流管和流束？

4-5　沿河设置水文站观测洪水的流动，该研究液体运动的方法属于欧拉法还是拉格朗日法，为什么？

4-6　质点导数的表达式和各项的物理意义是什么？

习　　题

4-1　定常流是：

（a）流动随时间按一定规律变化；（b）流场中任意空间点上的运动要素不随时间变化；（c）各过流断面的速度分布相同。

4-2　一元流动是：

（a）圆管内流动；（b）速度分布按直线变化；（c）运动参数是一个空间坐标和时间变量的函数。

4-3　流线与迹线重合的流动是：

（a）不可压缩流体流动；（b）非恒定流动；（c）恒定流动；（d）理想流体流动。

4-4　一变直径管，如图 4-5 所示。直径 $d_1 = 320\text{mm}$，$d_2 = 160\text{mm}$，流速 $v_1 = 1.5\text{m/s}$，v_2 为：

（a）3m/s；（b）4m/s；（c）6m/s；（d）9m/s。

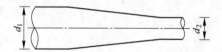

图 4-5　习题 4-4 图

4-5　流动是流体质点在运动，但为什么在研究流体时不去注意流体质点，而去讨论空间点呢？

4-6　试区别恒定流动和非恒定流动、流线和迹线这两对概念，并举例说明。

4-7　判断下列流动是层流还是湍流：（1）很长的水管，直径 $d = 200\text{mm}$，流速 $v = 1\text{m/s}$，运动黏度 $\nu = 1 \times 10^{-6}\text{m}^2/\text{s}$；（2）很长的油管，直径 $d = 150\text{mm}$，流速 $v = 0.2\text{m/s}$，运动黏度 $\nu = 28 \times 10^{-5}\text{m}^2/\text{s}$。

4-8　什么是断面平均流速？为什么要引入断面平均流速这个概念？

4-9　"均匀流一定是恒定流；非均匀流一定是非恒定流"，这种说法是否正确，为什么？

4-10　已知欧拉变量的速度分布为：$v = -k_1 y \boldsymbol{i} + k_1 x \boldsymbol{j} + k_2 z \boldsymbol{k}$，式中 k_1、k_2 为常数，设 $t = 0$ 时，$x = a$，$y = b$，$z = c$，求拉格朗日与欧拉变换关系式。

4-11　已知流场的速度分布为：$v_x = x^2 y$，$v_y = -3y$，$v_z = 2z^2$，求点（1，2，3）处的流体加速度。

5　动量传输的微分方程

本章提要：流体动力学研究流体在外力作用下的运动规律，即流体的运动参数与所受力之间的关系。流体动力学的基础是质量守恒定律和牛顿第二定律。采用微元控制体法分别建立了连续性微分方程、欧拉方程和纳维－斯托克斯方程。

连续性方程是质量守恒定律在流体力学中的体现。对于定常流动、不可压缩和 ρ 为常数的流体，能够推导如下：$\dfrac{\partial v_x}{\partial x} + \dfrac{\partial v_y}{\partial y} + \dfrac{\partial v_z}{\partial z} = 0$。

欧拉方程是将牛顿第二定律应用到理想流体而得到的方程，在一定条件下（不可压缩、定常流动、作用于流体上的仅有重力、不考虑流体旋转）积分可得到理想流体沿流线的伯努利方程式：$\dfrac{v_1^2}{2} + gz_1 + \dfrac{p_1}{\rho} = \dfrac{v_2^2}{2} + gz_2 + \dfrac{p_2}{\rho}$ 或 $\dfrac{v_1^2}{2g} + z_1 + \dfrac{p_1}{\rho g} = \dfrac{v_2^2}{2g} + z_2 + \dfrac{p_2}{\rho g}$。它是能量守恒原理在流体力学中的体现，表达了运动流体所具有的能量以及各种能量之间的转换规律。能量意义为：单位重力流体所具有的位能、压力能和动能三者之间尽管可以转化，但三者之和必为常数。几何意义为：几何高度、测压管高度和测速高度之和为一个常数，称为水力高度或总水头。

通过文丘里管与皮托管工作原理的分析和烟囱参数的设计，介绍了伯努利方程的实际应用。

纳维－斯托克斯方程同样是以牛顿第二定律为基础，但它在欧拉方程的基础上考虑了实际流体表面上黏性力的影响，即加上了由法应力和切应力引起的黏性动量的变化。

纳维－斯托克斯方程表示作用在单位质量流体上的质量力、表面力（压力和黏性力）和惯性力相平衡。它和连续性微分方程式组成的基本方程组，原则上可以求解速度场 v_x、v_y、v_z 和压强场 p。但在实际应用中，解这些非线性方程仍然是困难的。到目前为止，也只能得到有限数量的解析解。随着计算机技术的快速发展，采用数值解法成为新的研究方向。

5.1　连续性微分方程

质量守恒定律可简述如下：质量既不能创生，也不会消失。流体运动时必须遵从质量守恒定律，连续性方程就是满足这一定律的方程。

取空间任一点作微分控制体，如图 5-1 所示。通过控制体的速度分量为 v_x、v_y、v_z，流体密度为 ρ。连续性方程描述了微元控制体上的质量守恒，其文字表达式为：

$$\begin{bmatrix} 单位时间流 \\ 入的质量 \end{bmatrix} - \begin{bmatrix} 单位时间流 \\ 出的质量 \end{bmatrix} = \begin{bmatrix} 单位时间质 \\ 量的累积 \end{bmatrix}$$

在图 5-1 中微元体 x 轴方向上，单位时间流入的质量（质量流率）、流出的质量和净流入的质量分别为：$\rho v_x \mathrm{d}y\mathrm{d}z$、$\left[\rho v_x + \dfrac{\partial(\rho v_x)}{\partial x}\mathrm{d}x\right]\mathrm{d}y\mathrm{d}z$ 和 $-\dfrac{\partial(\rho v_x)}{\partial x}\mathrm{d}x\mathrm{d}y\mathrm{d}z$。

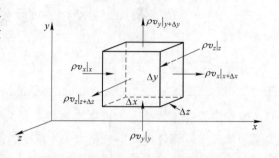

同理，在 y 轴方向和 z 轴方向净流入的质量为 $-\dfrac{\partial(\rho v_y)}{\partial y}\mathrm{d}x\mathrm{d}y\mathrm{d}z$ 和 $-\dfrac{\partial(\rho v_z)}{\partial z}\mathrm{d}x\mathrm{d}y\mathrm{d}z$。

因此，单位时间内微分控制体的净流入质量为：

图 5-1　通过一个微分控制体的质量通量

$$-\left[\frac{\partial(\rho v_x)}{\partial x} + \frac{\partial(\rho v_y)}{\partial y} + \frac{\partial(\rho v_z)}{\partial z}\right]\mathrm{d}x\mathrm{d}y\mathrm{d}z \tag{5-1}$$

根据质量守恒定律，式（5-1）等于单位时间内微分控制体中质量的增加，即：

$$\frac{\partial}{\partial t}(\rho \mathrm{d}x\mathrm{d}y\mathrm{d}z) \tag{5-2}$$

因此，得到下面的连续性方程：

$$\frac{\partial \rho}{\partial t} + \frac{\partial(\rho v_x)}{\partial x} + \frac{\partial(\rho v_y)}{\partial y} + \frac{\partial(\rho v_z)}{\partial z} = 0 \tag{5-3}$$

将式（5-3）等号左边后三项求导数后展开，考虑欧拉法的质点导数（见 4.3 节），由式（4-11），即：

$$\frac{\mathrm{D}\rho}{\mathrm{D}t} = \frac{\partial \rho}{\partial t} + v_x \frac{\partial \rho}{\partial x} + v_y \frac{\partial \rho}{\partial y} + v_z \frac{\partial \rho}{\partial z}$$

因此式（5-3）可改写成：

$$\frac{\mathrm{D}\rho}{\mathrm{D}t} + \rho\left(\frac{\partial v_x}{\partial x} + \frac{\partial v_y}{\partial y} + \frac{\partial v_z}{\partial z}\right) = 0 \tag{5-4}$$

对于定常流动，即 $\partial \rho/\partial t = 0$，则式（5-3）变为：

$$\frac{\partial(\rho v_x)}{\partial x} + \frac{\partial(\rho v_y)}{\partial y} + \frac{\partial(\rho v_z)}{\partial z} = 0 \tag{5-5}$$

对于不可压缩流体，ρ 为常数，则式（5-5）变为：

$$\frac{\partial v_x}{\partial x} + \frac{\partial v_y}{\partial y} + \frac{\partial v_z}{\partial z} = 0 \tag{5-6}$$

由于 $\dfrac{\partial v_x}{\partial x}$、$\dfrac{\partial v_y}{\partial y}$、$\dfrac{\partial v_z}{\partial z}$ 是 x、y、z 轴方向上的线变形速率，它们的代数和为体变形速率。式（5-6）的成立，恰好说明流体是不可压缩的。

采用哈密顿算子$\nabla = \dfrac{\partial}{\partial x}\boldsymbol{i} + \dfrac{\partial}{\partial y}\boldsymbol{j} + \dfrac{\partial}{\partial z}\boldsymbol{k}$的表达形式，则式（5 – 3）和式（5 – 4）分别写成：

$$\frac{\partial \rho}{\partial t} + \nabla \cdot (\rho \boldsymbol{v}) = 0 \tag{5 – 7}$$

$$\frac{\mathrm{D}\rho}{\mathrm{D}t} + \rho \nabla \cdot \boldsymbol{v} = 0 \tag{5 – 8}$$

对于圆柱坐标系，连续性方程的表达式为：

$$\frac{\partial \rho}{\partial t} + \frac{\partial (\rho v_r)}{\partial r} + \frac{1}{r}\frac{\partial (\rho v_\theta)}{\partial \theta} + \frac{\partial (\rho v_z)}{\partial z} + \frac{\rho v_r}{r} = 0 \tag{5 – 9}$$

对于定常流动，不可压缩流体，ρ为常数，式（5 – 9）可化简为：

$$\frac{\partial v_r}{\partial r} + \frac{1}{r}\frac{\partial v_\theta}{\partial \theta} + \frac{\partial v_z}{\partial z} + \frac{v_r}{r} = 0 \tag{5 – 10}$$

[例题 5 – 1]　已知速度场为：$v_x = 6(x + y^2)$，$v_y = 2y + z^3$，$v_z = x + y + 4z$，试分析此流场是否满足连续性条件？

解： 首先计算 x、y、z 轴方向上的线变形速率：

$$\frac{\partial v_x}{\partial x} = 6, \qquad \frac{\partial v_y}{\partial y} = 2, \qquad \frac{\partial v_z}{\partial z} = 4$$

代入式（5 – 6）得：

$$\frac{\partial v_x}{\partial x} + \frac{\partial v_y}{\partial y} + \frac{\partial v_z}{\partial z} = 6 + 2 + 4 = 12 \neq 0$$

说明此流场是不连续的。

[例题 5 – 2]　试判断以下平面流场 $v_r = 2r\sin\theta\cos\theta$，$v_\theta = 2r\cos^2\theta$ 是否连续？

解： 采用类似方法：

$$\frac{\partial v_z}{\partial z} = 0, \qquad \frac{\partial v_r}{\partial r} = 2\sin\theta\cos\theta, \qquad \frac{\partial v_\theta}{\partial \theta} = -4r\sin\theta\cos\theta, \qquad \frac{v_r}{r} = 2\sin\theta\cos\theta$$

代入式（5 – 10）可得：

$$\frac{\partial v_r}{\partial r} + \frac{1}{r}\frac{\partial v_\theta}{\partial \theta} + \frac{v_r}{r} = 2\sin\theta\cos\theta - 4\sin\theta\cos\theta + 2\sin\theta\cos\theta = 0$$

说明流场是连续的。

5.2　理想流体运动方程（欧拉方程）

理想流体的运动方程是根据动量守恒定律导出的。对于控制体，动量守恒定律的文字表达式如下：

$$\begin{bmatrix} 作用在控制体 \\ 上诸力之和 \end{bmatrix} = \begin{bmatrix} 从控制体输出 \\ 的动量速率 \end{bmatrix} - \begin{bmatrix} 从控制体输入 \\ 的动量速率 \end{bmatrix} + \begin{bmatrix} 控制体内积累 \\ 的动量速率 \end{bmatrix}$$

动量速率即动量的时间变化率，其量纲是 kg·(m/s)/s，这恰好是力的量纲：牛顿 N。

取一个微分控制体如图 5-2 所示。

由于动量是矢量，首先考察 x 轴方向上的动量。这一方向上动量输入、输出控制体的方式有三种，即沿着 x 轴，以及沿着 y 轴和 z 轴的输入、输出。沿 x 轴输入和输出的动量速率（流密度）分别为：$(\rho v_x v_x)\mathrm{d}y\mathrm{d}z$、$\left[(\rho v_x v_x) + \dfrac{\partial(\rho v_x v_x)}{\partial x}\mathrm{d}x\right]\mathrm{d}y\mathrm{d}z$，$(\rho v_x v_x)\mathrm{d}y\mathrm{d}z$ 可以理解为，单

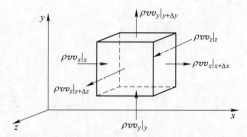

图 5-2　穿过微分控制体的动量通量

位时间内沿 x 轴输入的流体（质量）$\rho v_x \mathrm{d}y\mathrm{d}z$，乘以这部分流体的 v_x，因此 $(\rho v_x v_x)\mathrm{d}y\mathrm{d}z$ 是沿 x 轴输入控制体的动量速率。不难理解，净动量速率为：

$$\frac{\partial(\rho v_x v_x)}{\partial x}\mathrm{d}x\mathrm{d}y\mathrm{d}z \tag{5-11}$$

净动量速率尽管是以相减的方式得到的，但能看出其微分的含义，因为它可以写成：

$$\frac{\partial(\rho v_x v_x \mathrm{d}y\mathrm{d}z)}{\partial x}\mathrm{d}x \tag{5-12}$$

同理，在沿着 y 轴和 z 轴方向上，x 轴方向上的净动量速率分别为 $\dfrac{\partial(\rho v_x v_y)}{\partial y}\mathrm{d}x\mathrm{d}y\mathrm{d}z$ 和 $\dfrac{\partial(\rho v_x v_z)}{\partial z}\mathrm{d}x\mathrm{d}y\mathrm{d}z$。应该指出，$\dfrac{\partial(\rho v_x v_y)}{\partial y}\mathrm{d}x\mathrm{d}y\mathrm{d}z$ 与 $\dfrac{\partial(\rho v_x v_x)}{\partial x}\mathrm{d}x\mathrm{d}y\mathrm{d}z$ 在概念上有所不同。$\dfrac{\partial(\rho v_x v_y)}{\partial y}\mathrm{d}x\mathrm{d}y\mathrm{d}z$ 是由于流体具有 v_y 速度后，就可以从 $\mathrm{d}x\mathrm{d}z$ 面输入控制体，而这部分流体又具有 v_x 的速度，因此 $\dfrac{\partial(\rho v_x v_y)}{\partial y}\mathrm{d}x\mathrm{d}y\mathrm{d}z$ 相当于从侧面输入控制体的净动量速率（但动量是沿 x 轴方向的）。

三个方向之和即为 x 轴方向总的净动量速率：

$$\left[\frac{\partial(\rho v_x v_x)}{\partial x} + \frac{\partial(\rho v_x v_y)}{\partial y} + \frac{\partial(\rho v_x v_z)}{\partial z}\right]\mathrm{d}x\mathrm{d}y\mathrm{d}z \tag{5-13}$$

在 x 轴方向上，控制体内积累的动量速率为：

$$\frac{\partial(\rho v_x)}{\partial t}\mathrm{d}x\mathrm{d}y\mathrm{d}z \tag{5-14}$$

作用在微元控制体上的力包括：压力、重力，而对理想流体，黏性力是不存在的。如在 3.1 节中讨论的静力学中，在 x 轴方向上，作用在微元体压力的两者之差为：

$$-\frac{\partial p}{\partial x}\mathrm{d}x\mathrm{d}y\mathrm{d}z \tag{3-1}$$

设 x 轴方向上单位质量的质量力为 X，则整个微元控制体的 x 轴方向的质量力 F_x 为：

$$\rho X \mathrm{d}x\mathrm{d}y\mathrm{d}z \tag{3-2}$$

该项对定常流动是不存在的。

将式 (5-13)、式 (5-14)、式 (3-1) 和式 (3-2) 代入动量守恒定律中，于是有：

$$\rho X - \frac{\partial p}{\partial x} = \left[\frac{\partial(\rho v_x v_x)}{\partial x} + \frac{\partial(\rho v_x v_y)}{\partial y} + \frac{\partial(\rho v_x v_z)}{\partial z} \right] + \frac{\partial(\rho v_x)}{\partial t} \tag{5-15}$$

展开式 (5-15) 右侧各项，考虑连续性方程，并假定密度不变，则有：

$$\rho X - \frac{\partial p}{\partial x} = \rho \left(\frac{\partial v_x}{\partial t} + v_x \frac{\partial v_x}{\partial x} + v_y \frac{\partial v_x}{\partial y} + v_z \frac{\partial v_x}{\partial z} \right) \quad \rightarrow \quad X - \frac{1}{\rho} \frac{\partial p}{\partial x} = \frac{\mathrm{D}v_x}{\mathrm{D}t} \tag{5-16}$$

以上是考虑 x 轴方向上的力与动量速率所得到的结果。不难理解，关于 y 轴、z 轴方向上的力与动量速率，也应该有类似的关系，它们的表达式如下：

$$\rho Y - \frac{\partial p}{\partial y} = \rho \left(\frac{\partial v_y}{\partial t} + v_x \frac{\partial v_y}{\partial x} + v_y \frac{\partial v_y}{\partial y} + v_z \frac{\partial v_y}{\partial z} \right) \quad \rightarrow \quad Y - \frac{1}{\rho} \frac{\partial p}{\partial y} = \frac{\mathrm{D}v_y}{\mathrm{D}t} \tag{5-17}$$

$$\rho Z - \frac{\partial p}{\partial z} = \rho \left(\frac{\partial v_z}{\partial t} + v_x \frac{\partial v_z}{\partial x} + v_y \frac{\partial v_z}{\partial y} + v_z \frac{\partial v_z}{\partial z} \right) \quad \rightarrow \quad Z - \frac{1}{\rho} \frac{\partial p}{\partial z} = \frac{\mathrm{D}v_z}{\mathrm{D}t} \tag{5-18}$$

将前面的动量速率与力的分量式 (式 (5-16)~式 (5-18)) 写成矢量式，可得：

$$\rho \boldsymbol{F} - \nabla \boldsymbol{p} = \rho \frac{\mathrm{D}\boldsymbol{v}}{\mathrm{D}t} \quad 或 \quad \boldsymbol{F} - \frac{1}{\rho} \nabla \boldsymbol{p} = \frac{\mathrm{D}\boldsymbol{v}}{\mathrm{D}t} \tag{5-19}$$

这就是理想流体运动方程，是 1775 年由欧拉 (Euler) 首先提出的，又称欧拉方程。

5.3　伯努利方程 (理想流体定常流动沿流线的积分)

因为只考虑定常流动，所以式 (5-16)~式 (5-18) 中的 p、v_x、v_y 和 v_z 都只是坐标 x、y、z 的函数，而与时间 t 无关。也就是说，式 (5-16)~式 (5-18) 中的 $\dfrac{\partial v_x}{\partial t} = \dfrac{\partial v_y}{\partial t} = \dfrac{\partial v_z}{\partial t} = 0$。

因此，在定常流动下，欧拉法的速度表达式由 $v_x = v_x(x, y, z, t)$ 变为 $v_x = v_x(x, y, z)$，而 $v_x = v_x(x, y, z)$ 对时间的全微分并不为零，其表达式如下：

$$\frac{\mathrm{d}v_x}{\mathrm{d}t} = \frac{\partial v_x}{\partial x} \frac{\mathrm{d}x}{\mathrm{d}t} + \frac{\partial v_x}{\partial y} \frac{\mathrm{d}y}{\mathrm{d}t} + \frac{\partial v_x}{\partial z} \frac{\mathrm{d}z}{\mathrm{d}t} = v_x \frac{\partial v_x}{\partial x} + v_y \frac{\partial v_x}{\partial y} + v_z \frac{\partial v_x}{\partial z} \tag{5-20}$$

同理：

$$\frac{\mathrm{d}v_y}{\mathrm{d}t} = v_x \frac{\partial v_y}{\partial x} + v_y \frac{\partial v_y}{\partial y} + v_z \frac{\partial v_y}{\partial z} \tag{5-21}$$

$$\frac{\mathrm{d}v_z}{\mathrm{d}t} = v_x \frac{\partial v_z}{\partial x} + v_y \frac{\partial v_z}{\partial y} + v_z \frac{\partial v_z}{\partial z} \tag{5-22}$$

在上述理论分析与公式推导的基础上，就可以将式(5-16)~式(5-18)改写如下：

$$X - \frac{1}{\rho}\frac{\partial p}{\partial x} = \frac{\mathrm{d}v_x}{\mathrm{d}t}, \qquad Y - \frac{1}{\rho}\frac{\partial p}{\partial y} = \frac{\mathrm{d}v_y}{\mathrm{d}t}, \qquad Z - \frac{1}{\rho}\frac{\partial p}{\partial z} = \frac{\mathrm{d}v_z}{\mathrm{d}t} \tag{5-23}$$

将式（5-23）分别乘以 dx、dy 和 dz，然后相加得：

$$X\mathrm{d}x + Y\mathrm{d}y + Z\mathrm{d}z - \frac{1}{\rho}\left(\frac{\partial p}{\partial x}\mathrm{d}x + \frac{\partial p}{\partial y}\mathrm{d}y + \frac{\partial p}{\partial z}\mathrm{d}z\right) = \frac{\mathrm{d}v_x}{\mathrm{d}t}\mathrm{d}x + \frac{\mathrm{d}v_y}{\mathrm{d}t}\mathrm{d}y + \frac{\mathrm{d}v_z}{\mathrm{d}t}\mathrm{d}z \tag{5-24}$$

由流线方程式（4-24）可知，$v_x\mathrm{d}y = v_y\mathrm{d}x$，$v_z\mathrm{d}x = v_x\mathrm{d}z$，$v_z\mathrm{d}y = v_y\mathrm{d}z$，将其代入到全导数和偏导数的关系中进行简化：

$$\frac{\mathrm{d}v_x}{\mathrm{d}t}\mathrm{d}x = \frac{\partial v_x}{\partial x}v_x\mathrm{d}x + \frac{\partial v_x}{\partial y}v_y\mathrm{d}x + \frac{\partial v_x}{\partial z}v_z\mathrm{d}x = \frac{\partial v_x}{\partial x}v_x\mathrm{d}x + \frac{\partial v_x}{\partial y}v_x\mathrm{d}y + \frac{\partial v_x}{\partial z}v_x\mathrm{d}z$$

$$= v_x\left(\frac{\partial v_x}{\partial x}\mathrm{d}x + \frac{\partial v_x}{\partial y}\mathrm{d}y + \frac{\partial v_x}{\partial z}\mathrm{d}z\right) = v_x\mathrm{d}v_x = \mathrm{d}\left(\frac{v_x^2}{2}\right) \tag{5-25}$$

同理：

$$\frac{\mathrm{d}v_y}{\mathrm{d}t}\mathrm{d}y = v_y\mathrm{d}v_y = \mathrm{d}\left(\frac{v_y^2}{2}\right) \tag{5-26}$$

$$\frac{\mathrm{d}v_z}{\mathrm{d}t}\mathrm{d}z = v_z\mathrm{d}v_z = \mathrm{d}\left(\frac{v_z^2}{2}\right) \tag{5-27}$$

由此可得：

$$\frac{\mathrm{d}v_x}{\mathrm{d}t}\mathrm{d}x + \frac{\mathrm{d}v_y}{\mathrm{d}t}\mathrm{d}y + \frac{\mathrm{d}v_z}{\mathrm{d}t}\mathrm{d}z = \mathrm{d}\left(\frac{v_x^2}{2}\right) + \mathrm{d}\left(\frac{v_y^2}{2}\right) + \mathrm{d}\left(\frac{v_z^2}{2}\right) = \mathrm{d}\left(\frac{v^2}{2}\right) \tag{5-28}$$

如果式（5-24）左侧前三项的质量力是有势力，即存在质量力的势函数 $\varPi$，则根据场论知识有：

$$X\mathrm{d}x + Y\mathrm{d}y + Z\mathrm{d}z = -\mathrm{d}\varPi \tag{5-29}$$

对不可压缩流体，ρ 为常数，加之是定常流动，故 p 不随时间变化，因此，式（5-24）中左侧后三项可以写成：

$$\frac{1}{\rho}\left(\frac{\partial p}{\partial x}\mathrm{d}x + \frac{\partial p}{\partial y}\mathrm{d}y + \frac{\partial p}{\partial z}\mathrm{d}z\right) = \frac{1}{\rho}\mathrm{d}p = \mathrm{d}\left(\frac{p}{\rho}\right) \tag{5-30}$$

将式（5-28）~式（5-30）代入式（5-24）可得：

$$-\mathrm{d}\varPi - \mathrm{d}\left(\frac{p}{\rho}\right) = \mathrm{d}\left(\frac{v^2}{2}\right) \quad \text{或} \quad \mathrm{d}\left(\frac{v^2}{2} + \varPi + \frac{p}{\rho}\right) = 0 \tag{5-31}$$

积分得到：

$$\frac{v^2}{2} + \varPi + \frac{p}{\rho} = C \tag{5-32}$$

如果作用于流体的质量力只是重力，则 $\varPi = gz$，式（5-32）可写成：

$$\frac{v^2}{2} + gz + \frac{p}{\rho} = C \tag{5-33}$$

对于同一迹线上的任意两个空间位置 1、2 来说，式（5-33）可写成：

$$\frac{v_1^2}{2} + gz_1 + \frac{p_1}{\rho} = \frac{v_2^2}{2} + gz_2 + \frac{p_2}{\rho} \quad \text{或} \quad \frac{v_1^2}{2g} + z_1 + \frac{p_1}{\rho g} = \frac{v_2^2}{2g} + z_2 + \frac{p_2}{\rho g} \tag{5-34}$$

以上诸式称为理想流体沿流线的伯努利方程。其物理意义可以分为：

（1）能量意义：方程中每一项表示单位重力流体所具有的能量。gz_i 和 p_i/ρ 分别代表单位重力流体所具有的位能和压力能；而 $v_i^2/2$ 代表单位重力流体所具有的动能。它说明理想流体沿流线流动时，单位重力的流体所具有的位能、压力能和动能三者之间尽管可以转化，但三者之和必为常数。这显然是机械能守恒定律的推广。

（2）几何意义：方程中每一项的量纲与长度相同，表示单位重力流体所具有的水头。z_i 表示所研究点相对某一基准面的几何高度，称为位置水头；$p_i/(\rho g)$ 表示所研究点处压强大小的高度，有与该压强相当的液柱高度，称为测压管高度，或称为测压管水头；$v_i^2/(2g)$ 表示所研究点处速度大小的高度，称为测速高度，或称为速度水头。伯努利方程说明在重力作用下的理想流体定常流动中，几何高度、测压管高度和测速高度之和为一个常数，称为水力高度或总水头。

无论是沿流线流动，还是有势流动的伯努利方程，都是在一定条件下积分得到的，应用时必须注意下列限制条件：理想流体；不可压缩；定常流动；作用于流体上的力仅有重力；不考虑流体旋转。

在实际流体中，不仅有因流体黏性而引起的摩擦阻力损失，而且还有因流向改变和流速突变引起的流体质点间或流体质点与固体壁面间的冲击损失，这些能量将以热量的形式向外扩散而损失，因此，应在各项压头总和中加入压头损失 $\sum h_f$，才能使方程式平衡，即：

$$\frac{v_1^2}{2g} + \frac{p_1}{\rho g} + z_1 = \frac{v_2^2}{2g} + \frac{p_2}{\rho g} + z_2 + \sum h_f \tag{5-35}$$

应当指出，通常应用伯努利方程式并不能求出 $\sum h_f$，决定流动中能量损失是比较复杂的问题。

式（5-35）只能在两断面没有机械能输入或输出时才能成立。若中间装有泵或风机对流体做功，则需要做如下修正：

$$\frac{v_1^2}{2g} + \frac{p_1}{\rho g} + z_1 + H_e = \frac{v_2^2}{2g} + \frac{p_2}{\rho g} + z_2 + \sum h_f \tag{5-36}$$

式中，H_e 为单位质量流体从泵或风机所获得的能量，即泵或风机对单位重量流体所输出的机械功。因此，H_e 的单位与其他压头一样，也是长度的单位，故又把它称为泵或风机所产生的压头。

5.4 伯努利方程的应用

伯努利方程有着广泛的应用，根据它可以设计出多种测量流速或流量（体积流率）的仪器。下面介绍两种常用的测速计：文丘里管和皮托管，并给出几个有工程背景的例题。

5.4.1　文丘里管

文丘里（Venturi）管用于测量管路中的流速或流量。它是在管路中加接一段截面收缩的管子，并与压力计相连，如图 5-3 所示。选取沿管轴的一条流线及流线上的两点 1 和 2，对应的管子截面分别为 A_1、A_2，流速为 v_1、v_2。设 ρ_1、ρ_2 分别为管路中流体与 U 形管中流体的密度。若测量出压力计的高度差值，即可得到管路中的流速或流量值。由流管的流量（体积流率）式（4-28），在流量不变的情况下，可以得到：

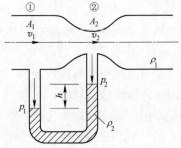

$$A_1 v_1 = A_2 v_2 = G_V \qquad (5-37)$$

图 5-3　文丘里管的原理图

根据重力场中不可压缩定常流动的伯努利方程得：

$$\frac{p_1}{\rho_1} + \frac{v_1^2}{2} = \frac{p_2}{\rho_1} + \frac{v_2^2}{2} \qquad (5-38)$$

因为 $p_1 - p_2 = \rho_2 gh$，同时考虑到 $\rho_1 \ll \rho_2$，故 $p_1 \gg p_2$，式（5-38）因此变为：

$$\frac{\rho_2}{\rho_1} gh = \frac{v_2^2 - v_1^2}{2} \qquad (5-39)$$

将式（5-37）代入式（5-39）可得：

$$\frac{\rho_2}{\rho_1} gh = \frac{v_1^2}{2} \Big[\Big(\frac{A_1}{A_2} \Big)^2 - 1 \Big] \qquad (5-40)$$

由此得流速和流量（体积流率）：

$$v_1 = \zeta \sqrt{ \frac{2gh}{\Big(\frac{A_1}{A_2} \Big)^2 - 1} \cdot \frac{\rho_2}{\rho_1} } \qquad (5-41)$$

式（5-41）是基于理想流体假设的，而实际流体都是有黏性的，因此引入修正系数 ζ，其数值由实验确定。

$$G_V = v_1 A_1 = \zeta \sqrt{ \frac{2gh}{\dfrac{1}{A_2^2} - \dfrac{1}{A_1^2}} \cdot \frac{\rho_2}{\rho_1} } \qquad (5-42)$$

5.4.2　皮托管

皮托管（Pitot）用于测量流体的速度。在同一条流线上的 A、B 处，各放一根管子，和 U 形压力计相连，如图 5-4 所示。Ⅰ 管的管口截面与流线平行，对流动没有影响。设 A 点流体速度为 v，压力为 p_A，则与 Ⅰ 管相连的 U 形管液面压力为 p_A。Ⅱ 管的管口截面垂直于流线，故点 B 的速度等于零。沿流线列出伯努利方程：

$$\frac{p_A}{\rho_1} + \frac{v^2}{2} = \frac{p_B}{\rho_1} + 0 \qquad (5-43)$$

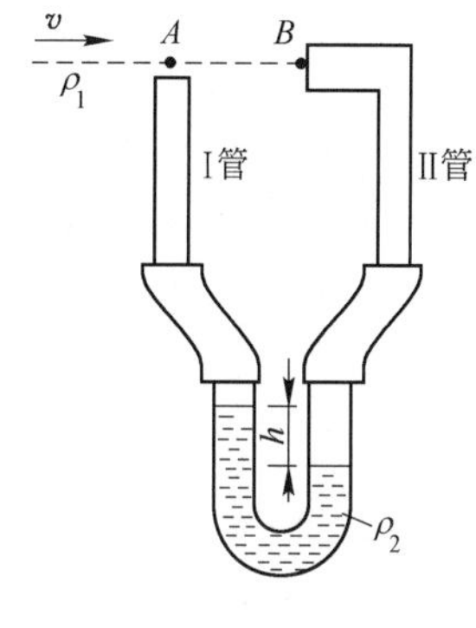

因此，$v = \sqrt{\dfrac{2(p_B - p_A)}{\rho_1}}$。又因为 $p_B = p_A + \rho_2 gh$，所以 A 点的流速：

$$v = \zeta \sqrt{2gh\frac{\rho_2}{\rho_1}} \qquad (5-44)$$

修正系数 ζ 由实验确定。实际使用的皮托管都做成一根管子，这样结构紧凑，使用方便。

图 5-4　皮托管原理图

［例题 5-3］ 一毕托管安装在某烟道内，与毕托管连接的酒精压差计读数为 $h = 5\text{mm}$，酒精的相对密度为 $d = 0.8$，若烟气温度 400℃时其密度为 0.523kg/m^3，求测点处烟气的流速。

解： 烟气密度为 0.523kg/m^3，酒精密度为 0.8kg/m^3。

由式（5-43）可以得到：

$$v = \sqrt{\frac{2(p_B - p_A)}{\rho_1}} = \sqrt{2gh\frac{\rho_2}{\rho_1}} = \sqrt{2 \times 9.81 \times 0.005 \times \frac{0.8}{0.523}} = 0.387\text{m/s}$$

［例题 5-4］ 一盛水大容器旁边有一小孔，水从此孔流出，如图 5-5 所示。求水从孔口流出的速度 v。

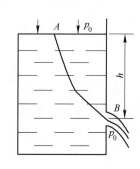

图 5-5　有小孔的大容器

解： 选取一条从水面流向孔口中心的流线 AB，虽然这一流线的具体位置不一定能确定，但它是存在的。液面及孔口处的压力为大气压 p_0（$1\text{atm} = 1.01325 \times 10^5\text{Pa}$），液面距孔口高度 $z_0 = h$。由于容器截面积比孔口截面积大得多，所以液面下降速度极小，忽略不计，而孔口出流速度为 v_0，这样在一定的时间范围内，可假设流动是（准）定常的。沿 A、B 列伯努利方程为：

$$gh + \frac{p_0}{\rho} + 0 = 0 + \frac{p_0}{\rho} + \frac{v^2}{2}$$

求解可得 $v = \sqrt{2gh}$。可见，孔口出流速度与自由落体的速度一样，都是由于位能转变为动能所致。

［例题 5-5］ 喷雾器如图 5-6 所示，已知喷管中心线距液面高度为 $H = 50\text{mm}$，喷管直径 $d_1 = 2\text{mm}$，与液体相连的小管内径 $d_2 = 3\text{mm}$。若活塞直径 $D = 20\text{mm}$，移动速度 $v_0 = 1\text{m/s}$，流体不可压缩，液体的密度为 $\rho_1 = 860\text{kg/m}^3$，空气的密度为 $\rho_2 = 1.23\text{kg/m}^3$。试求单位时间液体的喷出流量（体积流率）。

解： 首先求直径为 d_1 的截面处的速度 v_1。由质量守恒定律有：

$$\frac{1}{4}\pi D^2 v_0 = \frac{1}{4}\pi d_1^2 v_1$$

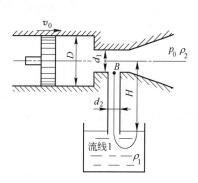

图 5-6　喷雾器工作原理图

因此：

$$v_1 = \frac{D^2}{d_1^2} v_0 = \frac{20^2}{2^2} \times 1 = 100 \text{m/s}$$

取喷雾器轴线为流线，在喷管处与 B 相邻点气体的压力为 p_1，无穷远点的压力为大气压 p_0（$1\text{atm} = 1.01325 \times 10^5 \text{Pa}$），速度为零，建立伯努利方程为：

$$\frac{p_1}{\rho_2} + \frac{v_1^2}{2} = \frac{p_0}{\rho_2} + 0$$

则：

$$p_1 = p_0 - \frac{\rho_2}{2} v_1^2 = 1.01325 \times 10^5 - \frac{1}{2} \times 1.23 \times 100^2 = 9.5175 \times 10^4 \text{Pa}$$

再考虑分叉管内的流动。取流线 1，假设容器很大，液面下降的速度为零，压力为大气压力 p_0，B 点的速度为 v_2，压力为 $p_2 = p_1$，以自由面为参考面，沿流线 1 列伯努利方程为：

$$gH + \frac{p_1}{\rho_1} + \frac{v_2^2}{2} = \frac{p_0}{\rho_1} + 0$$

得液体流速：

$$v_2 = \sqrt{\frac{2(p_0 - p_1 - \rho_1 gH)}{\rho_1}} = \sqrt{\frac{2 \times (1.01325 \times 10^5 - 9.5175 \times 10^4 - 860 \times 9.8 \times 0.05)}{860}} = 3.65 \text{m/s}$$

液体的流量（体积流率）为：

$$G_V = \frac{1}{4} \pi d_2^2 v_2 = \frac{1}{4} \times 3.14 \times 3^2 \times 10^{-6} \times 3.65 = 2.57 \times 10^{-5} \text{m}^3/\text{s}$$

从求解过程可以看出，喷雾器的原理是高速气流使喷管口处形成低压区，将流体"吸"上来，与气体混合后喷出。显然，调节活塞速度 v_0、液柱高度 H 等因素，可以改变液体的流量（体积流率）。

5.4.3 烟囱

烟囱是保证冶金炉工作排出燃烧生成的高温烟气必需的设备。烟囱之所以能够排烟，主要是由于烟气比空气轻，在空气中有自然上升的趋势。烟囱出口位置越高，则排烟能力越强。

图 5-7 为排烟系统示意图。要使高温烟气从炉内排出，必须克服排烟系统一系列阻力。烟囱之所以能克服这些阻力，是由于烟囱能在其底部形成吸力（负压），如果令炉膛尾部的表压力为零压，则炉尾压力必大于烟囱底部的压力，在静压差的推动下，热气体就可经排烟烟道流至烟囱底部，最后由烟囱排至大气中。

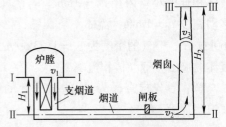

图 5-7   排烟系统示意图

烟囱底部需要形成多大的负压，主要取决于排烟系统阻力损失大小。应用双流体伯努利方程式可列出图5-7炉尾（Ⅰ面）至烟囱底部（Ⅱ面）的能量方程，即

$$\Delta p_1 + \frac{\rho_f v_1^2}{2} + gz_1(\rho_f - \rho_a) = \Delta p_2 + \frac{\rho_f v_2^2}{2} + gz_2(\rho_f - \rho_a) + \Sigma h_f g \rho_f \qquad (5-45)$$

如取Ⅱ面为基准面（即$z_2 = 0$），则得

$$\Delta p_1 + \frac{\rho_f v_1^2}{2} + gH_1(\rho_f - \rho_a) = \Delta p_2 + \frac{\rho_f v_2^2}{2} + \Sigma h_f g \rho_f \qquad (5-46)$$

式中，$\Delta p_1 = p_{1f} - p_a$，$\Delta p_2 = p_{2f} - p_a$；$p_{1f}$，$p_{2f}$分别为Ⅰ面和Ⅱ面处烟气的压力；$p_a$为空气压力；$\rho_a$为空气在实际温度下的密度；$\rho_f$为烟气在实际温度下的密度。如取炉尾处静压为一大气压，即$p_{1f} = p_a$，则$\Delta p_1 = 0$，上式可简化为：

$$\Delta p_2 = -\left[gz_1(\rho_a - \rho_f) + \frac{\rho_f}{2}(v_2^2 - v_1^2) + \Sigma h_f g \rho_f \right] \qquad (5-47)$$

式（5-47）说明烟气在烟囱底部的静压头为负值。这是由于烟气从零压的炉尾流出后，一部分静压头消耗于排烟管道内的阻力造成的压头损失；另一部分静压头转变为位压头增量（热气体自上而下流动时，位压头增大，也相当于一种阻力）；还有一部分转变为动压头增量。用烟囱排烟时，就必须在烟囱底部形成一个与Δp_2相同的负压，才能使炉尾处的烟气克服压头损失和压头转换所消耗的能量而顺利流向烟囱底部。应用伯努利方程式，可列出图5-7从烟囱底部（Ⅱ面）至烟囱出口（Ⅲ面）的能量方程式，取Ⅲ面为基准面，则得：

$$(p_f - p_a) + \frac{\rho_f v_2^2}{2} - gz_2(\rho_f' - \rho_a) = 0 + 0 + \frac{\rho_f v_3^2}{2} + \Delta h_f \qquad (5-48)$$

也可写为：

$$p_f - p_a = h_s = -\left[gz_2(\rho_a - \rho_f') - \frac{\rho_f(v_3^2 - v_2^2)}{2} - \Delta h_f \right] \qquad (5-49)$$

式中，ρ_f'为烟囱内烟气在平均温度下的密度；Δh_f为烟气摩擦阻力；h_s为烟囱的吸力。从式（5-49）可以看出：

（1）烟囱的吸力是一个负值（负压），是由烟囱内高温气体的位压头产生的，其吸力大小取决于烟囱高度和空气与烟气的重度差。

（2）烟囱产生的位压头，除用来形成烟囱的吸力外，还有一部分能量消耗于烟囱内的摩擦阻力损失和动头增量。因此，烟囱的有效吸力小于烟囱产生的位压头。

5.4.3.1 烟囱内径

对于圆形断面的烟囱，其顶口直径d_t为：

$$d_t = \sqrt{\frac{4V_t}{3600\pi v_3}} \qquad (5-50)$$

式中，V_t为烟囱排烟量，m^3/s；v_3为烟囱顶部烟气出口速度，m/s。v_3一般取$T_t = T_b - z\frac{\Delta T}{\Delta z} = 2.5 \sim 3m/s$，如果$v_3$过大，则增加烟囱内的$h_f$；如果$v_3$过小，则易在烟囱顶部产生倒风现象。

烟囱底部直径，一般取为顶部直径的$1.3 \sim 1.5$倍，即$d_b = (1.3 \sim 1.5)d_t$，但最好根据烟囱锥度确定d_b，即：

$$d_{\mathrm{b}} = 0.02H + d_{\mathrm{t}} \tag{5-51}$$

式中，H 为烟囱的近似高度，可按下述公式近似计算，即：

$$H \approx (25 \sim 30)d_{\mathrm{t}} \tag{5-52}$$

5.4.3.2　烟囱高度

根据 $\Delta p_2 = h_s$，将式（5-46）与式（5-48）联立解得：

$$gz_1(\rho_{\mathrm{a}} - \rho_{\mathrm{f}}) + \frac{\rho_{\mathrm{f}}}{2}(v_2^2 - v_1^2) + \Sigma h_{\mathrm{f}}g\rho_{\mathrm{f}} = gz_2(\rho_{\mathrm{a}} - \rho_{\mathrm{f}}') - \frac{\rho_{\mathrm{f}}(v_3^2 - v_2^2)}{2} - \Delta h_{\mathrm{f}} \tag{5-53}$$

烟囱内的摩擦损失为 $\Delta h_{\mathrm{f}} = f\dfrac{H_2}{d_{\mathrm{a}}} \cdot \dfrac{v_{\mathrm{a}}^2}{2} \cdot \rho_{\mathrm{f}}'$，代入上式整理得：

$$H = z_2 = \frac{\Sigma h_{\mathrm{f}}g\rho_{\mathrm{f}} + gz_1(\rho_{\mathrm{a}} - \rho_{\mathrm{f}}) + \dfrac{\rho_{\mathrm{f}}v_3^2}{2} - \dfrac{\rho_{\mathrm{f}}v_2^2}{2}}{(\rho_{\mathrm{a}} - \rho_{\mathrm{f}}')g - \dfrac{f}{d_{\mathrm{a}}} \cdot \dfrac{v_{\mathrm{a}}^2}{2}\rho_{\mathrm{f}}'} \tag{5-54}$$

式中，H 为烟囱高度，m；d_{a} 为烟囱平均内径，m，$d_{\mathrm{a}} = \dfrac{d_{\mathrm{t}} + d_{\mathrm{b}}}{2}$；$f$ 为烟囱内的摩擦阻力系数，一般取 f 为 0.05；v_{a} 为烟囱内烟气的平均流速，m/s；ρ_{a} 为空气在实际温度下的密度，kg/m³；ρ_{f}'为烟囱内烟气在平均温度下的密度，kg/m³，$\rho_{\mathrm{f}}' = \dfrac{\rho_{\mathrm{f0}}g}{1 + \beta T_{\mathrm{a}}}$，其中 $T_{\mathrm{a}} = \dfrac{T_{\mathrm{t}} + T_{\mathrm{b}}}{2}$，$T_{\mathrm{t}} = T_{\mathrm{b}} - H\dfrac{\Delta T}{\Delta H}$，$T_{\mathrm{a}}$，$T_{\mathrm{t}}$，$T_{\mathrm{b}}$ 分别为烟囱内烟气的平均温度、顶部温度和底部温度；$\dfrac{\Delta T}{\Delta H}$ 为烟囱每米温度降，℃/m，砖烟囱温度降为 $1 \sim 1.5$℃/m，有衬砖的金属烟囱为 $2 \sim 2.5$℃/m。

5.5　实际流体运动方程——纳维 - 斯托克斯方程

实际流体具有黏性，所以实际流体又称黏性流体。推导实际流体运动方程同样以动量守恒定律为基础，5.2 节动量守恒定律的文字表达式仍然适用。所不同的是从控制体输入或输出的动量速率包括两部分：一是由于流体整体运动的动量传输，称为对流传递。如前所述，x 轴方向的质量通量 ρv_x 可由 v_x、v_y、v_z 传递进微元控制体，从而产生如 $\rho v_x v_x$、$\rho v_x v_y$、$\rho v_x v_z$ 这样的动量通量。这里把 ρv 看作 x 轴方向的动量浓度。二是动量的黏性传输。也就是说，在欧拉方程基础上，再考虑黏性动量的变化，就可得到纳维 - 斯托克斯方程。仅以 x 轴方向为例，在其欧拉方程式（5-16）加上 x 轴方向的净黏性动量速率 T_x，见式（5-55）。

$$\rho X - \frac{\partial p}{\partial x} = \rho \frac{\mathrm{D}v_x}{\mathrm{D}t} \tag{5-16}$$

$$\rho X - \frac{\partial p}{\partial x} + T_x = \rho \frac{\mathrm{D}v_x}{\mathrm{D}t} \tag{5-55}$$

对于 y 轴方向和 z 轴方向可以采用上述类似的方法，进而，可以得到矢量形式的纳维 - 斯托克斯方程。

确定 x 轴方向的 T_x 要用第 1 章中介绍的作用在微元控制体上法向应力和切向应力的概念。图 5-8 给出作用在微分控制体上的法向应力和切向应力。现考察 x 方向的分量，由于法向应力作用和切向应力作用引起的黏性动量的输入和输出的净黏性动量速率 T_x。

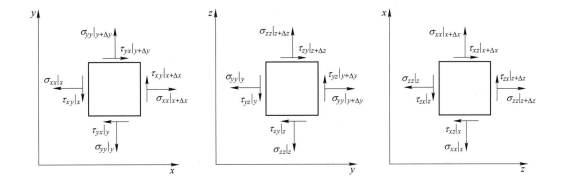

图 5 - 8　作用在微分控制体上的各种力

由于法应力作用引起的净黏性动量速率为：

$$\left(\sigma_{xx} + \frac{\partial \sigma_{xx}}{\partial x}\mathrm{d}x - \sigma_{xx}\right)\mathrm{d}y\mathrm{d}z = \frac{\partial \sigma_{xx}}{\partial x}\mathrm{d}x\mathrm{d}y\mathrm{d}z \tag{5-56}$$

由于切应力作用引起的净黏性动量速率为：

$$\left(\tau_{yx} + \frac{\partial \tau_{yx}}{\partial y}\mathrm{d}y - \tau_{yx}\right)\mathrm{d}x\mathrm{d}z + \left(\tau_{zx} + \frac{\partial \tau_{zx}}{\partial z}\mathrm{d}z - \tau_{zx}\right)\mathrm{d}x\mathrm{d}y = \frac{\partial \tau_{yx}}{\partial y}\mathrm{d}x\mathrm{d}y\mathrm{d}z + \frac{\partial \tau_{zx}}{\partial z}\mathrm{d}x\mathrm{d}y\mathrm{d}z \tag{5-57}$$

x 轴方向上总的净黏性动量速率 T_x 为它们之和，即：

$$T_x = \left(\frac{\partial \sigma_{xx}}{\partial x} + \frac{\partial \tau_{yx}}{\partial y} + \frac{\partial \tau_{zx}}{\partial z}\right)\mathrm{d}x\mathrm{d}y\mathrm{d}z \tag{5-58}$$

如果把牛顿内摩擦定律推广应用于三维流动，在直角坐标系中建立法应力和切应力与速度梯度的关系，在 x 轴方向上有（证明见附录4）：

$$\sigma_{xx} = -\mu\left(2\frac{\partial v_x}{\partial x} - \frac{2}{3}\nabla \cdot v\right); \quad \tau_{xy} = -\mu\left(\frac{\partial v_x}{\partial y} + \frac{\partial v_y}{\partial x}\right); \quad \tau_{xz} = -\mu\left(\frac{\partial v_x}{\partial z} + \frac{\partial v_z}{\partial x}\right) \tag{5-59}$$

将式（5 - 59）各项代入式（5 - 58）可得：

$$T_x = \frac{\partial}{\partial x}\left(2\mu\frac{\partial v_x}{\partial x} - \frac{2}{3}\mu\nabla \cdot v\right) + \frac{\partial}{\partial y}\left[\mu\left(\frac{\partial v_x}{\partial y} + \frac{\partial v_y}{\partial x}\right)\right] + \frac{\partial}{\partial z}\left[\mu\left(\frac{\partial v_x}{\partial z} + \frac{\partial v_z}{\partial x}\right)\right] \tag{5-60}$$

在稳态条件下（或称稳定流，定常流），$\nabla \cdot v = 0$，式（5 - 60）为：

$$T_x = \frac{\partial}{\partial x}\left(2\mu\frac{\partial v_x}{\partial x}\right) + \frac{\partial}{\partial y}\left[\mu\left(\frac{\partial v_x}{\partial y} + \frac{\partial v_y}{\partial x}\right)\right] + \frac{\partial}{\partial z}\left[\mu\left(\frac{\partial v_x}{\partial z} + \frac{\partial v_z}{\partial x}\right)\right] \tag{5-61}$$

如果 μ 为常数，将式（5 - 61）展开则有：

$$T_x = 2\mu\frac{\partial^2 v_x}{\partial x^2} + \mu\left(\frac{\partial^2 v_x}{\partial y^2} + \frac{\partial^2 v_y}{\partial y\partial x}\right) + \mu\left(\frac{\partial^2 v_x}{\partial z^2} + \frac{\partial^2 v_z}{\partial z\partial x}\right) \tag{5-62}$$

对式（5 - 62）进行如下数学处理：

$$T_x = \mu\left(\frac{\partial^2 v_x}{\partial x^2} + \frac{\partial^2 v_x}{\partial y^2} + \frac{\partial^2 v_x}{\partial z^2}\right) + \mu\left(\frac{\partial^2 v_x}{\partial x^2} + \frac{\partial^2 v_y}{\partial y\partial x} + \frac{\partial^2 v_z}{\partial z\partial x}\right) \tag{5-63}$$

$$T_x = \mu\left(\frac{\partial^2 v_x}{\partial x^2} + \frac{\partial^2 v_x}{\partial y^2} + \frac{\partial^2 v_x}{\partial z^2}\right) + \mu\left(\frac{\partial^2 v_x}{\partial x \partial x} + \frac{\partial^2 v_y}{\partial x \partial y} + \frac{\partial^2 v_z}{\partial x \partial z}\right) \tag{5-64}$$

$$T_x = \mu\left(\frac{\partial^2 v_x}{\partial x^2} + \frac{\partial^2 v_x}{\partial y^2} + \frac{\partial^2 v_x}{\partial z^2}\right) + \mu\frac{\partial}{\partial x}\left(\frac{\partial v_x}{\partial x} + \frac{\partial v_y}{\partial y} + \frac{\partial v_z}{\partial z}\right) \tag{5-65}$$

将式（5-6）代入式（5-65）可得：

$$T_x = \mu\left(\frac{\partial^2 v_x}{\partial x^2} + \frac{\partial^2 v_x}{\partial y^2} + \frac{\partial^2 v_x}{\partial z^2}\right) \tag{5-66}$$

同理，对 y 轴和 z 轴方向上总的净黏性动量速率 T_y 和 T_z 分别为：

$$T_y = \mu\left(\frac{\partial \tau_{xy}}{\partial x} + \frac{\partial \sigma_{yy}}{\partial y} + \frac{\partial \tau_{zy}}{\partial z}\right) \tag{5-67}$$

$$T_z = \mu\left(\frac{\partial \tau_{xz}}{\partial x} + \frac{\partial \tau_{yz}}{\partial y} + \frac{\partial \sigma_{zz}}{\partial z}\right) \tag{5-68}$$

同样将牛顿内摩擦定律推广应用于三维流动，在直角坐标系中建立法应力和切应力与速度梯度的关系，在 y 轴和 z 轴方向上则有（证明见附录4）：

$$\sigma_{yy} = -\mu\left(2\frac{\partial v_y}{\partial y} - \frac{2}{3}\nabla \cdot v\right), \quad \sigma_{zz} = -\mu\left(2\frac{\partial v_z}{\partial z} - \frac{2}{3}\nabla \cdot v\right) \tag{5-69}$$

$$\tau_{xy} = \tau_{yx} = -\mu\left(\frac{\partial v_x}{\partial y} + \frac{\partial v_y}{\partial x}\right), \quad \tau_{xz} = \tau_{zx} = -\mu\left(\frac{\partial v_x}{\partial z} + \frac{\partial v_z}{\partial x}\right), \quad \tau_{yz} = \tau_{zy} = -\mu\left(\frac{\partial v_y}{\partial z} + \frac{\partial v_z}{\partial y}\right)$$
$$\tag{5-70}$$

采用导出式(5-66)的类似方法,可以得到 y 和 z 轴方向的净黏性动量速率 T_y 和 T_z 如下：

$$T_y = \mu\left(\frac{\partial^2 v_y}{\partial x^2} + \frac{\partial^2 v_y}{\partial y^2} + \frac{\partial^2 v_y}{\partial z^2}\right) \tag{5-71}$$

$$T_z = \mu\left(\frac{\partial^2 v_z}{\partial x^2} + \frac{\partial^2 v_z}{\partial y^2} + \frac{\partial^2 v_z}{\partial z^2}\right) \tag{5-72}$$

将式（5-66）代入式（5-55）可简化为：

$$\rho\frac{\mathrm{D}v_x}{\mathrm{D}t} = \mu\left(\frac{\partial^2 v_x}{\partial x^2} + \frac{\partial^2 v_x}{\partial y^2} + \frac{\partial^2 v_x}{\partial z^2}\right) - \frac{\partial p}{\partial x} + \rho X \tag{5-73}$$

同理可得：

$$\rho\frac{\mathrm{D}v_y}{\mathrm{D}t} = \mu\left(\frac{\partial^2 v_y}{\partial x^2} + \frac{\partial^2 v_y}{\partial y^2} + \frac{\partial^2 v_y}{\partial z^2}\right) - \frac{\partial p}{\partial y} + \rho Y \tag{5-74}$$

$$\rho\frac{\mathrm{D}v_z}{\mathrm{D}t} = \mu\left(\frac{\partial^2 v_z}{\partial x^2} + \frac{\partial^2 v_z}{\partial y^2} + \frac{\partial^2 v_z}{\partial z^2}\right) - \frac{\partial p}{\partial z} + \rho Z \tag{5-75}$$

将式（5-73）~式（5-75）写成矢量式为：

$$\rho\frac{\mathrm{D}v}{\mathrm{D}t} = \mu\nabla^2 v - \nabla p + \rho \boldsymbol{F} \tag{5-76}$$

式中，$\nabla^2 = \dfrac{\partial^2}{\partial x^2} + \dfrac{\partial^2}{\partial y^2} + \dfrac{\partial^2}{\partial z^2}$ 称为拉普拉斯算子。这就是不可压缩流体的纳维 – 斯托克斯

（Navier – Stokes）方程。与理想流体的运动方程式（5 – 19）（欧拉方程）$\rho \boldsymbol{F} - \nabla p = \rho \dfrac{D\boldsymbol{v}}{Dt}$

对比，纳维 – 斯托克斯方程式（5 – 76）多了黏性项 $\mu \nabla^2 \boldsymbol{v}$，这恰恰是不可压缩流体具有黏性的体现。

式（5 – 60）~式（5 – 63）是采用直角坐标表示的纳维 – 斯托克斯方程。考虑圆柱形和球形流动的问题时，为了方便分别要采用柱坐标和球坐标。

柱坐标系（r，θ，z）中的质点导数和拉普拉斯算子分别为：

$$\frac{D}{Dt} = \frac{\partial}{\partial t} + v_r \frac{\partial}{\partial r} + \frac{v_\theta}{r} \frac{\partial}{\partial \theta} + v_z \frac{\partial}{\partial z} \tag{5 – 77}$$

$$\nabla^2 = \frac{\partial^2}{\partial r^2} + \frac{1}{r} \frac{\partial}{\partial r} + \frac{1}{r^2} \frac{\partial^2}{\partial \theta^2} + \frac{\partial^2}{\partial z^2} \tag{5 – 78}$$

不可压缩流体纳维 – 斯托克斯方程在柱坐标系（r，θ，z）中的相应表达式如下：

$$\left. \begin{aligned} \frac{Dv_r}{Dt} - \frac{v_\theta^2}{r} &= F_r - \frac{1}{\rho} \frac{\partial p}{\partial r} + \nu \left(\nabla^2 v_r - \frac{2}{r^2} \frac{\partial v_\theta}{\partial \theta} - \frac{v_r}{r^2} \right) \\ \frac{Dv_\theta}{Dt} - \frac{v_r v_\theta}{r} &= F_\theta - \frac{1}{\rho} \frac{\partial p}{r \partial \theta} + \nu \left(\nabla^2 v_\theta - \frac{2}{r^2} \frac{\partial v_r}{\partial \theta} - \frac{v_\theta}{r^2} \right) \\ \frac{Dv_z}{Dt} &= F_z - \frac{1}{\rho} \frac{\partial p}{\partial z} + \nu \nabla^2 v_z \end{aligned} \right\} \tag{5 – 79}$$

不难看出，实际流体的纳维 – 斯托克斯方程是很复杂的，仅对比较简单的情况，才能求得其精确解。例如求解平板中的层流流动问题时，可对方程进行简化求解。

[**例题 5 – 6**] 不可压缩流体在两无限大的平行平板之间做稳定层流流动，求其速度分布关系式。

解： 假设两平板的间距为 $2y$。x 轴取在两平板中间位置，流动沿 x 轴正向进行，而远离进出口的地方已为充分发展的层流流动。

根据上述条件可知：z 方向可不考虑，则流动为二维问题；仅 x 轴方向有流动，$v_y = v_z = 0$。解连续性方程得：$\dfrac{\partial v_x}{\partial x} = 0$，$\dfrac{\partial^2 v_x}{\partial x^2} = 0$。考虑定常流动，$\dfrac{\partial}{\partial t} = 0$，忽略质量力，则 $X = Y = 0$。因此，可简化式（5 – 73）~式（5 – 75），其结果为：

$$\frac{\partial p}{\partial x} = \mu \left(\frac{\partial^2 v_x}{\partial y^2} \right), \quad \frac{\partial p}{\partial y} = 0, \quad \frac{\partial p}{\partial z} = 0$$

由式 $\dfrac{\partial p}{\partial y} = 0$，$\dfrac{\partial p}{\partial z} = 0$ 看出，p 与 y、z 无关。说明式 $\dfrac{\partial p}{\partial x} = \mu \left(\dfrac{\partial^2 v_x}{\partial y^2} \right)$ 中的偏导数 $\dfrac{\partial p}{\partial x}$ 可写成全导数 $\dfrac{dp}{dx}$ 的形式；同理，v_x 仅为 y 的函数，故 $\dfrac{\partial^2 v_x}{\partial y^2}$ 可写成 $\dfrac{d^2 v_x}{dy^2}$ 的形式。因此，$\dfrac{dp}{dx} = \mu \left(\dfrac{d^2 v_x}{dy^2} \right)$。该式中左侧仅为 x 的函数，右侧仅为 y 的函数，故欲使方程成立只有令：

$$\frac{\mathrm{d}^2 v_x}{\mathrm{d}y^2} = \frac{1}{\mu}\frac{\mathrm{d}p}{\mathrm{d}x} = 常数$$

进行第一次积分，则有$\dfrac{\mathrm{d}v_x}{\mathrm{d}y} = \dfrac{1}{\mu}\dfrac{\mathrm{d}p}{\mathrm{d}x}y + C_1$。

根据边界条件，当$y = 0$时，$\dfrac{\mathrm{d}v_x}{\mathrm{d}y} = 0$，所以$C_1 = 0$。再进行第二次积分，则有$v_x = \dfrac{1}{2\mu}\dfrac{\mathrm{d}p}{\mathrm{d}x}y^2 +$

C_2。当$y = \pm y_0$（即上下平板处）时，$v_x = 0$，所以$C_2 = -\dfrac{1}{2\mu}\dfrac{\mathrm{d}p}{\mathrm{d}x}y_0^2$，显然，$v_x$的分布呈抛物线形。

再考察最大速度$v_{x\max}$与v_x之间的关系。在$y = 0$处，$v_x = v_{x\max}$，即$v_{x\max} = -\dfrac{1}{2\mu}\dfrac{\mathrm{d}p}{\mathrm{d}x}y_0^2$。所以有：

$$v_x = v_{x\max}\left[1 - \left(\frac{y}{y_0}\right)^2\right]$$

x方向上的平均流速v_{m}相当于求上述抛物线的平均值：

$$v_{\mathrm{m}} = -\frac{1}{3\mu}\frac{\mathrm{d}p}{\mathrm{d}x}y_0^2$$

因此，平均流速与最大速度的关系为：

$$\frac{v_{\mathrm{m}}}{v_{x\max}} = \frac{2}{3}$$

5.6　小　　结

本章研究了质量守恒和动量守恒在流体流动情况下的微分方程。通过分析穿过微元体的质量、动量和应力的变化，建立了连续性方程、欧拉方程和纳维－斯托克斯方程。求解微分形式的基本方程，可以得到流动参数在流场中的分布。在使用上述公式时，要认真分析给出的条件，对各项进行分析，这样才能正确地解决问题。

通过微元控制体建立微分方程的方法，在后面章节中有较为普遍的应用。通过本章的学习，要熟悉掌握其思路和方法。

考虑到作为本科生教材和篇幅等因素，除纳维－斯托克斯方程给出了柱坐标的表达式外，其他的方程都是采用直角坐标表达式。如果需要其他的坐标系下的公式，可查阅附录4。

建立了定常流动的伯努利方程，它是能量守恒原理在流体力学中的表达式，阐述了伯努利方程的物理意义和几何意义，并以实例说明了伯努利方程的应用。

思　考　题

5-1　叙述纳维－斯托克斯方程中各项的物理意义，其与欧拉方程的区别是什么？

5-2　实际流体和理想流体在能量方程上有什么区别？

5-3　分析沿流线流动的伯努利方程的物理意义。

5-4　如何理解"水头"的含义？

5-5　伯努利方程的各项的物理意义和几何意义是什么？

5-6　简述皮托管和文丘里管的工作原理。

习　　题

5-1　应用能量方程判断下列说法是否正确：

(a) 水一定从高处向低处流；(b) 水一定从压强大处向压强小处流；(c) 水一定从流速大的地方向流速低的地方流。

5-2　伯努利方程中 $z + \dfrac{p}{\rho g} + \dfrac{v^2}{2g}$ 表示：

(a) 单位重量流体具有的机械能；(b) 单位质量流体具有的机械能；(c) 单位体积流体具有的机械能；(d) 通过过流断面流体的总机械能。

5-3　水平放置的渐扩圆管，如忽略水头损失，断面中心点的压强有以下关系：

(a) $p_1 > p_2$；(b) $p_1 = p_2$；(c) $p_1 < p_2$。

5-4　已知平面不可压缩流体的速度分布：(1) $v_x = y$，$v_z = -x$；(2) $v_x = x - y$，$v_z = x + y$；(3) $v_x = x^2 - y^2 + x$，$v_z = -(2xy + y)$。判断平面的流场是否连续。

5-5　针对二维不可压缩流体，判别流动是否连续。(1) $\begin{cases} v_x = A\sin(xy) \\ v_y = -A\sin(xy) \end{cases}$ （A 为常数）；

(2) $\begin{cases} v_x = -Ax/y \\ v_y = A\ln(xy) \end{cases}$ （A 为常数）。

5-6　图 5-9 所示为一自来水龙头将水从水箱中放出，设水龙头直径 $d = 12\text{mm}$，图示压力表当水龙头关闭时读数为 $p = 0.28\text{MPa}$，打开水龙头后读数为 $p' = 0.06\text{MPa}$，求水龙头流出的流量（体积流率），不计损失。

5-7　双杯式测压计如图 5-10 所示，上部盛油，$\rho = 918.37\text{kg/m}^3$，下部盛水，圆杯直径 $D = 40\text{mm}$，管径 $d = 4\text{mm}$，当 $p_1 = p_2$ 时，$h = 0$。试求 $p_1 - p_2 = 98.06\text{Pa}$ 时，液面高度差 h 的读数。

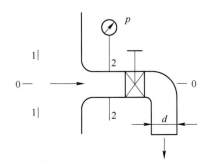

图 5-9　习题 5-6 图

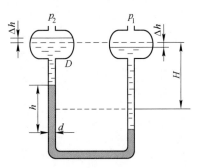

图 5-10　习题 5-7 图

5-8　如图 5-11 所示，圆管中不可压缩流体做稳定的层流流动，求其速度分布。

5-9　20℃的水通过虹吸管从水箱吸至 B 点（见图 5-12）。虹吸管直径 $d_1 = 60\text{mm}$，出口 B 处喷嘴直径 $d_2 = 30\text{mm}$。当 $h_1 = 2\text{m}$、$h_2 = 4\text{m}$ 时，在不计水头损失条件下，试求流量（体积流率）和 C 点的压强。

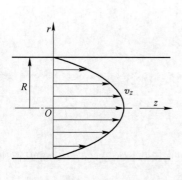

图 5 - 11 习题 5 - 8 图

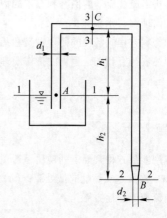

图 5 - 12 习题 5 - 9 图

⑥ 管道中的流动

本章提要： 由纳维－斯托克斯方程求解实际流体的速度场和压力场，首先需要确定相关的黏性系数。当实际流体分别以层流或湍流状态运动时，流动过程中产生的阻力、能量损失和黏性系数是完全不同的。

在圆管的层流过程中，运动规则，流动分层，互不掺混。通过纳维－斯托克斯方程，求出速度分布的抛物线规律，进而给出了层流的阻力系数。湍流流动比较复杂，可以看成是一种脉动运动。湍流流动时相邻流体层的质点之间不断地交换垂直方向的脉动速度，脉动速度使某一水平流层中的流体迁移到另一层，并与该层流体相掺混。普朗特利用混合长度理论，建立了表示脉动速度的独立方程，湍流流动可分成层流底层区、过渡层区和湍流核心区，进而确定了在三个区内的速度分布。

引进了水力光滑管和水力粗糙管的概念，介绍了尼古拉兹实验结果。尼古拉兹实验揭示了不同流态情况下 λ、雷诺数 Re 及相对粗糙度之间的关系。通过莫迪图可以确定不同条件下圆管中摩擦阻力系数。由空圆管的阻力系数公式推导描述气体通过圆管内固体散料层的卡门公式，介绍了冶金中研究气体通过散料层常用的欧根公式。最后介绍了管路计算的原理以及计算沿程损失和局部损失方法。

本章应用前面的知识分析一些重要的工程流动现象，如封闭管道中的层流或湍流。另外讨论在冶金工程计算中常用的公式。

6.1　圆管中的层流流动

有一半径为 R 的无限长直圆管，不可压缩黏性流体在压力梯度 $\mathrm{d}p/\mathrm{d}x$ 的作用下做定常直线层流运动。设圆管水平放置，忽略质量力，现讨论管内流动的速度分布、流量(体积流率)及阻力。

根据流场边界是轴对称的特点，取柱坐标系 (r, θ, x) 的 x 轴与管轴重合，如图 6-1所示。显然这是一个轴对称流动，沿 r 和 θ 方向的速度分量均为零，只有 x 方向的速度分量 v_x，并且 $v_x = v_x(r)$；又由于流体只做直线运动，不计质量力，因此管内同一横截面上的压力相等，只是 x 的函数，即 $p = p(x)$。

6.1.1　速度分布

通过上述分析，柱坐标系中的纳维－斯托克斯方程，式（5-79）可简化为：

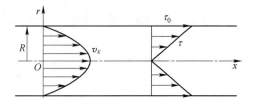

图 6-1　圆管内层流的速度和切应力的分布图

$$\frac{1}{r}\frac{d}{dr}\left(r\frac{dv_x}{dr}\right) = \frac{1}{\mu}\frac{dp}{dx} \tag{6-1}$$

注意：式（6-1）中的 x 相当于式（5-79）的 z，式（6-1）由式（5-79）第三个式子演化而来，而其余两个式子均为 0。此外还要注意：唯一存在的速度分量 $v_x = v_x(r)$，仅仅是半径 r 的函数，而与 θ、x 无关。

将式（6-1）两边对 r 积分，得：

$$v_x = \frac{1}{4\mu}\frac{dp}{dx}r^2 + C_1\ln r + C_2 \tag{6-2}$$

式中，C_1、C_2 为积分常数。由于在 $r=0$ 处，v_x 为有限值，因此，$C_1=0$。C_2 由边界条件 $r=R$，$v_x=0$ 来确定，因此，$C_2 = -\frac{R^2}{4\mu}\frac{dp}{dx}$。于是，管内速度分布为：

$$v_x = -\frac{1}{4\mu}\frac{dp}{dx}(R^2 - r^2) \tag{6-3}$$

若考虑长度为 L 的一段管道，设上游截面 1 与下游截面 2 之间的压力差为 $\Delta p = p_1 - p_2 > 0$，则 $\frac{dp}{dx} = -\frac{\Delta p}{L}$。速度分布可改写为：

$$v_x = \frac{1}{4\mu}\frac{\Delta p}{L}(R^2 - r^2) \tag{6-4}$$

在管轴 $r=0$ 处，速度达到最大值：

$$v_{x\max} = \frac{\Delta p}{4\mu L}R^2 \tag{6-5}$$

这样，式（6-4）还可以表示成：

$$v_x = v_{x\max}\left(1 - \frac{r^2}{R^2}\right) \tag{6-6}$$

从式（6-6）可见，圆管内层流流动的速度分布也是抛物线形的（回转抛物面），它称为圆管中的泊松（Poisson）流。

6.1.2　流量（体积流率）与平均流速

通过圆管的流量（体积流率）为：

$$G_V = \int_0^R v_x 2\pi r dr = 2\pi v_{x\max}\int_0^R \left(1 - \frac{r^2}{R^2}\right)r dr = \frac{\pi R^2}{2}v_{x\max} \quad \text{或} \quad G_V = \frac{\pi R^4}{8\mu L}\Delta p \tag{6-7}$$

式（6-7）称为泊松定律。由该式可见：圆管内的流量（体积流率）G_V 与压力降 Δp 成正比，与半径 R 的 4 次方成正比，而与黏度 μ 及管长成反比。如果测得两截面间的压力降 Δp，就可以通过式（6-7）计算管内流量（体积流率）G_V；反之，若测得流量（体积流率）G_V，就可计算维持流动所需的压力降 Δp。

根据流量（体积流率）G_V 可以求出圆管截面上的平均流速 v_m：

$$v_m = \frac{G_V}{\pi R^2} = \frac{\Delta p}{8\mu L}R^2 \tag{6-8}$$

对比式（6-8）和式（6-5）可以得到：

$$v_m = \frac{1}{2}v_{x\max} \qquad (6-9)$$

可见，圆管层流流动的平均速度是最大速度的一半。而在无限大平板间的层流流动中，平均速度是最大速度的三分之二。显然，圆管中平均速度小一些，这是因为圆管内壁面的内摩擦作用更大。

6.1.3 阻力及阻力系数

对式（6-4）进行求导可得管内层流剪应力分布为：

$$\tau = \mu\frac{\partial v_x}{\partial r} = -\frac{\Delta p}{2L}r \qquad (6-10)$$

它沿径向线性变化（见图6-1）。在管轴 $r=0$ 上，$\tau=0$；在管壁上剪应力达到最大值 τ_0：

$$\tau_0 = \frac{\Delta p}{2L}R \qquad (6-11)$$

由于长度为 L 的圆管对流体的摩擦阻力 F 与两截面上压力差的合力之间相互平衡，即流体流经 L 长度圆管所克服摩擦阻力 F，其动力来源于压力降 Δp，因此

$$F = \tau_0 2\pi RL = \pi R^2 \Delta p \qquad (6-12)$$

由式（6-8）可导出：

$$\Delta p = \frac{v_m 8\mu L}{R^2} = \frac{v_m 32\mu L}{d^2} = \frac{v_m^2 32\rho L}{\frac{v_m d\rho}{\mu}d} = \frac{64}{Re}\cdot\frac{\rho v_m^2}{2}\cdot\frac{L}{d} = \lambda\frac{\rho v_m^2}{2}\cdot\frac{L}{d} \qquad (6-13)$$

式中，d 为直径，$d=2R$；λ 为圆管的摩擦阻力系数，$\lambda=64/Re$，也称为沿程阻力系数。

由式（6-12）和式（6-13）可以导出：

$$\lambda = \frac{4F}{\frac{1}{2}\rho v_m^2 \pi Ld} = \frac{\tau_0}{\frac{1}{8}\rho v_m^2} \qquad (6-14)$$

在得到阻力系数 λ 后，沿程损失 $\Delta h_f = \frac{\Delta p}{\rho g}$ 和壁面剪应力 τ_0 分别给出如下：

$$\Delta h_f = \frac{\Delta p}{\rho g} = \lambda\frac{L}{d}\frac{v_m^2}{2g} \qquad (6-15)$$

$$\tau_0 = \frac{1}{8}\lambda\rho v_m^2 \qquad (6-16)$$

需要指出，在定义阻力系数时并未考虑管内的流动状态，因此前面的圆管内摩擦阻力系数的定义式，及摩擦阻力或流动损失计算公式，对于层流和湍流都是适用的。

对于层流式（6-13），有 $\lambda = \frac{64}{Re}$，$Re = \frac{v_m d}{\nu}$ 是对于圆管直径和平均速度而言的雷诺数。

由此可见，圆管中层流运动的阻力系数与雷诺数成反比。上述关于速度分布、流量（体积流率）和阻力系数的公式都和实验结果十分吻合。

[例题 6-1] 设有 $\mu = 0.1\mathrm{Pa \cdot s}$，$\rho = 850\mathrm{kg/m^3}$ 的油，流过长为 $L = 3000\mathrm{m}$，直径 $d = 300\mathrm{mm}$ 的铸铁管，流量（体积流率）$G_\mathrm{V} = 4.1 \times 10^{-2}\mathrm{m^3/s}$。试求压力损失 Δp。

解：首先判断流动是层流还是湍流。

$$v_\mathrm{m} = \frac{G_\mathrm{V}}{A} = \frac{4.1 \times 10^{-2}}{\frac{\pi}{4} \times 0.3^2} = 0.58\mathrm{m/s}, \quad Re = \frac{\rho v_\mathrm{m} d}{\mu} = \frac{850 \times 0.58 \times 0.3}{0.1} = 1479 < 2300$$

因此属于层流。

$$\lambda = \frac{64}{Re} = \frac{64}{1479} = 0.0433, \quad \Delta p = \lambda \frac{L}{d} \frac{\rho v_\mathrm{m}^2}{2} = 0.0433 \times \frac{3000}{0.3} \times \frac{850 \times 0.58^2}{2} = 61906\mathrm{Pa}$$

6.2 湍流流动

湍流流动十分复杂，其机理至今仍未弄清。湍流又是自然界和工程中普遍存在的流动现象。因此，研究湍流运动至关重要。湍流理论主要研究两个问题：湍流产生的原因和已经形成的湍流运动的规律。

6.2.1 临界雷诺数

雷诺通过圆管内的黏性流动实验，发现一定条件下层流转化为湍流的控制因素是雷诺数 Re。由层流转变为湍流的雷诺数称为临界雷诺数 Re_cr，它不是一个固定的值，依赖于外部扰动的大小。如果所受的扰动小，Re_cr 较大；反之，Re_cr 较小。

实验证明：Re_cr 的下界约为 2000，当 $Re < 2000$ 时，黏性力的抑制作用占优，不管外部扰动有多大，管内流动总保持稳定的层流状态。当 $Re > 2000$ 而小于某一上界时，流动出现不稳定，在管内（离入口较远处），层流与湍流共存。当 Re 大于某上界时，黏性力已无法抑制扰动的增长，导致流动失稳，成为随机的脉动运动，即转变为完全发展的湍流。

从空间角度看，即使 $Re > Re_\mathrm{cr}$，在管内中心沿流动方向也存在着层流区、过渡区和湍流区，这是因为管道入口处扰动由小到大的增长需要一定的时间，即需要经历一定的空间区域，湍流不是在某一空间位置突然发生的。

6.2.2 充分发展流

无论层流还是湍流，都假定流体充满圆管的整个截面。在实际管道中，从入口处开始，流动有一个逐渐发展的过程。在图 6-2 中，假设均匀流进入直径为 d 的直圆管。由于黏性的作用，在管壁上的速度为零，壁面附近形成边界层，而中心处仍为均匀流，其黏性可忽略，随着流体向右推移，边界层的

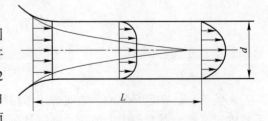

图 6-2 圆管内入口段流体流动
速度的变化示意图

厚度逐渐增长，速度剖面不断变化，至下游某一距离 L 处，它们在圆管中心处汇合，再往下游，黏性的影响遍及整个圆管，流动不再受入口的影响，速度剖面不再变化，成为充分发展的层流或湍流。将入口至边界层汇合这一段称为入口段，其长度为 L，而充分发展流是层流还是湍流则取决于雷诺数。

入口段的长度依赖于流动的状态。对于圆管内的层流，入口段的长度由下式近似给出：

$$\frac{L}{d} = 0.057Re \tag{6-17}$$

当 $Re_{cr} = 2000$ 时，达到充分发展层流所需长度为 114 倍的直径；而达到充分发展湍流所需的长度约为 $25 \sim 50$ 倍的直径，其具体值则取决于壁面的粗糙度和入口的形状。对于直角形入口，入口段的长度要比直角圆形过渡的短。

6.2.3 湍流的描述

在湍流中，流体的某些流动参数随时间变化。图 6-3 表示管道中某点的轴向速度随时间的变化曲线。不难看出，湍流是一种脉动运动，每一点的速度随时间空间随机地变化着。不同时刻湍流的瞬时速度在某一平均速度附近作随机的脉动，瞬时速度与平均速度之差称为脉动速度。可以把湍流场看成是统计平均场和随机脉动场的叠加，即每一点的瞬时物理量看成是平均值和脉动值之和，然后应用统计平均的方法，从纳维-斯托克斯方程出发研究平均运动的变化规律。

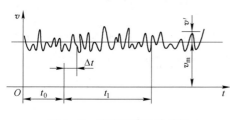

图 6-3 湍流速度的脉动性

对于图 6-3 所示管内某点的轴向瞬时速度，其时间平均值定义为：

$$v_{xm}(x,y,z) = \frac{1}{t_1} \int_{t_0}^{t_0+t_1} v_x(x,y,z,t)\,\mathrm{d}t \tag{6-18}$$

式中，t_1 是比湍流脉动周期 Δt 长得多的时间间隔，以获得稳定的平均值。这样，时间平均值 v_{xm} 与 t_0、t_1 均无关。v_{xm} 的几何意义是 $v-t$ 曲线和 t 轴所围面积的平均高度。引入平均值后，瞬时物理量可表示成：

$$v_x = v_{xm} + v_x', \quad v_y = v_{ym} + v_y', \quad v_z = v_{zm} + v_z', \quad p = p_m + p' \tag{6-19}$$

根据平均值的定义式（6-18），脉动值的均值应为零，即：

$$v_{xm}' = 0, \quad v_{ym}' = 0, \quad v_{zm}' = 0, \quad p_m' = 0 \tag{6-20}$$

需要指出，湍流的脉动运动总是三维的。例如管中的湍流，流体质点不仅沿轴向（x 轴方向）在平均速度附近脉动，而且在垂直于管轴的截面内也有脉动，即 $v_y' \neq 0$，$v_z' \neq 0$，但它们对时间的平均值为零。

为了衡量湍流脉动量的大小，通常引入湍流度的概念。以平均速度为 v_m 的均匀来流（湍流）为例，定义湍流度 ε 为：

$$\varepsilon = \frac{1}{v_{\mathrm{m}}}\sqrt{v_x'^2 + v_y'^2 + v_z'^2} \qquad (6-21)$$

式中，v_x'、v_y'、v_z'分别为来流中脉动速度的三个分量。

流体流动状态的变化，与来流的雷诺数、来流的湍流度、壁面粗糙度以及外部主流的压力梯度等有关。

除了时间平均法外，还有空间平均法和综合平均法。有兴趣的同学可以参考其他教材。

6.2.4　几种典型的湍流

定常湍流：空间各点物理量的平均值不随时间变化的湍流，也称为准定常湍流，如图6-3 所示的湍流。若平均值随时间变化，称为非定常湍流。例如，管内（湍流）流动的流量（体积流率）若随时间是变化的，则空间各点物量的均值就是非定常的。

均匀各向同性湍流：均匀指不同空间点处的湍流特性都是一样的，各向同性指同一空间点的不同方向上的湍流特性都是一样的，如果两者兼备，则称为均匀各向同性湍流。这种湍流存在于无界流场中，或远离边界的流场中。

自由剪切湍流：边界为自由面而无固体壁限制的湍流。例如自由射流、尾流及两股汇合的平行流动等属于这种流动。

壁面剪切湍流：壁面剪切湍流指存在固体壁边界的湍流。管内及物体壁面边界层的湍流属于此类。

6.2.5　湍流的切应力（雷诺应力）

由于湍流运动时相邻流体层的质点之间不断地相互交换，所以在直角坐标系下（图6-4），流体中某一点处除具有水平速度 v_x 以外，还具有垂直方向的脉动速度 v_y'。脉动速度使某一水平流层中的流体迁移到另一层，并与该层流体相掺混。湍流中出现较大的脉动时，也会导致动量传递。当下层流体因脉动速度 v_y' 向上层移动时，一定会给上层流体带来动量（因为下层流体的水平速度 v_x 是固有的）。切应力与脉动产生的宏观动量之间的关系，如下面的积分动量关系式

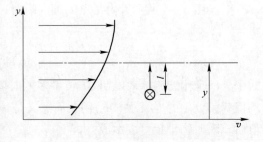

图 6-4　普朗特混合长度

$$\Sigma \boldsymbol{F} = \iint\limits_A v\rho(v\cdot\boldsymbol{n})\mathrm{d}A + \frac{\partial}{\partial t}\iiint\limits_V v\rho\mathrm{d}V \qquad (6-22)$$

由于 v_y' 存在而穿越控制体上（下）面的 x 方向的动量流密度为：

$$\iint\limits_A v_y'\rho(v_{xm}+v_x')\mathrm{d}A = \iint\limits_A v_y'\rho v_{xm}\mathrm{d}A + \iint\limits_A v_y'\rho v_x'\mathrm{d}A \qquad (6-23)$$

对式（6-23）右侧在相当长的时间内取平均，并考虑到脉动的平均值为 0，则积分动量关系式的平均值形式为（定常湍流）：

$$(\Sigma F_x)_\mathrm{m} = \iint_A \rho(v_y' v_{x\mathrm{m}})_\mathrm{m} \mathrm{d}A + \iint_A \rho(v_y' v_x')_\mathrm{m} \mathrm{d}A = \iint_A \rho(v_y' v_x')_\mathrm{m} \mathrm{d}A \tag{6-24}$$

式（6-24）中　　$\rho(v_y' v_{x\mathrm{m}})_\mathrm{m} \mathrm{d}A = \dfrac{1}{t} \displaystyle\int_0^t \rho(v_y' v_{x\mathrm{m}}) \mathrm{d}A \mathrm{d}t = \rho v_{x\mathrm{m}} \mathrm{d}A \dfrac{1}{t} \int_0^t v_y' \mathrm{d}t = \rho v_{x\mathrm{m}} \mathrm{d}A \cdot v_{y\mathrm{m}}' = 0$

由式（6-24）可见，湍流脉动的存在可以视为（水平）控制体单位顶面产生的 x 方向的平均动量流密度，即 $\rho(v_x' v_y')_\mathrm{m}$。湍流脉动是位置和时间的函数。由于层流的分子动量交换与湍流的宏观动量交换极为相似，将 $\rho(v_x' v_y')_\mathrm{m}$ 也看成是一个切应力，即湍流流动的切应力（雷诺应力），如下所示：

$$\tau_\mathrm{t} = -\rho(v_x' v_y')_\mathrm{m} = \mu_\mathrm{t} \frac{\mathrm{d}v_{x\mathrm{m}}}{\mathrm{d}y} \tag{6-25}$$

式中，μ_t 称为湍流黏度或涡黏度。其中的负号是因为：当流体质点从下层向上层脉动时，v_y' 为正值。此时由于下层流体的时均速度小于上层，所以动量交换的结果是上层的速度降低，可看做是负 x 轴方向的脉动，即 $-v_x'$。反之，当流体质点从上层向下层脉动时，v_y' 为负值，则使下层的速度增大，这相当于正 x 方向的脉动，即 $+v_x'$。因此，不论哪种情况，$-\rho(v_x' v_y')_\mathrm{m}$ 永远大于零。

湍流的切应力可以看做：如果流体质点由流速较低流层向流速较高流层脉动时，由于动量传输的结果，高速流层就被减速，反之亦然。换言之，低速流层对高速流层的湍流切应力阻碍高速流层前进，而高速流层对低速流层的湍流切应力则带动低速流层前进。

综上所述，湍流中的总摩擦应力应等于黏性切应力与湍流切应力之和，即：

$$\tau_\mathrm{all} = \tau + \tau_\mathrm{t} = (\mu + \mu_\mathrm{t}) \frac{\mathrm{d}v_{x\mathrm{m}}}{\mathrm{d}y} \tag{6-26}$$

需要指出，由分子作用产生的黏性切应力是可以通过流体物性参数和平均流速导数来表示的，而湍流的切应力是由流动的脉动来表示的，湍流特性无法用解析式表示。因此，湍流方程中的未知数要多于独立的方程数，所以只能用经验公式来求解。

6.3　普朗特混合长度理论

在经验公式中，普朗特（Prandtl）混合长度理论最为常用。其基本思想是把湍流中微团的脉动类比于气体分子的运动。为简单起见，考虑平面平行定常流动的情形（见图6-5）。

普朗特认为，湍流中流体微团之间的碰撞像气体分子碰撞一样，存在平均自由程的概念。在平均自由程的距离内，某一流体微团不与其他微团相碰，保持自己的动量；超出此距离才发生碰撞，从而改变动量。普朗特的分析如图6-5所示，处于高度 y_1 的某层流体微团的时均速度（沿 x 方向）、纵向（y 方向）脉动速度分别为 v_x、v_y'，脉动速度使得流体发生层与层之间的质量和动量交换。设在高度 y_1 的

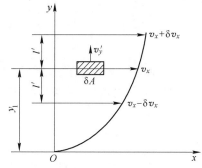

图6-5　混合长度假说示意图

流层上取一微元面积 δA（它平行于 xOz 平面），它在单位时间内通过脉动到相邻的 $y_1 + l'$ 层的质量为 $\rho v_y' \delta A$，而造成的动量传递却是在 x 方向。根据动量定理，这种流层之间单位时间内动量的变化，就等于流层之间的摩擦阻力，即：

$$\delta F = \rho v_y' \delta A (v_x + \delta v_x) - \rho v_y' \delta A v_x = \rho v_y' \delta A \delta v_x \tag{6-27}$$

式（6-27）两边同除以 δA，即得湍流剪应力：

$$\tau_t = \rho v_y' \delta v_x \tag{6-28}$$

显然，τ_t 是作用在水平的微元面积 δA 上，且指向 x 轴方向的应力。由于 $\delta v_x = v_x(y_1 + l') - v_x y_1$，对其进行泰勒（Taylor）级数展开，并略去高阶项可得：

$$\delta v_x = v_x(y_1 + l') - v_x(y_1) = l' \frac{\mathrm{d}v_x}{\mathrm{d}y} \tag{6-29}$$

混合长度理论假定速度差 δv_x 等于微团经自由程 l' 纵向脉动后，引起的流层微团沿 x 轴方向的脉动速度 v_x'，因此：

$$v_x' = l' \frac{\mathrm{d}v_x}{\mathrm{d}y} \tag{6-30}$$

普朗特进一步假定 v_x' 和 v_y' 同量级，即：

$$v_y' = k l' \frac{\mathrm{d}v_x}{\mathrm{d}y} \tag{6-31}$$

式中，k 是比例常数。

将式（6-29）和式（6-31）代入式（6-28）可得：

$$\tau_t = \rho k l'^2 \left(\frac{\mathrm{d}v_x}{\mathrm{d}y}\right)^2 = -\rho (v_x' v_y')_m \tag{6-32}$$

令 $l^2 = k l'^2$，则有：

$$\tau_t = \rho l^2 \left(\frac{\mathrm{d}v_x}{\mathrm{d}y}\right)^2 \tag{6-33}$$

因为 τ_t 与 $\mathrm{d}v_x / \mathrm{d}y$ 同号，式（6-32）应改写成：

$$\tau_t = \rho l^2 \left|\frac{\mathrm{d}v_x}{\mathrm{d}y}\right| \frac{\mathrm{d}v_x}{\mathrm{d}y} \tag{6-34}$$

l 称为混合长度，它在一般情况下不是常数，其数值将在具体问题中通过假定及实验结果来确定。对比式（6-34）与式（6-25），可以得到：

$$\mu_t = \rho l^2 \left|\frac{\mathrm{d}v_x}{\mathrm{d}y}\right| \tag{6-35}$$

可见，湍流黏度 μ_t 与流场有关。从物理概念上不难理解，它远远大于由分子运动引起的层流黏度 μ。

为了确定混合长度 l，普朗特根据管壁处 v_x'、v_y' 都等于零的事实，进一步假定混合长度正比于距管壁的距离 y，即：

$$l = ky \tag{6-36}$$

式中，k 为一常数。实验表明，靠近壁面处 $k = 0.4$。

根据上述普朗特混合长度的半经验理论，即可确定圆管内湍流速度分布及其阻力系数。

6.4　圆管内湍流速度分布

对湍流运动的研究表明，在固体壁面附近的湍流速度分布如图 6-6 所示。由图可见，在紧靠壁面附近，存在着很大的速度梯度，此区域通常称为层流底层。在离壁面一定距离后，速度分布趋于平坦，此区域通常称为湍流核心区。介于层流底层和湍流核心的中间区域，两种流动状态并存，称为过渡层区。

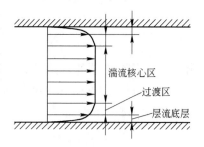

图 6-6　圆管内湍流结构面

（1）在层流底层内：流动状态接近于层流，又因其厚度很薄，速度分布可认为是线性的，故：

$$\tau_0 = \mu \frac{\mathrm{d}v_x}{\mathrm{d}y} = \mu \frac{v_x}{y} \tag{6-37}$$

将式（6-37）两边分别除以 ρ，令 $v_* = (\tau_0/\rho)^{1/2}$，称之为切应力速度，则式（6-37）可写为：

$$\frac{v_x}{v_*} = \frac{v_* y}{\nu} \tag{6-38}$$

式（6-38）即为层流底层中的速度分布规律。

（2）在湍流核心区：速度分布规律可从普朗特混合长度理论导出。假设湍流附加切应力 τ_t 等于边壁切应力 τ_0，即 $\tau_t = \tau_0$，则有：

$$\tau_t = \rho l^2 \left(\frac{\mathrm{d}v_x}{\mathrm{d}y} \right)^2 = \tau_0 \tag{6-39}$$

将式（6-39）两边分别除以 ρ，并考虑 $l = ky$，开方后得：

$$\sqrt{\frac{\tau_0}{\rho}} = v_* = l \frac{\mathrm{d}v_x}{\mathrm{d}y} = ky \frac{\mathrm{d}v_x}{\mathrm{d}y}$$

即

$$\frac{\mathrm{d}v_x}{v_*} = \frac{1}{k} \frac{\mathrm{d}y}{y} \tag{6-40}$$

积分后可得：

$$\frac{v_x}{v_*} = \frac{1}{k} \ln y + C' \tag{6-41}$$

令 $C' = C + \dfrac{1}{k}\ln\dfrac{v_*}{\nu}$，代入式（6–41），可得：

$$\frac{v_x}{v_*} = \frac{1}{k}\ln\frac{yv_*}{\nu} + C \tag{6-42}$$

在光滑圆管中，根据实验可知 $k = 0.4$，$C = 5.5$，代入式（6–42），并把自然对数改为常用对数后就得到速度分布的对数规律：

$$\frac{v_x}{v_*} = 5.75\lg\frac{yv_*}{\nu} + 5.5 \tag{6-43}$$

由式（6–38）和式（6–43）所表示的直线和曲线的交点，可看做理论上由层流底层到湍流核心的转变点，与该点对应的值如下：

$$\frac{v_*y}{\nu} = 11.6 \quad 或 \quad y = \frac{11.6\nu}{v_*} = \delta_1 \tag{6-44}$$

式中，δ_1 为层流底层的名义厚度。

（3）在过渡层区：其速度分布既与层流底层中的速度分布不同，又与湍流核心中不同，主要由实验来确定，如斯兰奇（Sleicher）给出的计算公式如下：

$$\frac{v_x}{v_*} = 11\arctan\left(\frac{v_*y}{11\nu}\right) \tag{6-45}$$

根据实验，湍流段内部分为：层流底层，$\dfrac{v_*y}{\nu} < 5$；过渡层区，$5 < \dfrac{v_*y}{\nu} < 30$；湍流核心区，$\dfrac{v_*y}{\nu} > 30$。

（4）指数定律：湍流时光滑圆管中的速度分布也可以用指数定律来表示：

$$\frac{v_x}{v_{x\max}} = \left(\frac{r}{R}\right)^n \tag{6-46}$$

当 $Re = 1.1 \times 10^5$ 时，$n = 1/7$，于是：

$$\frac{v_x}{v_{x\max}} = \left(\frac{r}{R}\right)^{1/7} \tag{6-47}$$

这就是湍流的七分之一次方速度分布规律。通常应用中，$Re < 10^5$ 时取 $n = 1/7$；$Re > 2 \times 10^6$ 时取 $n = 1/10$。由式（6–47）对 r 从 0 到 R 求积分，就可以得到 v_{xm} 与 $v_{x\max}$ 之间的函数关系。因此，只要通过实验测定出管中心处的最大流速 $v_{x\max}$，就能计算出平均流速 v_{xm}，进而求出流量（体积流率）。这是求管道平均流速和流量（体积流率）的简便方法之一。

[例题 6–2] 试求湍流在圆管中的平均速度。

解：由式（6–43）可知，当 $y = R$ 时圆管轴线处的最大流速为：

$$v_{x\max} = v_*\left(5.75\lg\frac{v_*R}{\nu} + 5.5\right)$$

下面求管内速度分布的具体表达式。根据式（6-41），当 $y = R$ 时有：

$$\frac{v_{x\max}}{v_*} = \frac{1}{k}\ln R + C'$$

用式（6-41）减去上式，经整理可得：

$$v_x = v_{x\max} + \frac{v_*}{k}\ln\frac{y}{R}$$

因此，通过圆管的流量（体积流率）为：$G_V = 2\pi\int_0^R \left(v_{x\max} + \frac{v_*}{k}\ln\frac{y}{R}\right)(R - y)\,\mathrm{d}y$

平均速度为：$v_{xm} = \dfrac{G_V}{\pi R^2} = 2\displaystyle\int_0^1 \left(v_{x\max} + \frac{v_*}{k}\ln\frac{y}{R}\right)\left(1 - \frac{y}{R}\right)\mathrm{d}\left(\frac{y}{R}\right) = v_{x\max} - 3.75v_*$

经实验修正后，上式可以更准确地表示为：$v_{xm} = v_{x\max} - 4.07v_*$。该公式为平均速度与最大速度之间的关系。通常 $v_{xm}/v_{x\max}$ 的比值在 $0.80 \sim 0.85$ 的范围内。与层流时的 $v_{xm}/v_{x\max} = 0.5$ 相比较，湍流时的速度分布较为均匀。如果用 $(v_{xm}/v_{x\max})/(y/R)^{1/7}$ 求其平均速度，则 $v_{xm}/v_{x\max} = 0.82$。这与上述结果是吻合的。

图6-7 给出了平均速度相等但雷

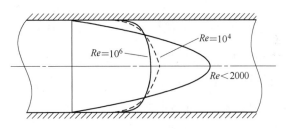

图6-7　层流与湍流的速度分布剖面图

诺数不同时，层流与湍流的速度分布剖面。由图可见，层流速度分布为抛物线形状；湍流速度分布仅在边界层变化大，在湍流核心区变化较小；同样是湍流（见图中 $Re = 10^4$ 及 $Re = 10^6$ 所对应的速度分布），Re 愈大，湍流核心区速度愈接近于平均速度。

6.5　圆管中的摩擦阻力系数

6.5.1　水力光滑和水力粗糙

根据前面的讨论，对于充分发展的管内湍流，在靠近固体壁面的一个薄层内，脉动运动受到壁面的限制，流动呈平滑的层流特征，称为层流底层。层流底层的厚度 δ 很薄，通常只有几分之一毫米。实验证明，δ 的数值依赖于雷诺数，可用下面的半经验公式来计算：

$$\frac{\delta}{d} = \frac{34.2}{Re^{0.875}} \quad \text{或} \quad \frac{\delta}{d} = \frac{30}{Re\sqrt{\lambda}} \qquad (6-48)$$

式中，λ 是核心区为湍流时的沿程阻力系数。

层流底层虽然很薄，但由于速度梯度很大，它对湍流流动的能量损失以及流体与壁面间的热传导有着重要的影响。这种影响与管道壁面的粗糙程度直接相关。把管壁的粗糙凸出部分的平均高度 ε 叫做管壁的绝对粗糙度，而把 ε/d 称为相对粗糙度。不同管道壁面的绝对粗糙度 ε 是不同的。

当 $\delta > \varepsilon$ 时，见图 6-8 中（a），即层流底层完全淹没了管壁的粗糙凸出部分。这时层流底层以外的湍流区完全感受不到管壁粗糙度的影响，流体好像在完全光滑的管子中流动一样。这种情况的管内流动称为"水力光滑"，相应的管道简称为"光滑管"。

当 $\delta < \varepsilon$ 时，见图 6-8 中（b），即管壁的粗糙凸出部分有一部分或大部分暴露在湍流区中。这时流体流过凸出部分时将引起旋涡，造成新的能量损失，管壁粗糙度将对湍流发生影响。这种情况的管内流动称为"水力粗糙"，相应的管道简称为"粗糙管"。

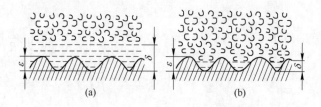

图 6-8 水力光滑和水力粗糙示意图
（a）水力光滑情况；（b）水力粗糙情况

由于 δ 随 Re 改变，同样表面状态的管道在不同的 Re 下，可能处于水力光滑或水力粗糙这两种不同的流动状态。

6.5.2 摩擦阻力系数

在定义圆管内摩擦阻力系数式（6-14）时，未考虑管内的流动状态。无论管内是层流还是湍流，摩擦阻力均按式（6-13）来计算，其问题在于它们的摩擦阻力系数 λ 是如何决定的。

由式（6-16）$\tau_0 = \dfrac{1}{8}\lambda\rho v_m^2$ 和 $v_* = \sqrt{\tau_0/\rho}$，可以得到：

$$\lambda = 8\left(\frac{v_*}{v_m}\right)^2 \qquad (6-49)$$

由此可见，只要已知速度分布公式，就可求出平均速度 v_m，从而求出阻力系数 λ。对于层流，阻力系数已经用解析的方法推导出来（$\lambda = 64/Re$）；而光滑管或粗糙管湍流阻力系数的确定，既可以用理论方法求得，也可以借助实验，以便给出经验或半经验公式。

尼古拉兹（Nikurades）对不同直径、不同流量（体积流率）的管流进行了大量的实验，而且考虑了粗糙度的影响。图 6-9 给出了尼古拉兹由实验整理出来的曲线。依据雷诺数大小，可以将实验曲线分为五个区域：

（1）层流区（$Re < 2300$）：当管流处于层流状态时，管壁的粗糙度对阻力系数没有影响，六个不同粗糙度管子的实验点基本上落在直线 I 上。λ 与 Re 满足 $\lambda = 64/Re$，λ 只是 Re 的函数。

（2）过渡区（$2300 < Re < 4000$）：这是由层流向湍流过渡的不稳定区域，可能是层流，也可能是湍流，实验点分布在曲线 II 周围。

（3）湍流水力光滑区（$4000 < Re < 26.98(d/\varepsilon)^{8/7}$）：对于充分发展湍流，水力光滑管的实验点都落在直线 III 上。λ 显然与相对粗糙度 d/ε 无关，只是 Re 的函数。直线 III 可以

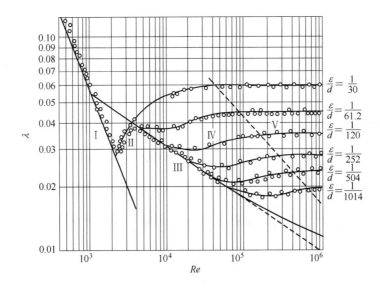

图 6 - 9　尼古拉兹实验曲线

由湍流速度分布式求得。

当 $4000 < Re < 10^5$ 时，该区域内阻力系数的经验公式为：

$$\lambda = \frac{0.3164}{Re^{0.25}} \qquad (6-50)$$

由于式（6-50）形式简单，在工程计算中常被采用。

当 $Re > 10^5$ 时，式（6-50）有较大误差，需用对数速度分布导出 λ 计算公式。可采用如下的平均速度公式：

$$\frac{v_{xm}}{v_*} = 5.75 \lg \frac{Rv_*}{\nu} + 1.75 \qquad (6-51)$$

将式（6-51）代入式（6-49），整理后可得：

$$\frac{1}{\sqrt{\lambda}} = 2.035 \lg(Re\sqrt{\lambda}) - 0.913 \qquad (6-52)$$

式（6-52）与实验数据相比较有一定的误差，需要对其中的系数修正如下：

$$\frac{1}{\sqrt{\lambda}} = 2\lg(Re\sqrt{\lambda}) - 0.8 \qquad (6-53)$$

式（6-53）称作光滑圆管中湍流的卡门-普朗特（Karman - Prandtl）阻力系数公式，其适用范围为 $4000 < Re < 26.98(d/\varepsilon)^{8/7}$。

（4）湍流粗糙管过渡区 $[26.98(d/\varepsilon)^{8/7} < Re < 4160(d/2\varepsilon)^{0.85}]$：随着 Re 的增大，湍流流动的层流底层逐渐减薄，水力光滑管逐渐过渡为水力粗糙管，因而实验点逐渐脱离直线Ⅲ，进入区域Ⅳ，而且相对粗糙度大的较早脱离。这一区域的阻力系数与雷诺数、相对粗糙度都有关，即 $\lambda = f(Re, d/\varepsilon)$。$\lambda$ 可按如下经验公式进行计算：

$$\frac{1}{\sqrt{\lambda}} = -2\lg\left(\frac{2.51}{Re\sqrt{\lambda}} + \frac{\varepsilon}{3.71d}\right) \tag{6-54}$$

（5）湍流粗糙管平方阻力区：当 Re 增大到一定程度，湍流充分发展，流动能量的损失主要决定于脉动运动，黏性的影响可以忽略不计。因此，阻力系数 λ 与 Re 无关，只与相对粗糙度 d/ε 有关，流动进入区域 V。在这一区间的沿程损失 Δh_f 与 v_m^2 成正比，故称此区域为平方阻力区。

此区域内的平均速度公式如下：

$$\frac{v_m}{v_*} = 2.5\ln\frac{R}{\varepsilon} + 4.75 = 2.5\ln\frac{d}{2\varepsilon} + 4.75 \tag{6-55}$$

将式（6-55）代入到式（6-49），可得到阻力系数计算公式：

$$\frac{1}{\sqrt{\lambda}} = 2.03\lg\frac{d}{2\varepsilon} + 1.68 \tag{6-56}$$

将式（6-56）稍加修正，可得与实验数据更吻合的公式：

$$\frac{1}{\sqrt{\lambda}} = 2.0\lg\frac{d}{2\varepsilon} + 1.74 \tag{6-57}$$

为便于工程计算，莫迪（Moody）把管内流动的实验数据整理成图 6-10，称之为莫迪图。

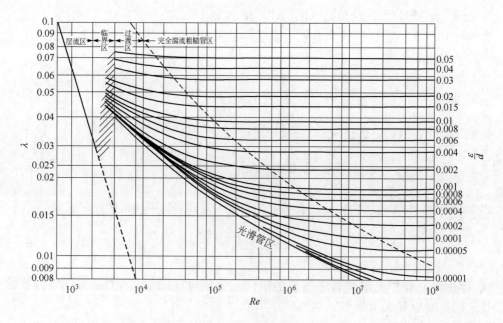

图 6-10　莫迪图

该图以 d/ε 为参变数，以 Re、λ 分别为横、纵坐标，形式上可表示为函数 $\lambda = f(Re, d/\varepsilon)$。如图 6-10 所示，也分为五个区域：层流区、临界区、光滑管区、过渡区、完全湍流粗糙管区。

[例题 6 - 3] 某通风管道的直径 $d = 150\text{mm}$，风速 $v_\text{m} = 10\text{m/s}$，试求管长 $L = 1000\text{m}$ 时的摩擦压力损失。已知空气的运动黏度 $\nu = 1.76 \times 10^{-5}\text{m}^2/\text{s}$，密度 $\rho = 1.11\text{kg/m}^3$。

解：首先计算雷诺数：$Re = \dfrac{v_\text{m} d}{\nu} = \dfrac{10 \times 0.15}{1.76 \times 10^{-5}} = 85227$，按光滑管区考虑，由下式得：

$$\lambda = \frac{0.3164}{Re^{0.25}} = \frac{0.3164}{85227^{0.25}} = 0.0185$$

再按式（6 - 53），可先假设 $\lambda = 0.02$，代入计算，则给出：

$$\frac{1}{\sqrt{\lambda}} = 2\lg(Re\sqrt{\lambda}) - 0.8 = 2\lg(85227 \times \sqrt{0.02}) - 0.8 = 7.36$$

求得 $\lambda = 0.0185$，它与假设值相差不大。再以 $\lambda = 0.0185$ 代入就可以满足上式。这种方法称为迭代法。

如果查图 6 - 10，同样可以得到 $\lambda = 0.0185$。由此可见，在上述 Re 范围内，查莫迪图和计算的 λ 值是一样的。所以由式（6 - 13）：

$$\Delta p = \lambda \frac{L}{d} \frac{\rho}{2} v_\text{m}^2 = 0.0185 \times \frac{1000}{0.15} \times \frac{1.11}{2} \times 10^2 = 6845\text{Pa}$$

6.5.3 非圆形截面的管道摩擦损失的计算

此时必须引入当量直径 d_c 的概念，其定义为：

$$d_\text{c} = \frac{4A}{U} \tag{6 - 58}$$

式中，A 为非圆形管的截面面积，m^2；U 为流体湿润的周界，m。

例如，对于截面积为 $a \times b$ 的矩形管道，其当量直径为：

$$d_\text{c} = \frac{4ab}{2(a+b)} = \frac{2ab}{a+b} \tag{6 - 59}$$

非圆形截面管的摩擦压力损失计算仍可用式（6 - 13）计算，但需要将其中的 d 换成 d_c，Re 也要相应改变。

6.6 气体通过固体散料层的公式

6.6.1 卡门公式

散料层是在炉内填充了不同的物料，如焦炭和烧结矿等，气体流过散料层的阻力损失与流过空管的阻力损失是不同的。管中的散料层的空隙度 ε 的表达式如下：

$$\varepsilon = 1 - \frac{\rho_\text{L}}{\rho_\text{G}} = 1 - \frac{V_\text{L}}{V_\text{G}} \tag{6 - 60}$$

式中，ρ_G 和 ρ_L 分别为散料的实际密度和散料层的堆积密度，单位是 kg/cm^3；V_G 和 V_L 分别为圆管的体积和散料的堆积体积，单位是 cm^3。

如果圆管内散料层内的空隙度为 ε，$1m^3$ 料层内可通气体的体积为 εm^3，填充料所占有的体积为 $(1-\varepsilon)m^3$。假定填充的物料为等直径 d 的球体，由下式可以计算出单位体积中圆管内球体的个数 n：

$$n = \frac{1-\varepsilon}{\pi d^3/6} = \frac{6(1-\varepsilon)}{\pi d^3} \qquad (6-61)$$

气体在带有散料层的圆管内的阻力损失与流经固体的表面积有关，在被 n 个球占据的 $(1-\varepsilon)m^3$ 内的散料层中，与气体发生摩擦的总表面积为 A：

$$A = n\pi d^2 = \frac{1-\varepsilon}{\pi d^3/6}\pi d^2 = \frac{6(1-\varepsilon)}{d} \qquad (6-62)$$

为了使气体流经空圆管的阻力公式能在带有散料层的圆管中应用，将气体在散料层通过的体积看成一个与空圆管长度（L）相同，而直径为 d_c 的当量空圆管，在当量圆管中通过气体的体积 V（$1m^3$ 料层内可通气体的体积）和气体产生摩擦阻力的表面积 A，分别由以下公式表示：

$$V = \frac{\pi}{4}d_c^2 L = \varepsilon \qquad (6-63)$$

$$A = \pi d_c L = \frac{6(1-\varepsilon)}{d} \qquad (6-64)$$

当量空圆管的比表面积为 A/V 时，联立式（6-63）和式（6-64），可以得到当量空圆管的直径 d_c 与孔隙度 ε 和物料直径 d 的关系：

$$\frac{A}{V} = \frac{\pi d_c L}{d_c^2 L \pi/4} = \frac{4}{d_c}; \qquad \frac{A}{V} = \frac{6(1-\varepsilon)/d}{\varepsilon} = \frac{6(1-\varepsilon)}{d\varepsilon} \qquad (6-65)$$

由式（6-65）可得：

$$\frac{1}{d_c} = \frac{1}{4} \times \frac{6(1-\varepsilon)}{d\varepsilon} \qquad (6-66)$$

此时流过散料层气体平均速度 v_{em} 与流过空圆管平均速度 v_m 存在以下关系：

$$v_{em} = \frac{v_m}{\varepsilon} \qquad (6-67)$$

将式（6-66）和式（6-67）代入式（6-13）中，采用当量圆管直径为 d_c，可得卡门公式：

$$\Delta p/L = \frac{1}{2}\lambda\rho(v_m/\varepsilon)^2 \times \frac{1}{4} \times \frac{6(1-\varepsilon)}{d\varepsilon} = \frac{1}{8}\lambda\rho v_m^2 \frac{s(1-\varepsilon)}{\varepsilon^3} \qquad (6-68)$$

若令 $f_c = \lambda/8$，式（6-68）则可以写成：

$$\Delta p/L = f_c \cdot \rho v_m^2 \frac{s(1-\varepsilon)}{\varepsilon^3} \qquad (6-69)$$

式中，$\Delta p/L$ 为单位料柱高度上的压力降，N/m^3；f_c 为阻力系数，也是雷诺数的函数；ρ 为气体的密度，kg/m^3；ε 为散料体的空隙度（$\varepsilon < 1$）；d 为散料颗粒的直径，cm；s 为料球的比表面积（球的面积/球的体积），cm^{-1}。

冶金生产中炉料颗粒既不是规则的球形，粒度也不均一。不同粒度的混合物除影响整体散料层的空隙度 ε 值外，还与颗粒的形状因素一起影响炉料的比表面积（单位体积炉料的表面积），即与气流发生摩擦造成压降的机会。炉料比表面积与粒度成反比，故粒度越小，则比表面积越大。为描述非球形，引入了形状系数 ϕ（或球形度），即单位体积中，与实际颗粒体积相等的球的表面积和实际颗粒的表面积之比。形状系数与实际炉料直径 d 和与实际颗粒相等的球的直径 d_s 的关系，见式（6-70）：

$$\phi = \frac{\text{单位体积中与实际颗粒体积相等的球的表面积}（A_s）}{\text{单位体积中实际颗粒的表面积}（A）} = \frac{d}{d_s} \qquad (6-70)$$

式中，d 为与实际颗粒体积相等的球的直径，cm；d_s 为实际炉料颗粒直径，cm。

由于实际炉料由多种粒度级组成的特性，通常采用平均直径 d_{mean}（或 d_m）代替 d_s：

$$d_{mean} = d_m = \frac{\sum x_i}{\sum x_i/d_i} = \frac{1}{\sum x_i/d_i} \qquad (6-71)$$

式中，x_i 为第 i 级别颗粒的重量级分数；d_i 为第 i 级别与实际颗粒体积相等的球的直径，cm。

6.6.2 欧根公式

欧根（Ergun）研究了高炉内阻力系数与雷诺数的经验关系式。雷诺数 Re 既随高炉内煤气的流速变化，也受运动黏度（它取决于温度及成分）影响，还随炉料颗粒直径及空隙度变化。由 f_c 的式（6-69）和对实际炉料考虑式（6-70）和式（6-71）的两个修正参数，则可得高炉实际散料床的压降梯度表达式，即欧根公式：

$$\Delta p/L = 150 \frac{\eta v_m (1-\varepsilon)^2}{(\phi d_m)^2 \varepsilon^3} + 1.75 \frac{\rho_g v_m^2 (1-\varepsilon)}{\phi d_m \varepsilon^3} \qquad (6-72)$$

式（6-72）即为一维的欧根公式。如计算煤气沿径向分布，也可将式（6-72）扩展为二维的向量表达式。在式（6-72）中第一项与 v_m 有关，而第二项与 v_m^2 有关。

由于导出式（6-13）时并未考虑圆管内的流动状态，因此，卡门公式和欧根公式对于层流和湍流都是适用的。由于在层流时速度较低，式（6-72）等号右边的第一项要远大于第二项，而在湍流时则相反。高炉中煤气实际流速可高达 $10 \sim 20 m/s$，相应的 Re 值约为1000~3000，在此条件下，式（6-72）中等号右边的第一项比第二项要小得多，故第一项可以忽略不计，式（6-72）可以简化成：

$$\Delta p/L = 1.75 \frac{\rho_g v_m^2 (1-\varepsilon)}{\phi d_m \varepsilon^3} = 1.75 \left(\frac{1-\varepsilon}{\varepsilon^3 \phi d_m}\right)(\rho_g v_m^2) \qquad (6-73)$$

式中，$\dfrac{1-\varepsilon}{\varepsilon^3 \phi d_m}$ 为炉料特性（阻力指数）；$\rho_g v_m^2$ 为煤气状态。上式表明，可将影响煤气压降梯度的因素分为两部分。

将式（6-73）中炉料特性和煤气状态分开，可得透气性指数 K：

$$K = \frac{\rho_g v_m^2}{\Delta p / L} = 0.57\left(\frac{\varepsilon^3 \phi d_m}{1-\varepsilon}\right) \tag{6-74}$$

6.7 管 路 计 算

工程中的管路通常包括动力源（如水泵、风机等流体机械）、管道和各种部件（如弯头，阀门，分叉，突然收缩结构、扩张结构等）。管路计算问题主要有三类：（1）给定管路尺寸和流量（体积流率），确定流经管路的压降或流动能量损失，选择动力头；（2）给定管路尺寸和允许的压力降（即已知动力头），确定流量（体积流率）；（3）根据给定的流量（体积流率）和压力降，设计管路的尺寸，主要是确定管径。

6.7.1 能量方程

管路计算的基本公式是能量方程。将沿流线（管道轴线）的理想流体伯努利方程做一定的修正，就可以得到单位质量流体沿管路的能量守恒方程：

$$\frac{p_1}{\rho g} + \alpha \frac{v_{1m}^2}{2g} + z_1 + H_T = \frac{p_2}{\rho g} + \alpha \frac{v_{2m}^2}{2g} + z_2 + \Delta h \tag{6-75}$$

式中，下标 $i = 1$、2 为两个截面位置；$v_{im} = Q/A_i$；p_i、z_i 分别为管内平均流速、压力和管截面中心的 z 值；α 为与管内速度分布有关的动能修正系数，层流时 $\alpha = 2$，湍流时 $\alpha = 1$；Δh 为流体从 1 截面流至 2 截面的能量（流动）损失；压力降 $\Delta p = \rho g \Delta h$；$H_T$ 为动力头，即动力源提供给管内单位质量流体的能量。

6.7.2 流动能量损失

管路中的流动能量损失包括两类。一类是由黏性摩擦应力引起的沿程损失 Δh_f；另一类是流体通过管路中各种部件（如接头、弯头、阀门、闸板、截面突然扩大或收缩等连接件）时，由于周围流动的旋涡、转向或撞击引起的能量损失，这类损失是由管路的几何形状变化造成的，发生在局部区域，故称为局部损失，用 Δh_ζ 表示。总的流动损失即为两者的叠加：

$$\Delta h = \Delta h_f + \Delta h_\zeta \tag{6-76}$$

（1）沿程损失。其计算公式为：

$$\Delta h_f = \lambda \frac{L}{d} \frac{v_m^2}{2g} \tag{6-77}$$

式中，λ 是沿程损失系数；L 是沿程管道长度，m；d 是管道直径，m。

沿程阻力系数是雷诺数和相对粗糙度的函数，即 $\lambda = f\left(Re, \dfrac{\varepsilon}{d}\right)$，$Re = \dfrac{v_m d}{\nu}$。$\lambda$ 可根据不同的流动区域采用 6.5 节中给出的公式计算，也可由莫迪图查得。

（2）局部损失。由于各种部件的形状及流动过程非常复杂，局部损失主要由实验确定。通常将局部能量损失表示为：

$$\Delta h_\zeta = \zeta \frac{v_m^2}{2g} \tag{6-78}$$

式中，ζ 为局部损失系数，其值由实验确定，也可从机械工程师手册或水力学手册中查得。在使用数据时，要特别注意推荐公式中使用的特征流速。

6.7.3 管路损失计算

简单管路和串联管路：简单管路是指管径和粗糙度相同的一根或数根管子串在一起的管路。对这种管路，可在查到 λ 后直接用式（6-74）计算。串联管路是由直径或粗糙度不同的几个简单管路串联的。通过串联管路各管段的流量（体积流率）是相同的，但流速可能不同。串联管路的总阻力损失等于各简单管路的阻力损失之和，由下式计算：

$$\Delta h = \Sigma \Delta h_f + \Sigma \Delta h_\zeta = \sum_i \left(\lambda_i \frac{L_i}{d_i} \frac{v_{im}^2}{2g} \right) + \sum_i \left(\zeta_i \frac{v_{im}^2}{2g} \right) \tag{6-79}$$

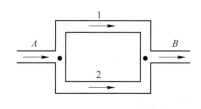

图 6-11 并联管路示意图

并联管路：管路中还有可能出现并联的情形，如图 6-11 所示。在某处分成几路，在下游某处又汇合成一路，称作并联管道。由于在并联管道的分叉（节点 A 和 B）处流动连续，并联管道各支管（1 和 2）的流动能量损失相等，即压降相同，各支管中的流量（体积流率）由支管的阻力系数确定，而总流量（体积流率）应等于各支管流量（体积流率）之和。对于图 6-11 所示管路，有：

$$\Delta h_1 = \Delta h_2, \qquad G_V = G_{V1} + G_{V2}, \qquad \left(\lambda_1 \frac{L_1}{d_1} + \Sigma \zeta_1 \right) \frac{v_{1m}^2}{2g} = \left(\lambda_2 \frac{L_2}{d_2} + \Sigma \zeta_2 \right) \frac{v_{2m}^2}{2g}, \qquad v_m A = v_{1m} A_1 + v_{2m} A_2$$

将以上关系式分别代入式（6-72）并联立求解，可完成管路计算。

[例题 6-4] 某工厂架设一条铸铁输水管，如图 6-12 所示。长为 500m，直径为 200mm，流量 100L/s。水源为 5m 深水池；进口有一个滤水网（$\zeta = 5.2$），管路中有 10 个 90° 弯头（$\zeta = 0.48$），两个阀门（$\zeta = 0.08$），运动黏度 $\nu = 1.3\,\text{mm}^2/\text{s}$，粗糙度 $\varepsilon = 1.3\,\text{mm}$。求所需水泵压头。

解：出口截面 2 实际上与水泵轴线在同一水平面上。取截面 1 和截面 2 建立能量方程，考虑到出口水压与入口水压同为一个大气压，故能量方程如下：

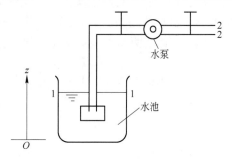

图 6-12 管路示意图

$$H_T = 5 + \frac{v_m^2}{2g} + \Delta h$$

用流量（体积流率）与管径确定出平均速度为：

$$v_m = \frac{G_V}{\frac{\pi}{4}d^2} = \frac{100 \times 10^{-3}}{\frac{\pi}{4} \times 0.2^2} = 3.18 \text{m/s}$$

由 $Re = \frac{v_m d}{\nu} = 4.9 \times 10^5$，$\frac{\varepsilon}{d} = 0.0065$，查莫迪图知 $\lambda = 0.033$，因此：

$$\Delta h = \sum_i \left(\zeta + \lambda \frac{L}{d} \right)_i \frac{v_m^2}{2g} = \left(5.2 + 10 \times 0.48 + 2 \times 0.08 + 0.033 \times \frac{500}{0.2} \right) \times \frac{3.18^2}{2 \times 9.8} = 47.8 \text{m}$$

于是所需水泵压头为：

$$H_T = 5 + \frac{3.18^2}{2 \times 9.8} + 47.8 = 53.3 \text{m}$$

不难看出，这个例子中的动力主要用来克服管路中的各种阻力，而 5m 的高程和 3.18m/s 的流速所需的动力并不大。

[**例题 6-5**]　有一输水管路系统，见图 6-13。管路直径 $d = 88$mm，粗糙度 $\varepsilon = 1.3$mm，且运动黏度 $\nu = 1\text{mm}^2/\text{s}$，$L_1 = L_2 = L_4 = 10$m（处于同一水平面），$L_3 = 15$m，水箱自由面相对于水平支管高出 5m，求出口流量（体积流率）。

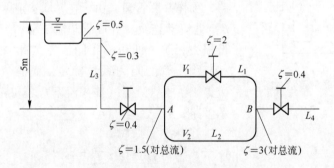

图 6-13　输水管路系统

解：假定整个管路系统内的流动为湍流，并且已落入阻力平方区。由 $\varepsilon/d = 1.3/88 = 0.0148$，查莫迪图知，$\lambda = 0.045$，$Re > 6 \times 10^4$。

对 L_1 和 L_2 两路水平支管应用能量方程有：

$$\left(2 \times 0.3 + 2 + 0.045 \times \frac{10}{0.08} \right) \times \frac{v_{1m}^2}{2 \times 9.8} = \left(2 \times 0.3 + 0.045 \times \frac{10}{0.08} \right) \times \frac{v_{2m}^2}{2 \times 9.8}$$

解得 $\frac{v_{1m}}{v_{2m}} = 0.87$。又因 $v_{1m} + v_{2m} = v_m$，所以 $v_{1m} = 0.465v_m$，$v_{2m} = 0.535v_m$。上式中的 "2 × 0.3" 是由于这两路支管各有两个 90° 的转弯，而按图 6-13 所示，每一个 90° 的转弯对应的 $\zeta = 0.3$。

对整个管路系统应用能量方程(从水箱自由面到管路出口处,假定出口处 $\zeta = 1$),则有:

$$5 = \left(0.045 \times \frac{15+10}{0.08} + 0.5 + 2 \times 0.3 + 2 \times 0.4 + 1.5 + 3 + 1\right) \times \frac{v_m^2}{2 \times 9.8} +$$
$$\left(0.045 \times \frac{10}{0.08} + 2 \times 0.3\right) \times \frac{(0.535 v_m)^2}{2 \times 9.8}$$

解得 $v_m = 2.05 \text{m/s}$,$G_V = \frac{\pi}{4} d^2 v_m = 0.0125 \text{m}^3/\text{s}$。上式右侧中,第一项是关于主线的,第二项是关于支线的,其阻力损失选择其中的一路去计算即可。

需要说明的是,尽管上面已经计算完毕,但还要验算。由 $v_{1m} = 0.953 \text{m/s}$,$v_{2m} = 1.097 \text{m/s}$ 可得:$Re_1 = \frac{v_{1m} d}{\nu} = 83864$ 和 $Re_2 = \frac{v_{2m} d}{\nu} = 96536$,它们均大于 6×10^4。同时,既然支线的 $Re > 6 \times 10^4$,则主线的雷诺数也一定大于 6×10^4。因此,关于沿程阻力系数 λ 是常数的假定正确。

6.8 小　结

本章讨论了黏性流体运动中的层流和湍流,它们的运动状态完全不同。层流流体做平滑的分层流动,相邻两层的流体微团互不掺混,只有分子间的碰撞;湍流是比较复杂的运动,特性为随机性或脉动性。除了分子之间的碰撞以外,还存在流体微团之间通过脉动掺混引起的质量、动量和能量的剧烈交换。湍流可以看成是一种脉动运动,在描述湍流动量传递的解析式中未知数的个数超过了方程的个数。普朗特利用混合长理论,建立了表示脉动速度的独立方程。湍流流动可分成层流底层区、过渡层区和湍流核心区,进而确定了在三个区的速度分布。

圆管流动中,层流状态的速度剖面是抛物面,平均速度是最大速度的一半,压力降是 Re 的函数;而处于湍流时,只在管壁附近出现很大的速度梯度,平均速度约为最大速度的 80% ~ 90%。圆管中层流的阻力系数可以用解析的方法来得到,而圆滑中湍流阻力系数可以用理论方法求得,但需要通过实验确定一些参数,得到半经验的公式。另外也可以完全借助实验得到不同条件下圆管中摩擦阻力系数的经验公式。尼古拉兹实验曲线根据雷诺数的大小划分出层流区、液态过渡区、湍流光滑区、湍流过渡区、阻力平方区。通过莫迪图可以直接确定不同条件下的摩擦阻力系数。

在进行计算前,必须首先判断流动属于层流或是湍流,然后才能决定相关实验数据的利用。因此,迅速准确地确定流动类型是非常重要的。

由空管的阻力系数的公式推导了气体通过散料层的卡门公式,进而介绍了冶金中研究气体通过散料层常用的欧根公式。最后介绍了管路计算的原理与计算沿程损失和局部损失方法,局部阻力系数可以查阅相关的参考书。

思 考 题

6-1　给出圆管中层流流动的阻力公式。

6-2 普朗特（Prandtl）混合长度理论的基本思路是什么？它对研究湍流有什么意义？

6-3 给出圆管中层流流动和湍流流动的平均与最大速度比，以及摩擦阻力系数与雷诺数的关系。

6-4 层流与湍流的沿程阻力在物理本质上有什么不同？试从定性及定量（与流速的关系）角度加以比较。

6-5 给出粗糙度的定义和尼古拉兹阻力曲线。

6-6 给出空隙率、当量直径、比表面的定义，指明欧根方程的表达式和物理意义。

6-7 说明局部压力损失产生的原因和相应的公式。局部阻力有哪几种类型？受哪些因素影响？

习　题

6-1 黏性流体总水头线沿程的变化是：

（a）沿程下降；（b）沿程上升；（c）保持水平；（d）前三种情况都有可能。

6-2 圆管流动过流断面上的切应力分布为（见图6-14）：

（a）在过流断面上是常数；（b）管轴处是零，且与半径成正比；（c）管壁处是零，且与半径呈线性关系；（d）按抛物线分布。

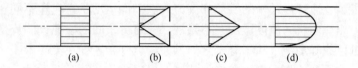

（a）　　　　（b）　　　（c）　　　（d）

图6-14　习题6-2图

6-3 在圆管流动中，湍流的断面流速分布符合：

（a）均匀规律；（b）直线变化规律；（c）抛物线规律；（d）对数曲线规律。

6-4 在圆管流动中，层流的断面流速分布符合：

（a）均匀规律；（b）直线变化规律；（c）抛物线规律；（d）对数曲线规律。

6-5 变直径管流，细断面直径 d_1，粗断面直径 $d_2 = 2d_1$，粗细断面雷诺数的关系是：

（a）$Re_1 = 0.5Re_2$；（b）$Re_1 = Re_2$；（c）$Re_1 = 1.5Re_2$；（d）$Re_1 = 2Re_2$。

6-6 通过长 $L = 1000\text{m}$，直径 $d = 150\text{mm}$ 的水平管道输送石油，已知石油的密度 $\rho = 920\text{kg/m}^3$，运动黏度 $\nu = 4 \times 10^{-4}\text{m}^2/\text{s}$，进出口压强差 $\Delta p = 0.965 \times 10^6\text{Pa}$，求管道的流量（体积流率）$G_V$。

6-7 通过直径 $d = 300\text{mm}$ 管道的油的流量（体积流率）$Q = 0.03\text{m}^3/\text{s}$，油的运动黏度 $\nu = 1.2 \times 10^{-4}\text{m}^2/\text{s}$，求 $L = 30\text{m}$ 管段的沿程损失。

6-8 用直径 $d = 0.25\text{m}$，长 $L = 100\text{m}$ 的铸铁管输送水，流量（体积流率）$G_V = 0.05\text{m}^3/\text{s}$，20℃下水的运动黏度 $\nu = 1.007 \times 10^{-6}\text{m}^2/\text{s}$，求沿程水头损失 h_f。

6-9 为了测定90°弯头的局部阻力系数 ζ，采用 $d = 50\text{mm}$ 的水平放置管路，让水流通过一个弯头，测定弯头前后的静压力。已知两测点间的管长为10m，$\lambda = 0.03$，实测数据如下：（1）弯头前后两点静压头降落为6168.6Pa；（2）2min内流出的水量为0.329m³，求 ζ。

6-10 有一供水管道，直径 $d = 150\text{mm}$，长700m，沿途有三个阀门，每一个阀门的阻力系数 $\zeta = 2.9$，管中平均流速 $v_m = 1.13\text{m/s}$，沿程阻力系数 $\lambda = 0.02$，求水经过这段管路后的总阻力。

6-11 铁矿粉烧结是重要的冶金过程。设烧结点火前温度为16℃的空气以 $v = 0.25\text{m/s}$ 的速度通过0.305m的烧结层（$\varepsilon = 0.39$），求空气流动的压差。假定颗粒直径为0.0012m，空气密度 $\rho = 1.23\text{kg/m}^3$，16℃时空气黏度 $\mu = 1.78 \times 10^{-5}\text{Pa} \cdot \text{s}$。

6–12 自鼓风机站供给高炉车间的空气量为 $q_V = 1.2 \times 10^5 \mathrm{m^3/h}$，空气温度 $t = 20℃$，运动黏度 $\nu = 1.57 \times 10^{-5} \mathrm{m^2/s}$，输气管总长 $L = 120\mathrm{m}$，其上共有九个圆滑 90°弯管，其中五个弯曲半径为 $R_1 = 2.6\mathrm{m}$，另四个弯曲半径为 $R_2 = 1.3\mathrm{m}$，还有两个闸门，其局部损失因数均为 $\zeta = 2.5$。管壁的绝对粗糙度 $\varepsilon = 0.5\mathrm{mm}$。设输气管中空气的流速为 $v = 25\mathrm{m/s}$，而热风炉进口处的表压强 $p_M = 1.569 \times 10^5 \mathrm{Pa}$。试求输气管所需的管径 d 和鼓风机出口处的压强 p_i（不计高度差）。

6–13 某烧结厂生产生石灰车间的排风管道（钢管壁的绝对粗糙度 $\varepsilon = 0.2\mathrm{mm}$），长 $L = 28.6\mathrm{m}$，直径 $d = 720\mathrm{mm}$，在温度 $t = 20℃$ 的情况下（空气的运动黏度 $\nu = 0.157\mathrm{cm^2/s}$），送风的流量（体积流率）$G_V = 17500\mathrm{m^3/h}$。问：（1）排风管中的沿程阻力损失为多少？（2）使用一段时间后，其绝对粗糙度增加到 $\varepsilon = 2.0\mathrm{mm}$，其沿程阻力损失又为多少？

7　边界层理论

本章提要： 在纳维－斯托克斯方程中考虑了实际流体的黏性作用，但当速度或雷诺数很大时，其黏性项的作用可以忽略不计，即黏性是作用为零，这样又回到了欧拉方程。为了解决这一矛盾（称为达朗贝尔之谜），普朗特提出了著名的边界层理论，该理论是冶金传输原理的核心理论。

边界层理论认为：雷诺数较大时，流体摩擦的影响将局限于靠近物体表面的薄层内，即边界层内，且边界层内没有显著的压力变化，即边界层内外的压力相同。其意义为：当边界层内速度或雷诺数很大时，黏性流动的黏性力与惯性力具有相同的数量级，这为解决达朗贝尔之谜奠定了基础，也使纳维－斯托克斯方程得到简化。

流体的雷诺数越大，边界层越薄。边界层外的流体主体中流动速度是均匀恒定的，而由边界层内过渡到外部的流动速度是渐变的，通常边界层的厚度 δ 定义为从物面到约等于 99% 的外部流动速度处的垂直距离，它随着离物体前缘的距离增加而增大。根据雷诺数的大小，边界层内的流动有层流与湍流两种形态。一般上游为层流边界层，下游从某处以后转变为湍流，且边界层急剧增厚。层流和湍流之间有一过渡区。利用边界层理论和无因次量，对纳维－斯托克斯方程进行简化，得到边界层内的微分方程组。布拉修斯给出了方程的理论解，理论解与实验完全吻合，但布拉修斯解仅适合层流。冯·卡门建立了边界层内的动量积分方程，该方程既适合层流，又适合湍流。方程中的速度分布是经验公式，假设的速度分布与实际情况的接近程度决定了最终结果的精确度。

前面的 5.5 节中，在欧拉方程基础上，考虑黏性动量的变化，得到了纳维-斯托克斯方程。在稳态条件下，x 轴方向的纳维－斯托克斯方程为：

$$\rho\left(v_x \frac{\partial v_x}{\partial x} + v_y \frac{\partial v_x}{\partial y} + v_z \frac{\partial v_x}{\partial z}\right) = \rho X - \frac{\partial p}{\partial x} + \mu\left(\frac{\partial^2 v_x}{\partial x^2} + \frac{\partial^2 v_x}{\partial y^2} + \frac{\partial^2 v_x}{\partial z^2}\right) \tag{7-1}$$

在直角坐标下的正方形控制体，各个方向长度的数量级相同。对纳维－斯托克斯方程中的惯性力项 $\rho v_x \dfrac{\partial v_x}{\partial x}$ 和黏性力项 $\mu \dfrac{\partial^2 v_x}{\partial y^2}$ 的数量级进行对比，见式（7-2）：

$$\frac{\rho v_x \dfrac{\partial v_x}{\partial x}}{\mu \dfrac{\partial^2 v_x}{\partial y^2}} = \frac{\rho v_x \dfrac{\partial v_x}{\partial x}}{\mu \dfrac{\partial}{\partial y}\left(\dfrac{\partial v_x}{\partial y}\right)} \sim \frac{\rho v \dfrac{v}{l}}{\mu \dfrac{v}{l \cdot l}} = \frac{\rho v}{\mu \dfrac{1}{l}} = \frac{v \rho l}{\mu} = Re \tag{7-2}$$

纳维－斯托克斯方程中惯性力项与黏性力项之比是雷诺数。在一般流速的条件下，纳维－斯托克斯方程中惯性力项与黏性力项数量级相差在 10^5 以上，相比之下，黏性力项可以被忽略。当忽略纳维－斯托克斯方程中黏性力项时，出现了流体速度越大，流体运动的阻力越接近于零的怪象，这显然违背事实。因为事实上是速度越大，内摩擦力越大，阻力也越大。

雷诺数很大时，纳维－斯托克斯方程中的黏性项与惯性项相比是很小的，黏性项的作用可以忽略不计，因此纳维－斯托克斯方程简化为理想流体的欧拉方程。在这样的情况下，流体运动的阻力等于零，而这显然违背事实。历史上，这个矛盾被称为达朗贝尔之谜，并一度使人们对理想流体模型莫衷一是。

7.1　边界层的基本概念

7.1.1　边界层理论

基于增大雷诺数时剪应力影响范围变小的实验结果，普朗特（Prandtl）在 1904 年提出了边界层理论。普朗特认为：当雷诺数很高时，流体摩擦的影响将局限于靠近物体表面的薄层（即边界层）内，同时，边界层内的压力与边界层外理想流动的压力是一样的。边界层理论的意义在于，当采用分析方法处理黏性流动后，在边界层内黏性力与惯性力具有相同的数量级，同时，可使方程得到简化。例如，压力可由实验或非黏性流理论求出。这样，只有速度分量是未知数。

普朗特的边界层理论已被试验证实。流体绕过物体流动时，整个流场可划分为边界层Ⅰ、势流Ⅲ和尾迹流Ⅱ三个区域，如图 7－1 所示。需要说明的是，Ⅲ区是有流体向右流动的，图中画成空白是为了与另外两个区域区分。由于边界层内速度梯度很大，必须考虑黏性的作用，而黏性的影响仅限于边界层内。在势流区（也称为主流区），速度梯度很小，黏性的影响可以忽略，因此可应用欧拉方程求解。尾流区的情况较为复杂，本章不予讨论。

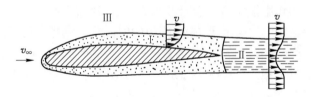

图 7－1　绕流物体的流动图
Ⅰ—边界层；Ⅱ—尾迹流；Ⅲ—势流

7.1.2　边界层的厚度

一般规定，边界层厚度 δ 是主体流动速度 99% 处到平板表面的距离。由于流动速度是逐渐变化的，边界层和流体主体之间并不存在明晰的分界面。边界层厚度是用流动方程式求解的方法来定义的。图 7－2 给出流体流过一固定平板的边界层厚度 δ 的变化情况。板的长度记为 L，在平板的前缘 O 处（称为驻点），边界层厚度为零，在流体流动的方向上，边界层厚度逐渐增加。

在边界层内，惯性力与黏性力之比属同量级，即：

$$\frac{v_x \partial v_x / \partial x}{\nu \partial^2 v_x / \partial y^2} \sim \frac{v_\infty^2 / L}{\nu v_\infty / \delta^2} = \frac{v_\infty L}{\nu}\left(\frac{\delta}{L}\right)^2 = Re_L\left(\frac{\delta}{L}\right)^2 \sim 1 \qquad (7-3)$$

在式（7-3）中，无论雷诺数（Re）有多大，只要边界层厚度 δ 选择得足够小，都可以使 $Re_L\left(\dfrac{\delta}{L}\right)^2$ 成为 10^0 数量级。

于是：

$$\frac{\delta}{L} \sim \frac{1}{\sqrt{Re_L}} \qquad\qquad (7-4)$$

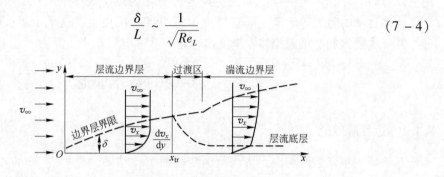

图 7-2　层流边界层和湍流边界层示意图

这表明边界层的相对厚度 δ/L 与 Re_L 的平方根成反比。由于 $Re_L \gg 1$，所以边界层的厚度很薄，通常是毫米的量级。在图 7-2 中，距平板前缘 x 处，边界层厚度 $\delta(x)$ 应为：

$$\frac{\delta}{x} \sim \frac{1}{\sqrt{Re_x}} \quad \text{或} \quad \delta \sim \frac{x}{\sqrt{Re_x}} = \sqrt{\frac{\nu x}{v_\infty}} \qquad (7-5)$$

式中，$Re_x = \dfrac{v_\infty x}{\nu}$。

7.1.3　边界层的状态和特点

边界层内的流动同样有层流或湍流，见图 7-2。在边界层的前部，由于 δ 较小，速度梯度 $\mathrm{d}v_x/\mathrm{d}x$ 很大，黏性切应力作用很大，流动属于层流，称为层流边界层。当 Re_x 达到一定数值时，经过一个过渡区后，层流转变为湍流，形成所谓湍流边界层。从层流边界层转变为湍流边界层的点 x_{tr} 称为转捩点。影响边界层转捩点的因素很复杂，其中重要的因素有边界层外流体的压力分布、壁面性质、来流的湍流强弱及其各种扰动等。确定转捩点的临界雷诺数主要依靠实验。

对于图 7-2 所示的流过平板的流动，实验数据表明：$Re_x < 2 \times 10^5$，边界层为层流；$2 \times 10^5 < Re_x < 3 \times 10^6$，边界层可能是层流，也可能是湍流；$Re_x > 3 \times 10^6$，边界层为湍流。

图 7-3 给出了绕流时混合边界层的结构。

流过平板的边界层有以下特点：

（1）与绕流物体的长度相比，边界层的厚度很小。厚度 δ 从前驻点起沿流动方向逐渐增厚，δ 随 Re 增加而减小。

（2）边界层内沿厚度方向有急剧的速度变化（速度梯度大），边界层外为势流区。

（3）边界层内黏性力和惯性力具有相同的数量级。

（4）边界层可以全部是层流，或全部是湍流（有层流底层），或一部分是层流，另一部分是湍流。

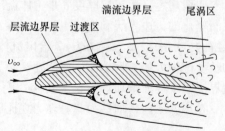

图 7-3　绕流时混合边界层的结构

（5）大曲率物体（圆柱、球）下游曲面，由于压力梯度的变化，常出现尾涡和边界层脱离的情况。

7.2　边界层微分方程

7.2.1　微分方程的简化

由于雷诺数很大时边界层相当薄，因此纳维－斯托克斯方程得到若干重要的简化。对于流经平板的不可压缩、稳定的二维流动，连续性方程为：

$$\frac{\partial v_x}{\partial x} + \frac{\partial v_y}{\partial y} = 0 \qquad (7-6)$$

又因为质量力可以忽略，因此纳维－斯托克斯方程如下：

$$v_x \frac{\partial v_x}{\partial x} + v_y \frac{\partial v_x}{\partial y} = -\frac{1}{\rho} \frac{\partial p}{\partial x} + \nu\left(\frac{\partial^2 v_x}{\partial x^2} + \frac{\partial^2 v_x}{\partial y^2}\right) \qquad (7-7)$$

$$v_x \frac{\partial v_y}{\partial x} + v_y \frac{\partial v_y}{\partial y} = -\frac{1}{\rho} \frac{\partial p}{\partial y} + \nu\left(\frac{\partial^2 v_y}{\partial x^2} + \frac{\partial^2 v_y}{\partial y^2}\right) \qquad (7-8)$$

选定了特征参数之后，可引入量纲为 1 的量：

$$x^* = \frac{x}{L}, \qquad y^* = \frac{y}{L}, \qquad v_x^* = \frac{v_x}{v_\infty}, \qquad v_y^* = \frac{v_y}{v_\infty}, \qquad p^* = \frac{p}{\rho v_\infty^2} \qquad (7-9)$$

设在所有有限大小的量之间相比较时，它们的数量级为 1。因 x 与 L 具有同样的量级，所以 $x^* \sim 1$（符号 ~ 表示数量级相同），同样可得 $v_x^* \sim 1$，$p^* \sim 1$。

根据边界层的特点，边界层的厚度 δ 与物体的特征长度 L 比较，$\delta^* = \frac{\delta}{L} \sim \frac{1}{\sqrt{Re_L}}$ 是个很小的量级，即 $\delta^* \ll 1$。因为是研究边界层的流动，故有：$0 \leqslant y \leqslant \delta$，所以 $y^* \sim \delta^* \ll 1$。

在边界层与势流交界的外边界上 v_x 与特征速度相同，即有：

$$\frac{\partial v_x^*}{\partial x^*} \sim 1, \qquad \frac{\partial^2 v_x^*}{\partial x^{*2}} \sim 1, \qquad \frac{\partial v_x^*}{\partial y^*} \sim \frac{1}{\delta^*}, \qquad \frac{\partial^2 v_x^*}{\partial y^{*2}} \sim \frac{1}{\delta^{*2}}$$

又由连续性方程，可得：

$$\frac{\partial v_y^*}{\partial y^*} = -\frac{\partial v_x^*}{\partial x^*} \sim 1$$

所以必有 $v_y^* \sim \delta^*$，于是得到：

$$\frac{\partial v_y^*}{\partial x^*} \sim \delta^*, \qquad \frac{\partial^2 v_y^*}{\partial x^{*2}} \sim \delta^*, \qquad \frac{\partial^2 v_y^*}{\partial y^{*2}} \sim \frac{1}{\delta^*}$$

将式（7-9）这些量纲为 1 的量代入式（7-6）~式（7-8）中后，用 $\left(\dfrac{v_\infty}{L}\right)$ 除连续性方程各项，以 $\left(\dfrac{v_\infty^2}{L}\right)$ 除运动方程各项，得到下面的方程组，并在方程式每一项的下面标注上面讨论得到的各项的数量级。即为：

$$\frac{\partial v_x^*}{\partial x^*} + \frac{\partial v_y^*}{\partial y^*} = 0 \tag{7-10}$$

$$\qquad 1 \qquad\quad 1$$

$$v_x^* \frac{\partial v_x^*}{\partial x^*} + v_y^* \frac{\partial v_x^*}{\partial y^*} = -\frac{\partial p^*}{\partial x^*} + \frac{1}{Re_L}\left(\frac{\partial^2 v_x^*}{\partial x^{*2}} + \frac{\partial^2 v_x^*}{\partial y^{*2}}\right) \tag{7-11}$$

$$1 \quad 1 \quad\ \delta^* \ \frac{1}{\delta^*} \qquad\ 1 \qquad \delta^{*2} \ \ 1 \qquad \frac{1}{\delta^{*2}}$$

$$v_x^* \frac{\partial v_y^*}{\partial x^*} + v_y^* \frac{\partial v_y^*}{\partial y^*} = -\frac{\partial p^*}{\partial y^*} + \frac{1}{Re_L}\left(\frac{\partial^2 v_y^*}{\partial x^{*2}} + \frac{\partial^2 v_y^*}{\partial y^{*2}}\right) \tag{7-12}$$

$$1 \quad \delta^* \quad \delta^*\ \ 1 \qquad\ \frac{1}{\delta^*} \qquad \delta^{*2}\ \ \delta^* \qquad \frac{1}{\delta^*}$$

现在来分析上述方程组中各项的数量级。式（7-11）中黏性项 $\frac{\partial^2 v_x^*}{\partial x^{*2}}$ 与 $\frac{\partial^2 v_x^*}{\partial y^{*2}}$ 进行数量级比较，$\frac{\partial^2 v_x^*}{\partial x^{*2}}$ 可以略去；式（7-12）中 $\frac{\partial^2 v_y^*}{\partial y^{*2}}$ 与 $\frac{\partial^2 v_y^*}{\partial x^{*2}}$ 比较，则 $\frac{\partial^2 v_y^*}{\partial x^{*2}}$ 项可以略去。因此在方程组的黏性项中只剩下式（7-12）中的一项 $\frac{\partial^2 v_x^*}{\partial y^{*2}}$。如果比较方程中的所有惯性项的数量级，得到式（7-12）中的两个惯性项可以略去，而式（7-12）中的 $v_x \frac{\partial v_x^*}{\partial x^*}$ 与 $v_y \frac{\partial v_x^*}{\partial y^*}$ 则具有相同的数量级。

最后根据边界层的特点，在边界层内黏性力与惯性力具有同样的数量级，$\frac{1}{Re}\frac{\partial^2 v_x^*}{\partial y^{*2}} \sim v_y^* \frac{\partial v_x^*}{\partial y^*}$，由于 $v_y^* \frac{\partial v_x^*}{\partial y^*} \sim 1$，而 $\frac{\partial^2 v_x^*}{\partial y^{*2}} \sim \frac{1}{\delta^{*2}}$，所以只有当 $\frac{1}{Re} \sim \delta^{*2}$ 时，上述的边界层特点才能得到满足，即 $\frac{1}{Re} \sim \delta^{*2} = \left(\frac{\delta}{L}\right)^2$，$\delta$ 反比于 $\sqrt{Re}$，它表明随 Re 增大，边界层厚度变薄。于是，通过数量级比较，略去方程组中所有数量级小于 1 的微小项，并还原成有量纲的形式，最后得到边界层的微分方程：

$$\begin{cases} \dfrac{\partial v_x}{\partial x} + \dfrac{\partial v_y}{\partial y} = 0 \\[2mm] v_x \dfrac{\partial v_x}{\partial x} + v_y \dfrac{\partial v_x}{\partial y} = -\dfrac{1}{\rho}\dfrac{\partial p}{\partial x} + \nu \dfrac{\partial^2 v_x}{\partial y^2} \\[2mm] \dfrac{\partial p}{\partial y} = 0 \end{cases} \tag{7-13}$$

这就是沿平壁面的不可压缩流体层流边界层内的微分方程组，通常称为普朗特边界层微分方程。它与一般黏性流体力学方程组相比已大为简化，未知量由原来的 v_x、v_y、p 三个减少为 v_x、v_y 两个。

7.2.2 平板层流边界层的布拉修斯解

平板层流边界层内的定常流动是一种非常重要的情况。根据伯努利方程，对于平行于平板表面的流动，$v_\infty(x) = v_\infty$，$\mathrm{d}p/\mathrm{d}x = 0$。于是，待解的方程为：

$$v_x \frac{\partial v_x}{\partial x} + v_y \frac{\partial v_x}{\partial y} = \nu \frac{\partial^2 v_x}{\partial y^2} \qquad (7-14)$$

$$\frac{\partial v_x}{\partial x} + \frac{\partial v_y}{\partial y} = 0 \qquad (7-15)$$

其边界条件为：$y=0$ 时，$v_x = v_y = 0$；$y=\infty$ 时，$v_x = v_\infty$。

布拉修斯（Blasius）首次引入流函数 Ψ，以求解式（7-15）。Ψ 能自动满足二维连续性方程，即式（7-15）。通过把独立变量 x、y 转变成 η 以及把非独立变量从 $\Psi(x, y)$ 转变为 $f(\eta)$ 的办法，可以将偏微分方程组简化为一个常微分方程。$\Psi(x, y)$ 和 $f(\eta)$ 的表达式如下：

$$\eta(x,y) = \frac{y}{2}\left(\frac{v_\infty}{\nu x}\right)^{1/2} \qquad (7-16)$$

$$f(\eta) = \frac{\Psi(x,y)}{(\nu x v_\infty)^{1/2}} \qquad (7-17)$$

由式（7-16）和式（7-17）可以求出式（7-14）中的有关各项，所得结果如下：

$$v_x = \frac{\partial \Psi}{\partial y} = \frac{v_\infty}{2} f'(\eta) \qquad (7-18)$$

$$v_y = -\frac{\partial \Psi}{\partial x} = \frac{1}{2}\left(\frac{\nu v_\infty}{x}\right)^{1/2}(\eta f' - f) \qquad (7-19)$$

$$\frac{\partial v_x}{\partial x} = -\frac{v_\infty \eta}{4x} f'' \qquad (7-20)$$

$$\frac{\partial v_x}{\partial y} = \frac{v_\infty}{4}\left(\frac{v_\infty}{\nu x}\right)^{1/2} f'' \qquad (7-21)$$

$$\frac{\partial^2 v_x}{\partial y^2} = \frac{v_\infty}{8} \times \frac{v_\infty}{\nu x} f''' \qquad (7-22)$$

将式（7-18）~式（7-22）代入式（7-14）中，简化后可得到下面的方程：

$$f''' + f f'' = 0 \qquad (7-23)$$

定解条件为：$\eta = 0$ 时，$f = f' = 0$（初始条件）；$\eta = \infty$ 时，$f' = 2$（边界条件）。

式（7-23）虽然是常微分方程，但不是线性的。该方程首先由布拉修斯解出。他用级数展开式来表达在坐标原点的 $f(\eta)$ 函数，并使用一个渐近解来满足在 $\eta = \infty$ 处的边界条件。图7-4给出了由布拉修斯解得到的曲线与试验点。由图7-4可见，理论曲线与试验点是非常的吻合。

其后，霍华斯（Howarth）做了基本上相同的工作，但是却得出了更为精确的结果。表7-1列出了霍华斯的主要数值结果。其中

$$\eta = \frac{y}{2}\sqrt{\frac{v_\infty}{\nu x}}。$$

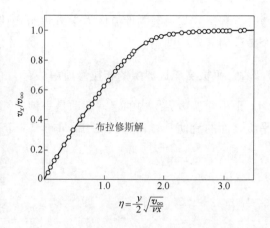

图7-4 布拉修斯的理论曲线和试验点

表7-1 平行于平板层流的 f、f'、f'' 和 v_x/v_∞ 的值

η	f	f'	f''	v_x/v_∞	η	f	f'	f''	v_x/v_∞
0	0	0	1.32824	0	2.2	2.6924	1.9518	0.1558	0.9759
0.2	0.0266	0.2655	1.3260	0.1328	2.4	3.0853	1.9756	0.0875	0.9878
0.4	0.1061	0.5294	1.3096	0.2647	2.6	3.4819	1.9885	0.0454	0.9943
0.6	0.2380	0.7876	1.2264	0.3938	2.8	3.8803	1.9950	0.0217	0.9915
0.8	0.4203	1.0336	1.1867	0.5168	3.0	4.2796	1.9980	0.0096	0.9990
1.0	0.6500	1.2596	1.0670	0.6298	3.2	4.6794	1.9992	0.0039	0.9996
1.2	0.9223	1.4580	0.9124	0.7290	3.4	5.0793	1.9998	0.0015	0.9999
1.4	1.2310	1.6230	0.7360	0.8115	3.6	5.4793	2.0000	0.0005	1.0000
1.6	1.5691	1.7522	0.5565	0.8761	3.8	5.8792	2.0000	0.0002	1.0000
1.8	1.9295	1.8466	0.3924	0.9233	4.0	6.2792	2.0000	0.0000	1.0000
2.0	2.3058	1.9110	0.2570	0.9555	5.0	8.2792	2.0000	0.0000	1.0000

7.2.3 布拉修斯解的作用

（1）求得边界层厚度 δ。当 $\eta = 2.5$ 时，有 $v_x/v_\infty = 0.99$（见表7-1），令此点处的 $y = \delta$，可得：

$$\eta = \frac{y}{2}\sqrt{\frac{v_\infty}{\nu x}} = \frac{\delta}{2}\sqrt{\frac{v_\infty}{\nu x}} = 2.5 \quad \text{或} \quad \delta = 5\sqrt{\frac{\nu x}{v_\infty}} \quad \text{或} \quad \frac{\delta}{x} = \frac{5}{\sqrt{\frac{v_\infty x}{\nu}}} = \frac{5}{\sqrt{Re_x}} \quad (7-24)$$

（2）求出平板表面上的速度梯度：

$$\left.\frac{\partial v_x}{\partial y}\right|_{y=0} = \frac{v_\infty}{4}\sqrt{\frac{v_\infty}{\nu x}}f''(0) = 0.332v_\infty\sqrt{\frac{v_\infty}{\nu x}} \quad (7-25)$$

因为对于流过平板的流动，压力不产生阻力，所以全部的阻力都是由黏性引起的。表

面上的剪应力可按式（1-13）计算：

$$\tau_0 = \mu \frac{\partial v_x}{\partial y}\bigg|_{y=0} \qquad (1-13)$$

将式（7-25）代入式（1-13），得：

$$\tau_0 = \mu \times 0.332 v_\infty \sqrt{\frac{v_\infty}{\nu x}} \qquad (7-26)$$

应用式（7-26）可求出表面摩擦系数：

$$C_{fx} \equiv \frac{\tau}{\frac{\rho v_\infty^2}{2}} = \frac{\frac{F_d}{A}}{\frac{\rho v_\infty^2}{2}} = \frac{0.332 \mu v_\infty \sqrt{\frac{v_\infty}{\nu x}}}{\frac{\rho v_\infty^2}{2}} = 0.664 \sqrt{\frac{\nu}{x v_\infty}} = \frac{0.664}{\sqrt{Re_x}} \qquad (7-27)$$

式（7-27）是对于某一特定 x 值表面摩擦系数的简单表达式。因此，用 C_{fx} 符号表示，下标 x 表示局部摩擦系数。

局部系数一般用得很少。更多的是希望求出黏性流动在一个有限尺寸的某表面上的总阻力。依据下述方程，可以由 C_{fx} 极为简便地求出平均摩擦系数。摩擦阻力 F_d 为：

$$F_d = A C_{fL} \frac{\rho v_\infty^2}{2} = \frac{\rho v_\infty^2}{2} \int_A C_{fx} dA \qquad (7-28)$$

平均摩擦系数 C_{fL} 同局部摩擦系数 C_{fx} 的关系为：

$$C_{fL} = \frac{1}{A} \int_A C_{fx} dA \qquad (7-29)$$

对于块宽为 W、长为 L 的平板，由布拉修斯解得到的平均摩擦系数为：

$$C_{fL} = \frac{1}{L} \int_0^L C_{fx} dx = \frac{1}{L} \int_0^L 0.664 \sqrt{\frac{\nu}{v_\infty}} x^{-1/2} dx = 1.328 \sqrt{\frac{\nu}{L v_\infty}}$$

$$C_{fL} = \frac{1.328}{\sqrt{Re_L}} \qquad (7-30)$$

边界层微分方程是边界层计算的基本方程式。但由于它的非线性，即使对于形状很简单的物体的绕流，求解也十分困难。

7.3 冯·卡门动量积分方程

布拉修斯解仅针对平板表面的层流边界层，显然，它的应用很有限。在更为复杂的几何条件下，非线性微分方程往往无法求解。而边界层理论中的冯·卡门动量积分方程式就是一种近似方法，它不要求边界层内每一点的物理量都满足边界层方程，只要求在积分意义上满足边界层方程。这种简便方法能快速给出实际绕流物体表面的摩擦力。它既适合于层流，又适合于湍流。

7.3.1　冯·卡门积分方程的导出

考虑图 7-5 所示的控制体，将 x 轴取在物体壁面上，无穷远来流速度为 v_∞，流体不可压缩；在距离前缘 x 处，沿边界层取一单位宽度（垂直纸面方向）的微元控制体 $ABCD$，如图 7-5 所示。长为 dx；BC 为边界层外边界，AD 为物体壁面。在垂直 xy 平面方向上具有单位厚度。这属于二维不可压缩的定常流动。

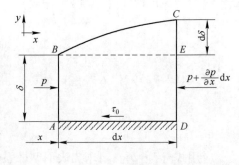

图 7-5　边界层进行动量积分分析的控制体

对上述控制体进行动量分析。在 x 轴方向上动量定律可用式（2-11a）表示：

$$\Sigma F_x = \iint_A v_x \rho (v \cdot \boldsymbol{n}) \, dA + \frac{\partial}{\partial t} \iiint_V v_x \rho \, dV \qquad (2-11a)$$

对式（2-11a）中的各项逐一分析。控制体受力如下：

作用在控制体诸面上的外力沿 x 轴方向的分量为：

$$F_{AB} = p\delta \qquad (7-31)$$

$$F_{CD} = -\left(p + \frac{\partial p}{\partial x} dx \right)(\delta + d\delta) \qquad (7-32)$$

BC 面上，因为沿 BC 上速度梯度很小，黏性力可近似忽略不计，故只有法向作用力。即：

$$F_{BC} = p \frac{\partial \delta}{\partial x} dx \qquad (7-33)$$

固体壁面 AD 作用在流体上摩擦切应力的合力为：

$$F_{AD} = -\tau_0 dx \qquad (7-34)$$

在图 7-5 所示的情况下，作用在控制体上的质量力只有重力，在 x 轴上投影等于零。所以，单位时间内作用在控制体上所有外力沿 x 方向分力的冲量之和为：

$$\Sigma F_x = p\delta + p \frac{\partial \delta}{\partial x} dx - \left(p + \frac{\partial p}{\partial x} dx \right)(\delta + d\delta) - \tau_0 dx \qquad (7-35)$$

将式（7-35）展开，略去高阶微量，得：

$$\Sigma F_x = -\delta \frac{\partial p}{\partial x} dx - \tau_0 dx = \left(-\delta \frac{\partial p}{\partial x} - \tau_0 \right) dx \qquad (7-36)$$

表面积分项表示控制体表面动量的输入和输出：

$$\iint_A v_x \rho (v \cdot \boldsymbol{n}) \, dA = \int_0^\delta \left[\rho v_x^2 + \frac{\partial (\rho v_x^2)}{x} dx \right] dy - \int_0^\delta \rho v_x^2 \, dy - v_\infty \, G_{mBC}$$

$$= \int_0^\delta \rho v_x^2 \, \mathrm{d}y + \mathrm{d}x \frac{\partial}{\partial x} \int_0^\delta \rho v_x^2 \, \mathrm{d}y - \int_0^\delta \rho v_x^2 \, \mathrm{d}y - v_\infty G_{mBC}$$

$$= \mathrm{d}x \frac{\partial}{\partial x} \int_0^\delta \rho v_x^2 \, \mathrm{d}y - v_\infty G_{mBC} \tag{7-37}$$

式中，G_{mBC} 为从控制体 BC 面流入的质量流率，kg/s。

对于定常流动，动量积累项为：

$$\frac{\partial}{\partial t} \iiint_V v_x \rho \, \mathrm{d}V = 0 \tag{7-38}$$

由质量守恒方程：

$$\iint_A \rho(v \cdot \boldsymbol{n}) \, \mathrm{d}A + \frac{\partial}{\partial t} \iiint_V \rho \, \mathrm{d}V = 0 \tag{7-39}$$

$$\iint_A \rho(v \cdot \boldsymbol{n}) \, \mathrm{d}A = \mathrm{d}x \frac{\partial}{\partial x} \int_0^\delta \rho v_x \, \mathrm{d}y - G_{mBC} \tag{7-40}$$

由稳态流动可得：

$$\frac{\partial}{\partial t} \iiint_V \rho \, \mathrm{d}V = 0 \tag{7-41}$$

将式（7-41）和式（7-40）代入到式（7-39），可以得到从控制体顶部流入的质量流率 G_{mBC}：

$$G_{mBC} = \mathrm{d}x \frac{\partial}{\partial x} \int_0^\delta \rho v_x \, \mathrm{d}y \tag{7-42}$$

将式（7-42）代入到式（7-37）可得：

$$\iint_A v_x \rho(v \cdot \boldsymbol{n}) \, \mathrm{d}A = \mathrm{d}x \left(\frac{\partial}{\partial x} \int_0^\delta \rho v_x^2 \, \mathrm{d}y - v_\infty \frac{\partial}{\partial x} \int_0^\delta \rho v_x \, \mathrm{d}y \right) \tag{7-43}$$

根据动量定理，单位时间内控制体内流体动量的改变量，等于外力的冲量之和。将式（7-36）、式（7-38）和式（7-43）代入到式（2-11a），于是有：

$$\frac{\partial}{\partial x} \int_0^\delta \rho v_x^2 \, \mathrm{d}y - v_\infty \frac{\partial}{\partial x} \int_0^\delta \rho v_x \, \mathrm{d}y = -\left(\delta \frac{\partial p}{\partial x} + \tau_0 \right) \tag{7-44}$$

并考虑 p 和 v_x 仅在 x 轴方向上有变化，可以得出：

$$\frac{\mathrm{d}}{\mathrm{d}x} \int_0^\delta \rho v_x^2 \, \mathrm{d}y - v_\infty \frac{\mathrm{d}}{\mathrm{d}x} \int_0^\delta \rho v_x \, \mathrm{d}y = -\left(\delta \frac{\partial p}{\partial x} + \tau_0 \right) = -\left(\delta \frac{\mathrm{d}p}{\mathrm{d}x} + \tau_0 \right) \tag{7-45}$$

式（7-45）就是不可压缩流体边界层动量积分关系式。

边界层概念假设了边界层外面为理想流动。对此，伯努利方程为：

$$\frac{\mathrm{d}p}{\mathrm{d}x} + \rho v_\infty \frac{\mathrm{d}v_\infty}{\mathrm{d}x} = 0 \tag{7-46}$$

上式也可写为如下形式:

$$-\delta \frac{\mathrm{d}p}{\mathrm{d}x} = \rho \left[\frac{\mathrm{d}}{\mathrm{d}x}(\delta v_\infty^2) - v_\infty \frac{\mathrm{d}}{\mathrm{d}x}(\delta v_\infty) \right] \tag{7-47}$$

将式 (7-46) 和式 (7-47) 联系起来, 适当整理后可得:

$$\frac{\tau_0}{\rho} = \left(\frac{\mathrm{d}}{\mathrm{d}x} v_\infty \right) \int_0^\delta (v_\infty - v_x)\mathrm{d}y + \frac{\mathrm{d}}{\mathrm{d}x} \int_0^\delta v_x(v_\infty - v_x)\mathrm{d}y \tag{7-48}$$

式 (7-48) 称为冯·卡门动量积分方程。式 (7-48) 是一个通用表达式, 求解时, 需要已知以壁面距离 y 为自变量的函数 v_x。最终结果的精确度取决于假设的速度分布与实际情况的接近程度。

7.3.2　冯·卡门积分方程的应用

冯·卡门积分方程既适合层流, 又适合湍流。下面分析流过平板的层流情况, 作为式 (7-48) 的应用实例。

在这种情况下, 主体流动速度为常数, 因此 $\frac{\mathrm{d}v_\infty}{\mathrm{d}x} = 0$, 于是, 式 (7-48) 可简化为:

$$\frac{\tau_0}{\rho} = \frac{\mathrm{d}}{\mathrm{d}x} \int_0^\delta v_x(v_\infty - v_x)\mathrm{d}y \tag{7-49}$$

波尔豪森 (Pohlhausen) 假定速度分布曲线为三次函数, 即:

$$v_x = a + by + cy^2 + dy^3 \tag{7-50}$$

常数 a、b、c 和 d 可由下面的 4 个边界条件求出:

$$y = 0, \ v_x = 0; \ y = \delta, \ v_x = v_\infty; \ y = \delta, \ \frac{\partial v_x}{\partial y} = 0; \ y = 0, \ \frac{\partial^2 v_x}{\partial y^2} = 0$$

最后一个边界条件的含义是, 壁面上的二阶导数正比于压力梯度, 而在本题中压力为常数, 所以二阶导数等于零。应用上述边界条件可得:

$$a = 0, \ b = \frac{3}{2\delta}v_\infty, \ c = 0, \ d = -\frac{v_\infty}{2\delta^3}$$

将它们代入式 (7-50), 可求得速度分布的表达式为:

$$\frac{v_x}{v_\infty} = \frac{3}{2}\left(\frac{y}{\delta} \right) - \frac{1}{2}\left(\frac{y}{\delta} \right)^3 \tag{7-51}$$

将式 (7-51) 代入式 (7-49), 同时代入 $\tau_0 = \mu \left. \frac{\partial v_x}{\partial y} \right|_{y=0}$ 的结果, 得:

$$\frac{3\nu}{2} \frac{v_\infty}{\delta} = \frac{\mathrm{d}}{\mathrm{d}x} \int_0^\delta v_\infty^2 \left[\frac{3}{2} \frac{y}{\delta} - \frac{1}{2}\left(\frac{y}{\delta} \right)^3 \right] \left[1 - \frac{3}{2} \frac{y}{\delta} + \frac{1}{2}\left(\frac{y}{\delta} \right)^3 \right] \mathrm{d}y \tag{7-52}$$

积分得:

$$\frac{3\nu}{2}\frac{v_\infty}{\delta} = \frac{39}{280}\frac{d}{dx}(v_\infty^2 \delta) \tag{7-53}$$

由于主流速度为常数，因此得到关于 δ 的简单常微分方程：

$$\delta d\delta = \frac{140}{13}\frac{\nu dx}{v_\infty} \tag{7-54}$$

积分得：

$$\frac{\delta}{x} = \frac{4.64}{\sqrt{Re_x}} \tag{7-55}$$

局部摩擦系数 C_{fx} 为：

$$C_{fx} = \frac{\tau_0}{\frac{1}{2}\rho v_\infty^2} = \frac{3}{2}\frac{2\nu}{v_\infty^2}\frac{v_\infty}{\delta} = \frac{0.646}{\sqrt{Re_x}} \tag{7-56}$$

在 $x=0$ 与 $x=L$ 之间对上式中 Re_x 包含的变量 x 进行积分，求出平均摩擦系数为：

$$C_{fL} = \frac{1.292}{\sqrt{Re_L}} \tag{7-57}$$

将式（7-55）、式（7-56）和式（7-57）与布拉修斯在相同情况下求得的精确解即式（7-24）、式（7-27）和式（7-30）相比较，即可看出计算出的 δ 相差约 7%，C_f 相差约 3%。误差是不大的，说明假定的速度分布较准确地表示了实际情况。

上述比较表明，动量积分方法用于求解边界层是有效的。对于不能得出精确解的情况，它能以足够好的精度求出边界层的厚度和表面摩擦系数。动量积分方法还可用于由速度分布求解剪应力。

7.4　平板湍流的边界层

对于流过光滑平板的湍流，仍可用冯·卡门动量积分方程确定边界层厚度的变化，但在湍流分析中所用的近似方法与以前所有方法有所不同。在层流中，曾经假定过用一个简单的多项式来表示速度分布。但是，在湍流中速度分布与壁面剪应力有关，不能通过一个简单的函数就适当地表示整个流场内的速度分布。将冯·卡门积分关系式用于湍流时，应遵循以下程序：选择一种简单的速度分布关系，以积分计算剪应力，再代入布拉修斯剪应力关系式。对于零压力梯度，冯·卡门的积分关系式为：

$$\frac{\tau_0}{\rho} = \frac{d}{dx}\int_0^\delta v_x(v_\infty - v_x)dy \tag{7-49}$$

对于雷诺数值达到 10^5 的管内流动和雷诺数值达到 10^7 的平板流动，湍流壁面布拉修斯剪应力表达式为：

$$\tau_0 = 0.0225\rho\, \bar{v}_{x\max}^2\left(\frac{\nu}{\bar{v}_{x\max}y_{\max}}\right)^{1/4} \tag{7-58}$$

式中，管内流动时，$y_{max} = R$；平板流动时，$y_{max} = \delta$。

应用 v_x 的 1/7 次方指数规律式（6-47）和式（7-58），式（7-49）可以变为下述的形式：

$$0.0225 v_\infty^2 \left(\frac{\nu}{v_\infty \delta} \right)^{1/4} = \frac{d}{dx} \int_0^\delta v_\infty^2 \left[\left(\frac{y}{\delta} \right)^{1/7} - \left(\frac{y}{\delta} \right)^{2/7} \right] dy \qquad (7-59)$$

式中，以主流速度 v_∞ 代替了 $\bar{v}_{xmax}$。对式（7-59）先积分后微分得：

$$0.0225 \left(\frac{\nu}{v_\infty \delta} \right)^{1/4} = \frac{7}{72} \frac{d\delta}{dx} \qquad (7-60)$$

积分，得：

$$\left(\frac{\nu}{v_\infty} \right)^{1/4} x = 3.45 \delta^{5/4} + C \qquad (7-61)$$

如果假设边界层从平板前沿 $x = 0$ 开始就是湍流，那么上述方程可以整理为：

$$\frac{\delta}{x} = \frac{0.376}{Re_x^{1/5}} \qquad (7-62)$$

由布拉修斯剪应力关系式，即式（7-61）可以求出局部摩擦系数，其表达式为：

$$C_{fx} = \frac{0.0576}{Re_x^{1/5}} \qquad (7-63)$$

对于上述这些表达式，需要注意以下几个问题。首先，按布拉修斯关系式的要求，它们应限定在 $Re_x < 10^7$ 的状态下使用；其次，它们只能用于光滑平板的流动；最后，还应记住这里所做的最主要的假设是，边界层内的流动从前沿处开始便是湍流。即边界层开始时是层流，而后在 Re_x 约为 2×10^5 处过渡为湍流。为使问题能够得以简化，假设整个边界层都是湍流。但应该看到，由于边界层不完全是湍流，这种假设会导致一定的误差。

应用布拉修斯层流解和式（7-62）、式（7-63）以及式（7-24）等方程，可以对层流边界层和湍流边界层进行比较。在相同的雷诺数下，可以看到湍流边界层比层流边界层厚，且具有较大的表面摩擦系数。虽然看起来层流边界层较为理想，但实际上却不然，而是湍流边界层更为理想。在多数情况下，工程人员大多对湍流边界层更感兴趣。这是因为工程中涉及湍流流动较多，而且湍流时不易出现边界层分离。图 7-6 对层流边界层和湍流边界层的速度分布做了定性的比较。

可以看出，湍流边界层的平均速度比层流边界层大。因此，不论是动量还是能量，湍流边界层都比层流边界层大。这样，当存有逆向压力梯度时，湍流边界层就会比层流边界层有更大的距离处于不分离的状态。

现考虑平板表面流动中，层流向湍流的转变过程。为计算方便，常假设层流到湍流的转变是在某一点突然发生的。那么在该过渡点，层流边

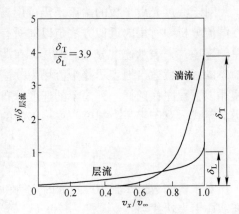

图 7-6　$Re_x = 500000$ 时，层流与湍流速度分布比较

界层与湍流边界层如何衔接？通常的处理手段是利用过渡点动量厚度相等关系，即湍流边界层区域开始的动量厚度等于层流边界层区域尾部的动量厚度。

当考虑湍流边界层的压力梯度时，通常使用式（7-48）的冯·卡门动量积分关系式，计算时需采用数值积分。

7.5 影响层流向湍流过渡的因素

前面研究了层流和湍流的速度分布及其动量的传递机理，已经知道层流和湍流是完全不同的。在一定的雷诺数范围，层流经过渡转变为湍流。

虽然除了雷诺数以外，还有其他因素实际上也影响从层流向湍流的过渡，但是至今为止只是用雷诺数来表示这种过渡的发生，这是因为雷诺数是预示这种过渡的主要因素。表7-2列出了影响临界雷诺数的部分因素。

表 7-2 影响雷诺数的部分因素

因　素	影　　响
压力梯度	顺压梯度阻滞过渡，逆压梯度促进过渡
主流扰动	主流扰动使临界雷诺数减小
粗糙度	管内流动没有影响，外部流动使雷诺数减小
抽　吸	抽吸使临界雷诺数显著增大
壁面曲率	凸面使临界雷诺数增大，凹面使临界雷诺数减小
壁　温	壁温增加使临界雷诺数减小

7.6 小　结

普朗特提出的边界层概念，在传输原理（流体力学）的发展中具有里程碑的意义。由此发展起来的边界层理论，至今仍具有广泛的理论和实际意义。由于对流传热传质和流动过程是密切联系的，边界层概念不仅对动量传输产生巨大的影响，而且与热量传输、质量传输有密切关系。边界层特征为：（1）边界层很薄，$\frac{\delta}{L} \sim \frac{1}{\sqrt{Re_L}} \ll 1$；（2）边界层内速度梯度很大，边界层内黏性不可忽略；（3）边界层内压力沿壁面法向不变，等于外部势流压力，即 $\frac{\partial p}{\partial y} \approx 0$；（4）边界层内流向速度分布具有渐进性，$v_x \Big|_{y=\delta} = 0.99 v_\infty$。

本章分别给出了计算层流和湍流边界层厚度和局部摩擦系数的公式，要注意进行湍流计算时的限定条件。

在湍流动量传递的解析式中，未知数的个数超过了方程的个数。因此，需应用半经验的方法来预示湍流流动，这时实验数据起着主要的作用。通常，人们都极力希望能把流动视为层流来处理，因为这样可以简化计算。然而，必须首先判断一个流动属于层流或是湍流，方可决定如何使用相关的实验数据。因此，迅速准确地确定流动类型是非常重要的。

本章较为详细地讨论了两种分析边界层的方法，给出了计算层流和湍流边界层厚度的公式。本章所导出的许多结果对于对流换热和质量传递具有同样的重要性，边界层是整个传递过程中最重要的一个环节。

思 考 题

7-1 简述建立边界层的意义，说明边界层的形成过程与特点。

7-2 什么是层流边界层、湍流边界层和边界层的厚度？

7-3 叙述建立普朗特边界层微分方程的思路。

7-4 叙述布拉修斯求解微分方程的方法。

7-5 说明冯·卡门动量方程的物理意义。

习 题

7-1 20℃空气的运动黏度为 $\nu = 15 \text{mm}^2/\text{s}$，以速度为 $v = 17 \text{m/s}$ 流过平板，计算在全板层流的条件下，离进口 3m 处平板边界层厚度。

7-2 平板长 0.3m，以 0.9m/s 的速度，在 25℃ 的水中纵向运动，求平板上边界层的最大厚度？并绘出它的速度分布曲线（积分方程解）。

7-3 20℃ 的空气以速度为 $v = 30.17 \text{m/s}$ 流过一块平板，在距离平板前多远处发生从层流到湍流的过渡？

7-4 长 3m、宽 1m 的光滑平板以速度为 $v = 50 \text{m/s}$ 的速度水平飞行。已知空气的运动黏度为 $\nu = 15 \text{mm}^2/\text{s}$，离前缘 0.9m 处边界层内流动由层流转为湍流，求平板一个侧面上所受的阻力。

7-5 流体流动为不可压缩流体定常流动，黏度为 $\mu = 0.731 \text{Pa} \cdot \text{s}$，密度为 $\rho = 925 \text{kg/m}^3$ 的油以速度为 $v = 0.6 \text{m/s}$ 平行地流过一块长为 0.5m、宽为 0.15m 的光滑平板，求边界层最大厚度及平板所受的阻力。

可压缩气体的流动和射流简介

本章提要： 当气体运动速度变化（从而压强变化）所引起的密度变化不能忽略时，气体被看作可压缩流体。对可压缩气体可以应用等熵方程和理想气体状态方程，进而给出声速的表达式。在动量传输（流体力学）中，气体常数 R 的数值由气体的物理性质确定，对于不同的气体其 R 值不同，这与物理化学是有区别的。

描述气体压缩性的特征数为马赫数，用马赫数能够区分可压缩气体与不可压缩气体。

由连续性方程、动量方程、能量方程、等熵方程或理想气体状态方程，可以组成四个独立的方程组，构成可压缩气体一元定常流动方程，进而可以给出滞止状态、临界状态和极限状态的参数方程。

由连续性方程和动量方程可得气流参数与流通截面的关系式，讨论了马赫数大于 1、小于 1 和等于 1 的三种情况，分析了亚声速、声速的收缩管和超声速管的拉瓦尔喷管的工作原理。

最后介绍了射流和气液两相流动。其中自由射流是指流体自喷嘴流入无限大的自由空间。其形成条件是周围介质的物理性质与射流流体相同，以及周围介质静止不动且不受任何固体或液体表面的限制。然后对冶金过程常见的几种气液两相流动进行了简单的介绍，即流过液体表面的流动、水平喷入液体中的流动、垂直喷入液体中和液体表面的流动。

前面几章讲述的都是不可压缩流体的流动问题。尽管气体的密度随压强和温度变化，但是当气体速度远低于声速时，气体的密度仍然可以视为与压强和温度无关。而当气体速度接近或超过声速时，其流动参数的变化规律与不可压缩流体将有本质差别。此时气体密度变化很大，必须考虑气体的压缩性。

亚声速条件下研究自由射流的结构可以对射流有初步了解。冶金中的射流应用比较广泛，气体射入液体的流动是冶金生产过程中常见的射流，但生产实际中的射流都非常复杂。

8.1 可压缩气体的相关概念

8.1.1 压缩性与声速

当气体运动速度变化（压强随之变化）所引起的密度变化不能忽略时，气体被看做可压缩流体，它的流速与气体内微小扰动的传播速度之比值，对流动有很大影响。所谓微小扰动就是压力的微小变化，从而引起介质密度的微小变化。

　　微小扰动在流体中以声速传播，声速通常用 a 表示。下面说明微小扰动在可压缩气体中的传播机理。

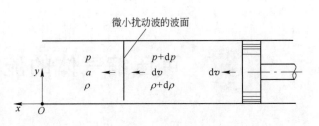

图 8-1　管内产生微小扰动过程的示意图

　　在可压缩气体的等截面圆管的一端装有活塞，见图 8-1。若活塞以微小速度 $\mathrm{d}v$ 向左运动，则紧挨着活塞的气体也以 $\mathrm{d}v$ 向左运动，并产生微小的压强增量 $\mathrm{d}p$（即压力扰动）；向左运动的气体又推动它左侧的气体向左运动，并产生微小的压强增量，如此继续下去，这个过程以平面波（速度为声速）的形式向左传递。这就是微小扰动波的传播机理，即声波的传播机理。

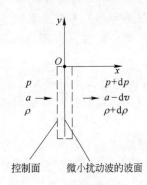

图 8-2　以波面为坐标
微小扰动波的控制体

　　微小扰动的波面是受扰动区与未受扰动区的分界面。在波面未达到的区域，气体仍处于静止状态，其压强为 p，密度为 ρ，而波面已通过的气体，其速度由零变为 $\mathrm{d}v$，压强由 p 变为 $p+\mathrm{d}p$，密度由 ρ 变为 $\rho+\mathrm{d}\rho$。如果把坐标放在波面上，并取与波面同步运动的控制体（见图 8-2）。相对这个运动的坐标而言，波面是静止的，在该坐标上可以看到，气流以声速 a 流向波面。其压强为 p，密度为 ρ；又以速度 $a-\mathrm{d}v$ 离开波面，其压强为 $p+\mathrm{d}p$，密度为 $\rho+\mathrm{d}\rho$。设截面积为 A，根据连续性原理可知，$\mathrm{d}t$ 时间内，流入、流出该控制体的气体质量相等：

$$\rho a A = (\rho+\mathrm{d}\rho)(a-\mathrm{d}v)A \tag{8-1}$$

将式（8-1）展开后并忽略二阶微量，可得：

$$\mathrm{d}v = \frac{a}{\rho}\mathrm{d}\rho \tag{8-2}$$

根据动量方程（忽略黏性影响）：

$$pA-(p+\mathrm{d}p)A = \rho a A\left[(a-\mathrm{d}v)-a\right] \quad \text{或} \quad \mathrm{d}v = \frac{1}{\rho a}\mathrm{d}p \tag{8-3}$$

$$\mathrm{d}p = a^2\mathrm{d}\rho \Longrightarrow a = \sqrt{\frac{\mathrm{d}p}{\mathrm{d}\rho}} \tag{8-4a}$$

　　由上面的推导过程可知，给定的条件是微小扰动，所以被扰动的气体压强和温度的变化很小，因此接近于可逆过程；此外，扰动的传播很迅速，并且开口体系两边的温度差趋于零，因而整个过程又是绝热的。过程既绝热又可逆，为等熵（记为 S）过程，式（8-4a）更确切地写为：

$$a = \sqrt{\left(\frac{\partial p}{\partial \rho}\right)_S} \tag{8-4b}$$

　　由式（8-4b）可见，在相同 $\mathrm{d}p$ 作用下，如果气体的密度变化 $\mathrm{d}\rho$ 较大，则在该气体中的声速较小，说明容易被压缩；反之，如果气体的密度变化 $\mathrm{d}\rho$ 较小，则该气体的声速较大，说明不容易被压缩。由于不可压缩流体的密度是不变的，根据式（8-4b）可知该流体的 a 应为无限大，但这种情况在实际中不会发生，因为不可压缩流体是一种理想化的流体。

对于气体的等熵过程，即绝热可逆过程，$p/\rho^k = C$，对其求微分可得：

$$d\left(\frac{p}{\rho^k}\right) = 0 \tag{8-5}$$

式中，$k = c_p/c_V$。

展开式（8-5）并整理可得：

$$\frac{dp}{d\rho} = k\frac{p}{\rho} = kRT \tag{8-6}$$

将式（8-6）代入式（8-4b）得：

$$a = \sqrt{kRT} \tag{8-7}$$

注意：气体常数 R 的数值由气体的物理性质确定，对于常用气体，其值见附录3。对于不同的气体，由于其 R 值不同，所以声速是不同的。例如，氢气的声速最大，因为氢分子的相对分子量在所有气体中最小。对于同一种气体，其声速与气体的热力学温度的平方根成正比。

8.1.2 马赫数

先来考察一个运动的扰动源在气体中所产生的扰动场，如图8-3所示。

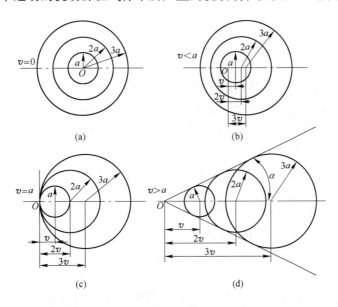

图8-3 微小扰动传播规律图

(a) $v = 0$；(b) $v < a$；(c) $v = a$；(d) $v > a$

如果扰动源相对于气体是静止的，则它所产生的微小扰动以球面波的形式向四周传播，经过一定时间后，扰动波布满整个空间。球面波的传播速度为该气体的声速。在不同时刻，球面波都是同心球面，如图8-3（a）所示。

如果扰动源在气体中以速度 v 从右向左运动，而扰动源在运动的每一瞬时都产生微小扰动，并以声速 a 按球面波形式传播，只要时间足够，扰动波也能布满整个空间。若 $v < a$，则扰动总是走在扰动源的前面，如图 8 – 3 （b）所示。

当 $v = a$ 时，微小扰动的球面半径正好与点扰源运动的距离相等，如图 8 – 3 （c）所示。与各球面波相切的平面是一分界面，其右侧是受扰动的气体，而左侧的气体未被扰动。所以，扰动波只能传播到扰动源下游半平面。

当 $v > a$ 时，如图 8 – 3 （d）所示。此时扰动源总是走在扰动的前面，并形成一个以扰动源为顶点的圆锥区域，在圆锥内的气体才受扰动，圆锥以外的气体不受扰动。所以，扰动波只能传播到扰动源下游以扰动源为顶点的圆锥区域内。从图 8 – 3 （d）还可以看出，圆锥角的一半 α 满足下面的方程：

$$\sin\alpha = \frac{at}{vt} = \frac{1}{v/a} = \frac{1}{Ma} \tag{8-8}$$

式中，α 称为马赫角；$Ma = v/a$ 称为马赫数，它是扰动源的运动速度与该工作介质中声速的比值。

马赫数是气体动力学中极其重要的特征数，它和雷诺数一样，也是确定气体流动状况的特征数。根据马赫数的大小，气体流动可分为：

$Ma \ll 1$，为不可压缩流动；

$Ma < 1$，为亚声速流动；

$Ma \approx 1$，为声速流动；

$Ma > 1$，为超声速流动。

8.1.3　可压缩气体与不可压缩气体的差别

（1）不可压缩气体中，声速传播很快，只要其中有压力扰动，就立即传播到各处。扰动源永远不会走到扰动波的前面去，并且扰动在空间的传播是对称的。当 $Ma \ll 1$ 时，扰动传播特性与不可压缩流体中扰动的传播特性很接近。因此，只有在气流速度很低的情况下，气体才可视为不可压缩流体。

（2）当气体流动的速度达到与声速可比，但 $Ma < 1$ 时，虽然压力扰动向各个方向传播，并且扰动波仍走在扰动源的前面，但扰动传播的图形已不对称了。这时气体表现出可压缩性，见图 8 – 3 （b）。

（3）当 $Ma > 1$ 时，情况发生了根本变化。此时压力扰动不仅不能跑到扰动源的前面，而且仅限于圆锥内，如图 8 – 3 （d）所示。马赫数越大，马赫角越小。

8.2　可压缩气体一元稳定等熵流动的基本方程

工程中常见的是可压缩气体一元稳定等熵流动。所谓一元是指垂直于流动方向的截面上流动参数是均匀的，如果一元流动是稳定的，则流动参数仅是一个坐标的函数。当高速气流通过一很短的喷管时，由于过程很短，可以看做是绝热流动。又因为摩擦影响很小，可以近似地认为流动是可逆的。因此，这样的流动很接近等熵流动。

在图 8 - 4 中取出一元稳定等熵气流的控制体，设截面 1 和 2 上的参数分别为：v_1、p_1、ρ_1、T_1、A_1 和 v_2、p_2、ρ_2、T_2、A_2。

（1）连续性方程：

$$d(\rho v A) = 0 \qquad (8-9)$$

对式（8 - 9）全微分，则有：

$$\frac{d\rho}{\rho} + \frac{dv}{v} + \frac{dA}{A} = 0 \qquad (8-10)$$

式（8 - 9）的积分形式为：

$$\rho v A = 常数 \quad 或 \quad v_1 \rho_1 A_1 = v_2 \rho_2 A_2 \quad (8-11)$$

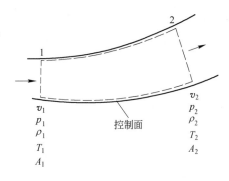

图 8 - 4　建立连续性方程所取的控制体

（2）动量方程。理想流体沿流线作定常流动的欧拉方程为（忽略重力的影响）：

$$\frac{dp}{\rho} + v\,dv = 0 \qquad (8-12)$$

写成积分形式为：

$$\int \frac{dp}{\rho} + \frac{v^2}{2} = 常数 \quad 或 \quad \int \frac{dp_1}{\rho_1} + \frac{v_1^2}{2} = \int \frac{dp_2}{\rho_2} + \frac{v_2^2}{2} \qquad (8-13)$$

（3）能量方程。控制体如图 8 - 5 所示，其中流体为理想流体。

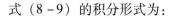

图 8 - 5　建立能量方程所取的控制体

对气体而言，忽略重力影响，且不计轴功，因此只有克服压力做的功。

由图 8 - 5 的控制体可得：

$$\left[(p + dp)(A + dA)(v + dv) - pAv \right] dt \qquad (8-14)$$

展开式（8 - 14）并略去高阶项后，可得：

$$(pA\,dv + pv\,dA + vA\,dp)dt = \left[pd(vA) + vA\,dp \right] dt \qquad (8-15)$$

将式（2 - 26）：

$$\rho_1 v_1 A_1 = \rho_2 v_2 A_2 = G_m \qquad (2-26)$$

代入式（8 - 15），式（8 - 15）右侧可改写成：

$$\left[G_m p\,d\left(\frac{1}{\rho}\right) + G_m \left(\frac{1}{\rho}\right)dp \right] dt = G_m d\left(\frac{p}{\rho}\right)dt \qquad (8-16)$$

对单位质量流体来说，克服压力做的功为：

$$\delta w = p\,d\left(\frac{1}{\rho}\right) + \left(\frac{1}{\rho}\right)dp = d\left(\frac{p}{\rho}\right) \qquad (8-17)$$

式中，$pd\left(\dfrac{1}{\rho}\right)$ 为流体单位质量的体积压缩或膨胀功；$d\left(\dfrac{p}{\rho}\right)$ 为流体单位质量的移动功。

能量守恒公式为：

$$\delta q - \delta w = du + d\left(\frac{v}{2}\right)^2 + d(gz) \tag{2-30}$$

将式（8-17）代入式（2-30）可得（忽略重力和不计轴功）：

$$\delta q = du + d\left(\frac{v^2}{2}\right) + d\left(\frac{p}{\rho}\right) \tag{8-18}$$

根据单位质量焓 i 的定义 $di = du + d\left(\dfrac{p}{\rho}\right)$，于是有：

$$\delta q = di + d\left(\frac{v^2}{2}\right) \tag{8-19}$$

如果在式（2-30）中忽略重力影响，且不计轴功，可直接给出式（8-19）。

若流动为绝热过程，则 $\delta q = 0$，因此得到一元稳定等熵流动的能量方程的微分形式：

$$di + d\left(\frac{v^2}{2}\right) = 0 \tag{8-20}$$

写成积分形式为：

$$i + \frac{v^2}{2} = 常数 \tag{8-21}$$

因 $i = c_p T = \dfrac{c_p}{R}\dfrac{p}{\rho} = \dfrac{c_p}{c_p - c_V}\dfrac{p}{\rho} = \dfrac{k}{k-1}\dfrac{p}{\rho}$，代入式（8-21）得：

$$\frac{k}{k-1}\frac{p}{\rho} + \frac{v^2}{2} = 常数 \tag{8-22}$$

（4）状态方程：

$$\frac{p}{\rho} = RT \tag{8-23}$$

综上所述，由连续性方程、动量方程、能量方程和状态方程组成的方程组构成的可压缩气体一元定常流动的基本方程如下：

$$\left.\begin{array}{l} \rho v A = 常数 \\[2mm] \displaystyle\int \frac{dp}{\rho} + \frac{v^2}{2} = 常数 \\[2mm] \dfrac{k}{k-1}\dfrac{p}{\rho} + \dfrac{v^2}{2} = 常数 \\[2mm] \dfrac{p}{\rho} = RT \end{array}\right\} \tag{8-24}$$

上面的方程组中未知函数有 ρ、v、p、T，即变量与方程的个数相同，故方程组是封闭的。但求解时，应把 $\displaystyle\int \frac{dp}{\rho}$ 求出，还需知道 p 与 ρ 的关系。因为是等熵过程，$\dfrac{p}{\rho^k} = 常数$，将它代入式（8-24）第二个方程并整理有：$\dfrac{k}{k-1}\dfrac{p}{\rho}+\dfrac{v^2}{2}=$ 常数。这说明第二个方程与第三个方程在等熵过程中不是互相独立的。因此，方程组（8-24）应该改写为：

$$\left.\begin{array}{l} \rho vA = 常数 \\[2mm] \dfrac{k}{k-1}\dfrac{p}{\rho}+\dfrac{v^2}{2}=常数 \\[2mm] \dfrac{p}{\rho^k}=常数 \\[2mm] \dfrac{p}{\rho}=RT \end{array}\right\} \tag{8-25}$$

8.3　一元稳定等熵气流的基本特性

由一元稳定等熵气流的基本方程，就可以得到速度变化时其压强、密度和温度之间的关系，从而确定一元稳定等熵气流的基本特性。

8.3.1　滞止状态

如果在流动中某一截面上的速度等于零（处于静止或滞止，称之为驻点），则该截面上的其他参数被称为滞止参数。滞止参数用下标"0"表示。

在滞止状态下，即在驻点，$v_0=0$，于是由能量方程可得：$i_0=i+\dfrac{v^2}{2}=$ 常数，因理想气体 $i_0=c_p T_0$，且 $c_p=$ 常数，所以 $T_0=$ 常数；由 $\dfrac{p}{\rho}=RT$ 以及 $\dfrac{p}{\rho^k}=$ 常数可以导出：$\dfrac{\rho_0}{T_0^{\frac{1}{k-1}}}=$ $\dfrac{\rho}{T^{\frac{1}{k-1}}}=$ 常数，因 $T_0=$ 常数，所以 $\rho_0=$ 常数；由 $\dfrac{k}{k-1}\dfrac{p}{\rho}+\dfrac{v^2}{2}=$ 常数，$v_0=0$，$\rho_0=$ 常数，所以 $p_0=$ 常数。

综上所述，在滞止状态下，i_0、T_0、ρ_0、p_0 均是不变的。此时 $Ma=0$，而气体的焓上升到最大值，气体的温度也升到最大值，因而滞止声速也达到最大值。滞止参数很有意义，如果气体从大容器中流出，那么容器中的气体参数就可以认为是滞止参数。

由上述各式，很容易得到某一个状态与滞止状态下温度、压强和密度之间的关系：

$$\left.\begin{array}{l} \dfrac{i}{i_0}=\dfrac{T}{T_0}=1-\dfrac{v^2}{2i_0} \\[3mm] \dfrac{p}{p_0}=\left(\dfrac{T}{T_0}\right)^{\frac{k}{k-1}}=\left(1-\dfrac{v^2}{2i_0}\right)^{\frac{k}{k-1}} \\[3mm] \dfrac{\rho}{\rho_0}=\left(\dfrac{T}{T_0}\right)^{\frac{1}{k-1}}=\left(1-\dfrac{v^2}{2i_0}\right)^{\frac{1}{k-1}} \end{array}\right\} \tag{8-26}$$

由式（8-26）可见，当 v 减小时，p、T、ρ 都增大，且压强比温度增大得快，所以

密度随 v 的减小而增大。当 v 增大时，p、T、ρ 都减少，且压强比温度降低得快，所以密度随 v 的增大而减小。在等熵或绝热的情况下，随着气流速度的增加，发生气体膨胀。

8.3.2 临界状态

当一元稳定等熵气流中某一截面上的气流速度等于该气体的声速时，该截面上的参数称为临界参数。临界参数用下标"＊"表示。

由 $a_0 = \sqrt{kRT_0} = \sqrt{k\dfrac{p}{\rho}}$，借助类似滞止状态推导的方法，可以得到临界状态下压强、密度和温度之间的关系：

$$\left.\begin{array}{l} \dfrac{T_*}{T_0} = \dfrac{2}{k+1} \\[3mm] \dfrac{p_*}{p_0} = \left(\dfrac{2}{k+1}\right)^{\frac{k}{k-1}} \\[3mm] \dfrac{\rho_*}{\rho_0} = \left(\dfrac{2}{k+1}\right)^{\frac{1}{k-1}} \end{array}\right\} \qquad (8-27)$$

对于双原子气体，$k = 1.4$ 时（如空气、氧气），代入式（8-27）可得：

$$\left\{\dfrac{T_*}{T_0} = 0.833 \, ; \; \dfrac{p_*}{p_0} = 0.528 \, ; \; \dfrac{\rho_*}{\rho_0} = 0.634\right\} \qquad (8-28)$$

由前述可知，当 v 增大时，p、T、ρ 都减小，进而推论：当 $\dfrac{T}{T_0} < 0.833$，$\dfrac{p}{p_0} < 0.528$，$\dfrac{\rho}{\rho_0} < 0.634$ 时，气流为超声速气流；而当 $\dfrac{T}{T_0} > 0.833$，$\dfrac{p}{p_0} > 0.528$，$\dfrac{\rho}{\rho_0} > 0.634$ 时，气流为亚声速流动。对于 $k = 1.4$ 的气体，以它们作为判断一元稳定等熵气流的流动状况的基本参数。

8.3.3 极限状态

如果一元稳定等熵气流某一截面上的 $T = 0$，则该截面上的气流速度达到最大值 $v_{\max}$。因为 $T = 0$ 时，p、a、ρ 的值均等于零，分子热运动停止了。当然，极限状态实际上是达不到的，但在理论上是有意义的。$v_{\max}$ 在整个运动过程中保持不变。

由于极限状态的 p、a、ρ 均等于零，可以得到一元稳定等熵气体中总能量全部转化为动能所达到的最大速度：

$$v_{\max} = \sqrt{2i_0} = \sqrt{\dfrac{2kp_0}{(k-1)\rho_0}} = \sqrt{\dfrac{2kRT_0}{k-1}} \qquad (8-29)$$

需要指出，这三种参考状态下所得到的公式不受等熵条件的限制，它们对理想气体的绝热不等熵流动也是适用的。

工程计算时，通常选定滞止状态或临界状态作为基准面，确定了一个截面上的参数后，其他截面的参数就可以计算出来。

如任意截面上的参数与临界参数的关系如下：

$$\frac{T}{T_*} = \frac{\frac{k+1}{2}}{1 + \frac{k-1}{2}Ma^2}, \qquad \frac{p}{p_*} = \left(\frac{\frac{k+1}{2}}{1 + \frac{k-1}{2}Ma^2}\right)^{\frac{k}{k-1}}; \quad \frac{\rho}{\rho_*} = \left(\frac{\frac{k+1}{2}}{1 + \frac{k-1}{2}Ma^2}\right)^{\frac{1}{k-1}} \qquad (8-30)$$

为了计算方便，已经将上述关系制成函数表，可以从相关的手册中查出。

8.4　气流参数与流通截面的关系

由连续性方程 $\frac{d\rho}{\rho} + \frac{dv}{v} + \frac{dA}{A} = 0$，动量方程 $\frac{dv}{v} = -\frac{dp}{v^2\rho}$ 和式（8-4a）可得：

$$\frac{dA}{A} = -\frac{dv}{v}(1 - Ma^2) \qquad (8-31)$$

（1）$Ma < 1$，即 $v < a$。此时 $(1 - Ma^2) > 0$，由式（8-31）可见，dA 与 dv 异号而与 dp 同号。这表明在亚声速等熵流动中，气体在截面逐渐变小的管道（渐缩管）中速度增加，而压强减小；在截面逐渐变大的管道（渐扩管）中速度减小，而压强增加。

（2）$Ma > 1$，即 $v > a$。此时 $(1 - Ma^2) < 0$，由式（8-31）可见，dA 与 dv 同号而与 dp 异号。这表明气体在渐缩管中速度减小，而压强增加；在渐扩管中速度增加，而压强减小。

上面两种情况如图 8-6 所示。由图可见，在亚声速（$Ma < 1$）的情况下，其面积变化与速度、压强变化的关系与不可压缩流体的情况相同；在超声速（$Ma > 1$）的情况下，其面积变化与速度、压强变化的关系与不可压缩流体的情况相反。这是

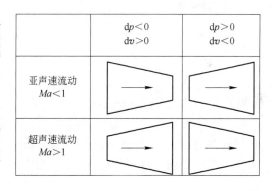

图 8-6　气流参数与流通截面的关系

由于在超声速情况下，当速度增加时，密度下降的程度比速度增加的程度要快，气体的膨胀非常显著，因而截面面积沿流动方向只有不断增大，才能保证气流的连续性。

由 $\frac{d\rho}{\rho} + \frac{dv}{v} + \frac{dA}{A} = 0$ 和 $\frac{dA}{A} = -\frac{dv}{v}(1 - Ma^2)$ 可得：

$$\frac{d\rho}{\rho} = -Ma^2 \frac{dv}{v} \qquad (8-32)$$

由式（8-32）可见，密度变化与速度变化相反。当 $Ma < 1$ 时，$\left|\frac{d\rho}{\rho}\right| < \left|\frac{dv}{v}\right|$，即密度的相对变化比速度的相对变化慢。若气流加速（$dv > 0$），则根据连续性方程，必须截面积减小（$dA < 0$）才能使三者的相对变化保持平衡。若气流减速（$dv < 0$），截面积就必须增大

（$dA > 0$）。当 $Ma > 1$ 时，$\left|\dfrac{\mathrm{d}\rho}{\rho}\right| > \left|\dfrac{\mathrm{d}v}{v}\right|$，即密度的相对变化比速度的相对变化快。若气流加速（$\mathrm{d}v > 0$），必须使截面积增大（$\mathrm{d}A > 0$），才能保证各截面上的质量流量相等。若气流减速（$\mathrm{d}v < 0$），则截面积就应减小（$\mathrm{d}A < 0$）。

（3）$Ma = 1$，即 $v = a$。此时 $\dfrac{\mathrm{d}\rho}{\rho} = -\dfrac{\mathrm{d}v}{v}$，由连续性方程可知，必定有 $\dfrac{\mathrm{d}A}{A} = 0$。这意味着流通截面面积必有极值。由图 8 - 6 可以看出，只能在最小截面上即喉部达到 $\dfrac{\mathrm{d}A}{A} = 0$。

综上所述，欲使气体从静止加速到超声速，除了要满足 $p/p_0 < 0.528$ 的条件外，还应使气体首先在一渐缩管里加速，然后在最小截面上即喉部达到声速，再在最小截面下游加一渐扩管，气体继续加速到超声速。这种先收缩后扩张的喷管称为拉瓦尔喷管。

8.5　喷管的计算和分析

工程中采用的喷管有两种，一种是可获得亚声速流速或声速的收缩喷管，另一种是能获得超声速的拉瓦尔喷管。本节将以理想气体为对象，研究收缩喷管和拉瓦尔喷管在设计工况下的流动问题。

8.5.1　收缩喷管

收缩喷管如图 8 - 7 所示。气体从一大容器通过收缩喷管出流，由于容器比出流口要大得多，可将其中的气流速度看做 $v_0 = 0$，则容器内的运动参数为滞止参数，分别为 T_0，ρ_0，p_0。喷管出口处气流参数分别为 v_e，T_e，ρ_e，p_e，A_e，外界压强为 p_B。通过对容器内截面和出口截面的连续性、能量、状态和绝热方程联立求解，可得收缩出口处各参数的计算式：

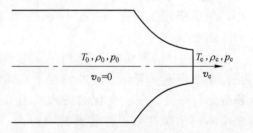

图 8 - 7　收缩喷管示意图

$$v_e = \sqrt{\frac{2k}{k-1}\frac{p_0}{\rho_0}\left[1 - \left(\frac{p_e}{p_0}\right)^{\frac{k-1}{k}}\right]} \quad (8 - 33)$$

$$\rho_e = \rho_0\left(\frac{p_e}{p_0}\right)^{1/k} \quad (8 - 34)$$

$$T_e = \frac{p_e}{\rho_e R} = \frac{p_0^{1/k}p_e^{(k-1)/k}}{\rho_0 R} \quad (8 - 35)$$

$$G = \rho_e v_e A_e = \rho_0 A_e \sqrt{\frac{2k}{k-1}\frac{p_0}{\rho_0}\left[\left(\frac{p_e}{p_0}\right)^{2/k} - \left(\frac{p_e}{p_0}\right)^{\frac{k+1}{k}}\right]} \quad (8 - 36)$$

通过式（8 - 33）~ 式（8 - 36），可以计算出收缩喷管出口的流动参数。

对于收缩喷管，最大速度和最大质量流率为：

$$v_{\max} = v_* = a_* = \sqrt{\frac{2k}{k-1}\frac{p_0}{\rho_0}\left[1-\left(\frac{p_*}{p_0}\right)^{\frac{k-1}{k}}\right]} = \sqrt{\frac{2k}{k-1}\frac{p_0}{\rho_0}\left(1-\frac{2}{k+1}\right)} = \sqrt{\frac{2k}{k+1}\frac{p_0}{\rho_0}}$$

$$(8-37)$$

$$G_{m\max} = \rho_e v_* A_* = \rho_* v_* A_* = \rho_0\left(\frac{\rho_*}{\rho_0}\right)^{1/k}\sqrt{\frac{2k}{k+1}\frac{p_0}{\rho_0}} = \rho_0\left(\frac{2}{k+1}\right)^{\frac{1}{k-1}}\sqrt{\frac{2k}{k+1}\frac{p_0}{\rho_0}}A_*$$

$$= \left(\frac{2}{k+1}\right)^{\frac{k+1}{2(k-1)}}A_*\sqrt{kp_0\rho_0} \qquad (8-38)$$

式（8-38）可以改写为：

$$G_{m\max} = \frac{p_0 A_*}{\sqrt{T_0}}\left(\frac{2}{k+1}\right)^{\frac{2k}{2(k-1)}}\left(\frac{k}{R}\right)^{\frac{1}{2}} \qquad (8-39)$$

由式（8-39）可见，最大质量流率取决于滞止参数和 A_e，而与喷管出口压强 p_e 无关。对于空气，$k=1.4$，代入式（8-39）可得：

$$G_{m\max} = 0.0404\frac{p_0 A_*}{\sqrt{T_0}} \qquad (8-40)$$

[例题 8-1] 已知容器中空气的 $p_0 = 1.6 \times 10^5\text{Pa}$，$\rho_0 = 1.69\text{kg/m}^3$，$T_0 = 330\text{K}$。容器上收缩喷管出口压强 $p_e = 10^5\text{Pa}$，收缩喷管出口面积 $A_e = 19.6\text{cm}^2$。求：（1）收缩喷管出口速度 v_e 以及通过收缩喷管的质量流率 G_m；（2）如容器中的 $p_0 = 2.5 \times 10^5\text{Pa}$，$T_0 = 330\text{K}$ 时 v_e 和 G_m 又各为多少？

解：（1）先求 $\frac{p_e}{p_0}$，看它与 $\frac{p_*}{p_0} = 0.528$ 哪一个大。如大于 0.528，则为亚声速流动，可将 $\frac{p_e}{p_0}$ 代入公式直接计算或查函数表计算。如小于 0.528，则为超声速流动，但收缩喷管不可能达到超声速，故按照临界状态计算。

$$\frac{p_e}{p_0} = \frac{10^5}{1.6 \times 10^5} = 0.625 > 0.528$$

故为亚声速流动，所以：

$$v_e = \sqrt{\frac{2 \times 1.4}{1.4-1} \times \frac{1.6 \times 10^5}{1.69} \times (1-0.625^{\frac{1.4-1}{1.4}})} = 289\text{m/s}$$

$$G_m = 1.69 \times 19.6 \times 10^{-4}\sqrt{\frac{2 \times 1.4}{1.4-1} \times \frac{1.6 \times 10^5}{1.69} \times (0.625^{\frac{2}{1.4}} - 0.625^{\frac{1.4+1}{1.4}})} = 0.684\text{kg/s}$$

$$R = \frac{8313}{29} = 287\text{J/(kg} \cdot \text{K)}$$

如果用函数表进行计算，更为简便。由 $\frac{p_e}{p_0} = 0.625$，查附录 5 可知：

$$Ma \approx 0.85, \quad \frac{T_e}{T_0} \approx 0.874, \quad \frac{\rho_e}{\rho_0} \approx 0.714$$

于是可求出：

$$T_e = 0.874 \times 330 = 288\text{K}, \quad \rho_e = 0.714 \times 1.69 = 1.21\text{kg/m}^3$$

所以：

$$v_e = Ma \cdot a = Ma\sqrt{kRT_e} = 0.85 \times \sqrt{1.4 \times 287 \times 288} = 289\text{m/s}$$

$$G_m = \rho_e v_e A_e = 1.21 \times 289 \times 19.6 \times 10^{-4} = 0.684\text{kg/s}$$

（2）由于 $\dfrac{p_e}{p_0} = \dfrac{10^5}{2.5 \times 10^5} = 0.4 < 0.528$，所以应为超声速流动，但收缩喷管出口喷速最大只能达到声速，即 $Ma = 1$。所以按照 $Ma = 1$ 进行计算。查附录5可知：

$$Ma = 1, \quad \frac{T_*}{T_0} \approx 0.833, \quad \frac{\rho_*}{\rho_0} \approx 0.634$$

$$\rho_0 = \frac{p_0}{RT_0} = \frac{2.5 \times 10^5}{287 \times 330} = 2.64\text{kg/m}^3$$

于是可求出：

$$T_* = 0.833 \times 330 = 275\text{K}, \quad \rho_* = 0.634 \times 2.64 = 1.67\text{kg/m}^3$$

所以：

$$v_e = a_* = \sqrt{1.4 \times 287 \times 275} = 332\text{m/s}$$

$$G_{mmax} = \rho_* a_* A_e = 1.67 \times 332 \times 19.6 \times 10^{-4} = 1.09\text{kg/s}$$

8.5.2 拉瓦尔喷管

图 8-8 为拉瓦尔喷管，是先收缩后扩张的管，其作用是能使气流加速到超声速。拉瓦尔喷管广泛应用于蒸汽轮机、燃气轮机、超声速风洞、冲压式喷气发动机和火箭等动力装置中。本节将讨论拉瓦尔喷管出口流速和质量流率的计算。

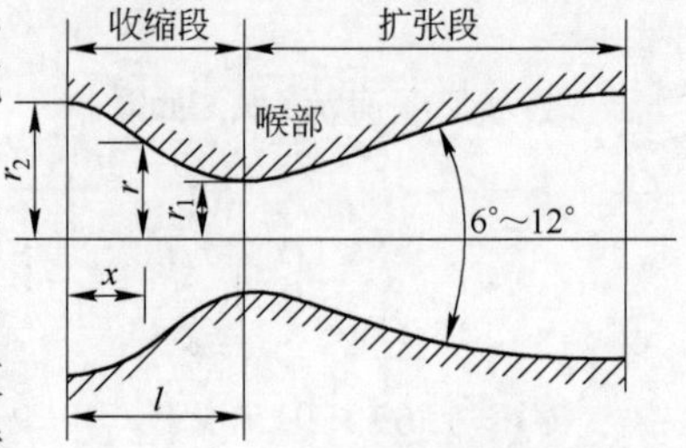

假定拉瓦尔喷管内的气体做绝热等熵流动，喷管进口的气流处在滞止状态。按照收缩喷管的推导思路，推导出的喷管出口处的气流速度与收缩喷管气流速度相同，即收缩管的式（8-33）~式（8-36）也可以计算出拉瓦尔喷管出口的流动参数。而拉瓦尔喷管截面上的关系可通过连续性方程和流动参数导出。由 $\rho v A = \rho_* v_* A_* = \rho_* a_* A_*$ 可得：

图 8-8　拉瓦尔喷管示意图

$$\frac{A}{A_*} = \frac{\rho_*}{\rho} \frac{a_*}{v} \tag{8-41}$$

流动参数为:

$$\frac{v}{a} = Ma, \quad \frac{\rho_0}{\rho} = \left(1 + \frac{k-1}{2}Ma^2\right)^{\frac{1}{k-1}}, \quad \frac{\rho_*}{\rho} = \left(\frac{2}{k+1}\right)^{\frac{1}{k-1}} \tag{8-42}$$

$$\frac{a_*}{a} = \left(\frac{T_*}{T}\right)^{\frac{1}{2}} = \left(\frac{T_*}{T_0} - \frac{T_0}{T}\right)^{\frac{1}{2}} = \left[\frac{2}{k+1}\left(1 + \frac{k-1}{2}Ma^2\right)\right]^{\frac{1}{2}} \tag{8-43}$$

代入连续性方程并整理得:

$$\frac{A}{A_*} = \frac{\left(1 + \dfrac{k-1}{2}Ma^2\right)^{\frac{k+1}{2(k-1)}}}{Ma\left(\dfrac{k+1}{2}\right)^{\frac{k+1}{2(k-1)}}} \tag{8-44}$$

当 $k = 1.4$ 时,简化为:

$$\frac{A}{A_*} = \frac{(1 + 0.2Ma^2)^3}{1.73Ma} \tag{8-45}$$

为了方便看出 $\dfrac{A}{A_*}$ 与 Ma 的关系,同样可列入函数表中,以便查表使用。

[例题 8-2] 空气由压缩机送入储气罐的压强 $p_0 = 4.00 \times 10^5 \text{Pa}$, $T_0 = 308\text{K}$。储气罐与一拉瓦尔喷管相连,喷管出口面积 $A_e = 5000\text{mm}^2$。设计要求喷管出管口马赫数 $Ma_e = 2$。求:(1) 喷管出口截面上的参数 p_e、T_e、v_e;(2) 喉口的面积;(3) 通过喷管的质量流率 G_m。

解:(1) 查附录 5,当 $Ma = 2$ 时:

$$\frac{p_e}{p_0} = 0.128, \quad \frac{\rho_e}{\rho_0} = 0.23, \quad \frac{T_e}{T_0} = 0.556$$

可得:

$$p_e = 0.128 \times 4.00 \times 10^5 = 5.12 \times 10^4 \text{Pa}$$

$$\rho_e = 0.23\rho_0 = 0.23\frac{p_0}{RT_0} = 0.23 \times \frac{4.00 \times 10^5}{287 \times 308} = 1.04 \text{kg/m}^3$$

$$T_e = 0.556 \times 308 = 171\text{K}$$

$$v_e = Ma_e a_e = 2 \times \sqrt{1.4 \times 287 \times 171} = 524 \text{m/s}$$

(2) 查附录 5,当 $Ma = 2$ 时,$\dfrac{A}{A_*} = 1.69$。于是可得:

$$A_* = \frac{A_e}{1.69} = \frac{5000}{1.69} = 2960\text{mm}^2 = 29.6\text{cm}^2$$

(3) $G_m = \rho_e v_e A_e = 1.04 \times 524 \times 50 \times 10^{-4} = 2.72\text{kg/s}$。

8.6　射流和气液两相流动

射流是指流体经由喷嘴流出到一个足够大的空间，不再受固体边界限制而继续扩散的一种流动。冶金过程中，气体和液体的射流起到重要作用，如气体、液体燃料的燃烧，转炉、电炉炼钢吹氧，连铸二冷喷水，炉外精炼吹氩、吹氧，高炉喷吹等均涉及射流问题。射流就其机理而言，主要分为自由射流、半限制射流、限制射流及旋转射流等。本节先对自由射流进行简单介绍，然后对冶金过程中常出现的气液两相流动进行初步的分析。

8.6.1　自由射流

流体自喷嘴流入无限大的自由空间中称为自由射流，如图 8-9 所示。形成自由射流必须具备两个条件：一是周围介质的物理性质（如温度及密度等）与射流流体相同；二是周围介质静止不动，且不受任何固体或液体表面的限制。

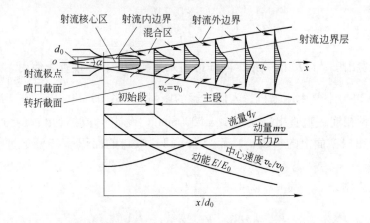

图 8-9　自由射流示意图

流体自直径为 d_0 的喷嘴以初速度 v_0 流出，沿 x 的正向流动。由于紊流质点的脉动扩散和分子的黏性扩散作用，流体质点与周围静止介质质点发生碰撞，产生动量交换。喷出流体把自身的一部分动量传递给周围介质，从而带动周围介质向前流动，形成一个射流流股（简称流股）。所以自由射流的实质就是，喷出介质与周围静止介质进行动量及质量传输的过程，即混合过程。被带动的周围介质在流动过程中逐渐向中心扩散，流股断面不断扩大，被引射的介质量逐渐增多。

通常把速度等于零的边界称为射流外边界，速度保持初速度 v_0 的边界称为射流内边界，射流内、外边界之间的区域称为射流边界层。从图 8-9 看出，射流边界层沿 x 轴方向逐渐扩宽，在某一处边界层扩展到轴心处，只有射流中心点处的流速还保持着初始速度 v_0，射流的这一截面称为转折截面。在转折截面以前，射流的轴心速度还保持着初始速度；而在转折截面之后，射流中心流速逐渐下降。自由射流可分为几个主要区域：

（1）初始段。初始段简称始段，又称首段，指从喷出口截面到转折截面之间的区域。这一区域的特点是射流中心速度 v_c 等于初始速度 v_0。

（2）主段。主段也称基本段，转折截面以后的区域称为主段。主段内，射流中心速度 v_c 沿流动方向不断降低。这一区域被射流边界层所充满。

（3）射流核心区。在射流初始段中，具有初始速度的区域称为射流核心区。对于圆形喷嘴流出的轴对称射流，其射流核心区为一等速圆锥区，在这个区域以外至射流外边界的区域称为混合区。

（4）射流极点。射流外边界逆向延长线的交点 o 称为射流极点，张角 $\alpha = 18° \sim 26°$。o 点可理解为圆形喷嘴缩小为一点（扁形喷嘴为一条缝），流体的动量全从这一点（或一条缝）喷出，所以射流极点又称为射流源。

需要指出，图8-9是出口为亚声速的情况。绝大多数射流均属紊流射流，在射流内部，流体质点有不规则的脉动。另外，射流还有半限制性射流、限制性射流和旋转射流等。

8.6.2　气体流过液体表面的流动

气体流过液体表面时，流动液体的流向可能与气体射流同向或反向。一股初速度为 v_0 的气体掠过静止液体表面、与气体逆向的液体表面、与气体同向的液体表面的情况，如图8-10所示，液体的流速为 v_L。

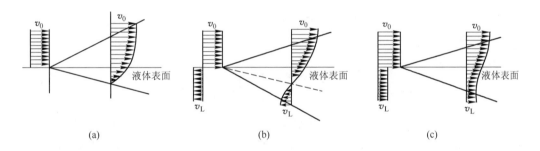

图8-10　气体射流掠过液体表面
（a）静止；（b）逆向；（c）同向

气体掠过液体表面时，当射流速度不大时，形成具有一定厚度的层流射流边界层；当流动速度增大，雷诺数增加并超过某一临界值时，将出现紊流边界层。雷诺数的临界值与来流的扰动情况有关。一般认为，当 $Re > 7.0 \times 10^4$ 时就形成紊流边界层。工程实际中遇到的都是紊流情况，且射流边界层内无压力变化，射流截面上速度分布相似，截面上动量保持不变。

8.6.3　气体喷入液体中的流动

当气体自直径为 d_0 的喷口以速度 v_0 喷入液体中时，由于气体流股本身具有较大速度而产生前冲力，与此同时，气体又受到液体的浮力作用。所以，气流喷入液体一定深度后（即射流的穿透深度）将转向，其运动轨迹 oo' 将与水平线呈一角度 θ，如图8-11所示。θ 值由气体的单位时间的原始动量与所受液体浮力的比值确定，即：

$$\tan\theta = \frac{\text{浮力}(F)}{\text{单位时间原始动量}(M_0)} \qquad (8-46)$$

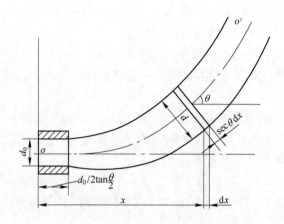

图 8 – 11 气体水平喷入液体的运动轨迹

显然：

$$\frac{\mathrm{d}(\tan\theta)}{\mathrm{d}x}=\frac{1}{M_0}\frac{\mathrm{d}F}{\mathrm{d}x} \tag{8-47}$$

式（8 – 47）为描述运动轨迹 oo' 的基本公式。

当喷口水平布置时：

$$\frac{\mathrm{d}^2Y}{\mathrm{d}X^2}=4\Big[\frac{(\rho_1-\rho_\mathrm{g})gd_0}{\rho_1 v_0^2}\tan^2\Big(\frac{\theta_c}{2}\Big)\Big]\Big[1+\Big(\frac{\mathrm{d}Y}{\mathrm{d}X}\Big)^2\Big]^{\frac{1}{2}}x^2c \tag{8-48}$$

式中，$X=x/d_0$；$Y=y/d_0$；ρ_1 为液体的密度；ρ_g 为气体的密度；θ_c 为气体流股出口张角；x 为气流喷入深度；$\mathrm{d}x$ 为微元体的深度；d 为微元体的直径；y 为微元体到喷口中心线的距离；c 为气体在微元体中的比例。

当喷口与水平线呈 θ_0 角布置时：

$$\frac{\mathrm{d}^2Y}{\mathrm{d}X^2}=4\Big[\frac{(\rho_1-\rho_\mathrm{g})gd_0}{\rho_1 v_0^2}\Big]\Big[\frac{\tan^2\Big(\dfrac{\theta_c}{2}\Big)}{\cos\theta_0}\Big]\Big[1+\Big(\frac{\mathrm{d}Y}{\mathrm{d}X}\Big)^2\Big]^{\frac{1}{2}}x^2c \tag{8-49}$$

若给出边界条件，求解式（8 – 48）和式（8 – 49）可得气体水平喷入液体中的流动规律。

8.6.4 气体垂直喷入液体中的流动

气体流股从容器底部垂直喷入液体介质中的流动特征如图 8 – 12 所示。气体流股喷入容器后即形成大量气泡，上浮的气泡形成气泡柱，驱动液体随其向上流动，液体被加速，该区域常称为力作用区（A 区）。被加速的液滴离开力作用区，像射流那样喷射到系统的其余部分区域，该区域一般称为射流

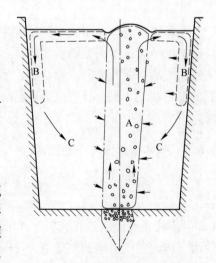

图 8 – 12 气体垂直喷入液体中的流动
A—力作用区；B—射流区；C—回流区

区（B区）。当射流冲击容器壁或自由表面时就会产生折射，并沿壁面或自由表面的方向流动。在器壁处射流再次折射向下移动。为了加速力作用区的液体，必须把力作用区以外的液体引入力作用区。对于封闭体系来说，这部分液体仅来自非射流区，这个区域称作回流区（C区）。对流循环的流股和整个容器内的紊流扩散，使得容器内的液体可以迅速混合。

气流从容器底部垂直喷入液体内部时，需要确定所需的最低压力，否则无法形成气柱。喷入所需的最低压力与液体密度及深度有关，其计算式如下：

$$p_c = \rho_1 g H \tag{8-50}$$

式中，p_c 为喷入所需的最低压力，Pa；ρ_1 为液体的密度，kg/m^3；H 为液体的深度，m。

8.6.5　气体垂直喷向液体表面的流动

图8-13所示为气体以超声速从喷嘴流出后的射流。气流喷出后，一部分气流流速降到声速或亚声速，但还存在一个超声速核心，如图中①所示。超声速核心在与喷嘴相距一定距离处消失，此后整个射流都为声速及亚声速。在超声速核心区，射流沿高度几乎不扩张，达到衰变点后，射流就以一定的夹角扩张，而且马赫数越大，扩张角越小。超声速射流中心线处的冲击压力实际上全部为动压力，随马赫数的增加而增加；而且，该动压力随着距喷口距离的增加而急剧下降，但其下降程度与马赫数无关。

当超声速气流从初速度 v_0 喷向液体表面时，则形成如图8-14所示的凹坑，显然，射流特性对凹坑的形状有决定性影响。图8-14中，v_c 表示射流断面速度，H_0 表示射流穿透深度。实验表明，随着动量的增加，穿透深度增加；随着喷口距液面距离的增加，穿透深度急剧减小，它们之间的关系为：

$$\frac{H_c}{H_0}\left(\frac{H_0 + H_c}{H_0}\right)^2 = \frac{154 M_0}{2\pi g \rho_1 H_0^3} \tag{8-51}$$

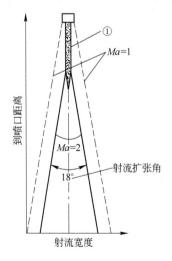

图8-13　超声速射流图

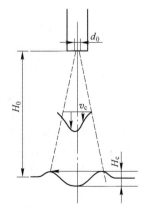

图8-14　超声速射流喷向液面的流动

式中，H_c 为穿透深度；H_0 为喷嘴距静止液面的距离；M_0 为单位时间通过喷口截面的动量，且 $M_0 = \frac{\pi}{4} d_0^2 \rho_g v_0^2$；$\rho_1$ 为液体的密度；ρ_g 为气体的密度；d_0 为喷口直径；v_0 为气体喷出初速度。

空气射流向水面喷射的模型实验证实，水沿着凹坑表面上升，经凹坑凸缘后，沿凹坑周边的外表面流向器壁，再沿器壁向下产生循环流，在器壁附近形成涡流。容器内液体的这种运动，是由于射流冲击凹坑表面气流的摩擦力引起的。若在增加射流速度的同时，减小喷口离液面的距离，就有促进在凹坑表面上产生冲击波的趋势。在冲击波作用下，液体被破碎成液滴并呈抛物线状飞散，这就是所谓的喷溅现象。

8.7 小　结

本章讨论了可压缩气体的基本概念，介绍了一维稳定等熵（绝热可逆过程）流动的基本方程，说明了流动参数的变化规律，以及渐缩喷管与拉瓦尔喷管的特性等。虽然这些知识仅涉及可压缩气体流动的最简单情况，但对炼钢中氧枪的理论设计却非常重要。

可压缩气体一元定常流动的基本方程是本章的基本方程。由该方程可以给出滞止状态、临界状态和极限状态的参数方程。

由气流参数与流通截面的关系，可以理解获得亚声速、声速的收缩喷管和超声速的拉瓦尔喷管的工作原理。

流体自喷嘴流入无限大的自由空间中称为自由射流，是最简单的射流。形成自由射流必须满足周围介质的物理性质（如温度及密度等）与射流流体相同且周围介质静止不动，还应不受任何固体或液体表面的限制。

气体水平喷入液体、气体垂直吹入液体和气体以超声速射向液体是冶金过程中常出现的气液两相流动形式。

思 考 题

8 – 1　推导公式 $a = \sqrt{\dfrac{\mathrm{d}p}{\mathrm{d}\rho}} = \sqrt{kRT}$，并简述公式中每项的意义。

8 – 2　在什么条件下，可以将管内的流动视为绝热流动或等温流动？

8 – 3　什么是马赫数？如何用它判断流动状态？

8 – 4　列出可压缩气体一元稳定等熵流动的基本方程。

8 – 5　什么是滞止状态、临界状态和极限状态？

8 – 6　请说明当地速度、当地声速、滞止声速、临界声速等的物理意义，指出它们之间的关系。

8 – 7　说明气流常数与流体密度的关系，以及渐缩喷管与拉瓦尔喷管的工作原理。

8 – 8　何为自由射流？出口为亚声速的自由射流有何特点？

8 – 9　气液两相流动主要有哪些形式，各有何特点？

8 – 10　氧气顶吹转炉的冲击深度取决于哪些因素，对冶金过程有何影响？

8 – 11　气流从容器底部吹入液体内部时，其流动特征如何？

习　题

8-1 空气从一大容器中经侧壁上的收缩喷嘴流出到大气中。容器中的绝对压强 $p_0 = 2.07 \times 10^5 Pa$，温度 $T_0 = 15℃$，喷嘴直径 $d = 25mm$，容器外压强 $p = 1.035 \times 10^5 Pa$。求通过喷嘴的质量流率 G_m。

8-2 某人头顶 500m 处的空中有一架飞机，飞机前进了 1000m 时，此人才听到飞机的声音，大气的温度为 288K，求飞机飞行的速度 v、马赫数 Ma。

8-3 大气温度 T 随海拔高度 z 变化的关系式是 $T = T_{298} - 0.0065z$，一架飞机在 10km 高空以 900km/h 速度飞行，求其飞行的马赫数。

8-4 空气做绝热流动，如果某处速度 $v_1 = 140m/s$，温度 $T_1 = 75℃$，试求气流的滞止温度。

8-5 有一储气罐，其中压缩空气的压力 $p_0 = 4.904 \times 10^5 Pa$，温度 $T_0 = 293K$，压缩空气从某喷管中流出的马赫数 $Ma_e = 0.8$，试求滞止声速、当地声速、气体喷出速度和出口压力。

8-6 已知压缩空气的原始压力 $p_0 = 1.170 \times 10^5 Pa$，密度 $\rho_0 = 1.32kg/m^3$，出口压力 $p = 1.013 \times 10^5 Pa$，求出口流速。若 p_0 增加到 $2.341 \times 10^5 Pa$，$\rho_0 = 2.64kg/m^3$，出口压力不变，流速又为多少？

8-7 一根向熔池表面吹氧的喷管，氧气滞止参数 $p_0 = 11.143 \times 10^5 Pa$，$T_0 = 313K$，$\rho_0 = 13.2kg/m^3$，炉膛气压为 $1.013 \times 10^5 Pa$。若规定质量流率 $G_m = 2.74kg/s$，请计算喷管主要尺寸、出口声速、温度及马赫数。

8-8 设有转炉氧气喷枪，要求氧气流量（体积流率）$G_V = 10m^3/s$（标态），喷出口的马赫数 $Ma_e = 2$。已知氧气密度 $\rho = 1.429kg/m^3$（标态），$k = 1.4$，$R = 260J/(mol \cdot K)$，$T_0 = 300K$，喷射空间的压力 $p_B = 1.013 \times 10^5 Pa$。试计算：（1）氧气在枪内的原始压力 p_0（不计阻力损失）；（2）拉瓦尔管喉口和出口截面积。

8-9 已知氧气喷枪出口直径 $D_e = 5.0cm$；枪内氧气压力 $p_0 = 9.8 \times 10^5 Pa$，温度 $T = 300K$，$R = 260J/(mol \cdot K)$，枪外介质压力 $p_B = 1.013 \times 10^5 Pa$。试计算：（1）喷枪出口氧的马赫数；（2）氧气质量流率 G_m。

相似原理与模型研究方法

‡‡‡‡‡‡‡‡‡‡‡‡‡‡‡‡‡‡‡‡‡‡‡‡‡‡‡‡‡‡‡‡‡‡‡‡‡

本章提要：自然界及工程中描述物理现象和规律的物理量之间往往存在着一定的联系，揭示这些联系的方法有实验法、理论法和模型法。模型法则在相似理论的指导下，建立与研究对象相似的模型，进行实验室研究，再把所得结论推广到实际问题中，因此模型法得到广泛的应用。以相似理论为基础的模型研究方法也越来越广泛地被冶金工作者接受。

根据相似定理，对彼此相似的现象，由几何相似、物理相似、场（边界和初始条件）相似，可以得到数值相同的特征数。量纲和谐原理指出，凡正确反映客观规律的物理方程，其各项的量纲一定是一致的，该原理是量纲分析的理论基础。根据量纲分析的 π 定理，给出物理过程相关量之间的函数形式，进而建立不同特征数之间的关系，并结合实际过程展示模型研究方法的具体应用。

在实际模型研究中，由于一些物理量相互制约，保证模型与实物完全相似是很难的。为使模型研究得以进行，可采用考虑主要矛盾的近似模化法及黏性流体的稳定性和自模化性的简化方法，也可以达到预想的效果。

‡‡‡‡‡‡‡‡‡‡‡‡‡‡‡‡‡‡‡‡‡‡‡‡‡‡‡‡‡‡‡‡‡‡‡‡‡

冶金现象是错综复杂的，许多实际问题单靠数学分析很难解决，绝大部分难以列出微分方程式，有的即使列出了微分方程式也无法求解。因此，以相似原理为基础的模型研究方法得到了日益广泛的应用，取得了许多重要成果。

本章将介绍相似的基本原理、相似特征数及因次分析方法，并结合冶金过程说明模型研究方法的具体应用。

9.1　相似的概念

9.1.1　相似性质和相似条件

相似的概念首先出现在几何学中。图 9 - 1 所示的两个相似三角形，它们之间对应边成比例，对应角相等，即：

$$\left.\begin{array}{l} \dfrac{l_1''}{l_1'} = \dfrac{l_2''}{l_2'} = \dfrac{l_3''}{l_3'} = C_l \\[2mm] \alpha_1'' = \alpha_1', \ \ \alpha_2'' = \alpha_2', \ \ \alpha_3'' = \alpha_3' \end{array}\right\} \qquad (9-1)$$

式中，C_l 为比例常数。

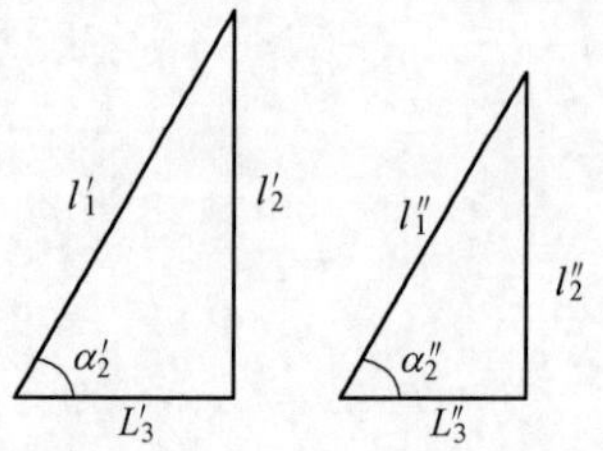

上述关系称为相似性质。反过来讲为"相似条件"，即满

图 9 - 1　几何相似

足什么条件（条件要尽量少，但必须是充分的），两个三角形才能相似。显然，当条件满足式（9-2）时，两个三角形相似，式（9-1）的性质全部出现。

$$\frac{l_1''}{l_1'} = \frac{l_2''}{l_2'} = \frac{l_3''}{l_3'} = C \tag{9-2}$$

由此可见，"相似性质"指彼此相似的现象具有什么性质，而"相似条件"是指满足什么条件后，相关现象才能彼此相似。

几何相似概念可推广到物理概念中，如时间相似，指时间间隔互相成比例；速度相似，指速度场的几何相似，它表示各对应点在对应的时刻上，速度的方向一致，而大小成比例；温度相似，指温度场的几何相似，它表示各对应点在对应的时刻上，温度互相成比例。此外，还有力的相似、浓度相似等。

9.1.2　流动的力学相似

流体流动现象的相似除上述几何相似、时间相似、速度相似、力相似外，还包括其他物理量（如密度、黏度等）的相似。对于所有这些物理量，相似是指这些物理量的场相似。

在对应时刻，对应点上物理量成比例的两个流场称为力学相似的流场，简称相似流动。同流体流动现象一样，其他各种物理现象，如热量的传输、质量的传输等，都伴随着许多物理量的变化。对于这些现象，相似是在相似的空间中，表述这些现象的各物理量的场相似。

9.2　相 似 原 理

相似定理是相似理论的主要内容，有非常严格的正定理（相似性质）和逆定理（相似条件）。本节采用近些年国内外教科书中的方法，对相似定理进行简单表述，着重其应用。

相似正定理认为：彼此相似的现象必定具有数值相同的特征数（其定义和意义在下节讨论）。

上述结论是由分析相似现象的相似性质后得出的，相似性质包括：相似现象都属于同一类现象；用来表征这些现象的一切物理量的场都相似；相似现象的边界条件必定相似；相似现象的一切量各自互成比例。

下面通过质点运动，来进一步认识相似原理。

有一流体质点沿 x 轴运动，其运动方程为：

$$v_x' = \frac{\mathrm{d}x'}{\mathrm{d}t'} \tag{9-3}$$

另一流体质点的运动与之相似，属于同一类现象，其运动方程为：

$$v_x'' = \frac{\mathrm{d}x''}{\mathrm{d}t''} \tag{9-4}$$

由于表征它们的一切物理量的场都相似，第二个现象的量与第一个现象的量互成比例，即：

$$v''_x = C_v v'_x, \qquad x'' = C_l x', \qquad t'' = C_t t' \tag{9-5}$$

将式（9-5）代入式（9-4）得：

$$C_v v_x' = \frac{C_l}{C_t} \frac{dx'}{dt'} \quad \text{或} \quad \frac{C_v C_t}{C_l} v'_x = \frac{dx'}{dt'} \tag{9-6}$$

对比式（9-6）与式（9-3），只有相似常数之间的关系符合：

$$\frac{C_v C_t}{C_l} = 1 \tag{9-7}$$

两个流体质点的运动方程才完全相同。

式（9-7）表明了相似常数之间的关系，这种关系用 C 表示：

$$C = \frac{C_v C_t}{C_l} = 1 \tag{9-8}$$

C 称为相似指标。对于相似现象，相似指标等于1。

相似逆定理认为：凡同一种类的现象，若定解条件相似，而且由定解条件的物理量所组成的特征数在数值上相等，则这些现象必定相似。相似逆定理的讨论现象相似的条件有：由于彼此相似的现象服从于同一自然规律，故都可用完全相同的基本方程组来描述为第一个必要条件；定解条件相似是现象相似的第二个必要条件；由定解条件的物理量所组成的特征数在数值上相等是现象相似的第三个必要条件。

9.2.1　特征数的导出

根据前面的相似原理，采用相似转换法可以导出特征数（在较早的教科书中称其为准数或准则数或无量纲数），国家标准规定其为量纲为1的特征数。下面以不可压缩黏性流体的不稳定等温流动为例，用相似转换法，即方程分析法来导出其特征数。

假定有两个彼此相似的流动体系，凡属第二体系的各量都标以记号 $''$，而第一体系标以记号 $'$。因 x 轴、y 轴、z 轴方向上的运动方程形式完全一样，故只对 x 轴方向的连续性方程和运动方程进行相似转换。

第一体系有：

$$\frac{\partial v'_x}{\partial t'} + v'_x \frac{\partial v'_x}{\partial x'} + v'_y \frac{\partial v'_x}{\partial y'} + v'_z \frac{\partial v'_x}{\partial z'} = X' - \frac{1}{\rho'} \frac{\partial p'}{\partial x'} + \frac{\mu'}{\rho'} \left(\frac{\partial^2 v'_x}{\partial x'^2} + \frac{\partial^2 v'_x}{\partial y'^2} + \frac{\partial^2 v'_x}{\partial z'^2} \right) \tag{9-9}$$

$$\frac{\partial v'_x}{\partial x'} + \frac{\partial v'_y}{\partial y'} + \frac{\partial v'_z}{\partial z'} = 0 \tag{9-10}$$

第二体系有：

$$\frac{\partial v''_x}{\partial t''} + v''_x \frac{\partial v''_x}{\partial x''} + v''_y \frac{\partial v''_x}{\partial y''} + v''_z \frac{\partial v''_x}{\partial z''} = X'' - \frac{1}{\rho''}\frac{\partial p''}{\partial x''} + \frac{\mu''}{\rho''}\left(\frac{\partial^2 v''_x}{\partial x''^2} + \frac{\partial^2 v''_x}{\partial y''^2} + \frac{\partial^2 v''_x}{\partial z''^2}\right) \qquad (9-11)$$

$$\frac{\partial v''_x}{\partial x''} + \frac{\partial v''_y}{\partial y''} + \frac{\partial v''_z}{\partial z''} = 0 \qquad (9-12)$$

根据相似定理可以给出：

$$\left.\begin{array}{l} \dfrac{v''_x}{v'_x} = \dfrac{v''_y}{v'_y} = \dfrac{v''_z}{v'_z} = C_v, \quad \dfrac{p''}{p'} = C_p \\[3mm] \dfrac{\rho''}{\rho'} = C_\rho, \quad \dfrac{\mu''}{\mu'} = C_\mu, \quad \dfrac{X''}{X'} = \dfrac{Y''}{Y'} = \dfrac{Z''}{Z'} = C_g \\[3mm] \dfrac{t''}{t'} = C_t, \quad \dfrac{x''}{x'} = \dfrac{y''}{y'} = \dfrac{z''}{z'} = C_l \end{array}\right\} \qquad (9-13)$$

将式（9-13）代入式（9-11）和式（9-12），可得：

$$\frac{C_v}{C_t}\frac{\partial v'_x}{\partial t'} + \frac{C_v^2}{C_l}\left(v'_x\frac{\partial v'_x}{\partial x'} + v'_y\frac{\partial v'_x}{\partial y'} + v'_z\frac{\partial v'_x}{\partial z'}\right) = C_g X' - \frac{C_p}{C_\rho C_l}\frac{1}{\rho'}\frac{\partial p'}{\partial x'} + \frac{C_\mu C_v}{C_\rho C_l^2}\frac{\mu'}{\rho'}\left(\frac{\partial^2 v'_x}{\partial x'^2} + \frac{\partial^2 v'_x}{\partial y'^2} + \frac{\partial^2 v'_x}{\partial z'^2}\right)$$

$$(9-14)$$

$$\frac{C_v}{C_l}\left(\frac{\partial v'_x}{\partial x'} + \frac{\partial v'_y}{\partial y'} + \frac{\partial v'_z}{\partial z'}\right) = 0 \qquad (9-15)$$

比较式（9-9）与式（9-14），及式（9-10）与式（9-15），因两个流动体系相似，所以它们的运动方程和连续性方程完全相同，于是得：

$$\frac{C_v}{C_t} = \frac{C_v^2}{C_l} = C_g = \frac{C_p}{C_\rho C_l} = \frac{C_\mu C_v}{C_\rho C_l^2} \qquad (9-16)$$

$$\frac{C_v}{C_l} = 任意数 \qquad (9-17)$$

由式（9-16）可得出下面一组等式，即：

$$\frac{C_v^2}{C_l} = \frac{C_v}{C_t}, \quad \frac{C_v^2}{C_l} = C_g, \quad \frac{C_v^2}{C_l} = \frac{C_p}{C_\rho C_l}, \quad \frac{C_v^2}{C_l} = \frac{C_\mu C_v}{C_\rho C_l^2} \qquad (9-18)$$

进一步将式（9-18）整理成相似指标式：

$$\frac{C_v C_t}{C_l} = 1, \quad \frac{C_g C_l}{C_v^2} = 1, \quad \frac{C_p}{C_\rho C_v^2} = 1, \quad \frac{C_\rho C_v C_l}{C_\mu} = 1 \qquad (9-19)$$

进而把式（9-13）代入式（9-19），经整理，就得到如下四个特征数：

$$\frac{v''t''}{l''} = \frac{v't'}{l'}, \quad 均时性数：Ho \text{ 不变数} = \frac{vt}{l}$$

$$\frac{g''l''}{v''^2} = \frac{g'l'}{v'^2}, \quad 弗劳德（Froude）数：Fr \text{ 不变数} = \frac{gl}{v^2}$$

$$\frac{p''}{\rho''v''^2} = \frac{p'}{\rho'v'^2}, \quad 欧拉（Euler）数：Eu \text{ 不变数} = \frac{p}{\rho v^2}, \quad 或 Eu \text{ 不变数} = \frac{\Delta p}{\rho v^2}$$

$$\frac{\rho''v''l''}{\mu''} = \frac{\rho'v'l'}{\mu'}, \quad 雷诺（Reynolds）数：Re \text{ 不变数} = \frac{\rho vl}{\mu}$$

与式（9-16）对比不难发现，由式（9-17）无法导出特征数。

对于不可压缩黏性流体的不稳定等温流动，共有四个独立的特征数：Ho、Fr、Eu、Re。

由定性量组成的特征数称为"定性特征数"；那些包含被决定量的特征数称为"非定性特征数"。例如，对不可压缩黏性流体的不稳定等温流动，定性特征数有 Ho、Re、Fr，它们都由定性量 t、v、l、ρ、μ、g 的某几个量组成，而 Eu 中的压强 p 是被决定量，所以是非定性特征数。

9.2.2　特征数的物理意义

均时性数 $Ho = \frac{vt}{l} = \frac{t}{l/v}$。$\frac{l}{v}$ 可理解为速度为 v 的流体质点通过系统中某一定性距离 l 所需的时间，而 t 可理解为整个系统的流动时间，两者的比值为量纲为 1 的时间。若两个不定常流动的 Ho 相等，则它们的速度场随时间改变的快慢是相似的。

弗劳德数 $Fr = \frac{gl}{v^2} = \frac{\rho gl}{\rho v^2}$，分子反映了单位体积流体的重力位能（或位压），而分母表示单位体积流体的动能（或动压）的两倍。所以 Fr 表示流体的位压与动压的比值。位压与动压又分别与重力和惯性力成正比，故 Fr 也表示重力与惯性力的比值。

欧拉数 $Eu = \frac{p}{\rho v^2}\left(或\frac{\Delta p}{\rho v^2}\right)$，它表示流体的压强（或压差）与惯性力的比值。$Eu$ 的分子、分母都是压强量纲，所以它表示的也是量纲为 1 的压强。如果两个流动现象的 Eu 相等，则它们的压力场是相似的。

雷诺数 $Re = \frac{\rho vl}{\mu}$，如果改写成 $Re = \frac{\rho v^2}{\mu v/l}$，则表示流体的惯性力与黏滞力的比值。$Re$ 如果写成 $\frac{v}{\nu/l}$，其分子、分母都是速度量纲，所以它也表示量纲为 1 的速度。如果两个流动现象的 Re 相等，则它们的速度分布（即运动状态）是相似的。

9.2.3　特征数的转换

特征数的形式是可以改变的。虽然特征数有许多，但独立特征数的数目却是固定的。独立特征数称为"原始特征数"，其他特征数都是原始特征数在形式上的改变，具体的改变方式有以下几种：

（1）特征数的 n 次方，即 π^n（n 为常数）仍为特征数。如 $\left(\dfrac{gl}{v^2}\right)^{-1}=\dfrac{v^2}{gl}=Fr^{-1}$，但习惯上仍称其为弗劳德数。

（2）特征数的幂次乘积，即 $\pi_1^{n_1}\cdot\pi_2^{n_2}\cdots\cdots\pi_k^{n_k}$（$n_1$，$n_2$，$\cdots$，$n_k$ 为常数）仍是特征数。如 $Fr\cdot Re^2=\dfrac{gl}{v^2}\left(\dfrac{\rho vl}{\mu}\right)^2=\dfrac{g\rho^2 l^3}{\mu^2}=Ga$，$Ga$ 称为伽利略（Galileo）数，其物理意义为重力与黏滞力的比值。

（3）特征数乘以量纲为 1 的量，仍然是特征数，如 $Ga\left(\dfrac{\rho-\rho_0}{\rho}\right)=\dfrac{gl^3}{v^2}\left(\dfrac{\rho-\rho_0}{\rho}\right)=Ar$，$Ar$ 称为阿基米得（Archimedes）数，它表示由于流体密度差引起的浮力与黏滞力的比值。若气体密度差取决于温度差 ΔT，令 β 代表气体的温度膨胀系数，则 $\dfrac{\rho-\rho_0}{\rho}=\beta\Delta T$，代入上式，可得：$\dfrac{gl^3}{v^2}\beta\Delta T=Gr$，$Gr$ 称为格拉晓夫（Grashof）数，它表示气体上升力与黏滞力的比值。

（4）特征数的和或差（即 $\pi_1\pm\pi_2$）仍是相似特征数。如 $\pi_1=\left(\dfrac{\sigma}{g\rho_1 l^2}\right)^{-1}$ 及 $\pi_2=\left(\dfrac{\sigma}{g\rho_2 l^2}\right)^{-1}$ 都是特征数，那么 $(\pi_1-\pi_2)^{-1}=\dfrac{\sigma}{g(\rho_1-\rho_2)l^2}=We$，式中 σ 为液体的表面张力，ρ_1、ρ_2 为液相、气相物质的密度。We 仍是相似特征数，称之为韦伯（Weber）数，它表示气液两相接触过程中气液相界面的张力与重力的比值。

（5）特征数中任一物理量用其差值代替仍是特征数。如欧拉数 $Eu=\dfrac{p}{\rho v^2}$ 中的压强可用压差 Δp 代替，$\dfrac{\Delta p}{\rho v^2}$ 仍称为欧拉数。在前述流动阻力时，阻力系数 ζ 与 Eu 有关系，可做如下变换，$Eu=\dfrac{p}{\rho v^2}$，移项后得 $\Delta p=2Eu\dfrac{\rho}{2}v^2$。令 $\zeta=2Eu$，则有 $\Delta p=\zeta\dfrac{\rho}{2}v^2$。显然，$Eu$ 反映了流体流动时的阻力系数，正好为 ζ 的 $1/2$。

9.3　量　纲　分　析

9.3.1　量纲的基本概念

在动量传输中，常用的基本物理量为：长度（L），质量（M），时间（t），温度（T）。

常用导出量的量纲为：速度 v，$[v]=[Lt^{-1}]$；力 F，$[F]=[MLt^{-2}]$；压强 p，$[p]=[ML^{-1}t^{-2}]$；密度 ρ，$[\rho]=[ML^{-3}]$；重力加速度 g，$[g]=[Lt^{-2}]$；黏度 μ，$[\mu]=[ML^{-1}t^{-1}]$；运动黏度 ν，$[\nu]=[L^2t^{-1}]$。

另外，物理方程式中有量纲的常数，如气体常数 R 的量纲为 $[L^2t^{-2}T^{-1}]$。

9.3.2 量纲和谐原理

不同物理量如能组成物理方程，不论其在形式上如何变化，各项的量纲必须一致，这就是量纲和谐原理。

量纲和谐原理是量纲分析的基础。例如，定常流动的伯努利方程为式（5-36）：

$$\frac{v_{1m}^2}{2g} + \frac{p_1}{\rho g} + z_1 + H_e = \frac{v_{2m}^2}{2g} + \frac{p_2}{\rho g} + z_2 + \Delta h \qquad (5-36)$$

式（5-36）中的各项量纲都是长度 L，因此该式的量纲和谐。如果式（5-36）各项同乘以 ρg，各项的量纲都变为 $ML^{-1}t^{-2}$，故无论物理方程形式如何变化，各项的量纲都是一致的。因此，在推导出新的物理关系后，首先要考察量纲是否和谐。如量纲不和谐，推导过程必然错误。

9.3.3 π 定理或白金汉定理

π 定理是更为普遍的量纲分析方法，是美国物理学家白金汉在 1914 年提出的，又称为白金汉（Buckingham）定理。π 定理的基本原理为：在某一个物理过程中间包含 n 个物理量 x_1, x_2, $\cdots$, x_n, 即：

$$f(x_1, x_2, \cdots, x_n) = 0 \qquad (9-20)$$

其中有 m 个是基本量，即量纲相互独立，则该物理过程可以由 $(n-m)$ 个量纲为 1 的特征数建立的关系式来表示，即：

$$f(\pi_1, \pi_2, \cdots, \pi_{n-m}) = 0 \qquad (9-21)$$

式（9-21）中各个 π 的量纲均为 1，故称为 π 定理。

9.3.4 π 定理的应用

下面通过不可压缩黏性流体的不稳定等温流动来说明 π 定理的应用，具体如下：

（1）设影响某一现象的因素有 v、l、p、ρ、μ、g、t，它们之间有如下关系：

$$f(v, l, p, \rho, \mu, g, t) = 0 \qquad (9-22)$$

（2）从这 7 个物理量中选择 m 个独立的物理量作为代表。对于流动现象，$m=3$，独立量纲为 [L]、[M] 和 [t]。此例中，选择的 3 个物理量是 v、l、ρ，可通过下面的方法判断它们是否在量纲上独立：

$$[v] = [M^0 L^1 t^{-1}]$$

$$[l] = [M^0 L^1 t^0] \quad \text{由量纲式中的指数给出行列式} \quad \begin{vmatrix} 0 & 1 & -1 \\ 0 & 1 & 0 \\ 1 & -3 & 0 \end{vmatrix} = 1 \qquad (9-23)$$

$$[\rho] = [M^1 L^{-3} t^0]$$

只要行列式不等于零，这三个物理量在量纲上就是独立的。

（3）从这三个物理量以外的物理量中，每次取一个物理量，连同这三个物理量组合成一个量纲为 1 的 π。这样可写出 $(n-3)$ 个 π，即：

$$\pi_1 = \frac{p}{v^{a_1} l^{b_1} \rho^{c_1}}, \quad \pi_2 = \frac{\mu}{v^{a_2} l^{b_2} \rho^{c_2}}, \quad \pi_3 = \frac{g}{v^{a_3} l^{b_3} \rho^{c_3}}, \quad \pi_4 = \frac{t}{v^{a_4} l^{b_4} \rho^{c_4}} \tag{9-24}$$

（4）根据特征数的量纲为 1（量纲和谐原理）的特点，确定 a_i、b_i、c_i。由于：

$$[\pi_1] = \frac{[ML^{-1}t^{-2}]}{[Lt^{-1}]^{a_1} [L]^{b_1} [ML^{-3}]^{c_1}}$$

因此对 $[L]$：$-1 = a_1 + b_1 - 3c_1$；对 $[M]$：$1 = c_1$；对 $[t]$：$-2 = -a_1$。这三式联立求解，则得 $a_1 = 2$，$b_1 = 0$，$c_1 = 1$，于是有：$\pi_1 = \frac{p}{\rho v^2} = Eu$。

同理可以求出：$\pi_2 = \frac{\mu}{\rho v l} = \frac{1}{Re}$，$\pi_3 = \frac{gl}{v^2} = Fr$，$\pi_4 = \frac{vt}{l} = Ho$。

（5）写出特征数方程式：

$$F(Ho, Re, Fr, Eu) = 0 \tag{9-25}$$

对比本章 9.2 节中的方程分析法，由量纲分析法得到的特征数是一致的。

量纲分析法表明，对一些较复杂的物理现象，即使无法建立微分方程式，但只要知道这些现象包含哪些物理量，就能求出它们的特征数。准确地确定出表征现象的物理量非常重要，它需要大量实验，还要注意不能丢掉有量纲的常数，如气体常数 R 等。

[例题 9-1] 20℃的空气以平均流速 2m/s 在直径为 800mm 的管道中流动。今以直径为 75mm 的管子做模型，用 20℃的水进行实验，为了使模型与实际情况相似，问水的平均流速应为多少？已知：20℃时空气和水的运动黏度分别为 $\nu'_{空气} = 0.157 \mathrm{cm}^2/\mathrm{s}$ 和 $\nu'_{水} = 0.0101 \mathrm{cm}^2/\mathrm{s}$。

解： 以管子直径 d 为定性尺寸。对于黏性流体在管内做有压流动的情况，其决定性特征数为 Re，故两种流动相似的条件是 $Re' = Re''$，即：

$$\frac{v'' d''}{\nu''} = \frac{v' d'}{\nu'}$$

$$v'' = v' \left(\frac{\nu''}{\nu'} \right) \left(\frac{d'}{d''} \right) = 2 \times \frac{0.0101}{0.157} \times \frac{800}{75} = 1.372 \mathrm{m/s}$$

当水的平均流速为 1.373m/s 时，模型与实际的空气流动状况相似。

[例题 9-2] 试用量纲分析法确定不可压缩黏性流体绕球体流动的阻力公式。已知阻力 F 与流速 v_∞、球的直径 d、流体的密度 ρ、黏度 μ 有关。

解： 由题中给出的条件可以得到：$f(F, v_\infty, d, \rho, \mu) = 0$，选取 v_∞、d、ρ 为三个基本物理量，前已证明这三个物理量在量纲上是独立的，这样有：

$$\pi_1 = \frac{F}{v_\infty^{a_1} d^{b_1} \rho^{c_1}} = \frac{[MLt^{-2}]}{[Lt^{-1}]^{a_1} [L]^{b_1} [ML^{-3}]^{c_1}}$$

对 $[L]$：$1 = a_1 + b_1 - 3c_1$；对 $[M]$：$1 = c_1$；对 $[t]$：$-2 = -a_1$。解得，$a_1 = 2$，$b_1 = 2$，$c_1 = 1$。所以

$$\pi_1 = \frac{F}{v_\infty^2 d^2 \rho}$$

同理可求出：

$$\pi_2 = \frac{\mu}{v_\infty d \rho} = \frac{1}{Re}$$

根据式（9-21）可得：

$$\frac{F}{v_\infty^2 d^2 \rho} = f(Re)$$

上式可改写成：

$$F = \frac{8}{\pi} f(Re) \frac{\rho}{2} v_\infty^2 \frac{\pi}{4} d^2$$

令 $\zeta = \frac{8}{\pi} f(Re)$，且 $A = \frac{\pi}{4} d^2$，则给出：

$$F = \zeta \frac{\rho}{2} v_\infty^2 A$$

由上可见，球形颗粒的阻力系数 ζ 与 Re 有关。对应不同的 Re，可以由试验给出球形颗粒阻力系数与 Re 的关系曲线，图 9-2 给出了各类物体在不同的 Re 下的阻力系数。

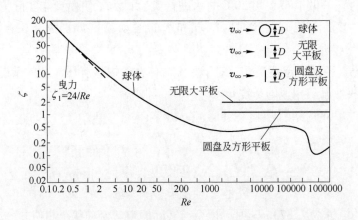

图 9-2　各类物体在不同 Re 下的阻力系数

由图 9-2 可见，对于球形颗粒，阻力系数与 Re 的关系可分为如下四个区域：

第一区域：在 $Re < 1$ 时，称为斯托克斯定律区。其中阻力系数与 Re 成反比，即 $\zeta = \frac{24}{Re}$。该关系式也可以在忽略惯性的条件下，通过求解流体绕圆球时的纳维-斯托克斯方程而获得；

第二区域：在 Re 为 0.2～800 范围内，称为过渡区。其中的关系可用下式近似表示，$\zeta = \frac{10}{Re^{1/2}}$；

第三区域：当 $500 < Re < 2 \times 10^5$ 时，称为牛顿定律区。其中阻力系数与 Re 无关，近似为常数 ζ，$\zeta \approx 0.43$；

第四区域：当 $Re > 2 \times 10^5$ 时，阻力系数开始突然下降到原数值的 $1/4 \sim 1/5$，然后随 Re 增加而略有增加。

图 9-2 的一个重要应用是计算颗粒的沉降（或上升）速度。

一个颗粒在流体中沉降（如灰尘在空气中）或上升（如夹杂物在钢液中）时，它会逐渐加速，随着颗粒和流体之间的相对速度越来越大，流体对颗粒的阻力也越来越大。若流体处于静止状态，则相对速度是颗粒的下降或上升速度。当颗粒下降（或上升）速度增至某一数值时，作用在颗粒上的阻力将与重力（或浮力）呈现平衡，颗粒即以匀速下降（或上升），这时的颗粒速度称为极限速度。

对于 $Re < 1$ 的斯托克斯定律区：

$$\frac{\pi}{6}d^3(\rho_k - \rho_f)g = 3\pi\mu v_t d \tag{9-26}$$

即：

$$v_t = \frac{1}{18}(\rho_k - \rho_f)\frac{gd^2}{\mu} \tag{9-27}$$

对于过渡区，其雷诺数在 $0.2 < Re < 800$，有：

$$\frac{\pi}{6}d^3(\rho_k - \rho_f)g = \zeta\frac{\rho_f v_t^2}{2}\frac{\pi}{4}d^2 \tag{9-28}$$

将 $\zeta = \dfrac{10}{Re^{1/2}}$ 代入式（9-28），可得：

$$v_t = \left[\frac{4}{225} - \frac{(\rho_k - \rho_f)^2 g^2}{\rho_f \mu}\right]^{1/3} d \tag{9-29}$$

对于牛顿定律区，$500 < Re < 2 \times 10^5$，将 $\zeta \approx 0.43$ 代入式（9-28），可得：

$$v_t = \left[\frac{3.1g(\rho_k - \rho_f)d}{\rho_f}\right]^{1/2} \tag{9-30}$$

[例题 9-3]　试计算直径为 $20\mu m$ 的球形夹杂物在静止钢液中上升的极限速度。已知：$\rho_k = 2.7 \times 10^3 kg/m^3$，$\rho_f = 7.1 \times 10^3 kg/m^3$，$\mu = 5.5 \times 10^{-3} kg/(m \cdot s)$。

解：首先用式（9-27）试算，即：

$$v_t = \frac{1}{18} \times (2.7 - 7.1) \times 10^3 \times \frac{9.81 \times (2 \times 10^{-5})^2}{5.5 \times 10^{-3}} = -1.74 \times 10^{-4}\text{m/s}$$

然后再求 Re，以检验之：

$$Re = \frac{7.1 \times 10^3 \times 1.74 \times 10^{-4} \times 2 \times 10^{-5}}{5.5 \times 10^{-3}} = 4.5 \times 10^{-3} < 1$$

由此可见，流动处于斯托克斯定律区，故式（9-27）是适用的。

9.4　模型研究方法

9.4.1　近似模化法

相似原理提供了模型研究的理论基础。进行动量、热量和质量传输模型研究时，要保证模型中的流动与实物相似，必须遵守相似第二定理，即满足流动相似的如下充分必要条件：模型中的流动与实物中的流动应被同一组完备的方程组描述；模型与实物流体通道在内轮廓上要几何相似；模型与实物中对应截面或对应点上流体的物性（ρ，μ）相似；模型与实物入口、出口截面处的速度分布相似；模型流动与实物流动的初始条件相似；模型与实物定性特征数的数值相等。

但在实际模型研究中，由于一些物理量相互制约，保证模型与实物完全相似是很难实现的。为使模型研究得以进行，就必须采用近似模型研究的方法。

近似模化法，就是尽量保证模型研究中的主要物理量相似，次要物理量只做近似保证，甚至忽略不计。例如，管道内流体流动是有压流动，决定流动状态的是 Re，而不是 Fr。因而模型研究时只需考虑 Re，Fr 可以忽略。又如，熔池中钢液流动的情况，由于熔池内温度很高，温度场、浓度场都不均匀，钢液中还有气泡，因此要使模型中的介质与实物完全一致是很难的。一般采用常温液体（如水）作介质来模化，这称为"冷态模化法"。

9.4.2　黏性流体的稳定性和自模化性

流体流动近似模化可利用黏性流体的稳定性和自模化性特性，对相似逆定理的充分必要条件进行简化。

（1）稳定性。大量实验表明，黏性流体在管道中流动时，无论入口速度分布如何，流经一段距离后，速度分布就会固定下来。这种特性称为"稳定性"。黏性流体在复杂形状的通道中流动，也具有稳定性特征。所以，在进行模型实验时，只要在模型入口有一段几何相似的稳定段，就能保证速度分布相似。同样，出口速度分布的相似也不用专门考虑，只要保证出口通道几何相似即可。

（2）自模化性。当 Re 小于某一定值（称为"第一临界值"）时，流动呈层流状态，其速度分布彼此相似，与 Re 值的大小无关。例如圆管中的层流流动，不论流速如何，沿截面的速度分布形状总是一轴对称的旋转抛物面。这种特性称为"自模化性"。当 Re 大于第一临界值时，流动处于由层流到湍流的过渡态。流动进入湍流状态后，若 Re 继续增加，它对湍流程度及速度分布的影响逐渐减小。当达到某一定值（称为"第二临界值"）以后，流动又一次进入自模化状态，即不管 Re 多大，流动状态与速度分布不再变化，都彼此相似。通常将 Re 小于第一临界值的范围称为"第一自模化区"，而将 Re 大于第二临界值的范围称为"第二自模化区"。

在进行模型研究时，只要模型与实物中的流体流动处于同一自模化区，模型与实物中的 Re 即使不相等，也能做到速度分布相似。这给模型研究带来很大方便。当实物中的 Re 远大于第二临界值时，模型中的 Re 稍大于第二临界值即可做到流动相似。在模型实验设计中，可以选用流量较小的泵或风机就能满足要求。理论分析与实验结果都表明，流动进入第二自模化区以后，阻力系数（或 Eu）为定数，这可作为检验模型中的流动是否进入第二自模化区的标志。

9.4.3 模型实验的数据处理

模型实验数据应整理成特征数方程式，一般把特征数之间的关系表示成指数函数的形式，即：

$$\pi_{\text{非}i} = C\pi_{\text{决}1}^{n_1} \cdot \pi_{\text{决}2}^{n_2} \cdot \cdots \cdot \pi_{\text{决}m}^{n_m} \tag{9-31}$$

式中，$\pi_{\text{非}}$ 为任一非定性特征数；$\pi_{\text{决}1}$、$\pi_{\text{决}2}$、$\cdots$、$\pi_{\text{决}m}$ 为定性特征数；C、n_1、n_2、$\cdots$、n_m 为待定常数。

式（9-31）中各特征数可以由实验数据整理出来，只要能确定各常数，特征数方程式就能建立。对式（9-31）两边取对数，可得：

$$\lg\pi_{\text{非}i} = \lg C + n_1\lg\pi_{\text{决}1} + n_2\lg\pi_{\text{决}2} + \cdots + n_m\lg\pi_{\text{决}m} \tag{9-32}$$

最简单的情况是只有一个定性特征数，则有：

$$\lg\pi_{\text{非}} = \lg C + n\lg\pi_{\text{决}} \tag{9-33}$$

这是一直线方程。画在对数坐标上，用最小二乘法可求得 $\lg C$ 与 n 的值。

当定性特征数数目在两个或两个以上时，用多元线性回归方法求得各待定常数。

9.5 小　结

相似原理实质上是指导实验的理论。它提供了通过实验求解复杂现象方程组的途径。按相似正定理，实验时必须测量出各特征数所包含的一切量。按相似逆定理，实验时需保证模型与实际现象相似。

动量传输问题的量纲分析，只是给定问题量纲一致性的一种应用。应用量纲分析，可以把独立变量组合成个数较少的量纲为 1 的 π 参数，从而使处理实验数据所花费的时间大为减少。除此之外，特征数间的关联式还有助于表述系统的性能。

如果已知描述某一给定过程的方程式，则通过求解方程中某一项与其他项比值的方法，即可很方便地确定特征数的个数。对所求得的特征数，该方法还可以给出其物理意义。

另一种情况是，如果给定的过程没有方程可用，则可以应用经验方法，即白金汉方法。这是一种经常采取的方法，该方法可以建立不同特征数之间的关系，但不能给出所求特征数的物理意义。

在实际模型研究中，由于一些物理量相互制约，模型与实物完全相似是很难的。为使模型研究得以进行，必须采用近似模型研究的方法。利用黏性流体的稳定性和自模化性，在模型试验得以简化的前提下，达到预想的效果。

思　考　题

9-1　相似理论有什么意义？有哪些相似准则？

9-2　列出均时性数、弗劳德数、欧拉数、雷诺数的表达式，指出它们的意义。

9-3　如何利用白金汉定理（π 定理）解决问题？该定理的优缺点是什么？

9-4　什么是量纲？量纲和单位有什么不同？

9-5　量纲分析方法的原理是什么？举例说明量纲分析的基本步骤。

9-6　简述模型研究方法。

9-7　什么是自模化性和第二自模化区？

习　　题

9-1　速度 v、长度 l、重力加速度 g 的量纲为 1 的集合是：

　　(a) $\dfrac{lv}{g}$；(b) $\dfrac{v}{gl}$；(c) $\dfrac{l}{gv}$；(d) $\dfrac{v^2}{gl}$。

9-2　速度 v、密度 ρ、压强 p 的量纲为 1 的集合是：

　　(a) $\dfrac{\rho p}{v}$；(b) $\dfrac{\rho v}{p}$；(c) $\dfrac{pv^2}{\rho}$；(d) $\dfrac{p}{\rho v^2}$。

9-3　速度 v、长度 l、时间 t 的量纲为 1 的集合是：

　　(a) $\dfrac{v}{lt}$；(b) $\dfrac{t}{vl}$；(c) $\dfrac{l}{vt^2}$；(d) $\dfrac{l}{vt}$。

9-4　压强差 Δp、密度 ρ、长度 l、流量 q 的量纲为 1 的集合是：

　　(a) $\dfrac{\rho q}{\Delta p l^2}$；(b) $\dfrac{\rho l}{\Delta p q^2}$；(c) $\dfrac{\Delta p l q}{\rho}$；(d) $\sqrt{\dfrac{\rho}{\Delta p}}\dfrac{q}{l^2}$。

9-5　雷诺数的物理意义是：

　　(a) 黏滞力与重力之比；(b) 重力与惯性力之比；(c) 惯性力与黏滞力之比；(d) 压力与黏滞力之比。

9-6　试阐述几何相似、运动相似、动力相似的定义，并举例说明。

9-7　沿管道单位长度的压力降 Δp 与流体的速度 v、密度 ρ、黏度 μ、半径 r 有关，请用 π 定理求出它们的关系式。

9-8　飞机以 400m/s 速度在高空飞行，高空温度 $T=228\text{K}$，压力 p 为 30.2kPa。今用缩小 20 倍的模型在风洞中作模化实验。已知风洞中空气温度 $T=288\text{K}$，空气黏度 $\mu=T^{1.5}/(T+117)\,\text{Pa}\cdot\text{s}$，求风洞中风速及压力。

9-9　将下述各量纲为 1 的量代入纳维－斯托克斯方程：$v^{*}=\dfrac{v}{v_{\infty}}$，量纲为 1 的速度；$p^{*}=\dfrac{p}{\rho v_{\infty}^{2}}$，量纲为 1

的压力；$t^{*}=\dfrac{t v_{\infty}}{L}$，量纲为 1 的时间；$x^{*}=\dfrac{x}{L}$，量纲为 1 的距离。导出算子 ∇ 可写为 $\dfrac{\nabla^{*}}{L}$，试证明

纳维－斯托克斯方程可变为：$\dfrac{\text{D}v^{*}}{\text{D}t^{*}}=\dfrac{gL}{v_{\infty}^{2}}-\nabla^{*}p^{*}+\dfrac{1}{Re}\nabla^{*2}v^{*}$。

9-10　在烧粉煤的炉膛内，混有煤粉颗粒的烟气在向上流动时的流速为 $v_{\text{g}}=0.5\text{m/s}$，烟气的运动黏度 $\nu=223\times10^{-6}\text{m}^2/\text{s}$，烟气的密度 $\rho_{\text{g}}=0.2\text{kg/m}^3$，煤粉颗粒的密度 $\rho_{\text{s}}=1.1\times10^{3}\text{kg/m}^3$，试计算烟气中直径 $D=9\times10^{-5}\text{m}$ 的煤粉颗粒是否沉降？悬浮的颗粒直径为多大？

9-11　600℃的烟气以 $v_{\text{t}}=8\text{m/s}$ 的速度在热风炉中流动，通过热风炉产生的压降为 120Pa，烟气密度 $\rho_{\text{t}}=0.4\text{kg/m}^3$，烟气运动黏度 $\nu=0.9\text{cm}^2/\text{s}$。现在用 10℃的水进行模型研究，模型与实物之比为 1∶10，试问：(1) 为了保证流动相似，水在模型中的运动速度应为多少？(2) 模型中压降为多少？

9-12　某气力输送管道，为了输送一定数量的悬浮固体颗粒，即悬浮固体颗粒与气流向上流动时，要求流速为相对固体沉速的 5 倍。已知悬浮颗粒直径 $D=0.3\text{mm}$，密度 $\rho_{\text{s}}=2650\text{kg/m}^3$，气体温度为 20℃，求管内固体的相对沉降速度和气体的流动速度。

第二篇

热 量 传 输

在自然界和生产过程中，温差总是存在的。因此，热量传输就成为自然界和生产中非常普遍的现象。热量传输（传热学）与工程热力学最早属于理论物理学的热学部分。随着社会的进步以及科技的发展，它们逐步演化为独立的学科，并不断衍生出新的分支。热量传输是研究不同温度的物体间（或物体内）热量传递规律的一门科学。所要解决的问题是确定传热速率以及系统内部的温度分布。热量传输有 4 个分支学科，即导热、对流换热、辐射换热和相变换热。

导热是热量传输中最早研究的问题。从法国数学家傅里叶（Fourier）研究导热开始，已有近 200 年的历史。早期导热学主要研究绝热问题（即如何减少热损失），通过对大量实验数据的归纳总结，傅里叶得到了导热学最重要的定律——傅里叶定律。尽管如此，这一阶段导热学的整体理论水平还比较低，并未真正深入到导热问题的本质。19 世纪末，应用数学有了突破，偏微分方程可以求解，这些数学理论应用到导热学，使得导热学在 20 世纪初渐趋成熟。目前，导热学又有了新发展，许多问题可以通过新概念或新方法重新评估、计算和研究。

对流换热学的发展以牛顿（Newton）冷却公式为标志，迄今已有 300 多年的历史。由于对流换热的偏微分方程较导热复杂得多，因此对流换热学发展缓慢。直到 1904 年，普朗特（Prandtl）提出了著名的边界层理论，对流换热问题的研究得以突破。20 世纪 30 年代，边界层理论开始受到了普遍的重视。20 世纪 50 年代，边界层理论的研究达到了顶峰，对流换热学日趋成熟。黏性流体力学的发展及计算机的应用，进一步推动了边界层理论及对流换热学的发展。

依据边界层理论中湍流边界层的底层为层流边界层，近些年一些学者提出了热对流是热量传递的一种方式，即依靠流体的运动，把热量从一处传递到另一处的现象。而实际中，流体流过与其温度不同的物体表面时的热量传输过程称为对流换热。对流换热一方面是依靠流体分子热运动产生的导热作用，另一方面是由于流体流动的对流作用。

辐射换热从斯忒藩 – 玻耳兹曼（Stefan – Boltzman）研究辐射现象开始，经历了 100 多年的发展。1900 年，普朗克提出辐射理论；20 世纪 60 年代，分子光谱学及固体物理学日趋成熟，辐射换热有了更为坚实的理论基础；而计算机的广泛应用，使得辐射换热学突飞猛进，并于 20 世纪 70 年代趋于成熟。

相变换热更复杂，发展得更晚一些，直至 20 世纪 80 年代初才基本成熟，但与前几个传热学分支相比，其理论基础尚未完善，现在仍是理论研究的热门问题。

热量传输理论的应用十分广泛，涉及众多领域中的问题。例如，提高各类锅炉及其换热设备的效率；化工生产中所要求的温度控制；快速冷却和加热技术；建筑中的采暖、通风、隔热措施；电子工业中元器件的散热；原子能、火箭中的冷却技术；太阳能、地热等的应用问题。

冶金生产通常是一种高温过程，从炼铁、炼钢、轧钢到热处理，都与热量传输密切相关。热量传输对提高生产率和产品质量，降低消耗都具有重要的意义。热量传输的基本原理是开展节能研究的理论基础。

概括起来，工程中需要解决的传热问题有两类：一是增强传热，即加速加热和冷却过程，这往往是提高生产率的关键；二是减缓传热，如减少散热损失、降低能耗、改善劳动条件等。

工程中热量传输现象尽管相当复杂，但都属于导热、对流和辐射这三种基本的方式或它们的组合。本篇首先介绍了这三种传热方式的基本规律和计算方法，然后推导了导热微分方程并介绍了一维稳态和非稳态的导热计算。对数值解法仅做了简单介绍。多维导热和导热系数随温度变化的传热，宜列入研究生的冶金传输原理课程，故本书不涉及这些内容。在给出了对流换热定义后，推导了对流换热的微分方程，简单介绍了边界层理论在对流换热中的应用，以便加深对边界层理论的理解。介绍了对流换热的特征数及其关联式，并将其分成热辐射的基本定律和辐射换热计算两个部分来讲解。

考虑到冶金专业本科生的学时数、选修课程及与研究生教学的区别，本教材没有包含相变传热理论。由于数值法传热计算和考虑时空多尺度概念近些年发展很快，已有专著，故在本教材中不做介绍。

10　热量传输的基本方式

本章提要：热量传输是常见的、复杂的物理现象，将复杂问题按一定的原则分成多个简单的问题，进而求解这些简单问题，原本复杂的问题得以求解。将热量传输按不同机理进行分类，即导热、热对流和辐射这三种传热机理。

导热传热的特点是不同物体间热量（能量）可以流动，但物质本身是不发生位移的。导热基本定理是傅里叶定律。同时也介绍了傅里叶定律中导热系数的确定方法。

热对流是依靠流体运动把热量从一处传递到另一处，特点是流体各部分之间发生相对位移而引起热量传输。在实际中，重要的不是流体内部的这种单一的热对流现象，而是流体流过与其温度不同的物体表面时的热量传输过程，这种过程称为对流换热。根据边界层理论，湍流边界层也有层流底层，而在层流底层发生导热传热，所以在对流换热中包括导热传热和热对流。

辐射传热是物体本身温度引起的发射能量的过程，对于理想的辐射体（称黑体），它的辐射力可按斯忒藩－玻耳兹曼定律计算。

实际传热过程可能同时存在两种以上的传热方式，可以用热阻、热流和热量的形式来表示，可将组合的热量传输问题转换成模拟电路来分析。

凡存在温差，就有热量从高到低的传输。三种不同的热量传输过程如图 10 － 1 所示。

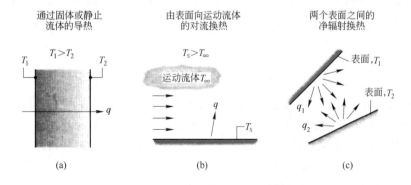

图 10 － 1　传导、对流换热和辐射换热

在图 10 － 1(a)中，当静态介质中存在温度梯度时，会发生传热，称为导热。第二种传热方式称为热对流，由流体的运动，把热量从一处传递到另一处。在实际中，由流体的宏观流动，各部分之间发生相对位移，冷热流体相互掺混，这种过程称为对流换热，如图10 － 1(b)所示。当流体流过一热表面对流换热时，热量首先通过导热方式从壁面传给邻近

的流体，然后，由于流体的流动把受热流体带到低温区并与其他流体混合，从而把热量传给低温流体。对流换热包含两种传热方式。工程中感兴趣的是流体流经固体表面时，流体与固体之间的传热现象，本课程仅涉及这一类对流传热。第三种传热方式称为（热）辐射，如图 10-1(c) 所示。辐射发生的条件有两个：一是不同表面间存在温差；二是不同表面间没有传热介质（通常情况下）。

10.1　导　　热

导热又称为热传导，它起源于温差。从微观角度看，导热与物体中分子、原子或自由电子等微观粒子的热运动有关。导热的一个显著特点是，尽管不同物体间热量（能量）可以流动，但物质本身是不发生位移的。

导热的基本规律是傅里叶（Fourier）定律，即：

$$\Phi = -\lambda A \mathrm{grad}T \qquad (10-1)$$

式中，Φ 为热流量（单位是 W），表示单位时间内通过某一给定面积 A 的热量；λ 为导热系数，单位是 W/(m·℃)；$\mathrm{grad}T$ 为温度梯度，单位是℃/m；负号表示导热方向与温度梯度的正向相反，即热流永远指向低温。

对于单位面积，傅里叶定律的数学表达式如下：

$$q = \Phi/A = -\lambda \mathrm{grad}T \qquad (10-2)$$

式中，q 为单位时间内通过单位面积的热量，称为热流密度，W/m²。

在直角坐标系中，热流密度（矢量）可用 x、y、z 三个坐标轴上的分量表示：

$$q = iq_x + jq_y + kq_z \qquad (10-3)$$

$$q_x = -\lambda \frac{\partial T}{\partial x}, \quad q_y = -\lambda \frac{\partial T}{\partial y}, \quad q_z = -\lambda \frac{\partial T}{\partial z} \qquad (10-4)$$

根据傅里叶定律，要确定热流密度的大小，就要知道温度梯度，而温度梯度取决于温度场。

导热系数 λ 按照式（10-2）可以写成：

$$\lambda = \frac{q}{-\mathrm{grad}T} \qquad (10-5)$$

导热系数的物理意义是，在导热方向的单位长度上，温度降低 1℃ 时，单位时间内通过单位面积的热量。导热系数反映了物质导热能力的大小，它是重要的热物性参数。

导热系数不但与物质的种类有关，而且还和物质的结构、密度、成分、温度等因素有关。由于影响导热系数的因素很多，导热系数一般由试验测定。在影响导热系数的各种因素中，温度尤为重要，各种物质的导热系数均随温度而变化。经验表明，在一定温度范围内，大多数材料的导热系数都可作为温度的线性函数，即：

$$\lambda = \lambda_0(1 + bT) \qquad (10-6)$$

式中，T 为温度，℃；λ_0 为参考状态下的导热系数，W/(m·℃)；b 为试验常数。

不同物质导热系数的差异，是由于物质构造和导热机理的差异所致。对于气体，传递热能的微观粒子主要是分子，温度的升高会加剧分子的热运动，所以其导热系数随着温度的升高而增大；对于液体，其导热系数与密度和相对分子量有关。对于金属固体，传递热能的微观粒子主要是自由电子。由于晶格振动随温度升高而加剧，干扰了自由电子的运动，使金属导热系数下降；对于非金属固体，其导热主要是依靠声子传递来实现，由于声子数随温度升高而增大，所以非金属的导热系数随温度的升高而增大。常用物质的导热系数可以通过手册查出。图 10-2～图 10-4 分别给出部分固体、液体和气体的导热系数。

工程上常把室温下导热系数小于 0.2W/(m·℃)的材料称为绝热材料，通常是多孔材料或纤维材料。在多孔材料中，因孔隙内充满导热系数很低的空气，故这种材料的导热实际上是基体材料传热与气体传热的综合，它既包括基体材料的导热，也包括气孔中气体的导热，以及孔隙中的对流和辐射作用。材料的孔隙越多、越细，其导热系数越低。随着温度升高，因孔隙中对流和辐射作用加强，整个材料的导热系数也随之增加。

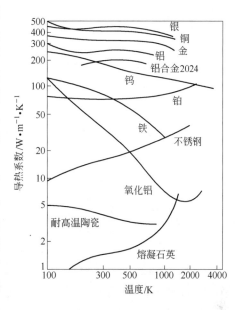

图 10-2　部分固体材料的导热系数

对木材、石墨等材料，因具有各向异性的特点，所以不同方向上的导热系数各不相同。

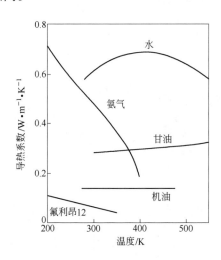

图 10-3　部分液体的导热系数

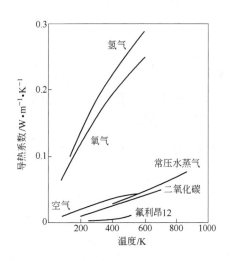

图 10-4　部分气体的导热系数

[**例题 10-1**]　已知金属杆内的温度分布为：

$$T = e^{-0.02t}\sin\frac{\pi x}{2L}$$

式中，t 为以小时计的时间；x 为从杆的一端量起的坐标；L 为杆的总长度。如果杆的导热系数 $\lambda = 45W/(m·℃)$；$L = 1m$，求 10h 后通过杆中心截面的导热流密度。

解：已知杆中温度分布，利用式（10-2）计算导热流密度。温度分布是时间 t 和空间坐标 x 的函数，这表明该温度场是一维不稳态温度场，傅里叶定律的表达式为：$q_x =$

$-\lambda\dfrac{\partial T}{\partial x}$，其中：

$$\frac{\partial T}{\partial x}=\frac{\pi}{2L}\mathrm{e}^{-0.02t}\cos\frac{\pi x}{2L}$$

在中心截面，即 $x=0.5$ 处：

$$\frac{\partial T}{\partial x}=\frac{\pi}{2\times 1}\mathrm{e}^{-0.02t}\cos\left(\frac{\pi}{2\times 1}\times\frac{1}{2}\right)=1.11\mathrm{e}^{-0.02t}$$

当 $t=10\mathrm{h}$ 时：$\dfrac{\partial T}{\partial x}=1.11\mathrm{e}^{-0.02\times 10}=0.908℃/\mathrm{m}$。所以，10h 后通过杆中心截面的导热流

密度为：$q_x=-\lambda\left(\dfrac{\partial T}{\partial x}\right)_{t=10\mathrm{h}}=-45\times 0.908=-40.86\mathrm{W/m}^2$，负号表示导热方向与 x 方向

相反。

[例题 10-2]　有一厚度为 s 的无限大平壁，它的两侧表面分别保持均匀不变的温度

T_{w1} 和 T_{w2}，如图 10-5 所示。试求下列条件下通过平壁的导

热流密度和壁内的稳态温度分布。（1）平壁材料的导热系数

为常数；（2）平壁材料的导热系数为 $\lambda=\lambda_0(1+bT)$。

解：这是一维稳态导热问题，利用傅里叶定律可直接导

出通过平壁的导热公式。

（1）导热系数为常数:在稳态条件下,通过平壁的导热流密

度为常数，即：$q=-\lambda\dfrac{\mathrm{d}T}{\mathrm{d}x}=$ 常数，对其积分可得：$q\displaystyle\int_0^s\mathrm{d}x=$

$-\lambda\displaystyle\int_{T_{\mathrm{w1}}}^{T_{\mathrm{w2}}}\mathrm{d}T$。因此：$q=\lambda\dfrac{T_{\mathrm{w1}}-T_{\mathrm{w2}}}{s}$，为平壁导热的计算公式。

设壁内距离表面 x 处的温度为 T，将傅里叶定律表达式从 0 到

x 重新积分，则得：$qx=-\lambda(T-T_{\mathrm{w1}})$。联立前面两式，整理

得平壁内温度分布公式，$T=T_{\mathrm{w1}}-\dfrac{T_{\mathrm{w1}}-T_{\mathrm{w2}}}{s}x$。

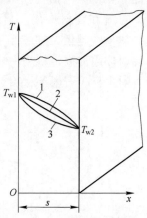

图 10-5　平壁内温度分布
1—$b>0$；2—$b=0$；3—$b<0$

（2）导热系数 $\lambda=\lambda_0(1+bT)$。此时的稳态傅里叶定律表

达式为：$q=-\lambda_0(1+bT)\dfrac{\mathrm{d}T}{\mathrm{d}x}=$ 常数。将其从 $x=0$ 积分到 $x=s$，即：$q\displaystyle\int_0^s\mathrm{d}x=-\lambda_0\displaystyle\int_{T_{\mathrm{w1}}}^{T_{\mathrm{w2}}}$

$(1+bT)\mathrm{d}T$，得：

$$q=\lambda_0\left(1+b\frac{T_{\mathrm{w1}}+T_{\mathrm{w2}}}{2}\right)\left(\frac{T_{\mathrm{w1}}-T_{\mathrm{w2}}}{s}\right)=\lambda_{\mathrm{m}}\frac{T_{\mathrm{w1}}-T_{\mathrm{w2}}}{s}$$

式中，$\lambda_{\mathrm{m}}=\lambda_0\left(1+b\dfrac{T_{\mathrm{w1}}+T_{\mathrm{w2}}}{2}\right)$，它是平壁条件下的平均导热系数。

设平壁内距离表面 x 处的温度为 T，将傅里叶定律表达式从 $x=0$ 积分到 $x=x$，则得：

$\dfrac{q}{\lambda_0}x=\left(T_{\mathrm{w1}}+\dfrac{b}{2}T_{\mathrm{w1}}^2\right)-\left(T+\dfrac{b}{2}T^2\right)$，整理后得平壁内温度分布：$T=\sqrt{\left(T_{\mathrm{w1}}+\dfrac{1}{b}\right)^2-\dfrac{2qx}{b\lambda_0}}$

$-\dfrac{1}{b}$。

在 $\lambda = $ 常数和 $\lambda = \lambda_0(1 + bT)$ 两种情况下,单层平壁导热的计算公式形式相同,只是当 $\lambda = \lambda_0(1 + bT)$ 时,式中 λ 应取平均导热系数 λ_m。

当 $\lambda = $ 常数时,平壁内温度分布是一条直线,如图 10 − 5 中的直线 2 所示;当 $\lambda = \lambda_0(1 + bT)$ 时,平壁内温度分布是一条曲线。显然,b 为正值时,λ 随温度升高而增大,即高温区的 λ 值比低温区大,由傅里叶定律可知,为保持 $q = $ 常数,λ 增大,$\mathrm{d}T/\mathrm{d}x$ 相应减小,即高温区的 $\mathrm{d}T/\mathrm{d}x$ 比低温区小,所以形成向上凸起的温度分布曲线,如图 10 − 5 中的曲线 1。反之,若 b 为负值,则温度分布为向下凹的曲线,如图 10 − 5 中的曲线 3。

10.2　热对流和对流换热

依靠流体的运动,把热量从一处传递到另一处的现象称为热对流。有时也可以将热对流简称为对流。热对流是指流体各部分之间发生相对位移而引起的热量传输现象,它是热量传递的基本方式之一。

热对流过程中,若单位时间内通过单位面积的流体质量流量为 M,单位为 kg/(m² · s),其温度由断面 1 处的 T_1 升高到断面 2 处的 T_2,则过程中两断面间传递的热量可由工程热力学中的稳定流量方程式确定:

$$q = M\left(\Delta i + \frac{v^2}{2} + g\Delta Z\right) \qquad (10 - 7)$$

式中,v 为流体的速度,m/s;ΔZ 为断面 1、2 间的位置高差,m。

在大部分工程问题中,比动能 $v^2/2$、比位能 $g\Delta Z$ 均远远小于比焓差 Δi(单位均为 J/kg),所以式(10 − 7)可简化为:

$$q = M\Delta i = Mc_p(T_2 - T_1) \qquad (10 - 8)$$

式中,c_p 为质量定压热容,J/(kg · ℃)。

热对流仅发生在流体中,由于流体在运动的同时存在温度差,流体微团之间或质点之间因直接接触而存在导热,因此热对流也同时伴随着导热。

工程实际中,更为重要的不是流体内部这种纯粹的热对流现象,而是流体流过与其温度不同的物体表面时的热量传输过程,这种过程称为对流换热。当流体流过一热表面时,热量首先通过导热方式从壁面传给邻近的流体,然后,由于流体的流动把受热流体带到低温区并与其他流体混合,从而把热量传给低温流体。由此可见,对流换热一方面是依靠流体分子热运动产生的导热作用;另一方面是由于流体的对流作用。因此,影响对流换热的因素有流体的流速、密度、黏度、质量定压热容和导热系数等。

对流换热过程中,流体的流动可分为强制流动和自然流动。强制流动是由于外力作用(如泵、风机的作用)引起的流动;自然流动是由于流体各部分温度不同,致使各部分密度不同而引起的流动。相应于这两种流动的对流换热分别称为强制对流换热和自然对流换热。

无论哪一种对流换热形式,它们的热流量和热流密度都可按牛顿(Newton)公式计算，即：

$$\Phi = \alpha(T_w - T_f)A \quad \text{或} \quad q = \frac{\Phi}{A} = \alpha(T_w - T_f) \tag{10-9}$$

式中，T_w 为壁面温度，℃；T_f 为流体平均温度，℃；A 为与流体接触的壁面面积，m^2；α 为比例系数，称为对流换热系数，简称换热系数，$W/(m^2 \cdot ℃)$。

事实上，牛顿公式并没有揭示对流换热系数的本质，仅给出了对流换热系数 α 的数学定义。式（10-7）是历史上沿用下来的牛顿冷却定律的表达式。式（10-9）中，α 的大小反映了对流换热的强弱。对流换热是一个非常复杂的物理现象。利用牛顿冷却定律，把对流换热的问题集中到了求解对流换热系数 α 上，一切影响对流换热系数 α 的因素，均是影响对流换热过程的因素。

由于对流换热系数 α 与许多因素有关，研究对流换热就在于确定对流换热系数。表10-1列出几种常见流体的对流换热系数 α 值的大致范围。

表 10-1　对流换热系数的大致范围

对流换热介质		$\alpha/W \cdot (m^2 \cdot ℃)^{-1}$	对流换热介质		$\alpha/W \cdot (m^2 \cdot ℃)^{-1}$
自然对流	气体	3 ~ 30	强制对流	气体	5 ~ 250
	水溶液和有机溶液	100 ~ 1000		黏性流体	50 ~ 550
	水沸腾	1000 ~ 20000		水	500 ~ 10000
	铜液和钢液	5500 ~ 55000		液体金属	1500 ~ 15000

10.3　热　辐　射

物体由于本身温度引起的发射能量的过程称为热辐射。热辐射依靠电磁波（或光子）传递热量。一切物体都在不断地向外辐射能量，物体的温度越高，辐射的能力越强。

单位时间内，物体的单位表面积向外辐射的热量称为辐射力，通常用 E 表示。对于理想的辐射体，或称黑体，它的辐射力可按斯忒藩 - 玻耳兹曼（Stefan - Boltzman）定律计算：

$$E_b = \sigma_b T^4 \tag{10-10}$$

式中，E_b 为黑体的辐射力，W/m^2；T 为黑体表面的绝对温度，K；σ_b 为斯忒藩 - 玻耳兹曼常数，或称黑体的辐射常数，其值为 $5.67 \times 10^{-8} W/(m^2 \cdot K^4)$。

实际物体的辐射力 E 都小于同温度下黑体的辐射力 E_b，并表示为：

$$E = \varepsilon \sigma_b T^4 \tag{10-11}$$

式中，ε 为物体的辐射率（发射率），或称黑度，它介于 0 ~ 1 之间。

物体一方面不停地向外发射辐射能，同时也不断地吸收来自其他物体的辐射能，物体间相互辐射和吸收的综合结果，造成了热量由高温物体向低温物体的传递，这称为辐射换热。当物体间温度相等时，它们之间的辐射换热量等于零，但辐射与吸收的过程仍在进行。

辐射换热与导热、对流换热不同。导热和对流换热仅发生在冷、热物体相接触时，而即使物体间被真空隔开，辐射换热同样能进行。

在计算物体之间的辐射换热时，必须考虑物体表面的温度、表面状况以及物体表面之间的几何因素等问题，情况比较复杂。对于同时存在对流换热和辐射换热的情况，工程上为计算方便，常把辐射换热量 Φ_R 用对流换热公式的形式表示，即：

$$\Phi_R = \alpha_R A \Delta T \tag{10-12}$$

式中，下标 R 表示辐射换热；α_R 称为辐射换热系数，$W/(m^2 \cdot \text{℃})$；A 为辐射换热的面积，m^2；ΔT 为辐射换热物体间的温差，K。这样，总的换热量可方便地表示为：

$$\Phi = \alpha_c A \Delta T + \alpha_R A \Delta T = \alpha_\Sigma A \Delta T \tag{10-13}$$

式中，下标 c 表示对流换热；α_Σ 称为总换热系数，$W/(m^2 \cdot \text{℃})$。

10.4 组 合 传 热

前面已经讨论了传热的三种方式。在实际中，只通过一种方式进行热量传输是十分少见的。因此，研究不同方式的结合很有意义。

在讨论导热的［例题 10-2］中，单层平壁的导热流密度公式为：$q = \lambda \dfrac{T_{w1} - T_{w2}}{s}$，计算热流量的公式为：$\Phi = qA = \lambda A \dfrac{T_{w1} - T_{w2}}{s}$，它也可改写为：$\Phi = \dfrac{T_{w1} - T_{w2}}{s/(\lambda A)} = \dfrac{\Delta T}{R_\lambda}$。不难看出，其形式与电工学中的欧姆定律 $I = \dfrac{U}{R}$ 的形式相同，这表明"导热"和"导电"这两个现象可以类比，即：

$$\Phi = \frac{\Delta T}{R_\lambda}; \qquad I = \frac{U}{R} \tag{10-14}$$

式中，热流量 Φ 相当于电流 I；ΔT 相当于电压 U，称为温压；$R_\lambda = \dfrac{s}{\lambda A}$ 相当于电阻 R，称为导热热阻，单位为℃/W。同样，对于热流密度的表达式也可以做类似转换，得到 $\dfrac{s}{\lambda}$ 称为单位面积的导热热阻，用 r_λ 表示，单位为 $(m^2 \cdot \text{℃})/W$。

对于对流换热问题，牛顿冷却公式可类似地表示为：

$$\left. \begin{aligned} \Phi &= \alpha(T_w - T_f)A = \frac{T_w - T_f}{\dfrac{1}{\alpha A}} = \frac{T_w - T_f}{R_\alpha} \\[2ex] q &= \alpha(T_w - T_f) = \frac{T_w - T_f}{\dfrac{1}{\alpha}} = \frac{T_w - T_f}{r_\alpha} \end{aligned} \right\} \tag{10-15}$$

式中，$R_\alpha = \dfrac{1}{\alpha A}$ 为对流换热热阻，单位为℃/W；$r_\alpha = \dfrac{1}{\alpha}$ 为单位面积的对流换热热阻，单位

为 $(m^2 \cdot \text{℃})/W$。

这说明对流换热与电量转移类似。同理，辐射传热也可做类似的表达。

如果在传热过程中，导热和对流同时存在，热量传输中的热流量和热流密度由下式表示：

$$\Phi = \frac{\Delta T}{\Sigma R_{\lambda + \alpha}}; \qquad q = \frac{\Delta T}{\Sigma r_{\lambda + \alpha}} \qquad\qquad (10-16)$$

式中，$\Sigma R_{\lambda + \alpha}$，$\Sigma r_{\lambda + \alpha}$ 分别为热流量和热流密度的组合传热热阻。

热阻为热量传输中的基本概念，利用它可将某些热量传输问题转换成相应的模拟电路来分析。在分析模拟电路时，串联电路和并联电路的计算原则仍然适用，即热阻串联时，总热阻等于各串联分热阻之和；热阻并联时，总热阻的倒数等于各并联热阻的倒数之和。

10.5　小　　结

本章介绍传热的基本方式：传导、热对流和辐射，并用一些简单的关系式表述了它们的传热速率，即给出了计算热量传输的热流量和热流密度的表达式。讨论了组合传热的计算方法，特别是引入了热阻的概念。导热、热对流、热辐射是热量传输最基本的方式，任何复杂的热量传输现象都是由这三种方式组成的。根据不同的具体条件，它们在热量传输过程中的主次地位不同。

热对流是指流体各部分之间发生相对位移而引起的热量传输现象，它是热量传递的基本方式之一。工程实际中流体流过与其温度不同的物体表面时的热量传输过程称为对流换热。对流换热一方面是依靠流体分子热运动产生的导热作用，另一方面是由于流体流动的对流作用。

学习热量传输首先要掌握这三种基本传热方式的规律，然后在此基础上进一步学习组合传热的有关理论。要着重物理概念的理解，多做计算，多做练习，综合运用，提高分析问题的能力。

需要指出，在描述三种热量传输的方程中，温度尽管都记为 T，但在导热和对流换热中温度按℃计算，而在辐射换热中温度按 K 计算。

思 考 题

10－1　试说明热量传递的基本方式及传热机理。热量、热流量与热流密度有何联系和区别？

10－2　给出一维傅里叶定律的基本表达式及其中各物理量的定义。

10－3　叙述热对流和对流换热的区别。

10－4　给出牛顿冷却公式的基本表达式及其中各物理量的定义。

10－5　给出黑体辐射换热的四次方定律基本表达式及其中各物理量的定义。

10－6　叙述同时考虑对流和辐射传热的总换热系数 α_Σ 的定义及物理意义。

10－7　描述热阻的概念，并给出对流热阻和导热热阻的定义及基本表达式。

10－8　对流换热系数和导热系数的区别是什么？

10－9　为什么说对流换热时的对流换热系数不是物性参数？

10 - 10　根据热力学第二定律，热量总是从高温传向低温。而低温物体却能够以辐射形式向高温物体传递热量，这是否违反热力学第二定律？

10 - 11　热水瓶中的热水向环境空间的散热包括哪些传热的基本方式？

习　题

10 - 1　一炉子的炉墙厚 13cm，总面积为 20m²，平均导热系数为 1.04W/(m·℃)，内外壁温分别是 520℃ 及 50℃。试计算通过炉墙的热损失。如果燃煤的发热值为 2.09×10^4 kJ/kg，问每天因热损失要用掉多少煤？

10 - 2　在空气横向绕过单根圆管的对流换热实验中，得到下列数据：管壁平均温度为 $T_w = 69$℃，空气温度为 $T_f = 20$℃，管子外径为 $d = 14$mm，加热段长为 $l = 80$mm，输入加热段的功率为 8.5W，如果全部热量通过对流换热传给空气，试问此时的对流换热表面传热系数有多大？

10 - 3　一玻璃窗尺寸为 60mm × 30mm，厚度为 4mm。冬天室内与室外温度分别为 20℃ 和 −20℃，内表面的自然对流表面传热系数为 $\alpha_1 = 10$W/(m²·℃)，外表面的强迫对流表面传热系数为 $\alpha_2 = 50$W/(m²·℃)，玻璃的导热系数为 $\lambda = 0.78$W/(m·℃)。试求通过玻璃窗的热损失。

10 - 4　求热量传递过程的总热阻、传热系数、散热量和内外表面温度。已知：墙厚 360mm，室外温度为 $T_{f1} = -10$℃，室内温度为 $T_{f2} = 18$℃，墙的导热系数为 $\lambda = 0.612$W/(m·℃)，外、内壁的对流换热系数分别为 $\alpha_{w1} = 8.7$W/(m²·℃) 和 $\alpha_{w2} = 24.5$W/(m²·℃)。

10 - 5　20℃ 的空气掠过宽为 0.5m，长为 1m，表面温度为 140℃ 的钢板，其表面传热系数为 $\alpha = 25$W/(m²·℃)；此外有 500W 的热流量通过辐射从表面散失。钢板厚为 25mm，其导热系数为 $\lambda = 40$W/(m·℃)。试求钢板内表面温度。

10 - 6　宇宙空间可近似地看做 0K 的真空空间。一航天器在太空中飞行，其外表面平均温度为 250K，表面发射率为 0.7，试计算航天器单位表面上的换热量。

11　导热微分方程

本章提要： 本章讨论导热问题，不涉及流动和不考虑与外界的功交换和其他外力的影响，由热力学第一定律可以得到，内能增加＝导热传入的总净热量＋内热源的发热量，可给出导热物体内部温度场的微分方程，其中，导热传入的热量按傅里叶定律来计算。方程中引入了导温系数，它与运动黏度有相同的量纲，运动黏度与导温系数之比为普朗特数 Pr。

由导热微分方程可以确定连续温度场内任意一点的热流密度与温度梯度的关系。根据所研究物体的不同形状，可以选择不同的坐标体系。

导热微分方程是描述物体内温度随时间和空间变化的一般关系式，它没有涉及特定导热传热的具体情况。为了求解传热微分方程，需要给出定解条件。

定解条件包括几何条件、物理条件、初始条件和边界条件。几何条件是指物体的几何形状和大小。物理条件是指介质的物理性质（如密度、热容、导温系数等）。初始条件是指过程开始的时刻物体内的温度分布。边界条件是指物体边界上的温度分布或换热情况，常见的有三类：已知任何时刻边界面上的温度分布；已知任何时刻物体边界面上的热流密度；对流边界条件，已知物体周围介质的温度，以及边界面与周围介质之间的对流换热系数。

傅里叶定律揭示了连续温度场内任意一点的热流密度与温度梯度的关系。对于一维稳态导热问题可直接利用傅里叶定律积分求解，求出导热热流量。但是，对于多维稳态导热问题，就无法直接利用傅里叶定律积分求解。一维及多维非稳态导热问题更是如此。

11.1　导热微分方程

为了建立物体温度场的三维数学表达式，需在傅里叶定律的基础上，结合热力学第一定律，建立导热物体内部温度场的微分方程。通过对导热微分方程的求解，确定不同坐标方向上的导热热流密度及温度在三维空间的分布。

在导热体中任一点取一微元平行六面体，将任一方向的热流量分解为直角坐标方向的热流分量；然后根据热力学第一定律列出热平衡关系。

本章仅讨论导热问题，不考虑与外界的功交换，也忽略位能和动能的变化。图 11−1 的微元体在单位时间内有下面的能量平衡：

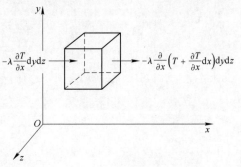

图 11−1　微元六面体沿 x 方向上
导热传递的热量

$$\begin{bmatrix} 以导热方式传递入 \\ 微元体的净热量 \end{bmatrix} + \begin{bmatrix} 微元体内热源 \\ 生成的热量 \end{bmatrix} = \begin{bmatrix} 微元体内能 \\ 的增加量 \end{bmatrix}$$

为了简化分析过程，在连续性条件的基础上，进一步假定物体的密度 ρ，质量定压热容 c_p，导热系数 λ 均为常量；假定物体内具有均匀内热源，且内热源放热为正、吸热为负。通常用单位时间单位体积内释放的热量表示内热源的强度。

在图 11 – 1 中，单位时间由 x 方向以导热方式导入和导出微元体的热量分别为：

$$导入：- \lambda \frac{\partial T}{\partial x} dydz \quad 导出：- \lambda \frac{\partial}{\partial x}\left(T + \frac{\partial T}{\partial x} dx \right) dydz$$

单位时间 x 方向由导热方式传递入微元体的净热量：

$$- \lambda \frac{\partial T}{\partial x} dydz + \lambda \frac{\partial}{\partial x}\left(T + \frac{\partial T}{\partial x} dx \right) dydz = \lambda \frac{\partial^2 T}{\partial x^2} dxdydz \qquad (11 - 1)$$

同理在图 11 – 1 微元体的 y 和 z 的两个方向，单位时间由导热方式传递入微元体的静热量分别为：$\lambda \frac{\partial^2 T}{\partial y^2} dxdydz$ 和 $\lambda \frac{\partial^2 T}{\partial z^2} dxdydz$。

单位时间由导热方式传递入微元体的总净热量：

$$\lambda \left(\frac{\partial^2 T}{\partial x^2} + \frac{\partial^2 T}{\partial y^2} + \frac{\partial^2 T}{\partial z^2} \right) dxdydz = \lambda \nabla^2 T dxdydz \qquad (11 - 2)$$

单位时间内微元体内热源生成热量：

$$q_v dV = q_v dxdydz \qquad (11 - 3)$$

式中，q_v 为内热源强度，W/m^3。

微元体内能增量（显热）：

$$du = \rho c_V \frac{\partial T}{\partial t} dxdydz \qquad (11 - 4)$$

在没有流体运动的情况下，热量的传递仅依靠导热。在该种情况下，如固体那样，$c_V \approx c_p$，式（11 – 4）可写为：

$$du = \rho c_p \frac{\partial T}{\partial t} dxdydz \qquad (11 - 5)$$

根据图 11 – 1 中微元体单位时间的能量平衡，由式（11 – 2）、式（11 – 3）和式（11 – 5）可以给出下面的关系：

$$\lambda \left(\frac{\partial^2 T}{\partial x^2} + \frac{\partial^2 T}{\partial y^2} + \frac{\partial^2 T}{\partial z^2} \right) dxdydz + q_v dxdydz = \rho c_p \frac{\partial T}{\partial t} dxdydz \qquad (11 - 6)$$

消去式（11 – 6）中的 $dxdydz$ 可得：

$$\rho c_p \frac{\partial T}{\partial t} = \lambda \left(\frac{\partial^2 T}{\partial x^2} + \frac{\partial^2 T}{\partial y^2} + \frac{\partial^2 T}{\partial z^2} \right) + q_v = \lambda \nabla^2 T + q_v \qquad (11 - 7)$$

式中，∇^2 是拉普拉斯算符。

式（11 – 7）为常物性非稳态有内热源的导热微分方程，也称为固体导热微分方程。它是导热分析的基本微分方程，通常写成下面的形式：

$$\frac{\partial T}{\partial t} = a \left(\frac{\partial^2 T}{\partial x^2} + \frac{\partial^2 T}{\partial y^2} + \frac{\partial^2 T}{\partial z^2} \right) + \frac{q_v}{\rho c_p} = a \nabla^2 T + \frac{q_v}{\rho c_p} \qquad (11 - 8)$$

式中，$a = \dfrac{\lambda}{\rho c_p}$ 称为导温系数，或称热扩散系数，单位是 $\mathrm{m^2/s}$。

假如物体内没有内热源，式（11 - 8）可进一步简化为：

$$\frac{\partial T}{\partial t} = a \nabla^2 T \qquad (11 - 9)$$

对于无内热源稳态温度场，$\dfrac{\partial T}{\partial t} = 0$，式（11 - 9）又可简化为：

$$\nabla^2 T = \frac{\partial^2 T}{\partial x^2} + \frac{\partial^2 T}{\partial y^2} + \frac{\partial^2 T}{\partial z^2} = 0 \qquad (11 - 10)$$

式（11 - 10）称为拉普拉斯方程。

11.2　导温系数（热扩散系数）

导温系数 a 由物性参数 λ、c_p 和 ρ 组成，因此，a 同样为物体的物性参数。导温系数与黏性动量扩散系数（或称运动黏度）具有相同的单位，都是 $\mathrm{m^2/s}$，这是因为热扩散（即导热）与黏性动量扩散都是由微观粒子运动引起的传输过程，所以它们有类似之处。如果把傅里叶定律中的导热系数用导温系数代替，则傅里叶定律可改写为：

$$q_v = -a \frac{\partial (\rho c_p T)}{\partial y} \qquad (11 - 11)$$

式中，$\dfrac{\partial (\rho c_p T)}{\partial y}$ 是单位体积物体在 y 方向的热量梯度。

将式（11 - 11）与黏性动量流密度式（1 - 17）相比较，能够看出两式相似，这说明动量传输与热量传输有着形式上的一致性。

如果用动量扩散系数 ν 除热量扩散系数（导温系数）a，则得到一个无因次数 Pr，称为普朗特数，即：

$$Pr = \frac{\nu}{a} = \frac{\mu c_p}{\lambda} \qquad (11 - 12)$$

Pr 在对流换热分析中是一个很重要的特征数。它反映了流体的动量传输能力与热量传输能力的关系。

从导温系数的定义可知，导温系数反映了物体的导热能力 λ 与蓄热能力 ρc_p 之间的关系。在同样的加热或冷却条件下，a 越大物体内温度越均匀。例如普碳钢的导温系数约为合金钢的 $2 \sim 4$ 倍，所以钢锭在凝固过程中，普碳钢锭内部的温度分布要比合金钢锭均匀。合金钢锭在凝固时由于温度分布不均会产生较大的热应力，甚至出现裂纹。

11.3　柱坐标系和球坐标系的导热微分方程

上述热量传输微分方程是针对直角坐标系的。如果讨论的是轴对称物体的热量传输问题，如通过圆筒壁或球壁的导热、管内层流流动时的对流换热等，采用柱坐标系更为方便，如图 11 - 2（a）所示。通过坐标变换，可以将式（11 - 8）转换为相对应的柱坐标系或球坐标系（如图 11 - 2（b）所示）的热量传输方程。

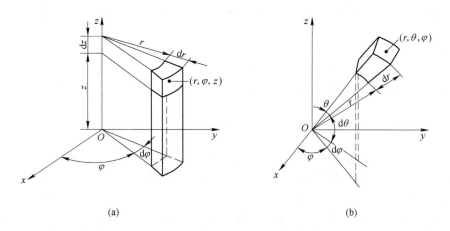

图 11 - 2　柱坐标系和球坐标系

（a）柱坐标系；（b）球坐标系

对柱坐标系：

$$\frac{\partial T}{\partial t} = a\left[\frac{1}{r}\frac{\partial}{\partial r}\left(r\frac{\partial T}{\partial r}\right) + \frac{1}{r^2}\frac{\partial^2 T}{\partial \varphi^2} + \frac{\partial^2 T}{\partial z^2} \right] + \frac{q_v}{\rho c_p} \tag{11 - 13}$$

对球坐标系：

$$\frac{\partial T}{\partial t} = a\left[\frac{1}{r^2}\frac{\partial}{\partial r}\left(r^2\frac{\partial T}{\partial r}\right) + \frac{1}{r^2 \sin\theta}\frac{\partial}{\partial \theta}\left(\sin\theta\frac{\partial T}{\partial \theta}\right) + \frac{1}{r^2 \sin^2\theta}\frac{\partial^2 T}{\partial \varphi^2} \right] + \frac{q_v}{\rho c_p} \tag{11 - 14}$$

11.4　定　解　条　件

热量传输微分方程是描述物体内温度随时间和空间变化的一般关系式，它没有涉及特定热量传输过程的具体特点。为求得某一特定的热量传递过程的特解，还必须给出"定解条件"。从数学理论上讲，微分方程反映了同一类现象的共性，而"定解条件"则反映了具有共性的各具体现象的个性。

定解条件包括：

（1）几何条件。任何具体现象都发生在一定的几何空间内，因此物体的几何形状和大小必须事先给定。

（2）物理条件。任何具体现象都必须有介质参与。因此，介质的物理性质（如密度、热容、导温系数等）也是定解所需的条件。由于密度 ρ 与重力加速度 g 有关，因此 g 是伴随 ρ 出现的物理量，故 g 也属于定解条件。

（3）边界条件。任何具体现象都发生在某一体系内，而该体系必然受到其直接相邻的边界情况的影响。因此，发生在边界的情况也是定解条件。

（4）初始条件。除非进入稳态，任何过程的发展都会受到初始状态的影响。例如，流速、温度等在初始时的分布规律直接影响以后的过程。因此，初始条件也属于定解条件。

当上述定解条件给定以后，一个特定的温度分布状态也就确定了。

初始条件是指过程开始的时刻，物体内的温度分布（对于流动流体还有速度分布），它可表示为：

$$T(x,y,z,t)\big|_{t=0}=f(x,y,z) \tag{11-15}$$

最简单的温度初始条件是，开始时刻物体内各点温度相同，即：

$$T\big|_{t=0}=T_0=常数 \tag{11-16}$$

对于稳态传热，温度分布与时间无关，因而不存在初始条件。

对流换热问题的边界条件包括温度边界条件和速度边界条件。对固体导热问题，不涉及速度边界条件。

温度边界条件是指物体边界上的温度分布或换热情况。常见的温度边界条件可分为三类：

第一类边界条件是已知任何时刻边界面上的温度分布，最简单的情况是边界上的温度始终不变，即：

$$T\big|_w=T_w=常数 \tag{11-17}$$

式中，下标 w 表示边界面。如果 T_w 随时间而变化，则应给出 $T_w=f(t)$ 的函数关系。

第二类边界条件是已知任何时刻物体边界面上的热流密度，即：

$$-\lambda\frac{\partial T}{\partial n}\bigg|_w=q_w \tag{11-18}$$

式中，n 为表面 w 的法线方向。同样，q_w 可以是常数，也可以是确定的时间函数。这类边界条件的特例是边界面完全绝热。此时，边界条件可表示为：

$$\frac{\partial T}{\partial n}\bigg|_w=0 \tag{11-19}$$

第三类边界条件也称为对流边界条件。它是已知物体周围介质的温度 T_f，以及边界面与周围介质之间的对流换热系数 α。这类边界条件可表示为：

$$-\lambda\frac{\partial T}{\partial n}\bigg|_w=\alpha(T_w-T_f) \tag{11-20}$$

式中，α 及 T_f 可为常数也可随时间而变化；λ 指固体的导热系数。

若边界上同时存在对流换热和辐射换热，则也可表示为第三类边界条件，这时将式（11-20）中的 α 用总换热系数 α_Σ 代替。

[**例题 11-1**] 一厚度为 s 的无限大平板，其导热系数 λ 为常数，平板内具有均匀的内热源 q_v（W/m^3）。平板 $x=0$ 的一侧是绝热的，$x=s$ 的一侧与温度为 T_f 的流体直接接触，已知平板与流体间的对流换热系数为 α。试写出这一稳态导热过程的微分方程和边界条件。

解：对于 $\lambda=$ 常数，具有内热源的导热问题，其导热微分方程为式（11-8）。因为是无限大平板的稳态导热，所以式（11-8）可简化为一维稳态导热微分方程，即：

$$\frac{\partial^2 T}{\partial x^2} + \frac{q_v}{\lambda} = 0$$

由题意可知，$x = 0$ 一侧为绝热边界，$x = s$ 一侧为对流边界，因此，该问题的边界条件为：

$$\left.\frac{\partial T}{\partial x}\right|_{x=0} = 0, \qquad -\lambda\left.\frac{\partial T}{\partial x}\right|_{x=s} = \alpha(T|_{x=s} - T_f)$$

[例题 11-2]　一厚度为 s，宽和长远大于 s 的平板，导热系数为常数。开始时整个平板温度均为 T_0，突然有电流通过平板，板内均匀产生热量 $q_v(\mathrm{W/m^3})$。假定平板 $x = 0$ 的一侧仍保持 T_0，$x = s$ 的一侧与温度为 T_f 的流体相接触，流体与平板间的换热系数为 α。试写出描述该问题的导热微分方程和定解条件。

解: 分析如下：（1）平板从开始就通电加热，板内温度分布必然随时间变化，可见是非稳态导热问题；（2）平板的长、宽远大于厚度，可看做一维问题。当 λ 和 q_v 均为常数时，一维非稳态导热微分方程可由式（11-8）简化得到，即：

$$\frac{\partial T}{\partial t} = a\frac{\partial^2 T}{\partial x^2} + \frac{q_v}{\rho c_p}$$

对于非稳态导热，需给出初始条件。因开始时板内温度为常数 T_0，所以初始条件为：

$$T(x,0) = T_0$$

根据题意，平板通电后 $x = 0$ 处的温度为常数 T_0；$x = s$ 一侧为对流边界。故该问题的边界条件为：$t > 0$，$T(0,t) = T_0$；$t > 0$，$-\lambda\left.\dfrac{\partial T}{\partial x}\right|_{x=s} = \alpha[T(s,t) - T_f]$。

11.5 小　结

本章以傅里叶导热定理和热力学第一定律为基础，给出了固体导热微分方程。通过导热微分方程及结合具体的定解条件，可以求得不同条件下物体内部的温度场。

傅里叶定律是从实际导热现象中概括出的基本规律，要深刻理解它的意义和应用。导热系数反映了物体的导热能力，其数值根据傅里叶定律以实验方法测得。在实际应用中应注意温度、湿度和密度等因素对导热系数的影响。

另外，还定义了导温系数。导出的 Pr 是联系动量传输和热量传输的一个重要指标。

为了求解传热的微分方程，需要给出定解条件。要熟悉定解条件的内容，特别是要熟练掌握导热的三种不同边界条件的表达式和物理意义。

思　考　题

11-1　导热的物理意义是什么？

11-2 试述导热微分方程的物理意义。

11-3 定解条件具体包括哪些?

11-4 求解导热微分方程常用的三种边界条件是什么?

11-5 什么是导温系数,它的物理意义是什么,导温系数与导热系数的区别是什么?

11-6 给出普朗特数 Pr 的表达式和物理意义。

11-7 对于第一类边界条件的稳态导热问题,其温度分布与导热系数有没有关系?

11-8 一维无限大平壁的导热问题,两侧给定的均为第二类边界条件,能否求出其温度分布,为什么?

习 题

11-1 一圆筒体的内、外半径分别为 r_i 及 r_0,相应的壁温为 T_i 与 T_0。其导热系数与温度的关系为 $\lambda = \lambda_0(1 + bT)$。试导出计算单位长度上导热热流量的表达式。

11-2 从宇宙飞船伸出一根细长散热棒,以辐射换热形式将热量散发到温度为绝对零度的外部空间,已知棒的表面发射率为 ε,导热系数为 λ,长度为 l,横截面积为 A,截面周长为 S,根部温度为 T_0,试写出导热微分方程及边界条件。

11-3 一厚度为 40mm 的无限大平壁,其稳态温度分布为:$T = 180 - 1800x^2$(℃)。若平壁材料导热系数为 $\lambda = 50W/(m \cdot K)$,试求:(1) 平壁两侧表面处的热流密度;(2) 平壁中是否有内热源? 若有的话,它的强度是多大?

11-4 一根细长散热棒,以对流换热形式将热量散发到温度为 T_f 的流体中,已知棒的换热系数为 α,导热系数为 λ,长度为 l,横截面积为 A,截面周长为 S,根部温度为 T_0,棒端部与流体间的热流密度为 q_w。试写出导热微分方程及边界条件。

12 一维稳态和非稳态导热

+·+

本章提要：通过求解固体导热微分方程，得到温度场，然后给出温度梯度，进而可利用傅里叶定律确定导热速率。本章主要介绍分析法在一维稳态和非稳态导热中的应用。

一维稳态的温度仅沿一个空间方向发生变化，确定了一维稳态导热中大平板和长圆筒的常微分方程，分别给出了不同定解条件下温度梯度的分析解，讨论了通过单层热阻借鉴模拟电路原理确定多层导热的方法。

在导热传热时，温度不仅随空间位置变化，而且也随时间变化，这种传热过程属于非稳态。同样，求解非稳态导热问题的关键在于确定其温度场。

非稳态导热偏微分方程较为复杂。对于薄材可以简化为无维的常微分方程，给出了温度与时间的分析解。对特定的非稳态导热偏微分方程，可以得到不同时间温度梯度级数形式的分析解，为使用方便，将其转换为温度与特征数的关系，给出了相关的表图。

大部分的非稳态导热偏微分方程无法得到分析解，可以采用数值解的方法。数值模型和计算机的快速发展，已经促成专门课程，本章仅对数值计算进行简要的介绍。

+·+

导热是依靠微观粒子的热运动而进行的。导热在固体、液体和气体中都能发生。在液体和气体中，发生导热的同时，由于温差的存在，必然伴随对流。因此，只有在固体中，导热才是热量传输的唯一形式。

本章针对固体中的导热问题进行讨论。通过对固体导热微分方程（即式（11-5））的求解，得到温度场，然后利用傅里叶定律确定导热速率。本章的讨论仅限于一维导热问题。

求解导热微分方程主要有分析解法和数值解法，本章主要介绍分析法在一维稳态导热中的应用。导热微分方程的解和边界条件有关，主要介绍典型的、应用较广的第一类和第三类边界条件的情况。

与稳态导热一样，求解非稳态导热问题的关键在于确定其温度场，以便计算在一段时间内物体热量。非稳态导热从基本概念入手，求解薄材、无限大平壁和半无限大物体的一维非稳态导热，并对集总参数法的使用及其判别条件做了介绍。

12.1　通过平壁的一维稳态导热

当温度沿长、宽方向变化很小，可以忽略不计时，温度只沿厚度方向变化，这就是一维导热问题。实践经验表明：当平壁长度和宽度比厚度大 8 ~ 10 倍时，该平壁的导热基本可视为一维问题。

12.1.1 第一类边界条件: 表面温度为常数

（1）单层平壁 设有一厚度为 s 的无限大单层平壁，无内热源，材料的导热系数 λ 为常数。假定平壁两侧表面分别维持固定的温度 T_{w1} 和 T_{w2}，且 $T_{w1} > T_{w2}$，如图 12－1 所示，要求确定壁内的温度分布和通过此平壁的导热流密度。

对于一维稳态和无内热源的固体导热问题，式（11－10）可简化如下：

$$\frac{\partial^2 T}{\partial x^2} = 0 \qquad (12-1)$$

边界条件为: $x = 0$ 时，$T = T_{w1}$; $x = s$ 时，$T = T_{w2}$。

求解上述微分方程，就可以得到平壁中的温度分布 $T = f(x)$。对式（12－1）两次积分可得：

$$T = C_1 x + C_2 \qquad (12-2)$$

式中，C_1 和 C_2 为积分常数，可由两个边界条件确定。$C_2 = T_{w1}$，$C_1 = (T_{w2} - T_{w1})/s$。

将 C_1 和 C_2 代入式（12－2），得平壁内温度分布为：

$$T = (T_{w2} - T_{w1}) \frac{x}{s} + T_{w1} \qquad (12-3)$$

由式（12－3）看出，无内热源，导热系数为常数的平壁，在稳态导热时，壁内的温度分布呈线性变化。

已知温度分布,可求得温度梯度,然后再代入傅里叶定律,可得到通过此平壁的导热流密度。

将式（12－3）对 x 求导可得：$\dfrac{\mathrm{d}T}{\mathrm{d}x} = \dfrac{T_{w2} - T_{w1}}{s}$，代入傅里叶定律得导热流密度：

$$q = -\lambda \frac{\mathrm{d}T}{\mathrm{d}x} = \lambda \frac{T_{w1} - T_{w2}}{s} \qquad (12-4)$$

平壁的面积为 A，则通过平壁的热流量为：

$$\Phi = qA = \lambda \frac{T_{w1} - T_{w2}}{s} A \qquad (12-5)$$

式（12－4）和式（12－5）表明，在一维稳态导热过程中，通过平壁的热流密度 q 和热流量 Q 都是常数，并与平壁两侧的温差 $T_{w1} - T_{w2}$、导热系数 λ 和导热面积 A 成正比，与平壁厚度 s 成反比。

利用热阻的概念，式（12－4）和式（12－5）可以分别改写如下：

$$q = \frac{T_{w1} - T_{w2}}{s/\lambda} = \frac{T_{w1} - T_{w2}}{r_\lambda} \qquad (12-6)$$

$$\Phi = \frac{T_{w1} - T_{w2}}{s/(\lambda A)} = \frac{T_{w1} - T_{w2}}{R_\lambda} \qquad (12-7)$$

式（12－6）的模拟电路如图 12－1（b）所示。

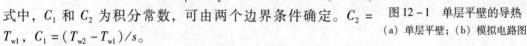

图 12－1 单层平壁的导热
(a) 单层平壁；(b) 模拟电路图

[例题 12 - 1] 图 12 - 2 为内热源均匀分布的平壁，壁厚为 $2s$。假定平壁的长、宽远大于壁厚，平壁两表面温度恒为 T_w，内热源强度为 q_v，平壁材料的导热系数为常数。试求稳态导热时平壁内的温度分布和中心温度。

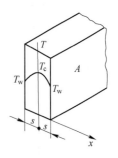

图 12 - 2　具有内热源一维平壁稳态的温度分布导热

解： 因平壁的长、宽远大于厚度，故此平壁的导热可认为是一维稳态导热，这时固体导热微分方程（式（11 - 8））可简化为：$\dfrac{\mathrm{d}^2 T}{\mathrm{d}x^2} + \dfrac{q_v}{\lambda} = 0$，相应的边界条件为：$x = s$ 时，$T = T_w$；$x = -s$ 时，$T = T_w$。

求解上述微分方程得：$T = -\dfrac{q_v}{2\lambda}x^2 + C_1 x + C_2$。

其中积分常数 C_1 和 C_2 可由边界条件确定，$C_2 = T_w + \dfrac{q_v}{2\lambda}s^2$；$C_1 = 0$。所以，平壁内温度分布为：$T = T_w + \dfrac{q_v}{2\lambda}(s^2 - x^2)$。可见，该条件下平壁内温度按抛物线规律分布。

令 $x = 0$，则得平壁中心温度为：$T = T_w + \dfrac{q_v}{2\lambda}s^2$。

（2）多层平壁　多层平壁是指由几层不同材料组成的平壁。如多数工业炉的炉墙就是由耐火砖、绝热砖等几层不同材料组成的。

图 12 - 3（a）表示由三种不同材料组成的多层平壁。各层厚度分别为 s_1、s_2 和 s_3；导热系数分别为 λ_1、λ_2 和 λ_3，且均为常数。假定多层平壁两侧表面维持恒定的温度 T_{w1} 和 T_{w4}，层与层之间紧密接触，互相接触的两表面具有相同的温度，1、2 层的界面温度为 T_{w2}；2、3 层的界面温度为 T_{w3}。

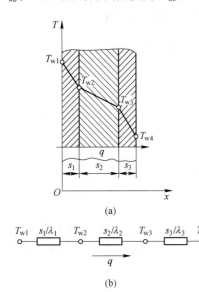

(a)

(b)

图 12 - 3　多层平壁导热

（a）多层平壁；（b）模拟电路图

在稳态导热时，经过各平壁层的热流密度相等，根据式（12 - 4），三层平壁的导热流密度分别为：

$$q = \frac{\lambda_1}{s_1}(T_{w1} - T_{w2}), \quad q = \frac{\lambda_2}{s_2}(T_{w2} - T_{w3}), \quad q = \frac{\lambda_3}{s_3}(T_{w3} - T_{w4})$$

可以分别改写为：

$$T_{w1} - T_{w2} = q\frac{s_1}{\lambda_1}, \quad T_{w2} - T_{w3} = q\frac{s_2}{\lambda_2}, \quad T_{w3} - T_{w4} = q\frac{s_3}{\lambda_3}$$

将上三式相加并整理可得：

$$q = \frac{T_{w1} - T_{w4}}{\dfrac{s_1}{\lambda_1} + \dfrac{s_2}{\lambda_2} + \dfrac{s_3}{\lambda_3}} = \frac{T_{w1} - T_{w4}}{\displaystyle\sum_{i=1}^{3} \frac{s_i}{\lambda_i}} \qquad (12 - 8)$$

式中，$\displaystyle\sum_{i=1}^{3} \frac{s_i}{\lambda_i} = \frac{s_1}{\lambda_1} + \frac{s_2}{\lambda_2} + \frac{s_3}{\lambda_3}$ 为整个平壁单位面积的总热阻，它说明三层平壁导热的总热阻等于各层平壁导热热阻之和，这与串联电路中总电阻等于各分电

阻之和类似。式（12-8）的模拟电路见图12-3（b）。

根据以上分析，通过 n 层平壁的导热流密度为：

$$q = \frac{T_{w1} - T_{wn+1}}{\sum\limits_{i=1}^{n} \dfrac{s_i}{\lambda_i}} \tag{12-9}$$

通过 n 层平壁的热流量则为：

$$\Phi = \frac{T_{w1} - T_{wn+1}}{\sum\limits_{i=1}^{n} \dfrac{s_i}{A\lambda_i}} \tag{12-10}$$

多层平壁各层之间的界面温度可通过式（12-9）求得。对于 n 层平壁，第 i 层和第 $i+1$ 层之间的界面温度为：

$$T_{wi+1} = T_{w1} - q\left(\frac{s_1}{\lambda_1} + \frac{s_2}{\lambda_2} + \cdots + \frac{s_i}{\lambda_i}\right) \tag{12-11}$$

根据式（12-9）或式（12-10）计算通过多层平壁的热流密度或热流量时，若各层材料的导热系数为变量，则应代入各层的平均导热系数。但确定各层的平均导热系数又需先知道各层的界面温度，此时，为简化计算，可采用逐步逼近的"试算法"。

[例题12-2]　某炉墙内层为黏土砖，外层为硅藻土砖，它们的厚度分别为 $s_1 = 460\text{mm}$，$s_2 = 230\text{mm}$，导热系数分别为：$\lambda_1 = 0.7 + 0.64 \times 10^{-3}T$，$\text{W}/(\text{m} \cdot \text{℃})$，$\lambda_2 = 0.14 + 0.12 \times 10^{-3}T$，$\text{W}/(\text{m} \cdot \text{℃})$。炉墙内、外表面温度为 $T_{w1} = 1400\text{℃}$、$T_{w3} = 100\text{℃}$，求稳态时通过炉墙的导热流密度和两层砖交界面处的温度。

解： 按试算法，假定交界面温度 $T_{w2} = 900\text{℃}$，计算每层砖的平均导热系数：

$$\lambda_1 = 0.7 + 0.64 \times 10^{-3} \times (1400 + 900)/2 = 1.436\text{W}/(\text{m} \cdot \text{℃})$$

$$\lambda_2 = 0.14 + 0.12 \times 10^{-3} \times (900 + 100)/2 = 0.20\text{W}/(\text{m} \cdot \text{℃})$$

根据式（12-9）计算通过炉墙的热流密度：

$$q = \frac{T_{w1} - T_{w3}}{\dfrac{s_1}{\lambda_1} + \dfrac{s_2}{\lambda_2}} = \frac{1400 - 100}{\dfrac{0.46}{1.436} + \dfrac{0.23}{0.20}} = 884.2\text{W}/\text{m}^2$$

再按式（12-11）计算界面温度：$T_{w2} = T_{w1} - q\left(\dfrac{s_1}{\lambda_1}\right) = 1400 - 884.2 \times \dfrac{0.46}{1.436} = 1116.8\text{℃}$

将求出的 T_{w2} 与原假设的 T_{w2} 相比较，若两者相差不大（工程上差值一般小于4%），则计算结束，否则重复上述计算，直至满足要求为止。现在两者相差甚大，需重新计算。重设 $T_{w2} = 1120\text{℃}$，则：

$$\lambda_1 = 0.7 + 0.64 \times 10^{-3} \times (1400 + 1120)/2 = 1.506\text{W}/(\text{m} \cdot \text{℃})$$

$$\lambda_2 = 0.14 + 0.12 \times 10^{-3}(1120 + 100)/2 = 0.213\text{W}/(\text{m} \cdot \text{℃})$$

$$q = \frac{1400 - 100}{\dfrac{0.46}{1.506} + \dfrac{0.23}{0.213}} = 938\,\text{W/m}^2, \quad T_{w2} = 1400 - 938 \times \frac{0.46}{1.506} = 1113\,^\circ\text{C}$$

T_{w2} 与第二次假设的温度值相近，故第二次求得的 q 和 T_{w2} 即为正确的结果。

12.1.2 第三类边界条件：周围介质温度为常数

第三类边界条件下，单层平壁的一维稳态导热。假定平壁厚度为 s，无内热源，导热系数 λ 为常数，平壁两侧的流体温度分别为 T_{f1} 和 T_{f2}，与壁面间的对流换热系数分别为 α_1 和 α_2，如图 12-4 所示。

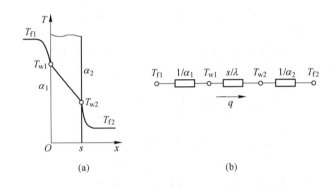

图 12-4 单层平壁一维稳态第三类边界条件的导热
（a）单层平壁；（b）模拟电路图

因为是无内热源、导热系数 λ 为常数的一维稳态导热，导热微分方程仍为式（12-1）的一维形式，即 $\dfrac{\mathrm{d}^2 T}{\mathrm{d}x^2} = 0$。该微分方程的解为：$T = C_1 x + C_2$，其中 C_1、C_2 由下两个边界条件确定：$x = 0$，$q_1 = -\lambda \dfrac{\mathrm{d}T}{\mathrm{d}x} = \alpha_1(T_{f1} - T)$；$x = s$，$q_2 = -\lambda \dfrac{\mathrm{d}T}{\mathrm{d}x} = \alpha_2(T - T_{f2})$。

由于 $\dfrac{\mathrm{d}T}{\mathrm{d}x} = C_1$，可以得到：

当 $x = 0$ 时，$-\lambda C_1 = \alpha_1(T_{f1} - T) = \alpha_1(T_{f1} - C_2) \rightarrow C_2 = T_{f1} + \dfrac{\lambda}{\alpha_1} C_1$；

当 $x = s$ 时，$-\lambda C_1 = \alpha_2\left(C_1 s + T_{f1} + \dfrac{\lambda}{\alpha_1} C_1 - T_{f2}\right)$，整理后可得：$-\left(\dfrac{\lambda}{\alpha_2} + s + \dfrac{\lambda}{\alpha_1}\right) C_1 = T_{f1} - T_{f2}$。

由此给出：$C_1 = \dfrac{T_{f2} - T_{f1}}{\lambda\left(\dfrac{1}{\alpha_1} + \dfrac{s}{\lambda} + \dfrac{1}{\alpha_2}\right)}$，$C_2 = T_{f1} + \dfrac{T_{f2} - T_{f1}}{\alpha_1\left(\dfrac{1}{\alpha_1} + \dfrac{s}{\lambda} + \dfrac{1}{\alpha_2}\right)}$。

在确定出 C_1 和 C_2 后，可得到壁内的温度分布为：

$$T = \left(\frac{1}{\alpha_1} + \frac{x}{\lambda}\right) \frac{T_{f2} - T_{f1}}{\dfrac{1}{\alpha_1} + \dfrac{s}{\lambda} + \dfrac{1}{\alpha_2}} + T_{f1} \tag{12-12}$$

式（12-12）表明壁内温度分布是 x 的线性函数。这一温度分布与第一类边界条件下，单层平壁导热的温度分布式（12-3）是类似的。

将 C_1 代入傅里叶定律表达式得通过平壁的热流密度为：

$$q = -\lambda \frac{\mathrm{d}T}{\mathrm{d}x} = -\lambda C_1 = \frac{T_{f1} - T_{f2}}{\dfrac{1}{\alpha_1} + \dfrac{s}{\lambda} + \dfrac{1}{\alpha_2}} \qquad (12-13)$$

式中，分母 $\dfrac{1}{\alpha_1} + \dfrac{s}{\lambda} + \dfrac{1}{\alpha_2}$ 表示单位平壁面积的总热阻，其中 $\dfrac{1}{\alpha_1}$ 和 $\dfrac{1}{\alpha_2}$ 是平壁两侧面与流体之间的单位面积的对流换热热阻，$\dfrac{s}{\lambda}$ 是单位平壁面积的导热热阻。

整个热量传输过程可看成是"对流换热—导热—对流换热"三部分的串联，其模拟电路如图 12-4（b）所示。

平壁两侧为第三类边界条件的稳态导热过程，在工程上常称为热量综合传输过程，并把式（12-13）表示为如下形式：

$$q = K(T_{f1} - T_{f2}) \qquad (12-14)$$

式中，$K = \dfrac{1}{\dfrac{1}{\alpha_1} + \dfrac{s}{\lambda} + \dfrac{1}{\alpha_2}}$，称为综合传热系数或传热系数。

如果平壁是由 n 层不同材料组成的多层平壁，则按热阻串联的概念，可直接得出通过此多层平壁的热流密度为：

$$q = \frac{T_{f1} - T_{f2}}{\dfrac{1}{\alpha_1} + \sum_{i=1}^{n} \dfrac{s_i}{\lambda_i} + \dfrac{1}{\alpha_2}} \qquad (12-15)$$

若平壁的面积为 A，则通过多层平壁的热流量为：

$$\Phi = \frac{T_{f1} - T_{f2}}{\dfrac{1}{\alpha_1 A} + \sum_{i=1}^{n} \dfrac{s_i}{\lambda_i A} + \dfrac{1}{\alpha_2 A}} \qquad (12-16)$$

12.2　通过圆筒壁的一维稳态导热

圆筒壁导热同样是工程中经常遇到的问题，如通过圆筒形炉壁（高炉、冲天炉等）、热风管道、蒸汽管道的散热等均属这种情况。在圆筒壁导热中，若筒壁长度远大于其外径（通常 $L/d_{外} > 10$），则沿轴向的导热可以略去不计，认为温度仅沿径向 r 变化，即 $T = f(r)$，等温面都是同心圆柱面，此时的导热可作为一维问题处理。

12.2.1　第一类边界条件：表面温度为常数

（1）单层圆筒壁。图 12-5（a）表示一个无内热源，长度为 L，内外半径分别为 r_1 和 r_2 的圆筒壁，假定 L 远大于外径 d_2，其导热系数 λ 为常数，内外壁面温度 T_{w1} 和 T_{w2} 恒定。对于圆筒壁的一维稳态、无内热源导热，其导热微分方程由式（11-13）简化得到，即：

$$\frac{d}{dr}\left(r\frac{dT}{dr}\right) = 0 \qquad (12-17)$$

边界条件为：$r = r_1$ 时，$T = T_{w1}$；$r = r_2$ 时，$T = T_{w2}$。

求解上述导热微分方程就可得到筒壁中沿半径方向的温度分布。

对式（12-17）积分得：$\qquad r\frac{dT}{dr} = C_1 \qquad (12-18)$

对 T 再次积分得：$\qquad T = C_1\ln r + C_2 \qquad (12-19)$

式中，积分常数 C_1 和 C_2 由边界条件确定，将两个边界条件代入式（12-19）得：

$$r = r_1,\ T_{w1} = C_1\ln r_1 + C_2;\ r = r_2,\ T_{w2} = C_1\ln r_2 + C_2$$

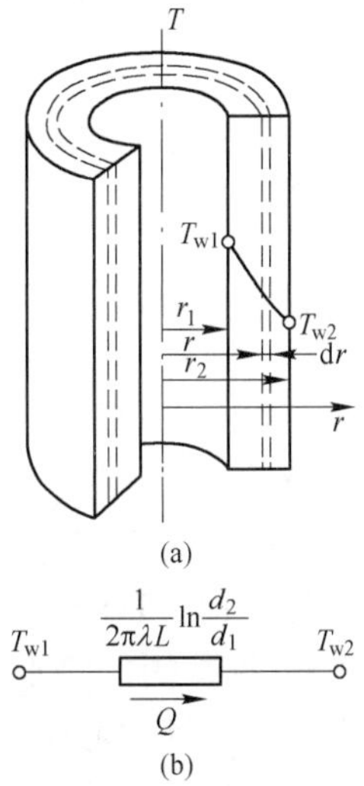

联立求解得：

$$C_1 = \frac{T_{w2} - T_{w1}}{\ln\dfrac{r_2}{r_1}},\ C_2 = \frac{T_{w1}\ln r_2 - T_{w2}\ln r_1}{\ln\dfrac{r_2}{r_1}}$$

图 12-5 单层圆筒壁的导热
（a）单层圆筒；（b）模拟电路图

把 C_1、C_2 代入式（12-19），可得到圆筒壁内的温度分布为：

$$T = \frac{T_{w2} - T_{w1}}{\ln\dfrac{r_2}{r_1}}\ln r + \frac{T_{w1}\ln r_2 - T_{w2}\ln r_1}{\ln\dfrac{r_2}{r_1}} = T_{w1} + \frac{T_{w2} - T_{w1}}{\ln\dfrac{r_2}{r_1}}\ln\frac{r}{r_1} \qquad (12-20)$$

式（12-20）表明，圆筒壁内的温度分布不像平壁那样线性变化，而是按对数曲线的规律变化，如图 12-5（a）所示。

将 C_1 代入到式（12-18）中可得温度梯度表达式：

$$\frac{dT}{dr} = \frac{C_1}{r} = \frac{T_{w2} - T_{w1}}{\ln\dfrac{r_2}{r_1}}\frac{1}{r} \qquad (12-21)$$

从式（12-21）可知，与平壁导热不同，圆筒壁中的温度梯度不是常数，它随半径 r 的增加而减小。因此，通过圆筒壁的热流密度 q 也不是常数。但是，在稳态导热情况下，通过圆筒壁的热流量 Φ 是恒定的，与 r 无关。通过圆筒壁的热流量为：

$$\Phi = -\lambda\frac{dT}{dr}A = -\lambda\frac{dT}{dr}2\pi rL \qquad (12-22)$$

将式（12-21）代入到式（12-22）中，得到：

$$\Phi = 2\pi L\lambda \frac{T_{w1} - T_{w2}}{\ln \frac{r_2}{r_1}} \qquad (12-23)$$

或写成：

$$\Phi = 2\pi L\lambda \frac{T_{w1} - T_{w2}}{\ln \frac{r_2}{r_1}} = \frac{T_{w1} - T_{w2}}{\frac{1}{2\pi L\lambda}\ln \frac{r_2}{r_1}} \qquad (12-24)$$

式中，$\frac{1}{2\pi L\lambda}\ln \frac{r_2}{r_1}$ 是圆筒壁按导热面积计的导热热阻，它的单位是℃/W。单层圆筒壁的模拟电路见图 12-5（b）。

在工程计算中，常按单位长度来计算热流量，并记为 q_L。若几何尺寸采用圆筒壁直径，式（12-24）可写为：

$$q_L = \frac{\Phi}{L} = \frac{T_{w1} - T_{w2}}{\frac{1}{2\pi\lambda}\ln \frac{d_2}{d_1}} \qquad (12-25)$$

式中，$\frac{1}{2\pi\lambda}\ln \frac{d_2}{d_1}$ 为单位长度圆筒壁的导热热阻。

式（12-24）和式（12-25）表明，圆筒壁稳态导热时的热流量 Q 和单位长度的热流量 q_L 都不随半径 r 变化。

[例题 12-3]　有一半径为 R，具有均匀内热源，导热系数为常数的长圆柱体。假定圆柱体表面温度为 T_w，内热源强度为 q_v，圆柱体足够长，可以认为温度仅沿径向变化，试求稳态导热时圆柱体内的温度分布。

解： 对于一维稳态有内热源的导热，柱坐标系的导热微分方程可由式（11-13）给出，即：

$$\frac{1}{r}\frac{d}{dr}\left(r\frac{dT}{dr}\right) + \frac{q_v}{\lambda} = 0$$

两个边界条件中，有一个为：$r = R$，$T = T_w$。

由于内热源均匀分布，圆柱体表面温度均为 T_w，所以圆柱体内温度分布对称于中心线，这表明另一个边界条件可表示为：$r = 0$，$\frac{dT}{dr} = 0$

将微分方程积分，结果为：$r\frac{dT}{dr} = -\frac{q_v}{2\lambda}r^2 + C_1$

进行第二次积分得：$T = -\frac{q_v}{4\lambda}r^2 + C_1\ln r + C_2$

根据边界条件 $r = 0$，$\frac{dT}{dr} = 0$，可得：$C_1 = 0$

利用第一个边界条件 $r = R$，$T = T_w$，可得：$C_2 = T_w + \frac{q_v}{4\lambda}R^2$

最后得到圆柱体内的温度分布为：$T = T_w + \dfrac{q_v}{4\lambda}(R^2 - r^2)$

（2）多层圆筒壁。与多层平壁的导热类似，通过多层圆筒壁的热流量可按总温差和总热阻来计算。对于由 n 层不同材料组成的多层圆筒壁，通过它的热流量可表示为：

$$\Phi = \frac{T_{w1} - T_{wn+1}}{\displaystyle\sum_{i=1}^{n} \frac{1}{2\pi\lambda_i L}\ln\frac{d_{i+1}}{d_i}} \qquad (12-26)$$

单位长度的热流量为：

$$q_L = \frac{\Phi}{L} = \frac{T_{w1} - T_{wn+1}}{\displaystyle\sum_{i=1}^{n} \frac{1}{2\pi\lambda_i}\ln\frac{d_{i+1}}{d_i}} \qquad (12-27)$$

各层接触面的温度也可按类似于多层平壁的方法计算，第 i 层和 $i+1$ 层之间接触面的温度为：

$$T_{wi+1} = T_{w1} - q_L\left(\frac{1}{2\pi\lambda_1}\ln\frac{d_2}{d_1} + \frac{1}{2\pi\lambda_2}\ln\frac{d_3}{d_2} + \cdots + \frac{1}{2\pi\lambda_i}\ln\frac{d_{i+1}}{d_i}\right) \qquad (12-28)$$

12.2.2 第三类边界条件：周围介质温度为常数

图 12-6（a）为一无内热源，长度为 L，内外半径分别为 r_1 和 r_2 的圆筒壁，筒壁材料的导热系数为常数。温度为 T_{f1} 的热流体在筒内流动，与筒内壁的对流换热系数为 α_1；温度为 T_{f2} 的冷流体在筒外流动，与筒外壁的对流换热系数为 α_2。假定冷热流体温度保持稳定，壁内温度仅沿半径 r 方向发生变化。

该问题可看做在第三类边界条件下，通过圆筒壁的一维稳态导热问题，其导热微分方程如式（12-17），即：

$$\frac{d}{dr}\left(r\frac{dT}{dr}\right) = 0$$

边界条件为：$r = r_1, \quad -\lambda\dfrac{dT}{dr} = \alpha_1(T_{f1} - T)$

$\qquad\qquad r = r_2, \quad -\lambda\dfrac{dT}{dr} = \alpha_2(T - T_{f2})$

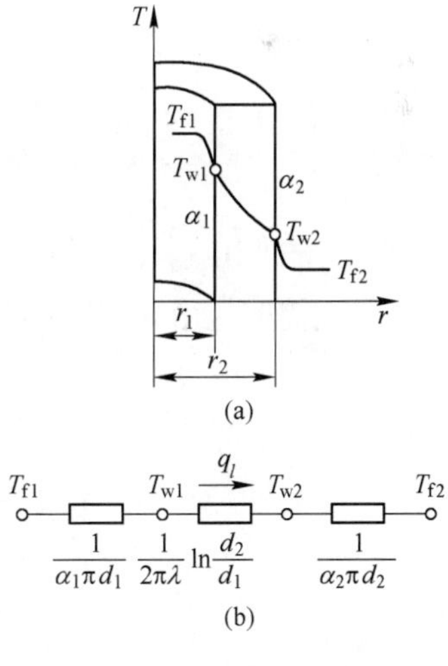

如果像分析第三类边界条件下通过平壁的一维稳态导热那样求解上述微分方程，即可得到该问题的解。但是，也可用如下较简单的方法求解。

分析上述热量传输过程不难看出，它是由热流体与圆筒壁内表面的对流换热、圆筒壁内部的导热和圆筒壁外表面遇冷流体的对流换热组成，它们的热流量 Φ_1、Φ_2 和 Φ_3 分别为：

图 12-6 单层圆筒平壁一维稳态
第三类边界条件的导热
（a）单层圆筒壁；（b）模拟电路图

$$\Phi_1 = \alpha_1 (T_{f1} - T_{w1}) \pi d_1 L = \frac{T_{f1} - T_{w1}}{\dfrac{1}{\alpha_1 \pi d_1 L}}$$

$$\Phi_2 = 2\pi L \lambda \frac{T_{w1} - T_{w2}}{\ln \dfrac{d_2}{d_1}} = \frac{T_{w1} - T_{w2}}{\dfrac{1}{2\pi L \lambda} \ln \dfrac{d_2}{d_1}}$$

$$\Phi_3 = \alpha_2 (T_{w2} - T_{f2}) \pi d_2 L = \frac{T_{w2} - T_{f2}}{\dfrac{1}{\alpha_2 \pi d_2 L}}$$

在稳态条件下，$\Phi_1 = \Phi_2 = \Phi_3$，因此得：

$$\Phi = \frac{T_{f1} - T_{f2}}{\dfrac{1}{\alpha_1 \pi d_1 L} + \dfrac{1}{2\pi L \lambda} \ln \dfrac{d_2}{d_1} + \dfrac{1}{\alpha_2 \pi d_2 L}} \qquad (12-29)$$

单位长度圆筒壁的热流量为：

$$q_L = \frac{\Phi}{L} = \frac{T_{f1} - T_{f2}}{\dfrac{1}{\alpha_1 \pi d_1} + \dfrac{1}{2\pi \lambda} \ln \dfrac{d_2}{d_1} + \dfrac{1}{\alpha_2 \pi d_2}} \qquad (12-30)$$

式中，分母为总热阻，它等于各分热阻之和。图 12-6（b）为式（12-30）的模拟电路。

式（12-30）同样可改写为：

$$q_L = K_L (T_{f1} - T_{f2}) \qquad (12-31)$$

式中，$K_L = \dfrac{1}{\dfrac{1}{\alpha_1 \pi d_1} + \dfrac{1}{2\pi \lambda} \ln \dfrac{d_2}{d_1} + \dfrac{1}{\alpha_2 \pi d_2}}$，为单位长度圆筒壁的传热系数。

如果圆筒壁是由 n 层不同材料组成的多层圆筒壁，则：

$$\Phi = \frac{T_{f1} - T_{f2}}{\dfrac{1}{\alpha_1 \pi d_1 L} + \sum_{i=1}^{n} \dfrac{1}{2\pi L \lambda_i} \ln \dfrac{d_{i+1}}{d_i} + \dfrac{1}{\alpha_2 \pi d_{n+1} L}} \qquad (12-32)$$

或

$$q_L = \frac{T_{f1} - T_{f2}}{\dfrac{1}{\alpha_1 \pi d_1} + \sum_{i=1}^{n} \dfrac{1}{2\pi \lambda_i} \ln \dfrac{d_{i+1}}{d_i} + \dfrac{1}{\alpha_2 \pi d_{n+1}}} \qquad (12-33)$$

[例题 12-4]　某高炉热风管道由四层组成：最内层为黏土砖，中间依次为硅藻土砖和石棉板，最外层为钢板。它们的厚度（mm）分别为：$s_1 = 115$；$s_2 = 230$；$s_3 = 10$；$s_4 = 10$，导热系数（W/(m·℃)）分别为：$\lambda_1 = 1.3$；$\lambda_2 = 0.18$；$\lambda_3 = 0.22$；$\lambda_4 = 52$。热风管道内径 $d_1 = 1$m，热风平均温度为 1000℃，与内壁的换热系数 $\alpha_1 = 31$W/(m²·℃)；周围空气温度为 20℃，与风管外表面间的换热系数为 $\alpha_2 = 10.5$W/(m²·℃)，试求每米热风管

的热损失。

解: 已知 $d_1 = 1\text{m}$；$d_2 = d_1 + 2s_1 = 1 + 0.23 = 1.23\text{m}$；$d_3 = d_2 + 2s_2 = 1.23 + 0.46 = 1.69\text{m}$；$d_4 = d_3 + 2s_3 = 1.69 + 0.02 = 1.71\text{m}$；$d_5 = d_4 + 2s_4 = 1.71 + 0.02 = 1.73\text{m}$

根据式（12-33），每米热风管的热损失为：

$$q_L = \frac{T_{f1} - T_{f2}}{\dfrac{1}{\alpha_1 \pi d_1} + \sum_{i=1}^{n} \dfrac{1}{2\pi\lambda_i}\ln\dfrac{d_{i+1}}{d_i} + \dfrac{1}{\alpha_2 \pi d_{n+1}}}$$

$$= \frac{(1000 - 20) \times 3.14}{\dfrac{1}{31} + \dfrac{1}{2\times1.3}\ln1.23 + \dfrac{1}{2\times0.18}\ln\dfrac{1.69}{1.23} + \dfrac{1}{2\times0.22}\ln\dfrac{1.71}{1.69} + \dfrac{1}{2\times52}\ln\dfrac{1.73}{1.71} + \dfrac{1}{1.73\times10.5}}$$

$$= 2859.0\text{W/m}$$

12.2.3 临界绝热层直径

工程上为了减少管道的散热损失，常用的方法是在管道外表面敷设绝热层。但应该注意，这种方法并不是任何情况下都能减少散热损失，这取决于在管道外面敷设绝热层后总热阻将如何变化。

设管道外面包上一层绝热层，如图12-7所示。

由式（12-33）可知，此时单位管长的总热阻 r_Σ 为：

$$r_\Sigma = \frac{1}{\pi d_1 \alpha_1} + \frac{1}{2\pi\lambda_1}\ln\frac{d_2}{d_1} + \frac{1}{2\pi\lambda_x}\ln\frac{d_x}{d_2} + \frac{1}{\pi d_x \alpha_2} \quad (12-34)$$

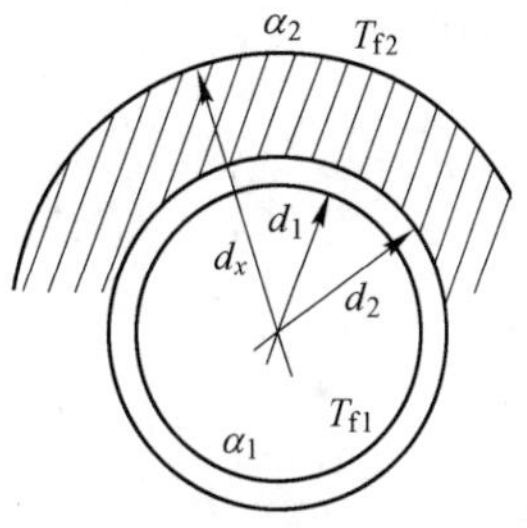

式中，α_1 为管内流体与管内壁之间的换热系数，$\text{W/(m}^2 \cdot \text{℃)}$；$\alpha_2$ 为绝热层外表面与周围空气之间的换热系数，$\text{W/(m}^2 \cdot \text{℃)}$；$d_x$ 为绝热层外直径，m；d_1 和 d_2 分别为管道的内径和外径，m；λ_1 和 λ_x 分别为管道材料和绝热层材料的导热系数。

图 12-7 管道外包
一层绝热层示意图

当管道一定时，d_1、d_2、λ_1、α_1 和 α_2 都是定值，式（12-34）中前两项热阻的数值一定。而在绝热层材料选定后，λ_x 也已经给定，因此，单位管长的总热阻 r_Σ 仅是 d_x 的函数。当 d_x 增加时，$\dfrac{1}{2\pi\lambda_x}\ln\dfrac{d_x}{d_2}$ 增大，而 $\dfrac{1}{\pi d_x \alpha_2}$ 减小。如将 r_Σ 对 d_x 求导，并令其等于零，即：

$$\frac{\mathrm{d}r_\Sigma}{\mathrm{d}d_x} = \frac{1}{\pi d_x}\left(\frac{1}{2\lambda_x} - \frac{1}{\alpha_2 d_x}\right) = 0 \quad (12-35)$$

则可求得 r_Σ 的极值条件：

$$d_x = d_c = \frac{2\lambda_x}{\alpha_2} \quad (12-36)$$

式中，d_c 为临界绝热层直径，m。

如继续求 r_Σ 对 d_x 的二阶导数，则可得 $\dfrac{\mathrm{d}^2 r_\Sigma}{\mathrm{d}(d_x)^2} > 0$，这表明绝热层外径等于临界绝热层

直径 d_c 时，单位管长的总热阻为极小值，此时的热损失最大，如图 12－8 所示。

当管道外径 $d_2 < d_c$ 时，在管道外面敷设绝热层，热损失不仅不会减少，反而增大。而且随着绝热层厚度增加，热损失增加，直至绝热层外径等于 d_c 为止。此后，再增加绝热层厚度，热损失下降。

如果管子外径 $d_2 \geqslant d_c$，则敷设绝热层将使散热损失减小。临界绝热层直径与其导热系数 λ_x 有关，见式（12－36），因此，通过选用不同的绝热层材料可改变临界绝热层直径。

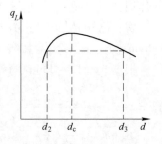

图 12－8　临界绝热层直径

[**例题 12－5**]　热介质在外径为 $d_2 = 25\text{mm}$ 的管内流动，为减少热损失，在管外敷设绝热层，试问下列两种绝热材料中选用哪一种合适：（1）石棉制品，$\lambda = 0.14\text{W}/(\text{m} \cdot \text{℃})$；（2）矿渣棉，$\lambda = 0.058\text{W}/(\text{m} \cdot \text{℃})$。假定绝热层外表面与周围空气之间的换热系数 $\alpha_2 = 9\text{W}/(\text{m}^2 \cdot \text{℃})$。

解：根据式（12－36），计算临界绝热层直径。

对于石棉制品：$d_c = \dfrac{2\lambda_x}{\alpha_2} = \dfrac{2 \times 0.14}{9} = 0.031\text{m}$，对于矿渣棉：$d_c = \dfrac{2\lambda_x}{\alpha_2} = \dfrac{2 \times 0.058}{9}$

$= 0.0129\text{m}$。

可见，在所给条件下，用石棉制品作绝热层时，因为 $d_c > d_2$，敷设绝热层，热损失将增加，故不合适。而用矿渣棉作绝热层时，$d_c < d_2$，所以是合适的。

12.3　非稳态导热的基本概念

在冶金生产中，许多导热问题的温度场是随时间变化的。如炉料的加热与冷却、金属的凝固与冷却、高炉蓄热式热风炉的加热和送风、炉子开炉时炉体的积热和停炉时炉体的散热等，这类导热被称为非稳态导热。对非稳态导热问题，需要确定物体内部的温度随时间的变化，或确定其内部温度场到达某一状态所需的时间。

12.3.1　非稳态导热的基本概念

根据温度随时间的变化特性，非稳态导热可以分为两类：温度随时间周期变化的非稳态导热和温度随时间逐渐趋近于恒定值的瞬态非稳态导热。

影响非稳态导热的因素有：物体的导热性能（用导热系数 λ 来衡量）、物体的储热性能（用质量定压热容 c_p 来衡量）、边界条件和内热源强度等。

首先，分析瞬态导热过程。它是非稳态导热问题中最为常见也是很重要的一类，如图 12－9所示。

一个无限大平壁，初始为均匀的温度 T_0。某一时刻左壁面突然受到温度为 T_1 的恒温热源的加热，而右侧仍与温度为 T_0 的空气接触。该平壁内非稳态温度场的变化过程为：首先，紧靠高温热源的表面部分的温度很快上升，而其余部分仍保持原来的温度。随着时间的推移,温度变化的范围不断扩大,以至于一定时间以后,右侧表面的温度也逐渐升高。最终达到稳态时,温度分布保持恒定,如图 12 –9(a)曲线 AF(λ 为常数时,此曲线为直线)。

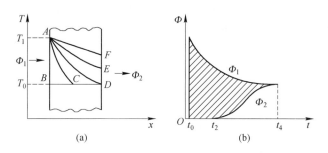

图 12 – 9　非稳态导热过程的温度变化和导热量变化
（a）温度变化；（b）导热量变化

12.3.2　平壁内非稳态温度场的主要特点

（1）温度分布随时间变化。存在三个阶段，即初始阶段、正规状况阶段和新的稳态阶段。当温度变化到达右壁面之前（如曲线 $A—C—D$），右侧还未参与传热，保持着初始温度 T_0。此时物体内部温度分为两个区域，即非稳态导热规律控制区 $A—C$ 和初始温度控制区 $C—D$，称这段时间为初始阶段。在该阶段中，初始条件影响较大。当温度变化到达右壁面时，右侧开始参与换热，这时初始温度分布的影响逐渐消失，非稳态导热过程进入正规状况阶段。在该阶段中，边界条件和本身性质影响较大。理论上，经过无限长时间以后，物体内部的温度分布会趋于稳态。在实际过程中，经过一段时间后，温度分布就可近似地认为达到新的稳态。

（2）热流方向上热流量处处不等。因为温度变化会引起内能的变化，在热量传递过程中，一部分热量要转变成为物体的内能，所以热流方向上各处的热流量并不相等。图 12 – 9(b)阴影部分表示平壁在加热过程中所吸收的能量，其中 Φ_1 是通过左壁传入的热量，Φ_2 是从右壁散失的热量。当时间为 t_4 时，该平壁内的温度分布进入稳态，因为此时传入的热量与散失的热量相等。

12.3.3　周期性的非稳态导热

周期性非稳态导热是经常遇到的实际情况。例如，由于太阳辐射，在一个季节内，室外空气温度 T_f 可以看成是以 24h 为周期变化的，相应地导致建筑物内表面温度 T_w 也以 24h 为周期进行变化，只是在时间上有一定的滞后。这时尽管采用空调可将室内温度维持稳定，但墙内各处的温度受室外温度周期性变化的影响，也会以同样的周期进行变化。

上述分析表明，在周期性非稳态导热问题中，一方面物体内各处的温度按一定的振幅随时间周期地波动；另一方面，同一时刻下，物体内的温度分布在空间上也是周期性波动的。

12.3.4　非稳态导热的特点

首先，非稳态导热时，物体内各点的温度随时间而变化，$\partial T / \partial t \neq 0$。如果物体内温度随时间的增加而升高，$\partial T / \partial t > 0$，这种非稳态导热过程称为加热过程；反之称为冷却过程。

其次，非稳态导热过程总是伴随着物体熵的变化，即伴随着物体获得热量（加热过程）或失去热量（冷却过程）。因为物体焓的变化速度不仅与它的导热能力（导热系数 λ）有关，也与它的蓄热能力（单位体积的热容量 ρc_p）有关，所以非稳态导热过程中影响物体温度变化快慢的热物性参数包括 λ 和 ρc_p，即与导温系数 a 有关。

讨论非稳态导热的目的，在于找出温度分布随时间的变化规律，进而确定热流量随时间的变化规律。根据定解条件求解导热微分方程，可以确定温度的时空分布，然后用傅里叶定律确定热流量。

12.4　薄材的非稳态导热

12.4.1　薄材的概念

即使最简单的一维非稳态导热问题，导热微分方程也是偏微分方程，这就增加了求解的难度。但是当物体内的温度梯度很小时，其非稳态导热方程可用简单的方法求解。这种方法称为薄材分析法或集总参数分析法。

在加热或冷却过程中，若物体内温度分布均匀，在任一时刻都可用一个温度来代表整个物体的温度，则该物体称为薄材。显然，薄材的温度场与空间坐标无关，它只是时间的函数，即 $T = f(t)$。这样，薄材的温度分布就可用常微分方程来描述，使复杂的数学问题得以简化。薄材不是一个纯几何概念，它是从热量传输的角度对实际问题的一种抽象。下面讨论什么条件下可按薄材处理。

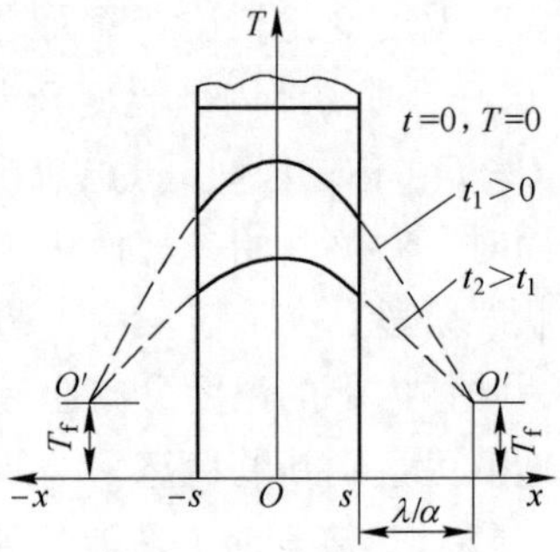

为了便于分析，假定所讨论的物体是厚度为 $2s$ 的无限大平板，见图 12 - 10。对于无限大平板在第三类边界条件下的冷却问题，其边界条件可表示为：

图 12 - 10　第三类边界
条件及定向点

$$-\lambda \left. \frac{\partial T}{\partial x} \right|_{x=\pm s} = \pm \alpha (T_w - T_f)$$

可改写为：

$$\frac{\alpha}{\lambda} = \frac{-\left. \dfrac{\partial T}{\partial x} \right|_{x=\pm s}}{\pm (T_w - T_f)}$$

等号两端同乘以 s，则得：

$$Bi = \frac{\alpha s}{\lambda} = \frac{-\left. \dfrac{\partial T}{\partial x} \right|_{x=\pm s}}{\pm \left(\dfrac{T_w - T_f}{s} \right)} \tag{12-37}$$

式中，$Bi = \alpha s / \lambda$ 是特征数，称为毕渥（Biot）数。

为了理解 Bi 的物理意义，把 Bi 表示为如下形式：

$$Bi = \frac{s/\lambda}{1/\alpha} \tag{12-38}$$

式中，s/λ 是平板内部单位面积上的导热热阻；$1/\alpha$ 是平板单位表面积上的对流换热热阻，因此，Bi 表示物体内部的导热热阻与物体表面的对流换热热阻之比。

故无限大平板在第三类边界条件下的冷却问题，其边界条件也可以写成：

$$-\frac{\partial T}{\partial x}\bigg|_{x=\pm s} = \frac{\pm(T_w - T_f)}{s/Bi} = \frac{\pm(T_w - T_f)}{\lambda/\alpha} \quad (12-39)$$

式（12-39）表示，物体在冷却时，任何时刻表面温度分布的切线都通过坐标为 $[s+\lambda/\alpha, T_f]$ 的 O' 点，见图 12-10，O' 点称为第三类边界条件的定向点，它与无限大平板表面的距离等于 $\frac{\lambda}{\alpha}$，即 s/Bi。下面分析无限大平板在第三类边界条件下冷却时，Bi 的大小对平板内温度分布的影响，参看图 12-11。

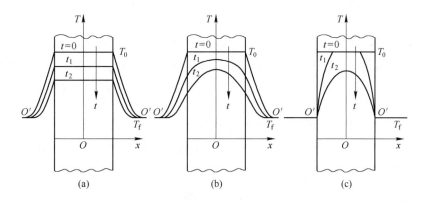

图 12-11 Bi 对应的无限大平板非稳态温度分布形式
(a) $Bi \to 0$；(b) $0 < Bi < \infty$；(c) $Bi \to \infty$

当 $Bi \to 0$ 时，相当于平板内部的导热热阻趋于零。由于 $Bi \to 0$，$\frac{s}{Bi} \to \infty$，这时定向点 O' 在离平板表面无穷远处，这表示平板内温度分布趋于均匀一致。如图 12-11（a）所示。这种情况就是前面所提到的薄材。

当 $0 < Bi < \infty$ 时，平板内温度分布如图 12-11（b）所示，这时为通常的第三类边界条件。

当 $Bi \to \infty$ 时，相当于平板表面的对流换热热阻 $\frac{1}{\alpha} \to 0$，对流换热系数 α 趋于无穷大。由于 $Bi \to \infty$，$\frac{s}{Bi} \to 0$，这时定向点 O' 就在平板表面上，即任何时刻 $T_w = T_f$，平板内温度分布如图 12-11（c）所示。这种情况实际上等于第一类边界条件（表面温度为常数）。

由以上分析可知，Bi 的大小反映了物体内部温差的大小，因此 Bi 可用来判断某物体在加热或冷却时是否可按薄材处理。分析表明，在实际工程问题中，如果：

$$Bi = \frac{\alpha s}{\lambda} \leqslant 0.1 \quad (12-40)$$

则物体表面和中心的温差已小于 5%，此时的不稳态导热物体可近似看做薄材。

Bi 中的定型尺寸 s，对于厚度为 $2s$ 的无限大平板，一般取 s；对于半径为 R 的无限长圆柱体和球，则取 R。

12.4.2　薄材的非稳态导热——集总参数法

当固体内部的导热热阻远小于表面换热热阻时，可以认为整个固体在同一瞬间处于同一温度下。这时所要求解的温度仅是时间 t 的一元函数，而与空间坐标无关，仿佛固体原本连续分布的质量与热容量汇总到一点上。这种忽略物体内部导热热阻的简化分析法称为集总参数法。显然，如果物体导热系数相当大，或者物体几何尺寸很小，或物体表面换热系数极低，其非稳态导热问题都属于这一类型，可以采用集总参数法。

对一任意形状的物体，其体积为 V，表面积为 A，设具有均匀的初始温度 T_0。在开始时刻，突然将它置于温度为 T_f 的介质中（设 $T_f > T_0$），物体表面与介质之间的换热系数 α 和物体的热物性参数均为常数。假定物体的导热系数很大，或者物体的尺寸很小，或者它的表面与介质间的换热系数很小，故满足 $Bi < 0.1$ 的条件。此时物体的内部导热热阻可以忽略，温度可以认为均匀。忽略物体内部导热热阻的实质，是忽略固体中的温度梯度，因此不能在导热方程的框架内讨论问题，取代方法是对固体写出总的能量平衡关系来确定瞬态温度响应。这个平衡关系涉及表面热损速率与固体内能的变化速率。

根据热力学第一定律，单位时间内物体从介质通过对流换热得到的热量，等于物体内能的增加速率。设物体在 t 时刻的温度为 T，则物体表面的热损速率与固体内能的变化速率的关系可写成：

$$\alpha A(T_f - T) = \rho c_p V \frac{\mathrm{d}T}{\mathrm{d}t} \quad 或 \quad \frac{\mathrm{d}T}{\mathrm{d}t} + \frac{\alpha A}{\rho c_p V}(T - T_f) = 0 \qquad (12-41)$$

初始条件：$t = 0$ 时，$T = T_0$。

为便于分析，令 $\theta = T - T_f$，并令 $m = \dfrac{\alpha A}{\rho c_p V}$，则式（12-41）可改写成：$\dfrac{\mathrm{d}\theta}{\mathrm{d}t} + m\theta = 0$。

相应的初始条件为：$t = 0$ 时，$\theta = T_0 - T_f = \theta_0$，求解这一微分方程，得：

$$\theta = C e^{-mt} \qquad (12-42)$$

式中，C 为积分常数，它可通过初始条件确定。

根据初始条件可得到 $C = \theta_0$，于是最终的解为：

$$\frac{\theta}{\theta_0} = \frac{T - T_f}{T_0 - T_f} = e^{-mt} = e^{-\frac{\alpha A}{\rho c_p V}t} \qquad (12-43)$$

式（12-43）表明薄材加热或冷却时，物体中的温度随时间按指数关系变化。其右端的指数可以写成：

$$mt = \frac{\alpha A t}{\rho c_p V} = \frac{\alpha V}{\lambda A} \frac{\lambda A^2 t}{\rho c_p V^2} = \frac{\alpha(V/A)}{\lambda} \frac{at}{(V/A)^2} = Bi_v Fo_v \qquad (12-44)$$

式中，V/A 具有长度的量纲；$\dfrac{\alpha(V/A)}{\lambda}$ 也称毕渥数，记为 Bi_v；$at/(V/A)^2$ 也是特征数，称

为傅里叶（Fourier）数，记为 Fo_v；下角码 v 表示 Bi 数和 Fo 数中定型尺寸为 V/A。

这样，式（12-43）可简写为：

$$\frac{\theta}{\theta_0} = \frac{T - T_f}{T_0 - T_f} = e^{-Bi_v Fo_v} \tag{12-45}$$

需要特别指出，如用 Bi_v 来判断物体是否为薄材时，Bi_v 应满足如下条件：

$$Bi_v = \frac{\alpha(V/A)}{\lambda} \leqslant 0.1M \tag{12-46}$$

式中，M 是考虑了 Bi_v 中定型尺寸 V/A 的一个系数。不同形状物体的 M 值见表 12-1。

表 12-1　不同形状物体的 M 值

物体形状	V/A	M
无限大平板（厚 $2s$）	s	1
无限大圆柱体（半径 R）	$R/2$	1/2
球体（半径 R）	$R/3$	1/3

[**例题 12-6**]　用热电偶测量流体温度。已知流体温度为 200℃，插入流体前热电偶接点温度为 20℃。假定热电偶接点为球形，直径为 1mm，其密度 $\rho = 8000\text{kg/m}^3$，$\lambda = 52\text{W/(m·℃)}$，$c_p = 418\text{J/(kg·℃)}$，接点表面与流体之间的换热系数 $\alpha = 120\text{W/(m}^2\text{·℃)}$。试求热电偶指示温度达 199℃时所需的时间。

解：首先计算 Bi_v 判断热电偶接点是否为薄材。

$$Bi_v = \frac{\alpha(V/A)}{\lambda} = \frac{\alpha\left[\frac{\pi D^3}{6}/(\pi D^2)\right]}{\lambda} = \frac{\alpha \dfrac{D}{6}}{\lambda} = \frac{120 \times 0.001}{6 \times 52} = 0.00038 < 0.033$$

满足薄材条件，所以可按薄材处理，根据式（12-43），可得到：

$$t = -\frac{\rho c_p V}{\alpha A}\ln\frac{T - T_f}{T_0 - T_f} = -\frac{\rho c_p D}{6\alpha}\ln\frac{T - T_f}{T_0 - T_f} = -\frac{8000 \times 418 \times 0.001}{6 \times 120}\ln\frac{199 - 200}{20 - 200} = 24.1\text{s}$$

12.5　半无限大物体的一维非稳态导热

半无限大物体是指受热面位于 $x = 0$ 处，而厚度为 $x = +\infty$ 的物体。工程中的物体不会无限厚，但对一个有限厚度的物体，当界面上发生温度变化，而在所考虑的时间范围内，其影响深度远小于物体本身厚度时，该物体即可作为半无限大。如液态金属在砂型中的凝固，工件的表面淬火等都属此类情况。高炉、加热炉基础的加热过程也是半无限大物体非稳态导热的实例。

以下介绍第一类边界条件：表面温度为常数。

有一初始温度均为 T_0，热物性参数为常数，无内热源的半无限大物体，加热时表面（$x = 0$ 处）温度突然升至 T_w 并保持不变（图 12-12）。

对于该问题，温度场是时间坐标 t 和空间坐标 x 的函数，导热微分方程为：

$$\frac{\partial T}{\partial t} = a\frac{\partial^2 T}{\partial x^2} \qquad (12-47)$$

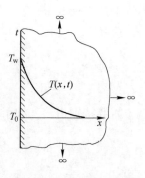

初始条件和边界条件如下：

$t=0$，$0 \leqslant x \leqslant \infty$ 时，$T=T_0$；$t>0$，$x=0$ 时，$T=T_w$；$t>0$，$x=\infty$ 时，$T=T_0$

式（12-47）是二阶偏微分方程，求解需采用变量代换法，将二阶偏微分方程转换为二阶常微分方程，再转换为一阶常微分方程（与布拉修斯求解边界层微分方程的方法类似，见 7.2 节）。

图 12-12   半无限大物体
加热时的温度分布

令 $\theta = T - T_0$，将 θ 代入式（12-47）和相应的初始条件与边界条件，式（12-47）可改写为：

$$\frac{\partial \theta}{\partial t} = a\frac{\partial^2 \theta}{\partial x^2} \qquad (12-48)$$

初始条件和边界条件：

$t=0$，$0 \leqslant x \leqslant \infty$ 时，$\theta=0$；$t>0$，$x=0$ 时，$\theta=\theta_w$；$t>0$，$x=\infty$ 时，$\theta=0$。

在微分方程和定解条件中，共涉及 θ、θ_w、a、x、t 等五个物理量，基本量纲是温度、长度和时间。根据量纲分析 π 定理，该问题量纲为 1 的变量数应为 $5-3=2$ 个，它们是：θ/θ_w，$x/\sqrt{at}$，根据 π 定理：$\left(\dfrac{\theta}{\theta_w}\right) = f\left(\dfrac{x}{\sqrt{at}}\right)$。进一步引入量纲为 1 的量：$\Theta = \dfrac{T-T_0}{T_w-T_0}$，$\eta = \dfrac{x}{2\sqrt{at}}$。将它们代入到式（12-48）中，可得：

$$\frac{\mathrm{d}^2\Theta}{\mathrm{d}\eta^2} + 2\eta\frac{\mathrm{d}\Theta}{\mathrm{d}\eta} = 0 \qquad (12-49)$$

式（12-49）的边界条件和初始条件相应地变为：$\eta \rightarrow \infty$ 时，$\Theta \rightarrow 0$，$\eta=0$ 时，$\Theta=1$。

上面边界条件中，第一个条件与下述初始条件和边界条件相同的，即在 $t=0$ 时，$T=T_0$，在 $x \rightarrow \infty$ 时，$T \rightarrow T_0$。对式（12-49）积分一次，得出：

$$\ln\frac{\mathrm{d}\Theta}{\mathrm{d}\eta} = c_1 - \eta^2 \quad 或 \quad \frac{\mathrm{d}Y}{\mathrm{d}\eta} = c_2 \mathrm{e}^{-\eta^2} \qquad (12-50)$$

再对式（12-50）积分一次，则得到：

$$\Theta = c_3 + c_2 \int \mathrm{e}^{-\eta^2}\mathrm{d}\eta \qquad (12-51)$$

将边界条件应用于式（12-51），可得：

$$\Theta(\eta) = 1 - \frac{2}{\sqrt{\pi}}\int_0^\eta \mathrm{e}^{-z^2}\mathrm{d}z = 1 - \mathrm{erf}\eta \qquad (12-52)$$

式中，$\mathrm{erf}\eta = \dfrac{2}{\sqrt{\pi}}\displaystyle\int_0^\eta \mathrm{e}^{-z^2}\mathrm{d}z$ 称为高斯误差函数，对于不同的 η 值，$\mathrm{erf}\eta$ 值见表 12-2。

表 12-2   高斯误差函数表

η	0	0.1	0.2	0.3	0.4	0.5	0.6	0.8	1	1.2	1.4	2	3	∞
$\mathrm{erf}\eta$	0	0.1125	0.2227	0.3286	0.4284	0.5205	0.6039	0.7421	0.8427	0.9013	0.9523	0.9953	0.99998	1

将 $\Theta = \dfrac{T - T_0}{T_w - T_0}$，$\eta = \dfrac{x}{2\sqrt{at}}$ 代入式（12-52），经整理得：

$$\frac{T_w - T}{T_w - T_0} = \mathrm{erf}\left(\frac{x}{2\sqrt{at}}\right) \tag{12-53}$$

由式（12-53）可以计算出 t 时刻离受热面 x 处的温度，或在 x 点处达到某一温度 T 所需的时间。

由表 12-2 可以看出，当 $\eta = 2$ 时，$\mathrm{erf}(\eta) \approx 1$，即：$\dfrac{T_w - T}{T_w - T_0} \approx 1$，此时 $T \approx T_0$，这表明在 x 点处的温度尚未变化，仍为初始温度 T_0。由此关系可确定经过 t 时间后壁内温度开始变化的距离 x：

$$x = 4\sqrt{at} \tag{12-54}$$

对厚度为 s、边界条件为 $T_w =$ 常数的有限厚平壁，当 $s > 4\sqrt{at}$ 时，半无限大平壁的解，即式（12-53）便可用于这个有限厚的几何体，而且误差很小。

下面讨论导热流密度 q 与 x、t 的关系。根据傅里叶定律：

$$q = -\lambda \frac{\partial T}{\partial x} \tag{10-4}$$

由式（12-53）对 x 求导得：

$$\frac{\partial T}{\partial x} = -(T_w - T_0)\frac{1}{\sqrt{\pi at}}\mathrm{e}^{-\left(\frac{x}{2\sqrt{at}}\right)^2}$$

因此，在 t 时刻，通过表面（$x = 0$ 处）的导热流密度为：

$$q_w = -\lambda \left.\frac{\partial T}{\partial x}\right|_{x=0} = \lambda(T_w - T_0)\frac{1}{\sqrt{\pi at}} \tag{12-55}$$

从 $t = 0$ 到 $t = t$ 时间内，在 $x = 0$ 处通过每平方米表面积的总热量为：

$$\Phi_t = \int_0^t q_w \mathrm{d}t = 2\lambda(T_w - T_0)\sqrt{\frac{t}{\pi a}} \tag{12-56}$$

[例题 12-7] 用热电偶测得高炉基础内某点的温度为 $T = 350\,^\circ\mathrm{C}$，测定时间离高炉开炉时间 $t = 120\mathrm{h}$，若高炉炉缸底部表面温度为 $T_w = 1500\,^\circ\mathrm{C}$，高炉炉基材料的导温系数为 $a = 0.002\,\mathrm{m}^2/\mathrm{h}$，高炉炉基开始的温度为 $T_0 = 20\,^\circ\mathrm{C}$，求高炉炉缸底部表面到该测温点的距离。

解：高炉基础可视为半无限大物体，界面（$x = 0$ 处）为高炉炉缸底部表面。因为已知表面温度，所以是第一类边界条件的问题。

已知：$T_0 = 20\,^\circ\mathrm{C}$；$T_w = 1500\,^\circ\mathrm{C}$，$T = 350\,^\circ\mathrm{C}$，根据式（12-53）：

$$\frac{T_w - T}{T_w - T_0} = \mathrm{erf}\left(\frac{x}{2\sqrt{at}}\right) \quad 得 \quad \frac{1500 - 350}{1500 - 20} = 0.777 = \mathrm{erf}\left(\frac{x}{2\sqrt{at}}\right)$$

由表 12-2 可得：当 $\mathrm{erf}\left(\dfrac{x}{2\sqrt{at}}\right) = 0.777$ 时，$\dfrac{x}{2\sqrt{at}} = 0.8617$。

所以，$x = 0.8617 \times 2 \times \sqrt{0.002 \times 120} = 0.844\text{m}$。

[例题 12-8]　1650℃的钢水很快注入一直径为3m，高度为3.6m的钢包，假定钢包壁初始温度均匀，为 $T_0 = 650$℃，包内钢水深度为2.4m。已知包壁材料的热物性参数：导热系数为 $\lambda = 1.04\ \text{W}/(\text{m} \cdot ℃)$；$\rho = 2700\text{kg/m}^3$；质量定压热容为 $c_p = 1.25\text{kJ}/(\text{kg} \cdot ℃)$。试求在开始注入的15min内：（1）由于导热传入包壁的热量；（2）包壁内热量传递的距离。

解：假定钢包壁可视为半无限大物体，在钢水和包壁界面（$x = 0$）处温度不变，恒为钢水温度。一般来说，包壁厚度与钢包直径相比很小，可按平壁处理。按式（12-56）：

$$q_t = 2\lambda(T_w - T_0)\sqrt{\frac{t}{\pi a}} = 2 \times 1.04 \times (1650 - 650) \times \sqrt{\frac{15 \times 60 \times 2700 \times 1.25 \times 10^3}{3.14 \times 1.04}} = 63436.6\text{kJ/m}^2$$

15min内传入包壁的热量为：$\varPhi = q_t A = 63436.6 \times \left(\frac{\pi}{4} \times 3^2 + \pi \times 3 \times 2.4\right) = 18.8 \times 10^5\text{kJ}$

热量传递距离可按式（12-54）计算：

$$x = 4\sqrt{at} = 4 \times \sqrt{\frac{1.04 \times 15 \times 60}{1.25 \times 10^3 \times 2700}} = 0.0666\text{m} = 66.6\text{mm}$$

由此可见，开始15min内，热量传递的距离比一般钢包壁的厚度小，故按半无限大物体计算是可以的。

12.6　有限厚物体的一维非稳态导热

12.6.1　第一类边界条件：表面温度为常数

这一类边界条件指加热或冷却开始时，物体的表面温度突然与周围介质温度相同，并在整个过程中保持不变。金属在盐浴或铅浴中的加热，已加热均匀的金属置于低温介质中淬火等，属于此类情况。此时，平板的中心温度可表示为：

$$\frac{\theta_m}{\theta_0} = \frac{4}{\pi}\sum_{n=1}^{\infty}\frac{(-1)^{n+1}}{2n-1}e^{-\left[\frac{(2n-1)\pi}{2}\right]^2 \cdot \frac{at}{s^2}}$$

$$= \frac{4}{\pi}\sum_{n=1}^{\infty}\frac{(-1)^{n+1}}{2n-1}e^{-\left[\frac{(2n-1)\pi}{2}\right]^2 \cdot Fo} \qquad (12-57)$$

式中，$\dfrac{\theta_m}{\theta_0} = \dfrac{T_m - T_w}{T_0 - T_w}$，其中 T_m 为随时间变化的被加热厚壁的中心温度。

由式（12-57）可以给出 $\dfrac{\theta_m}{\theta_0} = f(Fo)$，其函数关系如图12-13所示，图中还绘出了其他形状物体的关系。

[例题 12-9]　有一直径为200mm的圆钢，加

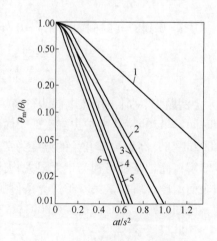

图12-13　表面温度为常数时
中心温度 $\theta_m/\theta_0 = f(Fo)$

1—平板；2—方柱体；3—圆柱体（无限长）；
4—立方体；5—$H = d$ 的圆柱体；6—球体

热至800℃并假定断面温度均匀，然后浸入温度为60℃的循环水中淬火。设淬火过程中钢的表面温度与水温相同，并始终保持不变。圆钢导温系数 $a = 0.04\text{m}^2/\text{h}$，求经过6min后圆钢的中心温度。

解： 若忽略在圆钢表面形成的气膜影响，则可认为淬火过程中圆钢表面温度保持为60℃。

已知 $T_0 = 800℃$，$a = 0.04\text{m}^2/\text{h}$，$R = d/2 = 0.1\text{m}$，$t = 6/60 = 0.1\text{h}$，则：

$$Fo = \frac{at}{R^2} = \frac{0.04 \times 0.1}{0.1^2} = 0.4$$

由图 12 - 13 查得 $\dfrac{\theta_\text{m}}{\theta_0} = 0.17$，经6min淬火后，圆钢中心温度为：

$$T_\text{m} = T_\text{w} - 0.17 \times (T_\text{w} - T_0) = 60 - 0.17 \times (60 - 800) = 185.8℃$$

12.6.2　第三类边界条件：周围介质温度为常数

第三类边界条件指已知热介质温度 T_f 是定值，且对于厚度为 $2s$ 的平板，或直径为 $2R$ 的圆柱体和球体，对称加热，即在 $x = \pm s$ 处，或 $r = \pm R$ 处，$\dfrac{\partial T}{\partial x} = \mp \dfrac{\alpha}{\lambda}(T_\text{f} - T)$。$t = 0$ 时，被加热物体温度均匀，都是 T_0。

这类问题中，T 为任意点处当时的温度，x 为该任意点 x（或半径 r）到"中心"的距离，α 为综合换热系数，λ 为被加热物的导热系数。

这类问题的微分方程的解为：

$$\frac{T(x,t) - T_\text{f}}{T_0 - T_\text{f}} = 2 \sum_{n=1}^{\infty} \frac{\sin(\beta_n \delta)\cos(\beta_n x)}{\beta_n \delta + \sin(\beta_n \delta)\cos(\beta_n \delta)} e^{-a\beta_n^2 t} \qquad (12-58)$$

$$\frac{T_\text{w}(t) - T_\text{f}}{T_0 - T_\text{f}} = 2 \sum_{n=1}^{\infty} \frac{\sin(\beta_n \delta)\cos(\beta_n \delta)}{\beta_n \delta + \sin(\beta_n \delta)\cos(\beta_n \delta)} e^{-a\beta_n^2 t} \qquad (12-59)$$

$$\frac{T_\text{m}(t) - T_\text{f}}{T_0 - T_\text{f}} = 2 \sum_{n=1}^{\infty} \frac{\sin(\beta_n \delta)}{\beta_n \delta + \sin(\beta_n \delta)\cos(\beta_n \delta)} e^{-a\beta_n^2 t} \qquad (12-60)$$

式中，β_n 为微分方程求解时的本征值，且 $\beta_n \delta$ 是 Bi 的函数；$T_\text{w}(t)$ 为随时间而变的被加热物体的表面温度，常简写为 T_w；$T_\text{m}(t)$ 为随时间而变的被加热物体的中心温度，常简写为 T_m。

从式（12-58）~式（12-60）可以看出，解的结果可表示为：

$$\frac{\theta(x,t)}{\theta_0} = \frac{T(x,t) - T_\text{f}}{T_0 - T_\text{f}} = f\left(Fo, Bi, \frac{x}{\delta}\right) \qquad (12-61)$$

$$\frac{\theta_\text{w}}{\theta_0} = \frac{T_\text{w}(t) - T_\text{f}}{T_0 - T_\text{f}} = f(Fo, Bi)\big|_{x=\delta} \qquad (12-62)$$

$$\frac{\theta_\text{m}}{\theta_0} = \frac{T_\text{m}(t) - T_\text{f}}{T_0 - T_\text{f}} = f(Fo, Bi)\big|_{x=0} \qquad (12-63)$$

式中，θ_w 表示任一时刻平板表面温度和流体温度的差值；θ_m 表示任一时刻平板中心温度和流体温度的差值。

从式（12-62）和式（12-63）看出，解的形式是无穷级数，影响温度的主要参数是 Fo 和 Bi。随着 Fo（它正比于时间 t）的增加，平板中各点的温差逐渐减小，平板温度趋向介质温度。计算结果表明，当 $Fo > 0.2$ 时，从不稳定导热阶段进入正规阶段，对工程计算只取级数的第一项已足够准确，误差小于 1%。

微分方程和定解条件都可以整理成量纲为 1 的量的方程形式。其中所含特征数有 $Bi = \dfrac{\alpha s}{\lambda}$，$Fo = \dfrac{at}{s^2}$，$\dfrac{T_m(t) - T_f}{T_0 - T_f}$，$\dfrac{T(x,t) - T_f}{T_0 - T_f}$。为应用方便，这类解已经被制成图 12-14，可以由 Fo 和 $\dfrac{1}{Bi}$ 查得 $\dfrac{T_m(t) - T_f}{T_0 - T_f}$，从而算出"中心"温度 T_m；同理，也可以根据 $\dfrac{T(x,t) - T_f}{T_0 - T_f}$ 和 $\dfrac{1}{Bi}$ 查得 Fo，从而算出其中的 T。

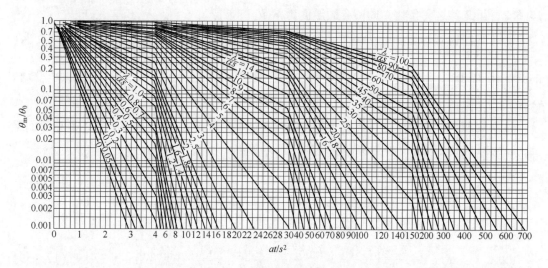

图 12-14　无限大平板 $\theta_m / \theta_0 = f(Bi, Fo)$

计算 x 处的温度 T，可由图 12-14 查出 $\dfrac{\theta_m}{\theta_0} = \dfrac{T_m(t) - T_f}{T_0 - T_f}$ 的值，再乘以修正系数 $\dfrac{\theta}{\theta_m} = \dfrac{T - T_f}{T_m(t) - T_f}$（其值从图 12-15 中查取），得到 $\dfrac{\theta}{\theta_0} = \dfrac{T(x,t) - T_f}{T_0 - T_f}$。

薄材的 Fo 值在图表范围之外时，采用 12.5 节中的方法计算。

图 12-16 和图 12-17 分别表示的是无限长圆柱体和球体的 $\dfrac{\theta_m}{\theta_0} = \dfrac{T_m(t) - T_f}{T_0 - T_f} = f(Fo, Bi)$。

为求圆柱体或球体在 x 处的（当时）温度 T，要先通过图 12-16 或图 12-17 查出的 $\dfrac{\theta_m}{\theta_0} = \dfrac{T_m(t) - T_f}{T_0 - T_f}$ 值，再乘以修正系数 $\dfrac{\theta}{\theta_m} = \dfrac{T - T_f}{T_m(t) - T_f}$，得到 $\dfrac{\theta}{\theta_0} = \dfrac{T(x,t) - T_f}{T_0 - T_f}$。这两种修正系数分别从图 12-18 或图 12-19 中查出。

需要指出，在图 12-16～图 12-19 中 $Fo = \dfrac{at}{R^2}$，$Bi = \dfrac{\alpha R}{\lambda}$。

[例题 12-10]　厚度为 200mm 的钢坯，在 1000℃ 的加热炉内双面对称加热，假定钢

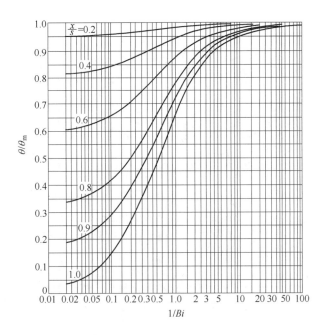

图 12 - 15　无限大平板 $\theta/\theta_\mathrm{m} = f(Bi, x/s)$

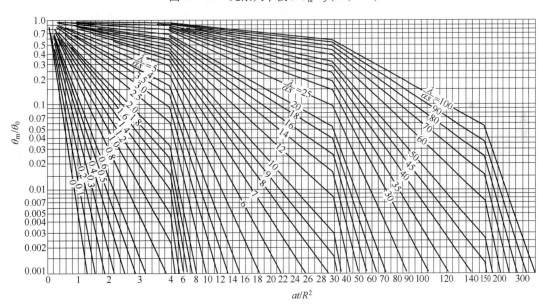

图 12 - 16　无限长圆柱体 $\theta_\mathrm{m}/\theta_0 = f(Bi, Fo)$

坯初始温度为 20℃，在加热过程中炉内平均换热系数为 $\alpha = 174\mathrm{W/(m^2 \cdot ℃)}$，钢的平均热物性常数为 $\lambda = 34.8\mathrm{W/(m \cdot ℃)}$，$a = 0.556 \times 10^{-5}\mathrm{m^2/s}$，试求钢坯在炉内加热 36min 时的中心和表面温度。

　　解： 双面对称加热时，其透热深度 $s = 0.2/2 = 0.1\mathrm{m}$。在此条件下：

$$Bi = \frac{\alpha s}{\lambda} = \frac{174 \times 0.1}{34.8} = 0.5, \quad \frac{1}{Bi} = \frac{1}{0.5} = 2, \quad Fo = \frac{at}{s^2} = \frac{0.556 \times 10^{-5} \times 36 \times 60}{0.1^2} = 1.2$$

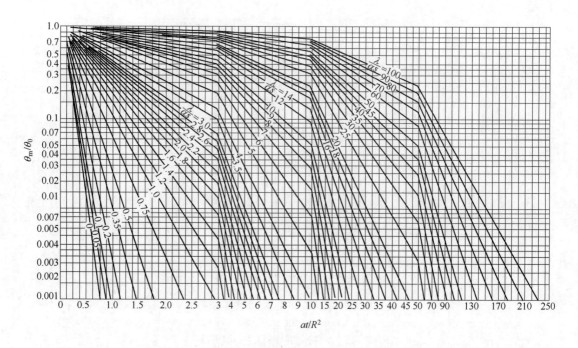

图 12 – 17   球体 $\theta_m/\theta_0 = f(Bi, Fo)$

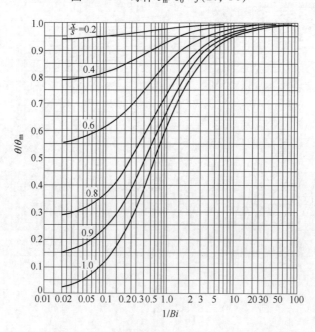

图 12 – 18   无限长圆柱体 $\theta/\theta_m = f(Bi, r/R)$

先计算中心温度, 根据上述 $\dfrac{1}{Bi}$ 和 Fo, 查图 12 – 14, 得: $\dfrac{\theta_m}{\theta_0} = 0.64$, 即: $\dfrac{\theta_m}{\theta_0} =$

$\dfrac{T_m - T_f}{T_0 - T_f} = 0.64$。

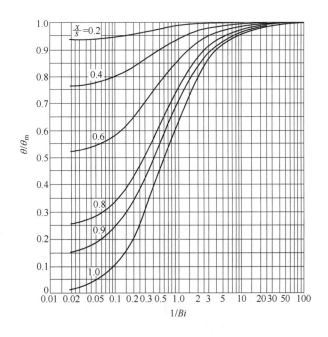

图 12 – 19　球体 $\theta/\theta_\mathrm{m} = f(Bi, r/R)$

所以，钢坯中心温度为：

$$T_\mathrm{m} = T_\mathrm{f} + 0.64 \times (T_0 - T_\mathrm{f}) = 1000 + 0.64 \times (20 - 1000) = 372.8\,℃$$

然后求钢坯表面$\left(\dfrac{x}{s} = 1.0\right)$温度，由图 12 – 15 查得，当$\dfrac{x}{s} = 1.0$，$\dfrac{1}{Bi} = 2$ 时，$\dfrac{\theta(s, t)}{\theta_\mathrm{m}} =$

0.8，故表面温度：

$$T_\mathrm{w} = T_\mathrm{f} + 0.8 \times (T_\mathrm{m} - T_\mathrm{f}) = 1000 + 0.8 \times (372.8 - 1000) = 498.24\,℃$$

12.7　其他形状物体的非稳态导热

12.7.1　无限长圆柱体和球体

圆柱体和球体是在冶金生产中常见的两种简单的典型集合体。它们的一维非稳态导热问题，分别采用圆柱和球坐标系，也可用分离变量法获得用无穷级数表示的精确解，见12.6.2 节。这些解也可表示为 $Bi = \alpha R/\lambda$、$Fo = at/R^2$ 和 r/R 的函数，即：

$$\theta/\theta_0 = f(Bi, Fo, r/R) \qquad\qquad (12 - 64)$$

其中，Bi 和 Fo 中的特征长度，对于无限长圆柱体和球体采用半径 R。

无限长圆柱体非稳态导热和球体非稳态导热的图，分别见图 12 – 16 和图 12 – 17。利用这些图，可以求出无限长圆柱体和圆球内的温度场和某一段时间内吸收或放出的热量。

12.7.2　无限长直角柱体、有限长圆柱体和六面体

前面讨论过的无限大平壁、无限长圆柱体和球体的加热和冷却问题都是一维非稳态导

热问题，冶金生产中遇到的非稳态导热不仅仅是一维的，在很多情况下是二维或三维的，如无限长直角柱体、有限长圆柱体等。这些非稳态导热问题也可由各自的导热微分方程和定解条件求解，但求解难度较大。上述二维和三维导热物体可由一维导热问题相交而成，利用一维问题的解可进一步确定一些二维和三维非稳态导热问题的温度场。

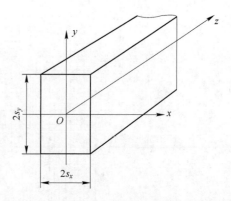

图 12-20　两无限大平壁垂直相交形成的直角柱体

在图 12 - 20 中，截面为 $2s_x \times 2s_y$ 无限长直角柱体可以看成是厚度为 $2s_x$ 和厚度 $2s_y$ 的 2 块无限大平壁垂直相交而成。可以证明，无限长直角柱体的量纲为 1 的温度场是这 2 块无限大平壁量纲为 1 的温度场的乘积，即：

$$\frac{\theta(x,y,t)}{\theta_0} = \frac{\theta(x,t)}{\theta_0} \cdot \frac{\theta(y,t)}{\theta_0} \tag{12 - 65}$$

式中，θ_0 为初始过余温度；$\theta(x,y,t)$ 为直角柱体中任一点（x，y）处在 t 时刻的过余温度；$\theta(x,t)$，$\theta(y,t)$ 分别为厚度 $2s_x$ 和 $2s_y$ 两块无限大平壁中距平壁中心分别为 x 和 y 处在 t 时刻的过余温度。

$\theta(x,t)$，$\theta(y,t)$ 利用前述一维无限大平壁非稳态导热方法求得，再利用式（12 - 65）就可以得到无限长直角柱体加热或冷却时的温度分布。

应用这一方法时，应保持无限大平壁的初始条件和边界条件与所求无限长直角柱体的初始条件和边界条件一致；否则，证明的前提条件不存在，当然就不能应用这一方法。

类似地，对长度为 2L 和半径为 R 的短圆柱体，可把它看成是半径为 R 的无限长圆柱体和厚度为 2L 的无限大平壁垂直相交得到。短圆柱体的温度分布可表述为：

$$\frac{\theta(r,x,t)}{\theta_0} = \frac{\theta(r,t)}{\theta_0} \cdot \frac{\theta(x,t)}{\theta_0} \tag{12 - 66}$$

边长为厚度 $2s_x$、$2s_y$ 和 $2s_z$ 的正六面体，可看成是 3 块厚度分别为 $2s_x$、$2s_y$ 和 $2s_z$ 的无限大平壁彼此垂直相交形成的，其温度分布为：

$$\frac{\theta(x,y,z,t)}{\theta_0} = \frac{\theta(x,t)}{\theta_0} \cdot \frac{\theta(y,t)}{\theta_0} \cdot \frac{\theta(z,t)}{\theta_0} \tag{12 - 67}$$

此类物体在加热和冷却过程中吸收或放出的热量，可由组成该物体的无限大平壁及无限长圆柱体的相应项求得。采用上述的方法，能够利用无限大平板和无限长圆柱体的一维解来求解二维或三维的导热，简化了多维问题的求解。

[**例题 12 - 11**]　三边尺寸为 $2\delta_1 = 0.4\text{m}$，$2\delta_2 = 0.6\text{m}$，$2\delta_3 = 0.8\text{m}$ 的钢锭，初温 $T_0 = 20℃$，在炉温为 1200℃ 的加热炉内加热，求 4h 后钢锭的最低温度与最高温度。已知钢锭的导热系数 $\lambda = 40.5\text{W}/(\text{m}^2 \cdot ℃)$，热量扩散（导温）系数 $a = 0.722 \times 10^{-5}\ \text{m}^2/\text{s}$，对流换热系数 $\alpha = 280\text{W}/(\text{m}^2 \cdot ℃)$。

解： 问题的解可由三块相应的无限大平板的解得出。最低温度位于钢锭的中心以及三块无限大平板中心截面的交点上，而最高温度则位于钢锭的顶角上，即三块平板表面的公共交点上。

取钢锭中心为原点，板 1，2，3 法线方向为坐标轴 x，y，z，有：

$$(Bi)_x = \frac{\alpha \delta_1}{\lambda} = \frac{280 \times 0.2}{40.5} = 1.38$$

$$(Fo)_x = \frac{at}{\delta_1^2} = \frac{0.722 \times 10^{-5} \times 4 \times 3600}{0.2^2} = 2.60$$

$$(Bi)_y = \frac{\alpha \delta_2}{\lambda} = \frac{280 \times 0.3}{40.5} = 2.07$$

$$(Fo)_y = \frac{at}{\delta_2^2} = \frac{0.722 \times 10^{-5} \times 4 \times 3600}{0.3^2} = 1.155$$

$$(Bi)_z = \frac{\alpha \delta_3}{\lambda} = \frac{280 \times 0.4}{40.5} = 2.765$$

$$(Fo)_z = \frac{at}{\delta_3^2} = \frac{0.722 \times 10^{-5} \times 4 \times 3600}{0.4^2} = 0.650$$

令 θ_w 表示表面过余温度，根据以上准数查图 12 – 14 和图 12 – 15，得：

$$\left(\frac{\theta_m}{\theta_0}\right)_x = 0.11 \quad \left(\frac{\theta_m}{\theta_0}\right)_y = 0.27 \quad \left(\frac{\theta_m}{\theta_0}\right)_z = 0.46$$

$$\left(\frac{\theta_w}{\theta_m}\right)_x = 0.68 \quad \left(\frac{\theta_w}{\theta_m}\right)_y = 0.47 \quad \left(\frac{\theta_w}{\theta_m}\right)_z = 0.4$$

钢锭中心的过余温度准则为：

$$\left(\frac{\theta_m}{\theta_0}\right) = \left(\frac{\theta_m}{\theta_0}\right)_x \left(\frac{\theta_m}{\theta_0}\right)_y \left(\frac{\theta_m}{\theta_0}\right)_z = 0.11 \times 0.27 \times 0.46 = 0.013366$$

故钢锭的最低温度为：

$$T_m = 0.01366\theta_0 + T_f = 0.01366 \times (293 - 1473) + 1473 = 1457K$$

为求钢锭的最高温度，先求三块平板表面的过余温度准则为：

$$\left(\frac{\theta_w}{\theta_0}\right)_x = \left(\frac{\theta_m}{\theta_0}\right)_x \left(\frac{\theta_w}{\theta_m}\right)_x = 0.11 \times 0.68 = 0.0748$$

$$\left(\frac{\theta_w}{\theta_0}\right)_y = \left(\frac{\theta_m}{\theta_0}\right)_y \left(\frac{\theta_w}{\theta_m}\right)_y = 0.27 \times 0.47 = 0.127$$

$$\left(\frac{\theta_w}{\theta_0}\right)_z = \left(\frac{\theta_m}{\theta_0}\right)_z \left(\frac{\theta_w}{\theta_m}\right)_z = 0.46 \times 0.4 = 0.184$$

钢锭顶角的过余温度准则为：

$$\frac{\theta}{\theta_0} = \left(\frac{\theta_w}{\theta_0}\right)_x \left(\frac{\theta_w}{\theta_0}\right)_y \left(\frac{\theta_w}{\theta_0}\right)_z = 0.0748 \times 0.127 \times 0.184 = 1.748 \times 10^{-3}$$

故钢锭的最高温度为：

$$T = 1.748 \times 10^{-3}\theta_0 + T_f = 1.748 \times 10^{-3} \times (293 - 1473) + 1473 = 1471K$$

12.8　导热问题的数值解法简介

导热问题的精确求解手段是数学分析，但数学分析法只能求解一些简单的导热问题，而在很多情况下，几何形状复杂、传热条件多变、微分方程及定解条件的复杂性使得分析解非常困难，甚至不可能得到。在这种情况下，基于有限差分和有限元方法的数值计算法，对求解导热问题十分有效。随着计算机的不断发展，容量不断扩大，运行速度不断加快，计算方法也在不断发展，计算机已成为工程计算的有力工具，并逐步形成了传热学的一个分支——计算传热学（数值传热学）。与此同时，计算流体力学也发展得非常快，国内的传热计算和流动计算的研究已经达到了很高的水平。由于数值模型和计算设有专门的本科生选修课，本节仅对数值计算进行简要的介绍。

12.8.1　有限元法

有限元法是借助计算机解决场问题的近似计算方法，它运用离散的概念，使整个问题由整体连续到分段连续；由整体解析转化为分段解析，从而使数值法与解析法互相结合，互相渗透，形成一种新的传热数值计算方法。有限元法把整个求解区域分解成为有限个子域，每一子域内运用变分法，即利用与原问题中微分方程组等价的变分原理，使原问题的微分方程组退化为代数方程组，最终得到数值解。

有限元法和差分法都是常用的数值计算方法。差分法计算模型可给出其基本方程的逐点近似值，即差分网络上的值，但对于不规则的几何形状和不规则的特殊边界条件，差分法就难以应用了。有限元法把求解区域看做许多小的在节点处互相连接的子域（或单元），其模型给出基本方程的近似解。由于子域可以被分割成各种形状和大小不同的尺寸，所以它能够很好地适应复杂的几何形状、材料特性和边界条件，而且由于有成熟的大型软件系统支持。所以，有限元法已成为一种非常受欢迎的、应用极广的数值计算方法。

12.8.2　有限差分法

有限差分法的基本思想可概括为：用有限个离散点（节点）上物理量的集合代替在时间、空间上连续的物理量场，按物理属性建立各节点的代数方程并求解，来获得离散点上被求物理量的集合。

有限差分法是近几十年来应用最为广泛的数值方法之一。例如，对于一维温度场，可用多点折线代替光滑的温度曲线，用有限小量代替无限小量。用差分代替微分，将微分方程转化为有限差分方程。

由微分的定义：

$$\frac{\mathrm{d}T}{\mathrm{d}x} = \lim_{\Delta x \to 0}\frac{\Delta T}{\Delta x} \tag{12-68}$$

当 Δx 为较小的有限尺度时，微分可近似表达为：

$$\frac{\mathrm{d}T}{\mathrm{d}x} \approx \frac{\Delta T}{\Delta x} \tag{12-69}$$

差分格式又分为向前差分、向后差分和中心差分。

向前差分为：$\dfrac{\mathrm{d}T}{\mathrm{d}x} \approx \dfrac{T_{m+1} - T_m}{\Delta x}$；向后差分为：$\dfrac{\mathrm{d}T}{\mathrm{d}x} \approx \dfrac{T_m - T_{m-1}}{\Delta x}$；中心差分为：$\dfrac{\mathrm{d}T}{\mathrm{d}x} \approx$

$$\frac{T_{m+1} - T_{m-1}}{2\Delta x}。$$

对于二维导热问题，沿 x 方向和沿 y 方向分别按间距 Δx 和 Δy 用一系列与坐标轴平行的网格线，将求解区域分割成许多小的矩形网格，称为子区域，如图 12 – 21（a）所示。

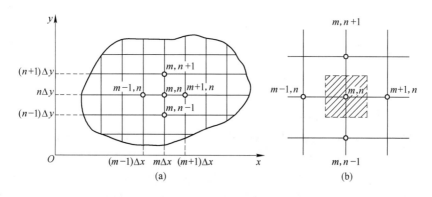

图 12 – 21　二维物体中的网格
(a) 子区域；(b) 均匀网格

网格线的交点称为节点，各节点的位置用（m，n）表示，m 表示沿 x 方向节点的顺序号，n 表示沿 y 方向节点的顺序号。相邻两节点的距离为 Δx 或 Δy，称为步长。如果网格沿 x 方向和 y 方向是等步长的，称为均匀网格，如图 12 – 21（b）所示。实际上，根据需要网格也可以是不均匀的。网格线与物体边界的交点，称为边界节点。每一个节点都可以看做是以它为中心的一个小区域的代表（图 12 – 21（b）），该小区域称为元体。每一个节点的温度就代表了它所在的元体的温度，即用差分方法求得的温度只是各节点的温度值，在空间是不连续的。网格划分越细密，节点越多，不连续的节点温度的集合越逼近真实的温度分布。但是，网格越细密，解题花费的时间越多。对于非稳态导热问题，除了空间上进行网格划分外，还要把时间分割成许多间隔。非稳态导热问题的求解就从初始时间出发，依次求得不同时刻物体中各节点的温度值。时间间隔越小，所得结果越精确。

由于有限差分法易于应用，它很适宜作为数值解法的入门技术。有限差分离散方程（称为差分方程）的常用导出方法有三种：直接法、热平衡法、控制容积法。三种方法都要首先把求解域离散，然后建立差分方程，但导出过程不同。

（1）直接法。直接法是在求解域离散后，从导热微分方程出发，近似地用差分、差商分别代替微分、微商，从而建立起差分方程。这种方法直接、快速，特别适于求解域内部的节点差分方程。在网格尺寸 $\Delta x = \Delta y$ 的条件下，用差商代替微商，可直接由微分方程导出差分方程。

（2）热平衡法。热平衡法是根据能量守恒关系对每个网格元体建立差分方程的方法。这种方法适应性广，特别是边界上的微元体，不论边界情况如何复杂都能写出能量平衡式。它的物理意义明确，不易混淆。边界情况的复杂性表现在以下几个方面：1）边界形状复杂；2）几种边界条件同时存在，经常是第三类边界条件与热辐射同时存在；3）热物性随空间位置变化；4）内热源随时间和空间变化；5）存在相变现象。在这些情况下，用微分方程难以表示，而热平衡法可根据能量关系（不论有多少附加项）列出差分方程。

采用热平衡法导出的差分方程与直接法导出的差分方程在形式和内容上都是相同的。

(3) 控制容积法。这种方法广泛应用于流体流动传热问题的求解。建立差分方程的步骤为：把求解域划分成网格，称为控制容积或控制体；对每个控制容积列出能量微分方程；最后对微分方程积分，导出差分方程。

有限差分法解题一般可分为7步：(1) 分析和简化物理模型；(2) 建立数学模型；(3) 离散区域和时域；(4) 建立内节点和边界节点的差分方程；(5) 选择求解差分方程组矩阵的计算方法；(6) 编制计算程序；(7) 计算，并对计算结果进行整理、分析和讨论。

12.8.3　需要注意的一些问题

作为良好的习惯，应对温度已经算出的节点区域的控制表面进行能量平衡分析，以确认数值求解的正确性。应将温度值代入能量平衡方程，如果这种平衡不能满足高精度，必须核查有限差分方程是否出错。

在有限差分方程组和求解都没有错的情况下，有时结果仍与真实温度分布有很大的差别。这种情况是节点之间的间隔 $(\Delta x，\Delta y)$ 以及诸如以 $k(\Delta y \cdot 1)(T_{m-1,n} - T_{m,n})/\Delta x$ 代替傅里叶导热定律 $-k(\mathrm{d}y \cdot 1)\mathrm{d}T/\mathrm{d}x$ 等有限差分近似所导致的结果。如果希望得到准确的结果，要进行网格的研究，将细密网格得到的结果与粗大网格相比较。例如，若能将 Δx 和 Δy 减小到原来的1/2，节点和有限差分方程数就将增大到原来的4倍。若对吻合程度不满意，可进一步减小网格，直到算出的温度不再受 Δx 和 Δy 大小的影响。这种与网格无关的结果可作为准确解。

另一种证实数值求解是否正确的方案要求将结果与严格求解法得到的进行比较。但这个方案的局限性是我们难得会尝试用数值法去求解已经有严格解的问题。不过，如果要对一个无严格解的复杂问题进行数值求解，尝试利用有限差分法求解这个问题的简化模型常常是有用的。

12.9　小　　结

一维稳态传热过程在数学上较为简单，它是工程应用中常遇到的问题。应该熟悉这类问题的处理方法，掌握常见的三种边界条件的导热热阻的表达式。熟悉利用傅里叶定律确定温度分布和相应的热流密度的方法。掌握临界绝热层的意义和在实际问题中的应用。

工程应用中也会遇到大量一维非稳态导热问题，可以用不同的方法处理这些问题。首先是计算 Bi。如果这个数远小于1，可以用集总热容法以最小的计算工作得到准确的结果。但如果 Bi 不是远小于1，应采用其他方法。对平壁、无限长圆柱体、球和半无限大固体，已有现成的计算图形曲线，使用起来很方便。

思　考　题

12-1　利用热力学第一定律和傅里叶定律推导导热微分方程。

12-2　使用热阻概念推导单层或多层平板及圆筒的一维稳态导热问题的计算公式。

12 – 3　导热系数为温度的线性函数时，分析一维平板内温度分布曲线的形状。

12 – 4　给出在空气中的、有内热源的物体一维稳态导热问题的计算方法。

12 – 5　给出非稳态导热的分类及各类型的特点。

12 – 6　给出 Bi 和 Fo 的定义及物理意义。$Bi\to 0$ 或 $Bi\to\infty$ 代表怎样的换热条件？

12 – 7　叙述集总参数法的物理意义及应用条件。

12 – 8　叙述无限大平板和半无限大平板的物理概念。半无限大平板概念如何应用于工程问题中？

习　题

12 – 1　一烘箱的炉门由两种保温材料 A 和 B 做成，且 $\delta_A = 2\delta_B$（见图 12 – 22）。已知：$\lambda_A = 0.1\mathrm{W/(m\cdot K)}$，$\lambda_B = 0.06\mathrm{W/(m\cdot K)}$。烘箱内空气温度 $T_{f1} = 400℃$，内壁面的表面总换热系数 $\alpha_1 = 50\mathrm{W/(m^2\cdot K)}$。为安全起见，希望烘箱炉门的外表面温度不高于 $50℃$。设可把炉门导热作为一维导热问题处理，试决定所需保温材料的厚度。环境温度 $T_{f2} = 25℃$，外表面总换热系数 $\alpha_2 = 9.5\mathrm{W/(m^2\cdot K)}$。

图 12 – 22　习题 12 – 1 图

12 – 2　一根直径为 3mm 的铜导线，每米长的电阻为 $2.22\times 10^{-3}\ \Omega$。导线外包有厚 1mm、导热系数为 $\lambda = 0.15\mathrm{W/(m\cdot K)}$ 的绝缘层。限定绝缘层的最高温度为 $65℃$，最低温度为 $0℃$，试确定这种条件下导线中允许通过的最大电流。

12 – 3　某炉墙大平壁由黏土砖砌成，厚度为 $s = 150mm$，两表面温度分别为 $370℃$ 和 $50℃$，黏土砖导热系数为 $\lambda_{黏土} = 0.698 + 0.58\times 10^{-3}T\ \mathrm{W/(m\cdot ℃)}$。求单位面积热阻与导热速率。若平壁材料改为铸铁，导热系数为 $\lambda_{铸铁} = 52.3\mathrm{W/(m\cdot ℃)}$，其他条件不变，单位面积热阻与导热速率又为多少？

12 – 4　某圆筒形炉壁由两层耐火材料组成，第一层为镁碳砖，第二层为黏土砖，两层紧密接触。第一层内外壁直径分别为 2.94m、3.54m，第二层外壁直径为 3.77m，炉壁内外温度分别为 $1200℃$ 和 $150℃$。求：导热热流与两层接触处温度（已知：导热系数分别为 $\lambda_1 = 4.3 - 0.48\times 10^{-3}T\ \mathrm{W/(m\cdot ℃)}$，$\lambda_2 = 0.698 + 0.5\times 10^{-3}T\ \mathrm{W/(m\cdot ℃)}$）。

12 – 5　一蒸汽管外敷两层隔热材料，厚度相同，若外层的平均直径为内层的两倍，而内层材料的导热系数为外层材料的两倍。现若将两种材料的位置对换，其他条件不变，问：两种情况下的散热热流有何变化？

12 – 6　某热风管道，内径 $d_1 = 85mm$，外径 $d_2 = 100mm$，内表面温度 $T_1 = 150℃$，管壁导热系数为 $\lambda_{管壁} = 0.17\mathrm{W/(m\cdot ℃)}$。现拟用玻璃棉保温，导热系数为 $\lambda = 0.0526\mathrm{W/(m\cdot ℃)}$，若要求保温层外壁温度不高于 $40℃$，允许的热损失为 $q_L = 52.3\mathrm{W/m^2}$，试计算玻璃棉保温层最小厚度。

12 – 7　一热电偶的 $\rho c_p V/A$ 值为 $2.094\mathrm{kJ/(m^2\cdot K)}$，初始温度为 $20℃$，后将其置于 $320℃$ 的气流中。试计算在气流与热电偶之间的表面传热系数为 $58\mathrm{W/(m^2\cdot ℃)}$ 及 $116\mathrm{W/(m^2\cdot ℃)}$ 的两种情形下热电偶的时间常数，并画出两种情形下热电偶读数的过余温度随时间的变化曲线。

12 – 8　将一个初始温度为 $20℃$，直径为 100mm 的钢球投入 $1000℃$ 的加热炉中加热，对流换热系数为 $\alpha = 50\mathrm{W/(m^2\cdot ℃)}$。已知钢球的密度为 $\rho = 7790\mathrm{kg/m^3}$，质量定压热容为 $c_p = 470\mathrm{J/(kg\cdot K)}$，钢球导热系数 $\lambda = 45\mathrm{W/(m\cdot ℃)}$，试求钢球中心温度达到 $800℃$ 时所需的时间。

12 – 9　截面尺寸为 $10cm\times 5cm$ 的长钢棒（18 – 20Cr/8 – 12Ni），初始温度为 $20℃$，然后长边的一侧突然被置于 $200℃$ 的气流中，给热系数为 $\alpha = 125\mathrm{W/(m^2\cdot K)}$，而另外三个侧面绝热。试确定 6min 后

长边的另一侧中点的温度。钢棒的密度 ρ、质量定压热容 c_p、导热系数 λ 可近似地取用 20℃ 时的值。

12 – 10   将初始温度为 80℃，直径为 20mm 的紫铜棒突然横置于气温为 20℃，流速为 12m/s 的风道之中，5min 后，紫铜棒温度降到 34℃。试计算气体与紫铜棒之间的换热系数 α。已知紫铜棒密度为 $\rho = 8954$kg/m^3，质量定压热容 $c_p = 383.1$J/(kg·K)，导热系数为 $\lambda = 386$W/(m·℃)。

12 – 11   一直径为 600mm，长为 1000mm 的钢锭，初始温度为 30℃，置于 1300℃ 的加热炉中加热。求钢锭置于加热炉 4h 后钢锭的中心温度？已知对流换热系数 $\alpha = 322$W/(m^2·℃)，钢锭的导热系数 $\lambda = 40.5$W/(m^2·℃)，热量扩散（导温）系数 $a = 0.625 \times 10^{-5}$m^2/s。

12 – 12   一初始温度为 25℃ 的立方体形人造木块被置于 425℃ 的环境中。已知木块边长 $2s_x$ 为 0.1m，材料为各向同性，$\lambda = 0.65$W/(m·℃)，$\rho = 810$kg/m^3，$c_p = 2500$J/(kg·K)。设木块的 6 个表面对称受热，对流换热系数 $\alpha = 15$W/(m^2·K)，经过 3h 后，木块局部地区开始着火。试推算此种材料的着火温度。

⑬ 对流换热的基本方程和分析解

本章提要: 对流换热和热对流是两个不同的概念。对流换热是导热和热对流两种基本传热方式的组合。

发生流动的流体与所接触的固体壁面间的传热过程中,流体微观粒子的热运动引起的导热传热始终存在,同时发生热对流和导热,称为对流换热。在对流换热中,流体微团的运动和微观粒子的热运动所引起的两种形式的热量传递是相伴的。

本章在导热微分方程的基础上,考虑了热对流传热和由于黏性产生的摩擦热的影响,建立了热量传输微分方程。该方程与动量传输微分方程(纳维-斯托克斯方程)相类似。由对流换热方程可以看到,在对流换热过程中包括导热,这与动量传输的湍流边界层包括层流底层是完全对应的。

换热方程、热量传输微分方程、连续性方程和动量传输微分方程,组成了对流换热微分方程组,是求解对流换热系数的基本方程。同样采用边界层理论的方法,将对流换热传输方程和纳维-斯托克斯方程进行简化,在层流条件下,应用布拉修斯求解的方法,给出平板层流换热以及液态金属流过平板的对流换热的解析解。

采用冯·卡门积分方法,由积分方程求解出流动边界层和热边界层的厚度,从而求出层流或紊流条件下的换热系数与特征数方程式。

流体与不同温度的固体壁面接触时,因相对运动而发生的热量传递称为对流换热。通过对流换热微分方程、连续性方程、运动方程和能量方程来分析对流换热的各主要影响因素。对流换热微分方程组是理论分析与实验研究的基础。

13.1 对流换热概述

在10.2节中讨论了热对流和对流换热。热对流是指流体中温度不同的各部分之间发生宏观相对运动和相互渗混所引起的热量传递现象,它只发生在运动着的流体中。对流换热是,当流体做宏观运动时,流体微观粒子的热运动引起的导热传热始终存在,因此,热对流必然与导热同时发生。也就是说,流体微团的运动和微观粒子的热运动所引起的两种形式的热量传递是相伴的。要注意的是,对流换热和热对流是两个不同的概念,其区别为:

(1)热对流是传热的三种基本方式之一,但对流换热不是。

(2)对流换热是导热和热对流这两种基本传热方式的综合。

(3)对流换热必然涉及流体与不同温度的固体壁面(或液面)之间的相对运动。

对流换热是流体的导热和热对流共同作用的结果,其影响因素主要有:

(1)流体流动的起因。对流换热可以分为强制对流换热和自然对流换热两大类,两者的速度场不同，换热规律也不一样。

（2）流体有无相变。当流体没有相变时，对流换热中的热量交换是由于流体的显热变化；而在有相变的换热过程中，流体的相变潜热往往起主要作用，因而换热规律与无相变时不同。

（3）流体的流动状态。黏性流体存在着层流及湍流两种流态。层流时流体微团沿着主流方向做有规则的分层流动，而湍流时流体各部分之间发生剧烈的混合，因而在其他条件相同时，两种流态的换热能力不同。

（4）流体的物理性质。流体的密度、运动黏度、导热系数等，不仅对流体流动有影响，也明显影响对流换热。

（5）换热表面（指固体）的几何因素。几何因素指换热表面的形状、大小、光滑程度，以及换热表面与流体运动方向的相对位置。由于换热表面几何因素影响到流动状态，进而影响换热效果。

综合以上分析，可将对流换热系数 α 与各影响因素写成如下函数关系：

$$\alpha = f(v, \lambda, c_p, \rho, T_w, T_f, L, \Psi)$$

式中，Ψ 为壁面的几何因素。

13.2   对流换热微分方程组

13.2.1   换热微分方程

由于在贴壁处流体受到黏性的作用，没有相对于壁面的流动，因此被称为贴壁处的无滑移边界条件。实验证明，无论对于层流流动或湍流流动，无滑移边界条件都是适用的。由无滑移条件可知，在极薄的贴壁流体层中，热量只能以导热方式传递。将傅里叶定律应用于贴壁流体层，并将牛顿冷却公式 $q = \alpha \Delta T$ 与之联系，可得换热微分方程：

$$\alpha = -\frac{\lambda}{\Delta T} \frac{\partial T}{\partial y}\bigg|_{y=0} \tag{13-1}$$

式中，$\dfrac{\partial T}{\partial y}\bigg|_{y=0}$ 为贴壁处流体的法向温度梯度，℃/m；λ 为流体的导热系数，W/(m·℃)；ΔT 为传热面上的平均温度差，℃；α 为对流换热系数，W/(m²·℃)。

式（13-1）把对流换热系数 α 与流体温度场联系起来，是对流换热微分方程组的一个组成部分。式（13-1）表明，对流换热系数 α 的确定依赖于流体温度场的求解。而运动流体内部的温度场是由能量微分方程决定的。

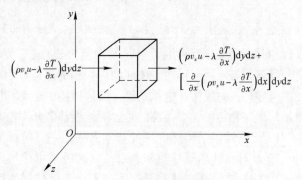

13.2.2   对流换热微分方程

采用与 11 章建立导热方程类似的微元体，如图 13-1 所示。该微元体

图 13-1   微元六面体沿 x 方向上
对流换热传递的热量

具有的总能量应包括内能、动能和位能。但在这里只考虑微元体与外界的热能交换，而忽略位能、动能的变化，微元体只有内能发生变化。对于不可压缩流体，不存在体积功，因此，只有黏性力作功产生摩擦热。

在上述条件下，依据能量守恒定律，图 13－1 的微元体在单位时间内有下面的能量平衡：

$$
\begin{bmatrix} 以导热方式 \\ 传递入微元 \\ 体的净热量 \end{bmatrix} + \begin{bmatrix} 以热对流方 \\ 式携入微元 \\ 体的净热量 \end{bmatrix} + \begin{bmatrix} 微元体内 \\ 热源生成 \\ 的热量 \end{bmatrix} + \begin{bmatrix} 外界对微元 \\ 体做功产生 \\ 的耗散热量 \end{bmatrix} = \begin{bmatrix} 微元体 \\ 内能的 \\ 增加量 \end{bmatrix}
$$

由于对流换热包含导热和热对流，对流换热有流体的流动，在能量平衡等式增加了以对流方式携入微元体的静热量和因流动外界对微元体做黏性功产生的耗散热量（摩擦热）。

在图 11－1 中，单位时间由 x 方向以热对流方式携入和携出微元体的热量分别为：$\rho v_x u \mathrm{d}y\mathrm{d}z$ 和 $\rho v_x u \mathrm{d}y\mathrm{d}z + \dfrac{\partial \rho v_x u}{\partial x}\mathrm{d}x\mathrm{d}y\mathrm{d}z$。

在 x 方向，单位时间内热对流携入微元体的净热量为：

$$
\rho v_x u \mathrm{d}y\mathrm{d}z - \left(\rho v_x u \mathrm{d}y\mathrm{d}z + \frac{\partial \rho v_x u}{\partial x}\mathrm{d}x\mathrm{d}y\mathrm{d}z \right) = -\rho \frac{\partial (v_x u)}{\partial x}\mathrm{d}x\mathrm{d}y\mathrm{d}z \tag{13-2a}
$$

式（13－2a）可写成下式：

$$
-\rho \frac{\partial (v_x u)}{\partial x}\mathrm{d}x\mathrm{d}y\mathrm{d}z = -\rho \left(u \frac{\partial v_x}{\partial x} + v_x \frac{\partial u}{\partial x} \right)\mathrm{d}x\mathrm{d}y\mathrm{d}z \tag{13-2b}
$$

同理在图 13－1 微元体的 y 和 z 的两个方向，单位时间由热对流方式携入微元体的静热量分别为：$-\rho \dfrac{\partial (v_y u)}{\partial y}\mathrm{d}x\mathrm{d}y\mathrm{d}z$ 和 $-\rho \dfrac{\partial (v_z u)}{\partial z}\mathrm{d}x\mathrm{d}y\mathrm{d}z$。

单位时间由热对流方式携入微元体的总净热量：

$$
-\rho \left[\frac{\partial (v_x u)}{\partial x} + \frac{\partial (v_y u)}{\partial y} + \frac{\partial (v_z u)}{\partial z} \right]\mathrm{d}x\mathrm{d}y\mathrm{d}z
$$

$$
= -\rho \left[v_x \frac{\partial u}{\partial x} + v_y \frac{\partial u}{\partial y} + v_z \frac{\partial u}{\partial z} + u\left(\frac{\partial v_x}{\partial x} + \frac{\partial v_y}{\partial y} + \frac{\partial v_z}{\partial z} \right) \right]\mathrm{d}x\mathrm{d}y\mathrm{d}z \tag{13-3}
$$

对于不可压缩流体，其连续性方程为：

$$
\frac{\partial v_x}{\partial x} + \frac{\partial v_y}{\partial y} + \frac{\partial v_z}{\partial z} = 0 \tag{5-6}
$$

将式（5－6）代入式（13－3）可得单位时间由热对流方式携入微元体的总净热量为：

$$
-\rho \left(v_x \frac{\partial u}{\partial x} + v_y \frac{\partial u}{\partial y} + v_z \frac{\partial u}{\partial z} \right)\mathrm{d}x\mathrm{d}y\mathrm{d}z \tag{13-4}
$$

对于不可压缩流体（或固体），可认为 $\mathrm{d}u = c_V \mathrm{d}T$，并且 $c_V \approx c_p$，于是，式（13－4）可改写为：

$$
-\rho c_p \left(v_x \frac{\partial T}{\partial x} + v_y \frac{\partial T}{\partial y} + v_z \frac{\partial T}{\partial z} \right)\mathrm{d}x\mathrm{d}y\mathrm{d}z \tag{13-5}
$$

外界流体对微元体所做黏性功的推导比较复杂，如单位体积流体由于黏性力作用产生的摩擦热速率为 Φ，称为耗散热，单位为 W/m^3。则单位时间内黏性功产生的热量为：

$$\Phi dV = \Phi dxdydz \tag{13-6}$$

单位时间由导热方式传递入微元体的总净热量：

$$\lambda\left(\frac{\partial^2 T}{\partial x^2} + \frac{\partial^2 T}{\partial y^2} + \frac{\partial^2 T}{\partial z^2}\right)dxdydz = \lambda\nabla^2 T dxdydz \tag{11-2}$$

单位时间内微元体内热源生成热量：

$$q_v dV = q_v dxdydz \tag{11-3}$$

微元体内能增量（显热）：

$$du = \rho c_p \frac{\partial T}{\partial t}dxdydz \tag{11-5}$$

根据图 13-1 中微元体在单位时间的能量平衡，由式（13-5）、式（13-6）、式（11-2）、式（11-3）和式（11-5）可以给出下面的关系：

$$\left[\frac{\partial}{\partial x}\left(\lambda\frac{\partial T}{\partial x}\right) + \frac{\partial}{\partial y}\left(\lambda\frac{\partial T}{\partial y}\right) + \frac{\partial}{\partial z}\left(\lambda\frac{\partial T}{\partial z}\right)\right]dxdydz - \rho c_p\left(v_x\frac{\partial T}{\partial x} + v_y\frac{\partial T}{\partial y} + v_z\frac{\partial T}{\partial z}\right)dxdydz +$$

$$q_v dxdydz + \Phi dxdydz = \rho c_p\frac{\partial T}{\partial t}dxdydz \tag{13-7}$$

在式（13-7）中，消去 $dxdydz$，并整理后可得：

$$\rho c_p\frac{\partial T}{\partial t} + \rho c_p\left(v_x\frac{\partial T}{\partial x} + v_y\frac{\partial T}{\partial y} + v_z\frac{\partial T}{\partial z}\right) = \left[\frac{\partial}{\partial x}\left(\lambda\frac{\partial T}{\partial x}\right) + \frac{\partial}{\partial y}\left(\lambda\frac{\partial T}{\partial y}\right) + \frac{\partial}{\partial z}\left(\lambda\frac{\partial T}{\partial z}\right)\right] + q_v + \Phi$$

$$\tag{13-8}$$

或

$$\rho c_p\frac{DT}{Dt} = \nabla(\lambda\nabla T) + q_v + \Phi \tag{13-9}$$

式（13-8）和式（13-9）为不可压缩流体的对流换热微分方程，也称为能量微分方程。方程中最后一项耗散热 Φ 是流体黏度和剪切应变率的函数。一般来说，这一项只有当流体高速流动或黏性很大时才是重要的，而对一般工程问题，此项可忽略不计。于是，式（13-9）可变为如下形式：

$$\rho c_p\frac{DT}{Dt} = \nabla(\lambda\nabla T) + q_v \tag{13-10}$$

如果流体的导热系数 λ 为常数，且流体无内热源，即 $q_v = 0$，则式（13-10）可进一步简化为：

$$\frac{DT}{Dt} = a\nabla^2 T \tag{13-11}$$

或

$$\frac{\partial T}{\partial t} + v_x\frac{\partial T}{\partial x} + v_y\frac{\partial T}{\partial y} + v_z\frac{\partial T}{\partial z} = a\left(\frac{\partial^2 T}{\partial x^2} + \frac{\partial^2 T}{\partial y^2} + \frac{\partial^2 T}{\partial z^2}\right) \tag{13-12}$$

式（13 – 12）称为傅里叶 – 克希荷夫对流换热微分方程，适用于无内热源不可压缩流体的对流换热分析。$a = \dfrac{\lambda}{\rho c_p}$ 称为导温系数，单位是 m^2/s。

对于稳态，式（13 – 12）可简化为：

$$v_x \frac{\partial T}{\partial x} + v_y \frac{\partial T}{\partial y} + v_z \frac{\partial T}{\partial z} = a\left(\frac{\partial^2 T}{\partial x^2} + \frac{\partial^2 T}{\partial y^2} + \frac{\partial^2 T}{\partial z^2}\right) \qquad (13 – 13)$$

在式（13 – 13）对流换热微分方程的简化式中，左边为热对流的作用，而右边为导热的作用，清楚地表明了对流换热过程包括导热和热对流两种传热方式。

13.2.3 连续性方程

根据动量传输理论，不可压缩流体（ρ 为常数）的连续性方程为：

$$\frac{\partial v_x}{\partial x} + \frac{\partial v_y}{\partial y} + \frac{\partial v_z}{\partial z} = 0 \qquad (5 – 6)$$

13.2.4 运动（动量传输）方程

在 5.5 节中，不可压缩流体的纳维 – 斯托克斯方程为：

$$\rho \frac{Dv}{Dt} = \mu \nabla^2 v - \nabla p + \rho \boldsymbol{F} \qquad (5 – 76)$$

换热方程式（13 – 1）、热量传输方程式（13 – 9）、连续性方程式（5 – 6）和运动（动量传输）方程式（5 – 76），这四个方程总称为对流换热微分方程组，是求解对流换热系数的基本方程。如果将物性（ρ、λ、μ、ν）视为常数，求解对流换热系数的基本途径是：（1）由连续性方程和动量传输方程，结合定解条件，求出速度场；（2）由热量传输方程，结合定解条件，求出温度场；（3）由换热微分方程求出局部对流换热系数。

对流换热微分方程组描述了对流换热过程所具有的共性，是对流换热过程的一般描述。单凭对流换热微分方程组还不能解出未知函数，必须给出具体问题的特定条件才能得到特定的解，描述对流换热的具体条件称为定解条件。

由于对流换热现象的复杂性与数学上的非线性，用分析法求解对流换热问题是非常困难的。长期以来，在相似理论或量纲分析指导下进行的试验研究，一直是解决对流换热问题的主要手段。直到 1904 年德国科学家普朗特提出了著名的边界层理论，并用数量级分析方法对上述微分方程组进行了合理简化，其数学分析解才真正得到。只有在几何形状和边界条件均简单的层流稳态流动条件下，对流换热问题才可以得到精确解。

13.3 对流换热边界层微分方程组

13.3.1 温度（热）边界层

在对流换热条件下，主流与壁面之间存在着温度差。在壁面附近的一个薄层内，流体温度在壁面的法线方向上发生剧烈的变化；而在此薄层之外，流体主体的温度梯度几乎等

于零。因此，可以将边界层概念推广到温度场
中。固体表面附近流体温度发生剧烈变化的薄层
称为温度边界层（热边界层），其厚度记为 δ_T。
对于对流换热，类似于速度边界层的定义，在热
量传输中也可以将 $T = T_w + 0.99(T_\infty - T_w)$ 定义
为 δ_T 的外边界，见图 13-2。

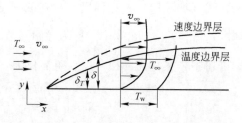

图 13-2　温度边界层和速度边界层（$Pr > 1$）

气体中的传热和动量传输都依靠分子热运动，
传热边界层厚度 δ_T 在数量级上与流动边界层厚度
δ 相当。液态金属和高黏性流体，传热阻力比动量传输小得多，所以传热边界层 δ_T 大于 δ。
于是，对流换热问题的温度场可分为热边界层区与主流区。在主流区，温度变化可视为零，
因此热量传递研究的重点集中到热边界层内。

流动边界层对于对流换热有很大影响。层流时，流体分层流动，相邻层间无流体的宏
观运动，因而在壁面法线方向上，热量的传递只能依靠流体内部的导热。湍流时，流动边
界层可分为层流底层、缓冲层和湍流核心层，
如图 13-3 所示。三层的流动状态各不相同，
因而传热机理也不同。在层流底层，热量传输
仍然依靠导热；在湍流核心中，流体中充满脉
动和旋涡。因此，在垂直于主流方向上，除了
导热外，更主要的是由于强烈混合产生的热量
交换，即对流作用；在缓冲层内，分子扩散的
导热作用和混合运动的对流作用相差不多。由

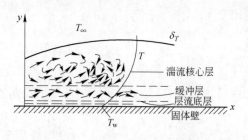

图 13-3　湍流边界层内传热机理

于流体的导热系数一般很小（液体金属除外），故流体以导热方式传递热量的能力要比对
流方式弱得多，因此湍流时对流换热主要取决于层流底层的导热过程。层流底层越薄，温
度梯度越大，对流换热越强烈。

热边界层和流动边界层既有联系又有区别。一般来说，流动边界层总是从入口处
（$x = 0$）开始发展，而热边界层则不一定，它仅存在于壁面与流体间有温差的地方。此外，
热边界层厚度与流动边界层厚度也不一定相等，它们之间的关系主要取决于流体的状态。

13.3.2　边界层对流换热微分方程组

仅讨论二维对流换热问题。稳态二维形式的边界层微分方程组可由式（13-1）、式
（13-9）、式（5-6）和式（5-76）给出。采用数量级分析方法，将方程式中数量级较
小的项舍去，实现方程的合理简化（参见 7.2 节）。由于 $\mathrm{d}p/\mathrm{d}x = 0$，可以得到边界层对流
换热的微分方程组：

$$v_x \frac{\partial v_x}{\partial x} + v_y \frac{\partial v_x}{\partial y} = \nu \frac{\partial^2 v_x}{\partial y^2} \tag{7-14}$$

$$\frac{\partial v_x}{\partial x} + \frac{\partial v_y}{\partial y} = 0 \tag{7-15}$$

$$v_x \frac{\partial T}{\partial x} + v_y \frac{\partial T}{\partial y} = a \frac{\partial^2 T}{\partial y^2} \tag{13-14}$$

$$\alpha = -\frac{\lambda}{\Delta T}\frac{\partial T}{\partial y}\bigg|_{y=0} \qquad (13-1)$$

由于上述四个方程包括四个未知数：v_x、v_y、T、α，所以方程组封闭，加上定解条件即可求解。

13.4 对流换热边界层微分方程组的分析解

13.4.1 平板层流换热的分析解

在 7.2 节中，已讨论了动量传输边界层的一种特定情况的分析解，即平板层流边界层的布拉修斯解。这一讨论可以推广到几何相同的层流对流换热问题。

对式（7-14）和式（7-15），布拉修斯基于下述边界条件进行了求解（见 7.2 节）：

$$y=0 \text{ 时}, \frac{v_x}{v_\infty}=0; \qquad y=\infty \text{ 时}, \frac{v_x}{v_\infty}=1 \qquad (13-15)$$

由于式（13-14）与式（7-14）的形式相似，意味着有可能将布拉修斯解应用到传热方程中。为此，必须满足下述条件。

（1）方程式中二阶微分项的系数必须相等，这就需要 $\nu = a$ 或 $Pr = 1$。

（2）温度边界条件必须与速度边界条件相适应。因此，只需将独立变量 T 换成 $(T - T_w)/(T_\infty - T_w)$。这样，边界条件即变为：

$$y=0 \text{ 时}, \frac{v_x}{v_\infty}=\frac{T-T_w}{T_\infty-T_w}=0; \qquad y=\infty \text{ 时}, \frac{v_x}{v_\infty}=\frac{T-T_w}{T_\infty-T_w}=1 \qquad (13-16)$$

再用 $\dfrac{v_x}{v_\infty}$ 替换 $v_x\dfrac{\partial v_x}{\partial x}+v_y\dfrac{\partial v_x}{\partial y}=\nu\dfrac{\partial^2 v_x}{\partial y^2}$ 中的 v_x，则式（7-14）与式（13-14）的形式就完全一致了。加之边界条件也完全一致，所以布拉修斯的平板层流边界层解法，可以直接应用到层流对流换热问题。

将上述边界条件应用到式（7-14）和式（13-14）中，可以得到热量传递的布拉修斯解，采用 7.2 节相同的方法，可以给出：

$$f' = 2\frac{v_x}{v_\infty} = 2\frac{T-T_w}{T_\infty-T_w} \qquad (13-17)$$

$$\eta = \frac{y}{2}\sqrt{\frac{v_\infty}{\nu x}} = \frac{y}{2x}\sqrt{\frac{xv_\infty}{\nu}} = \frac{y}{2x}\sqrt{Re_x} \qquad (13-18)$$

应用布拉修斯的结果，可得到：

$$\frac{\mathrm{d}f'}{\mathrm{d}\eta}\bigg|_{y=0} = f''(0) = \frac{\mathrm{d}[2(v_x/v_\infty)]}{\mathrm{d}\{[y/(2x)]\sqrt{Re_x}\}}\bigg|_{y=0} = \frac{\mathrm{d}\{2[(T-T_w)/(T_\infty-T_w)]\}}{\mathrm{d}\{[y/(2x)]\sqrt{Re_x}\}}\bigg|_{y=0} = 1.328 \qquad (13-19)$$

应当注意，按照式（13-17），在层流边界层中，量纲为 1 的速度分布与量纲为 1 的温度分布是相同的。这是由于 $Pr = 1$ 的缘故。对于这种情况合乎逻辑的推论是，流体动力边界层和热边界层的厚度应当相等。具有重要意义的是，对绝大多数气体而言，普朗特数都很接近于 1，所以它们的流体动力边界层和热边界层的厚度相同。

于是，可以得到表面上的温度梯度：

$$\left.\frac{\partial T}{\partial y}\right|_{y=0} = (T_\infty - T_w)\frac{0.332}{x}Re_x^{1/2} \tag{13-20}$$

代入到式（13-1），可得：

$$\alpha_x = 0.332\frac{\lambda}{x}Re_x^{1/2} \tag{13-21}$$

或写成特征数方程形式为：

$$Nu_x = \frac{\alpha_x x}{\lambda} = 0.332Re_x^{1/2} \tag{13-22}$$

式中，Nu_x 称为局部努塞尔数。

波尔豪森（Pohlhausen）研究了 Pr 不为 1 时的影响。他指出，流动边界层厚度 δ 和层流热边界层厚度 δ_T 的关系可近似表示为：

$$\frac{\delta}{\delta_T} = Pr^{1/3} \tag{13-23}$$

附加因子 $Pr^{1/3}$ 乘以 η，就能使热边界层的解扩展到 Pr 不为 1 的情况。以该形式给出的温度变化能够引出一个类似于式（13-20）的对流换热系数表达式。在 $y = 0$ 处，温度梯度为：

$$\left.\frac{\partial T}{\partial y}\right|_{y=0} = (T_\infty - T_w)\frac{0.332}{x}Re_x^{1/2}Pr^{1/3} \tag{13-24}$$

代入到式（13-1）可得局部换热系数：

$$\alpha_x = 0.332\frac{\lambda}{x}Re_x^{1/2}Pr^{1/3} \tag{13-25}$$

或

$$Nu_x = \frac{\alpha_x x}{\lambda} = 0.332Re_x^{1/2}Pr^{1/3} \tag{13-26}$$

由于上述方程中包括 $Pr^{1/3}$，因此将式（13-20）和式（13-21）的应用范围扩展到了 Pr 与 1 相差很大的情况。

对宽为 W、长为 L 的平板上的平均对流传热系数 α_L，可用 α_x 沿全板长从 0 到 L 积分，即 $\alpha_L = \frac{1}{L}\int_0^L \alpha_x dx$。对方程（13-25）积分可得：

$$\alpha_L = 0.664\frac{\lambda}{L}Re_L^{1/2}Pr^{1/3} \tag{13-27}$$

对比式（13-25）和式（13-27）可见，$\alpha_L = 2\alpha_x$。在 $x = L$ 时，$Nu_L = 2Nu_x$，即：

$$Nu_L = \frac{\alpha x}{\lambda} = 0.664Re_L^{1/2}Pr^{1/3} \qquad (13-28)$$

式（13-25）~式（13-28）适用于恒壁温，平板层流边界层的情况，应用范围为：$0.6 < Pr < 50$，$Re < 5 \times 10^5$。此外，计算时流体物性参数的温度，即定性温度，取边界层平均温度 $T_m = (T_\infty + T_w)/2$。

13.4.2　液体金属流过平板时的对流换热

格洛辛（Grosh）和赛斯（Cess）考察了液体金属沿平板流动时的热边界层。他们认为液体金属的热边界层比流动边界层厚得多，并假定热边界层内整个截面上的实际流速可用主流速度来表示。于是，能量微分方程可简化为 $v_\infty \frac{\partial T}{\partial x} = a\frac{\partial^2 T}{\partial y^2}$，如果将其中 $\frac{x}{v_\infty}$ 用时间变量 t 替代，则可以给出：

$$\frac{\partial T}{\partial t} = a\frac{\partial^2 T}{\partial y^2} \qquad (13-29)$$

式（13-29）是一维非稳态导热微分方程。这样，液体金属流过平板的对流换热问题，可看做半无限大物体（指液体金属），且表面温度为常数的非稳态导热问题。因此与式（12-48）的解形式相同，它可表示为：

$$\frac{T - T_w}{T_\infty - t_w} = \mathrm{erf}\left(\frac{y}{2\sqrt{ax/v_\infty}}\right) \qquad (13-30)$$

式（13-30）中的误差函数既可由表 12-2 算出，也可用下列收敛级数计算：

$$\mathrm{erf}\eta = \frac{2}{\sqrt{\pi}}\left[\eta - \frac{\eta^3}{3 \times 1!} + \frac{\eta^5}{5 \times 2!} - \frac{\eta^7}{7 \times 3!} + \cdots (-1)^n\frac{\eta^{1+2n}}{(1+2n) \times n!} + \cdots\right] \quad (13-31)$$

对于很小的 η 值（即当 $y \to 0$ 时），取级数首项就可满足要求，这样式（13-30）可写成：

$$\frac{T - T_w}{T_\infty - T_w} = \frac{2}{\sqrt{\pi}}\frac{y}{2\sqrt{ax/v_\infty}} = y\sqrt{\frac{v_\infty}{\pi ax}} \qquad (13-32)$$

将 T 对 y 求导，并代入式（13-1）得：$\alpha_x = -\dfrac{\lambda}{T_\infty - T_w}(T_\infty - T_w)\sqrt{\dfrac{v_\infty}{\pi ax}} = \lambda\sqrt{\dfrac{v_\infty}{\pi ax}}$

经整理后为：

$$Nu_x = \frac{\alpha_x x}{\lambda} = 0.564\sqrt{\frac{v_\infty x}{\nu}}\sqrt{\frac{\nu}{a}} = 0.564Re_x^{1/2}Pr^{1/2} \qquad (13-33)$$

13.5　对流换热边界层积分方程近似解

利用边界层微分方程和定解条件求解对流换热问题虽然比较严格，但目前还只限于层流流动和壁面几何条件比较简单的情况。然而，对于湍流流动或较复杂的几何形状，必须利用其他方法，其中常用的是分析热边界层的近似方法，即冯·卡门（von Karman）分析流体动力边界层所用的积分分析方法，在 7.3 节中已经讨论过了。

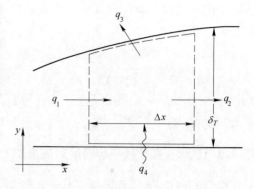

考虑图 13-4 中虚线所示的控制体，它适用于平行流过无压力梯度的平面。控制体的长度为 Δx，高度等于热边界层的厚度 δ_T，深度为 1。按图 13-4 的坐标，积分形式的热力学第一定律式：

图 13-4　用于积分能量分析的控制体积

$$\iint_A \left(u + \frac{v_x^2}{2} + gy + \frac{p}{\rho} \right) \rho \ (v \cdot n) \ \mathrm{d}A + \frac{\partial}{\partial t} \iiint_V e\rho \mathrm{d}V = \frac{\delta Q}{\mathrm{d}t} - \frac{\delta W_s}{\mathrm{d}t} \qquad (2-22)$$

在稳定状态下：$\dfrac{\partial}{\partial t} \iiint_V e\rho \mathrm{d}V = 0$，$\dfrac{\delta W_s}{\mathrm{d}t} = 0$，导热传热的 $\dfrac{\delta Q}{\mathrm{d}t} = -\lambda \Delta x \dfrac{\partial T}{\partial y} \Big|_{y=0}$。同时，在重力影响不大的情况下，$gy$ 项可以忽略，因此有：

$$\iint_A \left(u + \frac{v_x^2}{2} + gy + \frac{p}{\rho} \right) \rho \ (v \cdot n) \ \mathrm{d}A = \int_0^{\delta_T} \left(u + \frac{v_x^2}{2} + \frac{p}{\rho} \right) \rho v_x \mathrm{d}y \Big|_{x+\Delta x} -$$

$$\int_0^{\delta_T} \left(u + \frac{v_x^2}{2} + \frac{p}{\rho} \right) \rho v_x \mathrm{d}y \Big|_x - \frac{\mathrm{d}}{\mathrm{d}x} \int_0^{\delta_T} \left[\rho v_x \left(\frac{v_x^2}{2} + u + \frac{p}{\rho} \right) \Big|_{\delta_T} \right] \mathrm{d}y \Delta x \qquad (13-34)$$

在重力影响不大的情况下，对流能量流密度项在驻点（或称滞止状态，见 8.3.1 节）变为：

$$\frac{v_x^2}{2} + u + \frac{p}{\rho} = i_0 \approx c_p T_0 \qquad (13-35)$$

式中，i_0 为驻点焓；c_p 为质量定压热容。为避免混淆，现将驻点温度写为 T（无下标）。这样，完整的热量表达式为：

$$-\lambda \Delta x \frac{\partial T}{\partial y} \Big|_{y=0} = \int_0^{\delta_T} \rho v_x c_p T \mathrm{d}y \Big|_{x+\Delta x} - \int_0^{\delta_T} \rho v_x c_p T \mathrm{d}y \Big|_{\Delta x} - \rho c_p \Delta x \int_0^{\delta_T} v_x T_\infty \mathrm{d}y \qquad (13-36)$$

$$q_4 \qquad\qquad q_2 \qquad\qquad\quad q_1 \qquad\qquad\quad q_3$$

式（13-36）中的 q_4、q_2、q_1 和 q_3 如图 13-4 所示。T_∞ 表示自由流的驻点温度。如果流体是不可压缩的，且采用平均值，那么该方程中的 ρc_p 即可从各积分项中移出。以 Δx 除式（13-36）的两边，并取 Δx 趋近于零的极限，可得：

$$\frac{\lambda}{\rho c_p} \frac{\partial T}{\partial y} \Big|_{y=0} = \frac{\mathrm{d}}{\mathrm{d}x} \int_0^{\delta_T} v_x (T_\infty - T) \mathrm{d}y \qquad (13-37)$$

式（13-37）类似于动量积分关系式（7-49），即式（7-49）中的动量项被相应的热量项代替。如果知道了速度分布和温度分布，该方程就可以求解了。由于式（13-37）有两个未知量 v_x 和 T，要求解能量积分方程，需先知道边界层内的速度分布和温度分布。即 v_x 和 T 随 y 的变化规律必须事先假定。

所假定的温度分布必须满足以下的边界条件：

$y=0$ 时，$T-T_{\mathrm{w}}=0$；

$y=\delta_T$ 时，$T-T_{\mathrm{w}}=T_{\mathrm{f}}-T_{\mathrm{w}}$；

$y=\delta_T$ 时，$\dfrac{\partial(T-T_{\mathrm{w}})}{\partial y}=0$；

$y=0$ 时，$\dfrac{\partial^2(T-T_{\mathrm{w}})}{\partial y^2}=0$。

假设温度变化为幂级数形式：$T-T_{\mathrm{w}}=a+by+cy^2+dy^3$，那么应用边界条件，可以得出 $T-T_{\mathrm{w}}$ 的表达式为：

$$\frac{T-T_{\mathrm{w}}}{T_{\infty}-T_{\mathrm{w}}}=\frac{3}{2}\left(\frac{y}{\delta_T}\right)-\frac{1}{2}\left(\frac{y}{\delta_T}\right)^3 \tag{13-38}$$

如果假定速度分布与温度分布形式相同，所得到的表达式就与 7.2 节的表达式完全相同，即：

$$\frac{v}{v_{\infty}}=\frac{3}{2}\left(\frac{y}{\delta}\right)-\frac{1}{2}\left(\frac{y}{\delta}\right)^3 \tag{7-51}$$

将式（13-38）和式（7-51）代入积分式（13-37）并求解，可以得到温度边界层的厚度：

$$\frac{\delta_T}{\delta}=0.976Pr^{-1/3} \tag{13-39}$$

$$\delta_T=4.53xPr^{-1/3}Re^{-1/2} \tag{13-40}$$

进而可得出局部努塞尔数：

$$Nu_x=0.331Re_x^{1/2}Pr^{1/3} \tag{13-41}$$

因为平均换热系数 $\alpha_L=2\alpha_{x=L}$ 增加下标 L，下面相同，故：

$$\alpha_L=0.662\frac{\lambda}{L}Re_L^{1/2}Pr^{1/3} \tag{13-42}$$

进而给出：

$$Nu_L=0.662Re_L^{1/2}Pr^{1/3} \tag{13-43}$$

需要指出，上述结果是在 $\delta_T<\delta$ 前提下导出的，所以只能用于 $Pr>1$ 的流体；对于气体，Pr 的最小值大约在0.65左右，由式（13-39）可以得到，$\delta_T/\delta=1.12$，故也可以近似适用。对于液态金属，$Pr\ll1$，以上各式就不能使用了。

式（13-41）和式（13-43）仅适用于平板层流边界层的情况，定性温度也用 T_{m}。与式（13-26）和式（13-28）相比较，即采用微分法和积分法，两者的结果十分接近。而在国外最近出版的书中式（13-41）和式（13-43）的系数分别为0.36和0.72，即微分法和积分法的误差在 8%。

[例题 13-1] 4℃的空气以速度为 1m/s 流过一块宽为 1m、长为 1.5m 的平板，试求使平板均匀保持 50℃ 所需供给的热量。

解： 空气的定性温度为：$T_m = \dfrac{T_\infty + T_w}{2} = \dfrac{4+50}{2} = 27℃$

根据此温度由附录 1 查得空气物理参数为：$\nu = 15.72 \times 10^{-6} m^2/s$；$\lambda = 0.02648 W/(m \cdot ℃)$；$Pr = 0.697$。

首先计算雷诺数以判断流动状态，$Re_L = \dfrac{v_\infty L}{\nu} = 9.54 \times 10^4 < 5 \times 10^5$，因 Re_L 小于临界雷诺数，故全板长的边界层均为层流。利用式（13-42）可求得平均换热系数：$\alpha_L = 0.662 \dfrac{\lambda}{L} Re_L^{1/2} Pr^{1/3} = 3.2 W/(m^2 \cdot ℃)$。由于平板两个侧面均以对流方式散热，因此，供给平板的热量应为：

$$\Phi = 2\alpha A(T_w - T_\infty) = 2 \times 3.2 \times (1 \times 1.5) \times (50-4) = 441.6 W$$

如果按国外最近出版的书中的公式计算：$\alpha_L = 0.72 \dfrac{\lambda}{L} Re_L^{1/2} Pr^{1/3} = 3.5 W/(m^2 \cdot ℃)$。供给平板的热量应为：

$$\Phi = 2\alpha A(T_w - T_\infty) = 2 \times 3.5 \times (1 \times 1.5) \times (50-4) = 483 W$$

对比发现，国内外教材计算结果的相对误差是 8.6%，但数量级相同。

13.6　小　　结

本章从对流换热机理及影响因素入手，阐述了对流换热的数学表达式和求解的方法。

对流换热过程可以用一组微分方程来描述。其中换热微分方程是直接用来求解换热系数的方程。它把换热系数同壁面处流体的温度梯度联系起来，只要求得温度梯度，就可以求出 α。但为了确定温度梯度，又必须知道流体内的温度分布和速度分布。能量微分方程描述流体内的温度分布。动量微分方程和连续方程描述流体内的速度分布。

对流换热微分方程组仅在层流条件下可以用分析方法求解。普朗特根据边界层理论，应用数量级分析方法，建立了边界层微分方程组。求解该方程组可以得出层流和湍流边界层内的速度分布和温度分布。

边界层积分方程组是求解对流换热的一种近似方法。根据边界层内控制体的动量变化量等于它所受的外力之和来建立动量积分方程；根据流进与流出控制体的能量守恒关系建立能量积分方程。本章以平板层流换热为例，由积分方程求解出流动边界层和热边界层的厚度，从而求出换热系数及其特征数方程式。

思　考　题

13-1　对流换热是如何分类的？影响对流换热的主要物理因素是什么？

13 – 2 对流换热问题的数学描述包括哪些方程?

13 – 3 从流体的温度分布可以求出对流换热系数（表面传热系数），其物理机理和数学方法是什么?

13 – 4 请叙述速度边界层和温度边界层的物理意义和数学定义。

13 – 5 为什么说采用边界层积分方程组的解法是近似的? 使用时有何限制?

13 – 6 为什么说层流对流换热系数基本取决于速度边界层的厚度?

13 – 7 为什么温度边界层厚度取决于速度边界层的厚度?

13 – 8 动量扩散率、热扩散率、普朗特数是如何定义的? 它们是物性参数吗?

13 – 9 对很长的管路，通过定性分析就可以判断出：管路内层流对流换热系数是常数。请问为什么?

习　　题

13 – 1 压力为 $p = 1.01325 \times 10^5 \, \text{Pa}$（1atm）的 20℃空气，纵向流过一块长 400mm，温度为 $T = 40℃$ 的平板，流速为 $v = 10\text{m/s}$，求离板前缘 100mm、200mm、300mm、400mm 处的流动边界层和热边界层的厚度。如平板宽为 1m，求平板与空气的换热量。

13 – 2 在 $1.01325 \times 10^5 \, \text{Pa}$（1atm）下，温度为 $T = 30℃$ 的空气，以速度为 $v = 45\text{m/s}$ 流过一块长为 0.6m，壁面温度为 $T_w = 250℃$ 的平板。计算单位宽度的平板传给空气的总热量、层流边界层区域的换热量和湍流边界层区域的换热量。

13 – 3 煤气以平均速度为 $v_m = 20\text{m/s}$ 流过内径 $d = 16.9\text{mm}$，$L = 2\text{m}$ 的管道，由于不知道它的表面传热系数，通过实测得到管道两端煤气的压降为 $\Delta p = 35\text{Pa}$。试问能否确定煤气与管壁的平均表面传热系数? 已知该煤气的物性：密度为 $\rho = 0.3335\text{kg/m}^3$，质量定压热容为 $c_p = 4.198\text{kJ/(kg · K)}$，运动黏度为 $\nu = 47.38 \times 10^{-6} \, \text{m}^2/\text{s}$，导热系数为 $\lambda = 0.191\text{W/(m · K)}$。

13 – 4 计算外部流动边界层，在 $Pr = 0.7$、1.0、10、100，流体沿平板流动换热时的速度边界层和温度边界层厚度的相当大小，已知：物性等于常数，$Re_{x=0.5} = 10^5$。

13 – 5 夏季的微风以速度为 $v = 0.8\text{m/s}$ 沿宽度方向掠过一金属建筑物壁面，壁面高 3.6m，宽 6m。壁面吸收太阳能的热流密度为 350W/m^2，并通过对流换热把热量散发给周围的空气。假设外掠壁面的空气温度为 $T = 25℃$。试计算在平衡状态下壁面的平均温度 T_m。

14 对流换热的特征数及其关联式

本章提要：由于影响对流换热的因素众多，对于一些复杂的工程问题很难用分析解的方法，需要采用相似原理的方法确定出不同特征数的关系，进而由努塞尔数 Nu 得到对流换热系数。

通过对强制和自然对流传质两种情况所进行的量纲分析，确定了强制对流换热时，努塞尔数 Nu、雷诺数 Re 与普朗特数 Pr 间的关系；在自然对流换热时，确定努塞尔数 Nu、格拉晓夫数 Gr 与普朗特数 Pr 间的关系。

讨论了管内强制对流换热、外部流动的强制对流换热、大空间自然对流换热和有限空间自然对流换热等情况。不同条件的对流换热关联式不同，国外教材中有些对流换热关联公式还在不断更新。

在模型上进行实验研究，以解决对流换热问题，是热量传递研究主要的和可靠的方法。由于对流换热的影响因素较多，为了便于通过实验寻找规律并推广实验结果，经常借助相似理论来指导试验。

14.1 对流换热的特征数和量纲分析

14.1.1 对流传热中的重要特征数

对流换热中常涉及到一些特征数，其中的雷诺数、欧拉数等前面已讨论过了。本节将介绍另外两个重要的特征数及其物理意义。

根据已经学过的知识，分子的动量扩散系数和导温系数分别为：

动量扩散系数：
$$\nu = \frac{\mu}{\rho}$$

导温（热量扩散）系数：
$$a = \frac{\lambda}{\rho c_p}$$

值得注意的是，它们的量纲相同，都是 L^2/t，说明它们在各自的传递过程中，起类似的作用。此外，它们的比值是特征数的，称为普朗特数 Pr：

$$Pr = \frac{\nu}{a} = \frac{\mu c_p}{\lambda} \qquad (11-9)$$

普朗特数是流体物性的一种组合。对于给定物体，它主要是温度的函数。附录 6 给出了各种流体在不同温度下的 Pr 值。

在流体流过平面时，由式（13 - 1）可以给出下面的公式：

$$\frac{\alpha}{\lambda} = \frac{1}{T_w - T_f} \frac{\partial(T_w - T)}{\partial y}\bigg|_{y=0} \tag{14 - 1}$$

需要指出，式（14 - 1）中的 T_f 表示流体的温度，即前面讨论热边界层时的远处来流温度 T_∞。若将一个长度参数引入式（14 - 1）中，该方程即可变为一个量纲为 1 的等式。所以，将式(14 - 1)的两边同乘以长度 L，得出：

$$\frac{\alpha L}{\lambda} = \frac{1}{(T_w - T_\infty)/L} \frac{\partial(T_w - T)}{\partial y}\bigg|_{y=0} \tag{14 - 2}$$

式（14 - 2）的右边是表面处的温度梯度与总的温度梯度（参考温度梯度）的比值，而该式左边，以类似于 12.5 节毕渥数 Bi 的方式写出，它是流体导热热阻与对流热阻的比值，即努塞尔数 Nu：

$$Nu \equiv \frac{\alpha L}{\lambda} \tag{14 - 3}$$

式中，λ 为流体的导热系数，而在计算 Bi 时它表示固体的导热系数。

14.1.2   对流换热量纲分析

14.1.2.1   强制对流

下面讨论强制对流的特例，即流体在管内的流动。流体的平均流动速度为 v，流体与管壁之间存在温度差。

现将重要变量的符号和量纲列在表 14 - 1 中。如果把热量的量纲 Q 和温度的量纲 T 包括在 9.3.1 节所讨论的基本量纲中。这样，所有变量的量纲都可用 M、L、t、Q 和 T 的某一组合表示。

表 14 - 1   强制对流换热中变量、符号和量纲

变量	管道直径	流体密度	流体黏度	流体质量定压热容	导热系数	速率	对流换热系数
符号	D	ρ	μ	c_p	λ	v	α
量纲	L	ML^{-3}	$ML^{-1}t^{-1}$	$QM^{-1}T^{-1}$	$QL^{-1}t^{-1}T^{-1}$	Lt^{-1}	$QL^{-2}t^{-1}T^{-1}$

上述变量包括系统几何形状、流体的流动特性、热物理性质及最为重要的参数 α 等。

利用 9.1 节的白金汉方法可知，待求的量纲为 1 的个数为 3。应注意，量纲矩阵的秩为 4，比基本量纲的总数少一个。

选择 D、λ、μ、v 作为基本变量，可以构成三个 π 数：

$$\pi_1 = D^a \lambda^b \mu^c v^d \rho; \quad \pi_2 = D^e \lambda^f \mu^g v^h c_p; \quad \pi_3 = D^i \lambda^j \mu^k v^l \alpha$$

以量纲的形式写出 π_1：$1 = (\text{L})^a \left(\dfrac{\text{Q}}{\text{LtT}}\right)^b \left(\dfrac{\text{M}}{\text{Lt}}\right)^c \left(\dfrac{\text{L}}{\text{t}}\right)^d \dfrac{\text{M}}{\text{L}^3}$

使该式两边基本量纲的指数相等，即量纲和谐原理，则写为：

L：$0 = a - b - c + d - 3$；   Q：$0 = b$；   t：$0 = -b - c - d$；   T：$0 = -b$；   M：$0 = c + 1$

对于 4 个未知数，求解上述方程组，可得，$a=1$，$b=0$，$c=-1$，$d=1$。

这样 π_1 就变为：$\pi_1 = \dfrac{Dv\rho}{\mu}$

该数即为 Re。利用同样的方法可以求得 π_2 和 π_3：

$$\pi_2 = \frac{\mu c_p}{\lambda} = Pr \quad 和 \quad \pi_3 = \frac{\alpha D}{\lambda} = Nu$$

圆管内强制对流传热的量纲分析结果表明，关联这些重要特征数的一种可能关系式如下：

$$Nu = f_1(Re, Pr) \tag{14-4}$$

如果将 ρ、μ、c_p 和 v 选作基本变量，那么分析所得的特征数为 $Dv\rho/\mu$、$\mu c_p/\lambda$ 和 $\alpha/(\rho v c_p)$。前两个分别是已知的 Re 和 Pr，第三个称为斯坦顿数 St：

$$St = \frac{\alpha}{\rho v c_p} \tag{14-5}$$

该参数也可以由比值 $Nu/(Re \cdot Pr)$ 得到。因此，描述管内强制对流的另一个关系式为：

$$St = f_2(Re, Pr) \tag{14-6}$$

14.1.2.2　自然对流

在竖直壁与邻近流体的自然对流传热中，其变量与上述情况大不相同。此时所包括的变量是那些与流体循环有关的变量。这些新变量可以通过分析浮力求出。这里的浮力，起因于热量交换造成的流体密度差。

密度随温度的变化如下式：

$$\rho = \rho_0(1 - \beta \Delta T) \tag{14-7}$$

式中，ρ_0 为流体主体密度；ρ 为流体受热层的密度；β 为线膨胀系数；ΔT 为受热流体和流体主体之间的温度差。单位体积的浮力 $F_浮$ 为：

$$F_浮 = (\rho_0 - \rho)g \tag{14-8}$$

将式（14-7）代入式（14-8）有：

$$F_浮 = \beta g \rho_0 \Delta T \tag{14-9}$$

式（14-9）意味着变量 β、g 和 ΔT 在自然对流情况下属于重要的变量。表 14-2 给出所讨论情况下的变量与量纲。

表 14-2　自然对流换热中变量、符号和量纲

变量	有效长度	流体密度	流体黏度	流体质量定压热容	流体导热系数	流体热膨胀系数	重力加速度	温度差	传热系数
符号	L	ρ	μ	c_p	λ	β	g	ΔT	α
量纲	L	ML^{-3}	$ML^{-1}t^{-1}$	$QM^{-1}T^{-1}$	$QL^{-1}t^{-1}T^{-1}$	$1T^{-1}$	Lt^{-2}	T	$QL^{-2}t^{-1}T^{-1}$

白金汉 π 定理指出，适用于该问题的独立特征数的个数是 $9-5=4$。选取 L、μ、λ、β

和 g 作为基本变量后，可以组成的 π 参数为：

$$\pi_1 = L^a \mu^b \lambda^c \beta^d g^e c_p, \quad \pi_2 = L^f \mu^g \lambda^h \beta^i g^j \rho, \quad \pi_3 = L^k \mu^l \lambda^m \beta^n g^o \Delta T, \quad \pi_4 = L^p \mu^q \lambda^r \beta^s g^t \alpha$$

按照常规方法求解上述表达式中的待定系数，可得：

$$\pi_1 = \frac{\mu c_p}{\lambda} = Pr, \quad \pi_2 = \frac{L^3 g \rho^2}{\mu^2}, \quad \pi_3 = \beta \Delta T, \quad \pi_4 = \frac{\alpha L}{\lambda} = Nu$$

π_2 和 π_3 的乘积为 $\beta g \rho^2 L^3 \Delta T / \mu^2$，它的量纲也必然是 1。这个用于关联自然对流的参数，称为格拉晓夫（Grashof）数 Gr，即：

$$Gr = \frac{\beta g \rho^2 L^3 \Delta T}{\mu^2} \qquad (14-10)$$

通过上述简短的量纲分析，已经得出可用于关联对流传热数据的表达式：

强制对流 $\qquad\qquad Nu = f_1(Re, Pr) \qquad\qquad (14-4)$

或 $\qquad\qquad\qquad St = f_2(Re, Pr) \qquad\qquad (14-6)$

自然对流 $\qquad\qquad Nu = f_3(Gr, Pr) \qquad\qquad (14-11)$

式（14-4）和式（14-11）明显相似，式（14-11）中的 Gr，相当于式（14-4）中的 Re。一定要注意，St 只可以用于关联强制对流数据。这是因为其式中已包括了速度 v，所以上述结论是显而易见的。

在用相似理论整理实验数据时，需注意下列两点：

（1）定性温度。定性温度是指确定特征数中的物性参数时，所需的温度。由于流体温度在换热过程中是变化的，流体的物性也随之改变。故需选择一定性温度。定性温度不同，所得特征数方程中的参数也不一样。最常选用的定性温度有：流体总体平均温度 T_f，即流体在加热或冷却前后的平均温度；边界层流体平均温度 $T_m = \dfrac{T_f + T_w}{2}$；壁面平均温度 T_w。

（2）定型尺寸。它是指相似特征数中表示系统几何特征的尺寸，通常选择对换热过程有决定意义的几何尺寸作为定型尺寸。一般是：流体沿平壁流动，取流动方向平壁的长度；流体沿管内流动，取圆管内径；流体绕圆管流动，取圆管外径；对于非圆形管道，则取当量直径，即 $d_e = \dfrac{4A}{S}$，式中，A 为流通截面积，m^2；S 为被流体"润湿"的周长，m。

同样，在应用特征数方程时，应选用特征数方程中所规定的定性温度和定型尺寸。

14.2　强制对流换热及其关联式

14.2.1　管内强制对流换热

14.2.1.1　管内湍流时的换热

对于管内湍流换热，由于不同研究者的实验条件和数据处理上的差异，得到的特征数方程有所不同。目前应用较为广泛的特征数方程为（对水力光滑管，见6.5节）：

$$Nu_d = 0.023 Re_d^{0.8} Pr^n \qquad (14-12)$$

式中，n 在加热时为0.4，在冷却时为0.3。

式（14-12）适用范围是：$Re_d = 10^4 \sim 1.2 \times 10^5$；$Pr = 0.6 \sim 120$；$x/d \geqslant 50$；流体与壁面间的温差 ΔT 对于气体 $\Delta T \leqslant 50℃$；水 $\Delta T \leqslant 20 \sim 30℃$；油类 $\Delta T \leqslant 10℃$；下标d表示定性温度为全管长流体平均温度；定型尺寸用管道内径 d，对于非圆形管，定性尺寸用当量直径 d_e。

对式（14-12）进行修正，可以扩大其适用范围：

（1）管道长度修正：因为边界层厚度沿管长变化，局部换热系数 α_x 也将随管长而变化（见图14-1）。在入口处，边界层最薄，α_x 最大。随后边界层逐渐增厚，α_x 逐渐减小。在层流情况下，经过一定距离后，流动达到充分发展状态，α_x 不再变化。在湍流情况下，当边界层转变为湍流后，α_x 又开始增大并达到一稳定值。对于平均换热系数，$x/d \geqslant$ 50后，其值就不再随管长变化，式（14-12）就是针对这一情况的。对于 $x/d < 50$ 的短管，考虑到入口段的影响，可把式（14-12）乘以短管修正系数 ε_L（α_x/α_∞）。ε_L 大于1，其值见图14-2。

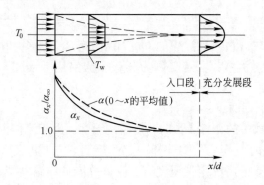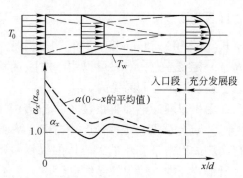

图14-1   层流、湍流入口段示意图

（2）螺旋管修正：流体在螺旋管中流动时，因离心力作用使流体在流道内外侧之间形成环流，环流增加了对边界层的扰动，使对流换热系数 α 增加。所以对螺旋管，式（14-12）需乘以管道弯曲修正系数 ε_R。

对于气体，$\varepsilon_R = 1 + 1.77d/R$；对于液体，$\varepsilon_R = 1 + 10.3(d/R)^3$。式中 d 为管道内径，m；R 为按管道中心线计算的螺旋管半径，m。

（3）大温差修正：当流体与管壁的温差超过规定范围时，温度不均匀会引起物性不均匀，进而影响换热，因此需要乘以温差修正系数 ε_T。

对于液体，温度不均匀主要通过黏

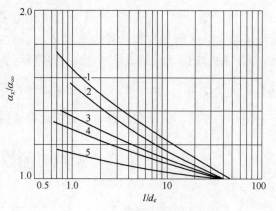

图14-2   短管修正系数
1—$Re = 10^4$；2—$Re = 2 \times 10^4$；3—$Re = 5 \times 10^4$；
4—$Re = 10^5$；5—$Re = 10^6$

度不均匀影响换热，故 $\varepsilon_T = \left(\dfrac{\mu_f}{\mu_w}\right)^n$，$n = 0.11$（液体被加热时），$n = 0.25$（液体被冷却时）。

对于气体，温度不均匀会造成多种物性不均匀，一般直接采用下式来修正，即：

$$\varepsilon_T = (T_\infty / T_w)^n \tag{14-13}$$

式中，T_∞，T_w 分别为气体的绝对温度和壁面的热力学温度，K；$n = 0.5$（加热气体时），$n = 0$（冷却气体时）。

14.2.1.2　管内层流时的换热

对于管内层流时的对流换热，通常采用下列公式：

$$Nu_d = 1.86 Re_d^{1/3} Pr^{1/3} \left(\frac{d}{L}\right)^{1/3} \left(\frac{\mu_\infty}{\mu_w}\right)^{0.14} \tag{14-14}$$

或

$$Nu_d = 1.86 \left(Pe_d \cdot \frac{d}{L}\right)^{1/3} \left(\frac{\mu_\infty}{\mu_w}\right)^{0.14} \tag{14-15}$$

式中，$Pe_d = Re_d \cdot Pr$，称为贝克来（Péclet）数。式（14-14）和式（14-15）适用范围是 $Pe_d \cdot \dfrac{d}{L} > 10$。

对于管内常物性流体作稳态层流流动，速度分布和温度分布为充分发展的定型段，对流换热计算可以采用理论推导的结果，即：

$$Nu_d = 4.36 \text{（}q = \text{常数）} \tag{14-16}$$

$$Nu_d = 3.66 \text{（}T_w = \text{常数）} \tag{14-17}$$

14.2.1.3　管内过渡区的换热

当 $Re_d = 2300 \sim 10^4$ 时，流动处于过渡状态。此时，对流换热系数的计算公式为：

$$Nu_d = 0.116 (Re_d^{2/3} - 125) Pr_d^{1/3} \left[1 + \left(\frac{d}{L}\right)^{2/3}\right] \left(\frac{\mu_f}{\mu_w}\right)^{0.14} \tag{14-18}$$

式中，除 μ_w 由 T_w 决定外，其余物性参数均取决于流体平均温度。

14.2.1.4　管内液态金属湍流时的换热

液态金属在管内湍流流动时，对流换热的特征数方程为：

$$Nu_d = 7 + 0.025 Pe_d^{0.8} \tag{14-19}$$

式（14-18）适用范围为 $Pe_d = 200 \sim 10000$。

[例题 14-1]　用内径为 $d = 12.7 \times 10^{-3}$ m 的钢管作吹氧管向钢液中吹氧。氧气的质量流率 $G_m = 145.3$ kg/h，入口温度为 $T_f' = 27{}^\circ\text{C}$，吹氧管插入熔池 1.22m。若不考虑管子端部逐渐熔化，并认为管壁温度近似等于钢液温度 $T_w = 1470{}^\circ\text{C}$，试求换热系数和氧气离开吹氧管时的温度。

解： 因吹氧管出口处的氧气温度待求，流体平均温度不能直接算出，即定性温度不能确定，所以采用试算法。

先假定氧气出口温度为 $T_f'' = 580℃$，则：$T_f = (T_f' + T_f'')/2 = (27 + 580)/2 = 303.5℃$
由附录 6 查得氧气在 303.5℃ 时的物性参数：

$c_p = 0.9209\text{kJ/(kg} \cdot ℃)$；$\mu = 20.81 \times 10^{-6}\text{Pa} \cdot \text{s}$；$\lambda = 27.04 \times 10^{-3}\text{W/(m} \cdot ℃)$；$Pr = 0.709$

$$Re_d = \frac{vd}{\nu} = \frac{G_m d}{3600A\mu} = \frac{145.3 \times (12.7 \times 10^{-3}) \times 4}{3600 \times 3.14 \times (12.7 \times 10^{-3})^2 \times 20.81 \times 10^{-6}} = 194544$$

属于湍流，可应用式（14 - 13）。估计氧气与管壁间温差较大，故应修正。当氧气被加热时：

$$\varepsilon_T = \left(\frac{T_f}{T_w}\right)^{0.5} = \left(\frac{303.5 + 273}{1470 + 273}\right)^{0.5} = 0.575$$

$$Nu_d = 0.023Re_d^{0.8}Pr^{0.4}\varepsilon_T = 0.023 \times 194544^{0.8} \times 0.709^{0.4} \times 0.575 = 196.3$$

所以，$\alpha_d = \dfrac{\lambda}{d}Nu_d = \dfrac{27.04 \times 10^{-3}}{12.7 \times 10^{-3}} \times 196.3 = 418\text{W/(m}^2 \cdot ℃)$。

因吹氧管内氧气温度逐渐升高，而管壁温度基本不变，所以换热量沿流动方向逐渐减少，为计算整个管长的换热，应沿管长积分。对于微元管段 dL，流体的热量平衡方程可表示为：

$$c_p G_m' dT_f = \alpha(T_w - T_f)\pi d\,dL$$

式中，G_m' 为氧气的质量流率，kg/s。

假定 α_d 和 c_p 均为常数，将上式沿管长积分：$\dfrac{c_p G_m'}{\pi d}\displaystyle\int_{T_f'}^{T_f''}\dfrac{dT_f}{T_w - T_f} = \alpha_d \int_0^L dL$。得：$\ln\left(\dfrac{T_w - T_f''}{T_w - T_f'}\right) =$

$-\dfrac{\alpha_d L\pi d}{c_p G_m'}$，或 $T_f'' = T_w - (T_w - T_f')\exp\left(-\dfrac{\alpha_d L\pi d}{c_p G_m'}\right) = 635.1℃$，与原假设 T_f'' 相差较大，须重新计算。再设 $T_f'' = 680℃$，$T_f = (27 + 680)/2 = 353.5℃$，相应的物性参数为：$c_p = 0.9300\text{kJ/}$
$(\text{kg} \cdot ℃)$；$\mu = 23.33 \times 10^{-6}\text{Pa} \cdot \text{s}$；$\lambda = 31.03 \times 10^{-3}\text{W/(m} \cdot ℃)$；$Pr = 0.701$，$Re_d = $
173530，$\varepsilon_T = 0.600$，$Nu_d = 186.1$。$\alpha_d = \dfrac{\lambda}{d}Nu_d = 454.7\text{W/(m}^2 \cdot ℃)$，因此，$T_f'' = 674.2℃$。
计算值与假设值仅相差 0.85%，计算可告结束。最终结果为：$\alpha_d = 454.7\text{W/(m}^2 \cdot ℃)$，
$T_f'' = 674.2℃$。

14.2.2　外部流动的强制对流换热

14.2.2.1　绕流球体

流体流过单个球体时，流体与球体表面之间的平均对流换热系数可用下列特征数方程式计算：

$$Nu_d = 2.0 + 0.6Re_d^{1/2}Pr^{1/3} \tag{14-20}$$

式（14 - 20）适用范围是 $Re_d = 1 \sim 70000$；$Pr = 0.6 \sim 400$，定性温度用 T_m，定型尺寸用球体直径 d。此式表明，当 Re 趋近于零时，Nu 趋近于 2。这一结果也可以根据无限大

静止介质中球体的导热（实际是球壳状介质中的导热问题）来求得，其过程如下：

在稳态条件下，球体的导热速率为：

$$\Phi = -\lambda \frac{dT}{dr}A = -\lambda(4\pi r^2)\frac{dT}{dr} \qquad (14-21)$$

将此方程从球体表面（$r = d/2$，$T = T_w$）到介质中很远距离的点（$r = \infty$，$T = T_f$）积分，即：

$$-\frac{\Phi}{4\pi\lambda}\int_{\frac{d}{2}}^{\infty}\frac{dr}{r^2} = \int_{T_w}^{T_f}dT \qquad (14-22)$$

对式（14-22）积分可得 $\dfrac{\Phi}{4\pi\lambda}\left(-\dfrac{1}{\infty}+\dfrac{1}{d/2}\right) = T_w - T_f$，整理后得：

$$\Phi = 2\pi d\lambda(T_w - T_f) \qquad (14-23)$$

如按照对流换热式（10-9），球体对流换热量为：

$$\Phi = \alpha_d A(T_w - T_f) = 4\pi\alpha_d\left(\frac{d}{2}\right)^2(T_w - T_f) = \alpha_d\pi d^2(T_w - T_f) \qquad (14-24)$$

比较式（14-23）和式（14-24）可以得到：$\dfrac{\alpha_d d}{\lambda} = 2$，即 $Nu_d = 2$。

14.2.2.2 绕流圆柱体

流体横向流过圆管或圆柱体时（指流动方向垂直于管子的中轴线），平均换热系数的对流换热关联计算式为

气体 $\qquad\qquad\qquad\qquad Nu_d = CRe_d^n \qquad\qquad\qquad (14-25)$

液体 $\qquad\qquad\qquad\qquad Nu_d = 1.1CRe_d^n Pr^{1/3} \qquad\qquad (14-26)$

式中，常数 C、n 的值取决于 Re_d，见表14-3。定性温度取 T_m，定型尺寸取圆管外径 d。

表14-3 绕流圆柱对流换热关联式中的 C 和 n 值

Re_d	C	n	Re_d	C	n
0.4~4	0.891	0.330	4000~40000	0.174	0.618
4~40	0.821	0.385	40000~250000	0.024	0.805
40~4000	0.615	0.466			

[**例题14-2**] 用热线风速计测量空气的流速,已知热线风速计的加热丝直径为 $d = 0.25mm$,长度为30mm。温度为 $T_f = 20℃$ 的空气沿垂直于铂丝的方向流动,铂丝为 $T_w = 60℃$,铂丝消耗的电能为 $Q = 0.8W$,求空气的流速。

解: 在稳态下，根据铂丝的能量平衡，得：

$$\Phi = 0.8 = \alpha_d\pi Ld(T_w - T_f)$$

故 $\qquad\qquad \alpha_d = \dfrac{0.8}{3.14\times0.03\times0.25\times10^{-3}\times(60-20)} = 849.3W/(m^2\cdot℃)$

定性温度，$T_m = (T_w + T_f)/2 = (60 + 20)/2 = 40℃$。由附录 1 查得空气的导热系数及运动黏度：

$$\lambda = 0.0276W/(m \cdot ℃) ; \quad \nu = 16.96 \times 10^{-6} m^2/s$$

因此
$$Nu_d = \frac{\alpha_d d}{\lambda} = \frac{849.3 \times 0.00025}{0.0276} = 7.7$$

假设 $Re_d = 40 \sim 4000$，由表 14 - 3 查得，$C = 0.615$，$n = 0.466$，因此：

$$Nu_d = 7.7 = 0.615 Re_d^{0.466} \quad 或 \quad Re_d^{0.466} = 12.5$$

得
$$Re_d = 225.9$$

因计算出的 Re_d 在假设范围之内，故计算成立。

由此得空气流速：

$$v = \frac{Re_d \nu}{d} = 225.9 \times \frac{16.96 \times 10^{-6}}{0.25 \times 10^{-3}} = 15.3 m/s$$

14.3　自然对流换热及其关联式

由流体自身温度场的不均匀所引起的流动称为自然对流。在自然对流换热系统中，流体的运动是由浮力所引起的，而浮力的产生源于流体温度不同的壁面对流体的加热或冷却，使流体的密度发生变化。因此，壁面与流体间的温差是自然流动和自然对流换热的根本原因。

通常，不均匀温度场仅发生在靠近换热壁面的薄层之内。图 14 - 3 是一块竖直热壁面附近的薄层内，流体温度和速度的变化曲线。很明显，其温度单调下降，而速度分布具有两头小中间大的形式。这是因为在贴壁处流体速度必为零，而在薄层外侧已无温差，而浮力取决于温差，故速度也等于零；在这两者之间有一个峰值。换热越强，薄层内的温度变化越大，自然对流也越强烈。

自然对流也有层流和湍流之分。以贴近一块热竖壁的自然对流为例，自下而上的流动情况如图 14 - 4 所示。在壁的下部，流动刚开始形成时是规则的层流；若壁面足够高，则

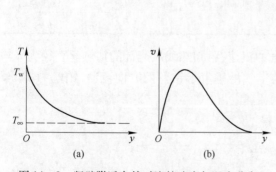

图 14 - 3　竖壁附近自然对流的速度与温度分布
（a）温度分布；（b）速度分布

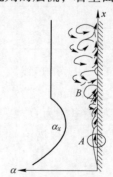

图 14 - 4　沿壁高度自下而上的流动情况

上部流动会转变为湍流。不同的流动状态对换热有决定性的影响。层流时，换热热阻主要取决于薄层的厚度。从换热壁面下端开始，随着温度的增加，层流薄层的厚度也逐渐增加。与此对应，局部表面传热系数 α_x 随高度增加而减小。如果壁面足够高，流动将逐渐转变为湍流。这时湍流换热规律有所变化。在达到充分湍流后，局部表面传热系数几乎是常量。

依据自然对流换热发生的几何条件，可分成无限空间和有限空间两类。若流体处在大空间内，自然对流不受干扰，这种情况称为无限空间对流换热。无限空间自然对流换热最为常见。自然对流受到狭小空间的限制，称为有限空间自然对流换热。无限空间是相对的，在许多实际问题中，虽然空间不大，但流体运动所产生的边界层并不互相干扰，因而可以应用无限空间自然对流换热的计算公式。如图 14 – 5 的封闭夹层，夹层宽度为 δ，高度为 H，壁温 $T_{w1} > T_{w2}$。夹层内空气被加热形成的边界层厚度为 δ_1，被冷却形成的边界层厚度为 δ_2，且在任意高度均满足 $\delta > \delta_1 + \delta_2$。此时冷热流体的运动不会互相干扰，故可作为无限空间处理。由于 δ_1、δ_2 与温差及流体的物性等有关，不太容易确定，通常认为 $\delta/H > 0.3$ 时为无限空间，否则为有限空间。

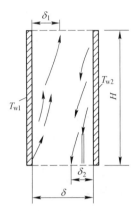

图 14 – 5　无限空间和
有限空间的判别

14.3.1　大空间自然对流换热关联式

工程中广泛使用的是如下形式的关联式：

$$Nu_L = C(Gr_L \cdot Pr)^n \tag{14-27}$$

式中，C 和 n 是由实验确定的常数；$Gr_L = \dfrac{g\beta\Delta T l^3}{\nu^2}$，其中下标 L 为特征长度。

在常热流条件下局部表面的关联式：

$$Nu_x = C(Gr_x^* \cdot Pr)^n \tag{14-28}$$

式中，$Gr_x^* = Gr_x \cdot Nu = \dfrac{\beta g \Delta T x^3}{\nu^2} \cdot \dfrac{\alpha x}{\lambda} = \dfrac{\beta g q x^4}{\lambda \nu^2}$。

采用式（14 – 28）进行计算时，因 $T_{w,x}$ 为未知，$T_{m,x}$ 不能确定，故仍要事先假定壁面 x 处的温度 $T_{w,x}$，通过试计算确定表面传热系数。

对于符合理想气体性质的气体，Gr_L 中的体积膨胀系数 $\beta = 1/T$。在自然对流换热关联式里，定性温度采用边界层的算术平均温度 $T_m = (T_w + T_\infty)/2$。T_∞ 是指未受壁面影响的远处流体的温度。Gr_L 中的 ΔT 为 T_w 与 T_∞ 之差。特征长度的选择方案通常为：竖壁或竖圆柱取高度；横圆柱取外径。表 14 – 4 是按式（14 – 27）整理的几种典型的表面形状及其布置情况中由实验确定的常数 C 和 n 的值，它们也适用于式（14 – 28）。

需要指出，对于自然对流湍流，式（14 – 27）中 $n = 1/3$ 或式（14 – 28）中 $n = 1/4$ 这样展开关联式后，两边的定型尺寸可以消去。此时，表明自然对流湍流的表面传热系数与定型尺寸无关，该现象称为自模化现象。利用这一特征，湍流换热实验研究可以采用较小尺寸的物体进行，只要求实验现象的 $Gr_L \cdot Pr$ 处于湍流范围。

表14-4　大空间自然对流换热关联式（14-27）或式（14-28）中的 C 和 n 值

加热表面形状与位置	流动情况示意	状态	系数 C 及指数 n		$Gr \cdot Pr$ 适用范围
			C	n	
竖平板及竖圆柱		层流	0.59	1/4	$10^4 \sim 3 \times 10^9$
		湍流	0.11	1/3	$> 2 \times 10^{10}$
横圆柱		层流	0.53	1/4	$10^4 \sim 5.76 \times 10^8$
		湍流	0.10	1/3	$> 4.65 \times 10^9$
水平板热面朝上 或冷面朝下		层流	0.54	1/4	$2 \times 10^4 \sim 8 \times 10^6$
		湍流	0.15	1/3	$8 \times 10^6 \sim 10^{11}$
水平板热面朝下 或冷面朝上		层流	0.58	1/5	$10^5 \sim 10^{11}$

值得注意的是，竖直圆筒使用于该竖平板公式所必须满足的条件是：

$$\frac{d}{H} \geqslant \frac{35}{Gr_L^{1/4}} \tag{14-29}$$

竖直圆筒的高度 L 为定型尺寸。对于直径小而有限长的竖直圆筒，小曲率有强化作用。

[例题14-3] 已知电弧炉外表面平均温度为 $T_w = 100℃$，周围空气温度为 $T_f = 20℃$，炉顶直径为2m，试计算炉顶的对流热损失。

解： 这一问题可视为热面朝上的水平壁面的自然对流换热。定性温度为：

$$T_m = (T_w + T_f)/2 = (100 + 20)/2 = 60℃$$

由附录1查得空气的热物性参数为：$\lambda = 2.893 \times 10^{-2} W/(m \cdot ℃)$；$\nu = 18.97 \times 10^{-6} m^2/s$；$Pr = 0.698$。考虑到空气可视为理想气体，其体积膨胀系数 $\beta = 1/T$。

对于圆柱体，式（14-27）中特征长度为 d。因此：

$$Gr_d \cdot Pr = \frac{\beta g d^3 \Delta T}{\nu^2} Pr = \frac{9.81 \times 2^3 \times (100 - 20)}{(273 + 60) \times (18.97 \times 10^{-6})^2} \times 0.698 = 3.66 \times 10^{10} > 8 \times 10^6$$

属于湍流，由表14-4查得式（14-27）中，$C = 0.15$，$n = 1/3$。

所以：
$$Nu_d = 0.15 (Gr_d \cdot Pr)^{1/3} = 497.6$$

对流换热系数为：
$$\alpha_d = \frac{497.6 \times 2.893 \times 10^{-2}}{2} = 7.2 \, \text{W}/(\text{m}^2 \cdot \text{℃})$$

炉顶的对流热损失为：
$$\Phi = \alpha_d (T_w - T_f) A = 1811.8 \, \text{W}$$

14.3.2 有限空间自然对流换热

如果一有限空间的两侧壁存在温度差，则靠近热壁的流体将因浮力而向上运动，而靠近冷壁的流体向下运动。这样，换热是靠热冷壁间的自然对流循环进行的。

可见，热流通过有限空间是冷热壁自然对流换热的综合结果，因此常把两侧的换热用表面传热系数 α_e 来表示，通过夹层的热量密度 q 为：

$$q = \alpha_e (T_{w1} - T_{w2}) \qquad (14-30)$$

式中，T_{w1}、T_{w2} 分别为热壁和冷壁的温度，℃；α_e 为表面传热系数，$\text{W}/(\text{m}^2 \cdot \text{℃})$。

可将式（14-30）改写为：

$$q = \alpha_e \frac{\delta}{\lambda} \frac{\lambda}{\delta} (T_{w1} - T_{w2}) = Nu_\delta \frac{\lambda}{\delta} (T_{w1} - T_{w2}) \qquad (14-31)$$

式中，Nu_δ 为夹层换热努塞尔数，$Nu_\delta = \dfrac{\alpha_e \delta}{\lambda}$。

夹层内流体的流动主要取决于以夹层厚度 δ 为特征长度的 Gr_δ：

$$Gr_\delta = \frac{g \beta \delta^3 \Delta T}{\nu^2} \qquad (14-32)$$

竖壁封闭夹层的自然对流换热问题可分为三种情况：

（1）夹层厚度 δ 与高度 L 之比 δ/L 较大（>0.3），冷热两壁的自然对流边界层互不干扰，如图 14-6（a）所示，这时可按无限空间自然对流换热规律，分别计算冷壁与热壁的自然对流换热以及夹层的总热阻。

（2）在夹层内冷热两股流动边界层能相互结合，出现行程较短的环流，整个夹层内可能有若干个这样的环流，如图 14-6（b）所示。夹层内的流动特征取决于以厚度 δ 为定型尺寸的 $Gr_\delta = \dfrac{g\beta\delta^3 \Delta T}{\nu^2}$ 或 $Gr_\delta \cdot Pr$。Gr_δ 低时为层流，Gr_δ 高时为湍流。

（3）两壁的温差与夹层厚度都很小，Gr_δ 很低（<2000 时），甚至可认为夹层内没有流动发生，通过夹层的热量可按导热过程计算，此时 $Nu_\delta = 1$。

本节仅讨论扁平矩形封闭夹层的竖壁（图14-6

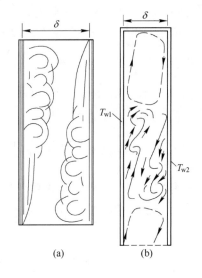

图 14-6 有限空间自然对流换热
（a）边界层互不干扰；（b）边界层相互结合

（b））和水平（图14－7）自然对流换热，而且推荐的关联式仅局限于气体夹层。

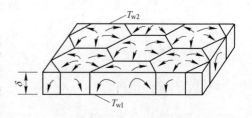

图14－7　有限空间水平自然对流换热

当 Gr_δ 极低时，换热依靠纯导热：对于竖直夹层，当 $Gr_\delta \leqslant 2860$ 时，对于水平夹层，当 $Gr_\delta \leqslant 2430$ 时，随着 Gr_δ 的提高，会依次出现向层流特征过渡的流动（环流）、层流特征的流动、湍流特征的流动。与之对应有几种不同的有限空间自然对流换热关联式。

在竖夹层自然对流换热中，纵横比 δ/L 对换热有一定影响。一般关联式为：

$$Nu_\delta = C(Gr_\delta \cdot Pr)^m \left(\frac{\delta}{L}\right)^n \qquad (14-33)$$

的形式。下列不同情况中，不同的关联式中的 C、m、n 值见表14－5。

表14－5　有限空间自然对流换热关联式（14－33）中参数 C、m 和 n 值

夹层位置	系数和指数			适用范围	
	C	m	n	$Gr_\delta \cdot Pr$	Pr
竖壁夹层（气体）	0.197	1/4	1/9	$2000 \sim 2 \times 10^5$	$0.5 \sim 2$
	0.073	1/3	1/9	$2 \times 10^5 \sim 1.1 \times 10^7$	$0.5 \sim 2$
热面在下的水平夹层（气体）	0.059	0.4	0	$1700 \sim 7000$	$0.5 \sim 2$
	0.212	1/4	0	$7000 \sim 3.2 \times 10^5$	$0.5 \sim 2$
	0.061	1/3	0	$> 3.2 \times 10^5$	$0.5 \sim 2$

[例题14－4]　有限空间自然对流换热。两块边长为20cm水平放置的平板，平板间距为1cm，里面充满了压力为 $p = 1.01325 \times 10^5 \mathrm{Pa}$（1atm）的空气。下方的平板温度为 $T_{w2} = 100℃$，上方的平板温度为 $T_{w1} = 40℃$。试计算通过空气夹层的传热量。

解： 首先计算夹层中空气的物理性质。

定性温度：$T_m = (T_{w1} + T_{w2})/2 = (100 + 40)/2 = 70℃$。查附录6可得：此温度下空气的物性参数分别为：$\rho = \dfrac{p}{RT} = \dfrac{1.0132 \times 10^5}{287 \times 343} = 1.029 \mathrm{kg/m^3}$，$\beta = \dfrac{1}{T_m} = \dfrac{1}{343} = 2.915 \times 10^{-3} \mathrm{K^{-1}}$，$\mu = 2.06 \times 10^{-5} \mathrm{kg/(m \cdot s)}$，$\nu = 2.002 \times 10^{-5} \mathrm{m^2/s}$，$\lambda = 0.02963 \mathrm{W/(m \cdot ℃)}$，$Pr = 0.701$，特征长度为夹层的厚度，即1cm。

$$Gr_\delta \cdot Pr = \frac{9.81 \times (2.915 \times 10^{-3}) \times (100 - 40) \times 0.01^3}{(2.002 \times 10^{-5})^2} \times 0.701 = 3000$$

根据表14－5，查得 $C = 0.059$、$m = 0.4$ 和 $n = 0$，代入式（14－33）可得：

$$Nu_\delta = 0.059 \times 3000^{0.4} \times \left(\frac{0.2}{0.01}\right)^0 = 1.45$$

则：$\quad q = \dfrac{Nu_\delta \lambda A (T_{w2} - T_{w1})}{\delta} = \dfrac{1.45 \times 0.02963 \times 0.2^2 \times (100 - 40)}{0.01} = 10.32 \mathrm{W}$

[例题14－5]　计算垂直空气夹层表面传热系数及单位面积当量换热热阻 $1/\alpha$，已知

夹层厚度 $\delta = 25\,\text{mm}$，高 $H = 500\,\text{mm}$，其温度分别为 $T_{w1} = 15\,℃$、$T_{w2} = -15\,℃$。

解： 定性温度 $T_m = (T_{w1} + T_{w2})/2 = (15 - 15)/2 = 0\,℃$。查附录 1 可知空气物性参数为：

$$\nu = 13.28 \times 10^{-6}\,\text{m}^2/\text{s}; \quad \lambda = 0.0244\,\text{W}/(\text{m}^2 \cdot ℃); \quad Pr = 0.707; \quad \beta = \frac{1}{273} = 3.66 \times 10^{-3}\,\text{K}^{-1}$$

$$Gr_\delta = \frac{g\beta\Delta T\delta^3}{\nu^2} = \frac{9.81 \times 3.66 \times 10^{-3} \times (15 + 15) \times 0.025^3}{(13.28 \times 10^{-6})^2} = 9.54 \times 10^4$$

$$Gr_\delta \cdot Pr = 9.54 \times 10^4 \times 0.707 = 6.745 \times 10^4$$

由表 14-5 查得 $C = 0.197$，$m = 1/4$，$n = 1/9$，代入式（14-33）可得：

$$Nu_\delta = 0.197(Gr_\delta \cdot Pr)^{1/4}\left(\frac{\delta}{H}\right)^{1/9} = 0.197 \times (6.745 \times 10^4)^{1/4} \times (25/500)^{1/9} = 2.28$$

$$\alpha_e = \frac{Nu_\delta\lambda}{\delta} = \frac{2.28 \times 0.0244}{0.025} = 2.23\,\text{W}/(\text{m}^2 \cdot ℃)$$

夹层单位面积热阻为：

$$R_\alpha = 1/\alpha_e = 1/2.23 = 0.448\,\text{m}^2 \cdot ℃/\text{W}$$

14.4 小　结

由于对流换热很复杂，迄今为止工程上的计算公式大都通过实验方法求得。因此，相似理论对指导对流换热的实验研究具有重要意义。要掌握热量传输中的一些特征数的物理意义。

本章讨论了工程中常遇到的对流换热，它们是分析和计算各种传热问题的基础。对每一类换热问题都应掌握：换热的机理，流态的判别，定型尺寸和定性温度的确定，需要修正的原因及修正系数的确定，影响换热的主要因素及基本途径等。

由于影响对流换热的因素很多，在文献资料中存在各种各样的对流换热关联（经验）公式。目前国内教科书使用的对流换热关联（经验）公式的数据往往是早期研究的结果，具有一定的局限性。而国外新教材对不同对流换热区分得更细，有些对流换热关联（经验）公式还在不断更新，可以参考使用。

思　考　题

14-1　为什么说强制对流换热问题中总有 $Nu = f(Re，Pr)$ 的数学形式？

14-2　说明特征数 Nu、Re、Pr、Gr 的物理意义。

14-3　在壁面换热条件下，指出管内流体速度分布的特点。

14-4　管内强制对流换热系数及换热量的计算中，如何确定特性长度和定性温度？

14-5　黏度随温度变化较大的流体在管内被加热时，其速度分布与等温流动有何不同？

14-6　试说明流速、管径及各物性参数对管内紊流换热系数的影响。

14 - 7　在计算管内（外）换热时，如何确定非圆管的当量直径？

14 - 8　有限空间对流换热时，努塞尔数的含义是什么？

习　题

14 - 1　空气以速度为 5m/s 通过内径为 $d=60$mm 的直管并被加热，管长 2.4m，已知空气平均温度为 $T_{fm}=90$℃，管壁温度 140℃，求对流换热系数。

14 - 2　利用空气自然冷却直径为 $d=3$mm 的水平导线，电线表面温度为 $T_w=90$℃，远离导线的空气温度为 $T_f=30$℃。求对流换热系数。

14 - 3　在室温为 $T_f=10$℃ 的大房间中，有直径为 $d=0.1$m 的烟囱，其垂直部分高 1.5m，水平部分长 15m。求烟囱平均壁温为 110℃ 时单位时间的对流散热量。

14 - 4　水流流过 $L=5$m 长的直管时，从温度为 $T_{f1}=25.3$℃ 被加热到温度为 $T_{f2}=34.6$℃。管内直径为 $d=20$mm，水在管内的流速为 $v=2$m/s，求换热系数。

14 - 5　空气进入一光滑的内径为 $d=76.2$mm 的圆管，流量为 22.6L/s，进口温度为 6.5℃，管壁温度维持在 165.6℃，问要多长的管子才能使空气加热到 115.6℃？

14 - 6　冷凝器黄铜管内径为 12.6mm，管内水流速为 1.8m/s，壁温维持 80℃，冷却水进、出口温度分别为 28℃ 和 34℃，试确定管内流流动态，并计算换热系数（设管为长管）。

14 - 7　计算回转窑钢壳表面的自然对流换热量。已知回转窑的外直径 $D=3$m，长 $L=44$m。外表面的温度为 $T_w=150$℃，环境的温度为 $T_\infty=30$℃。

14 - 8　某建筑物墙壁内空气夹层厚 $\delta=75$mm、高 2.5m，两侧的温度分别为 $T_{w1}=15$℃ 和 $T_{w2}=5$℃，求它的当量导热系数和每平方米通过夹层的热量。

15 热辐射的基本定律

本章提要： 热辐射与导热、对流不同，它不依赖物体的直接接触；在辐射换热中有两次能量形式转化，即部分内能转化为电磁波能被发射以及电磁波能又转化为内能被吸收；一切物体只要绝对温度 $T>0$，都会不断地发射热射线。

为了描述部分内能转化为电磁波能被发射，定义了辐射力、单色辐射能力、定向辐射能力及辐射强度。

在理想黑体模型的基础上，由普朗克定律给出了计算黑体辐射力的四次方定律和黑体辐射在空间方向的兰贝特定律。

对于实际物体，吸收率、反射率与透射率之和为 1。采用发射率（辐射率或黑度）表征实际物体的辐射率，其物理意义为实际物体的辐射力接近同温度下黑体辐射力的程度。

基尔霍夫定律说明了物体在同温度下，辐射力和吸收率之比相等的关系，该定律只适用于辐射平衡条件，即投射物体与受射物体的温度相同。

灰体为单色吸收率与波长无关的物体，也是一种理想物体。

热辐射是热量传递的三种基本方式之一。热辐射与导热、对流换热有着本质的区别，导热和对流换热是不同温度的物体直接接触时发生的传热现象，它们所传递的热量与温差的一次方成正比；而热辐射则是以电磁波（或光子）方式传递能量，其换热量与热力学温度的四次方成正比。

所有绝对温度大于 0K 的物体都能发射或吸收辐射能。温度越高，物体发射的辐射能越多。因此，在冶金生产的高温过程中，热辐射起着重要的作用。

15.1 热辐射的基本概念

15.1.1 热辐射的本质和特点

热辐射与其他辐射，如 X 射线、无线电波等一样，既具有波的性质，又具有粒子性质，近代物理称之为"波粒二象性"。但在通常情况下，把热辐射看做电磁波。

各种不同辐射只是波长不同而已，它们都以光速传播，即：

$$c = \lambda \nu \tag{15-1}$$

式中，c 为光速，真空中 $c = 2.9979 \times 10^8$，m/s；λ 为波长，m；ν 为频率，1/s。

按照波长不同，电磁波可分为：无线电波、红外线、可见光、紫外线、X 射线、γ 射线等。它们按波长或频率的分布如图 15 - 1。不同波长射线的产生原因，与物质相互作用效应的差异有关，如 X 射线可由高速电子轰击金属靶而产生，它具有穿透效应；而热辐射则是由物体的热运动（或温度）产生的，它具有明显的热效应。热辐射投射到物体上，会被物体吸收从而转变为内能，使物体温度升高，这是热辐射与其他辐射的主要区别。

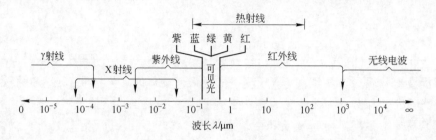

图 15 - 1 电磁波谱

由图 15 - 1 可知，热辐射的波长范围约为 0.1 ~ 100μm，通常把这一波长范围的电磁波称为热射线，它主要包括红外线和可见光，也有少量紫外线。在物体发射的热射线中，可见光和红外线所占比例决定于物体的温度。在工程常见的温度范围内（300 ~ 2500K），90% 以上的能量集中在 0.76 ~ 40μm 的红外线部分，而可见光贡献的热辐射比例并不大。太阳辐射的主要能量集中在 0.2 ~ 2μm 的波长范围，其中可见光占有很大比例。由于本课程感兴趣的是热射线，本章将专门讨论这一波长范围内电磁波的发射、传播和吸收的规律。

热辐射的本质决定了热辐射过程，其特点如下：

（1）辐射换热与导热、对流换热不同，它不依赖物体的直接接触。如阳光能够穿越辽阔的低温太空向地球辐射。

（2）辐射换热伴随着能量形式的两次转化，即物体的部分内能转化为电磁波能发射出去，当这部分能量到达另一个物体表面并被吸收时，电磁波能又转化为内能。

（3）一切物体只要绝对温度 $T > 0K$，都会不断地发射热射线。当物体间有温差时，高温物体辐射给低温物体的能量大于低温物体辐射给高温物体的能量，因此，总的结果是高温物体把能量传给低温物体。即使各个物体的温度相同，辐射换热也在不断进行，只是每一物体辐射出去的能量等于它吸收的能量，从而使自身保持热平衡。

需要指出，物体表面在一定温度下向空间发射的辐射能是随射线波长变化的。常用热辐射的光谱特性来表示这种关系。此外，对于平面物体，表面在一定温度下向半球空间不同方向发射的辐射能各不相等，形成表面辐射的方向分布，称为热辐射的方向特性。

15.1.2 辐射力和辐射强度

辐射力和辐射强度都是表示物体辐射能力的物理量。物体向外辐射的能量是按空间和波长分布的，为了充分描述辐射的这些特性，需要使用不同的概念。

15.1.2.1 辐射力

物体在单位时间内，由单位表面积向半球空间发射的全部波长（0 ~ ∞）的辐射能量称为辐射力，用符号 E 表示，单位为 W/m^2。辐射力表示物体热辐射能力的大小。

15.1.2.2 单色辐射力

为了描述辐射能量按波长分布的性质，引入单色辐射力的概念。物体在单位时间内，由单位表面积向半球空间发射的某一波长的辐射能量称单色辐射力，用符号 E_λ 表示，单位为 $W/(m^2 \cdot \mu m)$。如果物体在波长为 $\lambda \sim \lambda + \Delta\lambda$ 范围内的辐射力为 ΔE，则其单色辐射力为：

$$E_\lambda = \lim_{\Delta\lambda \to 0} \frac{\Delta E}{\Delta\lambda} = \frac{dE}{d\lambda} \qquad (15-2)$$

辐射力和单色辐射力的关系为：

$$E = \int_0^\infty E_\lambda d\lambda \qquad (15-3)$$

15.1.2.3 定向辐射力

定向辐射力描述辐射能量按空间的分布。其定义为：单位时间内物体的单位表面积在一指定方向的单位立体角内所发射的全部波长的辐射能量称为定向辐射力，用符号 E_θ 表示，单位是 $W/(m^2 \cdot sr)$。若微元面积 dA_1 在单位时间内沿 θ 方向的立体角 $d\omega$ 内发射的辐射能量为 $d\Phi$，如图 15-2 所示，则：

$$E_\theta = \frac{d\Phi}{dA_1 d\omega} \qquad (15-4)$$

立体角是一空间角度，单位为 sr。若以立体角的角端为球心作一半径为 r 的半球，则半球表面上被立体角截取的面积 A_2 与 r^2 的比值就是立体角的大小，即：

$$\omega = \frac{A_2}{r^2} \qquad (15-5)$$

因为整个半球表面积等于 $2\pi r^2$，所以整个半球空间的立体角为 2π sr。图 15-3 表示以微元面积 dA_1 为顶点的微元立体角 $d\omega$。按照上面所述可知：

$$d\omega = \frac{dA_2}{r^2} \qquad (15-6)$$

式中，dA_2 是微元立体角在半球面上截取的微元面积。由图可知，dA_2 可用球坐标表示如下：

$$dA_2 = rd\theta \cdot r\sin\theta d\varphi = r^2 \sin\theta d\theta d\varphi \qquad (15-7)$$

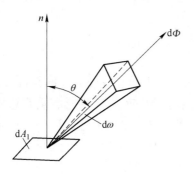

图 15-2 定向辐射力

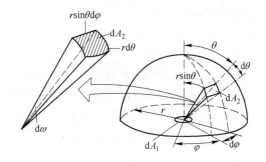

图 15-3 微元立体角和计算的几何关系

将该式代入式（15-6）得

$$d\omega = \frac{dA_2}{r^2} = \sin\theta d\theta d\varphi \qquad (15-8)$$

15.1.2.4 （定向）辐射强度

物体在单位时间、与某一辐射方向垂直的单位（发射平面）面积内，在单位立体角内发射的全部波长的辐射能量称为定向辐射强度，见图15-4，定向辐射强度用符号 I_θ 表示，单位为 $W/(m^2 \cdot sr)$。根据定义：

$$I_\theta = \frac{d\Phi}{dA_1 \cos\theta d\omega} \qquad (15-9)$$

式中，$dA_1\cos\theta$ 是 dA_1 在垂直于辐射方向上的投影。

因为辐射强度永远和空间特定方向联系在一起，所以涉及辐射强度的"定向"两个字可以省略。

如果辐射强度仅指某波长辐射的能量，则称为单色辐射强度，用符号 I_λ 表示，单位是 $W/(m^2 \cdot sr \cdot \mu m)$。显然：

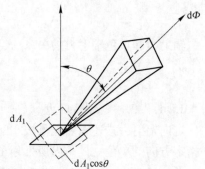

图15-4 （定向）辐射强度

$$I_\theta = \int_0^\infty I_\lambda d\lambda \qquad (15-10)$$

比较式（15-4）和式（15-9），可得定向辐射力和辐射强度之间的关系：

$$E_\theta = I_\theta \cos\theta \qquad (15-11)$$

根据定义，辐射力和辐射强度之间的关系可表示为：

$$E = \int_{\omega=2\pi} I_\theta \cos\theta d\omega \qquad (15-12)$$

注意，与辐射强度不同，涉及辐射力的"定向"两个字不能省略。

15.2 热辐射的基本定律

尽管自然界中不存在黑体，但研究热辐射是从黑体开始的。在研究黑体辐射的基础上，把实际物体的辐射和黑体的辐射相比，并引入必要的修正，从而把黑体辐射的规律引申到实际物体。

15.2.1 黑体的概念

黑体是一个理想的吸收体，它能吸收来自空间各个方向、各种波长的全部辐射能量。在辐射分析中，将黑体作为比较标准，对研究实际物体的热辐射特性具有重要意义。黑体具有下述性质：（1）黑体表面能吸收任何波长和任何方向的全部辐射；（2）对给定的温度和波长，不存在比黑体发射更多能量的表面；（3）虽然黑体发出的辐射能是波长和温度的函数，但与方向无关，黑体是漫发射体。作为理想的吸收体和发射体，黑体可作为真实物体辐射性质的比较基准。

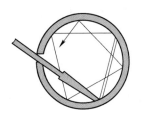

图 15 – 5　人工黑体模型

在图 15 – 5 中，如等温空腔壁直径与空腔壁上的小孔直径之比足够大，则此小孔就是人工黑体。因为外界投射到小孔而进入空腔的能量，经空腔内壁多次吸收和反射，再经小孔射出的能量可忽略不计，投入的任何能量可认为全部吸收，所以小孔可近似为黑体。为了方便，凡与黑体辐射有关的物理量，均在其右下角标以 "b"（black body）。

黑体辐射可以归结为以下四个基本定律：普朗克定律、维恩位移定律、斯忒藩 – 玻耳兹曼定律和兰贝特定律。下面依次说明这些定律，然后讨论实际物体的辐射特性。

15. 2. 2　普朗克定律

1900 年，德国科学家普朗克（Plank）在量子力学的基础上，得到了黑体的单色辐射力与波长、热力学温度的关系，即普朗克定律，其数学表达式如下：

$$E_{b\lambda} = \frac{C_1 \lambda^{-5}}{\exp\left(\dfrac{C_2}{\lambda T}\right) - 1} \qquad (15 - 13)$$

式中，λ 为波长，μm；T 为黑体表面的热力学温度，K；C_1 为普朗克第一常数，$C_1 = 3.743 \times 10^8 W \cdot \mu m^4/m^2$；$C_2$ 为普朗克第二常数，$C_2 = 1.4387 \times 10^4 \mu m \cdot K$。

式（15 – 13）给出的不同温度下波长与 $E_{b\lambda}$ 的关系，如图 15 – 6 所示。由图 15 – 6 可以看出：

（1）随着温度升高，黑体的单色辐射力 $E_{b\lambda}$ 和辐射力 E_b（每条曲线下的面积）都迅速增大，且短波区增大的速度比长波区大。

（2）在一定温度下，黑体的单色辐射力随波长先增大，再减小，因此中间有一峰值，记为 $E_{b\lambda,max}$。$E_{b\lambda,max}$ 对应的波长 λ_{max} 称为峰值波长。黑体温度在 1800K 以下时，辐射能量的大部分波长处在 $0.76 \sim 10 \mu m$。在此范围内，可见光的能量可以忽略。

（3）随着黑体温度的增高，单色辐射力分布曲线的峰值（最大单色辐射力）向左移动，即移向较短波长。对应于最大单色辐射力的波长 λ_{max} 与温度 T 存在如下关系：

$$\lambda_{max} T = C_3 \qquad (15 - 14)$$

式中，$C_3 = 2897.6 \mu m \cdot K$，$T$ 为温度，K。

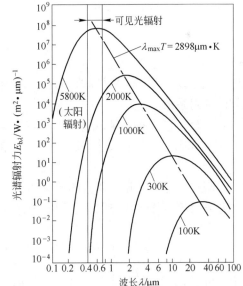

图 15 – 6　普朗克定律示意图

式（15 – 14）称为维恩（Wien）定律，在图 15 – 6 中用点划线表示，它表明对应于 $E_{b\lambda max}$ 的波长 λ_{max} 与热力学温度 T 成反比。两者乘积为一常数。利用维恩定律可以粗略估计物体加热所达到的温度范围。

维恩在 1891 年用热力学理论推导出式（15 - 14）。该式也可直接由式（15 - 13）求一阶偏导并令其等于 0 而得出。但是在历史上，维恩定律先于普朗克定律。

当钢锭的加热温度低于 500℃时，因为辐射能谱中没有可见光成分，所以观察不到钢锭颜色的变化。随着加热温度升高，钢锭相继出现暗红、鲜红、橙黄，最后出现白炽色。它表明随着钢锭温度升高，钢锭向外辐射的最大单色辐射力向短波方向移动，辐射能中可见光比例相应增加。

[例题 15 - 1]　试分别计算温度为 2000K、6000K 的黑体最大单色辐射力所对应的波长 λ_{max}。

解：可直接应用式（15 - 14）进行计算：

$$T = 2000\text{K 时，} \quad \lambda_{max} = \frac{2897.6}{2000} = 1.45\,\mu\text{m}; \quad T = 6000\text{K 时，} \quad \lambda_{max} = \frac{2897.6}{6000} = 0.483\,\mu\text{m}$$

计算表明，在工业高温范围内（小于 2000K），黑体最大单色辐射的波长位于红外线区段；而在太阳表面温度下（6000K），黑体最大单色辐射的波长位于可见光范围。

15.2.3　斯忒藩 - 玻耳兹曼定律

黑体在某一温度下的辐射力，可通过普朗克式的全波长积分求得，即：

$$E_b = \int_0^\infty E_{b\lambda}\,d\lambda = \int_0^\infty \frac{C_1\lambda^{-5}}{\exp\left(\dfrac{C_2}{\lambda T}\right) - 1}\,d\lambda \tag{15 - 15}$$

对式（15 - 15）积分得：

$$E_b = \sigma_b T^4 = C_0\left(\frac{T}{100}\right)^4 \tag{15 - 16}$$

式中，$\sigma_b = 5.67 \times 10^{-8}\,\text{W/(m}^2\cdot\text{K}^4)$，称黑体的辐射常数；$C_0 = 5.67\,\text{W/(m}^2\cdot\text{K}^4)$，称为黑体的辐射系数。

式（15 - 16）称为斯忒藩 - 玻耳兹曼定律。该定律表明，黑体的辐射力与其热力学温度的四次方成正比，斯忒藩 - 玻耳兹曼定律又称四次方定律。

工程上有时需要计算某一波段范围内黑体的辐射能及其在辐射力中所占百分数。例如，太阳辐射能中可见光所占的比例和白炽灯的发光效率等。

若要计算波长由 λ_1 到 λ_2 段内的黑体辐射力 $E_{b(\lambda_1 \sim \lambda_2)}$，由式（15 - 3）可得：

$$E_{b(\lambda_1 \sim \lambda_2)} = \int_{\lambda_1}^{\lambda_2} E_{b\lambda}\,d\lambda = \int_0^{\lambda_2} E_{b\lambda}\,d\lambda - \int_0^{\lambda_1} E_{b\lambda}\,d\lambda = E_{b(0 \sim \lambda_2)} - E_{b(0 \sim \lambda_1)} \tag{15 - 17}$$

式中，$E_{b(0 \sim \lambda_2)}$ 表示波长由 0 到 λ_2 波段的黑体的辐射力。通常，将给出的波段辐射力表示成同温度下黑体辐射力 E_b 的百分数 $F_{b(0 \sim \lambda T)}$，即：

$$F_{b(0 \sim \lambda T)} = \frac{E_{b(0 \sim \lambda)}}{E_b} = \frac{\int_0^\lambda E_{b\lambda}\,d\lambda}{\sigma_b T^4} \tag{15 - 18}$$

将式（15 - 13）代入式（15 - 18）：

$$F_{b(0 \sim \lambda T)} = \int_0^{\lambda T} \frac{C_1}{\sigma_b (\lambda T)^5 \left(\exp \dfrac{C_2}{\lambda T} - 1 \right)} d(\lambda T) = \int_0^{\lambda T} \frac{E_{b\lambda}}{\sigma_b T^5} d(\lambda T) = f(\lambda T) \qquad (15-19)$$

$F_{b(0 \sim \lambda T)}$ 称为黑体辐射函数。为计算方便，已制成表格。$F_{b(0 \sim \lambda T)}$ 可直接由表 15 – 1 查出。

表 15 – 1 黑体辐射函数

$\lambda T / \mu m \cdot K$	$F_{b(0 \sim \lambda T)}$	$\lambda T / \mu m \cdot K$	$F_{b(0 \sim \lambda T)}$	$\lambda T / \mu m \cdot K$	$F_{b(0 \sim \lambda T)}$	$\lambda T / \mu m \cdot K$	$F_{b(0 \sim \lambda T)}$
200	0	3200	0.3181	6200	0.7542	11000	0.932
400	0	3400	0.3618	6400	0.7693	11500	0.939
600	0	3600	0.4036	6600	0.7833	12000	0.9452
800	0	3800	0.4434	6800	0.7962	13000	0.9552
1000	0.0003	4000	0.4809	7000	0.8032	14000	0.963
1200	0.0021	4200	0.5161	7200	0.8193	15000	0.969
1400	0.0078	4400	0.5488	7400	0.8296	16000	0.9739
1600	0.0197	4600	0.5793	7600	0.8392	18000	0.9809
1800	0.0394	4800	0.6076	7800	0.8481	20000	0.9857
2000	0.0667	5000	0.6338	8000	0.8563	40000	0.9981
2200	0.1009	5200	0.658	8500	0.8747	50000	0.9991
2400	0.1403	5400	0.6804	9000	0.8901	75000	0.9998
2600	0.1831	5600	0.7011	9500	0.9032	100000	1
2800	0.2279	5800	0.7202	10000	0.9143		
3000	0.2733	6000	0.7379	10500	0.9238		

根据黑体辐射函数，可以计算出给定温度下 $\lambda_1 \sim \lambda_2$ 波段内的黑体辐射力 $E_{b(\lambda_1 - \lambda_2)}$，即：

$$E_{b(\lambda_1 \sim \lambda_2)} = E_b \left(F_{b(0 \sim \lambda_2 T)} - F_{b(0 \sim \lambda_1 T)} \right) \qquad (15-20)$$

[**例题 15 – 2**] 钢铁表面温度升高时，它发出的可见光由暗红色向白转变，求钢铁表面温度为 1400K 时的可见光的强度是 1200K 时的多少倍？

解：可见光波长范围为 0.38 ~ 0.76μm。

钢铁表面温度为 1400K 时：

$$\lambda_1 T = 0.38 \times 1400 = 532, \text{由表 15 – 1 查得 } F_{b(0 \sim 0.38T)} = 0$$

$$\lambda_2 T = 0.76 \times 1400 = 1064, \text{由表 15 – 1 查得 } F_{b(0 \sim 0.76T)} = 0.000876$$

可见光的辐射能为：

$$E_1 = F_{b(0.38T \sim 0.76T)} E_b = \left(F_{b(0 \sim 0.76T)} - F_{b(0 \sim 0.38T)} \right) \sigma_b T^4 = (0.00087 - 0) \times \sigma_b \times 1400^4$$

钢铁表面温度为 1200K 时：

$$\lambda_1 T = 0.38 \times 1200 = 456, \text{由表 15 – 1 查得 } F_{b(0 \sim 0.38T)} = 0$$

$\lambda_2 T = 0.76 \times 1200 = 912$，由表 15 – 1 查得 $F_{\mathrm{b}(0 \sim 0.76T)} = 0.000054$

可见光的辐射能为：

$$E_2 = F_{\mathrm{b}(0.38T \sim 0.76T)} E_{\mathrm{b}} = (F_{\mathrm{b}(0 \sim 0.76T)} - F_{\mathrm{b}(0 \sim 0.38T)}) \sigma_{\mathrm{b}} T^4 = (0.000054 - 0) \times \sigma_{\mathrm{b}} \times 1200^4$$

故可得：$\dfrac{E_1}{E_2} = 42.75$。

15.2.4 兰贝特定律

黑体发出的辐射在空间方向的分布遵循兰贝特（Lambert）定律。

由式（15 – 11），考虑法线方向（$\theta = 0$），可以得出辐射力与辐射强度相同，即：

$$E_\theta = I_\theta \cos\theta \tag{15 – 21}$$

如果物体表面的辐射强度与方向无关，即各个方向上的 I_θ 相等：

$$I_{\theta 1} = I_{\theta 2} = \cdots = I_{\theta n} = I \tag{15 – 22}$$

式（15 – 22）表明黑体的辐射强度与方向无关，它是兰贝特定律的表达式。黑体属于漫辐射，表面的辐射、反射强度在半球空间各方向上均相等。

因为黑体在半球空间各个方向上的辐射强度相等，因此，根据式（15 – 11）和式（15 – 21）：

$$E_{\mathrm{b}\theta} = I_{\mathrm{b}} \cdot \cos\theta = E_{\mathrm{b}n} \cdot \cos\theta \tag{15 – 23}$$

式（15 – 23）为兰贝特定律的另外一种表达式。它表明黑体在任何方向上的辐射力等于其法线方向上的辐射力乘以该方向与法线方向之间夹角的余弦。该定律又称为余弦定律。

根据兰贝特定律可以看出，黑体（以及具有扩散辐射表面的物体）在其法线方向（$\theta = 0$）上的辐射力 $E_{\mathrm{b},\theta=0}$ 最大，在 $\theta = 90°$ 时的辐射力 $E_{\mathrm{b},\theta=90°}$ 最小，并等于零。

根据式（15 – 9）可得到黑体表面辐射力 E_{b} 与辐射强度 I_{b} 的关系：

$$\frac{\mathrm{d}\varPhi_{\mathrm{b}}}{\mathrm{d}A_1} = I_{\mathrm{b}} \cdot \cos\theta \mathrm{d}\omega \tag{15 – 24}$$

根据辐射力定义，将式（15 – 24）在半球空间范围内（$\omega = 2\pi$）积分即得 E_{b}：

$$E_{\mathrm{b}} = \int_{\omega=2\pi} \frac{\mathrm{d}\varPhi_{\mathrm{b}}}{\mathrm{d}A_1} = I_{\mathrm{b}} \int_{\omega=2\pi} \cos\theta \mathrm{d}\omega \tag{15 – 25}$$

将式（15 – 8）代入式（15 – 25），则：

$$E_{\mathrm{b}} = I_{\mathrm{b}} \int_{\omega=2\pi} \cos\theta \sin\theta \mathrm{d}\theta \mathrm{d}\varphi = I_{\mathrm{b}} \int_0^{2\pi} \mathrm{d}\varphi \int_0^{\pi/2} \cos\theta \sin\theta \mathrm{d}\theta = \pi I_{\mathrm{b}} \tag{15 – 26}$$

式（15 – 26）表明，黑体的辐射力 E_{b} 是其辐射强度 I_{b} 的 π 倍。同时也表明，黑体的辐射强度 I_{b} 仅随其热力学温度变化而变化。

15.3　实际物体的热辐射特性

15.3.1　辐射能的吸收、反射和透射

热射线与可见光（属于热射线的一部分）一样，具有同样的光学特性。当热射线投射到物体上时，其中一部分被吸收，一部分被反射，其余的则透过物体。假定外界投射到物体表面上的总辐射能为 Φ，物体吸收的部分为 Φ_α、反射部分为 Φ_ρ、透射部分为 Φ_τ，见图 15-7。根据能量守恒原理有：

$$\Phi_\alpha + \Phi_\rho + \Phi_\tau = \Phi \tag{15-27}$$

将等式两端除以 Q，则得：

$$\alpha + \rho + \tau = 1 \tag{15-28}$$

式中，$\alpha = \dfrac{\Phi_\alpha}{\Phi}$ 称为物体的吸收率；$\rho = \dfrac{\Phi_\rho}{\Phi}$ 称为物体的反射率；$\tau = \dfrac{\Phi_\tau}{\Phi}$ 称为物体的透射率。

显然，物体的 α、ρ、τ 之值都在 $0\sim1$ 之间变化。对于单色的吸收率、反射率和透射率可以给出下面的关系：

$$\alpha_\lambda + \rho_\lambda + \tau_\lambda = 1 \tag{15-29}$$

若物体的 $\alpha=1$，$\rho=\tau=0$，这表明该物体能将外界投射来的辐射能全部吸收，这种物体称为"黑体"。若物体的 $\rho=1$，$\alpha=\tau=0$，这表明该物体将外界投射来的辐射能全部反射，这种物体称为"白体"。在图 15-8 中，对于从某方向投射到物体上的热射线，如果其反射角等于入射角，则成镜面反射（如磨光的金属表面）；如果反射辐射能在各个方向上均匀分布，如图 15-9 所示，则称漫反射。表面粗糙的工程材料属于漫反射表面。

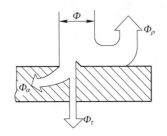

图 15-7　物体对热辐射的
　　　　　吸收、反射和透射

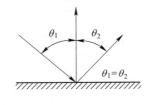

图 15-8　镜面反射

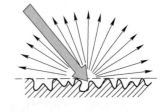

图 15-9　漫反射

若物体的 $\tau=1$，$\alpha=\rho=0$，这表明投射到物体上的辐射能全部透过物体，这种物体称为"透明体"。在自然界中并不存在黑体、白体和透明体，它们都是因为研究的需要而假定的理想物体。实践证明，对于实际物体，大多数固体和液体对辐射能的吸收仅在离物体表面很薄的一层内进行。例如，金属约为 $1\mu m$ 的数量级；而非导电体，也只有 $1000\mu m$ 左右，因而可以认为实际固体或液体的透射率 $\tau=0$，即：

$$\alpha + \rho = 1 \qquad (15-30)$$

气体可认为对热射线几乎不能反射，因此：

$$\alpha + \tau = 1 \qquad (15-31)$$

值得指出的是，对于双原子气体和纯净空气，在工业常用的温度范围内，可认为它们对辐射能基本不吸收，即 $\alpha \approx 0$，也就是说可近似将他们看做透明体。因此，当壁面间存在双原子气体或纯净空气时，它们对壁面间的辐射换热没有影响。

由上可知，固体和液体的辐射、吸收与反射都在表面进行，属于表面辐射；气体的 $\rho = 0$，其辐射和吸收在整个气体容积中进行，属于体积辐射。

还应注意，所谓"黑体"、"白体"的概念，不同于光学上的"黑"与"白"。这里所指的热辐射主要是红外线，对于红外线来说，白颜色不一定就是白体。如雪对可见光吸收率很小，反射率很高，可以说是光学上的白体，但对于红外线，雪的吸收率 $\alpha \approx 0.985$，接近于黑体。由此可见，不能按物体的颜色来判断它对红外线的吸收和反射能力。

15.3.2　实际物体的辐射

实际物体与黑体有很大差别。实际物体的辐射和吸收能力总是小于黑体，而且其辐射能量的分布并不严格遵守普朗克定律、四次方定律和余弦定律。图 15-10 对比了实际物体与黑体的辐射差别。由图可见，实际物体的关系曲线是十分复杂的。

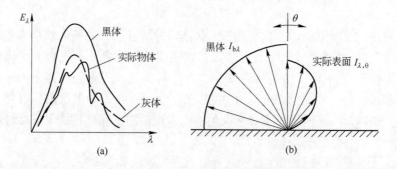

图 15-10　实际物体的辐射与黑体辐射的比较
(a) 辐射的光谱分布；(b) 方向分布

15.3.3　发射率（辐射率或黑度）

实际物体的辐射力 E 与同温度下黑体的辐射力 E_b 的比值称为该物体的发射率（黑度或辐射率），用符号 ε 表示：

$$\varepsilon = \frac{E}{E_b} \qquad (15-32)$$

发射率表征实际物体的辐射力接近同温度下黑体辐射力的程度，它介于 0~1 之间。若物体的 $\varepsilon = 1$，则该物体是黑体。所有实际物体的发射率都小于 1。发射率越大，表明该物体的辐射能力越大。

实际物体的单色辐射力与同温度黑体同一波长的单色辐射力之比，称为该物体的单色发射率，用符号 ε_λ 表示，即：

$$\varepsilon_\lambda = \frac{E_\lambda}{E_{b\lambda}} \tag{15-33}$$

由于实际物体的 E_λ 随波长变化不规则，故实际物体的 ε 也随波长而变化。

由式（15-33）和式（15-3）可得：

$$E = \int_0^\infty E_\lambda \, d\lambda = \int_0^\infty \varepsilon_\lambda E_{b\lambda} \, d\lambda \tag{15-34}$$

所以，实际物体的 ε 和 ε_λ 的关系可表示为：

$$\varepsilon = \frac{E}{E_b} = \frac{\int_0^\infty \varepsilon_\lambda E_{b\lambda} \, d\lambda}{\int_0^\infty E_\lambda \, d\lambda} \tag{15-35}$$

实际物体的定向辐射力与同温度黑体在同一方向的定向辐射力之比，称为实际物体的定向发射率，用符号 ε_θ 表示，即：

$$\varepsilon_\theta = \frac{E_\theta}{E_{b\theta}} = \frac{I_\theta}{I_{b\theta}} \tag{15-36}$$

由式（15-32）和式（15-16）可得，实际物体的辐射力为：

$$E = \varepsilon E_b = \varepsilon C_0 \left(\frac{T}{100}\right)^4 = \varepsilon \sigma_b T^4 \tag{15-37}$$

虽然实际物体的辐射力并不严格遵守四次方定律，但工程上为方便起见仍用式（15-37）计算，而把由此引起的误差归到实际物体的发射率 ε 中去修正。

黑体的 $\varepsilon_\theta = \varepsilon = 1$，与 θ 角无关。实际物体可分成两类，金属（导体）和非金属（非导体）。

对于典型的金属，在一定 θ 角范围内，ε_θ 较小，可近似视为常数，然后 ε_θ 随 θ 角增大而增大，当 θ 角接近90°时，其值又减小，见图15-11。

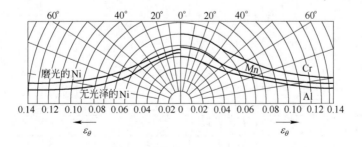

图15-11 几种金属导体在不同方向上的定向发射率（$T=150℃$）

对于典型的非金属，在一定的 θ 角范围内，ε_θ 较大且变化较小，然后随着 θ 角增大，ε_θ 迅速减小，当 $\theta=90°$ 时，ε_θ 为零，见图15-12。

相关的资料中给出大多数是法向发射率 ε_n（$\theta=0$）的值，它们与半球空间平均发射率 ε 的关系为：对于金属 $1.0 \leqslant \varepsilon/\varepsilon_n \leqslant 1.3$，对于非金属 $0.95 \leqslant \varepsilon/\varepsilon_n \leqslant 1.0$。因此，除高度磨光的金属表面外，对于大多数工程材料，往往不考虑它的方向辐射特性的变化，近似认为遵守余弦定律，使用时可把法向发射率 ε_n 近似作为半球空间的平均发射率 ε。

发射率是辐射换热计算中的重要参数，影响因素也很多。一般由实验测定。表15-2给出一些工程材料的发射率值。

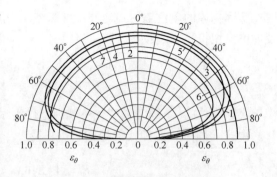

图15-12　几种金属导体在不同方向上的定向发射率（$T=0 \sim 93.3℃$）
1—潮湿的冰；2—木材；3—玻璃；4—纸；
5—黏土；6—氧化铜；7—氧化铝

表15-2　一些常用工程材料的表面发射率

物料名称及其表面特性		温度/℃	ε（ε_n）	物料名称及其表面特性		温度/℃	ε（ε_n）
磨光的铁		94	(0.06)	铝	表面氧化后	28	0.10
		425	0.144			260	0.12
		1020	0.377			538	0.18
磨光的钢		100	0.066		表面严重氧化	38	0.20
磨光的铸钢件		770	0.52			150	0.21
		1040	0.56			205	0.22
轧制钢板		50	0.56			538	0.33
粗糙表面的钢		40	0.94	耐火黏土砖（$w(SiO_2)=38\%$，$w(Al_2O_3)=58\%$，$w(Fe_2O_3)=0.9\%$）		1000	0.61
表面氧化的钢		200～600	0.80			1200	0.52
表面严重生锈的钢		50	0.88			1400	0.47
		500	0.98			1500	0.45
生锈铸铁		40～250	0.95	硅砖（$w(SiO_2)=98\%$）		1000	0.62
熔融铸铁		1300～1400	0.29			1200	0.535
熔融钢		1520	0.42			1400	0.49
		1650	0.53			1500	0.46
铜	磨光表面	50～100	0.02	红砖：表面粗糙		20	0.93
	氧化表面	200	0.57	冰	粗糙结晶面	0	(0.985)
		600	0.87		平滑结晶面	0	0.918
	氧化发黑	500	0.88	水玻璃		0	(0.966)
	熔融紫铜	1200	0.138	炭		100	0.81
		1250	0.147			600	0.79
	熔融粗铜	1250	0.155～0.171	炭黑		20～400	0.95～0.97
铝	表面磨光	225	0.049	固体表面涂炭黑		50～100	0.96
	轧制后光亮表面	575	0.157	石棉纸		40	0.94
		170	(0.039)			400	0.93
		500	(0.050)				

[例题 15 – 3] 有一水平放置的钢坯，长为 1.5m，宽为 0.5m，发射率 $\varepsilon = 0.6$，周围环境温度为 293K。试比较钢坯温度在 473K 和 1273K 时，钢坯上表面由于辐射和对流造成的单位面积的热损失。

解：钢坯上表面每单位面积的辐射热损失可根据式（15 – 37）求得：

在 473K 时 $\qquad E = \varepsilon\sigma_b T^4 = 0.6 \times 5.67 \times 10^{-8} \times 473^4 = 1702.9 \, \text{W/m}^2$

在 1273K 时 $\qquad E = 0.6 \times 5.67 \times 10^{-8} \times 1273^4 = 89340.4 \, \text{W/m}^2$

钢坯上表面的对流热损失按式（10 – 9）计算，对流换热系数 α 可根据表 14 – 4 热面朝上的水平壁公式计算。

定型尺寸 $\qquad L = \dfrac{0.5 + 1.5}{2} = 1 \, \text{m}$

在 473K 时定性温度 $\qquad T_m = \dfrac{T_w + T_f}{2} = \dfrac{473 + 293}{2} = 383\text{K} = 110\,^{\circ}\text{C}$

由附录 1 查得空气的物性参数为：$\lambda = 3.27 \times 10^{-2} \, \text{W/(m} \cdot {}^{\circ}\text{C)}$；$\nu = 24.24 \times 10^{-6} \, \text{m}^2/\text{s}$；$Pr = 0.693$。

$$Gr_L \cdot Pr = \frac{\beta g L^3}{\nu^2} \Delta T \cdot Pr = \frac{9.81 \times 1^3 \times (473 - 293) \times 0.693}{383 \times (24.24 \times 10^{-6})^2} = 5.4 \times 10^9$$

属于湍流，所以：

$$Nu_L = C(Gr_L \cdot Pr)^m = 0.15 \times (5.4 \times 10^9)^{1/3} = 263$$

$$\alpha = \frac{Nu_L \lambda}{L} = \frac{263 \times 3.27 \times 10^{-2}}{1} = 8.6 \, \text{W/(m}^2 \cdot {}^{\circ}\text{C)}$$

对流热损失：

$$q_c = \alpha(T_w - T_f) = 8.6 \times (473 - 293) = 1548 \, \text{W/m}^2$$

在 1273K 时定性温度 $\qquad T_m = \dfrac{1273 + 293}{2} = 783\text{K} = 510\,^{\circ}\text{C}$

由附录 1 查得空气的热物性参数为：$\lambda = 5.75 \times 10^{-2} \, \text{W/(m} \cdot {}^{\circ}\text{C)}$；$\nu = 79.4 \times 10^{-6} \, \text{m}^2/\text{s}$；$Pr = 0.689$。

$$Gr_L \cdot Pr = \frac{9.81 \times 1^3 \times (1273 - 293) \times 0.689}{783 \times (79.4 \times 10^{-6})^2} = 1.3 \times 10^9$$

属于湍流，所以：

$$Nu_L = 0.15 \times (1.4 \times 10^9)^{1/3} = 163.7, \alpha = (163.7 \times 5.75 \times 10^{-2})/1 = 9.4 \, \text{W/(m}^2 \cdot {}^{\circ}\text{C)}$$

对流热损失：

$$q_c = \alpha(T_w - T_f) = 9.4 \times (1273 - 293) = 9212 \, \text{W/m}^2$$

由此可见，钢坯温度为 473K 时对流热损失（1548 W/m²）与辐射热损失（1702.9 W/m²）

数量级相当；而在 1273K 时，对流热损失（9212W/m^2）仅为辐射热损失（89340.4W/m^2）的十分之一。因此，在高温下，热辐射起着重要的作用，温度越高，热辐射的作用越显著。

15.3.4　基尔霍夫定律

讨论一个表面温度为 T_s 的大的等温腔体，在这个封闭的腔体中有几个小物体（见图 15-13）。由于相对于腔体来说这些物体很小，它们对由腔体表面的发射和反射的累积效果所形成的辐射场几乎没有影响。可见，不论表面有怎样的辐射性质，这样的表面形成一个黑体。不论什么方向，腔体中任何物体所拦截的投射辐射力等同于温度为 T_s 的黑体的发射功率。

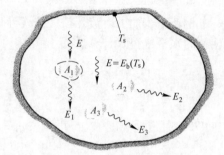

$$E = E_b(T_s) \qquad (15-38)$$

在稳定态条件下，这些物体与腔体之间必定存在热平衡。因此，$T_1 = T_2 = \cdots = T_s$，对每个表面的净换热速率必定为零。对物体应用能量平衡关系，有：

图 15-13　在一个等温腔中的辐射换热

$$\alpha_1 E A_1 - E_1(T_s) A_1 = 0 \qquad (15-39)$$

或者，由式（15-38）：

$$\frac{E_1(T_s)}{\alpha_1} = E_b(T_s) \qquad (15-40)$$

由于这个结果也可应用于封闭腔体中的每个物体，因此可得：

$$\frac{E_1(T_s)}{\alpha_1} = \frac{E_2(T_s)}{\alpha_2} = \cdots = E_b(T_s) \qquad (15-41)$$

式（15-41）称为基尔霍夫定律，它表明任何物体的辐射力与其吸收率之比值恒等于同温度下黑体的辐射力，且只与温度有关，与物体的性质无关。主要的物理含义在于：因为 $\alpha \leqslant 1$，$E(T_s) \leqslant E_b(T_s)$。因此，任何实际表面的发射功率都不可能大于同温度下黑体表面的发射功率。

式（15-32）与式（15-41）相比较，则有：

$$\alpha = \varepsilon \qquad (15-42)$$

式（15-42）是基尔霍夫定律的另一种表达式。它表明物体的吸收率等于同温度下该物体的发射率。但必须指出，这一结论是在系统处于热平衡（$T = T_b$），投射辐射来自黑体的条件下得出的。所以严格地说，对于实际物体上述结论只有在满足导出条件时才是正确的。这是因为实际物体的单色吸收率和单色发射率都随波长而变化。而且，吸收率与发射率不同，它不仅与物体本身的温度和表面状态有关，还与投射辐射源的温度和投射辐射的光谱分布有关。

基尔霍夫定律也适用于单色辐射，用类似的方法可得出：

$$\alpha_\lambda = \varepsilon_\lambda \tag{15-43}$$

使用式（15-43）的条件不像式（15-42）那么严格，通常只要表面的辐射性质与方向无关，即漫辐射表面，则即使系统不在热平衡条件下，式（15-43）仍然成立。

15.3.5 灰体

针对实际物体的辐射性质随波长变化的特点，为简化辐射换热计算，提出灰体的概念。灰体是指单色吸收率、单色发射率与波长无关的物体。灰体的单色吸收率和单色发射率与波长的关系为常数。在同温度下，灰体的单色辐射力随波长的分布曲线与黑体辐射的相似。

因为灰体的 α_λ 与 ε_λ 与波长无关，故：

$$\varepsilon = \frac{\int_0^\infty \varepsilon_\lambda E_{b\lambda} d\lambda}{\int_0^\infty E_{b\lambda} d\lambda} = \frac{\varepsilon_\lambda \int_0^\infty E_{b\lambda} d\lambda}{\int_0^\infty E_{b\lambda} d\lambda} = \varepsilon_\lambda \tag{15-44}$$

$$\alpha = \frac{\int_0^\infty \alpha_\lambda \Phi_\lambda d\lambda}{\int_0^\infty \Phi_\lambda d\lambda} = \frac{\alpha_\lambda \int_0^\infty \Phi_\lambda d\lambda}{\int_0^\infty \Phi_\lambda d\lambda} = \alpha_\lambda \tag{15-45}$$

由式（15-43）可得：

$$\varepsilon_\lambda = \varepsilon = \alpha_\lambda = \alpha \tag{15-46}$$

因此，不论投射辐射来自何种物体，也不论系统是否处在热平衡条件，灰体的吸收率总是等于同温度下的发射率。与黑体一样，灰体也是一种理想物体。在红外线波长范围内，大部分工程材料可近似看做灰体。

15.4 小 结

本章首先分析了热辐射的本质和特点，建立了黑体的概念，对黑体辐射基本定律进行了讨论。辐射的基本定律如下：

（1）普朗克定律说明了黑体单色辐射力与波长、热力学温度之间的关系；

（2）斯忒藩-玻耳兹曼定律是普朗克定律的积分形式，它表示黑体的辐射力与热力学温度的四次方成正比；

（3）基尔霍夫定律说明了物体的辐射力与吸收率之间的关系。必须注意的是，这一定律只适用于辐射平衡条件，即投射物体与受射物体的温度相同；

（4）兰贝特余弦定律反映了物体表面的辐射按方向的分布规律，同时，任意方向上的辐射力与辐射强度之间也是余弦关系。

在黑体辐射规律的基础上，分析了实际物体与黑体的区别，建立了灰体的概念。在红外辐射的范围内，可以把工程材料近似看做灰体。通过灰体概念应用黑体辐射的规律，可以计算实际物体的辐射换热。

思　考　题

15-1　辐射和热辐射之间有什么区别和联系？热辐射有什么特点？

15-2　若严冬和盛夏的室内温度均维持293K，人裸背站在室内，其冷热感是否相同？

15-3　钢的表面温度约为773K，表面看上去为暗红色。当表面温度约为1473K时，看上去变为黄色。这是为什么？

15-4　辐射力、单色辐射力、定向辐射力、（定向）辐射强度等概念有什么区别？

15-5　为什么在定义辐射力时要加上"半球空间"和"全部波长"的说明？

15-6　什么是黑体、白体、透明体、灰体？

15-7　白天从远处看房屋的窗孔有黑洞洞的感觉。为什么？

15-8　为什么太阳灶的受热表面要做成粗糙的黑色表面，而辐射采暖板不需要做成黑色？

15-9　在什么条件下物体表面的发射率等于它的吸收率 $\alpha = \varepsilon$，在什么情况下 $\alpha \neq \varepsilon$？当 $\alpha \neq \varepsilon$ 时，是否意味着物体的辐射违反了基尔霍夫定律？

15-10　灰体和实际物体有什么联系和区别？

习　题

15-1　两平行黑体表面相距很近，其温度分别为1273K与773K，计算它们的辐射换热量。如果是灰体，表面辐射率分别为0.8和0.5，它们的辐射换热量是多少？

15-2　作为近似计算可以将太阳看成是一个黑体，在 $\lambda = 0.5\mu m$ 时发射的辐射能强度最大，根据此计算：（1）太阳表面的温度；（2）太阳表面发射的热流密度。

15-3　两物体的温度分别为373K和473K，若将其温度各提高523K（因此温差不变），问辐射换热热流量变化了多少？

15-4　一种玻璃对 $0.3 \sim 2.7\mu m$ 波段电磁波的透射率为 $\tau = 0.87$，对其余波段电磁波的透射率为零，求该玻璃对5800K和300K黑体辐射的总透射率。

15-5　分别计算温度为5800K、3000K、1500K、300K的黑体辐射出可见光（$0.38 \sim 0.76\mu m$）和红外线（$0.76 \sim 20\mu m$）的效率。

15-6　表面面积为 $4cm^2$，辐射力为 $5 \times 10^4 W/m^2$，求表面法向的定向辐射力及与法向成45°方向的定向辐射力。

15-7　分别计算1073K和1673K时表面积为 $0.5m^2$ 的黑体表面在单位时间内所辐射出的热量。

15-8　灯泡电功率为100W，灯丝表面温度为2800K，发射率为 $\varepsilon = 0.3$，灯丝有效辐射面积为 $9.565 \times 10^{-5}m^2$。求灯丝发出可见光（$0.38 \sim 0.76\mu m$）的效率。

15-9　已知钢包敞口面积为 $2m^2$，装满钢水后，开始的液面温度为1873K，钢水表面的发射率为 $\varepsilon_钢 = 0.35$，求钢包敞口的辐射功率是多少？已知车间内壁的温度为303K，若钢包内的钢水为180t，求开始时钢水因辐射引起的温度下降的速率是多少？钢水在1873K的平均质量定压热容为 $c_p = 703.4 J/(kg \cdot K)$。

16 辐射换热计算

本章提要： 表面的几何因素对辐射换热的影响可用角系数来表示。角系数仅与两个表面的形状、大小、距离及相对位置有关，而与表面的辐射率和温度无关，所以角系数纯属几何参数。

实际物体的辐射换热是一个十分复杂的过程。辐射和吸收都伴随能量转换，根据热力学第二定律，在辐射换热过程中必然有能量损失，用空间热阻和表面热阻来描述能量的损失。使用欧姆定律形式分析辐射热阻，使辐射换热计算简单明了。

气体辐射的特点为：气体的辐射和吸收能力与气体的分子结构有关，气体的辐射和吸收对波长有明显的选择性，气体的辐射和吸收是在整个气体容积中进行的，属于体积辐射。

由热透明介质（如空气）分隔开的各个物体表面，如果它们的温度各不相同，彼此之间会发生辐射换热。影响辐射换热的主要因素包括物体表面的性质、形状、大小、空间位置以及物体的温度。

实际物体的辐射换热是一个十分复杂的过程，本章主要讨论黑体表面和漫射灰体表面之间的辐射换热，并介绍气体辐射和火焰辐射。在分析和计算过程中，首先讨论角系数的计算方法，然后继续使用欧姆定律形式分析辐射热阻，使辐射换热计算简单明了。

16.1 黑体表面间的辐射换热

自然界中不存在理论上的黑体，实际上只有少数物质表面对辐射能量的吸收能力接近于黑体，如炭黑、碳化硅等。黑体所遵循的简单规律可以作为自然界中各种物质间的比较标准。需要特别指明的是，"黑体"这个名字是由于物体吸收全波长的辐射能量——包括可见光范围的辐射线，因此该物体对人眼来讲表现为黑色。但在工业温度范围内（$T < 2000K$），可见光波段内的辐射能占总辐射能的比例非常小。因此，黑色的物体不一定是黑体，白色的物体也不一定是白体。

黑体是一个完全吸收体，也是一个完全发射体，它吸收的能量愈大，则往外辐射的能量也愈大。黑体的辐射是各向同性的。黑体的辐射总能量是温度的单值函数。利用第15章介绍的吸收率和发射率的概念描述，黑体的吸收率和发射率等于1，即：$\alpha = \varepsilon = 1$。黑体的这些辐射特性很适合于作为一般实际物体辐射的比较标准。应该指出，在前面的论述中，虽然是对全波长的总辐射特性而言，实际上这些结论也同样适用于单色的黑体辐射。

16.1.1　角系数的定义

在计算任意两表面间的辐射换热时，除了要知道这两个表面的辐射性质和温度外，还需考虑它们的几何因素对辐射换热的影响。表面的几何因素对辐射换热的影响可用角系数来表示。

由表面 1 投射到表面 2 的辐射能量 $\Phi_{1\to2}$ 占离开表面 1 的总辐射能量 Φ_1 的分数称为表面 1 对表面 2 的角系数，用符号 φ_{12} 表示，即：

$$\varphi_{12} = \frac{\Phi_{1\to2}}{\Phi_1} \tag{16-1}$$

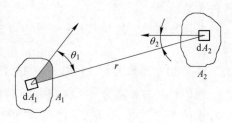

设有两个任意放置的非凹表面 A_1、A_2，它们的温度分别为 T_1 和 T_2。为了讨论方便起见，假定这两个表面均为黑体，$\varepsilon_1 = \varepsilon_2 = 1$。从两表面分别取微元面 $\mathrm{d}A_1$、$\mathrm{d}A_2$，其距离为 r，表面的法线与连线之间的夹角为 θ_1、θ_2，如图 16-1 所示。根据式 (15-9)，从 $\mathrm{d}A_1$ 投射到 $\mathrm{d}A_2$ 上的辐射能为：

$$\mathrm{d}\Phi_{1\to2} = I_{b1}\cos\theta_1 \mathrm{d}A_1 \mathrm{d}\omega_1 \tag{16-2}$$

图 16-1　两等温表面间的辐射换热

因为由式 (15-26)，即 $I_{b1} = \dfrac{E_{b1}}{\pi}$ 和立体角的定义式，即 $\mathrm{d}\omega_1 = \dfrac{\mathrm{d}A_2\cos\theta_2}{r^2}$，可得：

$$\mathrm{d}\Phi_{1\to2} = \frac{E_{b1}\cos\theta_1\cos\theta_2}{\pi r^2}\mathrm{d}A_1\mathrm{d}A_2 \tag{16-3}$$

根据角系数的定义，由表面 A_1 对表面 A_2 的角系数：

$$\varphi_{12} = \frac{\Phi_{1\to2}}{\Phi_1} = \frac{E_{b1}\iint\limits_{A_1A_2}\frac{\cos\theta_1\cos\theta_2}{\pi r^2}\mathrm{d}A_1\mathrm{d}A_2}{E_{b1}A_1} = \frac{1}{A_1}\iint\limits_{A_1A_2}\frac{\cos\theta_1\cos\theta_2}{\pi r^2}\mathrm{d}A_1\mathrm{d}A_2 \tag{16-4}$$

同理：

$$\varphi_{21} = \frac{1}{A_2}\iint\limits_{A_1A_2}\frac{\cos\theta_1\cos\theta_2}{\pi r^2}\mathrm{d}A_1\mathrm{d}A_2 \tag{16-5}$$

式 (16-4) 和式 (16-5) 称角系数的积分公式。可以看出，角系数仅与两个表面的形状、大小、距离及相对位置有关，而与表面的辐射率和温度无关，所以角系数纯属几何参数，它不仅适用于黑体，也适用于其他符合扩散辐射及扩散反射的物体。

16.1.2　角系数的性质

根据角系数的积分公式定义可以看出，角系数有下列性质，它们对于计算角系数和表面间的辐射换热十分有用。

（1）相对性。比较式（16－4）和式（16－5）可以得出：

$$\varphi_{12}A_1 = \varphi_{21}A_2 \qquad (16-6)$$

式（16－6）称为角系数的相对性。

（2）完整性。设有 n 个等温表面组成的封闭空间，如图16－2所示。根据能量守恒原理，该封闭空间中任一表面投射到所有其他表面上的辐射能之和等于它所发射的总辐射能，因而其中任意一个表面（如表面1）对其余各表面的角系数之和等于1，即：

$$\sum_{j=1}^{n} \varphi_{1j} = \varphi_{11} + \varphi_{12} + \cdots + \varphi_{1n} = 1 \qquad (16-7)$$

式（16－7）称为角系数的完整性。

（3）和分性。见图16－3，若：

$$A_{(1+2)} = A_1 + A_2$$

则
$$\varphi_{3(1+2)} = \varphi_{31} + \varphi_{32} \qquad (16-8)$$

和
$$A_{(1+2)}\varphi_{(1+2)3} = A_1\varphi_{13} + A_2\varphi_{23} \qquad (16-9)$$

式（16－8）和式（16－9）称为角系数的和分性。

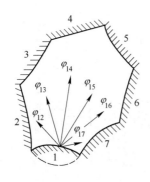

图 16－2　角系数的完整性

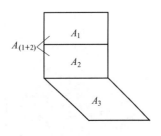

图 16－3　角系数的和分性

16.1.3　角系数的确定方法

计算表面间的辐射换热，必须先要知道它们之间的角系数。求角系数的方法有多种，工程计算中常用的是积分法和代数分析法。

16.1.3.1　积分法

积分法即利用式（16－4）直接积分求得表面间的角系数，现举例说明其应用。

[**例题 16－1**] 用热电偶测定管道中的废气温度，设管道长 $2L$，半径 R，热电偶热接点可视为半径等于 r_e 的小球，并被置于管道中心，如图16－4所示。试计算热接点对管道壁的角系数 φ_{12}。

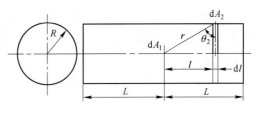

图 16－4　热接点对管壁的角系数

解： 离管道中心截面 l 处取管壁的微元面 $\mathrm{d}A_2 = 2\pi R\mathrm{d}l$，热电偶接点表面面积 $A_1 = 4\pi r_c^2$，而微元表面即小球的投影面积 $\mathrm{d}A_1 = \pi r_c^2$ 为定值，且始终与连线 r 垂直，故 $\cos\theta_1 = 1$，应用式(16 – 4) 得：

$$\varphi_{12} = \frac{1}{A} \int_{A1} \mathrm{d}A_1 \int_{A2} \frac{\cos\theta_2 2\pi R\mathrm{d}l}{\pi r^2}$$

因 $\cos\theta_2 = \dfrac{R}{r}$，$r = \sqrt{R^2 + l^2}$，代入上式后得：

$$\varphi_{12} = \frac{\pi r_c^2}{4\pi r_c^2} \int_{-L}^{+L} \frac{2R^2 \mathrm{d}l}{(R^2 + l^2)^{3/2}} = \frac{1}{4}\left[\frac{2l}{(R^2 + l^2)^{1/2}} \right]_{-L}^{+L} = \frac{L}{(R^2 + l^2)^{1/2}}$$

由上式不难看出，当 L 很大或 R 很小时，$\varphi_{12} \rightarrow 1$，这表明离开热电偶节点的辐射能量几乎全部落在管壁上。

以上是积分法求角系数的一个简单例子。由于积分法求角系数比较复杂，所以经常将角系数的积分结果绘成图线，如图 16 – 5 ~ 图 16 – 7 所示，以便计算时查用。

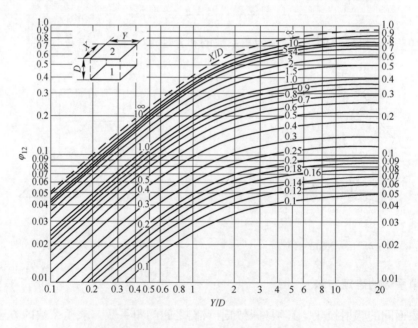

图 16 – 5 平行长方形表面间的角系数

[**例题 16 – 2**]   角系数线图应用。已知：两个平行的黑体平板大小为 $0.5\mathrm{m} \times 1.0\mathrm{m}$，两平板之间的距离为 $0.5\mathrm{m}$。其中的一块平板保持温度 1273K，另一块则保持 773K。求两平板间的净辐射换热量是多少？

解： 利用图 16 – 5 可查出两平板之间的角系数：

$$\frac{Y}{D} = \frac{0.5}{0.5} = 1 \qquad \frac{X}{D} = \frac{1.0}{0.5} = 2$$

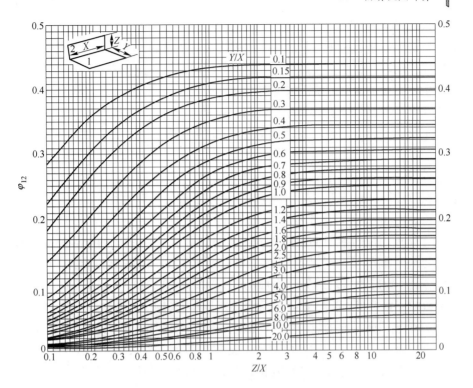

图 16-6 相互垂直两长方形表面间的角系数

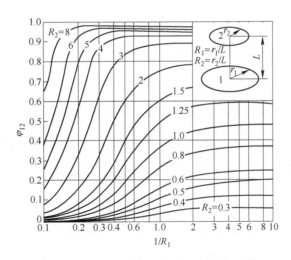

图 16-7 平行的同心圆形表面间的角系数

因此两平板间的角系数为 $\varphi_{12} = 0.285$，在两个不同温度下的净辐射换热量，可由下面计算式得到：

$$
\begin{aligned}
q &= A_1 \varphi_{12} (E_{b1} - E_{b2}) \\
&= \sigma_b A_1 \varphi_{12} (T_1^4 - T_2^4) \\
&= 5.67 \times 10^{-8} \times 0.5 \times 0.285 \times (1273^4 - 773^4) \\
&= 18.33 \text{kW}
\end{aligned}
$$

16.1.3.2 代数分析法

代数分析法主要是利用角系数的性质，用代数方法确定角系数。这种方法简单，可以避免复杂的积分运算，也可扩大前面介绍的图线应用范围，但也有局限性。下面介绍几种简单的，但也是工业上常见的情况来说明这种方法。

（1）两个相距很近的平行表面组成的封闭空间：A_1、A_2 均为平面，即为不可自见面，根据角系数定义，$\varphi_{11} = \varphi_{22} = 0$。由角系数的完整性可得，$\varphi_{11} + \varphi_{12} = 1$，故 $\varphi_{12} = 1$，同理 $\varphi_{21} = 1$。

（2）一个凹面与一个凸面或平面组成的封闭空间，见图 16-8 中（a）、（b）、（c）。由角系数的完整性得：$\varphi_{12} = 1$，$\varphi_{21} + \varphi_{22} = 1$。由角系数的相对性得：$\varphi_{12} A_1 = \varphi_{21} A_2$，可得，$\varphi_{21} = A_1 / A_2$ 和 $\varphi_{22} = 1 - \varphi_{21} = 1 - A_1 / A_2$。

（3）两个凹面组成的封闭空间见图 16-8 中（d）。在两凹面的交界处作一假想面 f，显然 f 就是交界处面积，这样就将问题转化成一个凹面和一个平面的情况。而其中任意一个面对 f 面的角系数也就是它对另一个面的角系数，因此，$\varphi_{12} = \varphi_{1f} = f / A_1$，$\varphi_{21} = \varphi_{2f} = f / A_2$，由角系数的完整性得：$\varphi_{11} + \varphi_{12} = 1$。所以 $\varphi_{11} = 1 - f / A_1$，同理 $\varphi_{22} = 1 - f / A_2$。

（4）由三个非凹面组成的封闭空间，假定在垂直于纸面方向足够长，见图 16-9。因三个表面均不可自见，即 $\varphi_{11} = 0$。由角系数的完整性可写出 $\varphi_{12} + \varphi_{13} = 1$，$\varphi_{21} + \varphi_{23} = 1$，$\varphi_{31} + \varphi_{32} = 1$。将以上三个等式两边分别乘以 A_1、A_2 和 A_3，得：

$$\left.\begin{array}{l} \varphi_{12} A_1 + \varphi_{13} A_1 = A_1 \\ \varphi_{21} A_2 + \varphi_{23} A_2 = A_2 \\ \varphi_{31} A_3 + \varphi_{32} A_3 = A_3 \end{array}\right\} \tag{16-10}$$

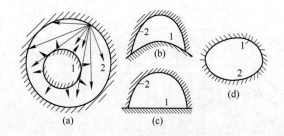

图 16-8 两个物体组成的辐射换热系统   图 16-9 三个非凹面组成的封闭空间

（a），（b）凹面与凸面组成的封闭空间；

（c）凹面与平面组成的封闭空间；

（d）两个凹面组成的封闭空间

根据相对性原理，在方程组（16-10）中的六个角度系数可以简化成三个，即：

$$\left.\begin{array}{l} \varphi_{12} A_1 + \varphi_{13} A_1 = A_1 \\ \varphi_{12} A_1 + \varphi_{23} A_2 = A_2 \\ \varphi_{13} A_1 + \varphi_{23} A_2 = A_3 \end{array}\right\} \tag{16-11}$$

求解联立方程组（16-11），得三个未知的角度系数：

$$\left.\begin{aligned}
\varphi_{12} &= \frac{A_1 + A_2 - A_3}{2A_1} \\[2mm]
\varphi_{13} &= \frac{A_1 + A_3 - A_2}{2A_1} \\[2mm]
\varphi_{23} &= \frac{A_2 + A_3 - A_1}{2A_2}
\end{aligned}\right\} \qquad (16-12)$$

根据相对性原理，很容易求出 φ_{21}、φ_{31} 和 φ_{32}。

[例题 16-3] 试计算图 16-10 所示的表面 1 对表面 3 的角系数 φ_{13}。

解： 根据角系数的和分性：$\varphi_{3(1+2)} = \varphi_{31} + \varphi_{32}$，故 $\varphi_{31} = \varphi_{3(1+2)} - \varphi_{32}$。

再由角系数的相对性：$\varphi_{31}A_3 = \varphi_{13}A_1$ 故：

$$\varphi_{13} = \frac{A_3}{A_1}\varphi_{31} = \frac{A_3(\varphi_{3(1+2)} - \varphi_{32})}{A_1}$$

式中，$\varphi_{3(1+2)}$、φ_{32} 均可利用图 16-6 求得。

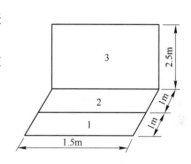

图 16-10 例题 16-3 示意图

先讨论表面 3 对表面（1+2），当 $Y/X = \dfrac{2.5}{1.5} = 1.67$，$Z/X = 2/1.5 = 1.33$ 时，查图16-6 得：$\varphi_{3(1+2)} = 0.15$；就表面 3 对表面 2 来说，当 $Y/X = \dfrac{2.5}{1.5} = 1.67$，$Z/X = 1/1.5 = 0.67$ 时，查图 16-6 得 $\varphi_{32} = 0.11$，故

$$\varphi_{13} = \frac{2.5 \times 1.5 \ (0.15 - 0.11)}{1 \times 1.5} = 0.1$$

16.1.4 两个非凹黑表面的辐射换热和辐射空间热阻

对于图 16-1 所示的两个非凹黑表面，式（16-3）给出了由 dA_1 投射到 dA_2 上的辐射能 $d\Phi_{1\rightarrow2}$。同理，可以给出 dA_2 投射到 dA_1 上的辐射能为 $d\Phi_{2\rightarrow1}$。dA_1 和 dA_2 之间的辐射换热的公式为：

$$d\Phi_{12} = d\Phi_{1\rightarrow2} - d\Phi_{2\rightarrow1} = \frac{(E_{b1} - E_{b2})\cos\theta_1\cos\theta_2}{\pi r^2}dA_1 dA_2 \qquad (16-13)$$

黑体表面 1 到黑体表面 2 的辐射换热量为：

$$\Phi_{12} = (E_{b1} - E_{b2})\iint\limits_{A_1 A_2} \frac{\cos\theta_1\cos\theta_2}{\pi r^2}dA_1 dA_2 \qquad (16-14)$$

将式（16-5）和式（16-6）代入式（16-14）得到：

$$\Phi_{12} = (E_{b1} - E_{b2})\varphi_{12}A_1 = (E_{b1} - E_{b2})\varphi_{21}A_2 \qquad (16-15)$$

式（16 – 15）可以写成：

$$\varPhi_{12} = \frac{E_{b1} - E_{b2}}{\dfrac{1}{\varphi_{12} A_1}} \qquad (16-16)$$

将式（16 – 16）与欧姆定律比较，将 $E_{b1} - E_{b2}$ 比作电位差，$\dfrac{1}{\varphi_{12} A_1}$ 比作电阻，则电流就是辐射换热量 $\varPhi_{12}$。因此，两黑体表面间的辐射换热可以用简单的热网络图 16 – 11 来模拟。$\dfrac{1}{\varphi_{12} A_1}$ 称为空间热阻或形状热阻，它取决于表面间的几何关系，当表面间的角系数越小或表面积越小时，则能量从表面 1 投射到表面 2 上的空间热阻就越大。

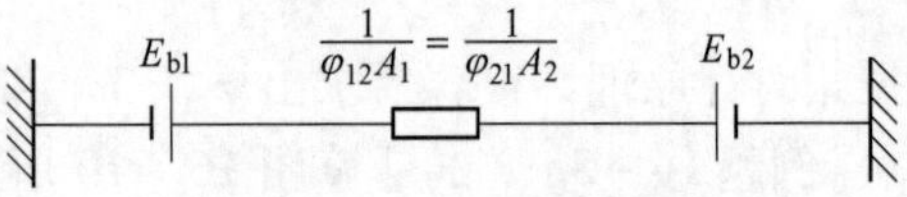

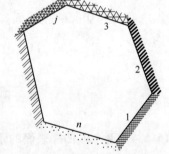

图 16 – 11   空间辐射热阻

对于两个平行的黑体大平壁（$A_1 = A_2 = A$），若略去周边逸出的辐射热量，可以认为 $\varphi_{12} = \varphi_{21} = 1$。由斯忒藩 – 玻耳兹曼定律知，此时：

$$\varPhi_{12} = (E_{b1} - E_{b2})A = \sigma_b (T_1^4 - T_2^4) A \qquad (16-17)$$

16.1.5   封闭的辐射换热

参与辐射换热各黑体表面间实际上总是构成一个封闭的空腔，即使有时表面间有开口，也可设定假想面予以封闭。设有 n 个黑体表面组成空腔，见图 16 – 12。每个表面各有温度 T_1，T_2，T_3，$\cdots$，T_n，需要计算某一表面与其余表面间的辐射换热。空腔 i 表面与所有表面辐射换热量的总和为：

$$\varPhi_i = \varPhi_{i1} + \varPhi_{i2} + \cdots + \varPhi_{in} = \sum_{j=1}^{n} \varPhi_{ij} \qquad (16-18)$$

对于黑体表面 i 和任意表面（记为 j）在一个黑体空腔中的辐射热量 $\varPhi_{ij}$ 为：

$$\varPhi_{ij} = \varPhi_{i \to j} - \varPhi_{j \to i} = \varphi_{ij} A_i (E_{bi} - E_{bj}) \qquad (16-19)$$

图 16 – 12   多个黑体表面组成的空腔

对于一个表面 i 可以看到的 n 个其他表面空腔，表面 i 与这些表面间的辐射换热量为：

$$\varPhi_i = \sum_{j=1}^{n} \varPhi_{ij} = \sum_{j=1}^{n} A_i \varphi_{ij} (E_{bi} - E_{bj}) \qquad (16-20)$$

需要指出，应用式（16 – 19）和式（16 – 20）并不需要组成封闭包壳的各表面必须是非凹的，包壳内各表面可以是平的、凹的和凸的。

由式（16 – 20）可以看到，黑体表面 i 和周围各黑体表面的总辐射换热量即为表面 i 发射的能量与各表面向 i 表面投射能量的差额，是为了维持 i 表面温度为 T_i 时所必须提供的净热量，所以 Q_i 称作 i 表面的净辐射换热量。

16.2 灰体表面间的辐射换热

本节讨论的是被透明介质（或真空）隔开的灰体表面间的辐射换热问题，如高温电阻炉内的辐射换热，热工设备表面的辐射散热等均属于此类情况。在讨论表面间的辐射换热时，通常假定：（1）两表面均为漫辐射灰体表面；（2）各表面的温度和辐射率都是均匀的；（3）两表面形成一封闭空间。

16.2.1 有效辐射

灰体表面只能部分吸收投射的辐射能，其余则被反射出去，形成与黑体表面不同的辐射换热特点。在灰体表面间辐射换热的计算中，引入有效辐射 J 的概念，它对计算不同情况下灰体表面间的辐射换热十分方便。

对于温度为 T 的物体，如图 16-13 所示，灰体表面的有效辐射是表面辐射（εE_b）和反辐射（ρG）之和，即：

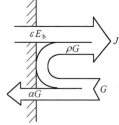

$$J = \varepsilon E_b + \rho G = \varepsilon E_b + (1 - \alpha) G \qquad (16-21)$$

式中，G 为外界对灰体表面投射的辐射，W/m^2；ε 为灰体表面的发射率；ρ 为灰体表面的反射率；α 为灰体表面的吸收率。

有效辐射是单位时间内离开物体单位表面积的总辐射能量，它也是用仪器测量出来的物体实际辐射的能量。利用有效辐射的概念，可使表面间的辐射换热计算得以简化。

图 16-13 有效辐射示意图

16.2.2 辐射表面热阻

灰体表面每单位面积的辐射换热量（辐射换热流密度 q）可从两个方面分析：从物体表面外部来看，是该表面的有效辐射与投射辐射之差；从表面内部来看，是本身辐射和吸收辐射之差，即：

$$q = \Phi / A = J - G = \varepsilon E_b - \alpha G \qquad (16-22)$$

将式（16-21）与式（16-22）合并，消去 G。对于漫—灰表面，由于 $\alpha = \varepsilon$，因此得：

$$\Phi = \frac{\varepsilon}{1 - \varepsilon} A(E_b - J) = \frac{E_b - J}{\dfrac{1 - \varepsilon}{\varepsilon A}} \qquad (16-23)$$

式（16-23）表示物体的有效辐射、发射率和换热量之间的关系，利用这些关系式来计算表面间辐射换热可带来很大方便。由式（16-23）还可看出，若物体间的辐射换热流密度 $q = 0$，则：

$$J = E_b \qquad (16-24)$$

式（16-24）表明，换热系统处于热平衡状态时，物体的有效辐射等于同温度下的黑体辐射，与物体表面的发射率无关。所以，制造黑体模型时，空腔内表面温度要求均匀。

式（16－23）给灰体表面间辐射换热的网络模拟提供了依据。16.1.4 节提到黑体表面间的辐射换热是将黑体表面的辐射力 E_b 比作电位，但对灰体表面来说，应把它的有效辐射 J 比作电位，而把 $\dfrac{1-\varepsilon}{\varepsilon A}$ 比作是 E_b 和 J 之间的表面辐射热阻或简称表面热阻，如图 16－14 所示。可以看出，当表面的吸收率

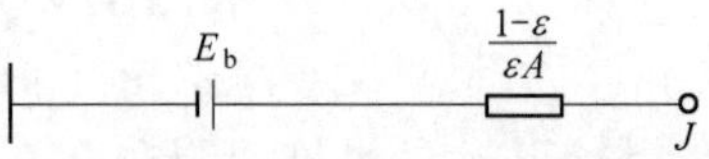

图 16－14　辐射表面热阻

或发射率越大，即表面越接近黑体，则此阻力就越小。需要指出辐射换热的表面热阻是因发射率小于 1 导致的一种辐射换热阻力。相同情况下发射率越大，表面热阻就越小。黑体的表面热阻等于零。

16.2.3　两非凹灰体表面间的辐射换热

如果用灰体表面的有效辐射代替黑体表面的辐射力，将表示两个非凹黑体表面的辐射换热式（16－16）用于表示两非凹灰体表面上的辐射换热，可以得到两个灰体的辐射换热公式：

$$\Phi_{12} = \frac{J_1 - J_2}{\dfrac{1}{\varphi_{12} A_1}} \tag{16－25}$$

根据式（16－23）可以给出表面 1 对表面 2 和表面 2 对表面 1 的辐射换热公式：

$$J_1 = E_{b1} - \left(\frac{1-\varepsilon_1}{\varepsilon_1 A_1}\right)\Phi_1 \tag{16－26}$$

$$J_2 = E_{b2} - \left(\frac{1-\varepsilon_2}{\varepsilon_2 A_2}\right)\Phi_2 \tag{16－27}$$

因为辐射换热仅发生在两个非凹灰体表面之间，在稳态的条件下：

$$\Phi_1 = -\Phi_2 = \Phi_{12} \tag{16－28}$$

将式（16－26）～式（16－28）代入式（16－25）可以得到：

$$\Phi_{12} = \frac{E_{b1} - E_{b2}}{\dfrac{1-\varepsilon_1}{\varepsilon_1 A_1} + \dfrac{1}{\varphi_{12} A_1} + \dfrac{1-\varepsilon_2}{\varepsilon_2 A_2}} \tag{16－29}$$

如果用 A_1 作为计算表面积，可将式（16－29）右边的分子分母同乘以 $\varphi_{12} A_1$，并考虑到 $\varphi_{12} A_1 = \varphi_{21} A_2$ 和 $E_b = \sigma_b T^4$ 则得：

$$\Phi_{12} = \frac{\sigma_b(T_1^4 - T_2^4)}{\varphi_{12}\left(\dfrac{1}{\varepsilon_1} - 1\right) + 1 + \varphi_{21}\left(\dfrac{1}{\varepsilon_2} - 1\right)}\varphi_{12} A_1 = \varepsilon_{12}\sigma_b(T_1^4 - T_2^4)\varphi_{12} A_1 \tag{16－30}$$

式中，$\varepsilon_{12} = \dfrac{1}{\varphi_{12}\left(\dfrac{1}{\varepsilon_1} - 1\right) + 1 + \varphi_{21}\left(\dfrac{1}{\varepsilon_2} - 1\right)}$，称为换热系统的系统吸收率。

式（16-30）是两个表面构成封闭空间时辐射换热计算公式的一般形式，对于一些简单的情况，可以进行简化。

（1）两个相距很近的平行平面间的辐射换热。$A_1 = A_2 = A$，$\varphi_{12} = \varphi_{21} = 1$，故式（16-30）可简化为：

$$\Phi_{12} = \frac{\sigma_b(T_1^4 - T_2^4)A}{\frac{1}{\varepsilon_1} + \frac{1}{\varepsilon_2} - 1} = \varepsilon_{12}\sigma_b(T_1^4 - T_2^4)A \qquad (16-31)$$

式中，$\varepsilon_{12} = \dfrac{1}{\dfrac{1}{\varepsilon_1} + \dfrac{1}{\varepsilon_2} - 1}$。

（2）一个凹面与一个凸面或一个平面间的辐射换热，见图16-8中（a）、（b）、（c）。由于 $\varphi_{12} = 1$，$\varphi_{21} = A_1/A_2$，故式（16-30）可简化为：

$$\Phi_{12} = \frac{\sigma_b(T_1^4 - T_2^4)A_1}{\frac{1}{\varepsilon_1} + \varphi_{21}\left(\frac{1}{\varepsilon_2} - 1\right)} = \varepsilon_{12}\sigma_b(T_1^4 - T_2^4)A \qquad (16-32)$$

式中，$\varepsilon_{12} = \dfrac{1}{\dfrac{1}{\varepsilon_1} + \varphi_{21}\left(\dfrac{1}{\varepsilon_2} - 1\right)}$。如果 $A_2 \gg A_1$，如铸件和物体在车间内的辐射散热，空气管道内测温热电偶与管壁间的辐射换热等情况。这时 $\varphi_{21} \approx 0$，式（16-30）又可进一步简化为：

$$\Phi_{12} = \varepsilon_1\sigma_b(T_1^4 - T_2^4)A_1 \qquad (16-33)$$

在此情况下，$\varepsilon_{12} = \varepsilon_1$。

[**例题16-4**]　在金属铸型中浇铸平板铝铸件，已知平板铝铸件的长、宽分别为200mm及300mm，铸件和铸型的表面温度分别为 $T_1 = 773K$，$T_2 = 600K$。发射率分别为 $\varepsilon_1 = 0.4$，$\varepsilon_2 = 0.8$。由于铸件凝固收缩，铸型受热膨胀，在铸件和铸型之间形成气隙，若气隙中的气体为透射气体，试求此时铸件和铸型之间的辐射换热量。

解：　通常气隙很薄，铸件和铸型间的辐射换热可看成是两个大平板之间的辐射换热，利用式（16-31），得整个铸件的两个侧面与金属铸型间的辐射换热量为：

$$\Phi_{12} = \frac{2\sigma_b(T_1^4 - T_2^4)A}{\frac{1}{\varepsilon_1} + \frac{1}{\varepsilon_2} - 1} = \frac{2 \times 5.67 \times 10^{-8} \times (773^4 - 600^4) \times (0.2 \times 0.3)}{\frac{1}{0.4} + \frac{1}{0.8} - 1} = 563\,\text{W}$$

[**例题16-5**]　用裸露热电偶测量热风管内的热风温度，如图16-15所示。已知热电偶指示温度 $T_1 = 811K$，热电偶的表面发射率为0.7，管壁内表面温度 $T_2 = 533K$，热风与热电偶接点间的换热系数 $\alpha = 116\text{W}/(\text{m}^2 \cdot \text{℃})$，试求热风真实温度 T_f。

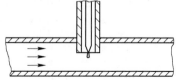

图16-15　用裸露热电偶测量气体温度

解：热风以对流换热方式将热量传给热接点，热接点则以辐射方式将热量传给风管内壁，因热接点表面积 A_1 相对风管内表面积 A_2 很小，即 $A_2 \gg A_1$，因此：

$$\alpha A_1 (T_f - T_1) = \varepsilon_1 \sigma_b (T_1^4 - T_2^4) A_1$$

$$T_f = T_1 + \frac{\varepsilon_1 \sigma_b (T_1^4 - T_2^4)}{\alpha} = 811 + \frac{0.7 \times 5.67 \times 10^{-8}}{116} \times (811^4 - 533^4) = 931\text{K} = 658\text{℃}$$

16.3 辐射换热的网络方法

辐射换热网络方法是利用热量传输和电量传输的类似关系，将辐射换热系统模拟成相应的电路系统，通过电路分析来确定辐射换热量的方法。

16.3.1 基本网络单元

将两个灰体表面的有效辐射式（16-23）与欧姆定律相比，$E_b - J$ 相当于电位差，Φ 相当于电流，$\frac{1-\varepsilon}{\varepsilon A}$ 称为表面辐射热阻或简称表面热阻，图 16-14 是式（16-23）的等效电路，称为表面网络单元。

将两非凹灰体表面上的辐射换热式（16-25）与欧姆定律相比，$J_1 - J_2$ 相当于电位差，Φ_{12} 相当于电流，$\frac{1}{\varphi_{12} A_1}$ 相当于电路电阻，称为空间辐射热阻或简称空间热阻，它取决于表面间的几何关系。图 16-16 是式（16-25）的等效电路，称为空间网络单元。

表面网络单元和空间网络单元是辐射网络的基本单元，不同的辐射换热系统均可由它们构成相应的辐射网络。

16.3.2 两个面之间辐射换热网络

图 16-17 是两个灰体表面之间辐射换热的网络图，该网络由两个表面网络单元和一个空间网络单元串联而成。按串联电路的计算方法，两表面之间的辐射换热量为：

$$\Phi_{12} = \frac{E_{b1} - E_{b2}}{\dfrac{1-\varepsilon_1}{\varepsilon_1 A_1} + \dfrac{1}{\varphi_{12} A_1} + \dfrac{1-\varepsilon_2}{\varepsilon_2 A_2}} \tag{16-34}$$

式（16-34）与式（16-29）完全相同。

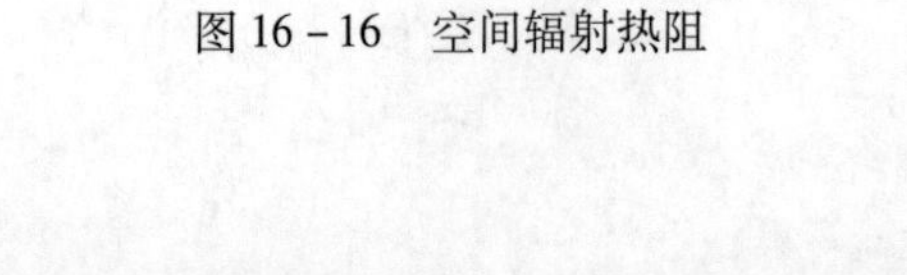

图 16-16 空间辐射热阻 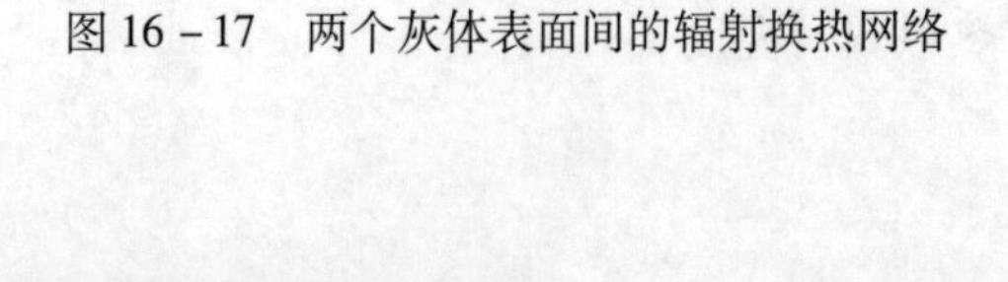   图 16-17 两个灰体表面间的辐射换热网络

16.3.3 三个表面间的辐射换热网络

图 16-18 为三个灰体表面间的辐射换热网络。为计算各表面的净辐射换热量，需先确定各个表面的有效辐射 J_i（相当于网络中的节点电位 J_i），因此，可应用电工学的基尔霍夫电流定律——流入每个节点的电流（相当于热流）总和为零，从而可列出 J_i 的方程组，即：

节点 1　$\dfrac{E_{b1}-J_1}{\dfrac{1-\varepsilon_1}{\varepsilon_1 A_1}}+\dfrac{J_2-J_1}{\dfrac{1}{\varphi_{12}A_1}}+\dfrac{J_3-J_1}{\dfrac{1}{\varphi_{13}A_1}}=0$

$$(16-35)$$

节点 2　$\dfrac{E_{b2}-J_2}{\dfrac{1-\varepsilon_2}{\varepsilon_2 A_2}}+\dfrac{J_1-J_2}{\dfrac{1}{\varphi_{12}A_1}}+\dfrac{J_3-J_2}{\dfrac{1}{\varphi_{23}A_2}}=0$

$$(16-36)$$

节点 3　$\dfrac{E_{b3}-J_3}{\dfrac{1-\varepsilon_3}{\varepsilon_3 A_3}}+\dfrac{J_1-J_3}{\dfrac{1}{\varphi_{13}A_1}}+\dfrac{J_2-J_3}{\dfrac{1}{\varphi_{23}A_2}}=0$

$$(16-37)$$

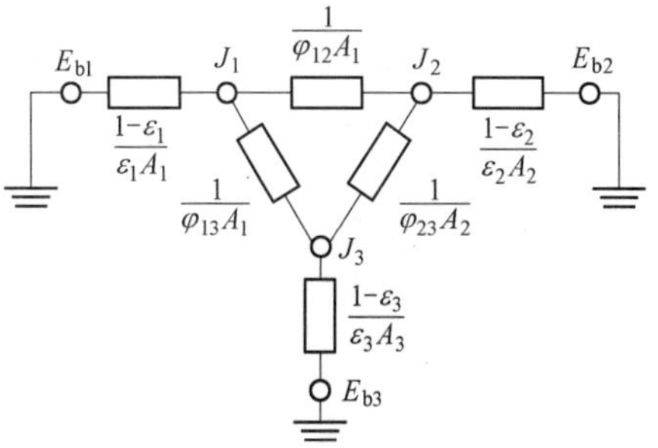

图 16-18　三个灰体表面间的辐射换热网络

联立求解式（16-35）~式（16-37）后，可得出各表面的有效辐射值。

如果各灰体表面中有某表面 i 为绝热面（属于重辐射面之一），由于 $\Phi_i=0$，网络中该节点可不与电源相连，其有效辐射值 J_i 是浮动的。这样，即使在节点上加表面热阻 $\dfrac{1-\varepsilon_i}{\varepsilon_i A_i}$ 也不会影响节点电位。这表明绝热面的温度与其发射率无关。

在实际辐射换热计算中，有时会遇到辐射换热表面与一个绝热面相连接，或者完全被绝热面包围的情况。如工业炉炉墙的内壁面，炉门孔的围壁等，可近似看做绝热面，它们的净辐射等于零，也就是说，该壁面的 $E=\alpha G$。由于这种壁面与辐射换热表面间无净辐射能量交换，只起中间介质的作用，所以通常称为"重辐射面"。图 16-19 是被重辐射面包围的两个表面间辐射换热的网络，A_3 面为重辐射面。此时的网络可看做一个串-并联等效电路，A_1 和 A_2 之间的辐射换热量可用下式计算：

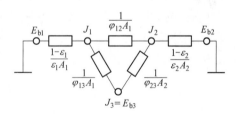

图 16-19　表面 3 为重辐射面时三个灰体表面间辐射换热的网络

$$\Phi_{12}=\dfrac{E_{b1}-E_{b2}}{\dfrac{1-\varepsilon_1}{\varepsilon_1 A_1}+R_{eq}+\dfrac{1-\varepsilon_2}{\varepsilon_2 A_2}} \qquad (16-38)$$

式中，R_{eq} 为 J_1 和 J_2 的当量热阻，它等于：

$$\dfrac{1}{R_{eq}}=\varphi_{12}A_1+\dfrac{1}{\dfrac{1}{\varphi_{13}A_1}+\dfrac{1}{\varphi_{23}A_2}} \qquad (16-39)$$

[例题 16-6]　有一炉顶隔焰加热熔锌炉，炉顶被煤气燃烧加热到 1173K，熔池液态锌温度保持 873K，炉膛空间高 0.5m。炉顶为碳化硅砖砌成，设炉顶面积 A_1 与熔池面积 A_2 相等，为 $1m \times 3.8m$，已知碳化硅砖的发射率 $\varepsilon_1 = 0.85$，熔锌表面辐射率 $\varepsilon_2 = 0.2$。假定炉墙散热损失可忽略，求炉顶与熔池间的辐射换热量。

解： 因炉墙散热损失可忽略，因此，其内壁 A_3 可视为绝热壁。该辐射换热系统的辐射网络可绘成图 16-19。因此，A_1 与 A_2 间的辐射换热量可用式（16-38）计算。

已知：$D = 0.5m$，$X = 3.8m$，$Y = 1.0m$

查图 16-5 可得：$\varphi_{12} = 0.55$，$\varphi_{13} = 1 - \varphi_{12} = 1 - 0.55 = 0.45$

根据相对性 $\varphi_{12}A_1 = \varphi_{21}A_2$，$\varphi_{21} = \varphi_{12}A_1/A_2 = 0.55$，$\varphi_{23} = 1 - \varphi_{21} = 1 - 0.55 = 0.45$

$$\frac{1}{R_{eq}} = \varphi_{12}A_1 + \frac{1}{\dfrac{1}{\varphi_{13}A_1} + \dfrac{1}{\varphi_{23}A_2}} = A_1\left(\varphi_{12} + \frac{1}{\dfrac{1}{\varphi_{13}} + \dfrac{1}{\varphi_{23}}}\right) = 1 \times 3.8 \times \left(0.55 + \frac{1}{\dfrac{1}{0.45} + \dfrac{1}{0.55}}\right) = 3.031$$

$$R_{eq} = 0.33$$

熔池得到的辐射热流量：

$$\Phi_{12} = \frac{E_{b1} - E_{b2}}{\dfrac{1 - \varepsilon_1}{\varepsilon_1 A_1} + R_{eq} + \dfrac{1 - \varepsilon_2}{\varepsilon_2 A_2}} = \frac{5.67 \times 10^{-8} \times (1173^4 - 873^4)}{\dfrac{1 - 0.85}{0.85 \times 3.8} + 0.33 + \dfrac{1 - 0.2}{0.2 \times 3.8}} = 52069W$$

16.3.4　两表面间有隔热屏时的辐射换热网络

在实际工程问题中，为了减少表面间的辐射换热量，除了减少换热表面的发射率外，亦可在表面间增设隔热屏，以增加系统热阻。假定有两块彼此平行的无限大平板，见图 16-20 中（a）。它们的温度和发射率分别为 T_1、ε_1 和 T_2、ε_2，面积为 A，其辐射换热流密度由式（16-31）写为：

$$q_{12} = \frac{\Phi_{12}}{A} = \frac{\sigma_b(T_1^4 - T_2^4)}{\dfrac{1}{\varepsilon_1} + \dfrac{1}{\varepsilon_2} - 1} \qquad (16-40)$$

若在平板 1 和平板 2 之间放置一块面积相同的隔热屏 3，见图 16-20 中（b），其温度为 T_3，发射率为 ε_3。假定隔热屏很薄，且导热系数很大，它既不增加也不带走换热系统的热量，则该系统的辐射换热网络如图 16-21 所示。

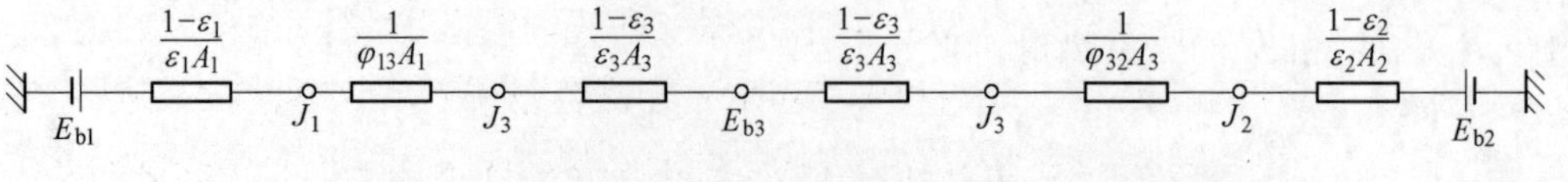

图 16-20　隔热屏原理
（a）两块平行的无限大平板；
（b）两块平板间有隔热屏

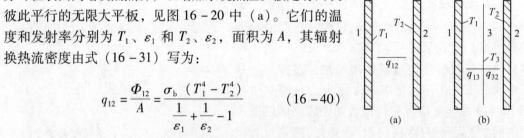

图 16-21　两大平板间有一块隔热屏时的辐射换热网络

因此，平板 1 和平板 2 间的辐射换热量为：

$$q'_{12} = \frac{\Phi'_{12}}{A} = \frac{\sigma_b(T_1^4 - T_2^4)}{\dfrac{1-\varepsilon_1}{\varepsilon_1} + \dfrac{1}{\varphi_{13}} + \dfrac{1-\varepsilon_3}{\varepsilon_3} + \dfrac{1-\varepsilon_3}{\varepsilon_3} + \dfrac{1}{\varphi_{32}} + \dfrac{1-\varepsilon_2}{\varepsilon_2}} \tag{16-41}$$

假定 $\varepsilon_1 = \varepsilon_2 = \varepsilon_3 = \varepsilon$，且考虑到 $\varphi_{13} = \varphi_{32} = 1$，则式（16-40）和式（16-41）可简化为：

$$q_{12} = \frac{\sigma_b(T_1^4 - T_2^4)}{\dfrac{2}{\varepsilon} - 1} \tag{16-42}$$

$$q'_{12} = \frac{\sigma_b(T_1^4 - T_2^4)}{2\left(\dfrac{2}{\varepsilon} - 1\right)} \tag{16-43}$$

比较式（16-42）和式（16-43）可得：

$$q'_{12} = q_{12}/2 \tag{16-44}$$

可见，两平板间加入一块发射率与其相同的隔热屏后，两平板间的辐射换热量将减少至原来的 $1/2$，若放置 n 块发射率同为 ε 的隔热屏，则同样可以证明辐射换热量将减少到原来的 $1/(n+1)$，即：

$$q'_{12} = q_{12}/(n+1) \tag{16-45}$$

以上结论是在隔热屏发射率与换热表面发射率相等的前提下导出的。如用发射率较小的材料作隔热屏，其减少辐射换热量的效果将更为显著。

[例题 16-7] 发射率 $\varepsilon_1 = 0.3$ 和 $\varepsilon_2 = 0.8$ 的两块平行大平板之间进行辐射换热，当它们中间设置一块 $\varepsilon_3 = 0.04$ 的磨光铝制隔热屏后，试问辐射换热量减少多少？

解： 根据式（16-40），无隔热屏时两大平板间的辐射换热流密度为：

$$q_{12} = \frac{\sigma_b(T_1^4 - T_2^4)}{\dfrac{1}{\varepsilon_1} + \dfrac{1}{\varepsilon_2} - 1} = \frac{\sigma_b(T_1^4 - T_2^4)}{\dfrac{1}{0.3} + \dfrac{1}{0.8} - 1} = 0.279\sigma_b(T_1^4 - T_2^4)$$

设置隔热屏后，参考辐射网络图 16-21，得辐射换热流密度为：

$$q'_{12} = \frac{\sigma_b(T_1^4 - T_2^4)}{\dfrac{1-\varepsilon_1}{\varepsilon_1} + \dfrac{1}{\varphi_{13}} + 2\left(\dfrac{1-\varepsilon_3}{\varepsilon_3}\right) + \dfrac{1}{\varphi_{32}} + \dfrac{1-\varepsilon_2}{\varepsilon_2}}$$

式中，$\dfrac{1-\varepsilon_1}{\varepsilon_1} = \dfrac{1-0.3}{0.3} = 2.33$，$\dfrac{1-\varepsilon_3}{\varepsilon_3} = \dfrac{1-0.04}{0.04} = 24$，$\dfrac{1-\varepsilon_2}{\varepsilon_2} = \dfrac{1-0.8}{0.8} = 0.25$，$\varphi_{13} = \varphi_{32} = 1$，则：

$$q'_{12} = \frac{\sigma_b(T_1^4 - T_2^4)}{2.33 + 1 + 2 \times 24 + 1 + 0.25} = 0.019\sigma_b(T_1^4 - T_2^4)$$

$$\frac{q'_{12}}{q_{12}} = \frac{0.019}{0.279} \times 100\% = 6.81\%$$

设置隔热屏后，辐射换热量为原来的 6.81%，减少了 93.2%。

16.4　气 体 辐 射

16.4.1　气体辐射的特点

与固体及液体的辐射相比，气体辐射具有下列特点：

（1）气体的辐射和吸收能力与气体的分子结构有关。在工业常用温度范围内，单原子气体和对称双原子气体（如 H_2、N_2、O_2 和空气等）的辐射和吸收能力很小，可以忽略不计，视为透明体；多原子气体（如 CO_2、H_2O 和 SO_2 等）以及不对称的双原子气体（如 CO）具有一定的辐射和吸收能力。因此，在分析和计算辐射换热时，必须予以考虑。

（2）气体的辐射和吸收对波长有明显的选择性。固体和液体能辐射和吸收全部波长（$0 \sim \infty$）的辐射能，它们的辐射和吸收光谱是连续的。而气体的辐射和吸收光谱则是不连续的，它只能辐射和吸收一定波长范围（称为光带）内的辐射能，在光带以外的波长既不能辐射也不能吸收。不同的气体，光带范围不同。对于二氧化碳 CO_2 和水蒸气 H_2O，其主要光带的波长范围如表 16-1 所示。可以看出，两种气体的光带都位于红外线区域，并有部分互相重叠。

表 16-1　CO_2 和 H_2O 的辐射和吸收光带　　　　　　　（μm）

光带序号	CO_2		H_2O	
	$\lambda_1 - \lambda_2$	$\Delta\lambda$	$\lambda_1 - \lambda_2$	$\Delta\lambda$
1	2.64 ~ 2.84	0.2	2.55 ~ 2.84	0.29
2	4.13 ~ 4.49	0.36	5.6 ~ 7.6	2.0
3	13 ~ 17	4	12 ~ 25	13.0

（3）固体及液体的辐射属于表面辐射，而气体的辐射和吸收是在整个气体容积中进行的，属于体积辐射。当热射线穿过气层时，辐射能沿途被气体分子吸收而逐渐减弱。其减弱程度取决于沿途碰到的气体分子的数目，碰到的分子数目越多，被吸收的辐射能也越多。因此，气体的吸收能力 α_g 与热射线经历的行程长度 s，气体的分压力 p 和气体温度 T_g 等因素有关，即：

$$\alpha_g = f(s, p, T_g) \qquad (16-46)$$

16.4.2　气体的吸收定律

图 16-22 为单色热射线通过厚度为 s 的气层时被气体吸收的情况。设单色辐射强度为 I_{λ_0} 的热射线通过厚度为 x 的气层后，辐射强度变为 I_{λ_x}。实验证明，在厚度为 $\mathrm{d}x$ 的微元层中，所减弱的单色辐射强度可表示为：

$$\mathrm{d}I_{\lambda_x} = -K_\lambda I_{\lambda_x} \mathrm{d}x \qquad (16-47)$$

式中，K_λ 称为单色减弱系数，单位为 $1/\mathrm{m}$，K_λ 表示了单位距离内辐射强度减弱的百分数，它与气体的种类、温度、压力和射线波长有关；负号表示辐射强度随行程增加而减弱。

将式（16−47）沿气层厚度积分，并假定 K_λ 为常数，则：

$$\int_{I_{\lambda_0}}^{I_{\lambda_s}} \frac{\mathrm{d}I_{\lambda_x}}{I_{\lambda_x}} = -K_\lambda \int_0^s \mathrm{d}x$$

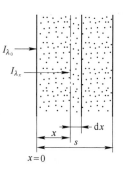

图 16−22　辐射能在气层中的吸收

得

$$\frac{I_{\lambda_L}}{I_{\lambda_0}} = \mathrm{e}^{-K_\lambda \cdot s} \qquad (16-48)$$

式（16−48）就是气体吸收定律，也称为贝尔（Beer）定律。它描述了单色辐射强度穿过气体层时衰减的规律。

式（16−48）等号左边正是气体的单色透射率，因此：

$$\tau_\lambda = \mathrm{e}^{-K_\lambda \cdot s} \qquad (16-49)$$

因为气体的反射率 $\rho_\lambda = 0$，所以气体的单色吸收率为：

$$\alpha_\lambda = 1 - \tau_\lambda = 1 - \mathrm{e}^{-K_\lambda \cdot s} \qquad (16-50)$$

根据基尔霍夫定律，物体的单色辐射率等于单色吸收率，由此得出：

$$\varepsilon_\lambda = \alpha_\lambda = 1 - \mathrm{e}^{-K_\lambda \cdot s} \qquad (16-51)$$

由式（16−51）可知，气体层越厚，气体的单色辐射率 ε_λ 和单色吸收率 α_λ 越大。当 $s \to \infty$ 时，$\varepsilon_\lambda = \alpha_\lambda \to 1$，这就是说，当气体层为无限厚时，就具有黑体的性质。

16.4.3　气体的发射率和吸收率

16.4.3.1　气体的发射率

根据定义，气体的发射率为气体的辐射力与同温度下黑体的辐射力之比，即 $\varepsilon_\mathrm{g} = E_\mathrm{g}/E_0$。因此，气体的辐射力为：

$$E_\mathrm{g} = \varepsilon_\mathrm{g} \sigma_\mathrm{b} T_\mathrm{g}^4 \qquad (16-52)$$

为方便起见，气体的辐射力计算仍采用四次方定律，把由此引起的误差计入发射率 ε_g 之内。ε_g 除了与有效平均射线行程 s 有关外，还与气体的性质、温度和分压力有关，可以表示为：

$$\varepsilon_\mathrm{g} = f(s, T_\mathrm{g}, p) \qquad (16-53)$$

在实际工程计算中，气体的发射率可按霍脱尔（Hotte）等根据实验数据绘制的线图确定。图 16−23 为总压力为 $1 \times 10^5 \mathrm{Pa}$ 时 CO_2 的发射率。

图 16−24 是考虑气体分压单独影响的修正系数 C_{CO_2}。CO_2 的发射率为：

$$\varepsilon_{CO_2} = C_{CO_2} \varepsilon_{CO_2}^* \qquad (16-54)$$

对应于 H_2O 考虑其影响的修正系数 C_{H_2O} 的图分别是图 16−25 和图 16−26。H_2O 的发射率为：

$$\varepsilon_{H_2O} = C_{H_2O} \varepsilon_{H_2O}^*$$

(16-55)

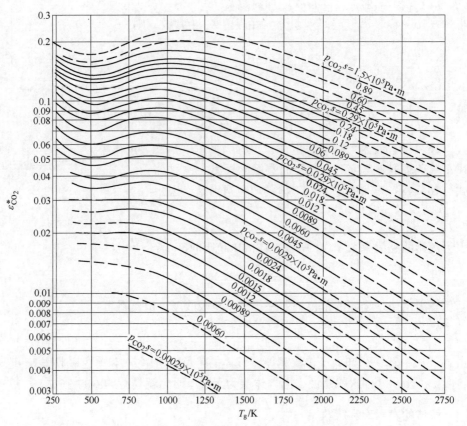

图 16-23　总压力为 $1 \times 10^5 Pa$ 时 CO_2 的发射率

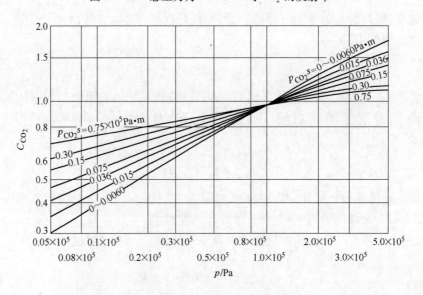

图 16-24　CO_2 的压强修正

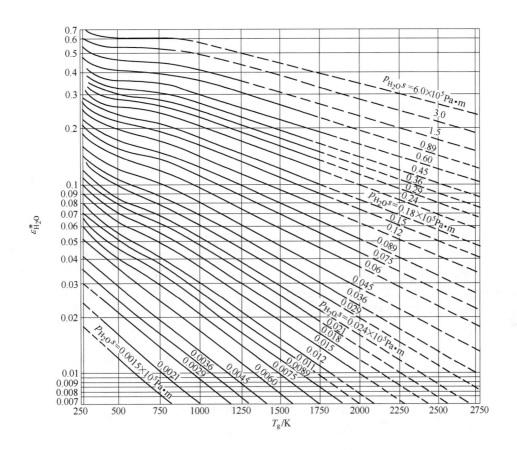

图 16-25　总压力为 $1 \times 10^5 Pa$ 时 H_2O 的发射率

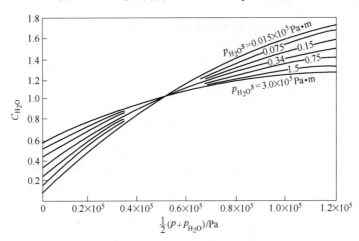

图 16-26　H_2O 的压强修正

混合气体的发射率可按各组分叠加的原理进行计算。当混合气体中同时含有 CO_2 和 H_2O 时，由于这两种气体的部分光带相互重合，互相吸收辐射能量，使得混合气体辐射出的能量要比两种气体单独存在时辐射出的能量之和略小些。考虑到这一因素，混合气体的发射率应为：

$$\varepsilon_g = \varepsilon_{CO_2} + \varepsilon_{H_2O} - \Delta\varepsilon \tag{16-56}$$

式中，$\Delta\varepsilon$ 是考虑 CO_2 和 H_2O 部分光带重合的修正值，它可由图 16-27 确定。$\Delta\varepsilon$ 值一般不大，在工程计算中，其值很小，通常不超过 $4\% \sim 6\%$，可以略去不计。

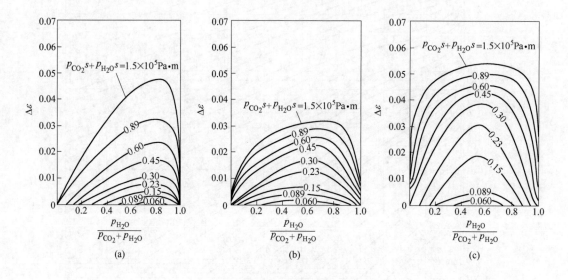

图 16-27　H_2O 压力 p_{H_2O} 影响的修正系数
（a）$T = 400K$；（b）$T = 811K$；（c）$T = 1200K$

在利用算图求气体的发射率时，首先必须确定有效平均射线行程 s，它与气体容积的形状和尺寸有关。对各种不同形状的气体容积，有效平均射线行程可查表 16-2，或近似按下式计算：

$$s = 3.6\frac{V}{A} \tag{16-57}$$

式中，V 为气体所占容积，m^3；A 为包围气体的器壁表面积，m^2。

表 16-2　有效平均射线行程 s

气体容积的形状	特征尺寸	s/m
球体对其表面的辐射	直径 D	$0.60D$
无限长圆柱体对其侧面的辐射	直径 D	$0.90D$
高等于直径的圆柱体对整个表面的辐射	直径 D	$0.60D$
两无限大平行平板间的气体层对其一侧表面的辐射	气体层 L	$1.8L$
立方体对其表面的辐射	边长 L	$0.6L$
叉排或顺排管束对管壁表面的辐射	节距 s_1，s_2 管外径 D	$0.9D\left(\dfrac{4}{\pi} \cdot \dfrac{s_1 s_2}{D^2} - 1\right)$

16.4.3.2 气体的吸收率

因为气体辐射有选择性，气体的吸收率与气体温度以及器壁温度都有关，因而不能看做灰体。气体温度和器壁温度相等时，气体的吸收率和它的发射率相等。如果气体温度不等于器壁温度，即 $T_g \neq T_w$，则气体的吸收率不等于它的发射率。这时 CO_2 和 H_2O 的吸收率可按下列经验公式计算：

$$\alpha_{CO_2} = C_{CO_2} \varepsilon_{CO_2}^* \left(\frac{T_g}{T_w} \right)^{0.65} ; \quad \alpha_{H_2O} = C_{H_2O} \varepsilon_{H_2O}^* \left(\frac{T_g}{T_w} \right)^{0.45} \tag{16-58}$$

式中，$\varepsilon_{CO_2}^*$ 和 $\varepsilon_{H_2O}^*$ 的值可用壁面温 T_w 作横坐标，用 $p_{CO_2} \cdot s \cdot \dfrac{T_g}{T_w}$、$p_{H_2O} \cdot s \cdot \dfrac{T_g}{T_w}$ 作参变量，分别由图 16-23 和图 16-25 来确定。

对于含有 CO_2 和 H_2O 的混合气体，其吸收率为：

$$\alpha_g = \alpha_{CO_2} + \alpha_{H_2O} - \Delta\alpha \tag{16-59}$$

式中，$\Delta\alpha = [\Delta\varepsilon]_{T_w}$，$[\Delta\varepsilon]_{T_w}$ 是根据壁温 T_w 由图 16-27 查得的修正值。

[例题 16-8] 某炉膛容积为 $35m^3$，炉膛内表面积为 $55m^2$，烟气中（体积分数）H_2O 为 7.6%、CO_2 为 18.6%，烟气总压力为 $1 \times 10^5 Pa$，烟气平均温度为 1473K，求烟气的发射率（辐射率或黑度）。

解： 有效平均射线行程为：

$$s = 0.9 \frac{4V}{A} = 0.9 \times \frac{4 \times 35}{55} = 2.29m$$

CO 和 H_2O 的分压分别为：

$$p_{CO_2} = p \frac{V_{CO_2}}{V} = 1 \times 10^5 \times 0.186 = 1.86 \times 10^4 Pa ; \quad p_{H_2O} = p \frac{V_{H_2O}}{V} = 1 \times 10^5 \times 0.076 = 7.6 \times 10^3 Pa$$

$$p_{CO_2} \cdot s = 1.86 \times 10^4 \times 2.29 = 4.26 \times 10^4 Pa \cdot m ; \quad p_{H_2O} \cdot s = 7.6 \times 10^3 \times 2.29 = 1.74 \times 10^4 Pa \cdot m$$

查图 16-23 和图 16-25 得：$\varepsilon_{CO_2}^* = 0.16$，$\varepsilon_{H_2O}^* = 0.13$

查图 16-24 和图 16-26 得：$C_{CO_2} = 1$，$C_{H_2O} = 1.05$

忽略 $\Delta\varepsilon$，最后得：$\varepsilon_g = \varepsilon_{CO_2} + \varepsilon_{H_2O} = 1 \times 0.16 + 1.05 \times 0.13 = 0.3$

[例题 16-9] 在直径 1m 的烟道内，有温度为 $T_g = 1273K$、总压力为 $1 \times 10^5 Pa$、含 CO_2 5%（体积分数）的烟气，若烟道壁温度为 $T_w = 773K$，求气体的吸收率。

解： 有效平均射线行程查表 16-2 得：

$$s = 0.9d = 0.9 \times 1 = 0.9m$$

$$p_{CO_2} \cdot s = 0.05 \times 1 \times 10^5 \times 0.9 = 4.5 \times 10^3$$

查图 16-23 和图 16-24 得：$\varepsilon_{CO_2}^* = 0.081$，$C_{CO_2} = 1$

所以 $\varepsilon_g = C_{CO_2} \varepsilon_{CO_2}^* = 1 \times 0.081 = 0.081$

当 $T_w = 773K$ 时，$p_{CO_2} \cdot s \dfrac{T_w}{T_g} = 4.5 \times 10^3 \times \dfrac{773}{1273} = 2.7 \times 10^3 Pa \cdot m$

查图 16-23 得：$\varepsilon_{CO_2}^* = 0.075$

最终得：$\alpha_g = \alpha_{CO_2} = C_{CO_2} \varepsilon_{CO_2}^* \left(\dfrac{T_g}{T_w} \right)^{0.65} = 1 \times 0.075 \times \left(\dfrac{1273}{773} \right)^{0.65} = 0.104$

可以看出：$\alpha_g \neq \varepsilon_g$

16.4.4　火焰辐射的概念

根据燃料的种类和燃烧方式的不同，燃料燃烧时生成不同的火焰。清洁的高炉煤气、转炉煤气和焦炭等在燃烧时，生成的火焰略带蓝色或近于无色，称为不发光火焰或称暗焰。这种火焰的辐射成分主要是 CO_2 和 H_2O 等，这些成分的辐射光带都处于可见光范围之外，故火焰不发光。液体燃料和煤粉等在燃烧时形成明显的光亮火焰，称为发光火焰或称辉焰。在发光火焰中，主要起辐射作用的是炭黑、灰粒和焦炭粒子等。这些固体微粒可以在可见光谱和红外光谱范围内连续发射辐射能量，因此，它们的光谱是连续的，这不同于气体辐射，而与固体辐射类似。

不发光火焰与发光火焰具有不同的发射率。不发光火焰的辐射率大致可视为与烟气发射率相同，因烟气中有辐射和吸收能力的成分也是 CO_2 和 H_2O 等，故不发光火焰的发射率可由式（16-52）计算。在发光火焰中，固体微粒的存在使火焰的发射能力大大加强，如碳氢化合物热分解时产生的炭黑，它发射的辐射能量一般是三原子气体的 2~3 倍。发光火焰的辐射特性主要取决于其中所含固体微粒的性质和数量。而这些因素又与燃料种类、燃烧方式、炉内温度、炉子结构和操作状况等有关，情况较复杂。所以发光火焰的发射率一般根据实验数据和经验公式确定。

16.5　气体与围壁表面间的辐射换热

烟气与炉膛周围受热面之间的辐射换热，就是气体与外壳间辐射换热的一个例子，如把受热面当做黑体，计算就可简化，这在工程上是完全合适的。设外壳温度为 T_w，它的辐射力为 $\sigma_b T_w^4$，其中被气体所吸收的部分为 $\alpha_g \sigma_b T_w^4$；如气体的温度为 T_g，它的辐射力为 $\varepsilon_g \sigma_b T_g^4$，此时辐射能全部被黑外壳所吸收。因此，外壳单位表面积的辐射换热量为：

$$q = \text{气体发射的热量} - \text{气体吸收的热量} = \varepsilon_g \sigma_b T_g^4 - \alpha_g \sigma_b T_w^4 = \sigma_b (\varepsilon_g T_g^4 - \alpha_g T_w^4) \quad (16-60)$$

式中，ε_g 为温度 T_g 时气体的发射率；α_g 为温度 T_g 时气体对来自温度 T_w 的外壳辐射的吸收率；如果外壳不是黑体，可当做发射率为 ε_w 的灰体来考虑。这样，对灰表面可有 $\varepsilon_w = \alpha_w$。

气体辐射到外壳的能量 $\varepsilon_g \sigma_b T_g^4$ 中，外壳只吸收 $\varepsilon_w \varepsilon_g \sigma_b T_g^4$，其余部分 $(1 - \varepsilon_w) \varepsilon_g \sigma_b T_g^4$ 反射回气体，其中 $\alpha_g' (1 - \varepsilon_w) \varepsilon_g \sigma_b T_g^4$ 被气体自身所吸收，而 $(1 - \alpha_g')(1 - \varepsilon_w) \varepsilon_g \sigma_b T_g^4$ 被反射回外壳。如此反复进行吸收和反射，灰体外壳从气体辐射中吸收的总热量为：

$$\varepsilon_w \varepsilon_g A \sigma_b T_g^4 [1 + (1 - \alpha_g')(1 - \varepsilon_w) + (1 - \alpha_g')^2 (1 - \varepsilon_w)^2 + \cdots] \qquad (16-61)$$

同理，气体从灰体外壳辐射中吸收的总热量为：

$$\varepsilon_w \alpha_g A \sigma_b T^4 [1 + (1 - \alpha_g)(1 - \varepsilon_w) + (1 - \alpha_g)^2 (1 - \varepsilon_w)^2 + \cdots] \qquad (16-62)$$

式（16-61）和式（16-62）中的 α_g' 和 α_g 虽都是气体的吸收率，但它们之间有所区别，前者是对来自气体自身辐射（温度为 T_g）的吸收率，后者是对来自壁面辐射（温度为 T_w）的吸收率。

气体与灰外壳间的辐射换热应当是式（16-61）和式（16-62）之差，如各取两式中的第一项，也就是只考虑第一次吸收，则：

$$\Phi_{gw} = \varepsilon_w \varepsilon_g A \sigma_b T_g^4 - \varepsilon_w \alpha_g A \sigma_b T_g^4 = \varepsilon_w A \sigma_b (\varepsilon_g T_g^4 - \alpha_g T_w^4) \qquad (16-63)$$

如果壁面的发射率越大，则式（16-63）的计算越可靠。若黑外壳 $\varepsilon_w = 1$，则此式就成为式（16-60）。为了修正由于略去式（16-61）和式（16-62）中第二项以后各项所带来的误差，可用外壳有效发射率 ε_w' 来计算辐射换热量，即：

$$\Phi_{gw} = \varepsilon_w' A \sigma_b (\varepsilon_g T_g^4 - \alpha_g T_w^4) \qquad (16-64)$$

ε_w' 介于 ε_w 和 1 之间，为简化起见，可采用 $\varepsilon_w' = (\varepsilon_w + 1)/2$。对 $\varepsilon_w > 0.8$ 的表面是可以满足工程计算精度要求的。

[例题 16-10] 在直径为 2.4m、长为 10m 的烟道中，烟气温度为 1303K，烟道壁温为 803K，计算烟气和烟道壁之间的辐射换热速率。已知 $\varepsilon_w = 0.8$，$\varepsilon_g = 0.367$，$\alpha_g = 0.37$。

解： 烟道内壁表面积为：$A_w = \pi dl = 3.14 \times 2.4 \times 10 = 75.4 \text{m}^2$

根据式（16-63），烟气与烟道壁面间的辐射换热速率为：

$$\Phi_{gw} = \varepsilon_w A \sigma_b (\varepsilon_g T_g^4 - \alpha_g T_w^4) = 0.8 \times 5.67 \times 10^{-8} \times (0.367 \times 1303^4 - 0.37 \times 803^4) \times 75.4 = 3092014 \text{W}$$

如果采用近似计算法，由式（16-64）得：

$$\Phi_{gw} = \varepsilon_w' A \sigma_b (\varepsilon_g T_g^4 - \alpha_g T_w^4) = \frac{1 + 0.8}{2} \times 5.67 \times 10^{-8} \times (0.367 \times 1303^4 - 0.37 \times 803^4) \times 75.4$$

$$= 3478516 \text{W}$$

16.6 小　结

本章讨论的物体间的辐射角系数是表示一物体投射给另一物体辐射能的比例。它是辐射换热计算的重要参数。角系数只取决于物体的几何形状、大小和相对位置，是一个几何因素。与辐射物体的温度和表面辐射特性无关。辐射角系数可以按定义式用积分法和利用角系数的性质用代数法进行计算。

物体间的辐射换热可以用多次反射法、有效辐射法和网络法进行计算。其中以网络法较为简单，便于计算。

在绘制辐射网络图时，应注意所有的辐射表面都有辐射力 E_{bi}，它由电池来表示；所有表面都是吸收表面，它由接地的通道表示。对于辐射绝热面，该节点表示为浮动点，即不和电源相连。参与辐射换热的物体表面 A_i 的表面辐射热阻为 $\dfrac{1-\varepsilon_i}{\varepsilon_i A_i}$；物体表面 A_i 与 A_j 之间的空间辐射热阻为 $\dfrac{1}{\varphi_{ij} A_i}$。

气体辐射的特点是无反射，其吸收和辐射具有选择性和容积性。在气体温度和外壳温度不同时，气体的发射率和吸收率不相同，$\varepsilon \neq \alpha$。辐射气体的发射率可以根据气体的温度、分压和有效平均射线行程的乘积（作为参数）的图得到。混合气体的发射率等于各组成气体的发射率之和减去相互吸收的部分。

思　考　题

16-1　什么是角系数，它有什么特性？计算角系数有哪些方法？

16-2　说明两面和三面封闭系统角系数的计算方法。

16-3　表面的温度和发射率（辐射率或黑度）的变化是否影响角系数，为什么？

16-4　什么是黑体间辐射的空间网络单元？

16-5　系统发射率的概念是什么，两个表面辐射系统的系统发射率表达式是什么？

16-6　什么是有效辐射和净辐射热流密度？

16-7　什么是灰体表面的辐射热阻？试绘出灰体间辐射换热的表面网络单元和空间网络单元。

16-8　试绘出两面和三面灰体组成的封闭系统的辐射网络图。

16-9　什么是辐射绝热面，它有什么特点？试绘出具有辐射绝热面的三面辐射系统的网络图。

16-10　两平行板间加一块与平板发射率相同的遮热板后，两面间辐射换热减少多少？

16-11　气体辐射的特点是什么，辐射性气体的发射率受哪些因素的影响？

习　题

16-1　有两平行黑表面，相距很近，它们的温度分别为 $T_1 = 1273K$ 和 $T_2 = 773K$。试计算它们的辐射换热量。当"冷"表面温度增至973K时，则辐射换热量变化多少？如果它们是灰表面，发射率分别为 $\varepsilon_1 = 0.8$ 和 $\varepsilon_2 = 0.5$，它们的辐射换热量又为多少？

16-2　有两块平行放置的平板的表面发射率均为 $\varepsilon = 0.8$，温度分别为 $T_1 = 800K$ 及 $T_2 = 300K$，板间距远小于板的宽度和高度。试计算：（1）板1的本身辐射；（2）对板1的投入辐射；（3）板1的反射辐射；（4）板1的有效辐射；（5）板2的有效辐射；（6）板1与板2间的辐射散热损失。

16-3　有两块面积为 90cm×60cm，间距为60cm的平行平板，一块板的温度为 $T_1 = 823K$，发射率为 $\varepsilon_1 = 0.6$；另一块板是绝热的。将这两块板置于一个温度为 $T_2 = 283K$ 的大房间内，试求绝热板及加热平板的热损失。

16-4　发射率分别为 $\varepsilon_1 = 0.3$ 和 $\varepsilon_2 = 0.5$ 的两个大的平行平板，其温度分别维持在 $T_1 = 1073K$ 和643K，在它们中间放一个两面发射率都为 $\varepsilon_3 = 0.05$ 的辐射遮热板。试计算：（1）没有辐射遮热板时，单位面积的换热率是多少？（2）有辐射遮热板时，单位面积的换热率是多少？（3）辐射遮热板的温度是多少？

16-5 在一个大的加热导管中，安装一个热电偶以测量通过导管的流动气体的温度。导管壁温为 $T_1 = 700K$，热电偶所指示的温度为 $T_2 = 450K$，气体与热电偶间的换热系数为 $\alpha = 150W/(m^2 \cdot ℃)$，热电偶材料的发射率为 $\varepsilon = 0.43$，问气体的温度是多少？

16-6 假设有一平板置于高速气流中。定义它的辐射平衡温度：如果是绝热的，那么平板因气动加热所接收的能量刚好等于它对环境的辐射热损失，即：

$$\alpha A(T_w - T_{a,w}) = -\sigma A \varepsilon(T_w^4 - T_s^4)$$

这里假定周围环境是无限大的，并且温度为 T_s，平板表面的发射率为 ε。现将一块长 70cm，宽 1.0m，发射率为 $\varepsilon = 0.8$ 的平板放到马赫数 $Ma = 3$，$p = \frac{1}{20} \times 1.01325 \times 10^5 Pa$，$T_s = 233K$ 的风洞中，试计算它的辐射平衡温度。

16-7 长度均为 30cm 的同心圆柱，内圆柱直径为 8cm。要使角系数 $\varphi_{1,2} = 0.8$，外圆柱需要多大的直径？

16-8 在常压下，流过换热器圆形通道的烟气，其进出口的温度分别为 $T_{f1} = 1273K$ 和 $T_{f2} = 1053K$，烟气的组成（体积分数）CO_2 为 8%，H_2O 为 10%，通道表面进出口的温度分别为 $T_{w1} = 898K$ 和 $T_{w2} = 838K$，通道直径 $D = 0.6m$，内表面黑度 $\varepsilon = 0.8$。求烟气对壁面的辐射换热速率。

16-9 在直径为 2.4m、长为 10m 的烟道中，有温度为 1303K，总压力为 $1 \times 10^5 Pa$ 的烟气通过。若烟道壁温为 803K，烟气中含有 10%（体积分数）的 CO_2、13%（体积分数）的 H_2O，其余为不辐射气体，试求烟气的发射率和吸收率。

第三篇

质 量 传 输

物质从空间的某一部分转移到另一部分的现象，称为质量传输现象（或称为传质现象）。质量传输研究物质传递规律。由于质量传输现象遍及自然界，因此它在很多学科和工程领域中起到非常重要的作用。

一个体系内可能存在一种或几种物质组分。当其中一种组分的浓度分布不均匀时，就会从浓度较高的区域向较低的区域转移，造成体系内浓度差的降低。因此，浓度差通常为传质过程的驱动力。在冶金过程中，质量传输现象普遍存在且十分重要。例如，金属及合金的热处理（固体内部传质），冶炼过程渣金界面的反应（液—液传质），液态金属的吹炼、脱气（气—液传质），矿物原料的浸出或从溶液中置换沉淀（固—液传质），固体燃料的燃烧，精矿的焙烧、还原，湿物料的干燥（固—气传质）等。质量传输对化学反应也是非常重要的。欲使反应进行，必须让反应物聚集在一起。在许多情况下，如果不将生成物移去，反应便会变慢或停止。对液相或气相的单一均相反应，反应物的聚集并不困难；当反应物必须自一相迁移到另一相而使反应发生时，则化学转化可能完全取决于质量传输的速率；当几个相互竞争的反应存在时，各个反应物和产物的相对质量传输速率可能对反应的选择性影响很大。由于冶金反应过程大部分是在高温下进行，整个过程的生产效率往往取决于质量传输的快慢，因此，研究质量传输有着重要意义。

质量传输具有两种基本方式，即分子扩散和质对流。分子扩散指物质通过扩散而进行的传质过程，它以分子热运动的形式实现，分子扩散起因于分子的微观运动。例如，在固体内部或静止介质中的传质。质对流是依靠流体的运动将质量从一处传递到另外一处的方式，分子的迁移直接借助于流体微团的混合，即形成流体质点的宏观运动的质量传输方式。

实际中流体流过与其浓度不同的物体表面时的质量传输过程为对流传质。对流传质一方面是依靠流体的浓度差产生的分子扩散作用，另一方面是由于流体运动的对流作用。这是因为在边界层理论中湍流边界层包括层流底层和湍流层，新定义对流传质的概念与边界层的理论是吻合的。

如果体系中两个组分的性质有差别，比如压力差或浓度差，从而产生分子扩散，如果同化发生化学反应，且反应前后的摩尔量不同，也会引起混合相的整体运动。也就是说，这时浓度梯度导致的分子扩散多伴随混合相的运动。虽然运动意味着对流，但其影响与分子扩散在相同的数量级。这也表明虽然导热与分子扩散有相似之处，但由于扩散往往带有化学反应，所以分子扩散要比导热复杂得多。

质量传输可从两方面考虑：一是传输现象的宏观规律，着眼点为传质过程的速度场、浓度场及传质速度等宏观问题；二是传输现象的微观规律，着重于原子在固体中扩散的微观机理。这方面有专门课程，不作为本篇重点。本篇主要讨论传输现象的宏观规律。

国内大部分的冶金传输原理教材中质量传输的内容所占的比例都不高。从国内外冶金传输原理教材的发展看，新出版的教材中非常重视传质部分的教学，篇幅增加很明显。如在国外化工专业的传输原理教科书中，质量传输部分占全部内容的四分之一（见《动量、热量和质量传递原理》），这充分说明了质量传输在化学为主的专业中的重要性。

冶金是高温下的化学反应过程，化学反应速率快，过程大多由传质控制。冶金学的理论基础是热力学和动力学。热力学确定反应平衡和选择的条件；反应未达到平衡时，体系的实际浓度取决于动力学条件。因此，涉及化学反应的传质理论与化学动力学的发展密切相关。

近些年来，利用数学模型和数学试验，反应器优化设计和冶金过程工艺优化有了长足的发展，但钢铁冶金的理论体系没有发生根本变化。伴随流动、传热、传质的化学反应速率，在高温下的控制环节多为质量传输过程。因此，确定不同情况下的传质机理和传质系数，对发展和完善反应过程动力学也是非常重要的。

此外，有色冶金过程中的环境保护和副产品的处理，经常涉及工业传质设备的设计和化工单元操作。这不仅涉及新装置的设计，而且可能改造已有装置，以进一步完善装置的性能。而这些都需要掌握相关的质量传输知识和一定的设计方法，由此可见质量传输的重要性。

本篇首先讨论了质量传输的基本方式，介绍分子扩散和对流传质，给出了不同浓度单位表示的传质流密度。建立了质量传输微分方程，讨论了一维稳态及非稳态的分子扩散。根据边界层理论确定了对流传质的相关参数，通过边界层理论在流动传质的应用，可以使学生进一步掌握边界层理论。介绍了对流传质的特征数及其关联式。考虑到有色冶金专业的应用背景，增加了填充床、流化床和湿壁塔等的对流传质关联式。为了与冶金过程动力学的内容衔接，本教材介绍了相际传质的内容。由于增加了质量传输内容，会对学生的后续学习奠定更为坚实的基础。

17 质量传输的基本概念

本章提要： 如果在体系中某一组分存在着浓度梯度，会发生质量传输现象，质量传输包括两种基本方式，即分子扩散和质对流。

在实际流体流过与其浓度不同的物体表面时的质量传输过程称为对流传质。对流传质包括两方面的作用：流体的浓度差产生的分子扩散作用和流体流动的对流作用。

费克第一定律描述稳态下分子扩散速率。其中，分子扩散系数为物质的物理属性，表示扩散能力的大小，与物质的种类、结构状态、温度、压力、浓度等都有关系。

质对流（也可称质量对流）是流体层流或湍流流动时，依靠流体的运动将质量从一处传递到另外一处的传质方式。

实际中流体流过与其浓度不同的物体表面时的质量传输过程为对流传质。依据边界层理论，在湍流边界层中也包含部分的层流底层，所以质量首先通过分子扩散方式从界面进行传递，然后借助流体流动把传递的物质带到低浓度区并与其他流体混合，从而把质量传给低浓度流体，整个过程为对流传质。对流传质流密度的公式为：$N_A = k\Delta c_A$，其中对流传质系数与对流传热系数类似，受到众多因素的影响。

描述质量可以采用不同的浓度，传质流密度公式的浓度单位要保持一致。

冶金过程充满了质量传输现象，它发生在不同物质和不同浓度之间，而大多数则发生在两相物质之间。传质过程往往是冶金过程的关键环节，它决定着整个冶金过程的快慢，甚至决定冶金过程是否能够进行。

质量传输之所以发生，是因为物系中某一组分存在着浓度梯度，这种推动力与动量传输中的速度梯度和热量传输中的温度梯度是类似的。质量传输的基本方式有两种，即分子扩散和质对流。

实际流体流过与其浓度不同的物体表面时的质量传输过程称为对流传质。

17.1 分子扩散

典型的分子扩散发生在静止流体中或固体介质中，也可发生在层流流体的底层中。它是由分子无规则热运动而形成的物质传递。混合物中存在的温度梯度、压力梯度及浓度梯度，都可以产生分子扩散，下面主要讨论浓度梯度引起的分子扩散。

分子扩散依靠微观粒子的随机运动。当存在浓度差时，浓度大的地方的分子向浓度小的地方扩散，从而达到浓度一致，完成宏观质量传输。通常情况下，分子扩散很缓慢，传输的质量很少。

描述分子扩散速率或扩散流密度的方程为费克（Fick）第一定律。对于 A 和 B 两种组分的混合物，组分 A 沿浓度梯度相反方向，以摩尔浓度表示的分子扩散量为：

$$J_{Az} = -D_{AB}\frac{dc_A}{dz} \qquad (17-1)$$

式中，J_{Az} 为组分 A 在 z 方向上的分子扩散量，即单位时间、通过单位面积的摩尔量，$mol/(m^2 \cdot s)$；D_{AB} 为组分 A 在 A 和 B 的混合物中的扩散系数，m^2/s；c_A 为组分 A 的摩尔浓度，mol/m^3。

若以质量浓度为基准，则为：

$$j_{Az} = -D_{AB}\frac{d\rho_A}{dz} \qquad (17-2)$$

式中，j_{Az} 为组分 A 在 z 方向上的分子扩散量，或称质量流密度，即单位时间、通过单位面积的质量，$kg/(m^2 \cdot s)$；ρ_A 为组分 A 的质量浓度，kg/m^3。

17.2　分子扩散系数

分子扩散系数为物质的物理属性，表示扩散能力的大小。它可以理解为沿扩散方向在单位时间内，浓度梯度为 1 时，通过单位面积的质量，其单位为 m^2/s。它与物质的运动黏度和导温系数具有相似的物理意义。

分子扩散系数与物质的种类、结构状态、温度、压力、浓度等都有关系。气体的扩散性能最好，其扩散系数 $D = 1 \times 10^{-5} \sim 1 \times 10^{-4}\ m^2/s$；固体的扩散性能最差，其扩散系数 $D = 1 \times 10^{-14} \sim 1 \times 10^{-10}\ m^2/s$，液体的扩散性能居中，其扩散系数 $D = 1 \times 10^{-10} \sim 1 \times 10^{-9}\ m^2/s$。

在多组分体系中，存在着各组分的相互扩散。某一组分在多组分体系中的扩散系数，与其在单一组分介质中的扩散系数不同，它受到其他组分的扩散性和浓度的影响。

以 A、B 两种气体组成的扩散体系为例，按费克第一定律确定，其传质流密度应为 $J_{Az} = -D_{AB}\frac{dc_A}{dz}$ 和 $J_{Bz} = -D_{BA}\frac{dc_B}{dz}$，其中 D_{AB}、D_{BA} 分别为气体 A、B 在混合物中（由 A 与 B 混合而成）的扩散系数，m^2/s。

由于 $c_A + c_B = c$，c 为混合物的总摩尔浓度。可以给出：

$$\frac{dc_A}{dz} = \frac{d(c-c_B)}{dz} = -\frac{dc_B}{dz} \qquad (17-3)$$

从式（17-3）看出，对 A 和 B 均扩散的相互扩散系统，任一组分的传质流密度和浓度梯度均与另一组分的浓度有关，其扩散系数不仅取决于该组分的扩散性能，还与其他组分的扩散性能及相对浓度有关。

对于理想气体，则有 $J_{Az} = -\frac{D_{AB}}{RT}\frac{dp_A}{dz}$ 和 $J_{Bz} = -\frac{D_{BA}}{RT}\frac{dp_B}{dz}$，$p_A + p_B = p =$ 常数，进而导出：

$$\frac{dp_A}{dz} = \frac{d(p-p_B)}{dz} = -\frac{dp_B}{dz} \qquad (17-4)$$

静止时各处的压力相等，两气体相互扩散的摩尔数量相同，方向相反，则有 $J_A = -J_B$。由此得出：

$$D_{AB} = D_{BA} = \overline{D} \qquad (17-5)$$

式中，$\overline{D}$ 为互扩散系数，m^2/s。

17.2.1 气体的分子扩散系数

气体的分子扩散系数取决于扩散物质和扩散介质的种类及系统的温度，而与压强和浓度的关系较小。在低压情况下，更是与浓度无关。

某些气体或蒸汽的扩散系数如表 17-1 所示，其值一般为 $1 \times 10^{-5} \sim 1 \times 10^{-4} m^2/s$。

表 17-1 $1.01325 \times 10^5 Pa$（1atm）下气体的扩散系数

扩散气体	扩散介质	测定温度/℃	扩散系数 $D/m^2 \cdot s^{-1}$	扩散气体	扩散介质	测定温度/℃	扩散系数 $D/m^2 \cdot s^{-1}$
H_2	空气	0	0.592×10^{-4}	H_2	O_2	14	0.755×10^{-4}
H_2O	空气	40	0.288×10^{-4}	H_2	CH_4	15	0.691×10^{-4}
H_2O	空气	25	0.256×10^{-4}	O_2	CO_2	0	0.159×10^{-4}
O_2	空气	0	0.178×10^{-4}	H_2O	CO_2	34	0.183×10^{-4}
CO_2	空气	44	0.177×10^{-4}	NO	CO_2	100	0.318×10^{-4}
NH_3	空气	0	0.217×10^{-4}	N_2O	CO_2	39.8	0.128×10^{-4}
乙醇	空气	40	0.145×10^{-4}	O_2	CO	0	0.185×10^{-4}
CS_2	空气	20	0.088×10^{-4}	N_2	CO	0	0.182×10^{-4}
Hg	N_2	18	32.5×10^{-4}	N_2	SO_2	-10	0.104×10^{-4}
H_2	H_2O	55.5	1.121×10^{-4}				

在缺乏实际数据的情况下，通常可用如下半经验式计算：

$$D_{AB} = \frac{10^{-7} T^{1.75} \sqrt{\frac{1}{M_A} + \frac{1}{M_B}}}{p(V_A^{1/3} + V_B^{1/3})^2} \qquad (17-6)$$

式中，T 为热力学温度，K；M_A，M_B 为组分 A 和组分 B 的分子量；p 为混合气体的压力，atm；V_A，V_B 分别为两气体的扩散体积，cm^3/mol。

常用气体的扩散体积如表 17-2 所示。

表 17-2 常用气体的扩散体积   （cm^3/mol）

气体	H_2	O_2	空气	N_2	CO	CO_2	H_2O	SO_2	Ar	He	NH_3	Cl_2
体积 V	7.07	16.6	20.1	17.9	18.9	26.9	12.7	41.1	16.1	2.88	14.9	37.7

[例题 17-1] 氧在空气中扩散，压力为 $1.01325 \times 10^5 Pa$（1atm），温度为0℃，求其扩散系数 $D_{氧,空气}$。

解：已知 $M_氧 = 32$，$M_{空气} = 29.6$。查表 17-2，$V_氧 = 16.6$，$V_{空气} = 20.1$，代入式（17-6）可得：

$$D_{氧,空气} = \frac{10^{-7} \times 273^{1.75} \sqrt{\frac{1}{32} + \frac{1}{29.6}}}{1 \times (16.6^{1/3} + 20.1^{1/3})^2} = 1.68 \times 10^{-5} m^2/s$$

17.2.2 液体的分子扩散系数

溶质在液体中的扩散系数不仅与液体种类和温度有关，而且随溶质的浓度而变。由于液体结构理论不如气体与固态成熟，所以液体中组分的扩散系数很难计算。同时，冶金熔体的温度通常较高，测定扩散系数时又必须消除对流的干扰，故测定难度很大且精确度较低，其值一般为 $1 \times 10^{-10} \sim 1 \times 10^{-9} \mathrm{m^2/s}$。

表 17-3 给出了常见物质在水中的扩散系数。

表 17-3 常见物质在水中的扩散系数

物态	溶质 A	溶质 B	温度 /K	A 的浓度 /mol·L^{-1}	D_{AB} /m^2·s^{-1}	物态	溶质 A	溶质 B	温度 /K	A 的浓度 /mol·L^{-1}	D_{AB} /m^2·s^{-1}
气体	H_2	H_2O	298	≈0	4.80×10^{-9}	液体	HCl	H_2O	298	0.1	3.05×10^{-9}
	H_2	H_2O	773	≈0	5.15×10^{-9}		丙酮	H_2O	298	≈0	1.22×10^{-9}
	H_2	H_2O	1173	≈0	11.40×10^{-9}		H_2SO_4	H_2O	298	≈0	1.97×10^{-9}
	O_2	H_2O	298	≈0	2.41×10^{-9}		乙醇	H_2O	298	≈0.05	1.13×10^{-9}
	CO_2	H_2O	298	≈0	2.00×10^{-9}		乙醇	H_2O	298	≈0.10	0.90×10^{-9}
	NH_3	H_2O	295	≈0	1.64×10^{-9}		乙醇	H_2O	298	≈0.27	0.41×10^{-9}
	SO_2	H_2O	298	≈0	1.70×10^{-9}		乙醇	H_2O	298	≈0.50	0.90×10^{-9}
固体	NaCl	H_2O	298	≈0	1.48×10^{-9}		乙醇	H_2O	298	≈0.70	1.40×10^{-9}
	KCl	H_2O	298	≈0	1.89×10^{-9}		乙醇	H_2O	298	≈0.95	2.20×10^{-9}
	$CaCl_2$	H_2O	298	0.1	1.10×10^{-9}						

某些物质在液态纯铁中的自扩散系数和互扩散系数分别如图 17-1 和图 17-2 所示。

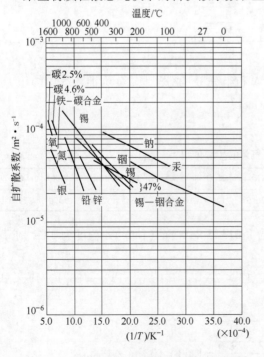

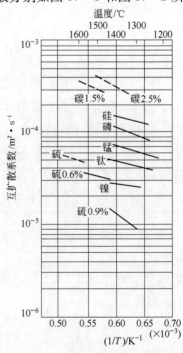

图 17-1 液态金属（纯铁）中的自扩散系数　　图 17-2 液态金属（纯铁）中的互扩散系数

由于液相扩散理论至今尚不成熟，所以对于稀溶液中的溶质在液相中的扩散系数的计算，只能采用半经验的方法。斯托克斯 – 爱因斯坦（Stokes-Einstein）方程是最早的理论，它是从大的球形分子 A 在小分子的液相溶剂 B 中扩散推导出来的，用 Stokes 定律描述作用在运动溶质分子上的曳力。然后，假设所有分子是相似的，并按立方晶格排列，同时用分子体积表示分子半径：

$$D_{AB} = \frac{9.96 \times 10^{-5} T}{\mu_B (V_A)^{1/3}} \qquad (17-7)$$

式中，μ_B 为溶剂 B 的黏度，Pa·s；V_A 为溶质 A 在正常沸点下的分子体积，cm^3/mol。表 17 – 4 给出了常见混合物在正常沸点下的分子体积。

表 17 – 4　常见混合物在正常沸点下的分子体积　　　　　（cm^3/mol）

气体	空气	H_2	O_2	N_2	CO	CO_2	H_2O	H_2S	NH_3	NO	N_2O	SO_2
V_A	29.9	14.3	25.6	31.6	30.7	34.0	18.9	32.9	25.8	23.6	36.4	44.8

17.2.3　固体的分子（原子）扩散系数

物质在固体中扩散的能力远小于在液体及气体中的能力，其扩散系数值在 $1 \times 10^{-14} \sim 1 \times 10^{-10} m^2/s$ 范围内。涉及固体的扩散有如下三种类型。

17.2.3.1　遵守费克第一定律的固体内部的扩散

固体中的这种扩散类型与固体结构无关，完全遵守费克第一定律，与静止液体内的扩散极为相似，它属于分子（原子）在均相系统内的扩散。固态中的扩散很缓慢，只有在高温下扩散现象才比较显著。

尽管扩散与固体结构无关，但分子扩散系数随物质的浓度和温度而变。经验表明，阿累尼乌斯（Arrhenius）式可以较好地表达固态扩散系数与温度的关系，即：

$$D_{AB} = D_0 \exp[-E/(RT)] \qquad (17-8)$$

式中，D_0 为标准状态下的扩散系数，cm^2/s；R 为气体常数；T 为热力学温度，K；E 为扩散活化能，J/mol。

某些熔盐中扩散离子的 D_0 和 E 值如表 17 – 5 所示。

表 17 – 5　某些熔盐中扩散离子的 D_0 和 E 值

扩散物质	熔体	温度范围/℃	$D_0/cm^2 \cdot s^{-1}$	$E/kJ \cdot mol^{-1}$	典型 D_{AB} 值/$cm^2 \cdot s^{-1}$	温度/℃
Na	NaCl	845~916	8×10^{-4}	16.75	14.2×10^{-5}	906
Cl	NaCl	825~942	23×10^{-4}	29.73	8.8×10^{-5}	933
Na	$NaNO_3$	315~375	12.88×10^{-4}	20.81	2.00×10^{-5}	328
NO_3	$NaNO_3$	315~375	8.97×10^{-4}	21.28	1.26×10^{-5}	328
Tl	TlCl	487~577	7.4×10^{-4}	19.26	3.89×10^{-5}	502
Zn	$ZnBr_2$	394~650	790×10^{-4}	67.24	0.22×10^{-5}	500

某些元素在固体中的扩散系数如表 17 – 6 所示。

表 17 - 6　某些元素在固体中的扩散系数

系　统	温度/℃	$D_{AB}/cm^2 \cdot s^{-1}$
H 在镍内	85	1.16×10^{-8}
	165	1.05×10^{-7}
Al 在铜内	20	1.3×10^{-30}
Bi 在铅内	20	1.1×10^{-16}
Sn 在铁内	900	8.3×10^{-11}
C 在铁内	800	7.7×10^{-8}
	1000	32.7×10^{-8}

17.2.3.2　与固体结构密切相关的扩散

在冶金过程中经常遇到气体在多孔固体中的扩散，气孔结构与扩散系数密切相关，如矿石的还原，煤的燃烧和砂型的干燥等。气体在多孔固体中的扩散与在均相固体中大不相同，它属于相际扩散，与孔的大小、形状、多少、结构状态等因素有关。具体可分为三种情况：

（1）分子扩散型。气体通过固体内的毛细孔道进行扩散时，如毛细孔道的半径 r 远大于分子平均自由程 λ_m，即 $r \gg 50\lambda_m$，这时主要是分子间的碰撞，而分子与壁面的碰撞很少。因此，分子在固体物质孔隙内的扩散系数可用一般的气体扩散系数式计算。

但在实际计算时，应考虑扩散主要是在孔截面上进行，而不是在固体的总截面上发生，同时由于毛细孔道是曲折的，其扩散距离远大于直线距离，所以其有效扩散系数 D_{ABP} 应修正如下：

$$D_{ABP} = D_{AB} \frac{\varepsilon}{\tau} \tag{17 - 9}$$

式中，ε 为固体的孔隙度；τ 为曲折系数，需要通过试验来确定。

（2）克努森（Knudsen）扩散型。气体通过固体内毛细孔道进行扩散时，如毛细孔道的半径 r 远小于分子平均自由程 λ_m，即 $r \leqslant 0.1\lambda_m$，或气体的压强很小，接近真空时，这时分子与壁面碰撞的概率大于分子之间的碰撞。其扩散系数可由下式确定：

$$D_{KP} = \frac{2}{3} r_m v_{Am} = \frac{2}{3} r_m \sqrt{\frac{RT}{\pi M_A}} = 97 r_m \sqrt{\frac{T}{M_A}} \tag{17 - 10}$$

式中，D_{KP} 为克努森扩散系数，cm^2/s；r_m 为孔的半径平均值，m；v_{Am} 为组分 A 分子的均方根速度，m/s；M_A 为组分 A 的分子量；T 为热力学温度，K。

当固体内毛细孔道的半径 r 与分子平均自由程 λ_m 相差不多时，即 $r \approx \lambda_m$，称为过渡型扩散，其扩散系数 D_P 可近似地用下式计算：

$$D_P = \left(\frac{1}{D_{ABP}} + \frac{1}{D_{KP}} \right)^{-1} \tag{17 - 11}$$

（3）表面扩散型：当物质在固体表面扩散时，此种扩散称为表面扩散。这时扩散沿平行于气流的表面进行，即表面扩散可以沿孔壁进行，因而其扩散流密度大于没有吸附时的扩散流密度，如下所示：

$$J_{Az} = - \left[\left(\frac{1}{D_{ABP}} + \frac{1}{D_{KP}} \right)^{-1} + K D_{sp} \right] \frac{dc_A}{dz} \tag{17 - 12}$$

式中，D_{sp} 为表面扩散系数，m^2/s；K 为常数。

17.2.3.3 晶格内的扩散

金属与非金属晶体内的扩散主要有两种方式：

（1）空位扩散。在晶体中，原子（离子）按一定的方式分布在晶格结点上，但并不是所有晶格结点都被占满，因此存在着一些空位。当晶体中的原子（离子）存在浓度差时，这些原子（离子）不是直接从高浓度扩散到低浓度区域，而是与空位交换位置，通过空位的反向运动实现自己的扩散。因此这类扩散称为空位扩散，也称置换扩散。由于空位浓度通常很低，因此空位扩散系数很小。空位扩散发生在多数合金及离子型化合物之中。

（2）间隙扩散。对半径比较小的溶质原子（离子），只需将正常结点稍微推开就可以在晶格间隙穿行，这就造成物质的扩散。间隙扩散的速度一般大于空位扩散。例如碳（其半径只有 0.077nm）在铁和铁合金中的扩散系数可达 $10^{-5}cm^2/s$。

17.3 质对流和对流传质

流体层流或湍流时，除分子扩散外，还能依靠流体的运动将质量从一处传递到另外一处，这种传质方式称为质对流（也可称为质量对流），这是质量传输的另一种方式。它将高浓度处的流体输送到浓度低处，从而完成物质的传输。发生在流动着的同一相的不同浓度之间，或相际不同浓度之间，即发生在流体的内部、流体与流体的分界面之间或流体与固体壁面之间。

当介质流动时，如流动方向与传质方向一致，则发生对流传质。这是因为在传质方向上存在着介质的流动，A 物质由一处向另一处传输，以摩尔浓度表示的质对流为：

$$N_A = c_A v_A \tag{17-13}$$

式中，N_A 为组分 A 在传质方向上传递的物质的量，$mol/(m^2 \cdot s)$；c_A 为组分 A 的摩尔浓度，mol/m^3；v_A 为物质 A 的流动速度，m/s。

以质量浓度表示的对流流动传质为：

$$n_A = \rho_A v_A \tag{17-14}$$

式中，n_A 为组分 A 在传质方向上的传质质量，$kg/(m^2 \cdot s)$；ρ_A 为组分 A 的质量浓度，kg/m^3。

质对流仅发生在流体中，由于流体在运动的同时存在浓度差，流体微团之间或质点之间因直接接触而存在分子扩散，因此质对流也同时伴随着分子扩散。

生产实际中，重要的不是流体内部的这种纯粹质对流的现象，而是流体流过与其浓度不同的物体表面时的质量传输过程，这种过程称为对流传质。当浓度高的流体流过一流体表面时，质量首先通过分子扩散方式从界面进行传递，然后，由于流体的流动把传递的物质带到低浓度区并与其他流体混合，从而把质量传给低浓度流体。由此可见，对流传质一方面是依靠流体的浓度差产生的分子扩散作用，另一方面是由于流体流动的对流作用。因此，影响对流传质的因素有流体的流速、密度、黏度、比热容、导热系数和化学反应等。

当对流传质发生在流体与流体的分界面上或流体与固体的分界面上，而其传质方向与

流动方向垂直时, 其传质量为:

$$N_A = k(c_f - c_w) \qquad (17-15)$$

式中, N_A 为组分 A 在传质方向上的传质量, $mol/(m^2 \cdot s)$; c_f 为流体中 A 的摩尔浓度, mol/m^3; c_w 为另一流体或固体表面上 A 的摩尔浓度, mol/m^3; k 为对流传质系数, m/s。

与式 (10-9) 牛顿对流换热公式类似, 式 (17-15) 没有给出对流传质系数的本质, 仅给出了对流传质系数 k 与许多因素有关, 研究对流传质就在于确定对流换热系数。对流流动传质与浓度场及速度场均相关。因此, 对流传质速度不仅与质量传输的特性因素 (如扩散系数、浓度梯度等) 有关, 而且与动量传输的动力学因素 (如流速) 有关。

尽管热量传输与质量传输有很多相似之处, 但它们之间也存在明显差异。例如, 静止流体中的导热与分子扩散不同, 前者是热量由高温向低温流动, 此时的热流方向上仅存在热的流动, 而不存在流体的速度问题; 而在分子扩散过程中, 由于流体内一种 (或几种) 分子由高浓度向低浓度扩散, 不同分子扩散速度不同。为了保持流体总摩尔浓度的守恒, 流体必须产生宏观运动, 以抵消由于不同分子扩散速度不同带来的影响。显然, 源于扩散的这种流体宏观运动, 会进一步引发质对流。因此, 质量传输往往比热量传输更为复杂。

17.4 质量传输中的浓度

17.4.1 常用浓度单位

浓度在质量传输中至关重要。常用的浓度表示方法有四种:

(1) 质量浓度, 即单位体积内某组分的质量, 其单位为 kg/m^3, 以符号 ρ_i 表示。ρ_A 表示混合物中组分 A 的质量浓度。

(2) 摩尔浓度, 即单位体积内某组分的摩尔数, 其单位为 mol/m^3, 以符号 c_i 表示。c_A 表示混合物中组分 A 摩尔浓度。它与质量浓度的关系为:

$$c_i = \frac{\rho_i}{M_i} \qquad (17-16)$$

式中, M_i 为某组分 i 的摩尔质量, kg/mol。

(3) 质量分数, 即混合物中某组分的质量占总质量的分数, 以符号 w_i 表示。w_A 表示混合物中组分 A 质量分数。

(4) 摩尔分数, 即混合物中某组分的摩尔数占总摩尔数的分数。对于液体或固体混合物, 以符号 x_i 表示, 如 x_A 表示固体或液体混合物中组分 A 的摩尔分数; 对于气体混合物, 以符号 y_i 表示, 如 y_A 表示气体混合物中组分 A 的摩尔分数。

以两种组分 A 和 B 的混合物 (固体或液体) 为例, 它们的关系为:

$$\rho = \rho_A + \rho_B$$

$$c = c_A + c_B$$

$$w_A = \frac{\rho_A}{\rho}, \quad w_B = \frac{\rho_B}{\rho}$$

$$x_A = \frac{c_A}{c}, \quad x_B = \frac{c_B}{c}$$

$$w_A + w_B = 1, \quad x_A + x_B = 1$$

$$w_A = \frac{x_A M_A}{x_A M_A + x_B M_B}, \quad x_A = \frac{w_A / M_A}{w_A / M_A + w_B / M_B}$$

对于气体：$y_A = \dfrac{c_A}{c} = \dfrac{n_A}{n} = \dfrac{p_A}{p}, \quad y_B = \dfrac{c_B}{c} = \dfrac{n_B}{n} = \dfrac{p_B}{p}, \quad y_A + y_B = 1$。

17.4.2 稳态传质与非稳态传质

在质量传输中，任一组分 i 的浓度 c_i 关于空间坐标与时间的函数，称为该组分的浓度场，即：

$$c_i = f(x, y, z, t) \tag{17-17}$$

式中，c_i 为浓度。

根据浓度是否随时间变化，浓度场可分为稳态和非稳态。当浓度不随时间变化时，称为稳态浓度场，此时 $\partial c_i / \partial t = 0$，即 $c_i = f(x, y, z)$；反之，称为非稳态浓度场，如下所示：

$$c_i = f(x, y, z, t), \qquad \frac{\partial c_i}{\partial t} \neq 0 \tag{17-18}$$

稳态浓度场中的传质，称为稳态传质，此时体系中不存在组分的蓄积。对非稳态浓度场，传质过程为非稳态，此时体系内可以有组分的蓄积。

传质也可按浓度函数（浓度场）中空间坐标的维数分类，如一维传质、二维传质或三维传质。z 坐标下的一维传质中，某组分的浓度梯度为 $\dfrac{dc_i}{dz}$ 的标量形式；而在三维传质中，浓度梯度采用 ∇c_i 的矢量形式。

17.5 传质流密度

传质流密度指单位时间内通过单位面积的物质量。对一维分子扩散传质，A 组分的传质流密度有两种表示法：

$$j_{Az} = -D_A \frac{d\rho_A}{dz} \tag{17-19}$$

$$J_{Az} = -D_A \frac{dc_A}{dz} \tag{17-20}$$

j_{Az}、J_{Az} 分别称为一维质量流密度和一维摩尔流密度。

三维的质量流密度和摩尔流密度表达式如下：

$$\boldsymbol{j}_A = -D_A \nabla \rho_A \tag{17-21}$$

$$\boldsymbol{J}_A = -D_A \nabla c_A \qquad (17-22)$$

在对流传质中，组分 A 的传质流密度也有两种表示法：

$$\boldsymbol{n}_A = \rho_A v_A \qquad (17-23)$$

$$\boldsymbol{N}_A = c_A v_A \qquad (17-24)$$

这里 $\boldsymbol{n}_A$ 的单位与 $\boldsymbol{j}_A$ 一致；$\boldsymbol{N}_A$ 的单位与 $\boldsymbol{J}_A$ 一致。

在分子扩散中，一般会引起物质流动，即产生整体流动。如果以 v_A 表示组分 A 的绝对速度，以 v 表示混合物的（整体）质量速度，则对 A、B 二组分的混合物有如下关系：

$$v = v_A w_A + v_B w_B = \frac{1}{\rho}(\rho_A v_A + \rho_B v_B) \qquad (17-25)$$

由此，对质量浓度来说，传质流密度为：

$$\boldsymbol{j}_A = \rho_A(v_A - v) \qquad (17-26)$$

如用摩尔浓度表示，也可以得到混合物的摩尔速度为 v_m：

$$v_m = v_A x_A + v_B x_B = \frac{1}{c}(v_A c_A + v_B c_B) \qquad (17-27)$$

同理，对摩尔浓度来说，传质流密度为：

$$\boldsymbol{J}_A = c_A(v_A - v_m) \qquad (17-28)$$

A、B 两组分的分子扩散流密度采用质量浓度为 $\boldsymbol{j}_A = -D_{AB}\nabla\rho_A$ 和 $\boldsymbol{j}_A = \rho_A(v_A - v)$，可以得到：

$$\rho_A v_A = -D_{AB}\nabla\rho_A + \rho_A v \qquad (17-29)$$

由于 $\boldsymbol{n}_A = \rho_A v_A$ 和 $\boldsymbol{n}_B = \rho_B v_B$，并将式（17-25）代入到式（17-29），可以给出：

$$\boldsymbol{n}_A = -D_{AB}\nabla\rho_A + \rho_A(w_A v_A + w_B v_B) = -D_{AB}\nabla\rho_A + \frac{\rho_A}{\rho}(\rho_A v_A + \rho_B v_B) \qquad (17-30)$$

进而可得，组分 A 相对于固定坐标的质量浓度扩散流密度的关系：

$$\boldsymbol{n}_A = -D_{AB}\nabla\rho_A + w_A(\boldsymbol{n}_A + \boldsymbol{n}_B) \qquad (17-31)$$

由式（17-31）可以扩展到多组元的情况：

$$\boldsymbol{n}_A = -D_{AB}\nabla\rho_A + w_A \sum_{i=1}^{n} \boldsymbol{n}_i \qquad (17-32)$$

A、B 两组分的分子扩散流密度采用摩尔浓度为 $\boldsymbol{J}_A = -D_{AB}\nabla c_A$ 和 $\boldsymbol{J}_A = c_A(v_A - v_m)$，同理可以得到：

$$c_A v_A = -D_{AB}\nabla c_A + c_A v_m \qquad (17-33)$$

由于 $\boldsymbol{N}_A = c_A v_A$ 和 $\boldsymbol{N}_B = c_B v_B$，并将式（17-27）代入到式（17-33），采用与推导式（17-30）类似的方法可以得到摩尔浓度扩散流密度的关系如下：

$$\boldsymbol{N}_A = -D_{AB}\nabla c_A + \frac{c_A}{c}(\boldsymbol{N}_A + \boldsymbol{N}_B) = -D_{AB}\nabla c_A + x_A(\boldsymbol{N}_A + \boldsymbol{N}_B) \qquad (17-34)$$

由式（17 - 34）可以扩展到多组元的情况：

$$N_A = -D_{AB} \nabla c_A + \frac{c_A}{c} \sum_{i=1}^{n} N_i = -D_{AB} \nabla c_A + x_A \sum_{i=1}^{n} N_i \qquad (17 - 35)$$

式（17 - 32）和式（17 - 35）也被称为三维相对于固定坐标空间的质量流密度和摩尔流密度表达式。

一维相对于固定坐标空间的质量流密度和摩尔流密度分别如下所示：

$$n_{Az} = -D_{AB} \frac{d\rho_A}{dz} + w_A \sum_{i=1}^{n} n_{iz} \qquad (17 - 36)$$

$$N_{Az} = -D_{AB} \frac{dc_A}{dz} + \frac{c_A}{c} \sum_{i=1}^{n} N_{iz} = -D_{AB} \frac{dc_A}{dz} + x_A \sum_{i=1}^{n} N_{iz} \qquad (17 - 37)$$

对于 A 和 B 两组元式（17 - 37）可写成下式：

$$N_{Az} = J_{Az} + \frac{c_A}{c}(N_{Az} + N_{Bz}) = -D_{AB} \frac{dc_A}{dz} + x_A(N_{Az} + N_{Bz}) \qquad (17 - 38)$$

[**例题 17 - 2**]　由 O_2（组分 A）和 CO_2（组分 B）构成的二元系统中发生一维稳态扩散。已知 $c_A = 0.0207 \text{kmol/m}^3$，$c_B = 0.0622 \text{kmol/m}^3$，$v_A = 0.0017 \text{m/s}$，$v_B = 0.0003 \text{m/s}$，试计算：（1）$v$，$v_m$；（2）$N_A$，$N_B$，$N$；（3）$n_A$，$n_B$，$n$。

解：（1）$\rho_A = c_A M_A = 0.0207 \times 32 = 0.662 \text{kg/m}^3$；$\rho_B = c_B M_B = 0.0622 \times 44 = 2.737 \text{kg/m}^3$

$\rho = \rho_A + \rho_B = 2.662 + 0.737 = 3.399 \text{kg/m}^3$；$c = c_A + c_B = 0.0207 + 0.0622 = 0.0829 \text{kmol/m}^3$

则　$v = \frac{1}{\rho}(\rho_A v_A + \rho_B v_B) = \frac{1}{3.399} \times (0.0662 \times 0.0017 + 2.737 \times 0.0003) = 2.747 \times 10^{-4} \text{m/s}$

$v_m = \frac{1}{c}(c_A v_A + c_B v_B) = \frac{1}{0.0829} \times (0.0207 \times 0.0017 + 0.0622 \times 0.0003) = 6.496 \times 10^{-4} \text{m/s}$

（2）　　　$N_A = c_A v_A = 0.0207 \times 0.0017 = 3.519 \times 10^{-5} \text{kmol/(m}^2 \cdot \text{s)}$

　　　　　$N_B = c_B v_B = 0.0622 \times 0.0003 = 1.866 \times 10^{-5} \text{kmol/(m}^2 \cdot \text{s)}$

则　　　　$N = N_A + N_B = 3.519 \times 10^{-5} + 1.866 \times 10^{-5} = 5.385 \times 10^{-5} \text{kmol/(m}^2 \cdot \text{s)}$

（3）　　　$n_A = \rho_A v_A = 0.662 \times 0.0017 = 1.125 \times 10^{-3} \text{kg/(m}^2 \cdot \text{s)}$

　　　　　$n_B = \rho_B v_B = 2.737 \times 0.0003 = 8.211 \times 10^{-4} \text{kg/(m}^2 \cdot \text{s)}$

则　　　　　　　　$n = n_A + n_B = 1.946 \times 10^{-3} \text{kg/(m}^2 \cdot \text{s)}$

对于气体，A、B 两组分的考虑三维分子扩散流密度，采用的质量浓度为 $j_A = -\rho D_{AB} \nabla w_A$ 和 $j_A = \rho w_A(v_A - v)$，其中，ρ 为体系的总质量浓度。按式（17 - 31）和式（17 - 32）的类比推导，可得组分 A 和多组元的情况下对于固定坐标的质量浓度扩散流密度的关系式：

$$n_A = -\rho D_{AB}\nabla w_A + w_A(n_A + n_B) \tag{17-39}$$

$$n_A = -\rho D_{AB}\nabla w_A + w_A\sum_{i=1}^{n} n_i \tag{17-40}$$

同理，对于气体，A、B 两组分的分子扩散流密度采用摩尔浓度时，由 $J_A = -cD_{AB}\nabla y_A$ 和 $J_A = cy_A(v_A - v)$，其中，c 为体系的总摩尔浓度。同理可以得到：

$$N_A = -cD_{AB}\nabla y_A + y_A(N_A + N_B) \tag{17-41}$$

$$N_A = -cD_{AB}\nabla y_A + y_A\sum_{i=1}^{n} N_i \tag{17-42}$$

在一维条件下，式（17-40）和式（17-42）分别写成式（17-43）和式（17-44）：

$$n_{Az} = -\rho D_{AB}\frac{dw_A}{dz} + w_A\sum_{i=1}^{n} n_{iz} \tag{17-43}$$

$$N_{Az} = -cD_{AB}\frac{dy_A}{dz} + y_A\sum_{i=1}^{n} N_{iz} \tag{17-44}$$

17.6　小　　结

物质在不同空间区域的传递现象，称为质量传输，简称传质。传质有分子扩散和质对流两种形式，浓度梯度是分子扩散的推动力。浓度可用质量浓度、摩尔浓度、气体分压力表示。

实际中，重要的不是流体内部单一的质对流现象，而是由流体浓度差产生的分子扩散作用和流体流动的质对流综合作用，这种质量传输过程称为对流传质。

本章介绍了描述分子传质和对流传质的质量流密度方程式。由于质量扩散涉及多组分混合物，所以必须给出每一组分浓度和速度的基本关系式。讨论了分子的传递性质，即气体、液体和固体中的扩散系数或质量扩散率 D_{AB}，并给出了相应的方程式。

分子扩散（对于固体和液体）

$$J_A = -D_{AB}\nabla c_A \quad （相对于摩尔平均速率的摩尔流密度）$$

$$j_A = -D_{AB}\nabla\rho_A \quad （相对于质量平均速率的质量流密度）$$

$$N_A = -D_{AB}\nabla c_A + x_A(N_A + N_B) \quad （相对于固定空间坐标系的摩尔流密度）$$

$$n_A = -D_{AB}\nabla\rho_A + w_A(n_A + n_B) \quad （相对于固定空间坐标系的质量流密度）$$

分子扩散（对于气体）

$$J_A = -cD_{AB}\nabla y_A \quad （相对于摩尔平均速率的摩尔流密度）$$

$$j_A = -\rho D_{AB}\nabla w_A \quad （相对于质量平均速率的质量流密度）$$

$$N_A = -cD_{AB}\nabla y_A + y_A(N_A + N_B) \quad （相对于固定空间坐标系的摩尔流密度）$$

$$\boldsymbol{n}_A = -\rho D_{AB} \nabla \omega_A + \omega_A (\boldsymbol{n}_A + \boldsymbol{n}_B) \quad （相对于固定空间坐标系的质量流密度）$$

对流传质：

$$N_A = k \Delta c_A$$

思　考　题

17-1　何为质量传输，它有哪两种基本形式？

17-2　叙述质对流和对流传质的区别。为什么说质量传输往往比热量传输更为复杂？

17-3　何为浓度梯度，为什么说浓度梯度是传质的推动力之一？

17-4　气体扩散系数、液体扩散系数及固体扩散系数各与哪些因素有关？

17-5　多孔介质中气体的扩散与普通气相中的扩散有什么不同？

17-6　浓度有哪些表示方法，各用于什么场合？

17-7　质量浓度与质量分数、摩尔浓度与摩尔分数有何不同，它们之间的关系如何？

17-8　质量传输中涉及哪些传质参数，它们各表示什么意义？

17-9　传质的速度与流密度为何有不同的表达方式，各种表达方式有何联系？

17-10　分子传质（扩散）与分子传热（导热）有何异同？

习　　题

17-1　天然气中各物质量的相对浓度为：$y_{CH_4} = 94.90\%$，$y_{C_2H_6} = 4.00\%$，$y_{C_3H_8} = 0.60\%$，$y_{CO_2} = 0.50\%$，试计算：（1）甲烷（CH_4）的质量分数；（2）该天然气的平均分子质量；（3）CH_4 的分压力，设气体的总压为 $1.013 \times 10^5 Pa$。

17-2　试计算在 25℃和 $1.013 \times 10^5 Pa$ 条件下的空气中，CO_2 的扩散系数。

17-3　试计算 CO_2 与 CH_4 混合物在 0℃及 $1.013 \times 10^5 Pa$ 下的扩散系数。

17-4　在 $1.01325 \times 10^5 Pa$、298K 条件下，某混合气体各组分的摩尔分数为：CO_2 为 8%；O_2 为 3.5%；H_2O 为 16%；N_2 为 72.5%。各组分在 z 方向的绝对速度分别为 2.44m/s、3.66m/s、5.49m/s、3.96m/s。试计算：（1）混合气体的质量平均速度 v；（2）混合气体的摩尔平均速度 v_m；（3）组分 CO_2 的质量流密度 j_{CO_2}；（4）组分 CO_2 的摩尔流密度 J_{CO_2}。

17-5　空气被装在一个 $30m^3$ 的容器里，其温度为 700K，压力为 $1.01325 \times 10^5 Pa$，试确定空气的下列参数：（1）氧的摩尔分数；（2）氧的体积分数；（3）空气的质量；（4）氧气的质量密度；（5）氮气的质量密度；（6）空气的质量密度；（7）空气的摩尔密度；（8）空气的平均分子量；（9）氮气的分压。

17-6　对于 A、B 组成的二元混合物，试证明质量分数 w_A 与摩尔分数 x_A 的关系是：

$$w_A = \frac{x_A M_A}{x_A M_A + x_B M_B}$$

17-7　试证明 A 和 B 组成的两组分混合物系统中下列关系式成立：

$$（1）\ dw_A = \frac{M_A M_B dx_A}{(x_A M_A + x_B M_B)^2}; \qquad （2）\ dx_A = \frac{dw_A}{M_A M_B \left(\dfrac{w_A}{M_A} + \dfrac{w_B}{M_B} \right)^2}。$$

18 分子扩散的微分方程

本章提要：本章在质量守恒定律的基础上通过微元控制体建立了分子扩散的微分方程，进而给出了描述非稳态条件下的费克第一定律。

在解分子扩散微分方程时，所需要定解条件包括几何条件、初始条件、边界条件和物性条件。由于传质过程会伴随着化学反应，其边界条件要比传热过程复杂些。

在分子扩散过程中，由于流体内分子由高浓度向低浓度扩散，不同分子扩散速度不同。为了保持流体总摩尔浓度的守恒，流体必须产生宏观运动，以抵消由于不同分子扩散速度不同带来的影响。同样在分子扩散中伴随着化学反应，且反应前后的摩尔数不同，也会产生宏观运动。源于扩散的流体宏观运动，会进一步引发质对流，但与分子扩散在相同的数量级上。

费克第一定律揭示了连续浓度场内任意一点的质量流密度与浓度梯度的关系。对于一维稳态分子扩散问题可直接利用费克第一定律积分求解，求出分子扩散的质量流流量。但是，对于多维稳态分子扩散问题，就无法直接利用费克第一定律积分求解，一维及多维非稳态传质问题更是如此，需要由分子扩散的微分方程求解。

18.1　分子扩散微分方程式

根据质量守恒定律，对分子扩散的质量传输，图 18 – 1 的微元体在单位时间内的质量平衡如下：

$$\begin{bmatrix}以分子扩散方\\式传递入微元\\体的净质量\end{bmatrix}+\begin{bmatrix}微元体内\\净增加的\\质量\end{bmatrix}-\begin{bmatrix}微元体内由\\化学反应生\\成的质量\end{bmatrix}=0$$

在图 18 – 1 中，单位时间由 x 方向以分子扩散方式传入和溢出微元体组分 A 的质量分别为：

传入：$j_{Ax}\mathrm{d}y\mathrm{d}z$　　溢出：$\left(j_{Ax}+\dfrac{\partial j_{Ax}}{\partial x}\mathrm{d}x\right)\mathrm{d}y\mathrm{d}z$

单位时间 x 方向由分子扩散方式传递入微元体组分 A 的净质量为：

$$\left(j_{Ax}+\frac{\partial j_{Ax}}{\partial x}\mathrm{d}x\right)\mathrm{d}y\mathrm{d}z-j_{Ax}\mathrm{d}y\mathrm{d}z=\frac{\partial j_{Ax}}{\partial x}\mathrm{d}x\mathrm{d}y\mathrm{d}z$$

$$(18-1)$$

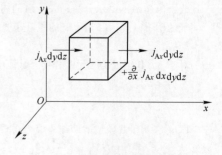

图 18 – 1　微元六面体沿 x 方向上
分子扩散传递的质量

同理在图 18 - 1 微元体的 y 和 z 的两个方向，单位时间由分子扩散方式传递入微元体组分 A 的净质量分别为：$\dfrac{\partial j_{Ay}}{\partial y}\mathrm{d}x\mathrm{d}y\mathrm{d}z$ 和 $\dfrac{\partial j_{Az}}{\partial z}\mathrm{d}x\mathrm{d}y\mathrm{d}z$。

单位时间由分子扩散方式传递入微元体组分 A 的总净质量：

$$\frac{\partial j_{Ax}}{\partial x}\mathrm{d}x\mathrm{d}y\mathrm{d}z + \frac{\partial j_{Ay}}{\partial y}\mathrm{d}x\mathrm{d}y\mathrm{d}z + \frac{\partial j_{Az}}{\partial z}\mathrm{d}x\mathrm{d}y\mathrm{d}z = \left(\frac{\partial j_{Ax}}{\partial x} + \frac{\partial j_{Ay}}{\partial y} + \frac{\partial j_{Az}}{\partial z}\right)\mathrm{d}x\mathrm{d}y\mathrm{d}z \tag{18-2}$$

单位时间组分 A 在微元体内净增加的质量为：

$$\frac{\partial \rho_A}{\partial t}\mathrm{d}V = \frac{\partial \rho_A}{\partial t}\mathrm{d}x\mathrm{d}y\mathrm{d}z \tag{18-3}$$

假设微元体内组分 A 的化学反应生成速率为 r_A，单位时间在微元体内化学反应生成组分 A 的质量为：

$$r_A\mathrm{d}V = r_A\mathrm{d}x\mathrm{d}y\mathrm{d}z \tag{18-4}$$

式中，r_A 的量纲为单位体积的质量。

根据图 18 - 1 中微元体单位时间的质量守恒定律，由式（18 - 2）~式（18 - 4）可以给出下面的关系：

$$\left(\frac{\partial j_{Ax}}{\partial x} + \frac{\partial j_{Ay}}{\partial y} + \frac{\partial j_{Az}}{\partial z}\right)\mathrm{d}x\mathrm{d}y\mathrm{d}z + \frac{\partial \rho_A}{\partial t}\mathrm{d}x\mathrm{d}y\mathrm{d}z - r_A\mathrm{d}x\mathrm{d}y\mathrm{d}z = 0 \tag{18-5}$$

消去式（18 - 5）中的 $\mathrm{d}x\mathrm{d}y\mathrm{d}z$ 可得：

$$\frac{\partial j_{Ax}}{\partial x} + \frac{\partial j_{Ay}}{\partial y} + \frac{\partial j_{Az}}{\partial z} + \frac{\partial \rho_A}{\partial t} - r_A = 0 \tag{18-6}$$

若系统仅由组分 A 和组分 B 组成时，采用质量浓度，则有：$j_{Ax} = -D_{AB}\dfrac{\partial \rho_A}{\partial x}$；$j_{Ay} = -D_{AB}\dfrac{\partial \rho_A}{\partial y}$；$j_{Az} = -D_{AB}\dfrac{\partial \rho_A}{\partial z}$。将其代入式（18 - 6）后可以得到：

$$\frac{\partial \rho_A}{\partial t} = D_{AB}\left(\frac{\partial^2 \rho_A}{\partial x^2} + \frac{\partial^2 \rho_A}{\partial y^2} + \frac{\partial^2 \rho_A}{\partial z^2}\right) + r_A \tag{18-7}$$

若用摩尔浓度表示，则为：

$$\frac{\partial c_A}{\partial t} = D_{AB}\left(\frac{\partial^2 c_A}{\partial x^2} + \frac{\partial^2 c_A}{\partial y^2} + \frac{\partial^2 c_A}{\partial z^2}\right) + R_A \tag{18-8}$$

式（18 - 7）和式（18 - 8）为二组分系统的分子扩散微分方程。如在分子扩散时，控制体内无化学反应，则式（18 - 7）和式（18 - 8）分别简化为：

$$\frac{\partial \rho_A}{\partial t} = D_{AB}\left(\frac{\partial^2 \rho_A}{\partial x^2} + \frac{\partial^2 \rho_A}{\partial y^2} + \frac{\partial^2 \rho_A}{\partial z^2}\right) \tag{18-9}$$

$$\frac{\partial c_A}{\partial t} = D_{AB}\left(\frac{\partial^2 c_A}{\partial x^2} + \frac{\partial^2 c_A}{\partial y^2} + \frac{\partial^2 c_A}{\partial z^2}\right) \tag{18-10}$$

式（18 - 9）和式（18 - 10）为三维费克第二定律。如分子扩散过程处于稳态，则进一步简化为：

$$\frac{\partial^2 \rho_A}{\partial x^2} + \frac{\partial^2 \rho_A}{\partial y^2} + \frac{\partial^2 \rho_A}{\partial z^2} = 0 \tag{18-11}$$

$$\frac{\partial^2 c_A}{\partial x^2} + \frac{\partial^2 c_A}{\partial y^2} + \frac{\partial^2 c_A}{\partial z^2} = 0 \tag{18-12}$$

将式（18-10）写成柱坐标系或球坐标系的形式如下：

$$\frac{\partial c_A}{\partial t} = D_{AB}\left(\frac{\partial^2 c_A}{\partial r^2} + \frac{1}{r}\frac{\partial c_A}{\partial r} + \frac{1}{r^2}\frac{\partial^2 c_A}{\partial \theta^2} + \frac{\partial^2 c_A}{\partial z^2} \right) \tag{18-13}$$

$$\frac{\partial c_A}{\partial t} = D_{AB}\left[\frac{1}{r^2}\frac{\partial}{\partial r}\left(r^2\frac{\partial c_A}{\partial r} \right) + \frac{1}{r^2\sin\theta}\frac{\partial}{\partial \theta}\left(\sin\theta\frac{\partial c_A}{\partial \theta} \right) + \frac{1}{r^2\sin^2\theta}\frac{\partial^2 c_A}{\partial \phi^2} \right] \tag{18-14}$$

组分 A 分子扩散的微分方程或连续性方程，且控制体内有化学反应，采用摩尔浓度，在直角坐标系中的形式为：

$$\frac{\partial c_A}{\partial t} = \left(\frac{\partial N_{Ax}}{\partial x} + \frac{\partial N_{Ay}}{\partial y} + \frac{\partial N_{Az}}{\partial z} \right) + R_A \tag{18-15}$$

将式（18-8）写成在柱坐标系和在球坐标系中的形式分别为：

$$\frac{\partial c_A}{\partial t} = \left[\frac{1}{r}\frac{\partial}{\partial r}(rN_{Ar}) + \frac{1}{r}\frac{\partial N_{A\theta}}{\partial \theta} + \frac{\partial N_{Az}}{\partial z} \right] + R_A \tag{18-16}$$

$$\frac{\partial c_A}{\partial t} = \left[\frac{1}{r^2}\frac{\partial}{\partial r}(r^2 N_{Ar}) + \frac{1}{r\sin\theta}\frac{\partial}{\partial \theta}(N_{A\theta}\sin\theta) + \frac{1}{r\sin\theta}\frac{\partial N_{A\phi}}{\partial \phi} \right] + R_A \tag{18-17}$$

18.2　分子扩散微分方程的定解条件

确定一个分子扩散过程，需要解分子扩散微分方程。解方程时，需要一些初始条件、边界条件。也就是说，需要具体的定解条件才能得到确定的分子扩散过程。定解条件包括几何条件、初始条件、边界条件和物性条件。

几何条件就是系统的几何形状和尺寸，如无限大尺寸、半无限大尺寸、有限尺寸及形状。

初始条件就是各扩散组分在初始时刻的浓度，它可以是质量浓度，也可以是摩尔浓度。它可以是空间变量的函数，也可以是情况简单的常数，如：

在 $t=0$ 时，$c_A = c_{A0}$；

在 $t=0$ 时，$\rho_A = \rho_{A0}$。

如果初始时刻的浓度分布是空间变量的函数，那么浓度的初始条件就比较复杂：

在 $t=0$ 时，$c_A = f(M)$；

在 $t=0$ 时，$\rho_A = f(M)$。

分子扩散过程常见的边界条件有：

（1）系统的表面浓度为已知。这个边界浓度有多种表示方法，可以用物质的摩尔浓度 c_{As}，也可以用质量浓度 ρ_{As}；对于气体，可用摩尔分数 y_{As}，对于液体和固体，可用 x_{As}。当该边界特指一相为纯组分、另一相为混合物的两相界面时，混合物中扩散组分 A 在边界上的浓度需满足化学势平衡要求。对于纯液态或纯固态扩散到混合气体中的情况，混合气体中组分 A 在边界上的分压必须等于组分 A 的饱和蒸气压 p_A，即 $p_{As} = p_A$。同理，对于纯固态溶解到液体混合物中的情况，液体中组分 A 在边界上的浓度必须等于组分 A 的饱和浓度 c_A^*，即 $c_{As} = c_A^*$。

对于组分 A 在气液两相中扩散的情况，有两种方法可以确定两相界面上组分 A 的浓度。

1）组分 A 在气液两相中含量均较高的情况下，拉乌尔（Raoult）定律给出了理想溶液在液面处的边界条件为：

$$p_{As} = p_A x_A \tag{18-18}$$

式中，x_A 为组分 A 在溶液中的摩尔分数；p_A 为纯 A（溶剂）的蒸气压力，Pa；p_{As} 为溶液中溶入溶质 B 时，与之平衡的气相中 A 的分压，Pa。组分 A 的气体分压与摩尔分数有关：

$$x_{As} = \frac{p_{As}}{p} \tag{18-19}$$

式中，p 为气体总压力，Pa。根据理想气体状态方程，可得物质的摩尔浓度 c_{As}：

$$c_{As} = \frac{p_{As}}{RT} \tag{18-20}$$

式中，c_{As} 为组分 A 的物质的摩尔浓度，mol/cm^3；p_{As} 是气相中 A 组分的分压，Pa；R 为气体常数；T 为温度，K。

2）组分 A 在液体中的溶解度较低时，其溶解度与气相平衡分压之间服从亨利（Henry）定律：

$$p_A = H x_A \tag{18-21}$$

式中，p_A 是气相中 A 组分的分压，Pa，H 称为亨利常数。

同样，当气固两相平衡时：

$$c_{A,solid} = S p_A \tag{18-22}$$

式中，$c_{A,solid}$ 为边界处固相中组分 A 的物质的摩尔浓度，mol/cm^3；p_A 是固体上方气相中 A 组分的分压，Pa；S 为比例系数，即溶解度常数，$mol/(cm^3 \cdot Pa)$。

（2）系统表面的质量流密度为已知。它可以是时间的函数，也可以是常数，甚至为零。对于不同的界面反应，通常有三种情况：

1）某组分的反应流密度与其他组分的反应流密度符合化学计量数；

2）界面上存在某一限定的化学反应速率，该速率以梯度形式影响边界上的组分流密度；

3）当扩散组分经过一个瞬时反应而在边界上消失时，该组分浓度一般可假设为零。因此，组分 A 成为限制化学反应的物质。

（3）给定边界条件上的对流速率。当流体流过有质量传输的表面时，对流传质作用决定了传质流密度，如在边界上，即 $z = 0$ 处，扩散经过液体边界层的对流传质流密度即为：

$$N_A |_{z=0} = k_c (c_{As} - c_{A\infty}) \tag{18-23}$$

式中，$c_{A\infty}$ 为组分 A 在主流核心区的浓度；c_{As} 为其在靠近传质界面的浓度；k_c 为对流传质系数。

（4）对于给定边界层上组分 A 的流动流密度等于零。工程技术感兴趣的是寻找因非渗透表面或中心对称可控体积而导致的零流密度的位置，或是其流密度值如下式所示的位置：

$$N_A\big|_{z=0} = -D_{AB}\frac{dc_A}{dz}\bigg|_{z=0} = 0 \quad \text{或} \quad \frac{dc_A}{dz}\bigg|_{z=0} = 0 \qquad (18-24)$$

（5）系统内各物性为已知。系统由参与传质过程的各物性来确定，如扩散系数、对流传质系数、浓度、密度、质量定压热容等物性。它可以是固定不变的常数，也可以是随温度、浓度、压力等参数改变的变量。

[例题 18-1]　半导体扩散工艺中，包围硅片的气体中含有大量的杂质原子，杂质不断地通过硅片表面向内部扩散，在下述两种情况下确定该硅片的边界条件：

（1）半导体的扩散工艺是恒定表面浓度扩散，即硅片表面的杂质浓度保持一定；

（2）半导体的扩散工艺是限定源扩散，仅有硅表面已有的杂质向硅片内部深处扩散，没有外来的杂质通过硅片表面进入硅片内部。

解：（1）半导体的扩散工艺是恒定表面浓度，边界就在硅片的表面上，即 $z=0$ 和 $z=l$。此时可看成一维问题，边界上杂质的浓度保持常数 c_0。此时边界条件可写为

$$c(z=0,t) = c_0, \qquad c(z=l,t) = c_0$$

（2）由于半导体的扩散工艺是限定源扩散，没有外来的杂质通过硅片表面进入硅片，仅是硅片表面已有的杂质向硅片内部深处扩散，因此通过硅片表面的扩散流强度为 0：

$$\frac{d}{dz}c(z=0,t) = 0, \qquad \frac{d}{dz}c(z=l,t) = 0$$

18.3　模拟分子扩散过程的步骤

模拟分子扩散的过程可依据费克定律和分子扩散微分方程加以适当简化。通常，大部分涉及分子扩散的问题包含以下五个步骤：

（1）画出物质系统图，标注重要参数（包括系统边界），明确传质的来源和接收位置。

（2）写出基于物质系统的一系列假设，列出式清单。在发展该模型并添加更多条件时，更新这些式。

（3）选择描述该物质系统的最佳坐标系，依据费克定律和质量传输微分方程，写出包括该过程体积参数在内的、用于描述基于以上几何系统和这些假设的物料恒算微分形式。

分析分子扩散微分方程时，注意物质系统中用不到的参数项。例如：稳态系统 $\frac{\partial c_A}{\partial T} = 0$；在该体积的扩散系统内无化学反应，$R_A = 0$；按具体情况选择合适的坐标系，可以简化微分方程。另外，将过程的微分体积参数表示为一种宏观上的平衡。

之后，费克定律通过建立流密度与体积影响因素之间的关系得以简化。例如，消除空间某一方向上二元气体混合物 A、B 组分的流密度。考虑相对于固定坐标的气体的摩尔流密度，由式（17-41）可得：

$$N_{Az} = -cD_{AB}\frac{\mathrm{d}y_A}{\mathrm{d}z} + y_A(N_{Az} + N_{Bz}) \tag{18-25}$$

如果 $N_{Az} = -N_{Bz}$，则 $y_A(N_{Az} + N_{Bz}) = 0$。如果 $y_A(N_{Az} + N_{Bz}) \neq 0$，由于 N_{Az} 总等于 $c_A v_z$，则减少 $c_A v_z$ 即能够减少混合物中组分 A 的浓度。若该浓度分布需要列出微分方程，则费克定律的简化形式必须由分子扩散微分方程的简化形式来代替。图 18-2 用以说明该过程。

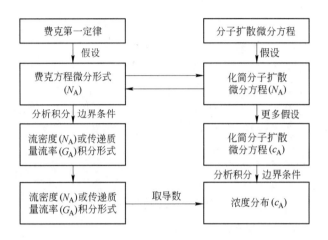

图 18-2 分子扩散模型的求解方法模型

（4）识别和说明边界条件以及内部条件。例如：

1）$z = 0$ 的表面或界面处组分 A 的浓度，假设为 $c_A = c_{A0}$。该浓度可用某些平衡关系表示，如亨利定律。

2）扩散体系的中心对称条件，或者可以说，在 $z = 0$ 的表面或界面处组分 A 的净流密度 $N_{Az}|_z = 0 = \mathrm{d}c_A/\mathrm{d}z$。

3）表面或界面处组分 A 的对流流密度，假设为 $N_A = k(c_{As} - c_{A\infty})$。

4）已知 $z = 0$ 的表面或界面处组分 A 的对流流密度，假设为 $N_{Az}|_{z=0} = N_{A0}$。

5）已知表面或界面处的化学反应。若组分 A 在 $z = 0$ 界面上反应消耗的速率非常快，则假设为 $c_{As} = 0$。若反应速率较慢，对于有限的 c_{As}，则假设 $N_{Az} = k'c_{As}$，其中，k' 为一级反应的反应常数。

（5）通过微分物料恒算方程以及边界内部条件的结果，解微分方程，求得浓度分布、流密度或其他工程上感兴趣的参数。若可行，首先考虑更复杂问题的渐进解答或限制条件。

下面的例题用以阐明包含分子扩散的物理化学过程如何用费克方程和普适传质微分方程进行简化和建模。这个例子包含了直角坐标系的边界条件，重点在于建模的前四步，而最后的模型方程以微分方程形式表示。

[**例题 18-2**] 在清洁的硅片表面上沉积钨薄层是制造固态微电子结构的重要步骤。金属钨是微电子结构与硅表层间的电流导体。在典型的生产过程中，钨薄层通过 WF_6 在 H_2 气氛中沉淀到硅表面而形成，如图 18-3 所示。反应为：

$$3H_2(g) + WF_6(g) \longrightarrow W(s) + 6HF(g)$$

试通过费克第一定律，求扩散到气固界面上 WF_6 流密度。

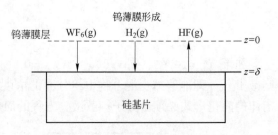

图 18-3　六氟化钨的化学气相沉积

通常，在扩散空间中没反应，故 $R_A = 0$。因此，表面反应为钨薄层通过 WF_6 在氢气中沉积到硅表面。扩散区域的气体与外界不相混，由此可知分子扩散占主要地位。流入气体提供 WF_6 的量远远多于反应消耗的量，因此可以将扩散区域内的 WF_6 浓度视作常数。WF_6 流密度的方向在空间沿着单一的 z 方向。硅薄片的厚度与 z 方向上扩散途径的长度 δ 几乎无关，即 δ 实质上为常数。扩散区域内的传质过程为稳态过程。

WF_6 流密度（A 组分）在 z 方向上呈线性，气相混合物中有四种组分。考虑相对于固定坐标空间的质量和摩尔流密度式（17-42）可得：

$$N_{Az} = -cD_{A-mix}\frac{dy_A}{dz} + y_A(N_{Az} + N_{Bz} + N_{Cz} + N_{Dz}) \qquad (18-26)$$

式中，D_{A-mix} 是 WF_6 在 H_2（组分 B）、HF（组分 C）和惰性气体 He（组分 D）的混合气体中的扩散系数，c 为体系的总摩尔量。

气体反应物流密度与气体生成物流密度的方向相反。钨薄层表面上的化学反应计量数提供了 WF_6 与各扩散组分之间的关系为：

$$\frac{N_{Az}}{N_{Bz}} = \frac{-1\,mol\,WF_6\ 反应}{-3\,mol\,H_2\ 反应} = \frac{1}{3} \quad 或 \quad N_{Bz} = +3N_{Az}$$

$$\frac{N_{Az}}{N_{Cz}} = \frac{-1\,mol\,WF_6\ 反应}{6\,mol\,HF\ 生成} = -\frac{1}{6} \quad 或 \quad N_{Cz} = -6N_{Az}$$

由于无传质沉淀，He 流密度为零，即（$N_D = 0$）。于是将前面的代入到式（18-26）可以得到：

$$N_{Az} = -cD_{A-mix}\frac{dy_A}{dz} + y_A(N_{Az} + 3N_{Az} - 6N_{Az} + 0) \qquad (18-27)$$

或

$$N_{Az} = -\frac{cD_{A-mix}}{1+2y_A} \cdot \frac{dy_A}{dz} \qquad (18-28)$$

扩散到表面上的 WF_6 流密度受表面上扩散出去的 HF 流密度大小的阻碍。该费克方程只有在混合物中扩散系数取平均值时方可求积分。

由式（18-28）可知，在分子扩散中伴随着化学反应，当反应前后的摩尔数不同，也会产生宏观运动，源于扩散流体宏观运动引发的质对流，与分子扩散在相同的数量级上。

18.4　小　　结

本章采用类似动量传输和热量传输的方法，即通过微元控制体得到质量传输微分方程。讨论了分子扩散微分方程的定解条件，着重分析了分子扩散过程常见的边界条件。分子扩散微分方程被发展用于描述混合物中扩散成分的物料平衡计算，提出了适应特殊情况的分子扩散微分方程的特殊形式。通常情况下可能遇到的分子扩散的边界条件也被列出。最后介绍了由五步方法构成的分子扩散数学建模过程。

思 考 题

18-1 叙述考虑化学反应的分子扩散微分方程推导的过程。

18-2 常见的传质边界条件有几种?

18-3 叙述建立分子扩散数学模型的过程。

习 题

18-1 根据费克第一定律证明：组分 A 在静止组分 B 中无化学反应的三维非稳态扩散方程为：

$$\frac{\partial \rho_A}{\partial t} = D\left(\frac{\partial^2 \rho_A}{\partial x^2} + \frac{\partial^2 \rho_A}{\partial y^2} + \frac{\partial^2 \rho_A}{\partial z^2}\right)$$

18-2 微电子设备是通过在硅晶片上排列其他薄膜层而制得的。每一膜层都具有独特的化学和电子性能。比如说，作为半导体的晶体硅薄层。通常，硅薄层应用化学气相沉积法（CVD），将 SiH_4 蒸气沉降到薄层表面。化学反应式为：

$$SiH_4(g) \longrightarrow Si(s) + 2H_2(g)$$

该表面反应通常在很低的压力（100Pa）和很高的温度（900K）下进行。在很多 CVD 反应器中，硅上方的气相不渗透。并且在高温下，表面反应非常迅速。因此，SiH_4 蒸气分子扩散到表面的速率控制硅薄层的生成速率。最简化的 CVD 反应器如图 18-4 所示。流入气体中的硅烷作为传质的来源，而硅薄片表面作为硅烷的传质接收器。相似的，硅薄片表面的 H_2 作为传质的来源，流入气体则作为 H_2 的传质接收器。假设过程与例题 18-2 中的相似。该物理过程置于直角坐标系中，阐明模型建立过程。

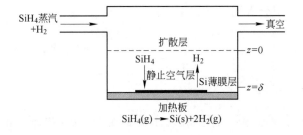

图 18-4 习题 18-2 图

19 分子扩散

本章提要： 用费克第一定律研究了一维稳态的固体中的分子扩散和气体中的分子扩散，借助一维稳态导热的方法，可直接求出平板和圆筒壁稳定分子扩散的浓度场和分子扩散流密度。分析了一维稳态同时伴随一级化学反应的变面积和恒定面积的分子扩散问题。

用费克第二定律研究了静止介质中非稳态分子扩散。借用不稳定导热的方法，可直接求出平板和圆柱体不稳定分子扩散的浓度场。另外讨论了求解非稳态分子扩散问题的图解法，在应用图表计算时，需将传热的傅里叶数和毕渥数替换为传质傅里叶数与传质毕渥数，相应的参数也应做代换。特别对冶金、材料中的半无限大物体中，表面浓度为常数的扩散偶法（又称扩散对法）和表面扩散物质的质量为常数（几何面源法）的浓度场和分子扩散流密度分别进行了深入的讨论和分析。

分子扩散是依靠分子运动来完成的，它可以发生在气体和液体中，也可以发生在固体中。不仅流体介质中的分子扩散对冶金过程有重要的影响，如通过边界层对矿石的氧化焙烧、还原炼铁、钢材的氧化脱碳和还原渗碳；同时，固体介质中的分子扩散对冶金过程亦有重要的影响，如铬钢的均匀化、固相烧结过程中的原子扩散等。

分子扩散广泛地发生于静止介质中，或层流、湍流边界层之中。这种由于浓度梯度而产生的分子定向传输，称为分子扩散。

19.1 一维稳态无化学反应的分子扩散

对于一维稳态、无化学反应的分子扩散，采用费克第一定律在固定坐标空间的摩尔流密度形式，对 A、B 两组分采用式（17－38）：

$$N_{Az} = J_{Az} + \frac{c_A}{c}(N_{Az} + N_{Bz}) = -D_{AB}\frac{dc_A}{dz} + x_A(N_{Az} + N_{Bz}) \qquad (17-38)$$

19.1.1 固体中的分子扩散

固体中的分子扩散可分为两种类型：一种是满足费克定律的固体内扩散，是与固体结构无关的分子扩散；另一种是与固体内部结构有关的多孔介质中的分子扩散。后者是在固体颗粒之间的毛细孔道内进行的。多孔固体介质中的分子扩散，与固体内部的结构关系密切。相关问题在 17.2.3 节已进行了讨论。本节仅讨论与固体内部结构无关的分子扩散。

由于在固体中扩散，c_A 的值很小，式（17－38）可简化为：

$$N_{Az} = J_{Az} = -D_{AB}\frac{dc_A}{dz} \qquad (19-1)$$

19.1.1.1 气体通过金属平板的扩散

设平壁的厚度为 L，平壁两侧表面上的浓度为 c_1 和 c_2，气体通过金属平板的扩散系数为 D_i 并保持不变，在稳态时，其浓度分布如图 19-1 所示。根据式（19-1），可以得到：

$$N_{iz} = -D_i\frac{dc_i}{dz} \qquad (19-2)$$

由于处于稳态，所以 N_i 保持不变，因此要求 $\dfrac{dc_i}{dz}$ 保持不变，即：

$$\frac{dc_i}{dz} = \frac{c_1-c_2}{L} = 常数 \qquad (19-3)$$

代入式（19-2）可得：

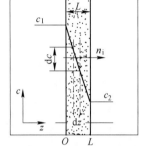

图 19-1 气体通过金属
平板的稳态扩散

$$N_{iz} = -\frac{D_i}{L}(c_1-c_2) \qquad (19-4)$$

由于 $\dfrac{dc_i}{dz}$ 保持不变意味着平板上的浓度呈线性分布，所以：

$$\frac{c_1-c_i}{c_1-c_2} = \frac{z}{L} \qquad (19-5)$$

图中金属平板左右两个表面处在与气相平衡的状态下，因此表面浓度与气体分压有关，此时有：

$$c_1 = K\sqrt{p_1}, \quad c_2 = K\sqrt{p_2} \qquad (19-6)$$

式中，p_1，p_2 分别为左右两侧气体的分压；K 为气体（分子状态）与溶解于金属内的同一物质（原子状态）间的平衡常数。

因此，式（19-4）可以表示为：

$$N_{iz} = -D_i\frac{K}{L}(\sqrt{p_1}-\sqrt{p_2}) \qquad (19-7)$$

关于气体通过固体的扩散，常用渗透率 p^* 来表示，其定义为：

$$p^* = D_i K\sqrt{p/p_{标}} \qquad (19-8)$$

只有在 p 为标准压力 1.01325×10^5 Pa、$p^* = D_iK$ 时，p^* 值可由下式确定：

$$p^* = p_0^*\exp[Q_p/(RT)] \qquad (19-9)$$

式中，p_0^* 为在 1cm 厚度和 1.01325×10^5 Pa 条件下测得的渗透率，其值为 2.526×10^{-8} cm³/(s·Pa$^{1/2}$)；Q_p 为渗透活化能，其值为 4.1868J/mol。

19.1.1.2　气体通过金属圆管的扩散

设金属圆管的内径为 r_1，外径为 r_2，管内外两侧的气体浓度为 c_1 和 c_2，气体通过金属圆管的扩散系数为 D_i，并保持不变，在稳态时，其浓度分布如图 19-2 所示。

根据前面类似的处理方法，可以得到圆管壁上的浓度场为：

$$\frac{c_1 - c_i}{c_1 - c_2} = \frac{\ln\left(\dfrac{r}{r_1}\right)}{\ln\left(\dfrac{r_2}{r_1}\right)} \qquad (19-10)$$

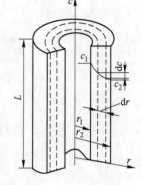

由式（19-10）可知，在圆筒壁的稳态分子扩散中，虽然扩散系数为常数，圆筒壁上的浓度场却为非线性分布，这是因为传质面积发生了变化。由于处于稳态，气体由分子扩散通过圆筒壁的流量（体积流率）G_V 为常数，即：

$$G_V = N_{ir}A_r = \frac{D_i(c_1 - c_2)}{\ln\left(\dfrac{r_2}{r_1}\right)}2\pi L \qquad (19-11)$$

图 19-2　气体通过
金属圆管的扩散

式中，A_r 为半径为 r 处的传质面积（$A_r = 2\pi rL$），m^2。

[**例题 19-1**]　设有一输送氢气的金属管道，其内径为 10cm，外径为 12cm，长为 100cm，输送的氢气压力 7599375Pa，外界压力为 1.01325×10^5Pa，温度为 450℃，试确定损失氢气的流量（体积流率）G_V。

解： 设扩散系数为常数，并用溶解度代替浓度来表示：

$$G_V = \frac{2\pi LD_iK(\sqrt{p_1} - \sqrt{p_2})}{\ln\left(\dfrac{r_2}{r_1}\right)} = \frac{2\pi Lp^*(\sqrt{p_1} - \sqrt{p_2})}{\ln\left(\dfrac{r_2}{r_1}\right)}$$

由式（19-9）计算　$p^* = 2.526 \times 10^{-8}\exp\left(\dfrac{4.1868}{8.314 \times 723}\right) = 2.258 \times 10^{-8}$ cm³/(s·Pa$^{1/2}$)

由于外界压力为 1.01325×10^5Pa，而空气中氢气的分压很低，可以近似为 0。其流量（体积流率）为：

$$G_V = \frac{2 \times 3.14 \times 100 \times 2.258 \times 10^{-8} \times (\sqrt{7599375} - \sqrt{0})}{\ln(6/5)} = 0.2144 \text{cm}^3/\text{s}$$

19.1.2　气体中的分子扩散

19.1.2.1　A 组元通过静止组分 B 的扩散

某组分（特别是液体）通过静止介质层（或惰性介质）的扩散在工程中经常遇到，如水在大气中的蒸发、湿空气的干燥过程及吸收剂从混合气体中吸收某一组分的过程，都只有一种组分扩散，这样的扩散称为单向扩散，如图 19-3 所示。

在某一温度下，表面蒸发进入空气的水蒸气设为组分 A，它以扩散的方式通过静止的空气（设为组分 B）。在这种条件下，$N_{Bz} = 0$，代入式（17 - 44）可写成：

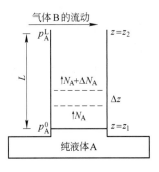

图 19 - 3　静止气体的稳态扩散传质

$$N_{Az} = -cD_{AB}\frac{dy_A}{dz} + y_A N_{Az} \qquad (19 - 12)$$

式（19 - 12）可以写成：

$$N_{Az} = -\frac{cD_{AB}}{1 - y_A}\frac{dy_A}{dz} \qquad (19 - 13)$$

式中，c 为混合相的总摩尔浓度。

气体介质如按理想气体考虑，其中的分压 p_A 可以用来代替浓度。

根据 $p_A V = n_A RT$，$p_A = \frac{n_A}{V}RT = c_A RT$，$c_A = \frac{p_A}{RT}$，$c = \frac{p}{RT}$；$y_A = \frac{p_A}{p}$。如果以 p_A 来表示物质 A 的分压，p 为混合相的总压，也可由式（19 - 13）得到：

$$N_{Az} = -\frac{D_{AB}}{RT}\frac{p}{p - p_A}\frac{dp_A}{dz} \qquad (19 - 14)$$

组分 A、B 的分压与总压的关系为 $p = p_A + p_B = 1.01 \times 10^5 Pa$。

当混合物中 A 组分的浓度很低时，$p - p_A = p = 1.01 \times 10^5 Pa$。对如下边界条件：$z_1 = 0$，$p_A = p_A^0$；$z_2 = L$，$p_A = p_A^L$，式（19 - 14）简化后，积分可得：

$$N_{Az} = \frac{D_{AB}}{RT}\frac{p_A^0 - p_A^L}{L} \qquad (19 - 15)$$

[例题 19 - 2]　截面积为 $5mm^2$ 的直立管，里边有水，水面距管口的距离为 $6.37mm$。一股完全干燥的空气吹过管口，其温度保持 30.8℃，用称重法测得水蒸发速率为 $2.542 \times 10^{-4} kg/h$，求水蒸气在空气中的扩散系数。

解：先将水蒸发速率 $2.542 \times 10^{-5} kg/h$ 换算为国际标准单位，为 $7.06 \times 10^{-6} g/s$。进而计算出：

$$N_A\big|_{z=0} = \frac{7.06 \times 10^{-6}}{18.02 \times 5 \times 10^{-6}} = 7.84 \times 10^{-2} mol/(m^2 \cdot s)$$

查附录 7 得水蒸气在 30.8℃时的饱和蒸气压力为 $p_{蒸汽} = 4491.72 Pa$，气体常数 $R = 8.314 J/(mol \cdot K)$。

根据式（19 - 15）求得：

$$D_{AB} = \frac{N_A\big|_{z=0} RTL}{p_A^0 - p_A^L} = \frac{7.84 \times 10^{-2} \times 8.314 \times (273 + 30.8) \times 0.00637}{4491.72 - 0} = 2.81 \times 10^{-4} m^2/s$$

19.1.2.2　等分子反方向扩散

最简单的稳态扩散是，在二元扩散系中，A、B 两组分以大小相等、方向相反的速率进行扩散，其中一个组分的扩散与另一组分的逆向扩散保持平衡，这种扩散称为等分子反方向扩散（双向扩散）。此时的物理状态是，一种气体的组分流密度与另外一种气体的组分流密度大小相等，方向相反，即 $N_{Az} = -N_{Bz}$。式（17-38）可写成式（19-1）的形式。虽然静止气体的稳态分子扩散与气体在固体中的扩散流密度的表达式相同，但产生的原因不同。

稳态扩散时，虽然组分发生迁移，但二元系统内各处的总压 p 或总摩尔浓度 c 保持恒定，即：

$$c_A + c_B = c = 常数 \tag{19-16}$$

$$p_A + p_B = p = 常数 \tag{19-17}$$

在系统中取 z_1 和 z_2 两个平面，设组分 A、B 在 z_1 处的浓度分别为 c_{A1}、c_{B1}；在 z_2 处的浓度分别为 c_{A2}、c_{B2}，且 $c_{A1} > c_{A2}$，$c_{B1} < c_{B2}$。

由上述边界条件，对式（19-1）进行积分可得：

$$N_{Az} \int_{z_1}^{z2} dz = -D_{AB} \int_{cA1}^{cA2} dc_A \longrightarrow N_{Az} = D_{AB} \frac{c_{A1} - c_{A2}}{z_2 - z_1} \tag{19-18}$$

当扩散体系为气体，且低压时气体可按理想气体混合物处理，用分压表示浓度，由式（19-18）在不同边界条件下积分，可以得到等分子反方向扩散沿扩散方向的浓度分布：

$$\frac{c_A - c_{A1}}{c_{A1} - c_{A2}} = \frac{z - z_1}{z_1 - z_2} \tag{19-19}$$

$$\frac{p_A - p_{A1}}{p_{A1} - p_{A2}} = \frac{z - z_1}{z_1 - z_2} \tag{19-20}$$

[**例题 19-3**] 氨气（A）通过一长为 0.10m 装有 N_2 气（B）的均匀管道扩散。管内压力为 $1.01325 \times 10^5 Pa$，温度为 298K，其流程如图 19-4 所示。点 1 处 $p_{A1} = 1.013 \times 10^4 Pa$，点 2 处 $p_{A2} = 0.507 \times 10^4 Pa$。扩散系数 $D_{AB} = 0.23 \times 10^{-4} m^2/s$。计算稳态下的扩散流密度 N_A 和 N_B。

解：

利用式（19-14）积分可得：

$$N_A = \frac{D_{AB}(p_{A1} - p_{A2})}{RT(z_2 - z_1)}$$

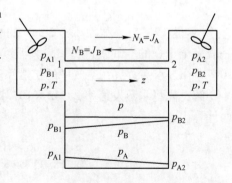

图 19-4 氨氮等分子反向扩散示意图

将 $p = 1.01325 \times 10^5 Pa$，$z_2 - z_1 = 0.1m$，$T = 298K$，$p_{A2} = 0.507 \times 10^4 Pa$。$D_{AB} = 0.23 \times 10^{-4} m^2/s$ 代入上式，得：

$$N_A = \frac{0.23 \times 10^{-4} \times (1.013 \times 10^4 - 0.507 \times 10^4)}{8314 \times 298 \times (0.10 - 0)} = 4.70 \times 10^{-7} kmol/(s \cdot m^2)$$

同理计算组分 B 的扩散。

其中：　　　$p_{B1} = p - p_{A1} = 1.01325 \times 10^5 - 1.013 \times 10^4 = 9.1195 \times 10^4 Pa$

　　　　　　$p_{B2} = p - p_{A2} = 1.01325 \times 10^5 - 0.507 \times 10^4 = 9.6255 \times 10^4 Pa$

$$N_B = \frac{0.23 \times 10^{-4} \times (9.1195 \times 10^4 - 9.6255 \times 10^4)}{8314 \times 298 \times (0.10 - 0)} = -4.70 \times 10^{-7} kmol/(s \cdot m^2)$$

负号表明扩散通量 N_B 是从点 2 到点 1。

19.2　一维稳态有化学反应的分子扩散

在一些分子扩散过程中，各组分在发生分子扩散的同时，还会发生化学反应，导致组分分子增加或减少。化学反应可分为两类：在相的内部处处均匀的化学反应，称为均相反应。反应局限在一个特定的区域内，可以是相的内部，也可以在边界上，称为非均相反应。

对于均相反应，组分 A 的生成速率，在传质微分方程，式（18−8）中用 R_A 来表示：

$$\frac{\partial c_A}{\partial t} = D_{AB} \left(\frac{\partial^2 c_A}{\partial x^2} + \frac{\partial^2 c_A}{\partial y^2} + \frac{\partial^2 c_A}{\partial z^2} \right) + R_A \qquad (18-8)$$

对于非均相反应，由于反应不是在控制体内部发生的，所以在通用微分方程中便没有组分 A 的生成速率项，而是将它作为边界条件来处理。

本节分析包括这两类化学反应的简单情况。

19.2.1　一级化学反应的变面积分子扩散

在许多工业过程中，都包括向化学反应界面进行的分子扩散，分子扩散的面积会发生变化。由于在整个过程中，既有分子扩散又有化学反应，它们之间的相对速率非常重要。当化学反应速率与分子扩散速率相比非常快时，该过程称为分子扩散控制；反之，则称为化学反应控制。

煤粉与空气中的氧气燃烧生成 CO 或 CO_2，是冶金过程中经常发生的反应。该过程是由分子扩散控制的，如图 19−5 所示。

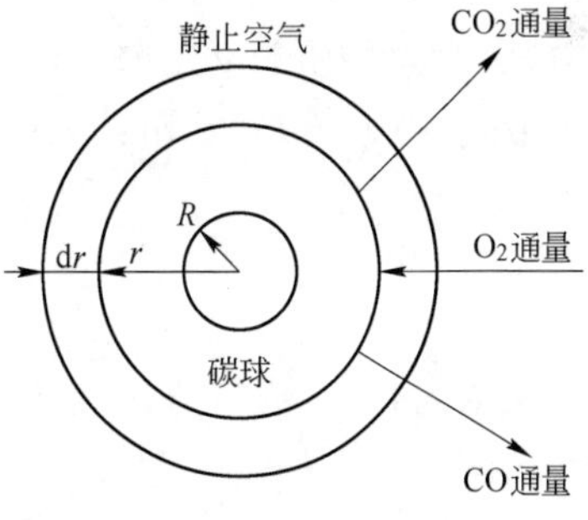

过程中氧气沿 r 方向扩散到球形煤颗粒的表面，此扩散为稳态一维扩散。

图 19−5　通过球膜扩散示意图

19.2.1.1　氧与碳的不完全燃烧

在颗粒表面，O_2 与 C 发生非均相反应产生 CO 和 CO_2，反应方程如下：

$$3C(s) + 2.5O_2(g) \rule[0.5ex]{1.5em}{0.4pt}\rule[0.2ex]{1.5em}{0.4pt} 2CO_2(g) + CO(g) \qquad (19-21)$$

图 19−5 给出球壳中扩散的示意图。在分子扩散途径中没有发生化学反应，所以 $R_{O_2} = 0$。由于煤颗粒被氧化了，随着碳转变为 CO 和 CO_2，颗粒的尺寸随时间减小，它们间的具体的变化规律需要确定。

在上述系统中采用球坐标，由传质微分方程式：

$$\frac{\partial c_A}{\partial t} = \left[\frac{1}{r^2} \frac{\partial}{\partial r}(r^2 N_{Ar}) + \frac{1}{r\sin\theta} \frac{\partial}{\partial \theta}(N_{A\theta}\sin\theta) + \frac{1}{r\sin\theta} \frac{\partial N_{A\phi}}{\partial \phi} \right] + R_A \qquad (18-17)$$

考虑一维、稳态，可以得到：

$$\frac{1}{r^2} \left(r^2 \frac{dN_{Ar}}{dr} \right) + R_A = 0 \qquad (19-22)$$

由于该过程分子扩散是控制环节，化学反应的影响可以忽略，式（19-22）可以写成：

$$\frac{d(r^2 N_{Ar})}{dr} = 0 \qquad (19-23)$$

在式（19-23）中规定，$r^2 N_{O_2 r}$ 在 r 方向整个扩散途径上为常数，即：

$$r^2 N_{O_2 r} \big|_r = R^2 N_{O_2 r} \big|_R \qquad (19-24)$$

可以看到，对于球面坐标，$r^2 N_{Ar}$ 沿着 r 轴方向恒定；而对于直角坐标，N_{Ar} 沿着 z 轴方向保持恒定。

由式（19-21）反应的化学计量数可知，对于分子扩散到煤颗粒表面的每 2.5mol O_2，都有 2mol CO_2 和 1mol CO 离开表面。所以，$N_{O_2} = -1.25 N_{CO_2}$，$N_{O_2} = -2.5 N_{CO}$。因为空气中的 N_2 是惰性的，所以它没有净传质，故 $N_{N_2} = 0$。采用气体的摩尔浓度单位，将上述结果代入式（17-44）可得：

$$N_{O_2 r} = -cD_{O_2-mix} \frac{dy_{O_2}}{dr} + y_{O_2}(N_{O_2 r} + N_{COr} + N_{CO_2 r} + N_{N_2}) = -cD_{O_2-mix} \frac{dy_{O_2}}{dr} - 0.2 y_{O_2} N_{O_2 r} \qquad (19-25)$$

式中，c 为总物质的摩尔浓度。

由式（19-25）给出：

$$N_{O_2 r} = -\frac{cD_{O_2-mix}}{1+0.2 y_{O_2}} \frac{dy_{O_2}}{dr} \qquad (19-26)$$

注意到 $r^2 N_{O_2 r}$ 为常数，式（19-26）可以改写成如下形式：

$$(r^2 N_{O_2 r}) \frac{dr}{r^2} = -\frac{cD_{O_2-mix}}{1+0.2 y_{O_2}} dy_{O_2} \qquad (19-27)$$

如果考虑在平均温度和平均组成条件下，扩散率 D_{O_2-mix} 和总物质的摩尔浓度 c 可以认为是常量。在球粒表面，因为反应是瞬态的，所以氧的浓度为 0。对式（19-27）在边界条件：$r=R$，$y_{O_2}=0$；$r=\infty$，$y_{O_2}=0.21$（对于气体，体积比等于摩尔比）进行积分可得：

$$(r^2 N_{O_2 r}) \frac{1}{R} = \frac{cD_{O_2-mix}}{0.2} \ln\left(\frac{1}{1.042} \right) \qquad (19-28)$$

氧气传递物质的摩尔流率是氧气流密度和界面面积 $4\pi r^2$ 的乘积：

$$G_{molO_2} = 4\pi r^2 N_{O_2r} = -4\pi R \frac{cD_{O_2-mix}}{0.2} \ln 1.042 \qquad (19-29)$$

需要指出，利用该方程计算的氧气质量流率为负值，这是因为氧气是沿负 r 方向传递的。对于式（19-21）的反应方程，可以用准静态方法描述碳颗粒上的物质平衡，碳物质平衡如下：

$$\begin{bmatrix} 碳的输入 \\ 摩尔流率 \end{bmatrix} - \begin{bmatrix} 碳的输出 \\ 摩尔流率 \end{bmatrix} = \begin{bmatrix} 碳的积累 \\ 摩尔流率 \end{bmatrix}$$

碳的输出摩尔流率与 CO_2 的输出摩尔流率有关，而 CO 的输出摩尔流率与 O_2 的输入摩尔流率有关：

$$G_{molC} = \frac{3}{2} G_{molCO_2} = -\frac{3}{2.5} G_{molO_2} = \frac{3}{2.5} \times 4\pi R \frac{cD_{O_2-mix}}{0.2} \ln 1.042 \qquad (19-30)$$

球粒上碳的积累摩尔流率为：

$$\frac{\rho_C}{M_C} \frac{dV}{dt} = \frac{\rho_C}{M_C} 4\pi R^2 \frac{dR}{dt} \qquad (19-31)$$

式中，ρ_C 为固体碳的密度；M_C 为碳的相对分子质量；V 为固体碳颗粒的总体积。

考虑到碳物质平衡，可以得到：

$$0 - \frac{3}{2.5} \times 4\pi R \frac{cD_{O_2-mix}}{0.2} \ln 1.042 = \frac{\rho_C}{M_C} 4\pi R^2 \frac{dR}{dt} \qquad (19-32)$$

重新整理式（19-32）。边界条件：反应开始 $t=0$ 时，球粒的最初半径为 $R=R_i$；在反应终了 $t=t_\theta$ 时，球粒的最终半径为 R_f，进行积分得到的表达式：

$$t_\theta = \frac{\frac{\rho_C}{M_C}(R_i^2 - R_f^2)}{12cD_{O_2-mix} \ln 1.042} \qquad (19-33)$$

19.2.1.2 氧与碳的完全燃烧

在颗粒表面，如果 O_2 与 C 发生的非均相反应仅生成 CO_2，反应方程如下：

$$C(s) + O_2(g) = CO_2(g) \qquad (19-34)$$

由于 CO_2 的流密度与 O_2 的流密度大小相等、方向相反，即 $N_{O_2r} = -N_{CO_2r}$。所以式（17-44）简化为：

$$N_{O_2r} = -cD_{O_2-mix} \frac{dy_{O_2}}{dr} \qquad (19-35)$$

此时，气体混合物仅由 CO_2、O_2 和 N_2 组成，可以得到氧气分子扩散的摩尔流率：

$$G_{molO_2} = -4\pi Rc D_{O_2-mix} y_{O_2\infty} \qquad (19-36)$$

对于非均相反应，化学反应速率可以提供一个边界条件，即：

$$N_{A|r=R} = -k_s c_{As} \qquad (19-37)$$

式中，k_s 为表面反应的反应速度常数，m/s；负号为组分 A 在表面减少。

如果反应是瞬态的，即扩散组分在反应表面上的浓度不为零，要考虑反应，式（19-36）变为：

$$G_{O_2} = -4\pi R c D_{O_2-mix}(y_{O_2\infty} - y_{O_2s}) \quad (19-38)$$

式中，$y_{O_2\infty}$ 为气源中 O_2 的摩尔浓度；y_{O_2s} 为表面（$r=R$）处 O_2 的摩尔浓度。

对于一级表面反应，表面 O_2 的摩尔分数可以表示为：

$$y_{O_2s} = \frac{c_{O_2s}}{c} = -\frac{N_{O_2R}}{k_s c} \quad (19-39)$$

负号表示 O_2 是沿负 r 方向上传递的。将式（19-39）代入到式（19-38），得到：

$$G_{molO_2} = -4\pi R c D_{O_2-mix}\left(y_{O_2\infty} + \frac{N_{O_2R}}{k_s c}\right) \quad (19-40)$$

由式（19-24）可得：

$$G_{molO_2} = -4\pi R^2 N_{O_2R} = 4\pi r^2 N_{O_2r} \quad (19-41)$$

合并式（19-40）和式（19-41），可以消去 N_{O_2R} 得到：

$$r^2 N_{O_2r}\left(1 + \frac{D_{O_2-mix}}{k_s R}\right) = -R c D_{O_2-mix} y_{O_2\infty} \quad (19-42)$$

最后，扩散和反应过程中 O_2 的分子扩散的摩尔流率为：

$$G_{molO_2} = -\frac{4\pi R c D_{O_2-mix} y_{O_2\infty}}{1 + \dfrac{D_{O_2-mix}}{k_s R}} \quad (19-43)$$

[例题 19-4]　在流化床式煤反应器中，如果工作温度为 1145K，内部氧气的流动与在粒子表面上形成的 CO 的流动为反方向。假设煤是密度为 $1.28 \times 10^3 kg/m^3$ 的纯碳，而且其颗粒的初始直径为 $1.50 \times 10^{-4} m$。空气（体积分数 21% 的 O_2 和 79% 的 N_2）距煤粒的距离有其直径的数倍之远。在燃烧的状态下，对于给定的温度，氧气在混合气体中的扩散速率为 $1.3 \times 10^{-4} m^2/s$。若过程是稳态的，求当碳粒直径减小到 $5.0 \times 10^{-5} m$ 时所需的时间。

解：周围空气作为 O_2 分子扩散的来源，而在煤颗粒表面，碳的氧化则为 O_2 分子扩散的去处。界面的反应如式（19-34）所示。高温下煤颗粒表面反应非常迅速，所以氧的浓度为零。由于反应速度快，反应速度常数 k_s 很大，式（19-40）可以简化为：

$$G_{molO_2} = -4\pi R c D_{O_2-mix} y_{O_2\infty}$$

根据式（19-37）的反应方程化学计量学表明，每 1mol O_2 到达碳的表面反应后生成 CO_2，要消耗掉 1 个碳原子。因此：

$$G_{molC} = -G_{molCO_2} = G_{molO_2} = -4\pi R c D_{O_2-mix} y_{O_2\infty}$$

总的碳平衡可以写作：

$$-4\pi R c D_{O_2-mix} y_{O_2\infty} = \frac{\rho_C}{M_C} 4\pi R^2 \frac{dR}{dt}$$

可以简化为：

$$dt = -\frac{\rho_C}{M_C} \frac{RdR}{cD_{O_2-mix} y_{O_2\infty}}$$

该方程有如下定解条件：$t=0$，$R=R_i$；$t=t_\theta$，$R=R_f$。进行积分，得到：

$$t_\theta = \frac{\rho_C}{2M_C} \frac{R_i^2 - R_f^2}{cD_{O_2-mix} y_{O_2\infty}}$$

总物质的摩尔浓度 c 可以由理想气体定律得到，$c = p/(RT)$，可以得到：

$$t_\theta = \frac{1.28\times10^3 \times \left[(7.5\times10^{-5})^2 - (2.5\times10^{-5})^2 \right]}{2\times12\times\dfrac{1.0}{0.08206\times1145}\times(1.3\times10^{-4})\times0.21} = 0.92\,s$$

19.2.2　一级化学反应的恒定面积分子扩散

伴有均相化学反应的分子扩散过程可以由图 19-6 的吸收过程来描述。在吸收液体表面，组分 A 的浓度为 c_{A0}。薄膜厚度为 δ。在薄膜下方，组分 A 的浓度为零，即 $c_{A\delta}=0$。膜内有很微弱的流动，且在薄膜内组分 A 的浓度很低，因此可用下式描述膜内的摩尔流量：

$$N_{Az} = -D_{AB}\frac{dc_A}{dz} \qquad (19-44)$$

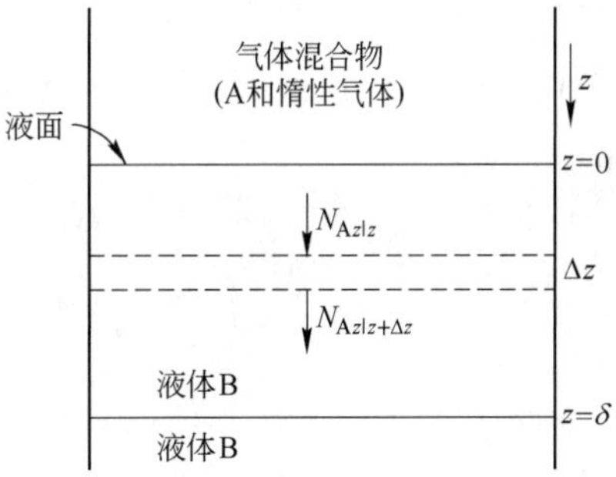

对于一维、稳态、介质为静止的分子扩散，式（18-8）可简化为：

$$\frac{d}{dz}N_{Az} - R_A = 0 \qquad (19-45)$$

图 19-6　伴有均相化学反应的吸收

考虑化学反应为一级，反应常数为 k_1，$R_A = -k_1 c_A$，再结合上两个式子，可以给出有一级化学反应的分子扩散的二阶微分方程式：

$$-\frac{d}{dz}\left(D_{AB}\frac{dc_A}{dz} \right) + k_1 c_A = 0 \qquad (19-46)$$

当扩散系数 D_{AB} 为常数时，上式简化为：

$$-D_{AB}\frac{d^2 c_A}{dz^2} + k_1 c_A = 0 \qquad (19-47)$$

式（19-47）的通解为：

$$c_A = C_1 \cosh \sqrt{\frac{k_1}{D_{AB}}} z + C_2 \sinh \sqrt{\frac{k_1}{D_{AB}}} z \tag{19-48}$$

式中，C_1 和 C_2 分别为积分常数。相应的边界条件为：$z = 0$ 时，$c_A = c_{A0}$；$z = \delta$ 时，$c_A = 0$。

因此，存在化学反应的组分 A 的摩尔流密度为：

$$N_{A|z=0} = \frac{D_{AB} c_{A0}}{\delta} \left(\frac{\sqrt{\frac{k_1}{D_{AB}}} \delta}{\tanh \sqrt{\frac{k_1}{D_{AB}}} \delta} \right) \tag{19-49}$$

如果考虑组分 A 在无化学反应的液体 B 中的吸收，其分子扩散过程也很有意义。将式（19-47）在相同的两个边界条件之间进行积分，这时组分 A 的摩尔流密度为：

$$N_{A|z=0} = \frac{D_{AB} c_{A0}}{\delta} \tag{19-50}$$

对比式（19-49）和式（19-50）可见，差别为：

$$\text{Hatta} = \left(\frac{\sqrt{\frac{k_1}{D_{AB}}} \delta}{\tanh \sqrt{\frac{k_1}{D_{AB}}} \delta} \right) \tag{19-51}$$

式（19-51）表示了化学反应对分子扩散的影响。这是一个特征数，称为八田（Hatta）数。

19.3　静止介质中非稳态分子扩散

如果在只有分子扩散的混合物中，浓度场尚未达到稳定平衡，即 $\partial c_i / \partial t \neq 0$，这种扩散就是非稳态扩散。此时，扩散速度和浓度梯度都随着空间位置和时间变化。非稳态扩散很复杂，需要通过质量平衡计算建立偏微分方程。在给出相应的边界条件后，一般可参照导热微分方程的某些现成解法。

传质时，当介质运动速度为零，并且内部无化学反应时，为式（18-10）：

$$\frac{\partial c_A}{\partial t} = D_{AB} \left(\frac{\partial^2 c_A}{\partial x^2} + \frac{\partial^2 c_A}{\partial y^2} + \frac{\partial^2 c_A}{\partial z^2} \right) \tag{18-10}$$

费克第二定律反映了三维非稳态时分子扩散的质量传输关系。一维非稳态的费克第二定律如下：

$$\frac{\partial c_A}{\partial t} = D_{AB} \frac{\partial^2 c_A}{\partial z^2} \tag{19-52}$$

这是一个二阶偏微分方程，对于不同的边界条件要具体求解。由于与非稳态的导热微分方程形式相同，所以对类似的边界条件，解法也类似。

经常遇到的非稳态分子扩散的边界条件有两种：物体表面浓度为常数和物体表面外的介质（通常指气体）浓度为常数。对于后者，扩散介质的浓度一般指某一组分在表面之间的平衡浓度。非稳态分子扩散过程中，当物质的扩散深度超过物体的厚度时，称为有限厚度，反之为无限厚度。

19.3.1 半无限大物体，表面浓度为常数

图 19-7 为半无限大物体，表面浓度为常数的非稳态分子扩散的浓度场。在分子扩散开始时，物体内的扩散组分的浓度均匀，为 c_{A0}，分子扩散过程中表面浓度 c_{As} 保持不变。

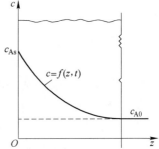

图 19-7 半无限大物体，表面浓度为常数的非稳态分子扩散浓度场

其初始条件与边界条件如下：

对于 $t=0$，在 $0 < z < \infty$ 处，$c_A = c_{A0}$；

对于 $t>0$，在 $z=0$ 处，$c_A = c_{As}$；在 $z=\infty$ 处，$c_A = c_{A0}$。

对式（19-52）进行求解，其方法与 12.5 节的方法完全一致，即采用变量替换法，解该微分方程式得（与式（12-50）类似）：

$$\frac{c_{As} - c_A}{c_{As} - c_{A0}} = \mathrm{erf}\left(\frac{z}{2\sqrt{D_{AB}t}}\right) \qquad (19-53)$$

由式（19-53）对 z 求导得：

$$\frac{\partial c_A}{\partial z} = \frac{c_{As} - c_{A0}}{\sqrt{\pi D_{AB}t}} e^{-\frac{z^2}{4D_{AB}t}} \qquad (19-54)$$

在 $z=0$ 处，

$$\left(\frac{\partial c_A}{\partial z}\right)_{z=0} = \frac{c_{As} - c_{A0}}{\sqrt{\pi D_{AB}t}} \qquad (19-55)$$

这时，在 $z=0$ 的表面上的传质流密度为：

$$N_A\big|_{z=0} = -D_{AB}\left(\frac{\partial c_A}{\partial z}\right)_{z=0} = \sqrt{\frac{D_{AB}}{\pi t}}(c_{As} - c_{A0}) \qquad (19-56)$$

[例题 19-5] 设有一钢件，在一定温度下进行渗碳，渗碳前钢件内部碳的浓度为 0.2%，渗碳时钢表面碳的平衡浓度保持 1.0%，在该温度下，碳在铁中的扩散系数 $D = 2.0 \times 10^{-7} \mathrm{cm^2/s}$，试确定在渗碳 1h 和 10h 后，钢件内部 0.05cm 处碳的浓度。

解：由于是质量浓度，式（19-53）可写成：

$$\frac{c_{As} - c_A}{c_{As} - c_{A0}} = \frac{w_{As} - w_A}{w_{As} - w_{A0}} = \mathrm{erf}\left(\frac{z}{2\sqrt{D_{AB}t}}\right)$$

在渗碳 1h 后，$w_{As} = 1.0\% \mathrm{C}$，$w_{A0} = 0.2\% \mathrm{C}$，则：

$$\frac{1.0 - w_A}{1.0 - 0.2} = \text{erf}\left(\frac{z}{2\sqrt{2 \times 10^{-7} \times 3600 \times 1}}\right)$$

在距离表面 $z = 0.05\text{cm}$ 处，碳的浓度 w_A 为（erf 值可查表 12-2）：

$$w_A = 1.0 - 0.8\text{erf}\left(\frac{0.05}{2\sqrt{2 \times 10^{-7} \times 3600 \times 1}}\right) = 0.354\%$$

渗碳 10h 后：$w_{As} = 1.0\%\,\text{C}$，$w_{A0} = 0.2\%\,\text{C}$：

$$\frac{1.0 - w_A}{1.0 - 0.2} = \text{erf}\left(\frac{z}{2\sqrt{2 \times 10^{-7} \times 3600 \times 10}}\right)$$

同样在距离表面 $z = 0.05\text{cm}$ 处，碳的浓度 w_A 为：

$$w_A = 1.0 - 0.8\text{erf}\left(\frac{0.05}{2\sqrt{2 \times 10^{-7} \times 3600 \times 10}}\right) = 0.742\%$$

扩散偶法（又称扩散对法）是求扩散组元扩散系数的重要方法之一，被广泛地应用于金属及非金属材料中组元扩散系数的测量。

两根等截面固体柱体（或液体柱）对接，其中一个柱体（或液柱）中扩散组元 A 的浓度 $c_A = c_{As}$，而另一根中其浓度 $c_A = c_{A0}$。由实验可以发现，在 $t > 0$ 的全部时间内，在两杆相接处足够的时间后（设 $x > 0$），当 D 与组元浓度无关时，两个不同密度杆在接触面组元 A 的浓度会达到平衡，在 $z = 0$ 处 $c_A = (c_{As} + c_{A0})/2$，而 $z < 0$ 和 $z > 0$ 这两侧得到以 $z = 0$ 为中心对称的浓度变化曲线；当两杆足够长时，在整个扩散时间范围，两端的浓度保持其初始值，不发生变化，其浓度分布如图 19-8 所示。

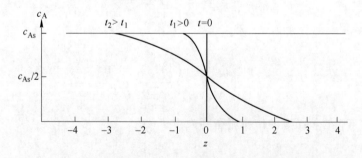

图 19-8 经过不同扩散时间后，扩散偶中扩散组元的浓度分布

由图 19-8 的浓度分布图可见，在 $z < 0$ 及 $z > 0$ 两侧浓度分布曲线的对称性，只需讨论其中的一侧，而其中的一侧即为半无限大物体，表面浓度为常数。

对于 $t = 0$，在 $0 < z < \infty$ 处，$c_A = c_{A0}$。

对于 $t > 0$，在 $z = 0$ 处，$c_A = (c_{As} + c_{A0})/2$；在 $z = \infty$ 处，$c_A = c_{A0}$。

在图 19-8 中 $z = 0$ 处，扩散偶表面的浓度坐标是在柱体中间位置，边界的起始浓度是 $c_A = (c_{As} + c_{A0})/2$ 这一常数，除此之外，其他的边界条件与图 19-7 的完全相同，即对式（19-52）解的形式完全相同，仅初始条件的值不同，所以，只需改变式（19-53）中的初始浓度的值，可以给出扩散偶在上述条件下的解为：

$$\frac{\dfrac{c_{As} + c_{A0}}{2} - c_A}{\dfrac{c_{As} + c_{A0}}{2} - c_{A0}} = \mathrm{erf}\left(\frac{z}{2\sqrt{D_A t}}\right) \qquad (19-57)$$

式（19-57）也可以写成下面的形式：

$$\frac{2(c_A - c_{A0})}{c_{As} - c_{A0}} = 1 - \mathrm{erf}\left(\frac{z}{2\sqrt{D_A t}}\right) \qquad (19-58)$$

由式（19-57）对 z 求导得：

$$\frac{\partial c_A}{\partial z} = \frac{c_{As} - c_{A0}}{2\sqrt{\pi D_A t}}\mathrm{e}^{-\frac{z^2}{4D_A t}} \qquad (19-59)$$

在 $z=0$ 处，

$$\left(\frac{\partial c_A}{\partial z}\right)_{z=0} = \frac{c_{As} - c_{A0}}{2\sqrt{\pi D_A t}} \qquad (19-60)$$

在 $z=0$ 表面上的传质流密度为：

$$N_{Az}\big|_{z=0} = -D_A\left(\frac{\partial c_A}{\partial z}\right)_{z=0} = \sqrt{\frac{D_A}{\pi t}}\left(\frac{c_{As}}{2} - c_{A0}\right) \qquad (19-61)$$

如果当图 19-8 中右边杆的浓度为 $c_{A0} = 0$，两个杆接触足够长时间后，组元 A 的浓度会达到平衡，在 $z=0$ 处 $c_A = c_{As}/2$。

此时，微分方程的边界条件为：

对于 $t=0$，在 $0 < z < \infty$ 处，$c_A = 0$。

对于 $t > 0$，在 $z=0$ 处，$c_A = c_{As}/2$；在 $z = \infty$ 处，$c_A = 0$。

由于仅初始条件 c_{A0} 变化，所以将初始条件 $c_{A0} = 0$ 代入式（19-57）可得到该边界条件下扩散偶的解为：

$$\frac{c_{As} - 2c_A}{c_{As}} = \mathrm{erf}\left(\frac{z}{2\sqrt{D_A t}}\right) \qquad (19-62)$$

式（19-62）也可以写成下面的形式：

$$\frac{2c_A}{c_{As}} = 1 - \mathrm{erf}\left(\frac{z}{2\sqrt{D_A t}}\right) \qquad (19-63)$$

由式（19-62）对 z 求导得：

$$\frac{\partial c_A}{\partial z} = \frac{c_{As}}{2\sqrt{\pi D_A t}}\mathrm{e}^{-\frac{z^2}{4D_A t}} \qquad (19-64)$$

在 $z=0$ 处，

$$\left(\frac{\partial c_A}{\partial z}\right)_{z=0} = \frac{c_{As}}{2\sqrt{\pi D_A t}} \qquad (19-65)$$

在 $z = 0$ 表面上的传质流密度为：

$$N_{Az}\big|_{z=0} = -D_A\left(\frac{\partial c_A}{\partial z}\right)_{z=0} = \frac{c_{As}}{2}\sqrt{\frac{D_A}{\pi t}} \tag{19-66}$$

图 19-9 是根据式（19-58）和式（19-63）绘制的曲线，式（19-58）用右边的纵坐标，式（19-63）用左边的纵坐标。通过实验测定扩散后不同时间 t 时，位置为 z 处的浓度 c_A，可从曲线求出相应的 $\dfrac{z}{2\sqrt{D_A t}}$ 值，进而求出 D_A 值。

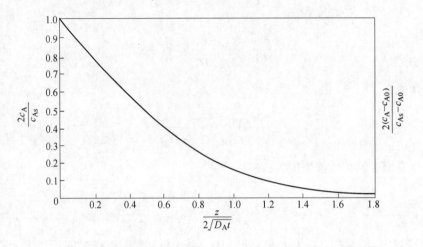

图 19-9　式（19-58）和式（19-63）中两个量纲为 1 的量的关系

在冶金熔体中用扩散偶法测量扩散系数时，需要选择较细的毛细管，以抑制对流的产生，保证测量精度。

在表面浓度为常数的扩散过程中，包围钢件气体中含有大量杂质原子，它们源源不断地穿过钢件表面并向其内部扩散。由于气体中杂质原子供应充分，被扩散物质表面杂质浓度得以保持常数 c_{A0}。

图 19-10 描述了杂质浓度 $c(z,t)$ 在钢件中的分布情况。曲线 1 对应于某个较早时刻，曲线 2 对应于较迟时刻，曲线 3 对应于又迟一些的时刻。杂质浓度趋于均匀的趋势很明显。如果扩散持续进行下去，浓度分布最终将为常数 c_{A0}，如图 19-10 中虚线所示。

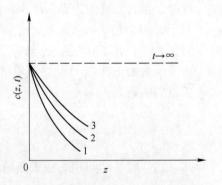

图 19-10　表面扩散物质的浓度为常数的半无限大物体的非稳态扩散

19.3.2　半无限大物体，表面扩散物质的质量为常数（几何面源法）

在测定液态金属、熔渣、熔盐体系中的扩散系数时，如以半导体扩散工艺的硼、磷慢扩散为例，杂质扩散深度远远小于硅片厚度。研究杂质穿过硅片的一面向里扩散问题时，完全可以不管另一面的存在，即把硅片看作无限厚，虽然实际上还不到 1mm 厚。这就是说，把硅片的内部当作半无界空间。在表面扩散物质的质量为常数的限定源扩散中，是只让硅片表层已有的杂质向硅片内部扩散，但不让新的杂质穿过硅片表面进入硅片。该种扩散又称为几何面源法或限定元扩散，所求解的是半无界空间 $x > 0$ 中的定解问题。

对于含扩散源的薄片镀在试杆的一端，随后进行的扩散退火，扩散只向 $z = \infty$ 方向进行，是属于上述的几何面源法或限定元扩散。对于表面扩散物质的质量为常数的半无限大物体的非稳态扩散浓度场。V 为极薄扩散源的体积，$Q = c'V_{z=0}$ 为 $z = 0$ 处扩散组元的总质量。其边界条件为：

对于 $t = 0$，在 $0 < z < \infty$ 处，$c_A = c_0 V = 0$。

对于 $t > 0$，在 $z = 0$ 处，$c_A = Q = c'V_{z=0}$；在 $z = \infty$ 处，$c_A = c_0 V = 0$。

引入量纲为 1 的量
$$\Theta' = \frac{cV - c_0 V}{c'V_{z=0} - c_0 V} = \frac{cV - c_0 V}{Q - c_0 V}$$

对应上述其初始和边界条件，由相关数学物理方法的专业书可给出式（19-53）相应的微分方程解：

$$\Theta' = \frac{cV - c_0 V}{c'V_{z=0} - c_0 V} = \frac{cV - c_0 V}{Q - c_0 V} = \frac{cV}{Q} = \frac{1}{\sqrt{\pi Dt}}e^{-\frac{z^2}{4Dt}} \qquad (19-67)$$

式中，D 为扩散系数。

由式（19-67）可得：

$$C = cV = \frac{Q}{V}\frac{1}{\sqrt{\pi Dt}}e^{-\frac{z^2}{4Dt}} \qquad (19-68)$$

式中，C 为单位体积的浓度。

由式（19-68）可以得到：

$$\frac{cV}{Q} = \frac{cV}{c'V_{z=0}} = \frac{c}{c'} = \frac{z}{\sqrt{\pi Dt}}e^{-\frac{z^2}{4Dt}} \qquad (19-69)$$

对式（19-69）取对数，可以得到：

$$\ln\frac{c}{c'} = \ln\frac{z}{\sqrt{\pi Dt}} - \frac{z^2}{4Dt} \qquad (19-70)$$

作 $\ln\frac{c}{c'} \sim \frac{z^2}{t}$ 图，由直线斜率进而可求出 D 值。

图 19-11 反映了物质浓度 $c(z,t)$ 在钢件中的分布情况。曲线 1 对应于某个较早时刻，曲线 2、曲线 3 依次对应于越来越迟的时刻。杂质浓度趋于均匀的趋势很明显。每根曲线下的面积都等于 S，这反映了杂质总量不变。每根曲线在跟纵轴相交处的切线都是水平的，即钢件表面的浓度梯度为零，这反映了没有新的杂质进入钢件。

若在初始时刻，仅在两端（即 $z = 0$）有扩散物

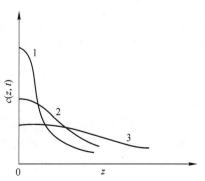

图 19-11 表面扩散物质的质量为常数的半无限大物体的非稳态扩散

质存在，其余各处扩散物质浓度皆为 0，如图 19 – 12 所示，此为对称表面扩散物质的质量为常数的两个半无限大物体扩散的浓度场。其边界的起始浓度为 $c_{As}/2$ 常数的半无限大物体。其边界条件为：

对于 $t = 0$，在 $0 < z < \infty$ 处，$c_A = c_0 V = 0$。

对于 $t > 0$，在 $z = 0$ 处，$c_A = Q/2 = (c'/2) V_{z=0}$；在 $z = \infty$ 处，$c_A = c_0 V = 0$。

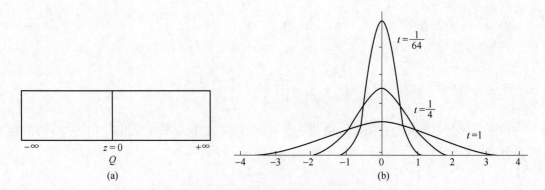

图 19 – 12　几何面源，对称两个半无限大一维扩散

(a)边界条件；(b)浓度分布曲线

(扩散时间 $t = 1, \dfrac{1}{4}, \dfrac{1}{64}$，横坐标距离 z 为任意长度位置)

按其初始和边界条件，由式(19 – 67)可以给出相应微分方程的解：

$$\Theta' = \frac{cV - c_0 V}{(c'/2) V_{z=0} - c_0 V} = \frac{cV - c_0 V}{Q/2 - c_0 V} = \frac{cV}{Q/2} = \frac{1}{\sqrt{\pi Dt}} e^{-\frac{z^2}{4Dt}} \tag{19 – 71}$$

由式(19 – 71)可得：

$$\frac{c}{c'} = \frac{z}{2\sqrt{\pi Dt}} e^{-\frac{z^2}{4Dt}} \tag{19 – 72}$$

上述方法常用于研究置换原子的自扩散过程，采用放射性示踪剂作为溶质，可精确地测量其浓度。如有人测量了 876℃ ^{105}Ag、^{106}Ag 在 Ag 中的自扩散系数。试样扩散退火一段时间后，分段在硝酸中溶解剥离，取溶液测量放射性强度 I。由于稀溶液中放射性强度与放射性溶质浓度成正比，即可以给出：

$$\frac{c}{c'} = \frac{1}{A} \frac{I}{I_0} \tag{19 – 73}$$

式中，I 为放射性示踪剂扩散到 z 处放射性强的变化；I_0 为初始放射性示踪剂的放射性强度；$1/A$ 为放射性强度与放射性溶质浓度比例常数。

联立式(19 – 72)和式(19 – 73)可得：

$$\ln \frac{I}{I_0} = \ln \frac{z}{2\sqrt{\pi D_{Ag} t}} - \frac{z^2}{4 D_{Ag} t} + \ln A \tag{19 – 74}$$

由 $\ln\dfrac{I}{I_0}$ 与 $\dfrac{z^2}{t}$ 直线斜率,进而可以确定 Ag 的自扩散系数 $D_{Ag} = 8.95 \times 10^{-5}$ exp $\left(-\dfrac{80300}{RT}\right) \mathrm{m^2/s}$,其中 $R = 8.3144 \mathrm{J/(mol \cdot K)}$。

19.3.3 有限厚度，介质中扩散组分的浓度为常数

一个足够宽大的固体平板，厚度为 2δ，在平板两侧为含有某一组分 i 的气体介质，气体中的该组分通过气固界面向平板内部进行对称扩散，如图 19 − 13 所示。该组分在界面上气体中的浓度为 c_{Af}。且在扩散过程中气体的该组分不断得到补充，从而保持 c_{Af} 不变。平板在进行扩散处理前，该组分在断面上处处均匀，其浓度 c_{A0} 为常数。

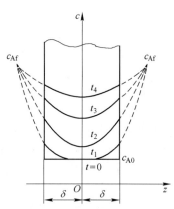

因此，初始条件与边界条件分别为：

对于 $-\delta \leqslant z \leqslant +\delta$，在 $t = 0$ 时，$c_A = c_{A0}$；

对于 $t > 0$，在 $z = 0$ 处，$\dfrac{dc_A}{dz} = 0$；

对于 $t > 0$，在 $z = \pm\delta$ 处，$D_{AB}\dfrac{dc_A}{dz}\Big|_{z = \pm\delta} = k(c_{Af} - c|_{z = \pm\delta})$。

图 19 − 13　有限厚度,扩散组分的浓度为常数的非稳态分子扩散浓度场

式（19 − 52）的求解方法与解非稳态热传导相同，用分离变量法求得：

$$\frac{c_{Af} - c_A}{c_{Af} - c_{A0}} = 2\sum_{n=1}^{\infty} \frac{\sin(\beta_n\delta)\cos(\beta_n\delta)}{\beta_n\delta + \sin(\beta_n\delta)\cos(\beta_n\delta)} e^{-D_{AB}\beta_n^2 t} \qquad (19 - 75)$$

式中，β_n 为微分方程求解时的本征值。

式（19 − 75）的结果与 12.6.2 节的式（12 − 55）～式（12 − 57）的结果相似，即图 12 − 14 ～图 12 − 19 完全可以在上述情况下使用，只需将对应的参数进行替换。需要注意，将传热的傅里叶数与毕渥数替换为传质傅里叶数与传质毕渥数，当然，相应的参数也应做代换。

19.3.4 有限厚度，表面浓度为常数

在图 19 − 14 中，一个足够宽大的固体平板，厚度为 2δ，将其置于气体介质中进行分子扩散。在分子扩散前板内扩散介质具有均匀浓度 c_{A0}，在分子扩散过程中表面平衡浓度 c_{Aw} 保持不变。此时，平板的初始浓度为 c_{A0} 及表面浓度 c_{Aw} 均是对气体介质的扩散组分而言的。

其初始条件与边界条件分别为：

对于 $-\delta \leqslant z \leqslant +\delta$，在 $t = 0$ 时，$c_A = c_{A0}$；

对于 $t > 0$，在 $z = 0$ 处，$\dfrac{dc_A}{dz} = 0$；

对于 $t > 0$，在 $z = \pm\delta$ 处，$c_A = c_{Aw}$。

由式（19 - 52）进行求解，其解为：

$$\frac{c_{Aw} - c_{Am}}{c_{Aw} - c_{A0}} = \frac{8}{\pi^2} \sum_{n=0}^{\infty} \frac{1}{(2n+1)^2} e^{-\frac{(2n+1)^2 \pi^2}{4} \frac{D_{AB}t}{\delta^2}} \tag{19-76}$$

式中，c_{Am} 为平板截面上于某一时刻下的平均浓度，$c_{Am} = \frac{1}{\delta} \int_0^\delta c_A \mathrm{d}z$。

式（19 - 76）可以写成准数的函数关系：

$$\frac{c_{Aw} - c_{Am}}{c_{Aw} - c_{A0}} = f(Fo^*) \tag{19-77}$$

式中，Fo^* 为一特征数，称为传质的傅里叶数。

近似计算时，可以简化式（19 - 77），只取 $n=0$，可以给出：

$$\frac{c_{Aw} - c_{Am}}{c_{Aw} - c_{A0}} = \frac{8}{\pi^2} e^{-\frac{\pi^2}{4} \frac{D_{AB}t}{\delta^2}} = \frac{8}{\pi^2} e^{-\frac{t}{\frac{4\delta^2}{\pi^2 D_{AB}}}} = \frac{8}{\pi^2} e^{-\frac{t}{t_0}} \tag{19-78}$$

图 19 - 15 给出了式（19 - 78）的关系图。该图同时描述了平板、圆柱和球体的情况，在 $Fo^* < 0.05$ 时，具有线性关系。

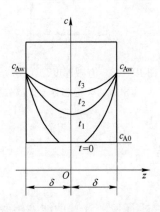

图 19 - 14 有限厚度，表面浓度
为常数的非稳态分子扩散浓度场

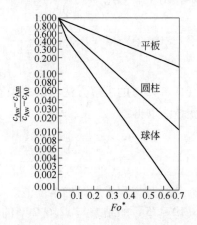

图 19 - 15 式（19 - 78）的关系图

19.4 小   结

同流体流动和传热一样，传质也有稳定传质和非稳定传质。分子扩散流密度与浓度梯度的关系可用费克第一定律表示，而费克第二定律则反映了浓度对时间的一阶导数与浓度对空间的二阶导数之间的关系。

本章首先分析了一维稳态分子扩散问题，并考虑了化学反应对传质过程的影响。给出了传质控制条件下的方程。要理解传质方程中每一项的含义，并且能够在不同的条件下简化并建立正确的传质微分方程。借用研究一维稳定导热的方法，可直接求出平板和圆筒壁稳定分子扩散的浓度场和分子扩散量。要求掌握平板和圆筒壁分子扩散方程的应用、传质傅里叶数的表达式及物理意义，会借助平板和圆筒壁导热计算图，计算各种边界条件下的浓度场。

　　本章还讨论了分子扩散的非稳态扩散问题。借用不稳定导热的方法，可直接求出平板和圆柱体不稳定分子扩散的浓度场，其中一些解的形式与第 12 章的非稳态传热的形式相同。另外，讨论了求解非稳态分子扩散问题的图解法，在应用图表计算时，只需将传热的傅里叶数与毕渥数替换为传质傅里叶数与传质毕渥数即可；当然，相应的参数也应做代换。求解这类方程所需的数学知识，超出了本书的范围。所以要淡化数学推导，而着重于物理意义的理解和应用。

思　考　题

19 – 1　稳定传质和不稳定传质有何特点？试举例说明。

19 – 2　费克第一定律说明什么问题，应用时应注意什么？

19 – 3　费克第二定律说明什么问题，有何实际意义？

19 – 4　如何借用研究稳定导热的方法来研究稳定分子扩散？

19 – 5　试根据稳定分子扩散式设计一个测定物质等分子反向相互系数的装置。

19 – 6　如何借用研究不稳定导热的方法来研究不稳定分子扩散？

19 – 7　何为传质傅里叶数与传质毕渥数，对研究不稳定分子扩散过程有何作用？

习　题

19 – 1　在管中氢气（H_2）通过氮气（N_2）进行稳态分子扩散。其温度为 $T = 294K$，总压力为 $p_总 = 1.01325 \times 10^5 Pa$（1atm）并均匀不变。管一端 H_2 的分压为 $p_1 = 0.80atm$，另一端为 $p_2 = 0.40atm$，两端相距 $L = 100mm$，试计算 H_2 的扩散流密度。已知 $D_{H_2 - N_2} = 0.763 cm^2/s$。

19 – 2　估算 450℃下 SO_2 在空气中的扩散系数，总压为 $p_总 = 0.981 \times 10^5 Pa$。

19 – 3　合金钢板制成的筒形储气罐，壁厚为 20mm，内储了 40℃、$60.795 \times 10^5 Pa$（60atm）的氢，求每单位罐表面氢的渗漏速率。

19 – 4　将初始碳浓度为 0.2% 的低碳钢钢件置于一定温度的渗碳气氛中 2h。渗碳过程中，钢件表面的碳浓度保持为 1.3%。如果碳在钢中的扩散系数为 $D = 1.0 \times 10^{-11} m^2/s$，试计算在钢件表面内 0.1mm 和 0.2mm 处碳的浓度（用质量分数表示）。

19 – 5　氧气和四氯化碳气体的互扩散系数是在装有 O_2 的管内观测 CCl_4 的蒸发而测定的，从 CCl_4 液面到管的顶端的距离 $z_2 - z_1 = 17.1cm$，系统总压为 $p_总 = 1.107 \times 10^5 Pa$，温度为 283K，$CCl_4$ 的饱和蒸气压为 4400Pa，扩散管截面积为 $0.80cm^2$，已知 10h 内 CCl_4 蒸发了 $0.021cm^3$，试求 CCl_4 与 O_2 的互扩散系数。

19 – 6　在 900℃时对某种不含铝的钢进行渗铝，即将纯钢置于熔铝中，使钢表面铝的浓度为 $c_s = 60\%$，$D_{Al - Fe} = 2.80 \times 10^{-7} cm^2/s$。求渗铝 8min 后钢表面 0.005cm 和 0.01cm 处铝的浓度。

19 – 7　碳氢混合物加氢的设备采用低碳钢材料，氢气的损失与壁厚有关，如果容器内直径为 10cm，长为 100cm，计算在 H_2 压力为 $81.060 \times 10^5 Pa$（80atm）、400℃时，H_2 损失与设备壁厚的关系。设气体通过壁后在 $p = 1.01325 \times 10^5 Pa$（1atm）下被排走。

20 对 流 传 质

本章提要： 对流传质和质对流是两个不同的概念。对流传质是分子扩散和质对流两种基本传质方式的组合。在对流传质中，流体微团的运动和浓度差微观粒子的运动所引起的两种形式的质量传递是相伴的。

本章在分子扩散微分方程的基础上，考虑了流体质量传输时的质量平衡，建立了质量传输微分方程。与对流传热类似，传质方程、质量传输微分方程、连续性方程和动量传输微分方程，组成了对流传质微分方程组。

采用边界层理论，对质量和动量传输微分方程分别进行简化，在层流条件下，应用布拉修斯求解法，给出平板层流对流传质换热的解析解。

采用冯·卡门积分方法，由积分方程求解出流动边界层和质量边界层的厚度，从而求出层流或紊流条件下的传质系数与特征数方程式。

在冶金过程中，对流传质远比分子扩散重要。例如，固体燃料燃烧时空气流中的 O_2 向燃料表面的传输、高炉炼铁时炉气流中的 CO 向矿石表面的传输、转炉炼钢时氧气流中的 O_2 向钢液表面的传输、铸造过程中砂型表面的水汽向流动着的空气传输、有色金属冶炼过程中的强制性搅拌等。

本章在介绍对流传质的基本概念和对流传质的特征数后，将分别讨论边界层的精确分析法和边界层的近似分析法，以确定对流传质系数。

20.1 对流传质基本概念

在实际生产过程中，流体多处于运动状态，当运动着的流体与壁面之间或两个有限互溶的运动流体之间发生传质时，统称为对流传质。在对流传质的过程中，一方面由于浓度梯度的存在，物质以分子扩散的方式进行传递；另一方面，流体在运动过程中，也必然将物质从一处向另一处传递。所以，对流传质的速率除了分子传质的影响外，还受到流体运动的影响。本章将讨论单相边界表面和运动流体之间的传质过程。传质流密度与对流传质系数有关，对流传质流密度方程可表述为：

$$N_A = k_C \Delta c_A \qquad (20-1)$$

式中，N_A 为物质 A 的摩尔质量流密度；Δc_A 为边界表面密度与运动流体平均密度之差；k_C 为对流传质系数。

由式（20-1）可见，在对流传质过程中，引起物质传质的原因是浓度差和流体的运动。在 17.3 节中讨论了质对流和对流传质。质对流是指流体中浓度不同的各部分之间发生宏观相对运动和相互渗混所引起的质量传递现象，它发生在运动着的流体中和流体中有质量迁移的情况。对流传质是，当流体做宏观运动时，流体中始终存在高浓度向低浓度的分子扩散，因此，质对流是必然与分子扩散同时发生。即在对流传质中，流体微团的运动和浓度差微观粒子的运动所引起的两种形式的质量传递是相伴的。所以，质对流和对流传质是两个不同的概念，其区别为：

（1）质对流是质量传输的两种基本方式之一，但对流传质不是；

（2）对流传质是分子扩散和质对流两种基本传质方式的综合；

（3）对流传质必然涉及流体与不同浓度的固体壁面（或液面）之间的相对运动。

对流传质是流体中分子扩散和质对流共同作用的结果，受到众多因素的影响。可将对流传质系数 k 与各影响因素写成如下函数关系：

$$k = f(v, D, \mu_p, \rho, c_w, c_f, L, \Psi, Rea.) \qquad (20-2)$$

式中，$Rea.$ 为化学因素。

式（20-2）表明对流传质系数与对流换热系数都是非常复杂的。由于对流换热和对流传质都涉及流体的流动，这两个系数均与流体性质、流动状态以及流场的几何特性等有关。根据对流传质方程和对流换热方程彼此极为相似的特性，可以将 13.2 节中分析对流换热的方法用于对流传质系数。

溶于流动液体的溶质中发生质量传递时，对流传质方程为：

$$N_A = k_C(c_{As} - c_A) \qquad (20-3)$$

式中，N_A 为溶质在单位时间内离开单位界面的物质的量；c_{As} 为溶质在界面流体中的浓度，它可认为是流体与固体处于平衡态时的浓度；c_A 为流场中某一点的浓度。当确定浓度边界层以后，c_A 通常选边界层外沿处的浓度，以 $c_{A\infty}$ 表示。如果流动存在于封闭管内，c_A 便是"主体浓度"或"混合浓度"。所谓混合浓度就是在一个理想的平面上，将流体充分混合笼统地加以收集、计量所测定的浓度，即为平均浓度。

固体以恒定速率转入气流的质量传递过程仍可用式（20-1），其中溶质浓度以气相浓度表示。

[**例题 20-1**] 空气流从固体 CO_2（干冰）平板表面流过，平板表面积为 $1 \times 10^{-3} \, m^2$，空气流速为 2m/s，温度为 293K，压力为 $1.013 \times 10^5 Pa$，CO_2 升华的摩尔速率 G_{molA} 为 $2.29 \times 10^{-4} \, mol/s$。计算在上述条件下 CO_2 升华进入空气的传质系数。

解： 题中给出的是摩尔浓度，式（20-3）可以写成：$N_A = k_C(c_{As} - c_{A\infty})$，因此：

$$k_C = \frac{N_A}{c_{As} - c_{A\infty}} = \frac{G_{molA}}{A_x(c_{As} - c_{A\infty})}$$

在 293K、$1.01325 \times 10^5 Pa$ 时：

$$c_{As} = \frac{p_A}{RT} = \frac{4.74 \times 10^3}{8.314 \times 293} = 1.946 \, mol/m^3$$

假定 $c_{A\infty} = 0$，则：

$$k_C = \frac{2.29 \times 10^{-4}}{1 \times 10^{-3} \times 1.946} = 0.118\,\text{m/s}$$

当流体流过表面时，在靠近固体边界的地方，流体是静止的，接近表面存在一薄层，这里的流动为层流，无论流线的性质如何。于是，薄层的传质涉及分子传质。另一种情况湍流，由于湍流中存在着涡流，所以有宏观的流体微团越过流线。区分层流与湍流对任何对流传质都是重要的。

在对流传质中，7.1 节中动量边界层起着重要的作用。本章还要定义和分析浓度边界层，它对对流传质过程十分重要。该边界层与 13.3 节中的热边界层相似，但是厚度有区别。

20.2　对流传质微分方程组

20.2.1　传质微分方程

由于在贴壁处流体受到黏性的作用，没有相对于壁面的流动，因此被称为贴壁处的无滑移边界条件。实验证明，无论对于层流流动或湍流流动，无滑移边界条件都是适用的。由无滑移条件可知，在极薄的贴壁流体层中，质量只能以分子扩散的方式传递。将费克第一定律傅里叶定律应用于贴壁流体层，并将对流传质公式 $N = k\Delta c$ 与之联系，可得传质微分方程：

$$k = -\frac{D}{\Delta c}\frac{\partial c}{\partial y}\bigg|_{y=0} \tag{20-4}$$

式中，$\dfrac{\partial c}{\partial y}\bigg|_{y=0}$ 为贴壁处流体的法向浓度变化率，mol/m^4；D 为流体的分子扩散系数，m^2/s；Δc 为传质面上的平均浓度差，mol/m^3；k 为对流传质系数，m/s。

式（20-4）把对流传质系数 k 与流体浓度场联系起来，是对流传质微分方程组的一个组成部分。式（20-4）表明，对流传质系数 k 的确定依赖于流体温度场的求解。而运动流体内部的浓度场是由质量微分方程决定的。

20.2.2　对流传质微分方程

采用与 18 章建立分子扩散微分方程类似的方法，微元体如图 20-1 所示。微元体的对流传质，根据质量守恒定律，可以有如下关系：

$$\begin{bmatrix}\text{以质对流方}\\\text{式携入微元}\\\text{体的净质量}\end{bmatrix} + \begin{bmatrix}\text{以分子扩散方}\\\text{式传递入微元}\\\text{体的净质量}\end{bmatrix} + \begin{bmatrix}\text{微元体内}\\\text{净增加的}\\\text{质量}\end{bmatrix} - \begin{bmatrix}\text{微元体内由}\\\text{化学反应生}\\\text{成的质量}\end{bmatrix} = 0$$

由于对流传质包含分子扩散和质对流，对流传质有流体的流动，在质量平衡等式增加了以热对流方式携入微元体的静质量。

在图 20 – 1 中，单位时间由 x 方向以质对流方式携入和携出微元体的质量分别为：$\rho_A v_x \mathrm{d}y\mathrm{d}z$ 和 $\left[\rho_A v_x + \dfrac{\partial(\rho_A v_x)}{\partial x}\mathrm{d}x\right]\mathrm{d}y\mathrm{d}z$。

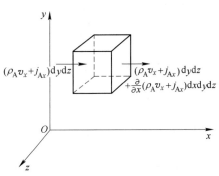

在 x 方向，单位时间内以质对流方式携入微元体的净质量为：

$$\left[\rho_A v_x + \frac{\partial(\rho_A v_x)}{\partial x}\mathrm{d}x\right]\mathrm{d}y\mathrm{d}z - \rho_A v_x \mathrm{d}y\mathrm{d}z$$

$$= \frac{\partial(\rho_A v_x)}{\partial x}\mathrm{d}x\mathrm{d}y\mathrm{d}z \qquad (20-5)$$

图 20 – 1 微元六面体沿 x 方向上对流传质传递的质量

同理在图 20 – 1 微元体的 y 和 z 的两个方向，单位时间以质对流方式携入微元体的静质量分别为：$\dfrac{\partial(\rho v_y)}{\partial y}\mathrm{d}x\mathrm{d}y\mathrm{d}z$ 和 $\dfrac{\partial(\rho v_z)}{\partial z}\mathrm{d}x\mathrm{d}y\mathrm{d}z$。

单位时间由质对流方式携入微元体的总净质量为：

$$\frac{\partial(\rho_A v_x)}{\partial x}\mathrm{d}x\mathrm{d}y\mathrm{d}z + \frac{\partial(\rho v_y)}{\partial y}\mathrm{d}x\mathrm{d}y\mathrm{d}z + \frac{\partial(\rho v_z)}{\partial z}\mathrm{d}x\mathrm{d}y\mathrm{d}z = \left[\frac{\partial(\rho_A v_x)}{\partial x} + \frac{\partial(\rho v_y)}{\partial y} + \frac{\partial(\rho v_z)}{\partial z}\right]\mathrm{d}V \quad (20-6)$$

式(20 – 6)可以写为：

$$\left[\frac{\partial(\rho v_x)}{\partial x} + \frac{\partial(\rho v_y)}{\partial y} + \frac{\partial(\rho v_z)}{\partial z}\right]\mathrm{d}V = \left[v_x\frac{\partial\rho}{\partial x} + v_y\frac{\partial\rho}{\partial y} + v_z\frac{\partial\rho}{\partial z} + \rho\left(\frac{\partial v_x}{\partial x} + \frac{\partial v_y}{\partial y} + \frac{\partial v_z}{\partial z}\right)\right]\mathrm{d}V \qquad (20-7)$$

对于不可压缩流体，其连续性方程为：

$$\frac{\partial v_x}{\partial x} + \frac{\partial v_y}{\partial y} + \frac{\partial v_z}{\partial z} = 0 \qquad (5-6)$$

将式（5 – 6）代入式（20 – 7）可得：

$$\left[\frac{\partial(\rho v_x)}{\partial x} + \frac{\partial(\rho v_y)}{\partial y} + \frac{\partial(\rho v_z)}{\partial z}\right]\mathrm{d}V = \left[v_x\frac{\partial\rho}{\partial x} + v_y\frac{\partial\rho}{\partial y} + v_z\frac{\partial\rho}{\partial z} + \rho\left(\frac{\partial v_x}{\partial x} + \frac{\partial v_y}{\partial y} + \frac{\partial v_z}{\partial z}\right)\right]\mathrm{d}V$$

$$\left(v_x\frac{\partial\rho}{\partial x} + v_y\frac{\partial\rho}{\partial y} + v_z\frac{\partial\rho}{\partial z}\right)\mathrm{d}V = \left(v_x\frac{\partial\rho}{\partial x} + v_y\frac{\partial\rho}{\partial y} + v_z\frac{\partial\rho}{\partial z}\right)\mathrm{d}x\mathrm{d}y\mathrm{d}z \qquad (20-8)❶$$

单位时间由分子扩散方式传递入微元体组分 A 的总净质量：

$$\frac{\partial j_{Ax}}{\partial x}\mathrm{d}x\mathrm{d}y\mathrm{d}z + \frac{\partial j_{Ay}}{\partial y}\mathrm{d}x\mathrm{d}y\mathrm{d}z + \frac{\partial j_{Az}}{\partial z}\mathrm{d}x\mathrm{d}y\mathrm{d}z = \left(\frac{\partial j_{Ax}}{\partial x} + \frac{\partial j_{Ay}}{\partial y} + \frac{\partial j_{Az}}{\partial z}\right)\mathrm{d}x\mathrm{d}y\mathrm{d}z \qquad (18-2)$$

若系统仅由 A 和 B 组成时，则有：$j_{Ax} = -D_{AB}\dfrac{\partial\rho_A}{\partial x}$；$j_{Ay} = -D_{AB}\dfrac{\partial\rho_A}{\partial y}$；$j_{Az} = -D_{AB}\dfrac{\partial\rho_A}{\partial z}$。

---

❶ 式（20 – 7）到式（20 – 8）的推导过程中，假定流体为不可压缩，从而可以使用连续性方程将问题简化。但是，式（20 – 8）中流体并不是完全不可压缩的，其密度并不是常数。对此可以这样理解，当流体可压缩性很小时，密度与连续性方程的乘积在数量级上小于式（20 – 8）的数量级，为了计算方便，将数量级小的量忽略掉。

式（18－2）可以写成：

$$\left(\frac{\partial j_{Ax}}{\partial x}+\frac{\partial j_{Ay}}{\partial y}+\frac{\partial j_{Az}}{\partial z}\right)dxdydz=-D_{AB}\left(\frac{\partial^2\rho_A}{\partial x^2}+\frac{\partial^2\rho_A}{\partial y^2}+\frac{\partial^2\rho_A}{\partial z^2}\right)dxdydz \tag{20-9}$$

单位时间组分 A 在微元体内净增加的质量为：

$$\frac{\partial\rho_A}{\partial t}dV=\frac{\partial\rho_A}{\partial t}dxdydz \tag{18-3}$$

单位时间在微元体内化学反应生成组分 A 的质量为：

$$r_A dV=r_A dxdydz \tag{18-4}$$

根据图 20－1 中微元体在单位时间的质量平衡，由式（20－8）、式（20－9）、式（18－3）和式（18－4）可以给出下面的关系：

$$\left(v_x\frac{\partial\rho}{\partial x}+v_y\frac{\partial\rho}{\partial y}+v_z\frac{\partial\rho}{\partial z}\right)dxdydz-D_{AB}\left(\frac{\partial^2\rho_A}{\partial x^2}+\frac{\partial^2\rho_A}{\partial y^2}+\frac{\partial^2\rho_A}{\partial z^2}\right)dxdydz+\frac{\partial\rho_A}{\partial t}dxdydz-r_A dxdydz=0 \tag{20-10}$$

在式（20－10）中，并消去 dxdydz，整理后可得：

$$\left(v_x\frac{\partial\rho}{\partial x}+v_y\frac{\partial\rho}{\partial y}+v_z\frac{\partial\rho}{\partial z}\right)-D_{AB}\left(\frac{\partial^2\rho_A}{\partial x^2}+\frac{\partial^2\rho_A}{\partial y^2}+\frac{\partial^2\rho_A}{\partial z^2}\right)+\frac{\partial\rho_A}{\partial t}-r_A=0 \tag{20-11}$$

整理式（20－11）可得：

$$\frac{\partial\rho_A}{\partial t}+v_x\frac{\partial\rho_A}{\partial x}+v_y\frac{\partial\rho_A}{\partial y}+v_z\frac{\partial\rho_A}{\partial z}=D_{AB}\left(\frac{\partial^2\rho_A}{\partial x^2}+\frac{\partial^2\rho_A}{\partial y^2}+\frac{\partial^2\rho_A}{\partial z^2}\right)+r_A \tag{20-12}$$

若用摩尔平均速度 v_m 和摩尔浓度表示，则为：

$$\frac{\partial c_A}{\partial t}+v_{mx}\frac{\partial c_A}{\partial x}+v_{my}\frac{\partial c_A}{\partial y}+v_{mz}\frac{\partial c_A}{\partial z}=D_{AB}\left(\frac{\partial^2 c_A}{\partial x^2}+\frac{\partial^2 c_A}{\partial y^2}+\frac{\partial^2 c_A}{\partial z^2}\right)+R_A \tag{20-13}$$

根据随体导数的定义，式（20－12）和式（20－13）可以分别写成：

$$\frac{D\rho_A}{Dt}=D_{AB}\left(\frac{\partial^2\rho_A}{\partial x^2}+\frac{\partial^2\rho_A}{\partial y^2}+\frac{\partial^2\rho_A}{\partial z^2}\right)+r_A \quad 或 \quad \frac{D\rho_A}{Dt}=D_{AB}\nabla^2\rho+r_A \tag{20-14}$$

$$\frac{Dc_A}{Dt}=D_{AB}\left(\frac{\partial^2 c_A}{\partial x^2}+\frac{\partial^2 c_A}{\partial y^2}+\frac{\partial^2 c_A}{\partial z^2}\right)+R_A \quad 或 \quad \frac{Dc_A}{Dt}=D_{AB}\nabla^2 c+r_A \tag{20-15}$$

式（20－14）和式（20－15）为二组分系统不可压缩流体的对流传质微分方程，或称为质量传输扩散方程。

如微元体内无化学反应，则式（20-14）和式（20-15）分别简化为：

$$\frac{D\rho_A}{Dt}=D_{AB}\left(\frac{\partial^2\rho_A}{\partial x^2}+\frac{\partial^2\rho_A}{\partial y^2}+\frac{\partial^2\rho_A}{\partial z^2}\right) \tag{20-16}$$

$$\frac{Dc_A}{Dt}=D_{AB}\left(\frac{\partial^2 c_A}{\partial x^2}+\frac{\partial^2 c_A}{\partial y^2}+\frac{\partial^2 c_A}{\partial z^2}\right) \tag{20-17}$$

如果考虑稳态，式（20－16）和式（20－17）分别可以简化为：

$$v_x\frac{\partial\rho}{\partial x}+v_y\frac{\partial\rho}{\partial y}+v_z\frac{\partial\rho}{\partial z}=D_{AB}\left(\frac{\partial^2\rho_A}{\partial x^2}+\frac{\partial^2\rho_A}{\partial y^2}+\frac{\partial^2\rho_A}{\partial z^2}\right) \tag{20-18}$$

$$v_{mx}\frac{\partial c_A}{\partial x}+v_{my}\frac{\partial c_A}{\partial y}+v_{mz}\frac{\partial c_A}{\partial z}=D_{AB}\left(\frac{\partial^2 c_A}{\partial x^2}+\frac{\partial^2 c_A}{\partial y^2}+\frac{\partial^2 c_A}{\partial z^2}\right) \tag{20-19}$$

在式（20－18）和式（20－19）对流传质微分方程的简化式中，左边为质对流的作用，而右边为分子扩散的作用，同样可以表明对换传质过程包括分子扩散和质对流两种传质方式。

如在质量传输时，介质为静止的流体或固体时，并且微元体内无化学反应，式（20－14）和式（20－15）则分别简化为分子扩散微分方程：

$$\frac{\partial \rho_A}{\partial t} = D_{AB}\left(\frac{\partial^2 \rho_A}{\partial x^2} + \frac{\partial^2 \rho_A}{\partial y^2} + \frac{\partial^2 \rho_A}{\partial z^2}\right) \tag{18-9}$$

$$\frac{\partial c_A}{\partial t} = D_{AB}\left(\frac{\partial^2 c_A}{\partial x^2} + \frac{\partial^2 c_A}{\partial y^2} + \frac{\partial^2 c_A}{\partial z^2}\right) \tag{18-10}$$

如分子扩散处于稳态，则进一步简化为：

$$\frac{\partial^2 \rho_A}{\partial x^2} + \frac{\partial^2 \rho_A}{\partial y^2} + \frac{\partial^2 \rho_A}{\partial z^2} = 0 \tag{18-11}$$

$$\frac{\partial^2 c_A}{\partial x^2} + \frac{\partial^2 c_A}{\partial y^2} + \frac{\partial^2 c_A}{\partial z^2} = 0 \tag{18-12}$$

20.3 对流传质中的重要特征数

通常应用特征数来关联对流传质数据。在动量传递中，用雷诺数 Re 和欧拉数 Eu。在求对流换热系数时，用普朗特数 Pr 和努塞尔数 Nu。前面的一些特征数和新定义的量纲为1的比值，在关联对流传质数据时是有效的。在这一节中将讨论三种量纲为1的特征数的物理意义。

对于三种传输现象，分子扩散率的定义分别为：

单元扩散率：动量扩散率，$\nu = \dfrac{\mu}{\rho}$　　热扩散率，$a = \dfrac{\lambda}{\rho c_p}$　　质量扩散率，D_{AB}

名　　称：动黏度系数　　　　导温系数　　　　　扩散系数

三种扩散率的量纲均为 $L^2 t^{-1}$。因此，上述三个参数中任意两个的比值量纲也一定是1。分子动量扩散率和分子质量扩散率的比值称作施密特（Schmidt）数：

$$\frac{动量扩散率}{质量扩散率} = Sc = \frac{\nu}{D_{AB}} = \frac{\mu}{\rho D_{AB}} \tag{20-20}$$

Sc 在对流传质中所起的作用，与 Pr 在对流传热中类似。另外，将分子热扩散率和分子质量扩散率的比值称作路易斯（Lewis）数，即：

$$\frac{热扩散率}{质量扩散率} = Le = \frac{\lambda}{\rho c_p D_{AB}} \tag{20-21}$$

Le 用于既有对流传质又有对流换热的过程。由于 Sc 和 Le 都是流体物性参数的组合，所以可以把它们视为扩散体系的特性。

现在分析溶质 A 从固体向流过固体表面的流体的传质过程。其浓度分布如图 20－2所示。对于这种情况，该表面与流体间的物质量（摩尔浓度）传递可以写为：

$$N_A = k_C(c_{As} - c_{A\infty}) \tag{20-22}$$

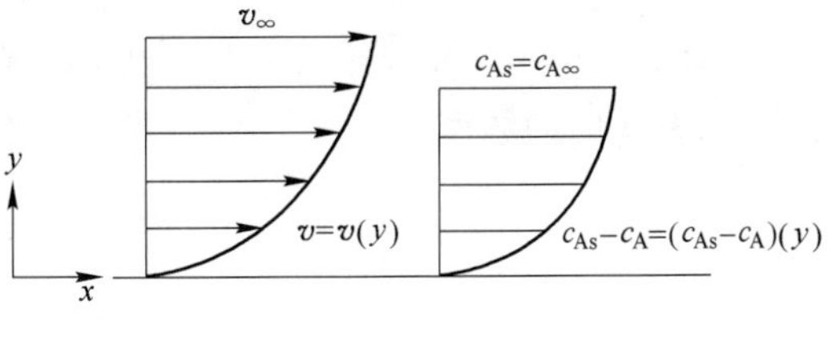

图 20－2　流体流过固体表面的浓度和速率曲线

由于在表面上的物质是以分子扩散的方式进行的，因此图 20-2 中的传质边界层中下式也成立：

$$N_{Ay} = -D_{AB} \frac{dc_A}{dy}\bigg|_{y=0} \tag{20-23}$$

当边界上的浓度 c_{As} 等于常数时，式（20-23）可以简化为：

$$N_A = -D_{AB} \frac{d(c_A - c_{As})}{dy}\bigg|_{y=0} \tag{20-24}$$

因为式（20-22）和式（20-24）所确定的是离开表面（进入流体）的溶质 A 的质量流密度，所以这两个方程是相等的。于是可得：

$$k_C(c_{As} - c_{A\infty}) = -D_{AB} \frac{d(c_A - c_{As})}{dy}\bigg|_{y=0} \tag{20-25}$$

移项简化后，可将上式写为：

$$\frac{k_C}{D_{AB}} = \frac{-\dfrac{d(c_A - c_{As})}{dy}\bigg|_{y=0}}{c_{As} - c_{A\infty}} \tag{20-26}$$

上式两边各乘以特征长度 L，可以得到下述量纲为 1 的表达式：

$$\frac{k_C L}{D_{AB}} = \frac{-\dfrac{d(c_A - c_{As})}{dy}\bigg|_{y=0}}{(c_{As} - c_{A\infty})/L} \tag{20-27}$$

式（20-27）的右侧是表面浓度梯度与总浓度或参考浓度梯度的比值。因此，可以把它看作是分子传质动力与流体对流传质动力的比值。该比值定义为舍伍德（Sherwood）数 Sh。由于式（20-27）的推导与对流传热中式（14-2）类似，所以也常把 $k_C L/D_{AB}$ 看作传质努塞尔数 Nu_{AB}。

这三个参数，即 Sc、Nu 以及 Le 在下述各节对流传质分析时将会遇到。下面将计算气相和液相中的 Sc。

[例题 20-2]　分别计算甲醇在 298K、1.01325×10^5Pa 的空气中和在 298K 的水中的 Sc。

解：298K 时，甲醇在空气中的扩散速率可在附录 8 中得到：

$$D_{甲醇-空气} = 1.62 \times 10^{-5} \text{m}^2/\text{s}$$

根据附录 1，空气的运动黏度为 $\nu = 1.553 \times 10^{-5} \text{m}^2/\text{s}$，因此，甲醇在空气中的 Sc 为：

$$Sc = \frac{\nu}{D_{AB}} = \frac{1.553 \times 10^{-5}}{1.62 \times 10^{-5}} = 0.947$$

根据附录 9，288K 时甲醇在液态水中的扩散系数为 $1.28 \times 10^{-9} \text{m}^2/\text{s}$，由式（17-7）可算出 298K 时的数值：

$$\left(\frac{D_{AB}\mu_水}{T}\right)_{298} = \left(\frac{D_{AB}\mu_水}{T}\right)_{288}$$

$$(D_{AB})_{298} = \frac{1.28 \times 10^{-9} \times 298 \times 1193}{288 \times 909} = 1.738 \times 10^{-9} \text{m}^2/\text{s}$$

水在 298K 时的运动黏度也可从附录 2 中查出，为 $0.805 \times 10^{-6} \mathrm{m}^2/\mathrm{s}$。因此，甲醇在水中的 Sc 为：

$$Sc = \frac{\nu}{D_{AB}} = \frac{0.805 \times 10^{-6}}{1.738 \times 10^{-9}} = 463$$

20.4 层流浓度边界层的精确解

对于平行于平板的层流流动，布拉修斯推导出动量边界层精确解。对此，在 7.2 节已经做了讨论，并且在 13.4 节中为了解释对流换热又将它做了推广。按照类似的方法，也可以把布拉修斯的解法推广到具有同样几何形状的层流流动的对流传质问题。

在稳态动量传递中，介绍过的边界层方程包括二维不可压缩连续性方程：

$$\frac{\partial v_x}{\partial x} + \frac{\partial v_y}{\partial y} = 0 \tag{7-15}$$

当 ν 和 p 为常数时，x 方向上的运动方程为：

$$v_x \frac{\partial v_x}{\partial x} + v_y \frac{\partial v_x}{\partial y} = \nu \frac{\partial^2 v_x}{\partial y^2} \tag{7-14}$$

对于热边界层，在稳态、不可压缩、二维和热扩散率为常数的绝热流动中，能量方程式为：

$$v_x \frac{\partial T}{\partial x} + v_y \frac{\partial T}{\partial y} = a \frac{\partial^2 T}{\partial y^2} \tag{13-14}$$

在浓度边界层中，如果没有扩散组分的产物存在，且 c_A 对 x 的二阶导数 $\frac{\partial^2 c_A}{\partial x^2}$ 比 c_A 对 y 的二阶导数小得多，即可用一个与上述方程类似的微分方程式来描述浓度边界层内的传质过程。对于稳态、不可压缩、无化学反应，质量扩散率为常数的二维流动，式（20-19）可以写为：

$$v_x \frac{\partial c_A}{\partial x} + v_y \frac{\partial c_A}{\partial y} = D_{AB} \frac{\partial^2 c_A}{\partial y^2} \tag{20-28}$$

式（20-4）、式（7-12）、式（7-11）和式（20-28）组成了对流传质的基本方程组。

图 20-3 为浓度边界层的示意图。下面列出了三个边界层的边界条件。

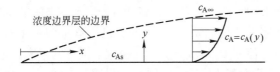

图 20-3 层流流过平板表面的浓度边界层

动量（速度）边界层：

$$y = 0 \text{ 处}, \frac{v_x}{v_\infty} = 0; \quad y = \infty \text{ 处}, \frac{v_x}{v_\infty} = 1 \tag{20-29}$$

或者，因为在壁面上 x 方向的速度 $v_{x,s}=0$，所以：

$$y=0 \text{ 处，} \frac{v_x - v_{x,s}}{v_\infty - v_{x,s}} = 0; \quad y=\infty \text{ 处，} \frac{v_x - v_{x,s}}{v_\infty - v_{x,s}} = 1 \tag{20-30}$$

热（温度）边界层：

$$y=0 \text{ 处，} \frac{T - T_s}{T_\infty - T_s} = 0; \quad y=\infty \text{ 处，} \frac{T - T_s}{T_\infty - T_s} = 1 \tag{20-31}$$

浓度边界层：

$$y=0 \text{ 处，} \frac{c_A - c_{As}}{c_{A\infty} - c_{As}} = 0; \quad y=\infty \text{ 处，} \frac{c_A - c_{As}}{c_{A\infty} - c_{As}} = 1 \tag{20-32}$$

式（7-14）、式（13-14）和式（20-28）可以写为下述关于速度、温度和浓度比的关系式：

$$v_x \frac{\partial\left(\dfrac{v_x - v_{x,s}}{v_\infty - v_{x,s}}\right)}{\partial x} + v_y \frac{\partial\left(\dfrac{v_x - v_{x,s}}{v_\infty - v_{x,s}}\right)}{\partial y} = \nu \frac{\partial^2\left(\dfrac{v_x - v_{x,s}}{v_\infty - v_{x,s}}\right)}{\partial y^2} \tag{20-33}$$

令：

$$\vartheta = \frac{v_x - v_{x,s}}{v_\infty - v_{x,s}} \tag{20-34}$$

式（20-33）可写成：

$$v_x \frac{\partial\vartheta}{\partial x} + v_y \frac{\partial\vartheta}{\partial y} = \nu \frac{\partial^2\vartheta}{\partial y^2} \tag{20-35}$$

其中边界条件为：$y=0$ 时，$\vartheta=0$；$y=\infty$ 时，$\vartheta=1$。

与之相似，令：

$$\theta = \frac{T - T_s}{T_\infty - T_s} \tag{20-36}$$

式（13-14）可以写成：

$$v_x \frac{\partial\theta}{\partial x} + v_y \frac{\partial\theta}{\partial y} = a \frac{\partial^2\theta}{\partial y^2} \tag{20-37}$$

边界条件为：$y=0$ 时，$\theta=0$；$y=\infty$ 时，$\theta=1$。

同理，令：

$$\widetilde{\omega} = \frac{c_A - c_{As}}{c_{A\infty} - c_{As}} \tag{20-38}$$

式（20-28）可以写成：

$$v_x \frac{\partial\widetilde{\omega}}{\partial x} + v_y \frac{\partial\widetilde{\omega}}{\partial y} = D_{AB} \frac{\partial^2\widetilde{\omega}}{\partial y^2} \tag{20-39}$$

边界条件为：$y=0$ 时，$\widetilde{\omega}=0$；$y=\infty$ 时，$\widetilde{\omega}=1$。

　　式（7-14）、式（13-14）和式（20-28）经过变量替换后，得到三个相似的式（20-35）、式（20-37）和式（20-39），且其边界条件相似。因此，这三种传输现象所得到的解，也应该是相似的。在7.2节中，将式（7-14）的布拉修斯解做了修正。而且，当动量扩散率与热扩散率的比值 $\nu/a = Pr = 1$ 时，已圆满地解决了对流换热问题。当动量扩散率与分子扩散率的比值 $\nu/D_{AB} = Sc = 1$ 时，也应有同样的解来描述对流传质问题。

　　应用7.2节和13.4节中布拉修斯求解方程的思路和方法：

$$f' = 2 \frac{v_x}{v_\infty} = 2 \frac{v_x - v_{x,s}}{v_\infty - v_{\infty,s}} = 2 \frac{c_A - c_{As}}{c_{A\infty} - c_{As}} \tag{20-40}$$

及

$$\eta = \frac{y}{2}\sqrt{\frac{v_\infty}{v_x}} = \frac{y}{2x}\sqrt{\frac{x v_\infty}{\nu}} = \frac{y}{2x}\sqrt{Re_x} \tag{20-41}$$

将布拉修斯的结果用于动量边界层后，得到：

$$\frac{\mathrm{d}f'}{\mathrm{d}\eta} = f''(0) = \frac{\mathrm{d}[2(v_x/v_\infty)]}{\mathrm{d}\{[y/(2x)]\sqrt{Re_x}\}}\bigg|_{y=0} = 1.328 \qquad (20-42)$$

以相同的结果用到浓度边界层后，得到：

$$\frac{\mathrm{d}f'}{\mathrm{d}\eta} = f''(0) = \frac{\mathrm{d}\left[2\dfrac{c_A - c_{As}}{c_{A\infty} - c_{As}}\right]}{\mathrm{d}\left(\dfrac{y}{2x}\sqrt{Re_x}\right)}\bigg|_{y=0} = 1.328 \qquad (20-43)$$

将式（20-43）重新排列，$\dfrac{\dfrac{1}{c_{A\infty}-c_{As}}\mathrm{d}(c_A - c_{As})}{\dfrac{\sqrt{Re_x}}{x}\mathrm{d}y}\bigg|_{y=0} = 1.328/4 = 0.322$，即可得出表面

上的浓度梯度表达式：

$$\frac{\mathrm{d}c_A}{\mathrm{d}y}\bigg|_{y=0} = (c_{A\infty} - c_{As})\frac{0.332}{x}Re_x^{1/2} \qquad (20-44)$$

重要的是，对于式（7-14）的布拉修斯解，没有包括平板表面上 y 方向的速度。所以，式（20-44）的假设是，从表面流出边界层的质量速度很低，以至其不能改变由布拉修斯确定的速度分布。

当表面上 y 方向的速度基本为零时，在 y 方向上质量流密度的费克方程中，流体宏观运动所传递的质量为零。于是，由平板表面进入层流边界层的传质可用式（20-23）描述：

$$N_{Ay} = -D_{AB}\frac{\mathrm{d}c_A}{\mathrm{d}y}\bigg|_{y=0} \qquad (20-23)$$

将式（20-44）代入式（20-23），得到：

$$N_{Ay} = D_{AB}\frac{0.332Re_x^{1/2}}{x}(c_{As} - c_{A\infty}) \qquad (20-45)$$

扩散组分的质量流密度可用传质系数定义为：

$$N_{Ay} = k_C(c_{As} - c_{A\infty}) \qquad (20-22)$$

比较式（20-45）和式（20-22），可得：

$$k_C = \frac{D_{AB}}{x}(0.332Re_x^{1/2}) \qquad (20-46)$$

式（20-46）可写成下面的形式：

$$\frac{k_C x}{D_{AB}} = Sh_x = 0.332Re_x^{1/2} \qquad (20-47)$$

式（20-47）只适用于 $Sc=1$、平板及边界层间具有低传质速率的情况。

哈奈特（Hartnett）和埃克特（Eckert）对于边界层方程,式（20-28）进行了求解,其结果如图20-4所示。由图可见,对于表面

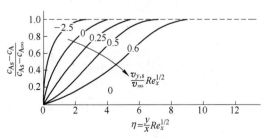

图 20-4　平板层流边界层内传质的浓度曲线

边界参数 $\dfrac{v_{y,s}}{v_\infty}Re_x^{1/2}$ 为正、负值,都给出了相应的曲线。其中,正值表示传质是由平板传到边界层,而负值则表示传质是由流体传到平板。当表面边界参数值趋于零时,传质速率逐渐减小,直至可以把它视为对速度分布不起作用为止。在 $y=0$ 处确定的曲线的斜率为 0.332,这与应用式($20-44$)所求出的值是相同的。

对于大多数含有传质的物理过程,其表面边界参数都可忽略不计。这样,就可用低传质速率的布拉修斯解来确定层流边界层内的传质问题。然而,当有挥发性物质蒸发到低压气流中时,上述假设不再成立。

对于 Sc 不等于 1 的流体,也可以确定出如图 $20-4$ 所示的曲线,由于微分方程和边界条件相似,可以认为对流传质问题的处理方法可以类比于布拉修斯对于对流换热问题的求解方法。浓度边界层与动力边界层之间的关系为:

$$\frac{\delta}{\delta_c}=Sc^{1/3} \tag{20-48}$$

式中,δ 为动力边界层厚度;δ_c 为浓度边界层厚度。因此,布拉修斯的 η 项必须乘以 $Sc^{1/3}$。如图 $20-5$ 所示为 $v_{y,s}=0$ 时,量纲为 1 的浓度与 $\eta Sc^{1/3}$ 的关系。以该形式给出的浓度变化为基础,可以导出一个与式($20-44$)类似的对流传质系数的表达式。在 $y=0$ 处,浓度梯度为:

$$\left.\frac{dc_A}{dy}\right|_{y=0}=(c_{A\infty}-c_{As})\frac{0.332}{x}Re_x^{1/2}Sc^{1/3} \tag{20-49}$$

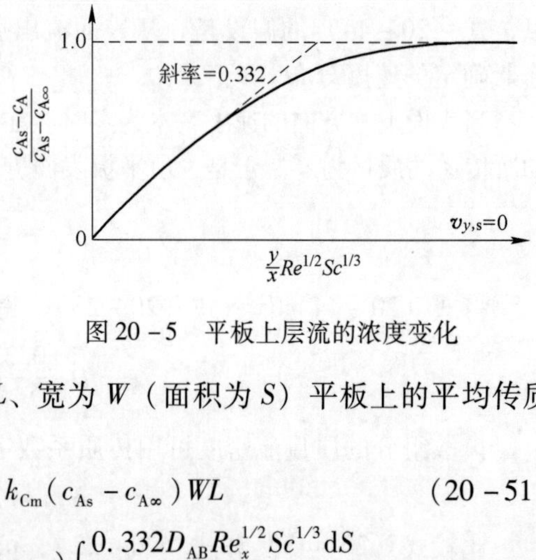

将式($20-45$)代入到式($20-49$)中可得:

$$\frac{k_C x}{D_{AB}}=Sh_x=0.332Re_x^{1/2}Sc^{1/3} \tag{20-50}$$

图 20-5　平板上层流的浓度变化

应用积分方法,可以求得作用在一块长为 L、宽为 W(面积为 S)平板上的平均传质系数 k_{Cm}。对于这块平板,其总传质速率为:

$$G_A=k_{Cm}(c_{As}-c_{A\infty})S=k_{Cm}(c_{As}-c_{A\infty})WL \tag{20-51}$$

$$G_A=\int_S k_C(c_{As}-c_{A\infty})dS=(c_{As}-c_{A\infty})\int_S\frac{0.332D_{AB}Re_x^{1/2}Sc^{1/3}dS}{x}$$

$$=(c_{As}-c_{A\infty})W\int_0^L\frac{0.332D_{AB}Re_x^{1/2}Sc^{1/3}dx}{x} \tag{20-52}$$

联立式($20-51$)和式($20-52$)可以得到:

$$k_{Cm}L=0.332D_{AB}Sc^{1/3}\left(\frac{v_\infty\rho}{\mu}\right)\int_0^L x^{-1/2}dx=0.664D_{AB}Sc^{1/3}\left(\frac{v_\infty\rho}{\mu}\right)^{1/2}L^{1/2} \tag{20-53}$$

$$\frac{k_{Cm}}{D_{AB}}L=Sh_L=0.664Re_L^{1/2}Sc^{1/3} \tag{20-54}$$

沿流动方向距平板前沿为 x 处的局部 Sh_x 与平均 Sh_L 之间的关系为:

$$Sh_L=2Sh_x|_{x=L} \tag{20-55}$$

式（20-54）和式（20-55）均已得到实验证实。由式（20-54）可以写出下面的函数关系：

$$Sh = f(Re, Sc) \tag{20-56}$$

再次分析图 20-4 的浓度分布曲线，即可看到每条曲线在 $y=0$ 处的斜率随正表面边界参数 $(v_{y,s}/v_\infty)Re^{1/2}$ 的增加而减少。由于传质系数的大小与斜率之间的关系为：

$$k_C = D_{AB} \frac{d\left(\dfrac{c_{As} - c_A}{c_{As} - c_{A\infty}}\right)}{dy}\Bigg|_{y=0} \tag{20-57}$$

所以，斜率的减少表明，体系的表面边界参数越高，其传质系数越低。

当边界层内既有能量传递又有质量传递时，如果体系的 Pr 和 Sc 都为 1.0，则如图 20-4 所示的量纲为 1 的浓度分布曲线还可以代表量纲为 1 的温度分布曲线。前文已经指出，当有质量从表面传到边界层时，其传质系数是要减少的。因此，对于同样的情况，其换热系数也是要减少的；另一种是通过平板材料的升华而使自身质量进入边界层。

[例题 20-3] 平板湍流边界层的传质系数可用局部 Sh_x 表示为：$Sh_x = 0.0292 Re_x^{4/5} Sc^{1/3}$，其中，$x$ 为沿流动方向距平板前缘的距离。由层流向湍流的转换发生在 $Re_x = 2 \times 10^5$ 处。试对长度为 L 的平板，导出其平均传质系数 k_{Cm} 的表达式。

解：根据定义：

$$k_{Cm,} = \frac{\displaystyle\int_0^L k_C \, dx}{\displaystyle\int_0^L dx} = \frac{\displaystyle\int_0^{L_t} k_{C,\text{层流}} \, dx + \int_{L_t}^L k_{C,\text{湍流}} \, dx}{L}$$

式中，$k_{C,\text{层流}}$ 是按式（20-50）定义的，即 $k_{C,\text{层流}} = 0.332 \dfrac{D_{AB}}{x} Sc^{1/3} Re_x^{1/2}$；$k_{C,\text{湍流}}$ 是按题中给出的条件定义的，即 $k_{C,\text{湍流}} = 0.0292 \dfrac{D_{AB}}{x} Re_x^{4/5} Sc^{1/3}$；$L_t$ 是从平板前沿到过渡点的距离。

将上述两个式子代入平均传质系数方程后，可得：

$$k_{Cm} = \frac{1}{L}\left(\int_0^{L_t} 0.332 \frac{D_{AB}}{x} Sc^{1/3} Re_x^{1/2} \, dx + \int_{L_t}^L 0.0292 \frac{D_{AB} Re_x^{4/5}}{x} Sc^{1/3} \, dx\right)$$

式中，L_t 是从平板前沿到 $Re_x = 2 \times 10^5$ 处的过渡点的距离。

$$k_{Cm} = \frac{1}{L}\left[0.332 D_{AB}\left(\frac{v}{\nu}\right)^{1/2} Sc^{1/3} \int_0^{L_t} x^{-1/2} \, dx + 0.0292 D_{AB}\left(\frac{v}{\nu}\right)^{4/5} Sc^{1/3} \int_{L_t}^L x^{-1/5} \, dx\right]$$

$$= \frac{1}{L}\left[0.664 D_{AB}\left(\frac{v}{\nu}\right)^{1/2}(Sc)^{1/3} L_t^{1/2} + 0.0365 D_{AB}\left(\frac{v}{\nu}\right)^{4/5} Sc^{1/3}(L^{4/5} - L_t^{4/5})\right]$$

$$= \frac{1}{L}\left[0.664 D_{AB} Re_t^{1/2} Sc^{1/3} + 0.0365 D_{AB} Sc^{1/3}(Re_L^{4/5} - Re_t^{4/5})\right]$$

20.5 浓度边界层的近似解

如果前面所分析的流动不是层流，或几何形状不是平板时，那么对于该边界层内的传递过程而言，目前几乎是没有准确解的。不过，冯·卡门为描述动力边界层而导出的近似解还是可以用来分析浓度边界层的。在第7.3节和第13.4节中已经讨论过这种方法的应用。

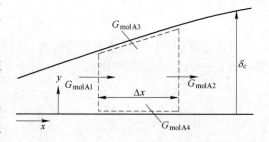

图20-6　浓度边界层控制体

按如图20-6所示的方法来分析一个位于浓度边界层内的控制体。图中以虚线标出的控制体的宽度为Δx，高度等于浓度边界层的厚度δ_c，深度为单位长度。由于过程是稳态的，所以在整个控制体内，摩尔流率平衡式为：

$$G_{molA1} + G_{molA3} + G_{molA4} = G_{molA2} \tag{20-58}$$

式中，G_{molA}为组分A传质的摩尔流率。在每个表面上，其摩尔流率的表达式分别为：

$$G_{molA1} = \int_0^{\delta_c} c_A v_x dy \Big|_x$$

$$G_{molA2} = \int_0^{\delta_c} c_A v_x dy \Big|_{x+\Delta x}$$

$$G_{molA3} = c_{A\infty} \left(\frac{\partial}{\partial x} \int_0^{\delta_c} v_x dy \right) \Delta x$$

$$G_{molA4} = k_C (c_{As} - c_{A\infty}) \Delta x$$

将上述各项代入式（20-58），可得：

$$\int_0^{\delta_c} c_A v_x dy \Big|_x + c_{A\infty} \left(\frac{\partial}{\partial x} \int_0^{\delta_c} v_x dy \right) \Delta x + k_C (c_{As} - C_{A\infty}) \Delta x = \int_0^{\delta_c} c_A v_x dy \Big|_{x+\Delta x} \tag{20-59}$$

将该方程重新排列，并用Δx去除各项，然后令Δx趋于零，取极限即可得到：

$$\frac{d}{dx} \int_0^{\delta_c} (c_A - c_{A\infty}) v_x dy = k_C (c_{As} - c_{A\infty}) \tag{20-60}$$

式（20-60）与式（7-48）及式（13-38）是相似的。

为求解式（20-60），就必须知道速度分布和浓度分布。一般而言，这两个分布都是未知的，必须予以假设。假设的边界状态必须满足某些边界条件：

$$y=0 \text{ 处，} v_x = 0; \quad y=\delta \text{ 处，} v_x = v_\infty; \quad y=\delta \text{ 处，} \frac{\partial v_x}{\partial y} = 0$$

对于速度边界层，在$y=0$处，$v_x = v_y = 0$，根据式（7-14），有：

$$y=0 \text{ 处，} \frac{\partial^2 v_x}{\partial y^2} = 0$$

所假设的浓度分布一定要满足相应的浓度边界条件，即：

$$y=0 \text{ 处，} c_A - c_{As} = 0; \quad y=\delta_c \text{ 处，} c_A - c_{As} = c_{A\infty} - c_{As}$$

$$y=\delta_c \text{ 处，} \frac{\partial}{\partial y}(c_A - c_{As}) = 0; \quad y=0 \text{ 处，} \frac{\partial^2}{\partial y^2}(c_A - c_{As}) = 0$$

如果重新分析平行于一平板的层流流动，那么即可应用式（20-60），即冯·卡门积分式来求出它的近似解。

作为一级近似，浓度随 y 的变化假设为下述幂级数：

$$c_A - c_{As} = a + by + cy^2 + dy^3 \qquad (20-61)$$

应用边界条件后，即可得出下述表达式：

$$\frac{c_A - c_{As}}{c_A - c_{A\infty}} = \frac{3}{2}\left(\frac{y}{\delta_c}\right) - \frac{1}{2}\left(\frac{y}{\delta_c}\right)^3 \qquad (20-62)$$

如果把速度分布也假设为上述幂级数，那么，就会得到一个与式（7-51）相类似的结果，即：

$$\frac{v_x}{v_\infty} = \frac{3}{2}\left(\frac{y}{\delta}\right) - \frac{1}{2}\left(\frac{y}{\delta}\right)^3 \qquad (7-51)$$

将式（20-62）和式（7-51）代入式（20-60）并求解，即可得到：

$$Sh_x = 0.36Re_x^{1/2}Sc^{1/3} \qquad (20-63)$$

它与式（20-50）所示的准确解极为相近。

虽然这个结果不是准确解，但是它具有足够高的精度。这就表明，该积分方法完全可以用于某些准确解未知的情况，其精度是令人满意的。

应用式（20-60）也可以来求解平板湍流边界层的近似解。若假设其速度分布为：

$$v_x = \alpha + \beta y^{1/7} \qquad (20-64)$$

浓度分布为：

$$c_A - c_{A\infty} = \eta + \xi y^{1/7} \qquad (20-65)$$

那么，湍流边界层的局部舍伍德数为：

$$Sh_x = 0.0292Re_x^{4/5}Sc^{1/3} \qquad (20-66)$$

进而，可以得到湍流时（$Re > 2 \times 10^5$）：

$$Sh_L = \frac{k_c L}{D_{AB}} = 0.0365Re_L^{4/5}Sc^{1/3} \qquad (20-67)$$

20.6　有效边界层

浓度边界层厚度对传质速率的计算和分析有重要意义。由其精确解和近似解可知，δ_c 可借助类似性由流动边界层 δ 来估计。但实验测量边界层时难以测定边界浓度。这是因为浓度是三维空间的量（即使微小单元），在测量熔体中组元浓度时，取样和分析无法准确知道界面浓度。

两相界面浓度 c_{As} 可利用热力学分配定律来计算，但是即使用 $0.99c_{A\infty}$ 也难以确定。因此，冶金过程动力学中传质问题的研究，通常用有效边界层概念。

如图 20-7 所示，流体主体内浓度 $c_{A\infty}$ 是均匀的，为常数。利用边界附近浓度分布（可测）曲线，由 c_{As} 处作切线，其延长线与 $c_{A\infty}$ 的交点到壁面的距离，定义为有效浓度边界层厚度 δ'_c，表示为：

$$\delta'_c = \frac{c_{A\infty} - c_{As}}{\left(\dfrac{\partial c_A}{\partial y}\right)_{y=0}}$$

则传质流密度表示为：

$$j_A = \frac{D_A}{\delta'_c}(c_{A\infty} - c_{As})$$

传质系数表示为：

$$k_c = \frac{D_A}{\delta'_c}$$

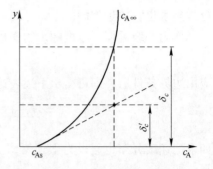

图 20 – 7　有效浓度边界层

有效浓度边界层是当量概念，是指把对流传质的物质流看作等量大小的分子扩散的物质流，而不是说边界层内依靠分子扩散的传质过程。详细介绍可参见第 22 章。

20.7　小　　结

对流传质是流体流动条件下的物质传递过程。本章的基本要求是：掌握浓度边界层及有效浓度边界层的概念，明确对流传质系数的单位、物理意义、影响因素及对流传质系数的模型理论。

当流体流过表面并与之发生对流传质时，靠近表面形成的具有浓度梯度的流体薄层，称为浓度边界层。对流传质与运动流体的动力特性，特别是靠近边界的流体的动力特性密切相关。浓度边界层的基本特征与热边界层类似，随着流体流过边界层长度的增加，边界层厚度增大。浓度边界层也分为层流边界层和湍流边界层，可用雷诺数来判断。影响对流传质的因素主要有流体流动的起因、流动的性质、流体的物性、表面几何特性等。

与研究对流传热的方法相似，研究对流传质的关键是确定不同条件下的对流传质系数，本章主要介绍精确解法和近似积分法。通过对流传质微分方程组和积分方法求得浓度场后，即可分别求得层流和湍流条件下的对流传质系数。

思 考 题

20 – 1　质对流和对流传质是两个不同的概念，其区别是什么？

20 – 2　对流传质的主要影响因素是什么？

20 – 3　试比较对流传质系数与对流传热系数的定义及异同点。

20 – 4　湍流扩散系数 $D_{湍流}$ 与分子扩散系数 D 有何联系和区别？

20 – 5　湍流扩散理论有何理论意义与实用价值？

20 – 6　何为浓度边界层？何为有效浓度边界层？对研究传质有何实际意义？

20 – 7　浓度边界层与速度边界层或温度边界层有什么异同？

20 – 8　何为对流传质，影响对流传质的因素有哪些？

20 – 9　何为对流传质系数，其单位和物理意义是什么？

20 – 10　为什么说研究对流传质的关键是确定不同条件下的对流传质系数，它有哪些方法，各有何特点？

习 题

20-1 画出"有效边界层"示意图，并写出浓度梯度的形式。

20-2 给出对流传质微分方程组。

20-3 分析布拉修斯求解方程的思路和方法。

20-4 给出传质过程的冯·卡门积分方程，分析导出传质积分方程与导出动量或传热积分方程的异同。

20-5 试推导出平板湍流的局部 Sh_x 式：$Sh_x = 0.0292Re_x^{4/5}Sc^{1/3}$。

20-6 丙酮覆盖在一个光滑台面上。排风扇可产生一股流速为 $v = 6\text{m/s}$ 且与台面平行的空气流。台面的宽度为 $L = 1\text{m}$，空气的温度和压力分别维持在 $T = 298\text{K}$ 和 $p_{空气} = 1.01325 \times 10^5\text{Pa}$。丙酮在 298K 时的蒸气压为 $p_{丙酮} = 3.066 \times 10^4\text{Pa}$。在 $T = 298\text{K}$ 时，空气的运动黏度为 $\nu = 1.55 \times 10^{-5}\text{m}^2/\text{s}$，丙酮在空气中的扩散率为 $D = 0.93 \times 10^{-3}\text{m}^2/\text{s}$。试求：（1）沿流动方向距工作台前缘 0.5m 处的传质系数；（2）每秒钟从 1m^2 工作台面上蒸发的丙酮的量是多少？

21 对流传质的特征数及其关联式

本章提要： 影响对流传质的因素很多，对于一些复杂的工程问题不可能求得分析解，因此需要采用相似原理的方法确定不同特征数之间的关系，进而由努塞尔数 Nu 或舍伍德数 Sh 得到对流传质系数。

对强制和自然对流传质两种情况进行了量纲分析，发现在强制对流传质时，需考虑努塞尔数 Nu、雷诺数 Re 与施密特数 Sc 之间的关系；在自然对流换热时，需考虑努塞尔数 Nu、格拉晓夫数 Gr 与施密特数 Sc 之间的关系。

给出了流体流过平板、球体和圆柱，填充床和流化床及管道内湍流和湿壁塔内对流传质时的特征数的关联式，最后介绍了对流传质过程的模拟步骤。

由传质决定的大多数工艺过程包含着湍流流体，而现有的湍流理论作为导出实际可用的相界面传质理论的基础是很不够的。由于对流传质的影响因素较多，为了便于通过实验寻找现象的规律性以及推广实验结果，通常采用质量传输的关联式来确定传质系数。现有质量传输中的对流传质关联式必然以实验为主，这些关联式在实际过程的设备设计中已被证明是极其有用的。与对流给热的方法相似，对流传质关联式依据的是相似理论。

21.1　对流传质的量纲分析

通过量纲分析，可以得出在处理实验数据时颇为有用的特征数。考虑两个很重要的质量传递过程，即强制对流传质和自然对流传质。

21.1.1　强制对流传质

现在分析圆管内流动流体的对流传质。该传质的驱动力是 $c_{As} - c_A$。与此过程有关的一些重要变量及它们的符号、量纲分别由表 21-1 所示。

表 21-1　圆管内流动流体的强制对流传质参数

变　量	符　号	量　纲	变　量	符　号	量　纲
管直径	D	L	流体速率	v	Lt^{-1}
流体密度	ρ	ML^{-3}	流体扩散系数	D_{AB}	L^{2}t^{-1}
流体黏度	μ	ML^{-1}t^{-1}	传质系数	k_C	Lt^{-1}

表 21-1 所列的变量包括了体系的几何形状、流动和流体特性以及参量 k_C。

应用 9.4 节采用的白金汉法，可以确定三个特征数组合以 D_{AB}、ρ 和 D 为主变量，并得到三个 π 参数组合式：

$$\pi_1 = D_{AB}^a \rho^b D^c k_C; \quad \pi_2 = D_{AB}^d \rho^e D^f v; \quad \pi_3 = D_{AB}^g \rho^h D^i \mu$$

对于 π_1 利用量纲形式写出：$\pi_1 = D_{AB}^a \rho^b D^c k_C \to 1 = (L^2 t^{-1})^a (ML^{-3})^b L^c (Lt^{-1})$

因为上式两边基本量纲的指数应当相等，所以有：

$$L: 0 = 2a - 3b + c + 1; \quad t: 0 = -a - 1; \quad M: 0 = b$$

求解这三个代数方程式，可得：

$$a = -1; \quad b = 0; \quad c = 1$$

于是，可以得出 $\pi_1 = k_C L/D_{AB}$，它就是努塞尔数 Nu 或舍伍德数 Sh。利用同样的方法，还可以求出 π_2 和 π_3 的值为：

$$\pi_2 = \frac{Dv}{D_{AB}}; \quad \pi_3 = \frac{\mu}{\rho D_{AB}}$$

π_3 即为施密特数 Sc。用 π_2 除以 π_3 可以得出：

$$\frac{\pi_2}{\pi_3} = \frac{Dv}{D_{AB}} \frac{D_{AB}\rho}{\mu} = \frac{Dv\rho}{\mu} = Re$$

圆管内强制对流传质量纲分析的结果表明，特征数间的关系式为：

$$Sh = Nu_{AB} = f(Re, Sc) \tag{21-1}$$

它类似于传热关系式：

$$Nu = f(Re, Pr) \tag{14-4}$$

21.1.2 自然对流传质

在液相或气相中，只要密度发生变化，就会产生自然对流。密度变化的起因可能是温差，也可能是由于相当大的浓度差。

对于从垂直平壁向邻近流体进行传质的自然对流，其变量与强制对流时所采用的变量不同。一些重要的变量及它们的符号、量纲的表达式由表 21-2 给出。

表 21-2 圆管内流动流体的自然对流传质参数

变量	符号	量纲	变量	符号	量纲
特征长度	L	L	流体黏度	μ	$ML^{-1}t^{-1}$
流体扩散系数	D_{AB}	L^2t^{-1}	浮力	$g\Delta\rho_A$	$ML^{-2}t^{-2}$
流体密度	ρ	ML^{-3}	传质系数	k_C	Lt^{-1}

应用白金汉原理，将有三个特征数进行组合。若以 D_{AB}、L 及 μ 作为主变量，则形成的三个 π 参数组合为：

$$\pi_1 = D_{AB}^a L^b \mu^c k_C; \quad \pi_2 = D_{AB}^d L^e \mu^f \rho; \quad \pi_3 = D_{AB}^g L^h \mu^i \Delta\rho_A$$

求解这三个 π 参数组合的指数，可得：

$$\pi_1 = \frac{k_C L}{D_{AB}} = Sh$$

即为传质舍伍德数 Sh。

$$\pi_2 = \frac{\rho D_{AB}}{\mu} = \frac{1}{Sc}$$

即为施密特数 Sc 的倒数。

$$\pi_3 = \frac{L^3 g \Delta \rho_A}{\mu D_{AB}}$$

用 π_2 乘以 π_3，即得到下述这个与自然对流换热中格拉晓夫数相似的数：

$$\pi_2 \pi_3 = \frac{\rho D_{AB}}{\mu} \frac{L^3 g \Delta \rho_A}{\mu D_{AB}} = \frac{L^3 g \Delta \rho_A}{\rho \nu^2} = Gr_{AB}$$

自然对流传质量纲分析的结果表明，特征数间的函数关系式为：

$$Sh = f(Gr_{AB}, Sc) \tag{21-2}$$

不论对于强制对流还是对于自然对流，采用量纲分析法都能得出它们的变量关系式。这些关系式表明，实验数据之间的关系可用 3 个变量来表示，而不是原来的 6 个。变量的减少有助于实验数据的分析与处理。

21.1.3　对流传质关联式中的特征数

对流传质关联式中常用的特征数如表 21-3 所示。Sh 和 St 是包括传质系数的特征数；Sc、Le 和 Pr 是两种不同的对流过程同时存在时所需要的；Re、Pe 和 Gr 用来表征流动状态。两个 j 因子经常被用来建立新的传质关系式，而这些关系式以第 14 章的传热系数为基础。

表 21-3　对流传质关联式中的特征数（L 为特征长度）

名　称	符　号	量纲为 1 的组合	名　称	符　号	量纲为 1 的组合
雷诺数	Re	$\dfrac{v_\infty \rho L}{\mu} = \dfrac{v_\infty L}{\nu}$	贝克来数	Pe_{AB}	$\dfrac{v_\infty L}{D_{AB}} = Re \cdot Sc$
舍伍德数	Sh	$\dfrac{k_C L}{D_{AB}}$	斯坦顿数	St_{AB}	$\dfrac{k_C}{v_\infty}$
施密特数	Sc	$\dfrac{\mu}{\rho D_{AB}} = \dfrac{\nu}{D_{AB}}$	格拉晓夫数	Gr	$\dfrac{L^3 \rho g \Delta \rho}{\mu^2}$
路易斯数	Le	$\dfrac{a}{D_{AB}} = \dfrac{\lambda}{\rho c_p D_{AB}}$	传质 j 因子	j_D	$\dfrac{k_C}{v_\infty} Sc^{2/3}$
普朗特数	Pr	$\dfrac{\nu}{a} = \dfrac{\mu c_p}{\lambda}$	传热 j 因子	j_H	$\dfrac{\alpha}{\rho c_p v_\infty} Pr^{2/3}$

21.2　流过平板、球体和圆柱体的传质

对于运动流体和某些标准的形体，如平板、圆柱体和球之间的传质，有非常详尽的数据。这些实验数据几乎全部都是研究纯组分蒸发到空气中，或一种固体溶解到水中而得到的。通过用特征数关联式的方法，可以将这些关联式（经验式）引申到其他运动流体和几何形状相似的表面。

21.2.1　流体平行流过平板时的传质

对流体平行流过平板固体表面的传质的实验测定，得到的数据与层流和湍流边界层理论解吻合得很好。适合的关联式有：

$$Sh_L^{层流} = \frac{k_C^{层流} L}{D_{AB}} = 0.664 Re_L^{1/2} Sc^{1/3} \text{（层流），} Re_L < 2 \times 10^5 \quad (20-54)$$

$$Sh_L^{湍流} = \frac{k_C^{湍流} L}{D_{AB}} = 0.0365 Re_L^{4/5} Sc^{1/3} \text{（湍流），} Re_L > 2 \times 10^5 \quad (20-67)$$

式中，Re_L 的定义为 $Re_L = \dfrac{\rho v_\infty L}{\mu}$，$L$ 为平板沿流体流动方向的特征长度。

距边缘 x 的层流问题的理论预测值 Sh，与实验所得的数据相符，如下所示：

$$Sh_x = \frac{k_C x}{D_{AB}} = 0.332 Re_x^{1/2} Sc^{1/3} \quad (20-50)$$

式中，$Re_x = \dfrac{\rho v_\infty x}{\mu}$。

式（20-50）也可以用含有传质因子 j_D 的公式来描述：

$$j_D = \frac{k_C}{v_\infty} Sc^{2/3} = \frac{k_C L}{D_{AB}} \frac{\mu}{L v_\infty \rho} \frac{D_{AB} \rho}{\mu} \left(\frac{\mu}{\rho D_{AB}}\right)^{2/3} = \frac{Sh_L}{Re_L Sc^{1/3}} \quad (21-3)$$

将式（20-54）和式（20-67）代入式（21-3），得：

$$j_D = 0.664 Re_L^{-1/2} \text{（层流），} Re_L < 2 \times 10^5 \quad (21-4)$$

$$j_D = 0.0365 Re_L^{-0.2} \text{（湍流），} Re_L > 2 \times 10^5 \quad (21-5)$$

若 Sc 在 $0.6 \sim 2500$ 之间，可用上述方程。当 $0.6 < Pr < 100$ 时，传质 j 因子与传热 j 因子相等，其值为 $C_f/2$。

如果考虑平板前端有长度为 x 的层流边界层，则 L 长度上的综合平均传质系数为：

$$k_C^{综合} = \frac{D_{AB}}{L} \left[0.664 Re_x^{1/2} + 0.0365 \left(Re_L^{4/5} - Re_x^{4/5} \right) \right] Sc^{1/3} \quad (21-6)$$

将综合传质系数整理成准数形式，即：

$$Sh_x^{综合} = \frac{k_C^{综合}L}{D_{AB}} = 0.0292 Re_x^{4/5} Sc^{1/3} \tag{21-7}$$

式中，$Sh_x^{综合}$ 为综合考虑两种流动状态的舍伍德数。它给出了综合条件下对流传质系数与扩散系数之间的关系。

[例题 21-1]　压力为 $p = 1.01325 \times 10^5 Pa$ 的空气流过乙醇表面，其速度为 $6m/s$，温度为 289K，试计算离前沿 $L = 1m$ 长以内每平方米面积上乙醇汽化的摩尔速率 G_{molA}。已知由层流变湍流时的临界雷诺数 $Re_{临界} = 3 \times 10^5$，在 $T = 298K$ 温度下乙醇的饱和蒸气压为 $p_{饱和} = 4000Pa$，乙醇-空气混合物的运动黏度为 $\nu = 1.48 \times 10^{-5} m^2/s$，乙醇在空气中的扩散系数为 $D = 1.26 \times 10^{-5} m^2/s$，计算时忽略表面传质速率对边界层的影响。

解：计算离前端 1m 处流动是否属于湍流边界层。

$$Re_L = \frac{v_0 L}{\nu} = \frac{6 \times 1}{1.48 \times 10^{-5}} = 4.054 \times 10^5 > 3 \times 10^5$$

属湍流边界层。这时：

$$Sc = \frac{\nu}{D} = \frac{1.48 \times 10^{-5}}{1.26 \times 10^{-5}} = 1.174$$

由式 (21-6) 计算可得：

$$k_C^{综合} = \frac{1.26 \times 10^{-5}}{1} \times \left[0.664 \times (3 \times 10^5)^{0.5} + 0.0365 \times (4.054 - 3)^{0.8} \times 10^{5 \times 0.8} \right] \times 1.174^{1/3}$$
$$= 0.00989 m/s$$

乙醇汽化的摩尔速率可表示为：$G_{molA} J_A A = k_C^{综合} (c_{As} - c_{A0}) A$，其中，$J_A$ 为摩尔通量，$kmol/(m^2 \cdot s)$。

题中给出了在 $1.013 \times 10^5 Pa$ 和 298K 温度下乙醇的饱和蒸气压。由于 298K 与 289K 相差不大，且非等容的开放体系，温度下降，体积也减少，可以近似取 289K 乙醇的饱和蒸气压为 4000Pa 来进行计算。

$$c_{As} = \frac{p_A}{RT} = \frac{4000}{8.314 \times 289} = 1.66 mol/m^3, \quad c_{A0} = 0$$

则

$$G_{molA} J_A A = 0.00989 \times 1.66 \times 1 = 0.0164 mol/s$$

21.2.2　流体流过球体时的传质

21.2.2.1　流体流过单个球体时的传质

对于球体来说，Sh 和 Re 的定义为：$Sh = \frac{k_C D}{D_{AB}}$，$Re = \frac{\rho v_\infty D}{\mu}$，式中，$D$ 为球体的直径；D_{AB} 为传质气态组分 A 在液态组分 B 中的扩散系数；v_∞ 为流体的主体流速；ρ 和 μ 为流体混合物的密度和黏度。当组分 A 浓度较低时，则视为纯组分 B，相应的密度和黏度取组分 B 的数值。

单个球体传质的 Sh 表示为两项，一项是由纯分子扩散引起的传质，另一项是因强制对流引起的传质，其表达式为：

$$Sh = Sh_0 + CRe^m Sc^{1/3} \qquad (21-8)$$

式中，C 和 m 为关联常数。当 Re 很小时，Sh_0 值应接近于 2.0，该值通过分析从组分 A 进入一个大容积静止流体 B 中的分子扩散，可以从理论上推导出来。因此，可将传质的通用方程式写为：

$$Sh = 2 + CRe^m Sc^{1/3} \qquad (21-9)$$

对于向液流进行的传质方程为：

$$Sh = \frac{k_L D}{D_{AB}} = (4 + 1.21 Pe_{AB}^{2/3})^{1/2} \qquad (21-10)$$

当 $Pe_{AB} < 10000$ 时，Pe_{AB} 是 Re 和 Sc 的乘积；当 $Pe_{AB} > 10000$ 时，可用如下关系式：

$$Sh = \frac{k_L D}{D_{AB}} = 1.01 Pe_{AB}^{1/3} \qquad (21-11)$$

向气体进行传质时由试验数据得到关联式为：

$$Sh = \frac{k_C D}{D_{AB}} = 2 + 0.552 Re^{1/2} Sc^{1/3} \qquad (21-12)$$

其适用范围为 $2 < Re < 800$，$0.6 < Sc < 2.7$。研究发现可推广到 $1500 < Re < 12000$，$0.6 < Sc < 1.85$。

只有在自然对流的作用可以忽略时，式（21-10）~式（21-12）才能用于描述强制对流传质系数，即：

$$Re \geqslant 0.4 Gr^{1/2} Sc^{-1/6} \qquad (21-13)$$

当传质过程中存在自然对流时，通常应用下述的方程：

$$Sh = Sh_0 + 0.347(Re \cdot Sc^{1/2})^{0.62} \qquad (21-14)$$

式中，Sh_0 取决于 Gr、Sc：

$$Sh_0 = 2 + 0.569(Gr \cdot Sc)^{0.25}, \quad Gr \cdot Sc < 10^8 \qquad (21-15)$$

$$Sh_0 = 2 + 0.0254(Gr \cdot Sc)^{1/3} Sc^{0.244}, \quad Gr \cdot Sc > 10^8 \qquad (21-16)$$

式中，Gr 的定义为 $Gr = \dfrac{D^3 \rho g \Delta \rho}{\mu^2}$，其中密度 ρ、黏度 μ 在流体主体中测量；$\Delta\rho$ 为接触两相间的正密度差，适用的范围为：$1 < Re < 3 \times 10^4$，$0.6 < Sc < 3200$。

[例题 21-2] 将一直径为 10mm 的球形萘粒子置于 1.01325×10^5 Pa（1atm）下和 45℃ 的空气流中，空气的流速为 0.5m/s，萘的蒸气压为 74Pa，萘在空气中的扩散系数为 $6.92 \times 10^{-6} m^2/s$，试求这时的对流传质系数和萘蒸发的摩尔速率 G_{molA}。

解： 45℃ 时空气的物性为：$\rho_{空气} = 1.113 kg/m^3$，$\mu_{空气} = 1.93 \times 10^{-5}$ Pa·s

$$Sc = \frac{\mu_{空气}}{\rho_{空气} D_{AB}} = \frac{1.93 \times 10^{-5}}{1.113 \times 6.92 \times 10^{-6}} = 2.506; \qquad Re = \frac{v_0 d_p \rho_{空气}}{\mu_{空气}} = \frac{0.5 \times 10 \times 10^{-3} \times 1.113}{1.93 \times 10^{-5}} = 288.3$$

按情况用式（21 -12）计算：

$$Sh = \frac{k_C D}{D_{AB}} = 2 + 0.552 Re^{1/2} Sc^{1/3} = 2 + 0.552 \times 288.3^{1/2} \times 2.506^{1/3} = 14.73$$

传质系数 　　　　　$$k_C = \frac{Sh \cdot D_{AB}}{D} = \frac{14.73 \times 6.92 \times 10^{-6}}{10 \times 10^{-3}} = 1.02 \times 10^{-2} \text{m/s}$$

萘蒸发的摩尔速率可表示为： 　　　　　$$G_{molA} J_A A = k_C (c_{As} - c_{A0}) A$$

$$c_{As} = \frac{p}{RT} = \frac{74}{8.314 \times 318} = 0.0280 \text{mol/m}^3, \ c_{A0} = 0$$

$$G_{molA} J_A A = 1.02 \times 10^{-2} \times (0.0280 - 0) \times \pi \times 0.01^2 = 9.0 \times 10^{-8} \text{mol/s}$$

21.2.2.2　气泡（聚集态球形气泡）通过流体的传质

设想气体在大量液体中冒泡的情况。通常，这些球形气泡通过孔成串或成群地产生，通入到液体中。考虑到气泡在液体中上升过程中随着体积的变化会产生形变。溶解的气体 A 在大量液体 B 中冒泡的对流传质关联式，在气泡直径 d_b 小于 2.5mm 时，采用式（21 -17）计算：

$$Sh = \frac{k_L d_b}{D_{AB}} = 0.31 Gr^{1/3} Sc^{1/3} \qquad (21 - 17)$$

气泡直径大于或等于 5mm 时，

$$Sh = \frac{k_L d_b}{D_{AB}} = 0.42 Gr^{1/3} Sc^{1/2} \qquad (21 - 18)$$

在上述方程中，Gr 的定义为 $Gr = \dfrac{d_b^3 \rho_L g \Delta\rho}{\mu^2}$，其中，$\Delta\rho$ 为液体和气泡中的气体密度差。利用液体的密度和黏度来描述液体主体混合物的平均特性。对于稀释溶液，溶剂的特性均被看作是液体混合物的特性。扩散系数 D_{AB} 是气体 A 在液体 B 中的扩散系数。

21.2.3　流体垂直流过单个圆柱时的传质

气流垂直于圆柱体轴线升华到空气中，或固态圆柱溶解于水蒸气湍流中的对流传质关联式为

$$\frac{k_G p Sc^{0.56}}{J_M} = 0.281 Re_D^{-0.4} \qquad (21 - 19)$$

式中，p 为系统总压；J_M 为圆柱表面气流的摩尔通量，kmol/（m² · s）；圆柱表面气流 Re_D 的定义为 $Re_D = \dfrac{\rho v_\infty D}{\mu}$，其中 D 为圆柱直径，v_∞ 垂直于圆柱表面的流体速度，ρ 和 μ 按膜层的平均温度进行估算。适用范围是 $400 < Re < 25000$ 和 $0.6 < Sc < 2.6$。

[**例题 21 -3**]　在一增湿设备中，水以薄膜状态沿垂直圆柱体的外表面流下。温度为 310K、压力为 1.013×10^5Pa 的干空气，以 4.6m/s 的速度与轴线垂直地流过一个直径为

0.076m、长 1.22m 的圆柱体。水的温度为 290K。若把圆柱体整个表面都用于蒸发，但不允许有任何一滴水从其底部逸出，试求向圆柱体顶部供水的流量是多少？

解：圆柱体外表面上的水发生了质量传递，而圆柱体法向的空气流代表了无限大的槽。依照薄膜温度 300K 确定空气流的物性参数。由附录 1 可以得到空气在 300K、$1.01325 \times 10^5 Pa$（1atm）时的性质为：

$$\nu = 1.5718 \times 10^{-5} m^2/s, \quad \rho = 1.145 kg/m^3, \quad Re_D = \frac{Dv_\infty}{\nu_{空气}} = \frac{0.076 \times 4.6}{1.5718 \times 10^{-5}} = 22242$$

由附录 7 可知，水在 298K、$1.01325 \times 10^5 Pa$ 的空气中的扩散率为 $2.60 \times 10^{-5} m^2/s$，将其修正到给定温度时的数值：

$$D_{AB} = 2.60 \times 10^{-5} \times \left(\frac{300}{298}\right)^{3/2} = 2.63 \times 10^{-5} m^2/s, \quad Sc = \frac{\nu_{空气}}{D_{AB}} = \frac{1.5689 \times 10^{-5}}{2.63 \times 10^{-5}} = 0.60$$

空气垂直流过圆柱体的摩尔通量为：

$$J_M = \frac{v_\infty \rho_{空气}}{M_{空气}} = \frac{4.6 \times 1.145}{29} = 0.182 kmol/(m^2 \cdot s)$$

将已知数据代入式（21-19）中，可以得到薄膜传质系数：

$$\frac{k_G p Sc^{0.56}}{J_M} = 0.281 Re_D^{-0.4} \quad 或 \quad \frac{1.013 \times 10^5 \times 0.60^{0.56} k_G}{0.182} = \frac{0.281}{22283^{0.4}}$$

最后得出：
$$k_G = 1.23 \times 10^{-8} kmol/(m^2 \cdot s \cdot Pa)$$

水的传质流密度可由下式计算
$$N_A = k_G(p_{Ai} - p_{A\infty})$$

水在 290K 时的蒸气压为 $p_{Ai} = 1.73 \times 10^3 Pa$，干空气中水的分压为 $p_{A\infty} = 0$。因此：

$$N_A = 1.23 \times 10^{-8} \times (1.73 \times 10^3 - 0) = 2.13 \times 10^{-5} kmol/(m^2 \cdot s)$$

向圆柱体供应水的质量流率 G_{mA} 是流密度和圆柱体外表面积的乘积：

$$G_{mA} = N_A M_A (\pi DL) = 2.13 \times 10^{-5} \times 18 \times (\pi \times 0.076 \times 1.22) = 1.12 \times 10^{-4} kg/s$$

21.3　管道内的湍流传质

如果空气在圆管内流动，而管壁被液体淋湿，这时可能发生气体被管壁液膜所吸收，或者液膜向气体蒸发，这就形成质量的传输。从管内壁到运动流体的传递已经做了广泛的研究，所得的关联式为

$$\frac{k_C D}{D_{AB}} \frac{p_{B,lm}}{p} = 0.023 Re^{0.83} Sc^{0.44} \tag{21-20}$$

式中，D 为管内径；$p_{B,lm}$ 为载流气体 B 的对数平均分压；$p_{B,lm}/p = y_{B,lm}$，其中 $y_{B,lm}$ 为对数平均浓度，$y_{B,lm} = \dfrac{y_{B_2} - y_{B_1}}{\ln(y_{B_2}/y_{B_1})}$，其中 y_{B_2} 和 y_{B_1} 分别为沿 z 扩散方向上 z_1 和 z_2 处的摩尔浓度；

p 为总压；D_{AB} 为扩散组分 A 在流动载流气体 B 中的扩散系数；Re 和 Sc 是按运动流体主流状态确定的无量纲参量。适用范围是 $2000 < Re < 35000$，$0.6 < Sc < 2.5$。

将 Sc 的范围扩大，并将一些研究的结果予以合并，即可得出：

$$Sh = \frac{k_L D}{D_{AB}} = 0.023 Re^{0.83} Sc^{1/3} \qquad (21-21)$$

上式的适用范围是 $2000 < Re < 35000$，$1000 < Sc < 2260$。Re 和 Sc 是按运动流体主体状态确定的无量纲参量。对于稀溶液，流体的密度和黏度大致与载体 B 的相同。

对于管内的层状流（$10 < Re < 2000$），传质系数约为：

$$Sh = 1.86 \left(\frac{v_m D^2}{L D_{AB}} \right)^{1/3} = 1.86 \left(\frac{D}{L} \cdot \frac{v_m D}{\nu} \cdot \frac{\nu}{D_{AB}} \right)^{1/3} = 1.86 \left(\frac{D}{L} Re \cdot Sc \right)^{1/3} \qquad (21-22)$$

式中，L 为管长；v_m 为平均速度。

21.4　流体流过填充床和流化床的传质

冶金过程经常遇到流体流过填充床时的传质，如矿石及耐火材料的焙烧、高炉冶炼、化铁炉化铁、粉煤流态化汽化、矿石流态化还原等。

当流体流过固定床或流化床，填充物进行传质时，对流流动传质系数与流体流速、床层的空隙度、雷诺数及施密特数有关。

当气体流过球形粒子固定床进行传质时，在 $90 < Re < 4000$ 条件下，可采用下式计算对流流动传质系数：

$$k_C = 2.06 \frac{v_{空}}{\varepsilon} Re^{-0.575} Sc^{-0.666} \qquad (21-23)$$

式中，$v_{空}$ 为空截面流速，m/s；ε 为空隙度。

当液体流过球形粒子固定床进行传质时，在 $0.006 < Re < 55$，$165 < Sc < 70600$ 及 $0.35 < \varepsilon < 0.75$ 条件下，可采用下式计算对流流动传质系数：

$$k_C = 1.09 \frac{v_{空}}{\varepsilon} Re^{-0.666} Sc^{-0.666} \qquad (21-24)$$

在 $55 < Re < 1500$，$165 < Sc < 10690$ 及 $0.35 < \varepsilon < 0.75$ 时用下式计算对流流动传质系数：

$$k_C = 0.250 \frac{v_{空}}{\varepsilon} Re^{-0.31} Sc^{-0.666} \qquad (21-25)$$

当气体和液体通过球形颗粒流化床时，在 $20 < Re < 3000$ 条件下可采用下式计算对流流动传质系数：

$$k_C = \left(0.01 + \frac{0.863}{Re^{0.58} - 0.483} \right) v_{空} Sc^{-0.666} \qquad (21-26)$$

21.5　湿壁塔内的传质

　　管子表面和运动流体之间的大量传质数据都是从湿壁塔中获得的。如图 21 - 1 所示，在湿壁塔中，气体从管子底部向上流动。液体被放置在柱体顶部，并有一个堰将液体流动平均分散在柱体内表面，形成一个均匀的液体薄膜。液体薄膜通常只有几毫米厚，而且由于重力作用液体的速度通常很大。利用这种塔进行传质研究的主要原因有两个：一是可以准确地测定两相间的接触面积；二是实验可以在稳定状态下进行。

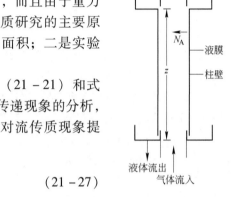

图 21 - 1　湿壁塔内气体和液体的相际传质

　　气体湍流和层流的对流传质系数分别由式（21 - 21）和式（21 - 22）确定。然而，对于气、液两相间质量传递现象的分析，还需要液体膜的传质系数。对湿管内壁气体的对流传质现象提出了下述关系式：

$$\frac{k_L z}{D_{AB}} = 0.433 Sc^{1/2} \left(\frac{\rho_L^2 g z^3}{\mu_L^2} \right)^{1/6} Re_L^{0.4} \qquad (21 - 27)$$

　　式中，z 为接触长度；D_{AB} 为扩散组分 A 在液体 B 中的质量扩散系数；ρ_L 为液体 B 的密度；μ_L 为液体 B 的黏度；g 为重力加速度；Sc 为以液体膜温计算的施密特数；Re_L 为液体沿管下流的雷诺数，即：

$$Re_L = \frac{4\Gamma}{\mu_L} = \frac{4w}{\pi D \mu_L} \qquad (21 - 28)$$

　　式中，w 为液体的质量流速；D 为圆柱体的内径；Γ 为单位湿润周长的液体质量流速。

　　利用上述方程求得的液膜系数要比用层流薄膜吸收理论方程求得的数值低 10% ~ 20%，其原因可能是由于沿波面产生了小湍流，或在湿壁塔两端的液流中发生扰动而引起的。传质速率的理论值与测量值之间的这种差异导致人们提出一种设想，即认为在气—液界面处存在传质阻力。然而，通过研究业已证明，在正常的传质过程中，这种界面阻力是可以忽略不计的。

21.6　对流传质过程的模拟步骤

　　在很多实际过程中，流密度是与物理系统控制体的物料衡算相关联的。该过程可以用下面的方法来模拟：

　　（1）画出物理系统的图，标出重要的性质，包括对流传质的边界，确定质量传递的范围。

　　（2）根据物理系统的性质列出一系列假设，可将其用于模型开发。

　　（3）列出传质组分的物料衡算式，同时加上合适的对流传质关联式。对流传质的主导过程可分为两类：传递组分混合良好、浓度均匀的控制体，如搅拌器；传递组分浓度有一维变化的微分控制体，如管流。一旦建立了物料衡算，可将对流传质关系式 $N_A = k_C \Delta c_A$ 代入衡算模型，由传递组分在表面及主体相中的浓度来考虑 Δc_A。最后，确定合适的 k_C 关联式，并确定 Re、Sc、几何形状以及传递组分的限制条件。

（4）确定过程的边界条件和初始条件。这要根据（3）确定的对流传质在界面处的浓度值就可以清楚得到。

（5）求解物料衡算得到的代数或微分方程，从而得到浓度曲线、流密度以及其他感兴趣的工程参数。在很多情况下，k_C 可事先估算。

21.7 小 结

本章首先采用 π 定理分析了对流传质过程的特征数，并给出了不同对流传质条件下特征数的函数关系式。之后，介绍了由相似理论、模型实验法和类比法确定的不同条件下的对流传质系数。给出了由实验得到的对流传质关联式。这些关联式可以验证第 20 章中对流传质分析的正确性。通过实验方法，获得对流传质特征数方程。

对流给热的研究结果可以直接用于对流传质，以确定对流传质系数。在使用相应式进行计算时，要考虑传质的特征数。

思 考 题

21－1 强制对流传质和自然对流传质中有哪些特征数？

21－2 对流传质关联式中的特征数与对流给热关联式中的特征数有哪些异同？

21－3 舍伍德数与施密特数的表达式及物理意义是什么，对研究对流传质有何作用？

21－4 对流传质关联式有哪些，各适用于什么条件？

21－5 对流传质系数的模型理论有哪些，主要说明什么问题？

21－6 如何借用研究对流换热的方法来研究对流传质？

21－7 传质相似特征数为什么都与对流传热相似特征数相对应，而且结构相同？如何从物理概念与数学上说明之？

21－8 同一条件下的传质特征数方程与传热特征数方程有什么不同，为什么？

21－9 j 因子的实质是什么？传质 j 因子与传热 j 因子有何异同？

习 题

21－1 试用量纲分析法证明强制对流传质时，$Sh = f(Re, Sc)$。影响对流传质的因素有：速度 v、扩散系数 D、密度 ρ、黏度 μ、定形尺寸 L 及传质系数 k。

21－2 管内层流传质，考虑速度边界层分布和浓度边界层分布均已充分发展时，在管壁处组分 A 维持恒定的传质流密度，确定此时的舍伍德数 Sh。

21－3 293 K 的水膜沿 6m 长的垂直壁面下流，并由气相中吸收 CO 气体，已知单位宽度水膜流量为 $0.02 \text{kg}/(\text{m} \cdot \text{s})$，气相为纯 CO，其压力为 $1.01325 \times 10^5 \text{Pa}$，温度为 273K，进口水不含 CO，试求以单位宽度膜计的总吸收速率 $\text{kmol}/(\text{m} \cdot \text{s})$ 为多少？已知:CO 在水中溶解度 $c_{Ai} = 0.00104 \text{kmol}/\text{m}^3$，CO 在水中扩散系数为 $D = 2.19 \times 10^{-10} \text{m}^2/\text{s}$，$\rho_{H_2O} = 998 \text{kg}/\text{m}^3$，$\mu = 1.005 \times 10^{-3} \text{Pa} \cdot \text{s}$。

22 相际传质

本章提要： 首先介绍了相际对流传质的基本模型，稳态条件下的薄膜理论的实质是将边界层中湍流传质和分子扩散等效的处理为厚度为 δ'_c 边界层中的分子扩散，也是为"有效浓度边界层"。非稳态条件下的渗透理论，认为传质过程是不稳定的扩散过程，流体核心区的微团穿过薄层，不断地向物体表面迁移，并与之接触，然后又回到流体核心区。用表面更新率代替渗透模型中的有效渗透时间，由渗透理论进一步改进为表面更新理论。

基于薄膜理论的双膜理论，发展了气液两相界面和渣金两相界面的传质理论，给出了传质系数的计算公式，即给出了由单相传质系数来确定双膜传质系数的方法。

讨论了具有化学反应的铁矿石还原和碳颗粒燃烧的相际稳态传质过程，总的扩散系数与各过程有关。另外，也讨论了涉及传热过程的相际稳态传质，总传质系数可由欧姆定律，用不同过程传质阻力的形式来描述。

冶金过程多数为多相反应，而传质过程往往为其限制性环节，如钢液中的脱硫、脱碳，电解时离子的迁移，燃烧时的氧化反应等。在两相系统中，传质之所以能够发生，仍然是由于某一组分存在着浓度梯度，其极限为达到相际平衡，但这要经历很长的时间。在实际过程中，因冶金过程多半是在高温下进行，它很容易达到相际平衡，这时过程进行的快慢，决定于传质的速率。前者属于热力学问题，它遵守物理化学的相平衡规律，取决于相的组成、温度、压强；后者属于动力学问题，它遵守质量传输规律，取决于与平衡状态偏离的程度和接触方式。本章首先介绍传质的基本模型，然后综合讨论相间传质的模型。

22.1 相际平衡与平衡浓度

相际平衡时，其浓度有一定的差值，通常取决于系统的温度和压强的大小。

$$c_{\rm II} = k c_{\rm I}^{n} \tag{22-1}$$

式中，$c_{\rm I}$、$c_{\rm II}$ 分别为 I 相和 II 相的浓度（c 为不同的浓度单位）；k 为常数，它取决于平衡时的温度；n 为指数，它取决于平衡反应，例如 H_2 在界面上的平衡反应为 $H = 1/2 H_2$，这时 $n = 1/2$。

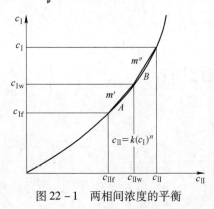

图 22-1　两相间浓度的平衡

上述平衡关系也可通过图 22-1 来表示。如 I 相为气相，II 相为液相，对应于 c_{If} 的有 c_{IIf}；反之，对应于 c_{II} 的有 c_I。同时，对应于 c_{Iw} 的有 c_{IIw}。若某组分的浓度在气相中高于平衡时的浓度，即 $c > c_{II}$，则该组分将由气相转入液相；如果 $c < c_{II}$，则该组分由液相转入气相。在气、液两相上，组分的浓度该自动保持平衡状态。因此，作为传质过程来说，c_{IIf} 与 c_{If} 及 c_I 与 c_{II} 具有相同的意义。

22.2　相际对流传质基本模型

为了说明相际对流传质过程的机理，已经提出了边界层内的传质模型。

22.2.1　边界层内的传质模型 I ——薄膜理论（有效边界层）

当流体流过物体表面时，靠近表面处形成一层很薄的流体边界层（即层流底层），它属于层流流动。在这一薄层中，流体与表面之间的传质过程是依靠分子扩散进行的，而在边界层之外，来流浓度均匀，不存在浓度梯度。其情况如图 22-2 所示。

图 22-2 中物体表面的浓度为 c_w，流体的浓度为 c_f，且 $c_f > c_w$，边界层中实际的浓度变化如曲线 c_y 所示。由于这种边界层的边界很难确定，故提出"薄膜理论"来简化。它具有以下特征：

将浓度的变化假定集中在薄膜内，其变化具有线性规律，而在薄膜以外则没有浓度变化，这一薄膜称为"有效浓度边界层"，以 δ'_c 表示。它是在 c_w 点上对实际浓度变化曲线 c_y 作切线，与浓度 c_f 线相交，其 y 坐标即为 δ'_c 值。

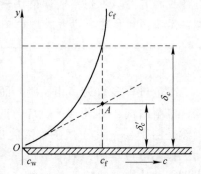

图 22-2　边界层内的浓度分布

这时传质流密度可按下式计算：

$$N_A = \frac{D}{\delta'_c}(c_f - c_w) \qquad (22-2)$$

在式(22-2)中,传质系数(薄膜传质系数 k_d)即为：

$$k_d = D/\delta'_c \qquad (22-3)$$

流体通过表面流动时，在靠近表面的地方总是存在着一层有时是特别薄的薄层，流体在该薄层内的流动为层流（在湍流边界层中的层流底层），且紧挨着静止表面的流体粒子是静止的。因此，一个表面与一种流体间的传质机理就必然涉及通过静止层和层流动层的分子扩散。对流传质的控制阻力通常是由该"薄膜"引起的。

有效边界层内仍有液体流动，有效边界层内的传质不是单纯的分子扩散一种方式。有效边界层概念实质是将边界层中湍流传质和分子扩散等效地处理为厚度为 δ_c' 边界层中的分子扩散。

22.2.2 边界层内的传质模型 II——渗透理论

虽然薄膜理论（有效边界层）比较简易，但说明不了复杂的边界层内的传质过程。实验表明：分子扩散系数并非常数，而有效边界层厚度也受主流核心区运动的影响。

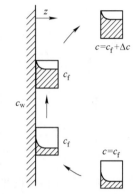

渗透理论认为：传质过程是不稳定的扩散过程，流体核心区的微团穿过薄层，不断地向物体表面迁移，并与之接触，然后又回到流体核心区。在接触过程中，由于流体的浓度与物体表面的浓度不同，从而使微团的浓度发生变化，而在表面不断更新情况下，产生质量的传输，如图 22-3 所示。

物体表面的浓度为 c_w，流体核心的浓度为 c_f，且 $c_w > c_f$，流体微团原来的浓度为 c_f。在与物体表面接触过程中产生质量的传输，使其浓度升高。在回到流体核心区中时，又将质量带回到流体核心，其浓度为 $c_f + \Delta c$。从统计学的观点，可将无数微团与表面之间的质量转移，看作流体穿过边界层对表面的不稳态扩散过程。

图 22-3 薄层内质量的传输

设流体边界层为一维，其微分方程式为：

$$\frac{\partial c}{\partial t} = D \frac{\partial^2 c}{\partial z^2} \tag{19-52}$$

其边界条件为：当 $t = 0$ 时，在 $z \geq 0$ 处，$c = c_f$

当 $t > 0$ 时，在 $z = 0$ 处，$c = c_w$；在 $z = \infty$ 处，$c = c_f$

其通解为：

$$\frac{c_w - c}{c_w - c_f} = \mathrm{erf}\left(2 \frac{z}{\sqrt{Dt}}\right) \tag{22-4}$$

通过界面的传质流密度为：

$$N\big|_{z=0} = -D\left(\frac{\mathrm{d}c}{\mathrm{d}z}\right)_{z=0} \tag{22-5}$$

对式（22-4）求导，并确定出 z 方向上在 $z = 0$ 处的浓度梯度，并代入式（22-5），得：

$$\left(\frac{\mathrm{d}c}{\mathrm{d}z}\right)_{z=0} = \frac{1}{\sqrt{\pi Dt}}\ (c_f - c_w) \tag{22-6}$$

$$N\big|_{z=0} = \sqrt{\frac{D}{\pi t}}(c_w - c_f) \tag{22-7}$$

如果接触时间为 t，其平均传质流密度为：

$$N_m\big|_{z=0} = \frac{1}{t}\int_0^t \sqrt{\frac{D}{\pi t}}(c_w - c_f)\,\mathrm{d}t = 2\sqrt{\frac{D}{\pi t}}(c_w - c_f) \tag{22-8}$$

由此得到传质系数为:

$$k_d = 2\sqrt{\frac{D}{\pi t}} \tag{22-9}$$

这时,传质系数与扩散系数的关系不是像薄膜理论那样的线性一次方关系,而是非线性的 0.5 次方关系。

[**例题 22-1**]   在钢水底部鼓入氮气,设气泡为球冠形,其曲率半径 r 为 0.025cm。氮在钢水中的扩散系数 $D = 5 \times 10^{-4} cm^2/s$,若气—液界面氮的浓度为 0.011%,钢水内部氮的浓度为 0.001%。试根据溶质渗透理论计算氮在钢水中的传质流密度。设钢水密度为 7.1g/cm^3。

解: 根据溶质渗透理论,传质系数可由式(22-9)求出:

$$k_d = 2\sqrt{\frac{D}{\pi t}}$$

式中,t 为气泡与钢液的平均接触时间,$t = \dfrac{d}{v}$。

对于球冠形气泡,其上浮速度,$v = \dfrac{2}{3}\sqrt{gr} = \dfrac{2}{3} \times \sqrt{980 \times 0.025} = 3.3 cm/s$

于是,

$$t = \frac{0.025}{3.3} = 0.076 s$$

故

$$k_d = 2 \times \sqrt{\frac{5 \times 10^{-4}}{3.14 \times 0.0076}} = 0.29 cm/s$$

传质流密度 $n = k_d \rho (w_s - w_0) = 0.29 \times 7.1 \times (0.00011 - 0.00001) = 2.06 \times 10^{-4} g/(cm^2 \cdot s)$

22.2.3 边界层内的传质模型Ⅲ——表面更新模型

溶质渗透理论的有效渗透时间 t 不易确定,1951 年丹克维尔茨(Danckwerts)对希格比的溶质渗透模型进行了研究和修正,提出了表面更新模型,也称为渗透—表面更新模型。以吸收为例,该模型认为:流体在流过相界处过程表面不断更新,即不断有液体从主体转向界面而暴露于气相中,这种界面的不断更新使传质过程大大强化。原来需要通过缓慢的扩散过程才能将溶质传至液体深处,现通过表面更新,深处的液体就有机会直接与气体接触以接受溶质。该模型以一个表面更新率 s 代替渗透模型中的有效渗透时间 t,来对模型做出数学描述,经解析求解后,得出对流传质系数为 $k = (Ds)^{0.5}$,其中,s 为表面更新率,定义为单位时间内表面被更新的百分率,与流体动力条件及系统的几何形状有关,是由实验确定的常数。当湍流强烈时,表面更新率必然增大。由此可见,传质系数 k 与表面更新率 s 的平方根成正比。

渗透—表面更新模型自从提出后,获得了较快的发展。溶质渗透模型与表面更新模型的最大区别在于前者假定表面更新过程每隔 t 时间周期地发生一次,而后者则认为更新是随时间进行的过程。该模型从最初应用于吸收液相内的传质过程,后来又应用于伴有化学反应的吸收过程,现已应用于液—固和液—液界面的传质过程。

综合各种传质理论的结论，可以看出平均传质系数与扩散系数之间表现出相似的系数关系，即 $k \propto D^n$，它们都是以对流体动力学性质的简化为基础的。当流体微元在界面上停留的时间足够长时，或者当溶质在微元中的扩散系数很大时，这时，可以按双膜理论处理，$n = 1$；当微元在界面上寿命很短时，即表面更新很快，则按渗透理论处理，此时 $n = 0.5$。

在不同的流体性质和流动情况下，传质系数与扩散系数为 $0.5 \sim 1.0$ 次方关系，其特征为：流体与物体表面间传质阻力全部集中于薄膜内，薄膜的厚度随流体流动情况而变。

当 $\pi \leqslant \dfrac{\delta_c'^2}{Dt} < \infty$ 时 $\qquad N_A = \sqrt{\dfrac{D}{\pi t}}(c_w - c_f)$ $\qquad$ (22-10)

当 $0 < \dfrac{\delta_c'^2}{Dt} \leqslant \pi$ 时 $\qquad N_A = \dfrac{D}{\delta_c'}(c_w - c_f)$ $\qquad$ (22-11)

若接触时间很短，传质过程不可能达到稳定，例如固定床内流体与小料块表面间的传质，符合式（22-10）的条件。

若接触时间很长，传质过程趋于稳定，例如固定床内流体与大料块表面间的传质，符合式（22-11）的条件。

22.3　双膜理论与相际稳态综合传质

双膜理论基于薄膜理论。它认为两相间的界面两侧各自存在着一定厚度的薄膜，各自形成有效浓度边界层，在界面处的两相处于稳定的平衡状态，传质过程的阻力只存在于薄膜内。在这种情况下，传质过程可以分为三个环节来分析，即流体 I 内的分子扩散；两相界面上相间平衡关系；流体 II 内的分子扩散。

22.3.1　气液两相界面的传质

当传质过程是由液相到气相时，则 c_{AL} 就比 c_{Ai} 大，p_{AG} 比 p_{Ai} 小，如图 22-4 所示。当传质过程是由气相到液相时，则相反。

如果把讨论只限于组分 A 的稳态传质，那么可利用下述方程来描述在界面每一侧方向上的扩散速率：

$$N_A = k_G(p_{AG} - p_{Ai}) \qquad (22-12)$$

$$N_A = k_L(c_{Ai} - c_{AL}) \qquad (22-13)$$

式中，分压差 $p_{AG} - p_{Ai}$ 是将组分 A 从气体的主体状态传递到将两相分开的界面处的驱动力；浓度差 $c_{Ai} - c_{AL}$ 是将组分 A 再继续传递到液相所需的驱动力；k_G 和 k_L 分别为气相和液相的对流传质系数。

在稳态条件下，I 相（气相）的质量流密度一定等于 II 相（液相）的质量流密度。联立式（22-12）和式（22-13）后，得：

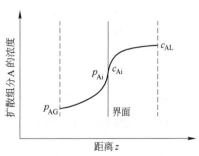

图 22-4　溶质从液相传递
到气相的浓度梯度

$$N_A = k_G(p_{AG} - p_{Ai}) = -k_L(c_{AL} - c_{Ai}) \tag{22-14}$$

由式（22-14）可导出两个对流传质系数的比值：

$$-\frac{k_L}{k_G} = \frac{p_{AG} - p_{Ai}}{c_{AL} - c_{Ai}} \tag{22-15}$$

其传质系数的单位取决于采用的浓度单位。由于界面上的分压和浓度的物理量测量十分困难，比较方便的方法是使用总（传质）系数，其是由主体浓度 p_{AG} 和 c_{AL} 之间的总推动力导出的。由于 p_{AG} 和 c_{AL} 的浓度单位不同，而从图 22-5 中可知，液相主体浓度与分压 p_A^* 平衡。在体系的压力和温度下，分压是唯一的，p_A^* 和 p_{AG} 单位一致。因此，气体的总传质系数 K_G 必须包括两相中采用分压推动力表示的全部扩散阻力，其定义为：

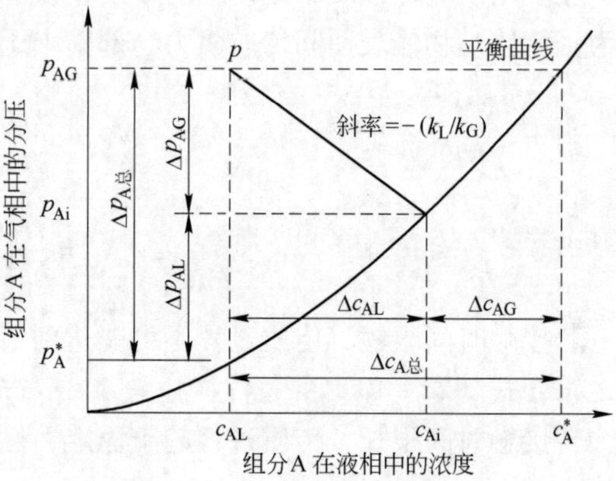

$$N_A = K_G(p_{AG} - p_A^*) \tag{22-16}$$

图 22-5　双膜理论的浓度推动力

式中，p_{AG} 为气相主体压力，Pa；p_A^* 为 A 与液相主体浓度 c_{AL} 平衡的分压，Pa；K_G 为基于分压驱动力的总传质系数，$kmol/(m^2 \cdot Pa \cdot s)$。

同理，气相主体压力 p_{AG} 与浓度 c_A^* 平衡。在体系的压力和温度下，浓度是唯一的。由于 c_A^* 和 p_{AG} 容易测定。因此，液体的总传质系数 K_L 必须包括两相中以浓度推动力表示的全部扩散阻力，其定义式为：

$$N_A = K_L(c_A^* - c_{AL}) \tag{22-17}$$

式中，c_A^* 和 c_{AL} 分别为组分 A 与 p_{AG} 平衡的浓度和液相主体浓度，$kmol/m^3$；K_L 为基于液体浓度推动力的总传质系数 $kmol/[m^2 \cdot (kmol/m^3) \cdot s]$。

图 22-5 给出了每一相的推动力和总的推动力。可以得到各单相阻力与总阻力的比值为：

$$\frac{气相阻力}{两相总阻力} = \frac{\Delta p_{A,气膜}}{\Delta p_{A,总}} = \frac{1/k_G}{1/K_G} \tag{22-18}$$

$$\frac{液相阻力}{两相总阻力} = \frac{\Delta c_{A,气膜}}{\Delta c_{A,总}} = \frac{1/k_L}{1/K_L} \tag{22-19}$$

当平衡关系为线性，如下式所示时，即可求出总系数和单相系数间的关系式：

$$p_{Ai} = mc_{Ai} \tag{22-20}$$

在低浓度区域，满足亨利（Henry）定律。此时，比例系数即为亨利定律常数 H。应用式（22-20），可以建立气、液相的浓度关系式：

$$p_{AG} = mc_A^* \tag{22-21}$$

$$p_A^* = mc_{AL} \tag{22-22}$$

将式（22-21）和式（22-22）代入到式（22-16），可得：

$$\frac{1}{K_G} = \frac{p_{AG} - p_A^*}{N_A} = \frac{p_{AG} - p_{Ai}}{N_A} + \frac{p_{Ai} - p_A^*}{N_A} = \frac{p_{AG} - p_{Ai}}{N_A} + \frac{m(c_{Ai} - c_{AL})}{N_A} \tag{22-23}$$

将式（22-12）和式（22-13）代入上式，即可得出 K_G 与单相系数间的关系式：

$$\frac{1}{K_G} = \frac{1}{k_G} + \frac{m}{k_L} \tag{22-24}$$

同理，对于 K_L 也可导出一个类似的表达式，即可以分别得到：

$$\frac{1}{K_G} = \frac{c_A^* - c_{AL}}{N_A} = \frac{p_{AG} - p_{Ai}}{mN_A} + \frac{c_{Ai} - c_{AL}}{N_A} \tag{22-25}$$

$$\frac{1}{K_L} = \frac{1}{mk_G} + \frac{1}{k_L} \tag{22-26}$$

式（22-24）和式（22-26）表明，单相阻力的相对量值取决于由比例常数表示的气体溶解度。对于一种含有易溶气体的体系，例如水中的氢，其 m 值很小，这样，对于式（22-24）的体系称为气相控制体系。对于一种有低气体溶解度的体系，如水中的 CO_2，其 m 值很大，由式（22-26）可以得出该项气相阻力可以忽略不计的结论，此时的总系数 K_L 基本上等于液相系数 k_L，将该类型的体系称为液相控制体系。然而，在很多体系中，这两种阻力都是很重要的，因此在计算总阻力时，两者都需加以考虑。

单相对流系数 k_L 和 k_G 与两组分的性质、组分传质中所通过相的性质，以及这个相的流动条件等有关。单相系数 k_G 基本上与浓度无关，其总系数 K_G 除了当浓度线是直线以外，也还是可以随浓度而变的。这一点对于总系数 K_L 也有效。因此，这里的总系数只应用于其值可测的状态，除在整个范围内体系的平衡曲线是直线以外，否则即不再适用。

双膜理论是薄膜理论在两相传质中的应用，因此不可避免地带有薄膜理论的不足，在实际应用中要注意以下几点：

（1）每一个相的传质系数 k_L 和 k_G 与扩散组分的性质、扩散组分所通过的相的性质等有关，也与相的流动情况有关。即使当 k_L 与浓度无关时，k_L 也可能随浓度而变化，除非两相的平衡曲线是一条直线。换言之，k_L 保持常数的先决条件是 m 必须为一常数。对 k_G 来讲也是一样。因此，总传质系数仅能在与测定条件相类似的情况下使用，而不能外推到其他浓度范围，除非确切地知道 m 在所考虑的浓度范围内为一常数。

（2）当把双膜理论应用于两个互不相混的液体体系时，m 就是扩散组分在两个液相中的分配系数。

（3）单独的传质系数 k_L 和 k_G 一般都是当其中某一阻力为控制步骤时测出来的，它们可能与两相阻力都起作用时的 k_L 和 k_G 有所不同。

（4）当两相处于相接触时可能由于下列原因使传质过程复杂化：

1）当界面上有表面活性剂存在时，可能会引起附加的传质阻力；

2）界面上产生的湍流或者微小扰动可能使 k_L 和 k_G 比单相时的数值来得大；

3）两相接触时如果有化学反应发生，k_L 和 k_G 也会与无反应时的测定值有区别。

[**例题 22-2**] 湿壁塔中用水对氨进行吸收的实验研究中，测定 K_G 值为 2.74×10^{-9} kmol/(m^2·Pa·s)。在塔内某一点上，气体中氨的摩尔分数为 8%，液相氨的浓度为 0.064kmol/m^3，温度为 293K，总压力为 101.325kPa（1atm）。已知气相中的传质阻力占 85%。若在 293K 时亨利常数值为 1.358×10^3 Pa/(mol/m^3)。试求单相膜传质系数和界面浓度。

解：两相内的总阻力为：

$$\frac{1}{K_G} = \frac{1}{2.74 \times 10^{-9}} = 3.65 \times 10^8$$

在气相中的阻力 $\frac{1}{K_G}$ 为总阻力的 85%，气相的单相系数：

$$\frac{1}{k_G} = 0.85 \times 3.65 \times 10^8 = 3.10 \times 10^8, \quad k_G = 3.226 \times 10^{-9}$$

由式（22-24），$3.65 \times 10^8 = 3.10 \times 10^8 + \dfrac{1.358 \times 10^3}{k_L}$，可以得到：

$$k_L = 2.47 \times 10^{-5}$$

对于塔内的给定点，$p_{AG} = y_A p = 0.08 \times 1.013 \times 10^5 = 8.104 \times 10^3 \text{Pa}$。由给出的 $c_{AL} = 0.064$ 引入亨利定律常数后，与液体主体浓度平衡的分压 p_A^* 为：

$$p_A^* = Hc_{AL} = 1.38 \times 10^3 \times 0.064 = 87.1 \text{Pa}$$

按照式（22-16），传质流密度：

$$N_A = K_G(p_{AG} - p_A^*) = 2.74 \times 10^{-9} \times (8.104 \times 10^3 - 87.1) = 2.2 \times 10^{-5} \text{kmol/(cm}^2 \cdot \text{s)}$$

利用式（22-12），$2.20 \times 10^{-5} = 3.226 \times 10^{-9} \times (8.104 \times 10^3 - p_{Ai})$

可得 $\qquad\qquad\qquad\qquad\qquad p_{Ai} = 1284 \text{Pa}$

利用亨利定律有 $\qquad\qquad 1284 = 1.358 \times 10^3 c_{Ai}$

$$c_{Ai} = 0.946 \text{kmol/m}^3$$

22.3.2　渣金两相界面的传质

应用双膜理论分析金属液/熔渣反应速率。组元 A 在熔渣、金属液两相中浓度分布如图 22-6 所示。δ_S、δ_M 分别为渣相及金属液边界层的厚度；$c_{(A)}$、$c_{[A]}$ 分别为组元 A 在渣相及金属液中的浓度；$c_{(A)}^*$、$c_{[A]}^*$ 分别为组元 A 在渣膜和金属液膜各侧界面处达到平衡时的浓度。

在金属液和熔渣边界层组元 A 传质的质量流密度分别为：

$$N_{[A]} = k_{[A]}(c_{[A]} - c_{[A]}^*) \tag{22-27}$$

$$N_{(A)} = k_{(A)}(c_{(A)}^* - c_{(A)}) \tag{22-28}$$

通常在高温条件下，组元 A 在熔渣和金属液的界面上的化学反应进行得很快，界面上的化学反应达到动态平衡时，则：

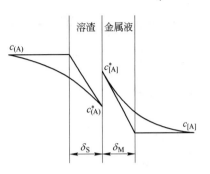

$$\frac{c_{(A)}^{*}}{c_{[A]}^{*}} = K \qquad (22-29)$$

式中，K 为化学反应的平衡常数。

假定界面两侧为稳态传质，即界面上无物质的积累，因此组元 A 在两膜内的物质传质流密度应相等，即在界面平衡时 $N_{(A)} = N_{[A]} = N_A$：

图 22-6　组元 A 在熔渣和
金属液中浓度分布图

$$N_A = k_{[A]} \left(c_{[A]} - \frac{c_{(A)}^{*}}{K} \right) = k_{(A)} K \left(\frac{c_{(A)}^{*}}{K} - \frac{c_{(A)}}{K} \right) \qquad (22-30)$$

由式（22-30）得出：

$$\frac{N_A}{k_{[A]}} = c_{[A]} - \frac{c_{[A]}^{*}}{K} \qquad (22-31)$$

$$\frac{N_A}{k_{(A)} K} = \frac{c_{(A)}^{*}}{K} - \frac{c_{(A)}}{K} \qquad (22-32)$$

联立式（22-31）和式（22-32）可消去界面浓度得到：

$$N_A \left(\frac{1}{k_{[A]}} + \frac{1}{k_{(A)} K} \right) = c_{[A]} - \frac{c_{(A)}}{K} \quad \longrightarrow \quad N_A = \frac{c_{[A]} - \dfrac{c_{(A)}}{K}}{\dfrac{1}{k_{[A]}} + \dfrac{1}{k_{(A)} K}} \qquad (22-33)$$

因此，当界面化学反应速率比渣、金属液两相中的传质速率快得多时，总反应速率由式（22-33）决定。其中分子表示总反应的推动力，分母为阻力，分母中两项分别表示 A 在金属液及渣中的传质阻力。可以看出，这里忽略了组元 B 在金属液及渣中的传质阻力。

附录 10 和附录 11 给出了冶金过程中金属和熔渣的传质系数。

[例题 22-3]　设钢—渣脱硫反应总速率受界面传质控制。已知钢和渣的初始硫含量分别为 0.02%（质量分数）和 0.15%（质量分数），坩埚直径为 4cm，钢的密度 $\rho = 7.1$ g/cm³，渣的密度 $\rho = 3.2$ g/cm³，硫在钢和渣中的扩散系数分别为 $D_{[S]} = 8 \times 10^{-4}$ cm²/s 和 $D_{(S)} = 8 \times 10^{-5}$ cm²/s。硫的分子量为 32。钢渣的硫平衡分配比 $K_S = 10$。设钢和渣的有效扩散边界层 δ 都为 0.004cm，求在界面上的初始脱硫速率。

解：由式（22-33）求渣—钢界面的传质流密度。

其中：　　$k_{(S)} = \dfrac{D_{(S)}}{\delta_{(S)}} = \dfrac{8 \times 10^{-5}}{0.004} = 0.02 \, \text{cm/s}; \quad k_{[S]} = \dfrac{D_{[S]}}{\delta_{[S]}} = \dfrac{8 \times 10^{-4}}{0.004} = 0.2 \, \text{cm/s}$

脱硫速率可表示为：$v = N_S A$（其中，N_S 是传质流密度；A 是坩埚的横截面积）。

已知某元素的百分浓度后可按下式求出浓度：

$$c_i = \frac{w(i)_\%}{100} \times \frac{\rho}{M_i}$$

其中，ρ 为密度。

根据题中给出的钢水和熔渣的密度以及硫的摩尔量，可以得到钢水和熔渣中硫的体积摩尔浓度：

$$c_{[S]} = \frac{0.02}{100} \times \frac{7.1}{32} = 4.438 \times 10^{-5} \, \text{mol/cm}^3 \, , \quad c_{(S)} = \frac{0.15}{100} \times \frac{3.2}{32} = 1.500 \times 10^{-4} \, \text{mol/cm}^3$$

由硫平衡分配比 $K_S = (\%S)/[\%S] = 10$，则钢液平衡时硫含量为 $[\%S]_e = \frac{(\%S)}{K_S} = 0.015$

$$c_{[S]_e} = \frac{0.015}{100} \times \frac{7.1}{32} = 3.328 \times 10^{-5} \, \text{mol/cm}^3$$

$$K = \frac{c_{(S)}}{c_{[S]_e}} = \frac{1.500 \times 10^{-4}}{3.328 \times 10^{-5}} = 4.507$$

$$N_S = \frac{c_{[S]} - \dfrac{c_{(S)}}{K}}{\dfrac{1}{\dfrac{1}{k_{[S]}} + \dfrac{1}{k_{(S)}K}}} = \frac{4.438 \times 10^{-5} - \dfrac{1.500 \times 10^{-4}}{4.507}}{\dfrac{1}{0.2} + \dfrac{1}{0.02 \times 4.507}} = 6.896 \times 10^{-7} \, \text{mol/(s·cm}^2)$$

所以，$v = 6.896 \times 10^{-7} \times \dfrac{\pi d^2}{4} = 6.896 \times 10^{-7} \times \dfrac{3.14 \times 4^2}{4} = 8.66 \times 10^{-6} \, \text{mol/s}$。

22.4　具有化学反应的相际稳态综合传质

22.4.1　铁矿石的还原

铁矿石还原是一个综合传质过程，它包括：气相内部的对流流动传质；固相内部的分子扩散；相界面上的平衡及化学反应的综合传质。还原气体 CO 通过最外层气膜向气固界面扩散；反应生成物 CO_2 在固态已还原物中的扩散；在固态已还原金属 Fe 与未还原矿石 FeO 界面上的化学反应，其物理模型如图 22-7 所示。

各层的摩尔浓度分别为：气相中的浓度 c_f，界面上的浓度 c_w，固相中的浓度 c_i。

在气膜内，单位时间内还原剂 CO 向气固表面的摩尔流率 G_{molg} 为：

$$G_{molg} = k_g(c_f - c_w)4\pi r^2 \tag{22-34}$$

式中，k_g 为对流流动传质系数，cm/s；c_f、c_w 分别为还原剂的原始浓度和固相表面上的浓度，mol/cm^3；$4\pi r^2$ 为固相的表面积，cm^2。

在固相内,单位时间内还原剂 CO 通过已还原金属 Fe 的摩尔流率 G_{mols} 为:

$$G_{mols} = -D_{有效} \frac{dc}{dr} \cdot 4\pi r^2 \qquad (22-35)$$

式中,$D_{有效}$ 为还原气体在固相金属中的扩散系数,cm^2/s;由于该固体包括许多空隙孔道,所以应采用有效扩散系数,$4\pi r^2$ 为固体半径为 r 的扩散面积,cm^2。

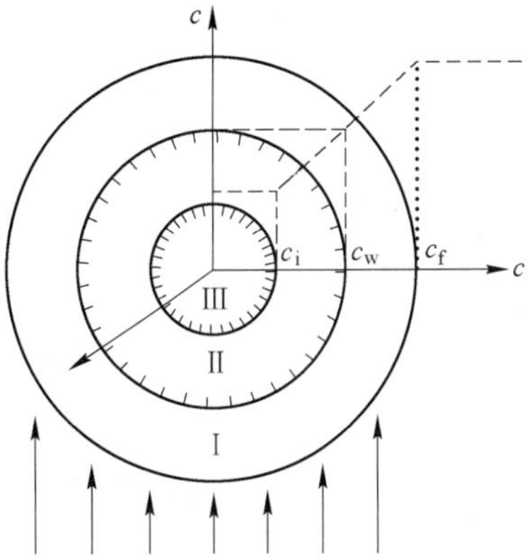

对上式进行积分,其边界条件为:

在 $r=r_i$ 处,$c=c_i$;在 $r=r_w$ 处,$c=c_w$

$$G_{mols} = 4\pi D_{有效} \frac{r_i r_w}{r_w - r_i}(c_i - c_w) \qquad (22-36)$$

在稳态传质过程,其摩尔流率应相等,即:

$$G_{mols} = G_{molg} = G_{mol} \qquad (22-37)$$

由此得到:

$$G_{mols} = \frac{4\pi(c_i - c_w)}{\dfrac{1}{r_w^2 k_g} - \dfrac{r_i - r_w}{r_i r_w D_{有效}}} \qquad (22-38)$$

图 22-7 铁矿石还原模型
Ⅰ—气膜区;Ⅱ—还原反应生成物区;
Ⅲ—未反应氧化物区

这时 C_i 为固相中还原剂 CO 的浓度,实际上在反应界面上还原剂的浓度应为它与反应产物气 CO_2 相平衡时的平衡浓度 $c_{平衡}$,所以在计算时应用 $c_{平衡}$ 来代替 c_i。

现在来考虑化学反应的关系。在固相中进行的化学反应为:

$$FeO(s) + CO(g) \Longrightarrow Fe(s) + CO_2(g) \qquad (22-39)$$

该反应是等分子反应,$CO \Longleftrightarrow CO_2$,其反应的摩尔流率 G_{molc} 为:

$$G_{molc} = 4\pi r_i^2 k_+ c_i - 4\pi r_i^2 k_- c_i' \qquad (22-40)$$

式中,c_i,c_i' 分别为还原剂 CO 及还原产物 CO_2 的浓度,mol/cm^3;k_+,k_- 分别为正负反应速率常数,它们有如下关系:

$$K = \frac{k_+}{k_-} = \frac{c_{平衡}'}{c_{平衡}} \qquad (22-41)$$

式中,$c_{平衡}$,$c_{平衡}'$ 分别为反应平衡时,还原剂和气体还原产物的相平衡浓度,mol/cm^3;K 为反应平衡常数。

对于等分子反应,在反应中总浓度不变:

$$c_i + c_i' = c_{平衡} + c_{平衡}'$$

即:

$$c_i' = c_{平衡}(1+K) - c_i \qquad (22-42)$$

将式(22-42)代入到式(22-40)中得:

$$G_{molc} = 4\pi r_i^2 k_+ c_i - 4\pi r_i^2 k_- [c_{平衡}(1+K) - c_i] = 4\pi r_i^2 k_+ \left(\frac{1+K}{K} \right)(c_i - c_{平衡}) \quad (22-43)$$

得到：

$$G_{molc} = \frac{4\pi r(c_i - c_{平衡})}{r_i^2 k_+ K(1+K)} \quad (22-44)$$

对于包括界面化学反应的综合传质过程，在稳态时有：

$$G_{mols} = G_{molg} = G_{molc} = G_{mol} \quad (22-45)$$

将式（22-45）的各项代入，可得到：

$$G_{mol} = \frac{4\pi r_i^2 (c_f - c_{平衡})}{\dfrac{1}{k_g} + \dfrac{r_w(r_w - r_i)}{r_w r_i D_{有效} + \left(\dfrac{r_w}{r_i} \right)^2 \dfrac{K}{k_+(1+K)}}} \quad (22-46)$$

22.4.2　碳粒的燃烧

碳粒的燃烧过程也为综合传质过程，它包括气相内部的对流流动传质、界面上进行化学反应、固相内部碳消耗后半径的变化等关系。气相中 O_2 的浓度为 $c_{A\infty}$，与碳反应表面浓度为 c_s 的传质流密度为：

$$N_{A1} = k_D(c_{A\infty} - c_s) \quad (22-47)$$

式中，k_D 为对流流动传质系数，cm/s。

在界面上进行化学反应的速率与反应物浓度有关。对于一级化学反应，化学反应速率与反应物在界面上的浓度 c_s 成正比。

$$N_{A2} = k_r c_s \quad (22-48)$$

式中，k_r 为化学反应速率常数，mol/(cm^2·s)。

在稳态情况下有：

$$N_{A1} = N_{A2} = N_A \quad (22-49)$$

$$N_A = \frac{1}{\dfrac{1}{k_D} + \dfrac{1}{k_r}} c_{A\infty} \quad (22-50)$$

（1）若碳的燃烧反应为：$C + O_2 = CO_2$，O_2 向碳表面扩散，而 CO_2 按相反方向扩散，它们属于等分子逆向传质，并将 C 消耗掉，故 C 的消耗速率与 O_2 的一样，即：

$$N_C = N_{O_2} \quad (22-51)$$

同时，碳的消耗与碳半径的变化有如下关系：

$$N_C = \frac{dR}{dt} \frac{\rho_C}{M_C} \quad (22-52)$$

式中，ρ_C 为碳的密度，kg/m^3；M_C 为碳的分子量，$kg/kmol$；$\dfrac{dR}{dt}$ 为碳粒半径变化速度，m/s。

在稳态时有：

$$N_A = -N_C \qquad (22-53)$$

得到：

$$\frac{c_{A\infty}}{\dfrac{1}{k_D} + \dfrac{1}{k_r}} = -\frac{dR}{dt}\frac{\rho_C}{M_C} \qquad (22-54)$$

按边界条件进行积分：

$$\int_0^t dt = -\frac{\rho_C}{M_C c_{A\infty}}\int_{R_0}^0 \left(\frac{1}{k_D} + \frac{1}{k_r}\right)dR \qquad (22-55)$$

式中，R_0 为碳粒的原始半径，m。

由于 $Sh = \dfrac{k_D(2R)}{D}$，积分后得到：

$$t = \frac{\rho_C}{M_C c_{A\infty}}\left(\frac{2R_0^2}{ShD} + \frac{R_0}{k_r}\right) \qquad (22-56)$$

（2）若碳的燃烧反应为：$2C + O_2 = 2CO$，这时已不属等分子逆向传质，每个 O_2 的迁移引起 2 个 CO 的迁移，故碳的消耗速率为 O_2 的 2 倍，即：

$$N_C = 2N_{O_2} \qquad (22-57)$$

在稳态时有：

$$N_A = -0.5N_C \qquad (22-58)$$

可以得到：

$$\frac{c_{A\infty}}{\dfrac{1}{k_D} + \dfrac{1}{k_r}} = -\frac{1}{2}\frac{dR}{dt}\frac{\rho_C}{M_C} \qquad (22-59)$$

按边界条件进行积分：

$$\int_0^t dt = -\frac{\rho_C}{2M_C c_{A\infty}}\int_{R_0}^0 \left(\frac{1}{k_D} + \frac{1}{k_r}\right)dR \qquad (22-60)$$

积分后可得：

$$t = \frac{\rho_C}{2M_C c_{A\infty}}\left(\frac{2R_0^2}{ShD} + \frac{R_0}{k_r}\right) \qquad (22-61)$$

（3）若碳的燃烧反应中，生成物 CO_2 与 CO 的系数比为 $1:2$，则：

$$-N_C = 1.5N_{O_2} \tag{22-62}$$

同理可得：

$$t = \frac{\rho_C}{1.5M_C c_{A\infty}}\left(\frac{2R_0^2}{ShD} + \frac{R_0}{k_r}\right) \tag{22-63}$$

[例题 22-4]　碳粒半径 $R_0 = 10\mu m$，求在空气流中完全燃烧的时间。这时气流的温度为 1200℃，气体总压力为 10^5Pa，碳表面的温度为 1600℃，气流中 O_2 的分压为 0.02Pa，化学反应速率常数 $k_r = 1.8 \times 10^7 \exp\left(\dfrac{138 \times 10^3}{RT}\right)$。

解：先求 D。已知：$T = \dfrac{1}{2} \times (1200 + 1600) = 1400℃ = 1673K$，$M_A = M_{氧气} = 32$kg/kmol，$M_B = M_{空气} = 28.95$kg/kmol，$V_A = V_{氧气} = 0.0256$m^3/kmol，$V_B = V_{空气} = 0.0299$m^3/kmol。

代入 $D = \dfrac{4.36T^{1.5}}{p(V_A^{1/3} + V_B^{1/3})^2}\sqrt{\dfrac{1}{M_A} + \dfrac{1}{M_B}}$ 求出：

$$D = \frac{4.36 \times 1673^{1.5}}{10^5 \times (0.0256^{1/3} + 0.0299^{1/3})^2} \times \sqrt{\frac{1}{32} + \frac{1}{28.95}} = 2.09\,\text{cm}^2/\text{s}$$

然后求　　$k_r = 1.8 \times 10^7 \exp\left[\dfrac{138 \times 10^3}{8.314 \times (1600 + 273)}\right] = 1.27 \times 10^4\,\text{cm/s}$

考虑到碳粒很小，悬浮在空气流中，相对运动速度很小，处于层流状态，于是 $Sh = 2.0$。取 $\rho_C = 2000$kg/m^3，燃烧反应生成物中 CO_2 与 CO 的系数比为 $1:2$。而 $M_C = 12$kg/kmol，$R_0 = 10 \times 10^{-4}$cm，且：

$$c_{A\infty} = \frac{p_{O_2}}{RT} = \frac{100000 \times 0.02}{8.314 \times 1473} = 1.63 \times 10^{-4}\,\text{kmol/m}^3$$

由式 (22-63) 可得：

$$t = \frac{\rho_C}{1.5M_C c_{A\infty}}\left(\frac{2R_0^2}{ShD} + \frac{R_0}{k_r}\right) = \frac{2000}{1.5 \times 12 \times 1.63 \times 10^{-4}} \times \left[\frac{(2 \times 10 \times 10^{-4})^2}{2 \times 2.09} + \frac{10 \times 10^{-4}}{1.27 \times 10^4}\right] = 0.652\text{s}$$

22.5　具有传热过程的相际稳态综合传质

以液体在气体中蒸发时进行的综合传质为例。这时既有传热过程，蒸发消耗热量，又有对流传动传质过程。

当气体流过液体表面时，如气体未达该液体的饱和分压时，液体会发生蒸发，用于液体蒸发所消耗的热量与该液体的汽化热 H 及蒸发传质流密度 m_w 有关，为两者的乘积。如果这时不向液体额外提供热量，则液体冷却降温，液体的温度将低于四周的温度，液体就从四周吸取热量。当吸取的热量与蒸发所需的热量相等时，达到平衡状态，这时液体的温度不变。

根据热平衡可以得到如下关系：

$$q = (\alpha_{\text{对}} + \alpha_{\text{辐}})(T_0 - T_w) = m_w i \qquad (22-64)$$

式中，$\alpha_{\text{对}}$、$\alpha_{\text{辐}}$ 分别为气体对液体的对流、辐射给热系数；T_0、T_w 分别为四周气体与液体的温度；i 为焓，J/kg。

同时，气体对液体的对流传质流密度可由下式计算：

$$m_w = K(c_{w1} - c_{w2}) = \frac{K}{RT}(p_{w,w} - p_{w,0})i \qquad (22-65)$$

式中，$p_{w,w}$ 为温度为 T_w 时气体中的饱和蒸气分压；$p_{w,0}$ 为温度为 T_0 时气体中未饱和的蒸汽分压；R 为气体常数。

由式（22-64）和式（22-65）联立可得：

$$\alpha_{\text{对}}\left(1 + \frac{\alpha_{\text{辐}}}{\alpha_{\text{对}}}\right)(T_0 - T_w) = \frac{K}{RT}(p_{w,w} - p_{w,0})i \qquad (22-66)$$

根据对流传热与对流传质的类似关系：

$$\frac{\alpha_{\text{对}}}{K} = c_p \rho \left(\frac{Sc}{Pr}\right)^{2/3} \qquad (22-67)$$

式中，c_p 为气体的质量定压热容；ρ 为气体的密度。

由此得到：

$$\frac{p_{w,w} - p_{w,0}}{T_0 - T_w} = \frac{c_p}{r}\left(\frac{Sc}{Pr}\right)^{2/3}\left(1 + \frac{\alpha_{\text{辐}}}{\alpha_{\text{对}}}\right)$$

即：

$$\frac{d_w - d_0}{T_0 - T_w} = \frac{c_p}{r}\left(\frac{Sc}{Pr}\right)^{2/3}\left(1 + \frac{\alpha_{\text{辐}}}{\alpha_{\text{对}}}\right) \qquad (22-68)$$

式中，d_w 为温度为 T_w 时气体中饱和含湿量，%；d_0 为温度为 T_0 时气体中未饱和含湿量，%。

式（22-68）可用来测定湿空气的参数，通常使用湿球温度计来测定 T_w，当采取隔离辐射传热后，$\alpha_{\text{对}}/\alpha_{\text{辐}} \ll 1$，而如空气中的各物性已知，在测得湿球温度 T_w，干球温度 T_0 后，即可按下式求得 d_w。

$$d_w = \frac{M_w}{M_0}\frac{p_w}{p - p_w} \qquad (22-69)$$

式中，M_w 为水蒸气的分子量；M_0 为空气的分子量。

当 $\alpha_{\text{对}}/\alpha_{\text{辐}} \ll 1$，$(Sc/Pr) \approx 1$，式（22-68）可简化为：

$$\frac{d_w - d_0}{T_0 - T_w} = \frac{c_p}{i} \quad \text{或} \quad T_0 = T_w + \frac{i}{c_p}(d_w - d_0) \qquad (22-70)$$

[**例题 22-5**] 干燥空气流过湿球温度计时，测得温度 $T_w = 20℃$，试计算空气的干球温度 T_0。这时总压力 $p = 1.0132 \times 10^5 Pa$。

解： 已知：当温度为 20℃ 时空气的物性为：$c_p = 1.005 kJ/(kg \cdot ℃)$，$i = 2454 kJ/kg$，

$p_w = 2336.9Pa$，$M_w = 18$，$M_0 = 28.9$，$\dfrac{Sc}{Pr} = \dfrac{0.616}{0.703} = 0.876$。

按式（22 - 69）计算 $d_w = \dfrac{M_w}{M_0}\dfrac{p_w}{p - p_w} = \dfrac{18}{28.9} \times \dfrac{2336.9}{101320 - 2336.9} = 1.47\%$

$$T_0 = T_w + \frac{r}{c_p}(d_w - d_0)\left(\frac{Pr}{Sc}\right)^{2/3} = 20 + \frac{2454}{1.005} \times (0.0147 - 0) \times 1.09 = 59.1℃$$

由于求得的干球温度为 59.1℃，而原来取的是 20℃ 时空气的物性参数，故必须加以补正。

空气平均温度 $(59.1 + 20)/2 = 39.5℃$，当温度为 39.5℃ 时，空气的物性参数为：$c_p = 1.009kJ/(kg \cdot ℃)$，$r = 2406kJ/kg$。

最后求得干球温度：

$$T_0 = 20 + \frac{2454}{1.009} \times (0.0147 - 0) \times 1.09 = 59.0℃$$

22.6　小　结

冶金过程的反应大多是在高温下进行。高温反应通常进行得很快，质量传输往往是整个反应的控制环节，所以质量传输在研究冶金过程（宏观）动力学中非常重要。在冶金过程的反应中，传质大多存在于两相或多相之间。如在气液两相间，某组分的浓度在气相中若高于平衡时的浓度，则该组分将由气相转入液相；反之，该组分将由液相转入气相，自动保持平衡状态。

对流传质系数的基本理论主要有薄膜理论、渗透理论和表面更新理论。这些理论虽然简单，但它们的组合可以用于研究复杂的反应过程。

双膜理论是基于薄膜理论的，它认为在界面处的两相处于稳定的平衡状态，传质过程的阻力只存在于薄膜内。根据两相传质系数的大小，可判断传质过程的控制环节。

气固两相反应和气液两相反应均包括反应物扩散、界面化学反应和生成物扩散三个过程，总传质阻力为三个过程传质阻力之和。

学习本章的基本要求是：掌握相间平衡与平衡浓度的概念、双膜理论及其应用，了解气固两相及气液两相反应中的分子扩散特点，理解多孔材料中的分子扩散特性。

思 考 题

22 - 1　何为相际平衡与平衡浓度，它们对研究两相传质有何意义？

22 - 2　两相反应中的分子扩散有何共同特点，气固两相反应与气液两相反应的综合传质阻力有何不同？

22 - 3　何为双膜理论、渗透理论，它们有何实际意义？适用于哪些场合？

22 - 4　双膜理论和溶质渗透模型的要点是什么？各模型求得的传质系数与扩散系数有何关系，其模型参数是什么？

22-5 利用双膜理论建立的总传质式与通过薄壁 $\delta/\lambda \to 0$ 传热的式有何异同点？

22-6 表面更新模型如何统一各种对流传质模型？该理论提出的判据是什么？

❀❀

习　题

22-1 炼钢熔池中钢液氧含量为 0.03%，因其表面与大气接触，故钢液表面层氧含量达到饱和，为 0.16%。求氧从钢液表面向其内部的传质速率及钢液的有效边界层厚度。已知氧的传质系数和扩散系数分别为 $k_{O_2} = 1.66 \times 10^{-5}$cm/s，$D_{O_2} = 2.5 \times 10^{-5}$cm^2/s。

22-2 为了能在1150℃下从熔融的铜中除去氢，用 1.01325×10^5Pa（1atm）的纯氩气与铜接触产生反应 $[H] = 1/2H_2$。氢扩散进入氩气，[H] 表示溶解在铜液中的氢。在1150℃和 1.01325×10^5Pa（1atm）氢气压力下，氢在铜中的溶解度为 7.0cm^3/kg。假设各相内的传质系数（即 k_G 和 k_C）大致相等，试利用双膜理论判定脱氢过程是气相控制还是液相控制？

22-3 一初始直径为 1.5×10^{-4}m 的球形煤颗粒在空气中燃烧。其 $\rho_C = 1.28 \times 10$kg/m^3，如果燃烧温度为 1145K，氧在气体混合物中的扩散系数为 1.3×10^{-4}m^2/s。假定整个过程是稳态的，求煤粒的直径减小到 5.0×10^{-5}m 时所需的时间为多少秒？

22-4 在小型搅拌器用 25℃水吸收纯氧，搅拌器转速为 300r/min 时，$k_d = 1.47 \times 10^{-5}$cm/s；转速为 1000r/min 时，$k_d = 3.03 \times 10^{-5}$cm/s。已知 $D_{O_2} = 6.3 \times 10^{-9}$cm^2/s，求两种情况下的表面更新率。

22-5 球团矿的反应速率处于外扩散控制范围内，实验数据符合如下特征数方程 $Sh = 2.0 + 0.16Re^{2/3}$。若球团直径 $d = 2$mm，气流速度 $v = 50$cm/s，气体的运动黏度 $\nu = 2$cm^2/s，扩散系数 $D = 2.1$cm^2/s，试求传质系数 k_d 和边界层厚度 δ。

22-6 在1550℃把纯石墨棒插入电弧炉内的钢液中，钢液含碳 0.4%（质量分数）。测得石墨的溶解线速度 $dx/dt = 3.5 \times 10^{-5}$m/s，求碳在钢液中的传质系数。已知 $\rho_{石墨} = 2.25 \times 10^3$kg/m^3，$\rho_{钢} = 7.0$kg/m^3，石墨表面钢液内碳的饱和浓度可用下式计算：$[\%C] = 1.34 + 2.54 \times 10^{-3}T$（℃）。

22-7 用干湿球湿度计测定空气湿度，总压为 1×10^5Pa，干球温度30℃，湿球温度20℃，求空气比湿。已知 $Sc/Pr = 0.86$，空气平均比定压热容 $c_p = 1.013$kJ/(kg·K)。

22-8 在伴有一级反应的情况下，某组分 A 通过某固体物料的稳定扩散中，在反应前沿面 $x = L$ 处，$c_A = 0$；在固体表面上 $x = 0$，$c_A = c_s$。试证明该固体内 A 的浓度分布为 $c_A = c_s \dfrac{Sh\beta(L-x)}{Sh\beta L}$ 或 $c_A = \dfrac{c_s}{1 - e^{2\beta L}}(e^{\beta x} - e^{2\beta L}e^{-\beta x})$，其中，$\beta = \sqrt{\dfrac{k_r}{D_e}}$，$k_r$ 为化学反应速率常数，D_e 为 A 在固体中的有效扩散系数。

第四篇

传输现象的类比和耦合

　　自然界充满了类似现象，甚至两种不同性质的运动也具有非常类似的规律。类似现象有共同的运动方程类型，因此在掌握了一种物质的运动规律后，根据类似原理，就可以求解另一种物质运动的规律，这为科学研究、自然探索及工程应用提供了极大的便利。

　　动量、热量、质量传输的基本概念前已述及，就是指流体动力过程、传热过程及物质传递过程中的动量、热量、质量的传递与输送。动量传输，是指在垂直于流体流动方向上动量由高速度区向低速度区的转移；热量传输，是指热量由高温度区向低温度区的转移；质量传输，是指物系中组分由高浓度区向低浓度区的转移。通过转移，物系由非平衡态达到平衡态。所以，物系内存在的速度差（梯度）、温度差（梯度）和浓度差（梯度），分别是动量、热量和质量传输产生的条件，也是传输的推动力。物系内某物理量随空间及时间的变化，称为场。因此，分别有速度场、温度场和浓度场。根据物理量是否随时间变化，有稳定场和不稳定场之分。因此，三种传输也相应分为稳定和不稳定流动、稳定和不稳定传热、稳定和不稳定传质。

　　按产生机理，三种传输有物性传输和对流传输之分。物性传输主要由物体本身的传输特性构成，取决于物体的物性；而对流传输则是由于流体的宏观运动而产生的，它不仅与流体的物性有关，还取决于流体的流动特性。三种传输的传输量大小都用流密度来表示，即单位时间内通过单位面积的动量、热量和质量，分别称动量流密度、热量流密度和传质流密度。

　　动量传输、热量传输以及质量传输之间具有极为显著的类似关系，它们不仅具有相同的描述现象的微分方程式，而且在本质上也有共同之处。因此，将它们综合在一起，构成统一的传输原理是非常必要的。这对传输原理学科自身发展和理论与实践的深化都是非常重要的。

　　冶金传输原理的发展分为两方面：在微观上基于动量、能量、质量三大守恒定律，依据分子结构和分子间相互作用建立传输过程的分子运动学说，由此得到相应的传输系数；而在宏观上基于不可逆过程热力学，确定传输流密度与驱动力之间的关系。值得注意的是，对于液体的结构，人们的认识至今尚不充分，利用分子运动论来处理液体中扩散现象的理论研究工作发展得比较缓慢；目前较多的研究是利用不可逆过程热力学，所进行的液态扩散研究取得了一定的进展。

　　不可逆过程热力学研究近平衡区和远离平衡区的运动演变规律，及发生不可逆过程时力学量间的关系。由于近平衡区力和流之间的关系是线性的，所以称之为线性非平衡态热力学或线性热力学。而远离平衡区发生不可逆过程时，力和流之间的关系是非线性关系，具有反馈放大特性，所以称为非线性非平衡态热力学。20 世纪 70 年代取得了一些重要的成果，特别是在远离平衡的热力学过程稳定性理论方面取得了突破性进展，建立了耗散结构和自组织理论。

线性热力学理论已经成熟。用不可逆过程热力学研究传输过程，一方面需要确定传输流密度和推动力之间的关系；另一方面，当两个以上的不可逆过程重叠，即产生所谓"耦合（Coupling）"时，还要确定两个过程之间的"干涉效应"。对于多元系的扩散，由于各组员迁移速度不同并相互影响，故可视作两个以上不可逆过程，因此需要用耦合理论处理问题。

对于传输现象与化学反应的"耦合"，有时是几种传输现象和化学反应存在于同一过程之中，如在钢铁冶炼过程中，同时有传热、传质、流体流动及化学反应现象；有时是同一载体输运两种以上的物理量，如热气体干燥湿表面时，气体传输质量和热量。另外，热流的温度梯度也有可能导致物质流产生。各过程的"耦合"和互动意味着各过程之间存在"干涉效应"。

冶金过程是非常复杂的，化学反应和传输过程单独发生的情况几乎不存在。实际情况是化学反应与传热、传质、黏性流动、导电及其他物理过程相互"耦合"。如扩散现象是在等温或不等温条件下发生在多元金属溶液或复杂溶液中，并伴随有化学反应和流体流动。所以，研究"耦合"作用对于分析、控制冶金过程是至关重要的。

本篇在讨论传输现象的类似特性的基础上，对传输现象的耦合作用进行简单的介绍，以开拓学生的视野，并初步培养学生对复杂性理论问题的兴趣。利用较少的篇幅了解新的理论知识的基本概念、思想和方法。学习这些新概念和新的思维，可以开阔视野，探索未知，有利于创新能力的培养。

23 传输现象的类比特性

本章提要： 将三种传输现象单独设章进行类比，以便系统和全面地分析不同传输间的相似性，是本书的一个特色。

动量、热量和质量传输的基本概念、基本定律、基本方程及解析方法均具有类似性。对其中某一传输过程规律的研究方法和结果，可以类推到其他传输过程。如通过特征数的类比，可以由一种传输的参数获得另外一种传输的参数。

雷诺比是基于动量、热量和质量平衡的原理，导出了动量传输分别与热量传输和质量传输的雷诺类似律。柯尔伯恩类比是在经验公式的基础上，对雷诺比进行了修正。应用类比关系可由对流换热计算式经过简单变换而获得对流传质计算式。

当流体流过固体表面时，有动量边界层、热量边界层或质量边界层，它们有类似的性质和速度分布，且通过相关的特征数可以确定出不同边界层的相对厚度。

最后探讨了冶金传输原理课程的体系和结构。提出了五条主线，即物性传输、对流传输和普朗特边界层理论的三条主线以及求解方程的分析法和采用实验得到的关联式法的两条主线。另外，牛顿黏性定律、流动状态、相似原理、不同传输现象特征数之间的关系等定律，作为连接前面五条主线的基础。这些共同构成了冶金传输原理的整体结构，从而形成了综合动量传输、热量传输和质量传输的完整新颖的冶金传输原理课程体系。冶金传输原理的结构和体系中，边界层相关理论是最重要的一条主线。

23.1 动量、热量和质量传输基本概念和参数类比

23.1.1 传输基本概念的类比

为便于比较，表 23–1 列出了三种传输过程对应概念的比较。

表 23–1 动量、热量、质量传输概念的比较

传输过程	物理量	场	梯度（x 方向）	物性传输流密度	对流传输流密度
动量传输	速度 v	速度场 $v = f_v(x, y, z, t)$	速度梯度 $\dfrac{\partial v}{\partial x}$	黏性动量流密度 τ	对流动量流密度 G
热量传输	温度 T	温度场 $T = f_T(x, y, z, t)$	温度梯度 $\dfrac{\partial T}{\partial x}$	导热热流密度 q	对流热流密度 q
质量传输	浓度 c_i	浓度场 $c_i = f_c(x, y, z, t)$	浓度梯度 $\dfrac{\partial c_i}{\partial x}$	分子扩散流密度 J_i	对流传质流密度 J_i

23.1.2 物性和流动传输参数的类比

表 23–2 对比了动量、热量和质量的物性传输参数；表 23–3 对比了动量、热量和质

量的流动传输参数。所谓物性传输参数与流动传输参数，指不考虑和考虑流动的影响时的传输特性参数。

表 23 – 2　动量、热量、质量物性传输的参数类比

传输过程	物性传输流密度	物性传输系数	传输特征量	传输动力	传输流密度
动量传输	F	$\dfrac{1}{\rho}$	p	$\dfrac{\partial p}{\partial x}$	$F = \dfrac{1}{\rho}\,\mathrm{grad}\,p$
热量传输	q	λ	$c_p \rho T$	$\dfrac{\partial (c_p \rho T)}{\partial x}$	$q = \lambda\,\mathrm{grad}\,T$
质量传输	J	D	c_i	$\dfrac{\partial c_i}{\partial x}$	$J = D\,\mathrm{grad}\,c_i$

表 23 – 3　动量、热量、质量对流传输参数的类比

传输过程	基本方程	对流传输流密度	对流传输系数	边界层厚度	特征数
动量传输	$\dfrac{\mathrm{D}v}{\mathrm{D}t} = \nu\,\nabla^2 v$	$\tau = C_f \dfrac{\rho v_x^2}{2}\ (G = v\Delta\rho v)$	C_f	δ	Re
热量传输	$\dfrac{\mathrm{D}T}{\mathrm{D}t} = a\,\nabla^2 T$	$q = \alpha\Delta T$	α	δ_T	$Nu,\ Pr,\ St$
质量传输	$\dfrac{\mathrm{D}c_i}{\mathrm{D}t} = D_i\,\nabla^2 c_i$	$J_i = k_i\Delta c_i$	k_i	δ_c	$Sh,\ Sc,\ St_D$

从表 23 – 2 和表 23 – 3 可见，三种物性传输存在类似性，三种对流传输也存在类似性，其基本方程及解法均类似，这是由于在三种传输的研究中都遵守连续介质的模型。利用这种类似关系，可由动量传输中的摩擦阻力系数 C_f（见式(7 – 27)），直接求出热量传输中的对流换热系数 α 和质量传输中的对流传质系数 k_i，而不必重复推导或实验，这种方法称为类比法（参见本章 23.4 节）。

23.2　动量、热量和质量传输的类比

23.2.1　动量传输与热量传输的类比

在动量传输中，当流动为层流流动时，由黏性引起的剪应力可表示为：

$$\tau = -\nu\,\frac{\mathrm{d}(\rho v_x)}{\mathrm{d}y} \tag{1 – 17}$$

式中，$\nu = \dfrac{\mu}{\rho}$ 为运动黏度，表明流体内部由于分子运动所引起的单位面积动量交换速率；$\dfrac{\mathrm{d}(\rho v_x)}{\mathrm{d}y}$ 为垂直于流动方向上单位体积的动量梯度。而当流动为湍流流动时，流体内的剪应力除黏性所致，更多的是湍流微团脉动引起的剪应力，它取决于 Re 和湍流强度等因素，它与湍流流动时普朗特混合长度 l 的关系为：

$$\tau_t = \rho l^2 \left| \frac{\mathrm{d}v_x}{\mathrm{d}y} \right| \frac{\mathrm{d}v_x}{\mathrm{d}y} \tag{6 – 34}$$

式（6-34）可写成：

$$\tau_t = -\nu_t \frac{d(\rho v_x)}{dy} \qquad (23-1)$$

式中，ν_t 为湍流流动时的运动黏度，$\nu_t = l^2 \frac{dv_x}{dy}$。它与层流流动时的运动黏度不同，它不是由流体性质所决定的，而是反映流动状态的参数。

所以在湍流流动时，总的剪应力 τ_{all} 应为二者之和。当流体为不可压缩时，可以得到：

$$\tau_{all} = \tau + \tau_t = -\rho\left(\nu + l^2 \frac{dv_x}{dy}\right)\frac{dv_x}{dy} \qquad (23-2)$$

当流动为层流流动时，单位面积上分子传导传热的速率可表示为：

$$q = -\lambda \frac{dT}{dy} \qquad (23-3)$$

而当流动为湍流流动时，单位面积上微团脉动传热的速率可表示为：

$$q_t = -\rho c_p l^2 \frac{dv_x}{dy}\frac{dT}{dy} \qquad (23-4)$$

所以在湍流流动时，单位面积上总的传热速率为：

$$q_{all} = q + q_t = -\left(\lambda + \rho c_p l^2 \frac{dv_x}{dy}\right)\frac{dT}{dy} \quad 或 \quad \frac{Q}{A\rho c_p} = -\left(a + l^2 \frac{dv_x}{dy}\right)\frac{dT}{dy} = -(a + a_t)\frac{dT}{dy} \quad (23-5)$$

式中，$a = \frac{\lambda}{\rho c_p}$ 为分子导温系数；$a_t = l^2 \frac{dv_x}{dy}$ 为微团导温系数。

23.2.2 动量传输与质量传输的类比

在质量传输时，当流动为层流流动时，由分子扩散引起的质量传输 J 可表示为：

$$J = -D \frac{dc}{dy} \qquad (23-6)$$

式中，D 为分子扩散系数。

当流动为湍流流动时，紊流微团脉动引起的质量传输 J_t 可表示为：

$$J_t = -l^2 \frac{dv_x}{dy}\frac{dc}{dy} \quad 或 \quad J_t = -D_t \frac{dc}{dy} \qquad (23-7)$$

式中，D_t 为紊流分子扩散系数，$D_t = l^2 \frac{dv_x}{dy}$。

所以在湍流流动时，总的传质流密度应为二者之和：

$$J_{all} = -(D + D_t)\frac{dc}{dy} \quad 或 \quad J_{all} = -\left(D + l^2 \frac{dv_x}{dy}\right)\frac{dc}{dy} \qquad (23-8)$$

由以上分析可以看出，动量传输与质量传输之间有密切的类似关系。

综上所述，动量、热量和质量传输之间的类似关系见表23-4。

表23-4　动量、热量和质量传输之间的类似关系

现象	传输流密度	推动力	分子运动引起的传输	微团脉动引起的传输	湍流运动时总的传输
动量传输	单位时间内单位面积传输的动量τ	速度梯度 $\dfrac{\mathrm{d}v_x}{\mathrm{d}y}$	$\tau = -\nu \dfrac{\mathrm{d}(\rho v_x)}{\mathrm{d}y}$ $= -\mu \dfrac{\mathrm{d}v_x}{\mathrm{d}y}$	$\tau_\mathrm{t} = \rho l^2 \dfrac{\mathrm{d}v_x}{\mathrm{d}y}\dfrac{\mathrm{d}v_x}{\mathrm{d}y}$ $= -\nu_\mathrm{t}\dfrac{\mathrm{d}(\rho v_x)}{\mathrm{d}y}$	$\tau_\mathrm{all} = -\rho\left(\nu + l^2\dfrac{\mathrm{d}v_x}{\mathrm{d}y}\right)\dfrac{\mathrm{d}v_x}{\mathrm{d}y}$ $= -\rho(\nu + \nu_\mathrm{t})\dfrac{\mathrm{d}v_x}{\mathrm{d}y}$
热量传输	单位时间内单位面积传输的热量q	温度梯度 $\dfrac{\mathrm{d}T}{\mathrm{d}y}$	$q = -\lambda\dfrac{\mathrm{d}T}{\mathrm{d}y}$ $= -a\dfrac{\mathrm{d}(\rho_g c_p T)}{\mathrm{d}y}$	$q_\mathrm{t} = -\rho c_p l^2\dfrac{\mathrm{d}v_x}{\mathrm{d}y}\dfrac{\mathrm{d}T}{\mathrm{d}y}$ $= -a_\mathrm{t}\dfrac{\mathrm{d}(\rho_g c_p T)}{\mathrm{d}y}$	$q_\mathrm{all} = -\left(\lambda + \rho c_p l^2\dfrac{\mathrm{d}v_x}{\mathrm{d}y}\right)\dfrac{\mathrm{d}T}{\mathrm{d}y}$ $= -(a + a_\mathrm{t})\dfrac{\mathrm{d}(\rho_g c_p T)}{\mathrm{d}y}$
质量传输	单位时间内单位面积传输的质量J	浓度梯度 $\dfrac{\mathrm{d}c}{\mathrm{d}y}$	$J = -D\dfrac{\mathrm{d}c}{\mathrm{d}y}$	$J_\mathrm{t} = -l^2\dfrac{\mathrm{d}v_x}{\mathrm{d}y}\dfrac{\mathrm{d}c}{\mathrm{d}y}$ $= -D_\mathrm{t}\dfrac{\mathrm{d}c}{\mathrm{d}y}$	$J_\mathrm{all} = -(D + D_\mathrm{t})\dfrac{\mathrm{d}c}{\mathrm{d}y}$ $= -\left(D + l^2\dfrac{\mathrm{d}v_x}{\mathrm{d}y}\right)\dfrac{\mathrm{d}c}{\mathrm{d}y}$

动量、热量和质量传输过程之间存在许多类似之处。根据类似性，对三种传输过程进行类比和分析，建立物理量间的定量关系，该过程即为类比。探讨传输现象的类比，一方面将有利于进一步了解机理；另一方面在缺乏传热、传质数据时，只要满足一定的条件，就可以用流体力学实验来代替传热或传质实验。

传递现象中的相似以及随之而存在的类比，都要求体系满足下述五个条件：

（1）体系内不产生能量或质量，当然，这就意味着体系内不发生均匀的化学反应；

（2）无辐射能量的吸收与发射；

（3）无黏性损耗；

（4）速度分布不受传质的影响，即只有低速率的传质存在；

（5）物性不变，由于温度或浓度的变化，可能会引起物性的微小变化，可用平均浓度和薄层温度来近似。

23.3　类比的特征数

（1）普朗特数：$Pr = \dfrac{\nu}{a}$，表述动量传输与热量传输的类比，其值由物体的物性决定，即由运动黏性系数ν（动量扩散系数）与导温系数a（热量扩散系数）之比决定。

（2）施密特数：$Sc = \dfrac{\nu}{D}$，表述动量传输与质量传输的类比，其值由物体的物性决定，即由运动黏性系数ν（动量扩散系数）与分子扩散系数D（质量扩散系数）之比决定。

（3）路易斯数：$Le = \dfrac{a}{D}$，它表述热量传输与质量传输的类比，其值由物体的物性决定，即由导温系数a（热量扩散系数）与分子扩散系数D（质量扩散系数）之比决定。

（4）斯坦顿数：$St = \dfrac{Nu}{Re \cdot Pr}$，它表述动量传输过程与热量传输过程的类比。

（5）努塞尔数：$Nu = \dfrac{\alpha l}{\lambda} = \dfrac{\alpha \Delta T}{\dfrac{\lambda}{l} \Delta T}$，它说明对流给热时，在热量边界层中的导热过程与由流体对表面的对流给热的关系。由对流给热系数 α 与物体导热系数 λ 以及特性尺寸 l 组成。

（6）斯坦顿数：$St' = \dfrac{Sh}{Re \cdot Sc}$，它表述动量传输过程与质量传输过程的类比。

（7）舍伍德数：$Sh = \dfrac{kl}{D} = \dfrac{k \Delta c}{\dfrac{D}{l} \Delta c}$，它说明对流传质时，在质量边界层中的分子扩散过程与流体对表面的对流传质的关系。它由对流传质系数 k 与分子扩散系数 D 以及特性尺寸 l 组成。

（8）斯坦顿数：$St'' = \dfrac{Sh}{NuLe}$，它表述热量传输过程与质量传输过程的类比。

各特征数之间的关系可用图 23 - 1 的关系表示。

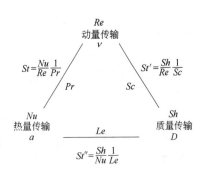

图 23 - 1　各特征数之间的关系

23.4　雷诺类比和柯尔伯恩类比

传输原理中可以采用的类比法有：雷诺类比、普朗特类比、卡门类比和柯尔伯恩类比，本章主要介绍雷诺类比和柯尔伯恩类比。

23.4.1　雷诺类比

雷诺认为：单位时间内，质量为 m 的流体微团，在离表面一定距离向表面运动，到达表面时速度 v_x 降为零，因此单位时间传输的动量为 mv_x。根据动量定律，单位时间动量的变化等于作用在表面上的剪应力，即：

$$m(v_x - 0) = \tau A \quad \text{或} \quad \frac{m}{A} = \frac{\tau}{v_x} \tag{23 - 9}$$

23.4.1.1　动量传输与热量传输

如果这个流体微团与表面的温度差为 $T_b - T_s$，则单位时间内传给表面的热量为 $mc_p (T_b - T_s)$，此即为通过平板面积 A 传给表面的热量：

$$q = mc_p (T_b - T_s) = \alpha (T_b - T_s) A \quad \text{或} \quad \frac{m}{A} = \frac{\alpha}{c_p} \tag{23 - 10}$$

联立式(23 - 9)和式(23 - 10)可得：

$$\frac{\tau}{v_x} = \frac{\alpha}{c_p} \tag{23 - 11}$$

将式(23-11)两边除以 ρv_x：

$$\frac{\tau}{\rho v_x^2} = \frac{\alpha}{c_p \rho v_x} \tag{23-12}$$

对于平板流动，按照摩擦系数定义（见式(7-27)），$\tau = C_f \dfrac{\rho v_x^2}{2}$，由此得到：

$$\frac{C_f}{2} = \frac{\alpha}{c_p \rho v_x} \tag{23-13}$$

上式即为摩擦系数 C_f 与对流给热系数 α 之间的关系，称为动量传输与热量传输的雷诺类似律。

由此关系可以从动量传输关系求出热量传输关系。

式（23-12）也可以写成特征数，由于：

$$\frac{\tau}{\rho v_x^2} = \frac{\alpha}{c_p \rho v_x} = \frac{\dfrac{\alpha d}{C_f}}{\dfrac{v_x d}{\nu} \cdot \dfrac{\nu}{C_f/(c_p \rho)}} = \frac{Nu}{Re \cdot Pr} = St \tag{23-14}$$

$$St = \frac{\alpha}{c_p \rho v_x} = \frac{C_f}{2} \tag{23-15}$$

在特殊情况下，当 $Pr = 1$ 时，即在气体情况下，可简化为：

$$Nu = \frac{C_f}{2} Re \tag{23-16}$$

雷诺类比同样适用于圆管内流动，但应注意，圆管内流动摩擦阻力系数 f（即动量传输中的摩擦阻力系数 λ，见6.1节）与沿平板流动的摩擦阻力系数 C_f 的定义不同，类比式（23-12）需要稍作变化。由管内流动的压降与摩擦阻力系数的关系：

$$\Delta p = \lambda \frac{L}{d} \frac{\rho v_m^2}{2} = f \frac{L}{d} \frac{\rho v_m^2}{2} \tag{6-13}$$

由式（6-13）可以给出：

$$\tau \pi d L = \frac{\pi}{4} d^2 \Delta p \tag{23-17}$$

所以：

$$\tau = \frac{\Delta p}{4} \frac{d}{L} \tag{23-18}$$

将式（23-18）代入式（6-13）可得：

$$\tau = \frac{f}{8} \rho v_m^2 \tag{23-19}$$

如把沿平板流动的 $\tau = C_f \rho v_x^2/2$ 中的 v_x 改为 v_m，然后与式（23-19）相比较，则 $C_f =$

$\dfrac{f}{4}$，代入式（23-15）得圆管内流动的雷诺类比：

$$St = \frac{\alpha}{c_p \rho v_m} = \frac{f}{8} \tag{23-20}$$

式中，St 为斯坦顿数。

23.4.1.2　动量传输与质量传输

如果这个流体微团与表面的浓度差为 $\rho_A - \rho_{As}$，则单位时间内传给表面的质量传输量为 $\dfrac{m}{\rho}(\rho_A - \rho_{As})$，亦即时间为 t 时，面积为 A 上的平板对流流动传质量。

$$nA = \frac{m}{\rho}(\rho_A - \rho_{As}) = k(\rho_A - \rho_{As})A$$

即

$$\frac{m}{A} = k\rho \tag{23-21}$$

由式（23-21）及式（23-9），即可得到：

$$\frac{\tau}{v_x} = k\rho \tag{23-22}$$

上式两边各除以 ρv_x：

$$\frac{\tau}{\rho v_x^2} = \frac{k}{v_x} \tag{23-23}$$

按照摩擦阻力系数定义：

$$\tau = C_f \frac{\rho v_x^2}{2} \tag{23-24}$$

由此得到：

$$\frac{C_f}{2} = \frac{k}{v_x} \tag{23-25}$$

式（23-25）为摩擦阻力系数 C_f 与对流流动传质系数 k 之间的关系，称为动量传输与质量传输的雷诺类比。由此可以从动量传输关系求出质量传输关系。

式（23-25）也可以整理成特征数的关系：

$$\frac{kd}{D} = \frac{C_f}{2} \frac{d v_x \rho}{\mu} \frac{\mu}{\rho D}$$

即

$$Sh = \frac{C_f}{2} Re \cdot Sc \tag{23-26}$$

在特殊情况下，当 $Sc = 1$ 时，也就是 $\nu = D$ 时，得到：

$$Sh_D = \frac{C_f}{2} Re \tag{23-27}$$

式中，Sh_D 为传质舍伍德数。

对于圆管流动的动量传输与质量传输的雷诺类比，用得到式（23-20）相同的方法，可以得到圆管流动的雷诺类比：

$$Sh_D = \frac{f}{8} Re \qquad (23-28)$$

23.4.2　柯尔伯恩类比

柯尔伯恩通过实验研究了对流换热与流体摩擦阻力之间的关系，提出了对流换热系数与摩擦阻力系数之间的关系，有：

$$St \cdot Pr^{0.666} = j_H \qquad (23-29)$$

式中，j_H 为传热 j 因子。对于平板，$j_H = \dfrac{C_f}{2}$；对于管流，$j_H = \dfrac{f}{8}$。由此得到：

平板对流换热 $\qquad St \cdot Pr^{0.666} = \dfrac{Nu}{Re \cdot Pr} = \dfrac{C_f}{2} \qquad (23-30)$

圆管内对流换热 $\qquad St \cdot Pr^{0.666} = \dfrac{Nu}{Re \cdot Pr} = \dfrac{f}{8} \qquad (23-31)$

当 $Pr = 1$ 时，式（23-30）与式（23-31）与雷诺类比完全一致。可以认为，柯尔伯恩类比是用 $Pr^{0.666}$ 修正雷诺类比所得的结果。对于气体或液态而言，式（23-29）的适用条件为 $0.6 < Pr < 100$。柯尔伯恩把这一关系扩展到质量传输中，得到：

$$St_D \cdot Sc^{0.666} = j_M \qquad (23-32)$$

式中，j_M 为传质 j 因子。对于平板，$j_M = \dfrac{C_f}{2}$；对于管流，$j_M = \dfrac{f}{8}$。由此得到：

平板对流换热 $\quad St_D \cdot Sc^{0.666} = \dfrac{Sh}{Re \cdot Sc^{0.333}} = \dfrac{Sh}{Re \cdot Sc} Sc^{0.666} = \dfrac{C_f}{2} \qquad (23-33)$

圆管内对流换热 $\quad St_D \cdot Sc^{0.666} = \dfrac{Sh}{Re \cdot Sc^{0.333}} = \dfrac{Sh}{Re \cdot Sc} Sc^{0.666} = \dfrac{f}{8} \qquad (23-34)$

式（23-33）与式（23-34）可以认为是考虑了物性因素的影响，用 $Sc^{0.666}$ 修正雷诺类比得到的结果。当 $Sc = 1$，即 $\dfrac{\nu}{D} = 1$ 时，式（23-33）与式（23-34）与雷诺类比完全一致。对于气体或液态而言，式（23-32）的适用条件为 $0.6 < Sc < 2500$。

实验证明：

$$j_H = j_M = \frac{C_f}{2} \qquad (23-35)$$

或

$$j_H = j_M = \frac{f}{8} \qquad (23-36)$$

式（23-35）与式（23-36）把三种传输过程联系在一起，它们对于没有形状阻力的平板流动和管内流动是适用的。利用这种类比关系，就可将对流换热中的计算式，经过简单变换而求得对流传质的计算式，如前面的平板紊流对流传质计算式就是应用了这种类比关系而求得的。

[例题 23 – 1] 平均温度为 30℃ 的水以 0.4kg/s 的流量流过一直径为 2.5cm，长 6m 的圆管，测得压力降为 3kPa。热流密度保持为常数，平均壁温为 50℃，试求水的出口温度。

解： 以水的平均温度 $T_f = 30℃$ 为定性温度，由附录 2 查得：$\rho = 995.7kg/m^3$；$c_p = 4174J/(kg \cdot ℃)$。

边界层平均温度为：$T_m = \dfrac{T_f + T_w}{2} = \dfrac{50 + 30}{2} = 40℃$，以此温度查得：$Pr_m = 4.31$

由 $m = \rho v_m F = \rho v_m \dfrac{\pi}{4} d^2$，得：$v_m = \dfrac{4 \times 0.4}{\rho \pi d^2} = 0.8184m/s$

根据式（6 – 13）可得：

$$f = \Delta p \frac{d}{L} \frac{2}{\rho v_m^2} = 0.03749$$

因水的 $Pr_m = 4.31 > 1$，应按柯尔伯恩类比计算，即式（23 – 30），则：

$$St_D = \frac{f}{8 Pr_m^{2/3}} = \frac{0.03749}{8 \times 4.31^{2/3}} = 1.769 \times 10^{-3}$$

于是对流给热系数：

$$\alpha = St_D \rho c_p v_m = 1.769 \times 10^{-3} \times 995.7 \times 4174 \times 0.8184 = 6018.5W/(m^2 \cdot ℃)$$

管壁对水的热流量为：

$$Q = \alpha \pi dL(T_w - T_f) = 6018.5 \times 3.14 \times 0.025 \times 6 \times (50 - 30) = 56694.3W$$

又

$$Q = m c_p \Delta T$$

故水的温升 ΔT 为：

$$\Delta T = \frac{Q}{m c_p} = \frac{56694.3}{0.4 \times 4174} = 34℃，即：T_0 - T_i = 34℃$$

因

$$T_f = \frac{1}{2}(T_0 + T_i) = 30℃$$

将上两式联立求解，得出口水温为：$T_0 = 47℃$。

[例题 23 – 2] 头部包有湿纱布的湿球温度计置于 $1 \times 10^5 Pa$ 的空气中，温度计读数为 18℃。它所指示的温度是少量液体蒸发到大量未饱和蒸汽 – 气体混合物的稳态平衡温度。此温度下的物性参数为：水的蒸气压 $0.02 \times 10^5 Pa$，蒸发潜热 2478kJ/kg，$c_{H_2O, S} = 87 \times 10^5 kmol/m^3$，空气密度 $1.216kg/m^3$，质量定压热容 $1.005kJ/(kg \cdot ℃)$，$Pr = 0.72$，$Sc =$

0.61。试求空气温度为多少?

解: 水蒸发时通量为:

$$N_{H_2O} = k_C(c_{H_2O,S} - c_{H_2O,\infty}) \tag{a}$$

水蒸发所需要的能量, 是由对流换热提供的:

$$q = \alpha(T_\infty - T_S) = \lambda M_{H_2O} N_{H_2O} \tag{b}$$

式中, λ 为表面温度下水的蒸发潜热。由式 (b) 可以写成:

$$T_\infty = \frac{\lambda M_{H_2O} N_{H_2O}}{\alpha} + T_S \tag{c}$$

将式 (a) 代入式 (c) 可得:

$$T_\infty = \lambda M_{H_2O} \frac{k_C}{\alpha}(c_{H_2O,S} - c_{H_2O,\infty}) + T_S \tag{d}$$

由式 (23-36) 及式 (23-31) 和式 (23-34), 即:

$$\frac{\alpha}{\rho v_\infty c_p} Pr^{0.666} = \frac{k_C}{v_\infty} Sc^{0.666}$$

所以:

$$T_\infty = \frac{\lambda M_{H_2O}}{\rho c_p}\left(\frac{Pr}{Sc}\right)^{0.666}(c_{H_2O,S} - c_{H_2O,\infty}) + T_s$$

$$= \frac{2478 \times 18}{1.216 \times 1.005} \times \left(\frac{0.72}{0.61}\right)^{0.666} \times (87 \times 10^{-5} - 0) + 18 = 53.5℃$$

23.5 动量、热量和质量边界层的类比

当流体流过固体表面时, 有动量边界层、热量边界层或质量边界层, 它们有类似的性质和速度分布。

流体流过平板时的边界层如图 23-2 所示, 图中 δ 为动量 (速度) 边界层厚度的变化情况, δ_T 为热量 (温度) 边界层厚度的变化情况, δ_c 为质量 (浓度) 边界层厚度的变化情况。

在动量传输与热量传输并存的传输过程中, 边界层厚度 δ 与 δ_T 的比值取决于 Pr 的数值:

当 $Pr < 1$ 时, $\delta < \delta_T$; 当 $Pr = 1$ 时, $\delta = \delta_T$; 当 $Pr > 1$ 时, $\delta > \delta_T$。

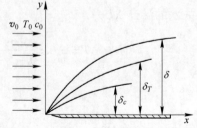

图 23-2 流体流过平板时的边界层

在动量传输与质量传输并存的传输过程中, 边界层厚度 δ 与 δ_c 的比取决于 Sc 的数值: 当 $Sc < 1$ 时, $\delta < \delta_c$; 当 $Sc = 1$ 时, $\delta = \delta_c$; $Sc > 1$ 时, $\delta > \delta_c$。

流体中的 Pr 和 Sc 的数值取决于其物性, 它由流体的动量扩散系数 ν、热量扩散系数 a

和质量扩散系数 D 而定。对气体、液体及金属液体，它们的数值范围如表 23-5 所示。

表 23-5 气体、液体及金属液体 Pr 和 Sc

特征数	气体	液体	金属液体
Pr	0.6~1.0	1~50	0.001~0.02
Sc	1.0~2.0	100~1000	1000

在表 23-5 中，各种流体的 Sc 值均在 1.0 以上，也就是说，动量边界层的厚度 δ 均较质量边界层的厚度 δ_c 为大。

对气体来说，因为 $Pr \approx Sc \approx 1$，$\delta \approx \delta_T \approx \delta_c$，三者几乎可以重合，如图 23-3 所示。

对液体来说，因为 $Pr > 1$，所以 $\delta > \delta_T$，而 $Sc \gg 1$，所以 $\delta \gg \delta_c$，由此得到 $\delta > \delta_T > \delta_c$，其变化如图 23-4 所示。对金属液体来说，因为 $Pr \ll 1$，所以 $\delta \ll \delta_T$，而 $Sc \gg 1$，所以 $\delta \gg \delta_c$，由此得到 $\delta_T \gg \delta \gg \delta_c$，其变化如图 23-5 所示。

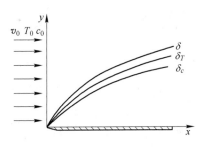

图 23-3 $Pr \approx Sc \approx 1$ 时的边界层厚度

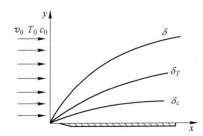

图 23-4 $Pr > 1$，$Sc \gg 1$ 时的边界层厚度   图 23-5 $Pr \ll 1$，$Sc \gg 1$ 时的边界层厚度

根据理论推导，当 $Pr = 1$，$Sc = 1$ 时，由式（23-13）和式（23-25）可以给出边界层内的动量传输、热量传输和质量传输之间的如下关系：

$$\frac{C_f}{2} = \frac{k}{v_x} = \frac{\alpha}{\rho g c_p v_x} \tag{23-37}$$

而当 $Pr \neq 1$，$Sc \neq 1$ 时，三者有如下关系：

$$St = \frac{Nu}{Re \cdot Pr} = \frac{\alpha}{\rho g c_p v_x} = \frac{\dfrac{C_f}{2}}{1 + 5\sqrt{\dfrac{C_f}{2}}\left[Pr - 1 + \ln\left(\dfrac{1 + 5Pr}{6}\right)\right]} \tag{23-38}$$

$$St_D = \frac{Sh}{Re \cdot Sc} = \frac{k}{v_x} = \frac{\dfrac{C_f}{2}}{1 + 5\sqrt{\dfrac{C_f}{2}}\left[Sc - 1 + \ln\left(\dfrac{1 + 5Sc}{6}\right)\right]} \tag{23-39}$$

23.6　冶金传输原理课程体系与结构的初步探讨

冶金传输原理中的动量传输、热量传输和质量传输的主要内容分别来自于流体力学、传热学和传质学。冶金传输原理作为一门独立的课程，应该有自己的体系和结构，即与单独的流体力学、传热学或传质学在体系和结构方面有所区别。本节通过由类比法得到的冶金传输结果，来探讨冶金传输原理的体系和结构。

表 23-2 给出了物性传输参数的类比。从该表可见，仅考虑物性传输时的动量、热量和质量传输对应的流密度分别为 $F = \dfrac{1}{\rho}\mathrm{grad}\,p$、$q = \lambda\,\mathrm{grad}\,T$ 和 $J = D\,\mathrm{grad}\,c$，这可以作为一条主线，其特点是方程形式相对简单和直观，在有了定解的条件后，可以确定出物性传输的结果。

由表 23-3 的对流传输参数类比可见，动量、热量和质量传输中如果考虑了流动的影响，对应的传输流密度分别为 $G = v\Delta\rho v$、$q = \alpha\Delta T$ 和 $J = k\Delta c$，对应的基本方程分别为，$\dfrac{\mathrm{D}v}{\mathrm{D}t} = \nu\,\nabla^2 v$，$\dfrac{\mathrm{D}T}{\mathrm{D}t} = a\,\nabla^2 T$ 和 $\dfrac{\mathrm{D}c}{\mathrm{D}t} = D\,\nabla^2 c$。这三个基本方程可以作为另外一条主线，其特点是方程形式较为复杂。基本方程加上连续性方程，则独立方程的个数与未知变量的数目相等，根据定解条件可以分别得到速度场、温度场和浓度场。需要指出的是，这些方程仅适合没有摩擦力的流体，即不考虑黏性的理想流体。这些方程是传输原理的主要方程。如果不考虑流动，则由动量传输可以给出静力学方程，由热量和质量传输可以给出它们的物性流密度方程。

普朗特提出的边界层理论解决了动量传输、热量传输和质量传输基本方程不能用于实际流体的问题。当用分析方法处理实际流体中黏性流动时，可使问题得到简化。普朗特边界层理论既解决了基本方程所不能解决的问题，又保留了原方程的基本形式。对于层流，独立的基本方程的个数与未知数相同；对于湍流，独立的基本方程的个数比未知数少，因此需要补充方程，以描述湍流流动。这样一来，独立的基本方程的个数就与未知数相同了。其中，普朗特混合长度表达式是经常被使用的独立的方程。

由此可见，速度、温度和浓度边界内的方程，三种边界层相对厚度变化及普朗特混合长度又是一条主线。由于普朗特边界层理论的重要性和创新性及它的承上启下作用，可以将其看作冶金传输原理中概念和方程中最重要的一条主线。

求解方程的理论和方法也可以分成两条主线：解析法和通过实验得到的关联式法。

解析法包括：层流边界层的微分方程可以按布拉修斯给出精确的解，按冯·卡门的积分方程给出近似解。冯·卡门的积分方程也可以用于雷诺数在一定范围内的湍流情况。

利用实验得到关联式的原因是，即使简单条件下的微分方程，解析解也很复杂；而复杂条件下更是无法求解。采用实验得到的关联式（即白金汉法），首先要确定不同传输过程的主要特征数，通过试验确定特征数之间的关系，最终建立特征数方程。

流体状态、相似原理、特征数（如雷诺数）及图 23-1 中给出的动量传输、热量传输和质量传输特征数之间的关系，加上前面的五条主线，共同构成了冶金传输原理的主体结构。在第二篇热量传输中，可以清楚地看出该主体结构的完整框架；第一篇的动量传输和

第三篇的质量传输，也基本遵循这一结构。所以说，动量传输、热量传输和质量传输形成了一个完整的体系。

需要指出，辐射传热与动量传输和质量传输没有任何相似之处，辐射的内容自成体系。

23.7 小　结

本质上说，动量、热量和质量传输是一致的，但表现为三种不同的现象。动量、热量和质量传输的基本概念、基本定律、基本方程及解析方法均具有类似性。

用类似方法可以将三种传输现象联系起来，具体操作是详尽研究某一种传输过程的规律，然后将结果推广到其他传输过程，这就是重视和发展类似原理的目的。

类比法主要有雷诺类比和柯尔伯恩类比。由于雷诺类比过分简化，使其应用受到较大限制。柯尔伯恩类比是通过实验方法得到的，其应用较广。应用这种类比关系，就可由对流换热计算式经过简单变换而获得对流传质计算式。由于质量传输研究无论理论上还是实验上都相对困难，因此常把动量传输或热量传输中得到的方程、规律应用于质量传输过程，以便于质量传输研究的开展。

在比较三种传输基本概念的基础上，主要从物性传输和对流传输角度说明了动量、热量、质量传输的类似性及应用。

三种传输的研究中都采用了连续介质的模型，连续介质的模型的建立不仅界定了三种传输的研究的方法，同时也为利用微分方程等强有力数学工具奠定了基础，进而得到了三种传输现象较为相似的基本方程。

为了加深对冶金传输原理课程的理解，使学生掌握全书的主体内容，本节最后探讨了冶金传输原理课程的体系和结构，提出了由五条主线：即物性传输、对流传输和普朗特边界层（包括混合长度）理论的三条主线，以及求解方程的解析法和采用实验得到的关联式法的两条主线。它们与流体状态、相似原理、特征数之间的关系等，共同构成了冶金传输原理的整体结构，从而形成了综合动量传输、热量传输和质量传输的完整新颖的冶金传输原理课程体系。

思 考 题

23-1　动量、热量和质量类比具有哪些理论意义和实际意义？
23-2　动量、热量和质量传输有哪些类似的概念，其本质是什么？
23-3　试从物性传输角度说明动量、热量和质量的类似性。
23-4　何为雷诺类比和柯尔伯恩类比，应用时应注意什么？
23-5　怎样推导出摩擦系数和对流换热系数之间的关系式？
23-6　将动量、热量和质量传输过程联系在一起的表达式是什么，有何实际意义？
23-7　试举例说明类比法的应用。
23-8　在类比中，Pr、Sc 和 Le 的物理意义是什么？
23-9　如何根据对流换热系数求对流传质系数？

23 – 10　下面哪些特征数是联系动量和热量的特征数，哪些特征数是联系动量和质量的特征数？

$$Sc = \frac{\nu}{D}, \ Pr = \frac{\nu}{a}, \ Le = \frac{a}{D}, \ St = \frac{Nu}{Re \cdot Pr}, \ Nu = \frac{\alpha l}{\lambda}, \ St' = \frac{Sh}{Re \cdot Sc}, \ Sh = \frac{kl}{D}$$

习　题

23 – 1　空气流从固体二氧化碳（干冰）平板表面流过，平板暴露表面面积为 $1 \times 10^{-3} m^2$，空气流速为 $2m/s$，温度为 293K，压力为 $1.01325 \times 10^5 Pa$，二氧化碳的升华速率为 $2.29 \times 10^{-4} mol/s$。在该温度下，二氧化碳向空气的扩散速率为 $1.5 \times 10^{-5} m^2/s$，空气的运动黏度为 $1.55 \times 10^{-5} m^2/s$。计算在上述条件下二氧化碳升华进入空气的传质系数，进而计算该空气的对流换热系数 α。

23 – 2　水以 $0.5m/s$ 的速度从 $d = 25mm$，$L = 5m$ 的无缝钢管内流过，实测进、出口两端的压差 $\Delta p = 5.6 \times 10^3 Pa$。已知管壁温度为 80℃，进、出口水温分别为 20℃ 和 40℃，管壁绝对粗糙度 $\varepsilon = 0.02mm$。试计算摩擦系数，并求表面对流传热系数 α。

23 – 3　常压下 20℃ 的空气以 $35m/s$ 的速度流过平板。平板长为 $0.75m$，宽度为 1m，壁面温度保持在 60℃。试求平板传给空气的热流量。

23 – 4　两根管子，a 管内径为 16mm，b 管为 30m，当同一种流体流过时，a 管内流量是 b 管的 2 倍，已知两管温度场完全相同，问管内流态是否相似？如不相似，在流量上采取什么措施才能相似？

24　传输现象的耦合特性

本章提要：体系中如果存在速度梯度、温度梯度或浓度梯度，这些梯度会作为驱动力，会消除物理量的不均匀分布。传输现象是由于体系偏离平衡状态而存在热力学"驱动势"，在"势"的驱动下，过程自发进行。传输现象属于非平衡态热力学的研究范畴，即属于广义动力学问题。

在复杂的冶金过程中，经常是动量传输、热量传输、质量传输、化学反应和导电等物理过程同时并存，它们不可避免地发生相互耦合，即产生干涉效应。描述干涉效应的方法很多，对于近平衡体系，线性不可逆过程热力学可导出唯象方程，从理论上给出定量描述多个传输过程发生耦合时的干涉效应。

由前面传输现象的讨论可知，体系中如果存在速度梯度、温度梯度或浓度梯度，这些梯度会作为驱动力，通过微观载体（光子、声子、分子、原子、离子、电子等）的传递或宏观载体（流体微团）的输运，使动量、能量（热量）和质量发生迁移，以消除物理量的不均匀分布。如果传输在两相间发生，能使处于不平衡状态两相趋于平衡。所以说，传输现象是由于体系偏离平衡状态而存在热力学"驱动势"，在"势"的驱动下所产生的运动和演变过程。平衡态热力学研究体系由一种平衡态趋向另一种平衡态，而非平衡态热力学即不可逆过程热力学是研究非平衡状态下的运动过程的。因此，传输现象属于非平衡态热力学的研究范畴，即属于广义动力学问题。

在复杂的冶金过程中，经常是动量传输、热量传输、质量传输、化学反应和导电等物理过程同时并存，它们不可避免地发生相互耦合，即产生干涉效应。干涉效应有时可以忽略不计，有时则必须考虑。常用的方法是，当"三传"耦合时，以动量、能量和质量守恒原理应用于微元体而列出一组偏微分方程（连续方程、能量方程和运动方程），并由此得到宏观的工程流动体系的总平衡方程组。这些方程组联立求出的解析解，能够反映干涉效应。但是，初始条件和边界条件有时不易确定，而且当多种传输过程耦合时，方程会非常复杂，这些给偏微分方程的解析带来障碍。

对于近平衡体系，线性不可逆过程热力学可导出唯象方程，从理论上给出定量描述多个传输过程发生耦合时的干涉效应。

24.1　线性流密度和耦合效应

前面讨论的动量、热量和质量传输现象，在一维条件下的传输流密度可以写成下面的线性表达式：

牛顿黏性定律：
$$\boldsymbol{J}_{\eta} = -\eta\,\mathrm{grad}\,v \tag{24-1}$$

式中，η 为黏滞系数；v 为速度。

傅里叶导热定律：
$$\boldsymbol{J}_{q} = -\lambda\,\mathrm{grad}\,T \tag{24-2}$$

式中，λ 为导热系数；T 为温度。

费克扩散定律：
$$\boldsymbol{J}_{m} = -D\,\mathrm{grad}\,c \tag{24-3}$$

式中，D 为扩散系数；c 为浓度。

化学反应：
$$\boldsymbol{J}_{c} = -kA \tag{24-4}$$

式中，k 为化学反应速率，$k = \dfrac{1}{v_i}\dfrac{\mathrm{d}n_i}{\mathrm{d}t}$；$A$ 为化学亲和势，$A = -\sum\limits_{i} v_i \mu_i$；$A/T$ 为化学曳引力。

导电欧姆定律：
$$\boldsymbol{J}_{e} = -\Lambda\,\mathrm{grad}\,\Phi \tag{24-5}$$

式中，Λ 为电导率；Φ 为电势。

式（24-1）~式（24-5）的线性流密度表达式，可以看成在体系中仅考虑一种传输现象，而没有考虑体系中另一传输现象对它的影响。但是，在初始均匀的多元物系中，因存在温度梯度而导致了物质扩散，即产生浓度梯度，这种相互作用就是传热与传质的耦合，称为索瑞（Soret）效应，又称热扩散效应。其流密度表达式，或称为唯象方程如下：

$$\boldsymbol{J}_{m} = -D\,\mathrm{grad}\,c + K\,\mathrm{grad}\,T \tag{24-6}$$

式中，K 为考虑耦合时的热扩散系数。注意，上式归根到底是物质扩散，第二项是热流引发的扩散，其量纲也是单位时间通过单位面积的物质的量。

同样，体系中存在浓度梯度而导致热量迁移，也导致温度梯度，这称为杜伏（Dufour）效应。其流密度表达式（唯象方程）可写成：

$$\boldsymbol{J}_{q} = -\lambda\,\mathrm{grad}\,T + l\,\mathrm{grad}\,c \tag{24-7}$$

式中，l 为考虑耦合时的扩散传质系数。

于是，传热与传质耦合时，可用唯象方程组来描述：

$$\begin{cases} \boldsymbol{J}_{m} = -D\,\mathrm{grad}\,c + K\,\mathrm{grad}\,T \\ \boldsymbol{J}_{q} = -\lambda\,\mathrm{grad}\,T + l\,\mathrm{grad}\,c \end{cases} \tag{24-8}$$

式（24-8）表示的唯象方程组是当体系同时发生质量传输和热量传输时，对质量传输与热量传输之间相互作用所造成的附加传输流密度的进一步考虑。

式（24-8）中的 K 与 l 称为唯象系数，统一记为 L，它们与可测传输性质（D、λ、η）之间有一定的关系。唯象方程组可反映干涉效应，对两个不可逆过程间的耦合（如式（24-8）），可写出两个唯象方程通式：

$$\begin{cases} \boldsymbol{J}_1 = L_{11}\boldsymbol{X}_1 + L_{12}\boldsymbol{X}_2 \\ \boldsymbol{J}_2 = L_{21}\boldsymbol{X}_1 + L_{22}\boldsymbol{X}_2 \end{cases} \tag{24-9}$$

如果 n 个不可逆过程耦合，唯象方程可表述为：

$$\boldsymbol{J}_i = \sum_{k=1}^{n} L_{ik}\boldsymbol{X}_k \quad (i=1,\ 2,\ \cdots,\ n) \tag{24-10}$$

式中，L_{ii} 称为自唯象系数；L_{ik}（$i \neq k$）称为互唯象系数，或耦合系数、干涉系数，描述第 k 个过程对第 i 个过程的干涉。

式（24-10）中的自唯象系数永远是正的，而互唯象系数则可正可负，因为干涉效应可正可负。

对于多元系的扩散，各组元的迁移都对另一组元的迁移有影响。应用式（24-10）考察各组元间的扩散耦合（干涉）时，式中 1，2，$\cdots$，n 表示各个组元。由此可见，某一组元的扩散流密度不仅与自身浓度梯度有关，还取决于体系内其他组元的浓度梯度。

对于不等温三元体系的（广义）扩散，流密度显然包括以下 4 种，即质量流密度 J_{m1}、J_{m2}、J_{m3} 和热量流密度 J_{m4}，因此唯象方程组如下：

$$\begin{cases} J_{m1} = L_{11}X_1 + L_{12}X_2 + L_{13}X_3 + L_{14}X_4 \\ J_{m2} = L_{21}X_1 + L_{22}X_2 + L_{23}X_3 + L_{24}X_4 \\ J_{m3} = L_{31}X_1 + L_{32}X_2 + L_{33}X_3 + L_{34}X_4 \\ J_{m4} = L_{41}X_1 + L_{42}X_2 + L_{43}X_3 + L_{44}X_4 \end{cases} \quad (24-11)$$

式中，X_1、X_2、X_3 为组分 1、组分 2、组分 3 的浓度（化学位）梯度；X_4 为温度梯度。

不难看出，式（24-11）是线性方程组，其成立条件如下：一是非平衡过程（即不可逆过程），这一点显而易见，因为平衡过程的梯度均为零；二是近平衡过程，即离平衡态不远的非平衡过程。只有在这种近平衡条件下，线性的耦合关系才能成立。近平衡过程的热力学理论与经典热力学有很大差异。这方面的主要理论成果是昂色格（L. Onsager）倒易关系。倒易关系表明，在近平衡区，不同的力和流是可以互动的。某一种流可以成为引发另一现象的力。

24.2　不可逆过程热力学的基本概念

24.2.1　不可逆过程

不可逆过程热力学的理论基础来源于统计热力学。对于与时间有关的物理方程，如果以 $-t$ 代替 t 后方程并不改变，则方程描述的物理过程就是可逆的，否则是不可逆过程。例如，描述波在无吸收媒质中传播的波动方程为：

$$\frac{\partial^2 \mu}{c^2 \partial t^2} = \frac{\partial^2 \mu}{\partial x^2} + \frac{\partial^2 \mu}{\partial y^2} + \frac{\partial^2 \mu}{\partial z^2} \quad (24-12)$$

以 $-t$ 代替 t 后，此方程并无变化，它表面这种传播过程是可逆的。然而，对于导热或扩散过程，流密度方程如下：

$$\frac{\partial T}{\partial t} = a \left(\frac{\partial^2 T}{\partial x^2} + \frac{\partial^2 T}{\partial y^2} + \frac{\partial^2 T}{\partial z^2} \right) \quad (11-9)$$

$$\frac{\partial c_A}{\partial t} = D_{AB} \left(\frac{\partial^2 c_A}{\partial x^2} + \frac{\partial^2 c_A}{\partial y^2} + \frac{\partial^2 c_A}{\partial z^2} \right) \quad (18-10)$$

若以 $-t$ 代替 t，方程就改变了，故这两个过程都不是可逆的。

热力学第二定律揭示：一切自动进行的过程都是不可逆的。只有实验室中专门设计的孤立体系中才存在可逆过程，这只属于理想情况。

24.2.2 基本原理和熵增速率

24.2.2.1 局部平衡原理

热力学过程可以分类如下：平衡区、近平衡区和非平衡区，其中非平衡区就是远离平衡的状态，它不在本课程的范围之内，而平衡则是经典热力学的研究范畴。对于近平衡区，虽然整个体系处于非平衡状态，但它的局部微元可以看成平衡状态。这样，经典热力学的各种状态量和它们的函数关系可以适当的形式拓展应用到近平衡区。

24.2.2.2 熵增速率

在近平衡区，由于不可逆过程引起的体系内熵增速率的表达式如下：

$$\frac{\mathrm{d}_i S}{\mathrm{d}t} = \sum J_i X_i > 0 \tag{24-13}$$

式中，X_i 为热力学推动力，即广义力，如化学位或浓度梯度、温度梯度、速度梯度等；J_i 为由推动力引起的热力学流密度，如质量、热量、动量流密度；$\mathrm{d}_i S$ 为由于体系内部发生不可逆过程而引起的熵变，称熵产生或内熵变。

下面以热流引起的熵变为例。对于两个闭合相（Ⅰ相和Ⅱ相）组成的体系，两相各自维持均匀的温度 T_I 和 T_{II}。大体系 Ⅰ + Ⅱ 是孤立体系。由于熵是广延量，因此体系的熵具有可加和性，即：

$$\mathrm{d}S = \mathrm{d}S_I + \mathrm{d}S_{II} \tag{24-14}$$

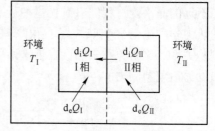

图 24-1 体系内部热传导过程

图 24-1 为热量传递过程的示意图。现在，将每相获得的热量划分为两部分：一部分是分界面处与环境交换的热量 $\mathrm{d}_e Q$，另一部分是体系内部交换的热量 $\mathrm{d}_i Q$。Ⅰ相和Ⅱ相获得的热量分别为：

Ⅰ相 $\qquad\qquad\qquad \mathrm{d}Q_I = \mathrm{d}_i Q_I + \mathrm{d}_e Q_I \tag{24-15}$

Ⅱ相 $\qquad\qquad\qquad \mathrm{d}Q_{II} = \mathrm{d}_i Q_{II} + \mathrm{d}_e Q_{II} \tag{24-16}$

式中，$\mathrm{d}_e Q_I$、$\mathrm{d}_e Q_{II}$ 分别为外部环境供给Ⅰ相、Ⅱ相的热量；$\mathrm{d}_i Q_I$ 为Ⅰ相通过相界面从Ⅱ相得到的热量，而 $\mathrm{d}_i Q_{II}$ 则是Ⅱ相通过Ⅰ界面失去的热量，因此 $\mathrm{d}_i Q_I = - \mathrm{d}_i Q_{II}$。由于Ⅰ相内部温度是均匀的，在相内部没有发生不可逆过程，故有 $\mathrm{d}S_I = \mathrm{d}Q_I / T_I$，同理有 $\mathrm{d}S_{II} = \mathrm{d}Q_{II} / T_{II}$。

根据熵的定义：

$$\mathrm{d}S = \frac{\mathrm{d}_e Q_I}{T_I} + \frac{\mathrm{d}_e Q_{II}}{T_{II}} + \mathrm{d}_i Q_I \left(\frac{1}{T_I} - \frac{1}{T_{II}} \right) \tag{24-17}$$

$$\mathrm{d}S = \mathrm{d}_e S + \mathrm{d}_i S \geqslant 0 \tag{24-18}$$

当系统与外界无热量交换时，其内部的不可逆过程要求 $\mathrm{d}_i S > 0$，即：

$$d_i S = d_i Q_I \left(\frac{1}{T_I} - \frac{1}{T_{II}} \right) > 0 \tag{24-19}$$

当 $T_{II} > T_I$ 时，热流由 II 相向着 I 相；当 $T_{II} < T_I$ 时，热流由 I 相向着 II 相。因此，只有 $T_{II} = T_I$ 时，净热流为零，此时热平衡。根据上式，有：

$$\frac{d_i S}{dt} = \frac{d_i Q}{dt} \left(\frac{1}{T_I} - \frac{1}{T_{II}} \right) > 0 \tag{24-20}$$

即

$$\frac{d_i S}{dt} = J_i X_i > 0 \tag{24-21}$$

式中，$J_i = d_i Q / dt$，热流密度；$X_i = \dfrac{\mathrm{grad}\, T}{T_I\, T_{II}}$，热力学推动力。

对等温等压没有外力作用的多元系，由扩散引起的熵增速率为：

$$\frac{d_i S}{dt} = -\sum_{i=1}^{n} J_i \left(\frac{\partial \boldsymbol{\mu}_i}{\partial T} \right)_{V, p} \tag{24-22}$$

式中，$\boldsymbol{\mu}_i$ 为 i 组分的化学位。

熵增速率等于过程速率（热力学流密度）与热力学推动力的乘积，流密度方向由推动力决定。

24.3 近平衡体系的线性不可逆过程热力学

体系的熵变可以分成两部分：

$$dS = d_e S + d_i S \geqslant 0 \tag{24-18}$$

式中，$d_e S$ 是体系和环境相互作用变换的熵，称为熵流；熵流符号可正可负，也就是说可以输入也可输出。$d_i S$ 是体系内部不可逆过程引起的熵变，称为熵产生，只能是正值。

$$d_i S > 0 \tag{24-23}$$

在式（24-18）中大于号对应不可逆过程，等号对应可逆过程。对于孤立体系，由于：

$$d_e S = 0 \tag{24-24}$$

所以有：

$$d_i S = dS \geqslant 0 \tag{24-25}$$

也就是说，只有在孤立体系中，才能有可逆过程。

对于封闭体系：

$$d_e S = \frac{\delta Q}{T} \tag{24-26}$$

$$dS = \frac{\delta Q}{T} + d_i S \geqslant \frac{\delta Q}{T} \tag{24-27}$$

对于敞开体系，$d_e S$ 还应包含与物质传递相联系的量：

$$d_e S = \frac{\delta Q}{T} + S_m dn \qquad (24-28)$$

式中，S_m 是摩尔熵；n 是摩尔数。所以：

$$dS = \frac{\delta Q}{T} + S_m dn + d_i S \geq \frac{\delta Q}{T} + S_m dn \qquad (24-29)$$

在研究体系内部发生的变化过程时，可将体系与环境之间的物质或能量交换产生的熵变看作是熵的"流"项，既能流入也能流出。式（24-23）、式（24-25）和式（24-29）中的等号假设体系内部有可逆过程，用以计算熵流的大小。体系内的熵变是熵的"源"项。由于上述 3 式分别针对孤立体系、封闭体系、敞开体系，而不可逆过程的熵变总是正值，按照热力学第二定律，一切自动进行的过程都是不可逆的，指向熵增加的方向。这样，$d_i S$ 可以作为表征所有不可逆过程的量❶。

当体系发生不可逆过程时，一定有表征此过程的宏观可测量。例如，传热过程的热流、温度梯度；传质过程的物质流、浓度梯度等。既然这些量与 $d_i S$ 一样，都是表征不可逆过程的量，则它们之间应有某种联系，这种联系就是根据局域平衡假设、守恒方程和吉布斯（Gibbs）方程建立起来的熵增率表达式：

$$\frac{dS}{dt} = \frac{d_e S}{dt} + \frac{d_i S}{dt} = -\int_{\Omega} \boldsymbol{J}_S d\boldsymbol{\Omega} + \int_V \frac{\partial s}{\partial t} dV = -\int_{\Omega} \boldsymbol{J}_S d\boldsymbol{\Omega} + \int_V \rho dV \qquad (24-30)$$

式中，s 为单位体积的熵；$\boldsymbol{J}_S$ 为单位时间通过单位面积的熵流；ρ 为单位体积的熵增率，为 ds/dt，即单位体积、单位时间的熵产生。

环境和体系的熵变分别为：

$$\frac{d_e S}{dt} = -\int_{\Omega} \boldsymbol{J}_S \cdot d\boldsymbol{\Omega} \qquad (24-31)$$

$$\frac{d_i S}{dt} = \int_V \rho dV = \sigma \qquad (24-32)$$

式中，σ 也称为熵产生速率，严格来说是整个体系中熵的产生速率。根据高斯公式，可以

---

❶ 化学反应过程进行时的量纲：

力 $\boldsymbol{X}$：　　　　$A/T = \mu_i v_i / T$　　　　$[L^2 M t^{-2} N^{-1} T^{-1}]$（N 为摩尔量纲）

流 $\boldsymbol{J}$：　　　　$k = \dfrac{d\xi}{dt} = \dfrac{1}{v_i} \dfrac{dn_i}{dt}$　　　$[N t^{-1}]$

　　　　　$\dfrac{d_i S}{dt} = \Sigma \boldsymbol{JX}$　　　　$[L^2 M t^{-3} T^{-1}]$

对于正反应：v_i 为 +，$\dfrac{d_i S}{dt}$ 为 $\dfrac{(+)}{(+)}$ 为正值；对于逆反应，v_i 为 -，$\dfrac{d_i S}{dt}$ 为 $\dfrac{(-)}{(-)}$ 为正值。因此，$\dfrac{d_i S}{dt} > 0$。

注意：可逆反应和可逆过程是两个概念，需严加区别。可逆反应是有 v_i 为（-）的反应。可逆过程是过程逆向进行，不对环境造成任何影响，所以可逆过程是无限缓慢的平衡移动。

在量纲上也有反映，平衡常数量纲为 1，$d_i S$ 量纲为 1；$d_i S = 0$ 只可能在孤立系统实现。

将式（24-31）中的曲面积分表示为体积分。这样，由式（24-30）可得：

$$\frac{\partial S}{\partial t} = -\nabla \cdot \boldsymbol{J}_S + \sigma \qquad (24-33)$$

其中：

$$\boldsymbol{J}_S = \frac{1}{T}\left(\boldsymbol{J}_q - \sum_{i=1}^{n}\mu_i\boldsymbol{J}_i\right) \qquad (24-34)$$

$$\sigma = -\frac{1}{T^2}\boldsymbol{J}_q\cdot\nabla T - \frac{1}{T}\sum_{i=1}^{n}\boldsymbol{J}_i\cdot\left[T\nabla\left(\frac{\mu_i}{T}\right)-\boldsymbol{F}_i\right] - \frac{1}{T}\overset{\circ}{\prod}\cdot(\nabla\overset{\circ}{v})^s - \frac{1}{T}\pi\nabla\cdot v - \frac{1}{T}\sum_{j=1}^{m}\boldsymbol{J}_j\boldsymbol{A}_j$$
$$(24-35)$$

由式（24-35）可见，其中每一项都是由两个因子的乘积组成。其中的一个因子和不可逆过程的速率有关，它们是热流 $\boldsymbol{J}_q$、物质流 $\boldsymbol{J}_i$、切变黏滞张量 $\overset{\circ}{\prod}$、体积黏滞量 π 以及化学反应速率 $\boldsymbol{J}_i$。这些速率因子统称为热力学流密度，简称流密度。另一个因子和引起相应流密度的推动力有关，它们是温度梯度 ∇T、化学势梯度 $\nabla\left(\dfrac{\mu_i}{T}\right)$ 和外力场 $\boldsymbol{F}_i$、速度梯度对称张量 $(\nabla\overset{\circ}{v})^s$ 以及化学亲和势 $\boldsymbol{A}_j$。这些和推动力有关的因子称为热力学力，简称为"力"。式（24-35）中流密度和力的选择不是唯一的。如果用 $\boldsymbol{J}_i$ 代表第 i 种热力学流密度，用 $\boldsymbol{X}_i$ 代表第 i 种热力学力，则式（24-35）可写作一般形式：

$$\sigma = \frac{d_iS}{dt} = \sum_{i=1}^{n}\boldsymbol{J}_i\boldsymbol{X}_i \qquad (24-36)$$

这就是说，熵产生速率可以写为广义的热力学流密度和热力学力的乘积之和的形式。

24.4 昂色格倒易关系

对于开放体系，当内外条件迫使体系离开平衡态时，宏观不可逆过程就会发生。在不可逆过程中，流密度都是由力引起的，因此可以认为流密度和力之间存在着函数关系：

$$\boldsymbol{J}_i = f(\boldsymbol{X}_1,\boldsymbol{X}_2,\cdots,\boldsymbol{X}_n) \quad (i=1,2,\cdots,n) \qquad (24-37)$$

以热力学平衡态为参考态做泰勒展开，取一次项得到前面的式（24-10）：

$$\boldsymbol{J}_i = \sum_{k=1}^{n}L_{ik}\boldsymbol{X}_k \qquad (i=1,\ 2,\ \cdots,\ n) \qquad (24-10)$$

上式称为唯象方程，其中，$L_{ik} = \dfrac{\partial\boldsymbol{J}_i}{\partial\boldsymbol{X}_k}$，称为唯象系数，且有：

$$L_{ik} = L_{ki} \qquad (i,\ k=1,\ 2,\ \cdots,\ n) \qquad (24-38)$$

式（24-38）即为昂色格倒易关系，也叫昂色格定理。其适用条件是近平衡区，而一般的传热、传质过程都是在近平衡区进行的，所以线性唯象方程可以适用。

对于不可逆过程，引起不可逆过程的原因通常是势函数，称为热力学的动力或力。它们引起的不可逆过程，其速率用流 $\boldsymbol{J}$ 表示。

若只有一种力 $\boldsymbol{X}_i$，则它们共轭的流为 $\boldsymbol{J}_i$，则 $\boldsymbol{X}_i$ 决定了 $\boldsymbol{J}_i$ 的方向，并且 $\boldsymbol{X}_i = 0$ 时，$\boldsymbol{J}_i$ 必为 0，这说明力和流之间有内在关系。一般来说，在 $\boldsymbol{X}_i$ 较小的情况下，它们之间总存在某种线性关系，特别是接近平衡时更是如此。$\boldsymbol{J}$ 和 $\boldsymbol{X}$ 的线性关系表示为：

$$\boldsymbol{J} = L\boldsymbol{X} \tag{24-39}$$

式中，L 是标量，称为唯象系数。

式（24-39）这一普遍规律是在对大量的实验规律进行归纳的基础上得到的。对于前面讨论的热传导方程，有 $\boldsymbol{X}_i = \dfrac{\mathrm{grad}\,T}{T_\mathrm{I}\,T_\mathrm{II}}$，由于在近平衡区，当温度差别不是特别大时，$\boldsymbol{X}_i = \dfrac{\mathrm{grad}\,T}{T_\mathrm{I}\,T_\mathrm{II}} \approx \dfrac{\mathrm{grad}\,T}{T^2}$，将其代入式（24-39）可得傅里叶定律的一种表达形式。

$$\boldsymbol{J} = L\boldsymbol{X} = L\,\frac{\mathrm{grad}\,T}{T^2} > 0 \tag{24-40}$$

式中，L 为热导率，表示热流和温度差之间的比例关系。

将式（24-39）代入到熵增率式（24-36）中，可得熵增率的另一表达式：

$$\sigma = \frac{\mathrm{d}_i S}{\mathrm{d}t} = \boldsymbol{J}\boldsymbol{X} = L\boldsymbol{X}^2 > 0 \tag{24-41}$$

式（24-41）的意义是，热导率必定是正的。

唯象系数不考虑机理，不能用热力学方法来推算，必须用实验方法确定。式（24-10）展开后，各唯象系数 L_{ik} 并非全都是独立的，它们之间存在一定的关系，即昂色格倒易关系。此关系表明了耦合的对称性，即适当地选择"流"和"力"，所得到唯象方程的矩阵是对称矩阵。展开式（24-10），它是一个对称矩阵，如下所示：

$$\begin{cases} \boldsymbol{J}_{\mathrm{m1}} = L_{11}\boldsymbol{X}_1 + L_{12}\boldsymbol{X}_2 + L_{13}\boldsymbol{X}_3 + L_{14}\boldsymbol{X}_4 \\ \boldsymbol{J}_{\mathrm{m2}} = L_{21}\boldsymbol{X}_1 + L_{22}\boldsymbol{X}_2 + L_{23}\boldsymbol{X}_3 + L_{24}\boldsymbol{X}_4 \\ \boldsymbol{J}_{\mathrm{m3}} = L_{31}\boldsymbol{X}_1 + L_{32}\boldsymbol{X}_2 + L_{33}\boldsymbol{X}_3 + L_{34}\boldsymbol{X}_4 \\ \boldsymbol{J}_{\mathrm{m4}} = L_{41}\boldsymbol{X}_1 + L_{42}\boldsymbol{X}_2 + L_{43}\boldsymbol{X}_3 + L_{44}\boldsymbol{X}_4 \end{cases} \tag{24-11}$$

$$\begin{pmatrix} \boldsymbol{J}_1 \\ \boldsymbol{J}_2 \\ \vdots \\ \boldsymbol{J}_n \end{pmatrix} = \begin{pmatrix} L_{11}L_{12}\cdots L_{1n} \\ L_{21}L_{22}\cdots L_{2n} \\ \vdots \\ L_{n1}L_{n2}\cdots L_{nn} \end{pmatrix} \begin{pmatrix} \boldsymbol{X}_1 \\ \boldsymbol{X}_2 \\ \vdots \\ \boldsymbol{X}_n \end{pmatrix} = \begin{pmatrix} L_{11}\boldsymbol{X}_1 + L_{12}\boldsymbol{X}_2 + L_{13}\boldsymbol{X}_3 + \cdots + L_{1n}\boldsymbol{X}_n \\ L_{21}\boldsymbol{X}_1 + L_{22}\boldsymbol{X}_2 + L_{23}\boldsymbol{X}_3 + \cdots + L_{2n}\boldsymbol{X}_n \\ \vdots \\ L_{n1}\boldsymbol{X}_1 + L_{n2}\boldsymbol{X}_2 + L_{n3}\boldsymbol{X}_3 + \cdots + L_{nn}\boldsymbol{X}_n \end{pmatrix} \tag{24-42}$$

对于对称矩阵，有如下关系：

$$L_{12} = L_{21},\ L_{23} = L_{32},\ \cdots,\ L_{1n} = L_{n1} \tag{24-43}$$

即

$$L_{ik} = L_{ki} \qquad (k \neq i) \tag{24-44}$$

昂色格倒易关系表明：当可逆过程 i 的流密度 $\boldsymbol{J}_i$ 通过干涉系数 L_{ik} 受到不可逆过程 k 的推动力影响 $\boldsymbol{X}_k$ 时，流密度 $\boldsymbol{J}_k$ 同样受到过程 i 的推动力 $\boldsymbol{X}_i$ 的影响，且干涉系数 $L_{ki} = L_{ik}$。

n 个不可逆过程的耦合有 n^2 个唯象系数，其中 $n(n-1)$ 个是互唯象系数。根据式 (24-44)，独立的互唯象系数只有 $n(n-1)/2$ 个，这给实验工作带来了方便。

24.5 小　结

本章给出不同传输过程的耦合概念。不同传输过程（化学反应、动量传输、热量传输和质量传输等）的耦合对流密度的影响，可以用不可逆过程热力学的近平衡唯象方程来表示。在简单介绍了不可逆过程热力学的基本概念之后，给出了近平衡条件下的昂色格倒易关系，并分析了昂色格倒易关系对确定不同传输过程耦合效应的作用。

昂色格倒易关系的意义如下：

（1）唯象系数存在倒易关系，因而只要测一半，另一半就可以从倒易关系推算出来。这给研究带来了很大的方便。

（2）倒易关系使得两种看起来似乎不相关的不可逆耦合过程（例如导热和导电）之间的相互影响显得更为清晰。

非平衡热力学和昂色格倒易关系表明，现实世界中不同的运动现象是彼此联系的，体系和环境之间是互相依存的。孤立地考察单一过程，发现它可能走向平衡。但研究平衡是为了能够认识演变的趋势。互相联系、互相依存的运动过程才是存在于现实世界的图像。对于工程技术问题，不仅要认识各种现象的规律，更必须认识它们的相互关系。

思　考　题

24-1　什么是耦合现象？举例说明。

24-2　如何判断可逆与不可逆过程？举例说明。

24-3　不可逆过程热力学与经典热力学有何差异？

24-4　给出唯象方程的表达式，并说明每项的物理意义。

24-5　什么是昂色格倒易关系？对确定不同传输过程的耦合现象有什么作用？

附　　录

附录1　大气压下干空气的物理性质

温度 $t/℃$	密度 $\rho/kg \cdot m^{-3}$	质量定压热容 $c_p/kJ \cdot (kg \cdot ℃)^{-1}$	导热系数 $\lambda/W \cdot (m \cdot ℃)^{-1}$	热扩散系数 $a/m^2 \cdot s^{-1}$	动力黏度 $\mu/Pa \cdot s$	运动黏度 $\nu/m^2 \cdot s^{-1}$	普朗特数 Pr
-50	1.584	1.013	2.034×10^{-2}	1.27×10^{-5}	1.46×10^{-5}	9.23×10^{-6}	0.727
-40	1.515	1.013	2.115×10^{-2}	1.38×10^{-5}	1.52×10^{-5}	10.04×10^{-6}	0.723
-30	1.453	1.013	2.196×10^{-2}	1.49×10^{-5}	1.57×10^{-5}	10.80×10^{-6}	0.724
-20	1.395	1.009	2.278×10^{-2}	1.62×10^{-5}	1.62×10^{-5}	11.60×10^{-6}	0.717
-10	1.342	1.009	2.359×10^{-2}	1.74×10^{-5}	1.67×10^{-5}	12.43×10^{-6}	0.714
0	1.293	1.005	2.440×10^{-2}	1.88×10^{-5}	1.72×10^{-5}	13.28×10^{-6}	0.708
10	1.247	1.005	2.510×10^{-2}	2.01×10^{-5}	1.77×10^{-5}	14.16×10^{-6}	0.708
20	1.205	1.005	2.591×10^{-2}	2.14×10^{-5}	1.81×10^{-5}	15.06×10^{-6}	0.686
30	1.165	1.005	2.673×10^{-2}	2.29×10^{-5}	1.86×10^{-5}	16.00×10^{-6}	0.701
40	1.128	1.005	2.754×10^{-2}	2.43×10^{-5}	1.91×10^{-5}	16.96×10^{-6}	0.696
50	1.093	1.005	2.824×10^{-2}	2.57×10^{-5}	1.96×10^{-5}	17.95×10^{-6}	0.697
60	1.060	1.005	2.893×10^{-2}	2.72×10^{-5}	2.01×10^{-5}	18.97×10^{-6}	0.698
70	1.029	1.009	2.963×10^{-2}	3.86×10^{-5}	2.06×10^{-5}	20.02×10^{-6}	0.701
80	1.000	1.009	3.044×10^{-2}	3.02×10^{-5}	2.11×10^{-5}	21.08×10^{-6}	0.699
90	0.972	1.009	3.126×10^{-2}	3.19×10^{-5}	2.15×10^{-5}	22.10×10^{-6}	0.693
100	0.966	1.009	3.207×10^{-2}	3.36×10^{-5}	2.19×10^{-5}	23.13×10^{-6}	0.695
120	0.898	1.009	3.335×10^{-2}	3.68×10^{-5}	2.29×10^{-5}	25.45×10^{-6}	0.692
140	0.854	1.013	3.486×10^{-2}	4.03×10^{-5}	2.37×10^{-5}	27.80×10^{-6}	0.688
160	0.815	1.017	3.637×10^{-2}	4.39×10^{-5}	2.45×10^{-5}	30.09×10^{-6}	0.685
180	0.779	1.022	3.777×10^{-2}	4.75×10^{-5}	2.53×10^{-5}	32.49×10^{-6}	0.684
200	0.746	1.026	3.928×10^{-2}	5.14×10^{-5}	2.60×10^{-5}	34.85×10^{-6}	0.679
250	0.674	1.038	4.625×10^{-2}	6.10×10^{-5}	2.74×10^{-5}	40.61×10^{-6}	0.666
300	0.615	1.047	4.602×10^{-2}	7.16×10^{-5}	2.97×10^{-5}	48.33×10^{-6}	0.675
350	0.566	1.059	4.904×10^{-2}	8.19×10^{-5}	3.14×10^{-5}	55.46×10^{-6}	0.677
400	0.524	1.068	5.206×10^{-2}	9.31×10^{-5}	3.31×10^{-5}	63.09×10^{-6}	0.679
500	0.456	1.093	5.740×10^{-2}	11.53×10^{-5}	3.62×10^{-5}	79.38×10^{-6}	0.689
600	0.404	1.114	6.217×10^{-2}	13.83×10^{-5}	3.91×10^{-5}	96.89×10^{-6}	0.700
700	0.362	1.135	6.700×10^{-2}	16.34×10^{-5}	4.18×10^{-5}	115.4×10^{-6}	0.707
800	0.329	1.156	7.170×10^{-2}	18.88×10^{-5}	4.43×10^{-5}	134.8×10^{-6}	0.714
900	0.301	1.172	7.623×10^{-2}	21.62×10^{-5}	4.67×10^{-5}	155.1×10^{-6}	0.719
1000	0.277	1.185	8.064×10^{-2}	24.59×10^{-5}	4.90×10^{-5}	177.1×10^{-6}	0.719
1100	0.257	1.197	8.494×10^{-2}	27.63×10^{-5}	5.12×10^{-5}	193.3×10^{-6}	0.721
1200	0.239	1.210	9.145×10^{-2}	31.65×10^{-5}	5.35×10^{-5}	233.7×10^{-6}	0.717

附录2 大气压下水的物理性质

温度 $t/℃$	密度 $\rho/kg \cdot m^{-3}$	质量定压热容 $c_p/kJ \cdot (kg \cdot ℃)^{-1}$	导热系数 $\lambda/W \cdot (m \cdot ℃)^{-1}$	热扩散系数 $a/m^2 \cdot s^{-1}$	运动黏度 $\nu/m^2 \cdot s^{-1}$	普朗特数 Pr
0	999.9	4.212	55.1×10^{-2}	13.1×10^{-6}	1.789×10^{-6}	13.67
10	999.7	4.191	57.4×10^{-2}	13.7×10^{-6}	1.306×10^{-6}	9.52
20	998.2	4.183	59.9×10^{-2}	14.3×10^{-6}	1.006×10^{-6}	7.02
30	995.7	4.174	61.8×10^{-2}	14.9×10^{-6}	0.805×10^{-6}	5.42
40	992.2	4.174	63.5×10^{-2}	15.3×10^{-6}	0.659×10^{-6}	4.31
50	988.1	4.174	64.8×10^{-2}	15.7×10^{-6}	0.556×10^{-6}	3.54
60	983.1	4.179	65.9×10^{-2}	16.0×10^{-6}	0.478×10^{-6}	2.98
70	977.8	4.187	66.8×10^{-2}	16.3×10^{-6}	0.415×10^{-6}	2.55
80	971.8	4.195	67.4×10^{-2}	16.6×10^{-6}	0.365×10^{-6}	2.21
90	965.3	4.208	68.0×10^{-2}	16.8×10^{-6}	0.326×10^{-6}	1.95
100	958.4	4.220	68.3×10^{-2}	16.9×10^{-6}	0.295×10^{-6}	1.75

附录3 几种常见气体的物理性质（20℃）

气体种类	密度 $\rho/kg \cdot m^{-3}$	质量定压热容 $c_p/kJ \cdot (kg \cdot ℃)^{-1}$	质量定容热容 $c_V/kJ \cdot (kg \cdot ℃)^{-1}$	动力黏度 $\mu/Pa \cdot s$	气体常数 $R/J \cdot (kg \cdot K)^{-1}$	绝热指数 $k = c_p/c_V$
空气	1.205	1003	716	1.80×10^{-5}	287	1.40
二氧化碳	1.84	858	670	1.48×10^{-5}	188	1.28
一氧化碳	1.16	1040	743	1.82×10^{-5}	297	1.40
氦	0.166	5220	3143	1.97×10^{-5}	2077	1.66
氢	0.0839	14450	10330	0.90×10^{-5}	4120	1.40
甲烷	0.668	2250	1730	1.34×10^{-5}	520	1.30
氮	1.16	1040	743	1.76×10^{-5}	297	1.40
氧	1.33	909	649	2.00×10^{-5}	260	1.40
水蒸气	0.747	1862	1400	1.01×10^{-5}	462	1.33

附录4 对流换热微分方程组各方程式在圆柱坐标系中的表达形式

（1）连续性方程 $\rho(r, \theta, x)$：

$$\frac{\partial \rho}{\partial t} + \frac{1}{r} \cdot \frac{\partial}{\partial r}(\rho r v_r) + \frac{1}{r} \cdot \frac{\partial}{\partial \theta}(\rho v_\theta) + \frac{\partial}{\partial x}(\rho v_x) = 0$$

（2）速度 $v(r, \theta, x)$ 的散度：

$$\nabla \cdot v = \frac{1}{r} \cdot \frac{\partial}{\partial r}(r v_r) + \frac{1}{r} \cdot \frac{\partial v_\theta}{\partial \theta} + \frac{\partial v_x}{\partial x}$$

（3）黏性应力 $\tau(r, \theta, x)$：

$$\tau_{rr} = 2\mu \frac{\partial v_r}{\partial r} - \frac{2}{3}\mu \nabla v \qquad \tau_{\theta\theta} = 2\mu \left(\frac{1}{r} \cdot \frac{\partial v_\theta}{\partial \theta} + \frac{v_r}{r} \right) = \frac{2}{3}\mu \nabla v$$

$$\tau_{xx} = 2\mu \frac{\partial v_r}{\partial x} - \frac{2}{3}\mu \nabla v \qquad \tau_{r\theta} = \tau_{\theta r} = \mu \left[r \frac{\partial}{\partial r}\left(\frac{v_\theta}{r} \right) + \frac{1}{r} \cdot \frac{\partial v_r}{\partial \theta} \right]$$

$$\tau_{rx} = \tau_{xr} = \mu \left(\frac{\partial v_x}{\partial r} + \frac{\partial v_r}{\partial x} \right) \qquad \tau_{\theta x} = \tau_{x\theta} = \mu \left(\frac{\partial v_\theta}{\partial x} + \frac{\partial v_x}{\partial \theta} \right)$$

法向应力的黏度贡献项：

法向应力 s 可分解为两项，即压力项 p 和黏性项 σ_v。其中黏性项是依据与弹性体的虎克定律相类似的方法得到的。对于应力张量，应用虎克定律分析，x 方向的主应力 $\sigma_{x,x}$，与 x、y、z 三个方向的应变有关，如下式所示：

$$\sigma_{x,x} = 2G\varepsilon_x + \frac{2G\eta}{1 - 2\eta}(\varepsilon_x + \varepsilon_y + \varepsilon_z) \tag{D-1}$$

式中，G 为剪切模量；η 为泊松比；ε 为轴应变。

考虑牛顿黏度关系式，固体上的剪切应变可以看作类似于作用在流体上的剪切应变速率。因此，固体上的轴应变 ε_x 等于流体上的轴应变速率 $\frac{\partial v_x}{\partial x}$。

将速度梯度代入式（D-1），并用黏度代替剪切模量，得到下式：

$$(\sigma_{x,x})_{\text{viscous}} = 2\mu \frac{\partial v_x}{\partial x} + \lambda \nabla \cdot v \tag{D-2}$$

式中，应变速率之和即为 $\nabla \cdot v$，且其前系数表示为 λ，称为体黏度或第二黏度系数。因此，x 方向上的总法向应力为：

$$\sigma_{x,x} = -p + 2\mu \frac{\partial v_x}{\partial x} + \lambda \nabla \cdot v \tag{D-3}$$

将 x、y、z 三个方向上的法向应力相加，可以得到：

$$\sigma_{x,x} + \sigma_{y,y} + \sigma_{z,z} = -3p + (2\mu + 3\lambda) \nabla \cdot v$$

因此，平均法向应力为：

$$\overline{\sigma} = -p + \left(\frac{2\mu + 3\lambda}{3}\right) \nabla \cdot v$$

因此，除非 $\lambda = -\frac{2}{3}\mu$，否则平均应力将依赖于流场性质，而非仅仅是流体性质 p。

Stokes 假设 $\lambda = -\frac{2}{3}\mu$，并且有实验表明，对于空气，$\lambda$ 与 m 具有相同的数量级。由于对于不可压缩流体，$\nabla \cdot v = 0$，因此除非对可压缩流体，λ 的值是无关紧要的。

牛顿流体法向应力的表达式为：

$$\sigma_{x,x} = -p + 2\mu \frac{\partial v_x}{\partial x} - \frac{2}{3}\lambda \nabla \cdot v \tag{D-4}$$

$$\sigma_{y,y} = -p + 2\mu \frac{\partial v_y}{\partial y} - \frac{2}{3}\lambda \nabla \cdot v \tag{D-5}$$

$$\sigma_{z,z} = -p + 2\mu \frac{\partial v_z}{\partial z} - \frac{2}{3}\lambda \nabla \cdot v \tag{D-6}$$

如果忽略压力的影响：

$$\sigma_{x,x} = 2\mu \frac{\partial v_x}{\partial x} - \frac{2}{3}\lambda \nabla \cdot v \tag{D-7}$$

$$\sigma_{y,y} = 2\mu \frac{\partial v_y}{\partial y} - \frac{2}{3}\lambda \nabla \cdot v \tag{D-8}$$

$$\sigma_{z,z} = 2\mu \frac{\partial v_z}{\partial z} - \frac{2}{3}\lambda \nabla \cdot v \tag{D-9}$$

（4）常物性流体的动量方程：

r 方向：$\rho\left(\dfrac{\partial v_r}{\partial \tau} + v_r\dfrac{\partial v_r}{\partial r} + \dfrac{v_\theta}{r}\cdot\dfrac{\partial v_r}{\partial \theta} - \dfrac{v_\theta^2}{r} + v_x\dfrac{\partial v_r}{\partial x}\right) = \rho g_r - \dfrac{\partial p}{\partial r} + \mu\left[\dfrac{\partial}{\partial r}\left(\dfrac{1}{r}\cdot\dfrac{\partial}{\partial r}r v_r\right) + \dfrac{1}{r^2}\cdot\dfrac{\partial^2 v_r}{\partial \theta^2} - \right.$

$$\left. \dfrac{2}{r^2}\cdot\dfrac{\partial^2 v_\theta}{\partial \theta} + \dfrac{\partial^2 v_r}{\partial x^2}\right]$$

θ 方向：$\rho\left(\dfrac{\partial v_\theta}{\partial \tau} + v_r\dfrac{\partial v_\theta}{\partial r} + \dfrac{v_\theta}{r}\cdot\dfrac{\partial v_\theta}{\partial \theta} + \dfrac{v_r v_\theta}{r} + v_x\dfrac{\partial v_\theta}{\partial x}\right) = \rho g_\theta - \dfrac{1}{r}\cdot\dfrac{\partial p}{\partial \theta} + \mu\left[\dfrac{\partial}{\partial r}\left(\dfrac{1}{r}\cdot\dfrac{\partial}{\partial r}r v_\theta\right) + \right.$

$$\left. \dfrac{1}{r^2}\cdot\dfrac{\partial^2 v_\theta}{\partial \theta^2} + \dfrac{2}{r^2}\cdot\dfrac{\partial^2 v_r}{\partial \theta} + \dfrac{\partial^2 v_\theta}{\partial x^2}\right]$$

x 方向：$\rho\left(\dfrac{\partial v_x}{\partial \tau} + v_r\dfrac{\partial v_x}{\partial r} + \dfrac{v_\theta}{r}\cdot\dfrac{\partial v_x}{\partial \theta} + v_x\dfrac{\partial v_x}{\partial x}\right) = \rho g_x - \dfrac{\partial p}{\partial x} + \mu\left[\dfrac{1}{r}\cdot\dfrac{\partial}{\partial r}\left(r\dfrac{\partial v_x}{\partial r}\right) + \dfrac{1}{r^2}\cdot\dfrac{\partial^2 v_x}{\partial \theta^2} + \dfrac{1}{r^2}\cdot\dfrac{\partial v_x}{\partial \theta} + \dfrac{\partial^2 v_x}{\partial x^2}\right]$

（5）常物性流体的能量方程 $T(r, \theta, x)$：

$$\rho c_p\left(\dfrac{\partial T}{\partial t} + v_r\dfrac{\partial T}{\partial r} + \dfrac{v_\theta}{r}\cdot\dfrac{\partial T}{\partial \theta} + v_x\dfrac{\partial T}{\partial x}\right) = \lambda\left[\dfrac{1}{r}\cdot\dfrac{\partial}{\partial r}\left(r\dfrac{\partial T}{\partial r}\right) + \dfrac{1}{r^2}\cdot\dfrac{\partial^2 T}{\partial \theta^2} + \dfrac{\partial^2 T}{\partial x^2}\right] +$$

$$\alpha T\left(\dfrac{\partial p}{\partial t} + v_r\dfrac{\partial p}{\partial r} + \dfrac{v_\theta}{r}\cdot\dfrac{\partial p}{\partial \theta} + v_x\dfrac{\partial p}{\partial x}\right) + \mu\Phi$$

（6）耗散函数 $\mu\Phi(r, \theta, x)$：

$$\mu\Phi = 2\mu\left[\left(\dfrac{\partial v_r}{\partial r}\right)^2 + \left(\dfrac{1}{r}\cdot\dfrac{\partial v_\theta}{\partial \theta} + \dfrac{v_r}{r}\right)^2 + \left(\dfrac{\partial v_x}{\partial x}\right)^2\right] + \mu\left[r\dfrac{\partial}{\partial r}\left(\dfrac{v_\theta}{r}\right) + \dfrac{1}{r}\cdot\dfrac{\partial v_r}{\partial \theta}\right]^2 +$$

$$\mu\left(\dfrac{1}{r}\cdot\dfrac{\partial v_x}{\partial \theta} + \dfrac{\partial v_\theta}{\partial x}\right)^2 + \mu\left(\dfrac{\partial v_r}{\partial x} + \dfrac{\partial v_x}{\partial r}\right)^2 - \dfrac{2}{3}\mu\left[\dfrac{1}{r}\cdot\dfrac{\partial}{\partial r}\ (r v_r)\ + \dfrac{1}{r}\cdot\dfrac{\partial v_\theta}{\partial \theta} + \dfrac{\partial v_x}{\partial x}\right]^2$$

附录5 气体动力函数表 （$k = 1.400$）

Ma	p/p_0	ρ/ρ_0	T/T_0	A/A_{cr}	λ	Ma	p/p_0	ρ/ρ_0	T/T_0	A/A_{cr}	λ
0	1.00000	1.00000	1.00000	∞	0.00000	0.90	0.59126	0.68704	0.86058	1.00886	0.91460
0.05	0.99825	0.99875	0.99950	11.59150	0.05476	0.95	0.55946	0.66044	0.84712	1.00214	0.95781
0.10	0.99303	0.99502	0.99800	5.82180	0.10943	1.00	0.52828	0.63394	0.83333	1.00000	1.00000
0.15	0.98441	0.98884	0.99552	3.91030	0.16395	1.05	0.49787	0.60765	0.81933	1.00202	1.04114
0.20	0.97250	0.98027	0.99206	2.96350	0.21822	1.10	0.46835	0.58169	0.80515	1.00793	1.08124
0.25	0.95745	0.96942	0.98765	2.40270	0.27216	1.15	0.43983	0.55616	0.79083	1.01746	1.12030
0.30	0.93947	0.95638	0.98232	2.03510	0.32572	1.20	0.41238	0.53114	0.77640	1.03044	1.15830
0.35	0.91877	0.94128	0.97608	1.77800	0.37879	1.25	0.38606	0.50670	0.76190	1.04676	1.19520
0.40	0.89562	0.92428	0.96899	1.59010	0.43133	1.30	0.36092	0.48291	0.74738	1.06631	1.23110
0.45	0.87027	0.90552	0.96108	1.44870	0.48326	1.35	0.33697	0.45980	0.73287	1.08904	1.26600
0.50	0.84302	0.88517	0.95238	1.33980	0.53452	1.40	0.31424	0.43742	0.71839	1.11490	1.29990
0.55	0.81416	0.86342	0.94295	1.25500	0.58506	1.45	0.29272	0.41581	0.70397	1.14400	1.33270
0.60	0.78400	0.84045	0.93284	1.18820	0.63480	1.50	0.27240	0.39498	0.68965	1.17620	1.36460
0.65	0.75283	0.81644	0.92208	1.13500	0.68374	1.55	0.25326	0.37496	0.67545	1.21150	1.39550
0.70	0.72092	0.79158	0.91075	1.09437	0.73179	1.60	0.23527	0.35573	0.66138	1.25020	1.42540
0.75	0.68857	0.76603	0.89888	1.06242	0.77893	1.65	0.21839	0.33731	0.64746	1.29220	1.45440
0.80	0.65602	0.74000	0.88652	1.03823	0.82514	1.70	0.20259	0.31969	0.63372	1.32760	1.48250
0.85	0.62351	0.71361	0.87374	1.02067	0.87037	1.75	0.18782	0.30287	0.62016	1.38650	1.50970

Ma	p/p_0	ρ/ρ_0	T/T_0	A/A_{cr}	λ	Ma	p/p_0	ρ/ρ_0	T/T_0	A/A_{cr}	λ
1.80	0.17404	0.28682	0.60680	1.43900	1.53600	2.70	0.04295	0.10557	0.40684	3.18340	1.88650
1.85	0.16120	0.27153	0.59365	1.49520	1.56140	2.75	0.03977	0.09994	0.39801	3.33760	1.90050
1.90	0.14924	0.25699	0.58072	1.55520	1.58610	2.80	0.03685	0.09462	0.38941	3.50010	1.91400
1.95	0.13813	0.24317	0.56802	1.61930	1.60990	2.85	0.34150	0.08962	0.38102	3.67070	1.92710
2.00	0.12780	0.23005	0.55556	1.68750	1.63300	2.90	0.03165	0.08489	0.37286	3.84980	1.93980
2.05	0.11823	0.21760	0.54333	1.76000	1.65530	2.95	0.02935	0.08043	0.36490	4.03760	1.95210
2.10	0.10935	0.20580	0.53135	1.83690	1.67690	3.00	0.02722	0.07623	0.35714	4.23460	1.96400
2.15	0.10113	0.19463	0.51962	1.91850	1.69770	3.50	0.01311	0.04523	0.28986	6.78960	2.06420
2.20	0.09352	0.18405	0.50813	2.00500	1.71790	4.00	0.00658	0.02766	0.23810	10.7190	2.13810
2.25	0.08648	0.17404	0.49389	2.09640	1.73740	4.50	0.00346	0.01745	0.19802	16.5620	2.19360
2.30	0.07997	0.16458	0.48591	2.19310	1.75630	5.00	0.00189	0.01134	0.16667	25.0000	2.23610
2.35	0.07396	0.15564	0.47517	2.29530	1.77450	6.00	0.00063	0.00519	0.12195	53.1800	2.29530
2.40	0.06840	0.14720	0.46468	2.40310	1.79220	7.00	0.00024	0.00261	0.09259	104.143	2.33330
2.45	0.06327	0.13922	0.45444	2.51680	1.80930	8.00	0.00010	0.00141	0.07246	190.109	2.35910
2.50	0.05853	0.13169	0.44444	2.63670	1.82580	9.00	0.00005	0.00082	0.58140	327.189	2.37720
2.55	0.05415	0.12458	0.43469	2.76300	1.84170	10.00	0.00002	0.00050	0.04762	535.938	2.39040
2.60	0.05012	0.11787	0.42517	2.89600	1.85720	∞	0.00000	0.00000	0.00000	∞	2.44950
2.65	0.04639	0.11154	0.41589	3.07590	1.87210						

附录 6　在大气压下气体的物理参数

对 He、H_2、O_2 和 N_2 来说，它们的 μ、λ、c_p 和 Pr 值与压力并没有很大关系，因而这些值可用于压力很广的范围中。

温度 T /K	密度 ρ /kg·m^{-3}	质量定压热容 c_p /kJ·(kg·℃)$^{-1}$	动力黏度 μ /Pa·s	运动黏度 ν /m^2·s^{-1}	导热系数 λ /W·(m·℃)$^{-1}$	热扩散系数 a /m^2·s^{-1}	普朗特数 Pr
			He				
144	0.3379	5.200	125.5×10^{-2}	37.11×10^{-5}	0.0928	0.5276×10^{-4}	0.70
200	0.2435	5.200	156.6×10^{-2}	64.38×10^{-5}	0.1177	0.9288×10^{-4}	0.694
255	0.1906	5.200	181.7×10^{-2}	95.50×10^{-5}	0.1357	1.3675×10^{-4}	0.70
366	0.13230	5.200	230.5×10^{-2}	173.6×10^{-5}	0.1691	2.449×10^{-4}	0.71
477	0.10204	5.200	275.0×10^{-2}	269.3×10^{-5}	0.197	3.716×10^{-4}	0.72
589	0.08282	5.200	311.3×10^{-2}	375.8×10^{-5}	0.225	5.215×10^{-4}	0.72
700	0.07032	5.200	347.5×10^{-2}	494.2×10^{-5}	0.251	6.661×10^{-4}	0.72
800	0.06023	5.200	381.7×10^{-2}	634.1×10^{-5}	0.275	8.774×10^{-4}	0.72
			H_2				
150	0.16371	12.602	5.595×10^{-6}	34.18×10^{-6}	0.0981	0.475×10^{-4}	0.718
200	0.12270	13.540	6.813×10^{-6}	55.53×10^{-6}	0.1282	0.772×10^{-4}	0.719
250	0.09819	14.059	7.919×10^{-6}	80.64×10^{-6}	0.1561	1.130×10^{-4}	0.713
300	0.08185	14.314	8.963×10^{-6}	100.5×10^{-6}	0.182	1.554×10^{-4}	0.706

续表

温度 T /K	密度 ρ /kg·m^{-3}	质量定压热容 c_p /kJ·(kg·℃)$^{-1}$	动力黏度 μ /Pa·s	运动黏度 ν /m^2·s^{-1}	导热系数 λ /W·(m·℃)$^{-1}$	热扩散系数 a /m^2·s^{-1}	普朗特数 Pr
			H_2				
350	0.07016	14.436	9.954×10^{-6}	141.9×10^{-6}	0.206	2.031×10^{-4}	0.697
400	0.06135	14.491	10.864×10^{-6}	177.1×10^{-6}	0.228	2.568×10^{-4}	0.690
450	0.05462	14.499	11.779×10^{-6}	215.6×10^{-6}	0.251	3.164×10^{-4}	0.682
500	0.04918	14.507	12.636×10^{-6}	257.0×10^{-6}	0.271	3.817×10^{-4}	0.675
550	0.04469	14.532	13.475×10^{-6}	301.6×10^{-6}	0.292	4.516×10^{-4}	0.668
600	0.04085	14.537	14.285×10^{-6}	349.7×10^{-6}	0.315	5.306×10^{-4}	0.664
700	0.03492	14.574	15.89×10^{-6}	455.1×10^{-6}	0.351	6.903×10^{-4}	0.659
800	0.03060	14.675	17.40×10^{-6}	569×10^{-6}	0.384	3.563×10^{-4}	0.664
900	0.02723	14.821	18.78×10^{-6}	690×10^{-6}	0.412	10.217×10^{-4}	0.676
			O_2				
150	2.6190	0.9178	11.490×10^{-6}	4.387×10^{-6}	0.01367	0.05688×10^{-4}	0.773
200	1.9559	0.9131	14.850×10^{-6}	7.593×10^{-6}	0.01824	0.10214×10^{-4}	0.745
250	1.5618	0.9157	17.87×10^{-6}	11.45×10^{-6}	0.02259	0.15794×10^{-4}	0.725
300	1.3007	0.9203	20.63×10^{-6}	15.86×10^{-6}	0.02676	0.22353×10^{-4}	0.709
350	1.1133	0.9291	23.16×10^{-6}	20.80×10^{-6}	0.03076	0.2968×10^{-4}	0.702
400	0.9755	0.9420	25.54×10^{-6}	26.18×10^{-6}	0.03461	0.3768×10^{-4}	0.695
450	0.8682	0.9567	27.77×10^{-6}	31.99×10^{-6}	0.03828	0.4609×10^{-4}	0.694
500	0.7801	0.9722	29.91×10^{-6}	38.34×10^{-6}	0.04173	0.5502×10^{-4}	0.697
550	0.7096	0.9881	31.97×10^{-6}	45.05×10^{-6}	0.04517	0.6441×10^{-4}	0.700
			N_2				
200	1.7103	1.0429	12.947×10^{-6}	7.568×10^{-6}	0.01824	0.10224×10^{-4}	0.747
300	1.1421	1.0408	17.84×10^{-6}	15.63×10^{-6}	0.02620	0.22044×10^{-4}	0.713
400	0.8538	1.0459	21.98×10^{-6}	25.74×10^{-6}	0.03335	0.3734×10^{-4}	0.691
500	0.6824	1.0555	25.70×10^{-6}	37.66×10^{-6}	0.03984	0.5530×10^{-4}	0.684
600	0.5687	1.0756	29.11×10^{-6}	51.19×10^{-6}	0.04580	0.7486×10^{-4}	0.686
700	0.4934	1.0969	32.13×10^{-6}	65.13×10^{-6}	0.05123	0.9466×10^{-4}	0.691
800	0.4277	1.1223	34.84×10^{-6}	81.46×10^{-6}	0.05009	1.1685×10^{-4}	0.700
900	0.3796	1.1464	37.49×10^{-6}	91.06×10^{-6}	0.06070	1.3946×10^{-4}	0.711
1000	0.3412	1.1677	40.00×10^{-6}	117.2×10^{-6}	0.06475	1.6250×10^{-4}	0.724
1100	0.3108	1.1857	42.28×10^{-6}	136.0×10^{-6}	0.06850	1.8591×10^{-4}	0.736
1200	0.2851	1.2037	44.50×10^{-6}	156.1×10^{-6}	0.07184	2.0932×10^{-4}	0.748
			CO_2				
220	2.4733	0.783	11.105×10^{-6}	4.490×10^{-6}	0.010805	0.05920×10^{-4}	0.818
250	2.1657	0.304	12.590×10^{-6}	5.813×10^{-6}	0.012884	0.07401×10^{-4}	0.793

续表

温度 T /K	密度 ρ /kg·m^{-3}	质量定压热容 c_p /kJ·(kg·℃)$^{-1}$	动力黏度 μ /Pa·s	运动黏度 ν /m^2·s^{-1}	导热系数 λ /W·(m·℃)$^{-1}$	热扩散系数 a /m^2·s^{-1}	普朗特数 Pr
CO$_2$							
300	1.7973	0.871	14.958×10^{-6}	8.321×10^{-6}	0.016572	0.10588×10^{-4}	0.770
350	1.5362	0.900	17.205×10^{-6}	11.19×10^{-6}	0.02047	0.14808×10^{-4}	0.755
400	1.3424	0.942	19.32×10^{-6}	14.39×10^{-6}	0.02461	0.19463×10^{-4}	0.738
450	1.1918	0.980	21.34×10^{-6}	17.90×10^{-6}	0.02897	0.24813×10^{-4}	0.721
500	1.0732	1.013	23.26×10^{-6}	21.67×10^{-6}	0.03352	0.3084×10^{-4}	0.702
550	0.9739	1.047	25.08×10^{-6}	25.74×10^{-6}	0.03821	0.3750×10^{-4}	0.685
600	0.8938	1.076	26.83×10^{-6}	30.02×10^{-6}	0.04311	0.4483×10^{-4}	0.668
NH$_3$							
273	0.7929	2.177	9.353×10^{-6}	1.18×10^{-5}	0.0220	0.1308×10^{-4}	0.90
323	0.6487	2.177	11.035×10^{-6}	1.70×10^{-5}	0.0270	0.1920×10^{-4}	0.88
373	0.5590	2.236	12.886×10^{-6}	2.30×10^{-5}	0.0327	0.2619×10^{-4}	0.87
423	0.4934	2.315	14.672×10^{-6}	2.97×10^{-5}	0.0391	0.3432×10^{-4}	0.87
473	0.4405	2.395	16.49×10^{-6}	3.74×10^{-5}	0.0467	0.4421×10^{-4}	0.84
水蒸气							
380	0.5863	2.060	12.71×10^{-6}	2.16×10^{-5}	0.0246	0.2036×10^{-4}	1.060
400	0.5542	2.014	13.44×10^{-6}	2.42×10^{-5}	0.0261	0.2338×10^{-4}	1.040
450	0.4902	1.980	15.25×10^{-6}	3.11×10^{-5}	0.0299	0.307×10^{-4}	1.010
500	0.4405	1.985	17.04×10^{-6}	3.86×10^{-5}	0.0339	0.387×10^{-4}	0.996
550	0.4005	1.997	18.84×10^{-6}	4.70×10^{-5}	0.0379	0.475×10^{-4}	0.991
600	0.3652	2.026	20.67×10^{-6}	5.66×10^{-5}	0.0422	0.573×10^{-4}	0.986
650	0.3380	2.056	22.47×10^{-6}	6.64×10^{-5}	0.0464	0.666×10^{-4}	0.995
700	0.3140	2.085	24.26×10^{-6}	7.72×10^{-5}	0.0505	0.772×10^{-4}	1.000
750	0.2931	2.119	26.04×10^{-6}	8.88×10^{-5}	0.0549	0.883×10^{-4}	1.005
800	0.2739	2.152	27.86×10^{-6}	10.20×10^{-5}	0.0592	1.001×10^{-4}	1.010
850	0.2579	2.186	29.69×10^{-6}	11.52×10^{-5}	0.0637	1.130×10^{-4}	1.019
CO							
250	0.841	1.043	15.4×10^{-6}	1.128×10^{-5}	0.0214	1.51×10^{-5}	0.750
300	1.139	1.042	17.8×10^{-6}	1.567×10^{-5}	0.0253	2.13×10^{-5}	0.737
350	0.974	1.043	20.1×10^{-6}	2.062×10^{-5}	0.0288	2.84×10^{-5}	0.728
400	0.854	1.048	22.2×10^{-6}	2.599×10^{-5}	0.0323	3.61×10^{-5}	0.722
450	0.762	1.055	24.2×10^{-6}	3.188×10^{-5}	0.0436	4.44×10^{-5}	0.718
500	0.682	1.063	26.1×10^{-6}	3.819×10^{-5}	0.0386	5.33×10^{-5}	0.718
550	0.620	1.076	27.9×10^{-6}	4.496×10^{-5}	0.0416	6.24×10^{-5}	0.721
600	0.568	1.088	29.6×10^{-6}	5.206×10^{-5}	0.0445	7.19×10^{-5}	0.724

附录7　饱和水的热物理性质

t /℃	p/Pa	ρ /kg· m^{-3}	H' /kJ· kg^{-1}	c_p/kJ· (kg· K)$^{-1}$	λ /W· (m· K)$^{-1}$	a/m^2· s^{-1}	μ/Pa· s	ν/m^2· s^{-1}	β/K^{-1}	σ/N· m^{-1}	Pr
0	0.00611×10^5	999.9	0	4.212	55.1×10^{-2}	13.1×10^{-8}	1788×10^{-6}	1.789×10^{-6}	-0.81×10^{-4}	756.4×10^{-4}	13.67
10	0.01227×10^5	999.7	42.04	4.191	57.4×10^{-2}	13.7×10^{-8}	1306×10^{-6}	1.306×10^{-6}	$+0.87 \times 10^{-4}$	741.6×10^{-4}	9.52
20	0.02338×10^5	998.2	83.91	4.183	59.9×10^{-2}	14.3×10^{-8}	1004×10^{-6}	1.006×10^{-6}	2.09×10^{-4}	726.9×10^{-4}	7.02
30	0.04241×10^5	995.7	125.7	4.174	61.8×10^{-2}	14.9×10^{-8}	801.5×10^{-6}	0.805×10^{-6}	3.05×10^{-4}	712.2×10^{-4}	5.42
40	0.07375×10^5	992.2	167.5	4.174	63.5×10^{-2}	15.3×10^{-8}	653.3×10^{-6}	0.659×10^{-6}	3.86×10^{-4}	696.5×10^{-4}	4.31
50	0.12335×10^5	988.1	209.3	4.174	64.8×10^{-2}	15.7×10^{-8}	549.5×10^{-6}	0.556×10^{-6}	4.57×10^{-4}	676.9×10^{-4}	3.54
60	0.19920×10^5	983.1	251.1	4.179	65.9×10^{-2}	16.0×10^{-8}	469.9×10^{-6}	0.478×10^{-6}	5.22×10^{-4}	662.2×10^{-4}	2.99
70	0.3116×10^5	977.8	293.0	4.187	66.8×10^{-2}	16.3×10^{-8}	406.1×10^{-6}	0.415×10^{-6}	5.83×10^{-4}	643.5×10^{-4}	2.55
80	0.4736×10^5	971.8	355.0	4.195	67.4×10^{-2}	16.6×10^{-8}	355.1×10^{-6}	0.365×10^{-6}	6.40×10^{-4}	625.9×10^{-4}	2.21
90	0.7011×10^5	965.3	377.0	4.208	68.0×10^{-2}	16.8×10^{-8}	314.9×10^{-6}	0.326×10^{-6}	6.96×10^{-4}	607.2×10^{-4}	1.95
100	1.013×10^5	958.4	419.1	4.220	68.3×10^{-2}	16.9×10^{-8}	282.5×10^{-6}	0.295×10^{-6}	7.50×10^{-4}	588.6×10^{-4}	1.75
110	1.43×10^5	951.0	461.4	4.233	68.5×10^{-2}	17.0×10^{-8}	259.0×10^{-6}	0.272×10^{-6}	8.04×10^{-4}	569.0×10^{-4}	1.60
120	1.98×10^5	943.1	503.7	4.250	68.6×10^{-2}	17.1×10^{-8}	237.4×10^{-6}	0.252×10^{-6}	8.58×10^{-4}	548.4×10^{-4}	1.47
130	2.70×10^5	934.8	546.4	4.266	68.6×10^{-2}	17.2×10^{-8}	217.8×10^{-6}	0.233×10^{-6}	9.12×10^{-4}	528.8×10^{-4}	1.36
140	3.61×10^5	926.1	589.1	4.287	68.5×10^{-2}	17.2×10^{-8}	201.1×10^{-6}	0.217×10^{-6}	9.68×10^{-4}	507.2×10^{-4}	1.26
150	4.76×10^5	917.0	632.2	4.313	68.4×10^{-2}	17.3×10^{-8}	186.4×10^{-6}	0.203×10^{-6}	10.26×10^{-4}	486.6×10^{-4}	1.17
160	6.18×10^5	907.0	675.4	4.346	68.3×10^{-2}	17.3×10^{-8}	173.6×10^{-6}	0.191×10^{-6}	10.87×10^{-4}	466.0×10^{-4}	1.10
170	7.92×10^5	897.3	719.3	4.380	67.9×10^{-2}	17.3×10^{-8}	162.8×10^{-6}	0.181×10^{-6}	11.52×10^{-4}	443.4×10^{-4}	1.05
180	10.03×10^5	886.9	763.3	4.417	67.4×10^{-2}	17.2×10^{-8}	153.0×10^{-6}	0.173×10^{-6}	12.21×10^{-4}	422.8×10^{-4}	1.00
190	12.55×10^5	876.0	807.8	4.459	67.0×10^{-2}	17.1×10^{-8}	144.2×10^{-6}	0.165×10^{-6}	12.96×10^{-4}	400.2×10^{-4}	0.96
200	15.55×10^5	863.0	852.0	4.505	66.3×10^{-2}	17.0×10^{-8}	136.4×10^{-6}	0.158×10^{-6}	13.77×10^{-4}	376.7×10^{-4}	0.93
210	19.08×10^5	852.3	897.7	4.555	65.5×10^{-2}	16.9×10^{-8}	130.5×10^{-6}	0.153×10^{-6}	14.67×10^{-4}	354.1×10^{-4}	0.91
220	23.20×10^5	840.3	943.7	4.614	64.5×10^{-2}	16.6×10^{-8}	124.6×10^{-6}	0.148×10^{-6}	15.67×10^{-4}	331.6×10^{-4}	0.89
230	27.98×10^5	827.3	990.2	4.681	63.7×10^{-2}	16.4×10^{-8}	119.7×10^{-6}	0.145×10^{-6}	16.80×10^{-4}	310.0×10^{-4}	0.88
240	33.48×10^5	813.6	1037.5	4.756	62.8×10^{-2}	16.2×10^{-8}	114.8×10^{-6}	0.141×10^{-6}	18.08×10^{-4}	285.5×10^{-4}	0.87
250	39.78×10^5	799.0	1085.7	4.844	61.8×10^{-2}	15.9×10^{-8}	109.9×10^{-6}	0.137×10^{-6}	19.55×10^{-4}	261.9×10^{-4}	0.86
260	46.94×10^5	784.0	1135.7	4.949	60.5×10^{-2}	15.6×10^{-8}	105.9×10^{-6}	0.135×10^{-6}	21.27×10^{-4}	237.4×10^{-4}	0.87
270	55.05×10^5	767.9	1185.7	5.070	59.0×10^{-2}	15.1×10^{-8}	102.0×10^{-6}	0.133×10^{-6}	23.31×10^{-4}	214.8×10^{-4}	0.88
280	64.19×10^5	750.7	1236.8	5.230	57.4×10^{-2}	14.6×10^{-8}	98.1×10^{-6}	0.131×10^{-6}	25.79×10^{-4}	191.3×10^{-4}	0.90
290	74.45×10^5	732.3	1290.0	5.485	55.8×10^{-2}	13.9×10^{-8}	94.2×10^{-6}	0.129×10^{-6}	28.84×10^{-4}	168.7×10^{-4}	0.93
300	85.92×10^5	712.5	1344.9	5.736	54.0×10^{-2}	13.2×10^{-8}	91.2×10^{-6}	0.128×10^{-6}	32.73×10^{-4}	144.2×10^{-4}	0.97
310	98.70×10^5	691.1	1402.2	6.071	52.3×10^{-2}	12.5×10^{-8}	88.3×10^{-6}	0.128×10^{-6}	37.85×10^{-4}	120.7×10^{-4}	1.03
320	112.90×10^5	667.1	1462.1	6.574	50.6×10^{-2}	11.5×10^{-8}	85.3×10^{-6}	0.128×10^{-6}	44.91×10^{-4}	98.10×10^{-4}	1.11
330	128.65×10^5	640.2	1526.2	7.244	48.4×10^{-2}	10.4×10^{-8}	81.4×10^{-6}	0.127×10^{-6}	55.31×10^{-4}	76.71×10^{-4}	1.22
340	146.08×10^5	610.1	1594.8	8.165	45.7×10^{-2}	9.17×10^{-8}	77.5×10^{-6}	0.127×10^{-6}	72.10×10^{-4}	56.70×10^{-4}	1.39
350	165.37×10^5	574.4	1671.4	9.504	43.0×10^{-2}	7.88×10^{-8}	72.6×10^{-6}	0.126×10^{-6}	103.7×10^{-4}	38.16×10^{-4}	1.60
360	186.74×10^5	528.0	1761.5	13.984	39.5×10^{-2}	5.36×10^{-8}	66.7×10^{-6}	0.126×10^{-6}	182.9×10^{-4}	20.21×10^{-4}	2.35
370	210.53×10^5	450.5	1892.5	40.321	33.7×10^{-2}	1.86×10^{-8}	56.9×10^{-6}	0.126×10^{-6}	676.7×10^{-4}	4.709×10^{-4}	6.79

注：表中 β 值选自 Steam Tables in SI Units, 2nd Ed., Ed. by Grigull U. et al, Springer-Verlag, 1984。

附录8　气体中的二元扩散系数

体　系	T/K	$D_{AB}p$ /cm^2·atm·s^{-1}	$D_{AB}p$ /m^2·Pa·s^{-1}	体　系	T/K	$D_{AB}p$ /cm^2·atm·s^{-1}	$D_{AB}p$ /m^2·Pa·s^{-1}
空气				甲醇	298.6	0.105	1.064
氨	273	0.198	2.006	氮	298	0.165	1.672
苯胺	298	0.0726	0.735	一氧化二氮	298	0.117	1.185
苯	298	0.0962	0.974	丙烷	298	0.0863	0.874
溴	293	0.091	0.923	水	298	0.164	1.661
二氧化碳	273	0.136	1.378	一氧化碳			
二硫化碳	273	0.0883	0.894	乙烯	273	0.151	1.530
氯	273	0.124	1.256	氢	273	0.651	6.595
联苯	491	0.160	1.621	氮	288	0.192	1.945
乙酸乙酯	273	0.0709	0.718	氧	273	0.185	1.874
乙醇	298	0.132	1.337	氨			
乙醚	293	0.0896	0.908	氩	273	0.641	6.493
碘	298	0.0834	0.845	苯	298	0.384	3.890
甲醇	298	0.162	1.641	乙醇	298	0.494	5.004
汞	614	0.473	4.791	氢	293	1.64	16.613
萘	298	0.0611	0.619	氖	293	1.23	12.460
硝基苯	298	0.0868	0.879	水	298	0.908	9.198
正辛烷	298	0.0602	0.610	氢			
氧	273	0.175	1.773	氨	293	0.849	8.600
乙酸丙酯	315	0.092	0.932	氩	293	0.770	7.800
二氧化硫	273	0.122	1.236	苯	273	0.317	3.211
甲苯	298	0.0844	0.855	乙烷	273	0.439	4.447
水	298	0.260	2.634	甲烷	273	0.625	6.331
氨				氧	273	0.697	7.061
乙烯	293	0.177	1.793	水	293	0.850	8.611
氩				氮			
氖	293	0.329	3.333	氨	293	0.241	2.441
二氧化碳				乙烯	298	0.163	1.651
苯	318	0.0715	0.724	氢	288	0.743	7.527
二硫化碳	318	0.0715	0.724	碘	273	0.070	0.709
乙酸乙酯	319	0.0666	0.675	氧	273	0.181	1.834
乙醇	273	0.0693	0.702	氧			
乙醚	273	0.0541	0.548	氨	293	0.253	2.563
氢	273	0.550	5.572	苯	296	0.0939	0.951
甲烷	273	0.153	1.550	乙烯	293	0.182	1.844

注：表中数据摘自 R. C. Reid and T. K. Sherwood. The Properties of Gases and Liquids. McGraw – Hill Book Company. New York，1958：Chap. 8。

附录 9 液体中的二元扩散系数

溶质 A	溶剂 B	温度/K	溶质浓度/kmol·m^{-3}	扩散系数/m^2·s^{-1}
氯	水	289	0.12	1.26×10^{-9}
氯化氢	水	273	9	2.7×10^{-9}
			2	1.8×10^{-9}
		283	9	3.3×10^{-9}
			2.5	2.5×10^{-9}
		289	0.5	2.44×10^{-9}
氨	水	278	3.5	1.24×10^{-9}
		288	1.0	1.77×10^{-9}
二氧化碳	水	283	0	1.46×10^{-9}
		293	0	1.77×10^{-9}
氯化钠	水	291	0.05	1.26×10^{-9}
			0.2	1.21×10^{-9}
			1.0	1.24×10^{-9}
			3.0	1.36×10^{-9}
			5.4	1.54×10^{-9}
甲醇	水	288	0	1.28×10^{-9}
乙酸	水	285.5	1.0	0.82×10^{-9}
			0.01	0.91×10^{-9}
		291	1.0	0.96×10^{-9}
乙醇	水	283	3.75	0.50×10^{-9}
			0.05	0.83×10^{-9}
		289	2.0	0.90×10^{-9}
正丁醇	水	288	0	0.77×10^{-9}
二氧化碳	乙醇	290	0	3.2×10^{-9}
氯仿	乙醇	293	2.0	1.25×10^{-9}

注：表中数据摘自 R. E. Treybal，Mass Transfer Operations，McGraw-Hill Book Company，New York，1955：25。

附录 10 液—液质量传输试验中的相关数据选择

体 系	搅拌气体	化学反应	相关系数	搅拌条件	研究学者
钢渣体系	Ar	脱硫反应； $2(MnO) + [Si] =$ $2[Mn] + (SiO_2)$	$k \propto \dot{\varepsilon}^{0.168}$	$q < 60L/(min·t)$ （1.5kg 坩埚）	J. X. Dang, F. Oeters, H. Xie
钢渣体系	Ar	$[Cu] = (Cu)$	$k \propto \dot{\varepsilon}^{0.27}$	$8.3L/(min·t) < q <$ $83.3L/(min·t)$ （6t 钢包）	T. Lehner, G. Carlsson, T. C. Hsiao

体　系	搅拌气体	化学反应	相关系数	搅拌条件	研究学者
钢渣体系	O_2	脱磷反应	$k \propto \dot{\varepsilon}^{0.54}$	$50L/(min \cdot t) < q <$ $80L/(min \cdot t)(250t$ 钢包$)$	K. Kawakami, K. Takahashi, Y. Kikuchi
钢渣体系	Ar, 机械搅拌	铁水脱磷	$k \propto \dot{\varepsilon}^{0.54}$	$30L/(min \cdot t) < q <$ $160L/(min \cdot t)$ $(\dot{\varepsilon} = 0.2 \sim 0.6kW/t)$	K. Umezawa, S. Nishugi, R. Arima
水油体系	N_2	苯甲酸分布	$k \propto \dot{\varepsilon}^{0.817}$	$\dot{\varepsilon} \leqslant 0.2kW/t$ （水模型）	Y. Qu, Y. Liang, L. Liu
四氢化萘— 水溶液	空气	苯甲酸分布	$k \propto \dot{\varepsilon}^{0.36}$ $k \propto \dot{\varepsilon}^{1.0}$	$q < 150L/(min \cdot t)$ $150L/(min \cdot t) < q <$ $650L/(min \cdot t)$	S. Asai, M. Kawachi, I. Muchi
钢渣体系	Ar	脱硫反应	$k \propto \dot{\varepsilon}^{0.3}$ $k \propto \dot{\varepsilon}^{1.3}$	$\dot{\varepsilon} < 0.6kW/t$ $\dot{\varepsilon} > 0.6kW/t$ （6t 试验性钢包）	G. Carlsson, M. Brämming, C. Wheeler
钢渣体系	Ar	脱硫反应	$k \propto \dot{\varepsilon}^{0.25}$ $k \propto \dot{\varepsilon}^{2.1}$	$q < 150L/(min \cdot t)$ $(\dot{\varepsilon} < 60W/t)$ $150L/(min \cdot t) < q <$ $240L/(min \cdot t)(\dot{\varepsilon} > 60kW/t)$ （2.5t 试验性钢包）	J. Ishida, K. Yamaguchi, S. Sugiura
水油体系	空气	$C_{10}H_{14}O$ 分布	$kA \propto Q^{0.6}$ $kA \propto Q^{2.51}$ $kA \propto Q^{1.43}$	$Q < 4.5L/min$ $4.5L/min < Q < 9.0L/min$ $Q > 9.0L/min$ （200t 钢包按 1 : 72 比例模型）	S. H. Kim, R. J. Fruehan, R. I. L. Guthrie

注：1. 表中数据摘自 Ying Qu. Mass transfer coefficients in metallurgical reactors［J］. Journal of University of Science and Technology Beijing（English Edition），2003，10（2）：1~9。

2. k 为界面传质系数；$\dot{\varepsilon}$ 为搅拌能；q 为吹气量；Q 为气体搅拌速率。

附录 11　一些气—液反应的试验性相关数据

体系和反应	相关系数	备　注	研　究　学　者
NaOH 溶液—CO_2	$kA \propto Q^{0.7}$	—	S. Inada, T. Watanabe
水—CO_2	$ka \propto Q^{0.64}$	—	N. Bessho, N. Taniguchi, J. Kikuchi
NaOH 溶液—CO_2	$kA \propto Q^{1.22}$	—	Y. Fujita
NaOH 溶液—CO_2	$kA \propto Q_{Ar}^{x}$	油膜覆盖模型，并伴有氩气搅拌， $Q_{Ar} < 16L/min$	S. H. Kim, R. J. Fruehan, R. I. L. Guthrie

续表

体系和反应	相关系数	备　注	研　究　学　者
水—空气 （溶解氧）	$kA \propto Q_b^{0.8}$ $kA \propto Q_t^{3.3}$	混合喷吹转炉模型 Q_b:5 ~ 300L/min Q_t:30 ~ 500 L/min	Y. Kato, T. Nozaki, K. Nakanishi
Ag(液态)—O_2 Cu(液态)—O_2	$kA \propto Q^x$	氧气由孔口吹入 Q_{O_2}:1.75 ~ 45cm^3/s(STP)	R. J. Fruehan
钢液—真空— 氧气射流	$k_C A \propto \dot{\varepsilon}_{circul}^{1.17}$	RH:100 ~ 260t, Q'_{circul}:33 ~ 220t/min	K. Yamaguchi, Y. Kishimoto, T. Sakuraya
	$k_C A \propto \dot{\varepsilon}_{(Ar+CO)}^{1.5}$	RH:300t, Q_{Ar}:800 ~ 1000L/min	L. F. Zhang, Z. B. Xu, K. K. Cai, et al.
	$k_C a \propto \dot{\varepsilon}_{Ar+CO}^{4/5}$	RH:300t, Q_{Ar}:800 ~ 1000L/min	L. X. Zhu
	$k_C A \propto \dot{\varepsilon}_{Ar+CO}^{0.7-0.025t}$	RH:130 t, Q_{Ar}:800 ~ 1200L/min	L. Q. Ai, K. K. Cai, M. D. Wang, S. B. Yang

注：1. 表中数据摘自 Ying Qu. Mass transfer coefficients in metallurgical reactors ［J］. Journal of University of Science and Technology Beijing（English Edition），2003，10（2）：1 ~ 9。

2. kA 为体积系数，m^3/min；ka 为时间常数，min^{-1}；a 为传质比表面积，$a = A/V$。

中英文人名对照表

（按汉语拼音排列）

A

阿基米得——Archimedes
阿累尼乌斯——S. A. Arrhenius
埃克特——E. R. G. Eckert
爱因斯坦——A. Einstein
昂色格——L. L. Onsager

B

白金汉——E. Buckingham
贝尔——A. Beer
贝克来——Péclet
毕渥——J. B. Biot
波尔豪森——E. Pohlhausen
玻耳兹曼——L. E. Boltzman
伯努利——D. Bernoulli
布拉修斯——H. Blasius

D

丹克维尔茨——P. V. Danckwerts
杜伏——L. Dufour

F

费克——A. E. Fick
弗劳德——W. Froude
傅里叶——J. B. J. Fourier

G

高斯——C. F. Gauss
格拉晓夫——F. Grashof
格洛辛——Grosh

H

哈根——G. H. L. Hagen

哈密顿——W. R. Hamilton
哈奈特——J. P. Hartnett
亨利——W. Henry
霍华斯——L. Howarth
霍脱尔——H. C. Hotte

J

吉布斯——J. W. Gibbs
基尔霍夫——G. R. Kirchhoff

K

卡门——T. von Karman
柯尔伯恩——Z. Colburn
克努森——M. H. C. Knudsen
克希荷夫——G. R. Kirchhoff

L

拉格朗日——J. L. Lagrange
拉普拉斯——P. S. Laplace
拉瓦尔——C. G. P. de Laval
拉乌尔——F. M. Raoult
兰贝特——J. H. Lambert
雷诺——O. Reynolds
路易斯——W. K. Lewis

M

莫迪——L. F. Moody

N

纳维——C. L. M. H. Navier
牛顿——I. Newton
尼古拉兹——J. Nikuradse

努塞尔——W. Nusselt

O

欧根——Ergun
欧拉——L. Euler
欧姆——G. S. Ohm

P

帕斯卡——B. Pascal
皮托——H. Pitot
泊松——S. D. Poisson
泊肃叶——J. L. M. Poiseuille
普朗克——M. Planck
普朗特——L. Prandtl

R

瑞利——L. Rayleigh

S

赛斯——R. D. Cess
舍伍德——J. M. Sherwood
施密特——E. Schmidt
斯兰奇——Sleicher
斯坦顿——T. E. Stanton
斯忒藩——J. Stefan
斯托克斯——G. G. Stokes
索瑞——C. Soret

T

泰勒——G. I. Taylor

W

韦伯——W. E. Weber
维恩——W. Wien
威尔特——J. R. Welty
文丘里——G. B. Venturi

名词术语索引

习题参考答案

第一篇 动量传输

1 - 1 d;

1 - 2 c;

1 - 3 a;

1 - 4 b;

1 - 5 b;

1 - 6 a;

1 - 7 c;

1 - 8 a;

1 - 9 c;

1 - 10 a;

1 - 11 d;

1 - 12 b;

1 - 13 $\beta_p = 5 \times 10^{-9} \text{Pa}^{-1}$;

1 - 14 $F = 8.57\text{N}$

2 - 1 $t = 45.2\text{s}$;

2 - 2 $v_2 = 108.07\text{m/s}$;

2 - 3 $Q = 0.02\text{m}^3/\text{s}, v_4 = 2.58\text{m/s}$

3 - 1 a;

3 - 2 c;

3 - 3 b;

3 - 4 c;

3 - 5 $h = 0.4\text{m}$;

3 - 6 $(1)\rho = 833\text{kg/m}^3$,
$\quad (2)V_{水} = 0.063\text{m}^3, V_{油} = 0.163\text{m}^3$;

3 - 7 $t = 1518\text{s}$;

3 - 8 $\Delta p = 248.7\text{Pa}$;

3 - 9 吹冷风

4 - 1 b;

4 - 2 c;

4 - 3 c;

4 - 4 c;

4 - 5 略;

4 - 6 略;

4 - 7 (1)湍流,(2)层流;

4 - 8 略;

4 - 9 略;

4 - 10 略;

4 - 11 $a = 216.76$

5 - 1 错,错,错;

5 - 2 a;

5 - 3 c;

5 - 4 (1)连续,(2)不连续,(3)不连续;

5 - 5 (1)不连续,(2)连续;

5 - 6 $Q = 2.37 \times 10^{-3}\text{m}^3/\text{s}$;

5 - 7 $h = 0.1\text{m}$;

5 - 8 略;

5 - 9 $Q = 6.26 \times 10^{-3}\text{m}^3/\text{s}, P = -2.2 \times 10^4\text{Pa}$

6 - 1 a;

6 - 2 b;

6 - 3 d;

6 - 4 c;

6 - 5 d;

6 - 6 $Q = 0.032\text{m}^3/\text{s}$;

6 - 7 $\Delta h_f = 0.06\text{m}$;

6 - 8 $\Delta h_f = 0.62\text{m}$;

6 - 9 $\zeta = 0.29$;

6 - 10 $\Delta p = 6.50 \times 10^5\text{Pa}$;

6 - 11 $\Delta p = 5.58\text{Pa}$;

6 - 12 $p = 2.47 \times 10^5\text{Pa}$;

6 - 13 $(1)\Delta h_f = 4.21\text{m}$,
$\quad (2)\Delta h_f = 7.60\text{m}$

7 - 1　$\delta = 8.13 \times 10^{-3}\,\text{m}$;

7 - 2　$\delta_{max} = 2.55 \times 10^3\,\text{m}$;

7 - 3　$x = 0.1\,\text{m}$;

7 - 4　$F_f = 9.86\,\text{N}$;

7 - 5　$\delta_{max} = 0.13\,\text{m}, F_f = 0.85\,\text{N}$

8 - 1　$G_{max} = 0.24\,\text{kg/s}$;

8 - 2　$v = 756\,\text{m/s}, Ma = 2.22$;

8 - 3　$Ma = 0.82$;

8 - 4　$T_0 = 357\,\text{K}$;

8 - 5　$a_0 = 343\,\text{m/s}, a_e = 323\,\text{m/s}, v_e = 258\,\text{m/s},$
$\quad P_e = 3.22 \times 10^5\,\text{Pa}$;

8 - 6　$v_1 = 158\,\text{m/s}, v_2 = 360\,\text{m/s}$;

8 - 7　$d_e = 52\,\text{mm}, d_* = 37\,\text{mm}, v_e = 529.3\,\text{m/s},$
$\quad T_e = 159\,\text{K}, Ma_e = 2.20$;

8 - 8　$p_0 = 7.93 \times 10^5\,\text{Pa}$;

8 - 9　$(1)Ma = 2.15, (2)G = 2.46\,\text{kg/s}$

9 - 1　d;

9 - 2　d;

9 - 3　d;

9 - 4　d;

9 - 5　c;

9 - 6　略;

9 - 7　略;

9 - 8　$v = 449.56\,\text{m/s}, p = 8.16 \times 10^5\,\text{Pa}$;

9 - 9　略;

9 - 10　符合,$d = 1.93 \times 10^{-4}\,\text{m}$;

9 - 11　$(1)v_m = 1.16\,\text{m/s},$
$\quad (2)\Delta p_m = 6307.5\,\text{Pa}$;

9 - 12　$v_m = 9\,\text{m/s}$

第二篇　热量传输

10 - 1　$Q = 7.52 \times 10^4\,\text{W}, m = 310.9\,\text{kg}$;

10 - 2　$\alpha = 49.3\,\text{W/(m}^2 \cdot \text{℃)}$;

10 - 3　$Q = 0.575\,\text{W}$;

10 - 4　$R = 0.746\,\text{m}^2 \cdot \text{℃/W}, K = 1.34\,\text{W/}$
$\quad (\text{m}^2 \cdot \text{℃)}, q = 37.5\,\text{W/m}^2, T_{w1} =$
$\quad -5.69\,\text{℃}, T_{w2} = 16.47\,\text{℃}$;

10 - 5　$T = 142.5\,\text{℃}$;

10 - 6　$Q = 155\,\text{W/m}^2$

11 - 1　略;

11 - 2　略;

11 - 3　$(1)q = 7.2 \times 10^3\,\text{W/m}^2,$
$\quad (2)q_v = 1.8 \times 10^5\,\text{W/m}^3$;

11 - 4　略

12 - 1　$\delta_A = 8\,\text{mm}, \delta_B = 4\,\text{mm}$;

12 - 2　$I = 232.36\,\text{A}$;

12 - 3　$(1)r = 0.183\,\text{m}^2 \cdot \text{℃/W}, q = 1.75 \times$
$\quad 10^3\,\text{W/m}^2,$
$\quad (2)r = 2.87 \times 10^{-3}\,\text{m}^2 \cdot \text{℃/W}, q =$
$\quad 1.12 \times 10^5\,\text{W/m}^2$;

12 - 4　$T = 763\,\text{℃}$;

12 - 5　减少;

12 - 6　$\delta_{min} = 45.2\,\text{mm}$;

12 - 7　略;

12 - 8　$t = 1940\,\text{s}$;

12 - 9　$T = 56\,\text{℃}$;

12 - 10　$\alpha = 83.2\,\text{W/(m}^2 \cdot \text{℃)}$

12 - 11　1168℃

12 - 12　419.2℃

13 - 1　(1)当 $x = 0.1$ 时,$\delta = 2.01 \times 10^{-3}\,\text{m}$,
$\quad \delta_T = 2.27 \times 10^{-3}\,\text{m}$, 当 $x = 0.2$ 时,
$\quad \delta = 2.84 \times 10^{-3}\,\text{m}, \delta_T = 3.22 \times 10^{-3}\,\text{m}$,
$\quad$ 当 $x = 0.3$ 时, $\delta = 3.48 \times 10^{-3}\,\text{m}$,
$\quad \delta_T = 3.94 \times 10^{-3}\,\text{m}$, 当 $x = 0.4$ 时,
$\quad \delta = 4.02 \times 10^{-3}\,\text{m}, \delta_T = 4.55 \times$
$\quad 10^{-3}\,\text{m}$;
$\quad (2)Q = 157.44\,\text{W}$;

13 - 2　$Q = 9540\,\text{W}, Q_1 = 3176\,\text{W}, Q_2 = 6364\,\text{W}$;

13 - 3　$\alpha = 31.4\,\text{W/(m}^2 \cdot \text{℃)}$;

13 - 4　$0.888, 1, 2.15, 4.64$;

13 - 5　$T_m = 271.5\,\text{℃}$

14－1 $\alpha = 20.97 \text{W}/(\text{m}^2 \cdot ℃)$；

14－2 $\alpha = 15.88 \text{W}/(\text{m}^2 \cdot ℃)$；

14－3 $Q = 3807.2 \text{W}$；

14－4 $\alpha_\text{d} = 7988 \text{W}/(\text{m}^2 \cdot ℃)$；

14－5 $L = 6.4 \text{m}$；

14－6   湍流，$\alpha = 6765.1 \text{W}/(\text{m}^2 \cdot ℃)$；

14－7 $Q = 2.59 \times 10^5 \text{W}$；

14－8 $q = 13.3 \text{W}/\text{m}^2$

15－1 $q_{1,2} = 5.72 \times 10^4 \text{W}/\text{m}^2$；

15－2   （1）$T = 5795.2 \text{K}$，

    （2）$q = 6.40 \times 10^7 \text{W}/\text{m}^2$；

15－3   11.06；

15－4 1.31×10^{-5}；

15－5   （1）$T = 5800 \text{K}, 0.4479, 0.4512$，

    （2）$T = 3000 \text{K}, 0.116, 0.882$，

    （3）$T = 1500 \text{K}, 0.0014, 0.994$，

    （4）$T = 300 \text{K}, 0, 0.738$；

15－6 $E_{\theta 1} = 5 \times 10^4 \text{W}/(\text{m}^2 \cdot \text{sr})$，$E_{\theta 1} = 3.54 \times 10^4 \text{W}/(\text{m}^2 \cdot \text{sr})$；

15－7   （1）$T = 1073 \text{K}, Q = 3.76 \times 10^4 \text{W}$，

    （2）$T = 1673 \text{K}, Q = 2.22 \times 10^5 \text{W}$；

15－8   8.88%；

15－9   （1）$P = 4.88 \times 10^5 \text{W}$，

    （2）$v = 3.85 \times 10^{-3} \text{K/s}$

16－1   （1）$q = 1.29 \times 10^5 \text{W}/\text{m}^2$，

    （2）$q = 9.8 \times 10^4 \text{W}/\text{m}^2$，

    （3）$q = 5.72 \times 10^4 \text{W}/\text{m}^2$；

16－2   （1）$E_1 = 1.86 \times 10^4 \text{W}/\text{m}^2$，

    （2）$J_2 = 4253 \text{W}/\text{m}^2$，

    （3）$\rho G_1 = 851 \text{W}/\text{m}^2$，

    （4）$J_1 = 1.94 \times 10^4 \text{W}/\text{m}^2$，

    （5）$J_2 = 4253 \text{W}/\text{m}^2$，

    （6）$q_{1,2} = 1.52 \times 10^4 \text{W}/\text{m}^2$；

16－3 $J_绝 = 1.61 \times 10^4 \text{W}/\text{m}^2, J_加 = 4308 \text{W}/\text{m}^2$；

16－4   （1）$q = 1.51 \times 10^5 \text{W}/\text{m}^2$，

    （2）$q = 1511 \text{W}/\text{m}^2$，

（3）$T = 924 \text{K}$；

16－5 $T = 417 \text{K}$；

16－6 $T = 549 \text{K}$；

16－7 $d = 11 \text{cm}$；

16－8 $q = 6.07 \times 10^{-4} \text{W}/\text{m}^2$；

16－9 $\alpha = 0.37, \varepsilon_\text{g} = 0.27$

第三篇   质量传输

17－1   （1）$w_{\text{CH}_4} = 90.27\%$，

    （2）$\overline{M} = 16.82$，

    （3）$p_{\text{CH}_4} = 9.62 \times 10^4 \text{Pa}$；

17－2 $D_{\text{AB}} = 1.56 \times 10^{-5} \text{m}^2/\text{s}$；

17－3 $D = 3.19 \times 10^{-5} \text{m}^2/\text{s}$；

17－4   （1）$v = 3.91 \text{m/s}$，

    （2）$v_\text{m} = 4.07 \text{m/s}$，

    （3）$j_{\text{CO}_2} = -0.212 \text{kg}/(\text{m}^2 \cdot \text{s})$，

    （4）$J_{\text{CO}_2} = -5.33 \text{mol}/(\text{m}^2 \cdot \text{s})$；

17－5   （1）21%，（2）21%，（3）15.46 kg，

    （4）0.117 kg/m^3，（5）0.378 kg/m^3，

    （6）0.515 kg/m^3，（7）17.4 mol/m^3，

    （8）29.6 g/mol，（9）$7.9 \times 10^4 \text{Pa}$；

17－6   略；

17－7   略

18－1   略；

18－2   略

19－1 $N_{\text{H}_2} = 0.0105 \text{mol}/(\text{m}^2 \cdot \text{s})$；

19－2 $D_{\text{AB}} = 6.05 \times 10^{-5} \text{m}^2/\text{s}$；

19－3 $N = 0.0031 \text{mol/s}$；

19－4   0.1 mm 处为 1.058%，0.2 mm 处为 0.882%；

19－5 $D = 6.36 \times 10^{-6} \text{m}^2/\text{s}$；

19－6   0.005 cm 处为 0.468%，0.001 cm 处为 0.342%；

19－7   略

20－1   略；

20 - 2　略；

20 - 3　略；

20 - 4　略；

20 - 5　略；

20 - 6　(1) $k = 0.244 \text{m/s}$,

　　　　(2) $N_A = 3.016 \text{mol/(m}^2 \cdot \text{s)}$

21 - 1　略；

21 - 2　$Sh = 4.36$；

21 - 3　$q = 8 \times 10^{-4} \text{mol/(m} \cdot \text{s)}$

22 - 1　$N_{O_2} = 2.15 \times 10^{-8} \text{mol/(m}^2 \cdot \text{s)}$,

　　　　$\delta'_c = 1.5 \text{cm}$；

22 - 2　略；

22 - 3　$t = 0.5 \text{s}$；

22 - 4　$S_1 = 0.034, S_2 = 0.146$；

22 - 5　$k_d = 26.25 \text{cm/s}, \delta = 0.08 \text{cm}$；

22 - 6　$k_d = 2.3 \times 10^{-7} \text{m/s}$；

22 - 7　1.86%；

22 - 8　略

第四篇　传输现象的类比和耦合

23 - 1　$\alpha = 1.32 \times 10^5 \text{W/(m}^2 \cdot ℃)$；

23 - 2　$\alpha = 4.57 \times 10^3 \text{W/(m}^2 \cdot ℃)$；

23 - 3　$Q = 3213 \text{W}$；

23 - 4　不相似, 相似条件 $d_b/d_a = 0.00188$

参 考 文 献

[1] 张先棹，吴懋林，沈颐身. 冶金传输原理[M]. 北京：冶金工业出版社，1988.

[2] 威尔特 J R，威克斯 C E，威尔逊 R E 等. 动量、热量和质量传递原理[M]. 马紫峰，吴卫生等译.
北京：化学工业出版社，2005.

[3] 弗兰克 P 英克鲁佩勒，大卫 P 德维特，狄奥多尔 L 伯格曼等. 传热和传质基本原理[M]. 葛新石，
叶宏译. 北京：化学工业出版社，2009.

[4] 梅炽. 冶金传递过程原理[M]. 长沙：中南工业大学出版社，1987.

[5] 沈颐身，李保卫，吴懋林. 冶金传输原理基础[M]. 北京：冶金工业出版社，1999.

[6] 华建社，朱军，李小明等. 冶金传输原理[M]. 西安：西北工业大学出版社，2005.

[7] 朱光俊，孙亚琴. 传输原理[M]. 北京：冶金工业出版社，2009.

[8] 周俐，王建军. 冶金传输原理[M]. 北京：化学工业出版社，2009.

[9] 沈巧珍，杜建明. 冶金传输原理[M]. 北京：冶金工业出版社，2006.

[10] 乐启炽，崔建忠. 传输过程基本原理[M]. 北京：冶金工业出版社，2005.

[11] 陈卓如，金朝铭，王洪杰等. 工程流体力学（第二版）[M]. 北京：高等教育出版社，2009.

[12] 张爱民，王长永. 流体力学[M]. 北京：科学出版社，2010.

[13] 吴望一. 流体力学(上册)[M]. 北京：北京大学出版社，1982.

[14] 普朗特 L 等. 流体力学概论[M]. 陆士嘉等译. 北京：科学出版社，1981.

[15] 庄礼贤，尹协远，马晖杨. 流体力学[M]. 合肥：中国科学技术大学出版社，1991.

[16] 张亮，李云波. 流体力学[M]. 哈尔滨：哈尔滨工程大学出版社，2001.

[17] 朱之墀，王希麟. 流体力学理论例题与习题[M]. 北京：清华大学出版社，1986.

[18] 潘文全. 工程流体力学[M]. 北京：清华大学出版社，1988.

[19] 沈钧涛，鲍慧芸. 流体力学习题集[M]. 北京：北京大学出版社，1990.

[20] 张兆顺，崔桂香. 流体力学（第二版）[M]. 北京：清华大学出版社，2006.

[21] 王厚华. 传热学[M]. 重庆：重庆大学出版社，2006.

[22] 王经. 传热学与流体力学基础[M]. 上海：上海交通大学出版社，2007.

[23] 任世铮. 传热学[M]. 北京：冶金工业出版社，2007.

[24] 周筠清. 传热学（第二版）[M]. 北京：冶金工业出版社，1999.

[25] 邓元望，袁茂强，刘长青. 传热学[M]. 北京：中国水利电力出版社，2010.

[26] 王保国，刘淑艳，王新泉等. 传热学[M]. 北京：机械工业出版社，2009.

[27] 赵镇南. 传热学（第二版）[M]. 北京：高等教育出版社，2008.

[28] 苏亚欣. 传热学[M]. 武汉：华中科技大学出版社，2009.

[29] 李汝辉. 传质学基础[M]. 北京：北京航空学院出版社，1987.

[30] 伯德 R B，斯图瓦特 W E，莱特富特 E N 等. 传递现象[M]. 袁一，戎顺熙，石炎福等译. 北京：
化学工业出版社，1988.

[31] 比克 W J，穆察尔 K M K. 传递现象[M]. 北京：化学工业出版社，1983.

[32] 卡法罗夫 B B. 传质原理[M]. 北京：中国工业出版社，1966.

［33］修伍德等. 传质学［M］. 时钧等译. 北京：化学工业出版社，1988.

［34］陶文铨等. 传热与流动问题的多尺度数值模拟：方法与应用［M］. 北京：科学出版社，2000.

［35］德格鲁脱 S R，梅修尔 P. 非平衡态热力学［M］. 陆全康译. 上海：上海科学技术出版社，1981.

［36］李如生. 非平衡态热力学和耗散结构［M］. 北京：清华大学出版社，1986.

［37］翟玉春. 非平衡态热力学［J］. 中国稀土学报，2000，18 专辑 9 月：26～39.

［38］彭少方，张昭. 线性和非线性非平衡态热力学进展和应用［M］. 北京：化学工业出版社，2006.

［39］艾树涛. 非平衡态热力学概论［M］. 武汉：华中科技大学出版社，2009.

［40］胡英，吕瑞东，刘国杰等. 物理化学 （第四版）［M］. 北京：高等教育出版社，1999.